KUHMINSA

한 발 앞서나가는 출판사, **구민사**

구민사 출간도서 中 수험서 분야

- 용접
- 자동차
- 조경/산림
- 품질경영
- 산업안전
- 전기
- 건축토목
- 실내건축

- 기술사
- 기계
- 금속
- 환경
- 보일러
- 가스
- 공조냉동
- 위험물

전국 도서판매처

- 일산남부서점
- 안산대동서적
- 대전계룡서적
- 대구북앤북스
- 대구하나도서
- 포항학원사
- 울산처용서림
- 창원그랜드문고
- 순천중앙서점
- 광주조은서림

자격증 시험 접수부터 자격증 수령까지!

필기 원서 접수
큐넷(www.q-net.or.kr)
필기 시험은 회원 가입 후 인터넷 접수만 가능
(사진 파일, 접수비(인터넷 결제) 필요)
응시자격 요건 반드시 확인

필기시험
입실 시간 미준수 시 시험 응시 불가
준비물 : 수험표, 신분증, 필기구 지참

필기 합격 확인
큐넷(www.q-net.or.kr)
사이트에서 확인

실기 원서 접수
큐넷(www.q-net.or.kr)
응시 자격 서류는 실기시험 접수기간(4일 내)에
제출해야만 접수 가능

전문가를 위한 첫걸음, 구민사는 그 이상을 봅니다!
KUHMINSA

실기 시험
필답형과 작업형으로 분류
원서 접수 시 선택한 장소와 시간에 맞게 시험을 봅니다.
준비물 : 수험표, 신분증, 필기구 지참

최종합격 확인
큐넷(www.q-net.or.kr)
사이트에서 확인

자격증 신청
인터넷으로 신청(상장형 자격증 발급을 원칙으로 하며,
희망 시 수첩형 자격증 발급 신청/ 발급 수수료 부과)

자격증 수령
인터넷으로 발급(출력)
(수첩형 자격증 등기 수령 시 등기 비용 발생)

D-DAY 60 수질환경산업기사 필기 D-60 합격 플랜

(위의 플랜은 가장 이상적인 것이므로 참고하여 개인의 입장과 일정에 맞춰 준비하시기 바랍니다.)

월요일	화요일	수요일	목요일	금요일	토요일	일요일
D-60	D-59	D-58	D-57	D-56	D-55	D-54
		PART 1 & 2 학습 및 복습				
D-53	D-52	D-51	D-50	D-49	D-48	D-47
		PART 3 & 4 학습 및 복습				
D-46	D-45	D-44	D-43	D-42	D-41	D-40
		과년도 문제 풀이				
D-39	D-38	D-37	D-36	D-35	D-34	D-33
		과년도 문제 풀이				
D-32	D-31	D-30	D-29	D-28	D-27	D-26
		전체 이론 및 과년도 문제 복습				

D-DAY 60 놓친 부분 다시보기

월요일	화요일	수요일	목요일	금요일	토요일	일요일
D-25	D-24	D-23	D-22	D-21	D-20	D-19
		이론복습 (O/X)				문제풀이 (O/X)
D-18	D-17	D-16	D-15	D-14	D-13	D-12
		이론복습 (O/X)				문제풀이 (O/X)
D-11	D-10	D-9	D-8	D-7	D-6	D-5
		이론복습 (O/X)				문제풀이 (O/X)
D-4	D-3	D-2	D-1			
		이론복습 (O/X)				

시험장 가기 전에 Tip

Q 계산기를 따로 가져가야 하나요?
A 시험을 치르는 PC에 설치된 계산기를 이용하실 수 있습니다.(개인 계산기 지참 가능)

Q PC로 시험을 치르면 종이는 못 쓰나요?
A 시험장에서 필요한 사람에 한해 종이를 제공합니다. 시험장마다 상황이 다를 수 있으니 전화로 해당 시험장의 상황을 파악해보시길 권장합니다. 이 때 시험이 끝나고 종이 반납은 필수입니다.

머리말

수질환경산업기사는 1979년 환경관리기사2급(수질)으로 신설되어 1991년 수질환경기사2급으로 1999년 3월 수질환경산업기사로 개정된 후 지금까지 매년 3회씩 한국산업인력공단에서 시행하고 있으며, 환경 관련 공무원, 환경관리공단, 수자원공사 및 화공, 제약, 도금, 염색, 식품, 건설 등 오·폐수 배출업체, 전문 폐수처리업체 등에서 환경업무를 전담할 수 있는 전문기술인력을 양성하고자 제정된 국가기술자격증이다.

본 수험서는 수질환경산업기사 필기시험을 준비하는 수험생들을 위해 집필된 것으로 최근에 출제된 과년도 문제들을 분석하여 자주 출제되는 중요한 문제들은 충분한 해설을 실어 응용문제에 대비하도록 하였다. 따라서 본 수험서를 통해서 수질환경기사 공부를 마무리함으로써 여러분의 실력을 한 단계 업그레이드 시키고 합격을 앞당길 수 있도록 마무리 정리에 많은 도움을 줄 것으로 기대한다.

1. 각 과목마다 최근문제를 분석하여 핵심적인 내용으로 이론을 정리하였다.
2. 출제되는 빈도가 높은 문제는 응용문제에 대비해 상세한 해설로 정리하였다.
3. 계산문제는 혼자서도 풀 수 있게끔 공식 및 용어를 상세히 설명하였다.
4. 최근기출문제를 최대한 빨리 공부할 수 있게끔 기출문제구성 및 해설에 최대한 노력하였다.
5. 법규문제는 최근 개정된 내용으로 해설을 구성하였고 빈도가 높은 문제는 더욱 상세한 해설을 통해 응용문제에 대비하게끔 노력하였다.

본인은 다년간의 학원강의를 통하여 얻은 지식들을 기반으로 최근에 출제된 문제들을 분석하여 핵심적인 이론내용을 정리하였으며, 수험생들이 문제를 풀면서 궁금해 하는 질문들은 문제해설을 통하여 해결할 수 있게끔 최선의 노력을 하여 교재를 만들었으며, 수험생 여러분이 수질환경기사 공부에 쉽게 접근하여 자격증 취득까지 많은 도움이 되리라 생각한다.

아무쪼록, 본 교재를 통하여 뜻한바 목적을 이루기를 바라며 내용 중 오류 및 잘못된 점이 있다면 수험생들의 기탄없는 충고를 받아들여 최고의 수험서가 될 수 있도록 최대한 노력을 할 것이다.
끝으로 이 도서가 출간되기까지 수고를 아끼지 않으신 도서출판 구민사 조규백 대표님과 임직원 여러분 그리고 고려종합기술학원 식구들 및 항상 물심양면으로 도와주시는 분들께 진심으로 감사의 말씀을 드립니다.

저자 씀

- 저자직강 동영상 바로가기/홈페이지 | http://www.환경에듀.com
- 블로그 | http://blog.naver.com/airnara69

CONTENTS

PART 01 수질오염개론

CHAPTER 1 수질화학 기초편   3
   1. 단위 기초   3
   2. 산화·환원반응   3
   3. 반응조 혼합의 종류   4
   4. 콜로이드 화학   5

CHAPTER 2 물의 특성   6
   1. 수자원   6
   2. 물의 물리적 성질   6
   3. 물의 물리적 특성   6
   4. 수자원의 특성   7

CHAPTER 3 수질 미생물학   9
   1. 미생물의 분류 및 특성   9
   2. 미생물의 종류   10

CHAPTER 4 수질오염지표   13
   1. 용존산소(DO)   13
   2. 생물화학적 산소 요구량(BOD)   14
   3. 경도(Hardness)   14
   4. 알칼리도(Alkalinity)   15

CHAPTER 5 하천의 수질오염 관리   16
   1. 유해물질과 만성질환 및 발생공업   16
   2. 소독 및 살균   17
   3. 트리할로메탄(THM) 특징   18
   4. 하천의 자정작용   18
   5. Whipple의 하천정화단계   19
   6. 하천모델링의 종류   20

CHAPTER 6 호수의 수질오염관리   21
   1. 성층현상 및 전도현상   21
   2. 호수의 부영양화   22

CHAPTER 7 해수   23
   1. 해수의 특성   23
   2. 적조현상의 조건   24

CHAPTER 8 수질오염 공식정리편   24

CHAPTER 9 반응식 정리   32

PART 02 수질오염공정시험기준

| CHAPTER 1 | 총칙 | 34 |
| CHAPTER 2 | 일반시험기준 | 36 |

  1. 공장폐수 및 하수유량 측정방법 36
  2. 공장폐수 및 하수유량-측정용수로 및 기타 유량 측정방법 37
  3. 하천유량-유속 면적법의 적용범위 40
  4. 시료의 채취 및 보존방법 40
  5. 시료의 전처리 방법 45

| CHAPTER 3 | 일반항목편 | 47 |

  1. 냄새(Odor) 47
  2. 투명도(Transparency) 48
  3. 색도(Color) 49
  4. 수소이온농도(Potential of Hydrogen, pH) 49
  5. 용존산소(DO : Dissolved Oxygen) 50
  6. 생물화학적 산소요구량 (BOD, Biochemical Oxygen Demand) 51
  7. 화학적 산소요구량 (Chemical Oxygen Demand) 52
  8. 부유물질(Suspended Solids) 52
  9. 노말헥산 추출물질 (n-Hexane Extractable Material) 52
  10. 염소이온(Chloride, Cl^-) 53
  11. 암모니아성 질소(Ammonium Nitrogen) 54
  12. 아질산성 질소(Nitrite-N) 54
  13. 질산성 질소(Nitrate Nitrogen) 54
  14. 총질소(Total Nitrogen) 55
  15. 인산염인(Phosphate Phosphorus, PO_4-P) 55
  16. 총인(Total Phosphorus) 56
  17. 페놀류(Phenols) 56
  18. 시안(Cyanides) 57
  19. 불소(Fluoride, F^-) 58
  20. 브롬이온(Bromide) 58
  21. 황산이온(Sulfate) 58
  22. 음이온계면활성제(Anionic Surfactants) 58
  23. 클로로필 a(Chlorophyll a) 59
  24. 전기전도도(Conductivity) 59
  25. 총 유기탄소(Total Organic Carbon) 59
  26. 퍼클로레이트(Perchlorate) 60

| CHAPTER 4 | 중금속편 | 60 |

  1. 크롬(Chromium, Cr) 60
  2. 6가 크롬(Hexavalent Chromium, Cr^{6+}) 61
  3. 아연(Zinc, Zn) 62
  4. 구리(Copper, Cu) 63
  5. 카드뮴(Cadmium, Cd) 64
  6. 납(Lead, Pb) 64
  7. 망간(Manganese, Mn) 65
  8. 비소(Arsenic, As) 65
  9. 니켈(Nickel, Ni) 66
  10. 철(Iron, Fe) 66
  11. 셀레늄(Selenium, Se) 67
  12. 수은(Mercury, Hg) 67
  13. 알킬수은(Alkyl Mercury) 68

CONTENTS

PART 02 수질오염공정시험기준

CHAPTER 5 유기물질 및 휘발성유기화합물편   69
     1. 석유계총탄화수소   69
     2. 유기인(Organophosphorus Pesticides)   69
     3. 폴리클로리네이티드비페닐
        (Polychlorinated Biphenyls)   70

CHAPTER 6 생물편   71
     1. 총대장균군(Total Coliform)   71
     2. 분원성대장균군(Fecal Coliform)   71
     3. 대장균(Escherichia Coli)   72
     4. 식물성플랑크톤(Phytoplankton)
        : 현미경 계수법   72
     5. 물벼룩을 이용한 급성 독성 시험법
        (Cladocera, Crustacea)   72

PART 03 수질오염방지기술

CHAPTER 1 물리적 처리   75
     1. 정수시설의 착수정   75
     2. 침사지   75
     3. 침전지   76
     4. 여과지   77

CHAPTER 2 화학적 처리   78
     1. 약품침전지 및 특성   78
     2. 응집제의 종류   79
     3. 흡착법에서 활성탄의 종류   80
     4. 펜턴산화법의 특징   80
     5. 유해물질 처리법   81
     6. 살균   82

CHAPTER 3 생물학적 처리   84
     1. 표준활성슬러지법   84
     2. 생물막공법   85

CHAPTER 4 3차 처리(고도처리)   89
     1. A/O 공법   89
     2. A_2/O 공법   90
     3. 4단계 Bardenpho 공정   90
     4. 5단계 Bardenpho 공정
        (수정 Bardenpho 공정 또는 M-Bardenpho 공정)   91
     5. 포스트립(Phostrip) 공법   92
     6. 연속회분식(SBR)   93

CHAPTER 5 방지기술 공식정리   94

CHAPTER 6 방지기술 반응식 정리   103

PART 04 수질환경관계법규

CHAPTER 1 총칙   104
- 1. 물환경보전법에서 사용하는 용어   104
- 2. 수질오염물질의 총량관리   106
- 3. 오염총량초과부과금   107
- 4. 오염총량관리를 위한 기관간 협조 및 조사·연구반의 운영   107

CHAPTER 2 공공수역의 물환경보전   108
- 1. 총칙   108
- 2. 국가 및 수계영향권별 물환경관리   111
- 3. 중점관리 저수지   112

CHAPTER 3 점오염원의 관리   113
- 1. 산업폐수의 배출규제   113

CHAPTER 4 비점오염원의 관리   120
- 1. 비점오염원의 관리   120

CHAPTER 5 폐수처리업   121
- 1. 위임업무보고사항   121

CHAPTER 6 수질오염물질 및 수질오염 방지시설   123
- 1. 수질오염 방지시설의 종류   123

CHAPTER 7 방류수 수질기준 및 항목별 배출허용 기준   124
- 1. 항목별 배출허용 기준   124

CHAPTER 8 수질환경정책기본법상 환경기준   124
- 1. 수질 및 수생태계 환경기준 중 하천의 사람 건강보호 기준   124
- 2. 수질 및 수생태계 환경 기준 중 해역에서 생활환경 기준   125

CONTENTS

PART 05 과년도 기출문제

2012년
1회 수질환경산업기사(2012년 3월 7일 시행)   129
2회 수질환경산업기사(2012년 5월 20일 시행)   149
3회 수질환경산업기사(2012년 9월 15일 시행)   167

2013년
1회 수질환경산업기사(2013년 3월 10일 시행)   185
2회 수질환경산업기사(2013년 6월 2일 시행)   206
3회 수질환경산업기사(2013년 8월 18일 시행)   226

2014년
1회 수질환경산업기사(2014년 3월 2일 시행)   246
2회 수질환경산업기사(2014년 5월 25일 시행)   265
3회 수질환경산업기사(2014년 8월 17일 시행)   283

2015년
1회 수질환경산업기사(2015년 3월 8일 시행)   303
2회 수질환경산업기사(2015년 5월 31일 시행)   322
3회 수질환경산업기사(2015년 8월 16일 시행)   340

2016년
1회 수질환경산업기사(2016년 3월 6일 시행)   358
2회 수질환경산업기사(2016년 5월 8일 시행)   375
3회 수질환경산업기사(2016년 8월 21일 시행)   393

2017년
1회 수질환경산업기사(2017년 3월 5일 시행)   411
2회 수질환경산업기사(2017년 5월 7일 시행)   429
3회 수질환경산업기사(2017년 8월 26일 시행)   446

2018년
1회 수질환경산업기사(2018년 3월 4일 시행)   461
2회 수질환경산업기사(2018년 4월 28일 시행)   478
3회 수질환경산업기사(2018년 8월 19일 시행)   495

2019년
1회 수질환경산업기사(2019년 3월 3일 시행)   513
2회 수질환경산업기사(2019년 4월 27일 시행)   532
3회 수질환경산업기사(2019년 8월 4일 시행)   549

2020년
1·2회 통합 수질환경산업기사(2020년 6월 13일 시행) 567
3회 수질환경산업기사(2020년 8월 23일 시행)   584

수질환경산업기사 CBT 모의고사   601

※ 2021년 산업기사 CBT시행에 따라 저자께서 수검자들의 도움으로 최대한 유형에 가깝게 문제를 복원하였습니다.

출제기준 – 수질환경산업기사 필기

| 직무 분야 | 환경·에너지 | 중직무 분야 | 환경 | 자격 종목 | 수질환경산업기사 | 적용 기간 | 2020.1.1~ 2024.12.31 |

직무내용 : 수질분야에 측정망을 설치하고 그 지역의 수질오염상태를 측정하여 다각적인 실험분석을 통해 수질오염에 대한 대책을 강구하며 수질오염물질을 제거하기 위한 오염방지시설을 설계, 시공, 운영하는 업무 등의 직무 수행

| 필기검정방법 | 객관식 | 문제수 | 80 | 시험시간 | 산업기사 : 2시간 |

필기과목명	문제수	주요항목	세부항목
수질오염개론	20	1. 물의 특성 및 오염원	1. 물의 특성
			2. 수질오염 및 오염물질 배출원
		2. 수자원의 특성	1. 물의 부존량과 순환
			2. 수자원의 용도 및 특성
			3. 중수도의 용도 및 특성
		3. 수질화학	1. 화학양론
			2. 화학평형
			3. 화학반응
			4. 계연화학현상
			5. 반응속도
			6. 수질오염의 지표
		4. 수중 생물학	1. 수중 미생물의 종류 및 기능
			2. 수중의 물질순환 및 광합성
			3. 유기물의 생물학적 변화
			4. 독성시험과 생물농축
		5. 수자원 관리	1. 하천의 수질관리
			2. 호, 저수지의 수질관리
			3. 연안의 수질관리
			4. 지하수 관리
			5. 수질모델링
			6. 환경영향평가
		6. 분뇨 및 축산 폐수에 관한 사항	1. 분뇨 및 축산 폐수의 특징
			2. 분뇨, 축산 폐수 수집 및 운반 처리
수질오염 방지기술	20	1. 하수 및 폐수의 성상	1. 하수의 발생원 및 특성
			2. 폐수의 발생원 및 특성
			3. 비점오염원의 발생 및 특성
		2. 하폐수 및 정수처리	1. 물리학적 처리
			2. 화학적 처리
			3. 생물학적처리
			4. 고도처리
			5. 슬러지처리 및 기타처리
		3. 하폐수·정수처리 시설의 설계	1. 하폐수·정수처리의 설계 및 관리
			2. 시공 및 설계내역서 작성
		4. 오수, 분뇨 및 축산 폐수 방지시설의 설계	1. 분뇨처리 시설의 설계 및 시공
			2. 축산폐수처리시설의 설계 및 시공

필기과목명	문제수	주요항목	세부항목
수질오염공정 시험기준	20	1. 총칙	1. 일반사항
		2. 일반시험방법	1. 유량 측정
			2. 시료채취 및 보존
			3. 시료의 전처리
		3. 기기분석방법	1. 자외선/가시선분광법
			2. 원자흡수분광광도법
			3. 유도결합플라즈마 원자발광분광법
			4. 기체크로마토그래피법
			5. 이온크로마토그래피법
			6. 이온전극법 등
		4. 항목별 시험방법	1. 일반항목
			2. 금속류
			3. 유기물류
			4. 기타
		5. 하폐수 및 정수처리 공정에 관한 시험	1. 침강성, SVI, JAR TEST 시험 등
		6. 분석관련 용액제조	1. 시약 및 용액
			2. 완충액
			3. 배지
			4. 표준액
			5. 규정액
수질환경관계법규	20	1. 물환경보전법	1. 총칙
			2. 공공수역의 물환경 보전
			3. 점오염원의 관리
			4. 비점오염원의 관리
			5. 기타 수질오염원의 관리
			6. 폐수처리업
			7. 보칙 및 벌칙
		2. 물환경보전법 시행령	1. 시행령(별표 포함)
		3. 물환경보전법 시행규칙	1. 시행규칙(별표 포함)
		4. 물환경보전법 관련법	1. 환경정책기본법, 하수도법, 가축분뇨의 관리 및 이용에 관한 법률 등 수질환경과 관련된 기타 법규내용

원소주기율표

1 H 수소																	2 He 헬륨
3 Li 리튬	4 Be 베릴륨											5 B 붕소	6 C 탄소	7 N 질소	8 O 산소	9 F 플루오린	10 Ne 네온
11 Na 나트륨	12 Mg 마그네슘											13 Al 알루미늄	14 Si 규소	15 P 인	16 S 황	17 Cl 염소	18 Ar 아르곤
19 K 칼륨	20 Ca 칼슘	21 Sc 스칸듐	22 Ti 타이타늄	23 V 바나듐	24 Cr 크로뮴	25 Mn 망가니즈	26 Fe 철	27 Co 코발트	28 Ni 니켈	29 Cu 구리	30 Zn 아연	31 Ga 갈륨	32 Ge 저마늄	33 As 비소	34 Se 셀레늄	35 Br 브로민	36 Kr 크립톤
37 Rb 루비듐	38 Sr 스트론튬	39 Y 이트륨	40 Zr 지르코늄	41 Nb 나이오븀	42 Mo 몰리브덴	43 Tc 테크네튬	44 Ru 루테늄	45 Rh 로듐	46 Pd 팔라듐	47 Ag 은	48 Cd 카드뮴	49 In 인듐	50 Sn 주석	51 Sb 안티몬	52 Te 텔루륨	53 I 아이오딘	54 Xe 제논
55 Cs 세슘	56 Ba 바륨	57 La 란타넘	72 Hf 하프늄	73 Ta 탄탈	74 W 텅스텐	75 Re 레늄	76 Os 오스뮴	77 Ir 이리듐	78 Pt 백금	79 Au 금	80 Hg 수은	81 Tl 탈륨	82 Pb 납	83 Bi 비스무트	84 Po 폴로늄	85 At 아스타틴	86 Rn 라돈
87 Fr 프랑슘	88 Ra 라듐	89 Ac 악티늄	104 Rf 러더포듐	105 Db 더브늄	106 Sg 시보귬	107 Bh 보륨	108 Hs 하슘	109 Mt 마이트너륨	110 Ds 다름슈타튬	111 Rg 뢴트게늄							

57 La 란타넘	58 Ce 세륨	59 Pr 프레세오디뮴	60 Nd 네오디뮴	61 Pm 프로메튬	62 Sm 사마륨	63 Eu 유로퓸	64 Gd 가돌리늄	65 Tb 테르븀	66 Dy 디스프로슘	67 Ho 홀뮴	68 Er 에르븀	69 Tm 툴륨	70 Yb 이터븀	71 Lu 루테튬
89 Ac 악티늄	90 Th 토륨	91 Pa 프로트악티늄	92 U 우라늄	93 Np 넵투늄	94 Pu 플루토늄	95 Am 아메리슘	96 Cm 퀴륨	97 Bk 버클륨	98 Cf 캘리포늄	99 Es 아인슈타이늄	100 Fm 페르뮴	101 Md 멘델레븀	102 No 노벨륨	103 Lr 로렌슘

범례: 20 Ca 칼슘 — 원자번호 / 원소기호(예: 圖:액체 **a**:기체 a:고체) / 이름
금속 / 비금속 / 전이원소 / 란타넘족 / 악티늄족

동영상 강의 수강자를 위한 전쌤의 환경에듀 이용방법

동영상 강의 바로가기 www.환경에듀.com

STEP 1.
교재를 구입하셨나요?
전쌤의 환경에듀로 시작하세요.
열심히 해서 **합격**해보자구요!

STEP 2.
전쌤 강의는 **홈페이지와 블로그**를 통해
전쌤과 함께 공부하실 수 있습니다.

방법1
홈페이지 http://www.환경에듀.com

방법2
블로그 http://blog.naver.com/airnara69

STEP 3.
알기 쉽고 귀에 쏙쏙 들어오는
재미있는 **동영상 강의**
잘 시청하고 계신가요?

STEP 4.
공부하다가 궁금한 점이 있거나
알고 넘어가야하는 문제가 있으신가요?
환경에듀(http://www.환경에듀.com)의
문을 두드려보세요!

STEP 5.
전쌤의 환경에듀(www.환경에듀.com)는
여러분이 자격증을 취득하는 순간까지
늘 곁에서 함께 하겠습니다.

최고의 합격수험서

전화택 원장님이 제시하는 합격 완벽대비!

💧 수질계열
- 수질환경기사·산업기사 필기
- 수질환경기사·산업기사 실기
- 수질환경기사 과년도
- 수질환경산업기사 과년도

❄️ 대기계열
- 대기환경기사·산업기사 필기
- 대기환경기사·산업기사 실기
- 대기환경기사 과년도
- 대기환경산업기사 과년도

⚙️ 환경계열
- 환경기능사 필기&실기
- 환경기능사 필기+작업형

🌀 폐기물계열
- 폐기물처리기사 필기
- 폐기물처리기사 실기
- 폐기물처리기사 과년도
- 폐기물처리산업기사 필기
- 폐기물처리산업기사 실기
- 폐기물처리산업기사 과년도

🧪 화학계열
- 화학분석기능사 필기&실기

♻️ 교재분야
- 수질환경분석
- 환경학개론
- 환경기초학 및 환경방지기술
- 수질오염
- 대기오염

❖ 환경에듀 홈페이지
http://www.환경에듀.com

❖ 블로그
http://blog.naver.com/airnara69

🔍 동영상 강의는 주소창에 www.환경에듀.com을 검색하세요!

도서출판 구민사
Address (07293) 서울특별시 영등포구 문래북로 116, 604호(문래동3가 46, 트리플렉스)
Tel 02)701-7421~2 Fax 02)3273-9642 homepage http://www.kuhminsa.co.kr

핵심요약 정리

제1과목 수질오염 개론
제2과목 수질오염공정시험기준
제3과목 수질오염방지기술
제4과목 수질환경관계법규

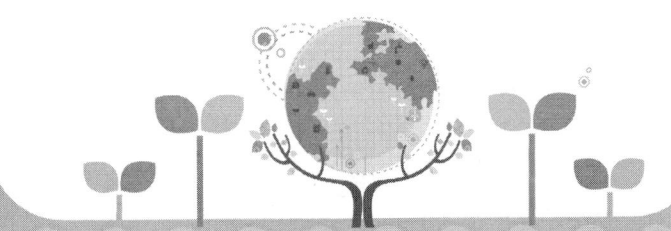

수질오염 개론

제1장 수질화학 기초편

❶ 단위 기초

① 동점성계수(Kinematic Viscosity) = $\dfrac{\mu(점성계수)}{\rho(밀도)}$

즉, 물의 동점성계수는 점성계수(μ)를 밀도(ρ)로 나눈 값이다.
여기서, 동점성계수(cm^2/sec), μ : 점성계수(g/cm·sec), ρ : 밀도(g/cm^3)

② 단위 : 밀도-g/cm^3, 동점성계수-cm^2/sec, 압력-dyne/cm^2,
점성계수-g/cm·sec, 표면장력-dyne/cm

❷ 산화·환원반응

(1) 산(Acid)의 정의

① Arrhenius는 수용액에서 양성자 [H^+]를 내어 놓는 것이다.
② Brönsted-Lowry는 양성자 [H^+]를 내어 주는 물질이다.
③ Lewis는 전자쌍을 수용액에서 받는 화학종이다.

(2) 염기(Base)의 정의

① Arrhenius는 수용액에서 수산화이온 [OH]을 내어 놓는 것이다.
② Brönsted-Lowry는 양성자[H^+]를 받는 분자나 이온이다.
③ Lewis는 전자쌍을 수용액에서 주는 화학종이다.

✦✦✦ (3) 산의 공통적인 성질

① 신맛이 난다.
② 푸른 리트머스 종이를 붉은색으로 변화시킨다.
③ 물에 용해되면 전해질이 된다.
④ 염기와 반응하여 염과 물을 발생시킨다.
⑤ 아연 등의 금속과 반응하여 수소를 발생시킨다.

❸ 반응조 혼합의 종류

(1) 완전혼합 흐름상태(CFSTR)

① 분산 : 1
② 분산수 : 무한대 (∞)
③ 모릴지수(Morrill 지수) : 클수록
④ 지체시간 : 0
⑤ 단로흐름으로 dead space를 동반 할 수 있다.
⑥ 반응조내에 유체는 즉시 완전히 혼합된다고 가정한다.

(2) 이상적인 플러그 흐름 상태(PFR)

① 분산 : 0
② 분산수 : 0
③ 모릴지수(Morrill지수) : 1
④ 지체시간 : 이론적 체류시간과 동일 할 때
⑤ 충격부하, 부하변동에 취약하다.
⑥ 탱크가 옆으로 길고 상하는 혼합하나 좌우혼합은 없다.

✦✦✦ (3) CFSTR과 PFR의 비교

	CFSTR	PFR
분산	1	0
분산수	무한대(∞)	0
모릴지수	클수록	1
지체시간	0	이론적 체류시간과 동일할 때

④ 콜로이드 화학

(1) 콜로이드성 물질의 종류

① 친수성 콜로이드의 특징
- ㉠ 유탁상태(에멀젼)으로 존재한다.
- ㉡ 염에 민감하지 못하다.
- ㉢ 표면장력이 용매보다 약하다.
- ㉣ 틴달효과가 약하거나 거의 없다.
- ㉤ 물과 쉽게 반응한다.
- ㉥ 재생이 용이하다.
- ㉦ 수막 또는 수화수를 형성시킨다.
- ㉧ 매우 큰 분자 또는 이온상태로 존재한다.
- ㉨ 반응이 불활발하며 전해질이 많이 요구된다.
- ㉩ 전해질에 대한 반응은 활발하며 많은 응집제를 필요로 한다.

② 소수성 콜로이드의 특징
- ㉠ 현탁질(Suspensoid) 상태이다.
- ㉡ 염에 매우 민감하다.
- ㉢ 표면장력이 용매와 비슷하다.
- ㉣ 틴달효과가 크다.
- ㉤ 물과 반발하는 성질이 있다.
- ㉥ 재생이 어렵다.
- ㉦ pH가 낮으면 양전하 콜로이드가 많아진다.
- ㉧ 소량의 응집제로 쉽게 응집침전시킨다.
- ㉨ 점도는 분산매와 비슷하다.

③ 소수성 콜로이드 입자가 전기를 띠고 있는 것을 조사하는 실험
전해질을 소량 넣고 응집을 조사한다.

(2) 응집의 화학적 반응기작을 나타내는 종류

① 이중층의 압축(double layer compression)
② 체거름(enmeshment)
③ 가교작용(interparticle bridging)
④ 제타전위(콜로이드 전단면에서의 정전기적 전위, 콜로이드 반발력을 나타내는 지표)의 감소

제2장 물의 특성

❶ 수자원

(1) 물 순환의 근본에너지는 태양에너지다.

(2) 지구상의 수자원은 해수가 97% 이고 담수가 3%를 차지한다.

(3) 담수의 분포는 다음과 같다.

>>> 빙하(만년설 포함) > 지하수 > 지표수 > 토양의 수분 > 대기중의 수분
(중요) 담수 중에서 가장 많은 양을 차지하는 것은 빙하(만년설 포함)이다.

(4) 우리나라 수자원 이용현황

농업용수 (54%) > 하천유지용수 (20%) > 생활용수 (17%) > 공업용수 (9%)

❷ 물의 물리적 성질

① 비열 : $1.0 cal/g \cdot ℃ (15℃)$
② 표면장력 : $72.75 dyne/cm (20℃)$
③ 융해열 : $79.40 cal/g (0℃)$
④ 음파의 전파속도 : $1482.9 m/sec (20℃)$
⑤ 비저항 : $2.5 \times 10^7 \, \Omega \, cm$
⑥ 기화열 : $539 cal/g (100℃)$
⑦ 비점 : $100℃$ (1기압하)
⑧ 빙점 : $0℃$ (1기압하)
⑨ 밀도 : $1.000 g/cm^3 (4℃)$

❸ 물의 물리적 특성

① 수소와 산소의 공유결합 및 수소결합으로 되어 있다.
② 물의 점도는 표준상태에서 대기의 대략 100배 정도이다.

③ 물 분자 사이의 수소결합으로 큰 표면장력을 갖으며 수온이 증가하면 표면장력은 감소한다.
④ 상온에서 알칼리금속, 알칼리토금속, 철과 반응하여 수소를 발생시킨다.
⑤ 점도는 수온과 불순물의 농도에 따라 달라지는데 수온이 증가할수록 점도는 낮아진다.
⑥ 고체상태인 경우 수소결합에 의한 육각형 결정구조로 되어 있다.
⑦ 액체상태의 경우 공유결합과 수소결합의 구조로 H^+, OH^-로 전리되어 극성을 가진다.(화학구조적으로 극성을 띠어 많은 물질들을 녹일 수 있다.)
⑧ 온도차에 의한 밀도변화는 호수의 계절적 성층화와 전도를 유도한다.
⑨ 밀도류에 영향을 미치는 물의 점성은 온도가 상승함에 따라 감소한다.
⑩ 물은 2개의 수소원자가 산소원자를 사이에 두고 104.5°의 결합각을 가진 구조로 되어 있다.
⑪ 물은 유사한 분자량의 화합물보다 비열이 매우 커 수온의 급격한 변화를 방지해 준다.
⑫ 물의 밀도는 4℃에서 가장 크다.
⑬ 지구상에서의 물의 대규모 순환은 해양에서 대기로, 대기에서 육상 또는 해상으로, 육지에서 해양으로의 이동이다.
⑭ 기화열이 크기 때문에 생물의 효과적인 체온조절이 가능하다.
⑮ 생물체의 결빙이 쉽게 일어나지 않음은 물의 융해열이 크기 때문이다.
⑯ 비열을 1g의 물질을 14.5℃~15.5℃까지 1℃ 올리는데 필요한 열량으로 물은 유사한 분자량을 갖는 다른 화합물보다 비열이 매우 큰 특성이 있다.
⑰ 물의 점도는 물분자 상호간의 인력 때문에 생기게 되며 온도가 높아짐에 따라 작아진다.
⑱ 물은 비압축성이며 다른 액체상태의 물질과는 달리 약 4℃일 때 밀도가 최대(1000kg/m^3)가 된다.
⑲ 물의 동점도는 절대점도를 밀도로 나눈 값으로 cm^2/sec, stokes 등의 단위로 나타낸다.
⑳ 광합성의 수소공여체이며 호흡의 최종 산물이다.

❹ 수자원의 특성

(1) 하천수

① 탁도와 색도를 나타낸다.
② 하상계수(최대유량과 최소유량의 비)가 크다.
③ 갈수기에는 수질이 악화되기 쉽다.
④ 미생물과 유기물이 많이 함유되어 있다.
⑤ 자연수의 pH는 일반적으로 CO_2와 CO_3^{2-}의 비율로서 결정된다.

(2) 호소수

① 냄새, 색도, 탁도를 나타낸다.
② 영양염류(N, P)가 많아 농업용수로 적합하다
③ 부영양화 현상(녹조현상)이 잘 발생한다.
④ 미생물중에서 조류가 존재할 경우에는 엽록소를 가지므로 광합성 작용을 한다.

≪≪≪ (3) 지하수의 특성

① 분해성 유기물질이 풍부한 토양을 통과하게 되면 지하수내에 대량의 이산화탄소가 용해된다.
② 유속이 느리며 국지적 환경조건의 영향을 크게 받는다.
③ 세균에 의한 유기물의 분해가 주된 생물작용이다.
④ 토양은 대량의 오염을 방지해주며 불순물과 세균이 없는 지하수를 만드는데 역할을 한다.
⑤ 지하수는 지표수보다 경도가 높다.
⑥ 비교적 얕은 지하수의 염분농도는 하천수보다 평균 30% 이상 큰 값을 나타낸다.
⑦ 지하수는 토양수내 유기물질 분해에 따른 탄산가스의 발생과 약산성의 빗물로 인하여 광물질이 용해되어 경도가 높다.
⑧ 탁도가 낮다.
⑨ 년중 수온의 변동이 적고 염분함량이 지표수보다 높다.
⑩ 유량의 변화 적고 자정작용이 느리다.

≪≪≪ (4) 지하수 수질의 수직 분포

① 산화-환원 전위(ORP) : 상층수(고), 하층수(저)
② 용존산소(DO) : 상층수(대), 하층수(소)
③ 황산이온(SO_4^{2-}) : 상층수(대), 하층수(소)
④ 질산이온(NO_3^-) : 상층수(대), 하층수(소)
⑤ pH : 상층수(대), 하층수(소)
⑥ 유리탄산 : 상층수(대), 하층수(소)
⑦ 질소 : 상층수(소), 하층수(대)
⑧ 염분 : 상층수(소), 하층수(대)
⑨ 철이온(Fe^{2+}) : 상층수(소), 하층수(대)
⑩ 알칼리도 : 상층수(소), 하층수(대)

제3장 수질 미생물학

① 미생물의 분류 및 특성

(1) 에너지원과 탄소원에 의한 미생물의 분류

① 광합성 자가(독립) 영양 미생물의 에너지원은 빛이며 탄소원은 CO_2이다.
② 화학합성 자가(독립) 영양 미생물의 에너지원은 무기물의 산화·환원반응이며 탄소원은 CO_2이다.
③ 광합성 타가(종속) 영양 미생물의 에너지원은 빛이며 탄소원은 유기탄소이다.
④ 화학합성 타가(종속) 영양 미생물의 에너지원은 유기물의 산화·환원반응이며 탄소원은 유기탄소이다.

(정리하면)

분류	에너지원	탄소원
광합성 자가(독립) 영양 미생물	빛	CO_2
화학합성 자가(독립) 영양 미생물	무기물의 산화·환원 반응	CO_2
광합성 타가(종속) 영양 미생물	빛	유기탄소
화학합성 타가(종속) 영양 미생물	유기물의 산화·환원 반응	유기탄소

(2) 생물학적 질산화공정의 특징

① 질산화반응에 참여하는 미생물은 산소(O_2)가 필요한 호기성미생물이며 독립영양계 미생물이다.
② 질산화 반응에는 O_2가 필요하다.
③ 암모니아성 질소의 질산화는 Nitrosomonas와 Nitrobacter 미생물이 관여하여 2단계로 진행된다.
④ 암모니아성 질소(NH_3 - N)를 아질산성질소(NO_2 - N)으로 전환시키는 1단계 반응에는 Nitrosomonas(니트로조모나스)가 관여 한다.
⑤ 아질산성질소(NO_2 - N)를 질산성 질소(NO_3 - N)으로 전환시키는 2단계 반응에는 Nitrobacter(니트로박터)가 관여한다.
⑥ 질산화반응은 호기성 폐수처리의 후기에 진행된다.
⑦ 질산화미생물은 유기탄소보다 무기탄소(CO_2)를 새로운 세포합성에 이용된다.
⑧ 질산화 반응의 최적온도는 30℃ 이다.
⑨ 질산화공정에서는 (H^+)의 증가로 pH가 감소한다.

⑩ 질산화 미생물은 절대호기성이어서 높은 산소 농도를 요구한다.
⑪ Nitrobacter는 암모늄이온의 존재하에서 pH 9.5 이상이면 생장이 억제된다.
⑫ Nitrosomonas는 알칼리성 상태에서는 활성이 크지만 pH 6.0 이하에서는 생장이 억제된다.

(3) 생물학적 탈질화공정의 특징

① 탈질화 공정은 주로 종속(타가)영양계 미생물에 의해 발생된다.
② 탈질소를 위해서는 내부탄소원이나 메탄올을 이용할 수 있다.
③ 탈질소는 질산염질소를 보다 더 환원된 형태로 바꾸는 생물학적 전환공정이다.
④ 탈질소 반응이 지체없이 진해되기 위해서는 적당한 수소공여체가 적당량으로 존재하여야 한다. 알칼리도는 NO_3^--N, NO_2^--N 환원에 따라 알칼리도가 생성된다.
⑤ 탈질공정에서 일반적으로 탄소원 공급용으로 가해주는 화학약품은 메탄올(CH_3OH)이다. 수소공여체는 NO_3^-, NO_2^- 이다.
⑥ NO_3^-가 박테리아에 의해 N_2로 환원되는 경우 질손환원 박테리아의 탄소공급원으로 제공된 CH_3OH 중 OH^- 가 발생해 pH가 증가한다.
⑦ 아질산이온, 질산이온 등이 질소가스로 변환되어 대기로 방출되는 공정이다.
⑧ 생물학적 탈질공정은 Pseudomonas, Micrococcus 등에 이해서 이루어진다.
⑨ 탈질화 공정에서 용존산소의 농도는 주요 변수이다.

❷ 미생물의 종류

(1) 미생물의 경험적인 화학식

① 박테리아 : $C_5H_7O_2N$
② 조류 : $C_5H_8O_2N$
③ 곰팡이(Fungi) : $C_{10}H_{17}O_6N$
④ 원생동물(Protozoa) : $C_7H_{14}O_3N$
⑤ 친냉성미생물 : 10~30℃(최적 12~18℃)
　친온성미생물 : 20~50℃(최적 25~40℃)
　친열성미생물 : 35~75℃(최적 55~65℃)}

(2) Fungi(곰팡이)

① 탄소동화작용을 하지 않고 유기물질을 섭취하는 식물로 폐수내의 질소와 용존산소

가 부족한 경우에도 잘 성장하며 pH가 낮은 경우에도 잘 자라 산성폐수의 처리에도 이용되는 미생물이다.
② 경험적인 화학식은 $C_{10}H_{17}O_6N$ 이다.
③ 활성슬러지법에서 팽화(벌킹)현상을 유발한다.

(3) Bacteria(박테리아)

① 가장 간단한 식물로서 용해된 유기물을 섭취하며 생물학적 수처리에서 가장 중요한 미생물이다.
② 경험적 화학식은 $C_5H_7O_2N$이다.
③ 박테리아는 H_2O가 80%, 고형물이 20%로 구성되어 있으며 고형물은 90%가 유기물이고 10%가 무기물이다.
④ 박테리아는 0.8~5μm의 단세포생물이며 이분법(세포분열)에 의해 증식한다.
⑤ 환경인자(pH, 온도)에 대하여 민감하며 열보다 낮은 온도에서 저항성이 높다.
⑥ 성장을 위한 환경적인 조건에 따라 분류할 때 바닷물과 비슷한 염 조건하에서 가장 잘 자라는 박테리아(호염균)가 Halophiles이다.
⑦ 엽록소가 없어 탄소동화작용을 못한다.

(4) 조류(Algae)

- 경험적인 화학식이 $C_5H_8O_2N$으로 수중의 용존산소 균형에 영향을 준다.
- 상수원에서는 색, 맛, 불쾌한 냄새유발, pH 저하, 여과재 막힘 등에 영향을 준다.
- 엽록소를 가지며 광합성 능력을 가진다.

① 규조류
  ㉠ 봄과 가을에 순간적 급성장을 보여 호수와 성층현상과 관련 있는 것으로 판단되는 조류는 보통 단세포이며 드물게 군락을 이루고 있는 경우가 있으며 초기지질시대에 호수에 번성하여 축적된 잔해가 가끔 거대한 퇴적층을 형성하기도 하는 조류이다.
  ㉡ 황조류로 엽록소 a, c와 크산토필의 색소를 가지고 있는 세포벽이 형태상 독특한 단세포 조류이며, 찬물 속에서도 잘 자라 북극지방에서나 겨울철에 변성하는 것을 발견할 수 있는 조류이다.
② 남조류(Blue green algae)
  ㉠ 세포벽의 형태가 박테리아와 유사하며, 섬유상이나 군락상의 단세포로 편모가 없으며, 엽록소가 엽록체 내부에 있지 않고 세포전체에 퍼져있는 원핵생물이다.

ⓒ 내부기관이 발달되어 있지 않고 Bacteria에 가까우며 광합성을 하는 미생물이다.
　　ⓒ 세포벽의 구조는 박테리아와 흡사하다.
　　ⓔ 광합성 색소가 엽록체 안에 들어있지 않다.
　　ⓕ 호기성 신진대사를 하며 전자공여체로 물을 사용한다.
　　ⓗ 대기로부터 질소고정능력을 가진다.
③ 녹조류(green Algae)
　　㉠ 조류 중 가장 큰 문(division)이다.
　　ⓒ 세포벽은 엽록소이다.
　　ⓒ 클로로필 a, b를 가지고 있다.
　　ⓔ 종류는 단세포와 다세포가 있으며, 비운동성이 있는가 하면 유영편모(Swimming flagella)를 갖춘 것도 있다.

(5) 원핵세포

① 원핵세포의 세포벽은 세포막의 외부에 위치하며 세포를 지지하고 보호해주는 견고한 구조로 되어 있다.
② 원핵세포의 리보솜은 단백질과 리보핵산으로 구성되어 있는 작은 과립체이다.
③ 원핵세포의 세포크기는 진핵세포에 비하여 작다.
④ 세포벽은 펩티드 글리칸으로 구성되어 있다.
⑤ 유사분열을 안한다.

(6) 진핵생물(진핵세포)

① 유사분열을 하며 염색체가 여러개이다.
② 호흡을 위한 사립체가 있다.
③ 2~9개의 편모가 있다.
④ 세포벽은 셀룰로즈, 키틴질로 되어 있다.
⑤ 세포소기관으로 미토콘드리아, 엽록체, 액포 등이 존재한다.
⑥ 핵막이 있다.
⑦ 리보솜은 80S(예외로 미토콘드리아와 엽록체는 70S)이다.

(7) 미생물의 성장과 특성

① 순서 : 유도기 → 대수성장단계 → 감소성장단계 → 내성장단계
② 유도기 : 수중에서 미생물과 유기물이 상호작용하는 단계, 각종 효소 단백질을 생합성하는 단계

③ 대수성장단계 : 미생물이 엉키지 않고 자라는 분산성장단계, 먹이가 풍부하고 증식속도가 가장 큰 단계, 새로운 세포물질이 지배적인 단계, floc이 비대하여 침강성이 낮은 단계
④ 감소성장단계 : 미생물이 엉켜 floc 형성 단계, 원형질이 개체수보다 많아지는 단계, 먹이가 부족하게 되는 단계
⑤ 내성장단계 : 미생물의 증식이 정지되는 단계

TIP

미생물의 증식곡선 단계 순서를 찾는 문제
- 4단계 : 유도기 - 대수기 - 정지기 - 사멸기
- 7단계 : 유도기 - 대수증식기 - 감소성장기 - 정지기 - 증가사멸기 - 대수사멸기 - 사멸기

제4장 수질오염지표

❶ 용존산소(DO)

(1) 용존산소(DO)의 특징

① 수온이 높을수록 용존산소량은 감소한다.
② 용존염류의 농도가 높을수록 용존산소량은 감소한다.
③ 현존 용존산소 농도가 낮을수록 산소전달율은 높아진다.
④ 같은 수온하에서는 해수보다 담수의 용존산소량이 높다.
⑤ 물속의 용존산소는 수온이 낮고 기압이 높을 때 증가한다.

(2) 산소전달속도(K_{La})

$$\frac{dO}{dt} = K_{La} \times (C_s - C)$$

① 기포가 작을수록 커진다.
② 교반강도가 클수록 크다.
③ 수중의 용존산소농도가 낮을수록 크다.
④ 공기중의 산소분압이 낮아지면 감소한다.

(3) 담수의 DO가 해수의 DO보다 높은 이유는 염도가 낮기 때문이다.

❷ 생물화학적 산소 요구량(BOD)

(1) 특징
① 호기성 미생물에 의해 유기물이 산화분해될 때 소비되는 산소량이다.
② 유기물이 완전히 분해 또는 안정화되는데 사용된 산소의 양을 최종 BOD라 한다.
③ 최종 BOD 측정은 보통 20일정도 걸리나 BOD시험은 보통 5일 BOD로 한다.
④ 질소화합물의 산화를 보통 2단계 BOD라 하며 보통 8일부터 질산화가 이루어진다.
⑤ 시료를 20℃에서 5일간 저장하여 두었을 때 시료중의 호기성 미생물의 증식과 호흡작용에 의하여 소비되는 용존산소의 양으로부터 측정한다.

(2) BOD_t 공식

① 소모공식, 밑수 10(또는 상용대수)
$$BOD_t = BOD_u \times (1-10^{-k_1 \times t})$$

② 소모공식, 밑수 e(또는 자연대수)
$$BOD_t = BOD_u \times (1-e^{-k_1 \times t})$$

③ 잔류공식, 밑수 10(또는 상용대수)
$$BOD_t = BOD_u \times (10^{-k_1 \times t})$$

④ 잔류공식, 밑수 e(또는 자연대수)
$$BOD_t = BOD_u \times (e^{-k_1 \times t})$$

$\begin{bmatrix} BOD_t : t일\ BOD(mg/L) & BOD_u : 최종\ BOD(mg/L) \\ k_1 : 탈산소계수(/day) & t : 시간(day) \end{bmatrix}$

(3) COD = BDCOD + NBDCOD

$\begin{bmatrix} BDCOD : 생물학적\ 분해\ 가능한\ COD = BOD_u \\ NBDCOD : 생물학적\ 분해\ 불가능한\ COD \\ \therefore NBDCOD = COD-BDCOD(=BOD_u) \end{bmatrix}$

❸ 경도(Hardness)

경도는 물의 세기 정도를 말하며 2가 양이온 금속성 물질(Ca^{2+}, Mg^{2+}, Mn^{2+}, Fe^{2+}, Sr^{2+})의 량을 탄산칼슘($CaCO_3$)의 농도로 환산한 값(ppm = mg/L)이다.

(1) 경도의 특징

① 경도에는 영구경도인 비탄산경도와 일시경도인 탄산경도가 있다.
② 탄산경도 성분은 물을 끓일 때 제거되므로 일시경도라 한다.
③ 비탄산경도 성분은 열을 가해도 제거되지 않으므로 영구경도라 한다.
④ 일반적으로 칼슘이온과 마그네슘이온이 경도의 주원인이 된다.
⑤ 총경도 = 탄산경도(일시경도) + 비탄산경도(영구경도)
  ∴ 비탄산경도 = 총경도-탄산경도
  ㉠ 총경도 > Alk : Alk = 탄산경도
    ∴ 비탄산경도 = 총경도-Alk
  ㉡ 총경도 < Alk : 총경도 = 탄산경도
    ∴ 비탄산경도 = 총경도-총경도 = 0
⑥ 농도가 낮은 경우에는 경도를 유발하지 않으나 농도가 높은 경우에 경도를 유발하는 물질을 가경도(유사경도)유발물질이라 하며 금속이온 중 Na^+, K^+ 등이 있으며 대표적인 물질은 Na^+(나트륨이온)이다.

(2) 경도 계산식

$$\frac{경도(mg/L)}{50g} = \frac{Ca^{2+}mg/L}{20g} + \frac{Mg^{2+}mg/L}{12g} + \frac{Fe^{2+}mg/L}{28g} + \frac{Mn^{2+}mg/L}{27.5g} + \frac{Sr^{2+}mg/L}{43.8g}$$

④ 알칼리도(Alkalinity)

산을 중화할 수 있는 완충능력, 즉 수중에 존재하는 [H+]을 중화시키기 위하여 반응할 수 있는 이온의 총량을 말한다.

(1) 알칼리도(Alkalinity)의 특징

① P - Alk(P - 알칼리도)는 처음 pH에서 pH 8.3까지 소요된 산의 양을 $CaCO_3$로 환산한 양을 말한다. 유발물질 중 자연수의 경우 중탄산염(HCO_3^-)에 의한 알칼리도가 지배적이다.
② P - Alk(P - 알칼리도)을 측정할 때 사용하는 지시약은 페놀프탈레인이다. 총경도가 알칼리도보다 큰 경우는 알칼리도와 탄산경도는 같다.
③ 총알칼리도는 처음 pH에서 pH 4.5까지 소요된 산의 양을 $CaCO_3$로 환산한 양을 말한다. (M-알칼리도가 총알칼리도이다.)

④ 총알칼리도를 측정할 때 사용하는 지시약은 메틸 오렌지이다.
⑤ 자연수 중의 알칼리도 원인물질은 HCO_3^-, CO_3^{2-}, OH^-이다.
⑥ 유발물질 중 자연수의 경우 중탄산염(HCO_3^-)에 의한 알칼리도가 지배적이다.
⑦ 자연수의 알칼리도는 석회암 등의 지질에 의해 변할 수 있다.
⑧ 실용목적에서는 자연수에 있어서 수산화물, 탄산염, 중탄산염 이외, 기타 물질에 기인되는 알칼리도는 중요하지 않다.
⑨ 알칼리도 자료는 부식제어가 관련되는 중요한 변수인 Langelier 포화지수 계산에 이용된다.

(2) 알칼리도(Alkalinity)계산식

① 물속에 존재하는 이온의 농도가 주어질 때

$$\frac{Alk(mg/L)}{50g} = \frac{OH^-(mg/L)}{17g} + \frac{CO_3^{2-}(mg/L)}{60g/2} + \frac{HCO_3^-(mg/L)}{61g}$$

② 적정법에 의한 계산공식

$$알칼리도(mg/L\ as\ CaCO_3) = \frac{A \times N \times 50,000}{V} = A \times N \times f \times \frac{1000}{V} \times 50$$

A : 주입된 산의 부피(mL) N : 주입된 산의 N농도
V : 시료의 부피(mL) 50,000(mg) : $CaCO_3$ 당량

제5장 하천의 수질오염 관리

① 유해물질과 만성질환 및 발생공업

① PCB - 카네미유증
  - 변압기, 콘덴서 공장
② 수은 - 헌터-루셀 증후군, 미나마타병, 경구염, 수족 떨림
  - 제련, 살충제, 온도계, 압력계 제조업
③ 망간 - 파킨슨씨 증후군과 유사한 증상
  - 광산, 합금, 유리착색 공업
④ 카드뮴 - 이따이이따이병, 골연화증
  - 아연정련업, 도금공업

⑤ 아연 - 소인증
- 도금, 안료공업
⑥ 불소 - 법랑반점
- 살충제, 도료공업
⑦ 비소 - 피부염, 발암, 피부흑색(청색)화
- 황산제조, 피혁공업
⑧ 구리 - 만성중독시 간경변, 윌슨씨 증후군
- 도금공장, 파이프 제조업

❷ 소독 및 살균

(1) 염소소독의 특징

① 염소 소독 시 pH가 높을 때 일어나는 반응은 $HOCl \rightarrow H^+ + OCl^-$ 이다.
② $HOCl$이 OCl^- 보다 살균력이 80배 강하다.
③ 살균능력은 클로라민 < OCl^- < $HOCl$ 순이다.
④ 유기물이 많아서 BOD가 높은물을 상수원으로 사용하는 경우 염소 소독시 생성되는 발암성물질은 THM(Trihalomethane)이다.
⑤ 염소의 살균력은 온도가 높을수록, 반응시간이 길수록, 주입농도가 증가할수록, pH가 낮을수록 증가한다.
⑥ 수중에 암모니아가 존재하면 염소와 반응하여 클로라민을 형성한다.
⑦ 미량의 phenol을 함유하는 물을 염소 처리하면 음료수에 불쾌한 맛과 냄새를 야기 시키는 이유는 페놀이 염소와 작용하여 클로로페놀을 생성시키기 때문이다.

(2) 클로라민의 살균력

① 살균력 순서는 $NHCl_2$(디클로라민) > NH_2Cl(모노클로라민)이다.
② NCl_3(트리클로라민)은 산화력이 0이므로 살균력이 없다.

(3) 잔류성

① 잔류성 물질 : 염소화합물(Cl_2, $HOCl$, OCl^-, ClO_2, 클로라민)
② 잔류성 없는 물질 : O_3(오존), 자외선(UV)

③ 트리할로메탄(THM) 특징

(1) THM의 생성조건

① 전구물질의 농도가 높을수록 생성량은 증가한다.
② pH가 증가할수록 생성량은 증가한다.
③ 온도가 증가할수록 생성량은 증가한다.
④ 물속의 유기물질이 소독제로 사용되는 염소 또는 바닷물중의 브롬과 반응하여 생성된다.
⑤ 여름철 장마시 숲속에서 휴믹물질이 상수원수로 유입될 때 다량 발생한다.
⑥ 유리염소와 부식질계 유기물이 반응하여 생성된다.

> **TIP**
>
> **THM 증가조건**
> 수온↑, pH↑, 접촉시간↑, 염소 주입량↑

(2) 수돗물에서 생성된 트리할로메탄류는 대부분 클로로포름으로 존재한다.

(3) 클로로포름(트리클로로메탄)은 THM의 75%을 차지한다.

(4) 대책

① 전구물질 제거법 : 활성탄 흡착(용해성), 중간염소처리(용해성), 응집침전(콜로이드 형태)
② 소독방법전환 : 클로라민, O_3(오존), ClO_2(이산화염소), UV(자외선)

④ 하천의 자정작용

(1) 자정계수(f)의 특징

① 자정계수는 $\dfrac{\text{재포기 계수}(k_2)}{\text{탈산소 계수}(k_1)}$ 이다.
② 유속이 빨라지면 자정계수는 커진다.
③ 구배가 크면 자정계수는 커진다.
④ 자정계수의 단위는 없다.

⑤ 수심이 얕을수록 자정계수는 커진다.
⑥ 온도가 높아지면 자정계수는 낮아진다.
⑦ 자정계수 순서는 폭포 > 유속이 빠른 하천 > 완만한 하천 > 조그만 연못 순서이다.
⑧ 유기물질의 구조가 간단할수록 탈산소계수는 증가한다.

> **TIP**
> 온도가 증가함에 따라 k_1(탈산소 계수), k_2(재포기 계수)가 모두 증가하지만 k_1(탈산소 계수) 증가율이 더욱 커져 자정계수(f)는 감소한다.

(2) 재포기(Reaeration)계수(k_2)

① 유속이 클수록 커진다.
② 수심이 얕을수록 커진다.
③ 재포기계수가 커지면 자정계수는 커진다.
④ 경사가 급할수록 커진다.
⑤ 하상이 거칠수록 커진다.
⑥ 수온이 높을수록 커진다.
⑦ 교란이 있을수록 커진다.

5 Whipple의 하천정화단계

(1) (초기)분해지대

① 희석이 잘되는 큰 하천보다 희석이 덜 되는 작은 하천에서 더 뚜렷이 나타난다.
② 세균의 수가 증가하고 유기물을 많이 함유하는 슬러지의 침전이 많아진다.
③ 오염에 잘 견디는 곰팡이류가 녹색 수중식물이나 고등미생물을 대신해 번식한다.
④ 유기물을 다량 함유하는 슬러지의 침전이 많아지고 용존산소량이 크게 줄어드는 대신에 탄산가스의 양은 증가한다.

(2) 활발한 분해지대

① 수중에 DO가 거의 없어 혐기성 Bacteria가 번식하며 NH_3-N 농도가 증가하는 지대이다.
② 흑색 및 점성질의 슬러지 침전물이 생기고 기체방울이 수면으로 떠오른다.
③ 수중에 CO_2 농도나 NH_3-N농도가 증가하며 fungi가 사라진다.
④ 호기성세균이 혐기성세균으로 교체된다.

(3) 회복지대

① 혐기성균이 호기성균으로 대체되며 조류가 많이 발생하며 fungi도 조금씩 발생한다.
② 광합성을 하는 조류가 번식하며 원생동물, 유충, 갑각류가 번식하며 큰 수중식물도 다시 나타난다.
③ 바닥에서는 조개나 벌레의 유충이 번식하며 오염에 견디는 힘이 강한 은빛 담수어 등의 물고기도 서식한다.
④ 용존산소가 포화 될 정도로 증가한다.
⑤ 아질산염이나 질산염의 농도가 증가한다.

(4) 정수지대

① DO와 BOD가 오염이전으로 회복된다.
② 호기성 세균이 증가하고 착색조류가 증가, 송어, 쏘가리 증가한다.
③ NO_3-N가 증가한다.

6 하천모델링의 종류

(1) Streeter-Phelps 모델

① 점오염원으로부터 오염부하량 고려
② 하천수질 모델링의 최초
③ 유기물 분해로 인한 용존산소 소비와 대기로부터 수면을 통해 산소가 재공급되는 재폭기 고려

(2) DO SAG-Ⅰ, Ⅱ, Ⅲ 모델

① 1차원 정상상태 모델이다.
② 점오염원 및 비점오염원이 하천의 용존산소에 미치는 영향을 나타낼 수 있다.
③ Streeter-Phelps 식을 기본으로 한다.
④ 저질의 영향과 광합성 작용에 의한 용존산소 반응을 무시한다.

(3) QUAL-Ⅰ 모델

① 유속, 수심, 조도계수에 의해서 확산계수를 계산한다.
② 하천과 대기사이에서의 열복사를 고려한다.
③ 오염물질의 유입과 용수취수를 고려한다.

(4) QUAL-Ⅱ 모델

① 질소화합물(NH_3-N, NO_2-N, NO_3-N), P(인), 클로로필-a(chl-a)를 고려
② 음해법을 이용해 미분방정식의 해를 구한다.
③ QUAL-Ⅰ 모델보다 계산시간이 짧다.

(5) WQRRS 모델

① 하천 및 호수의 부영양화를 고려한 생태계모델이다.
② 정적 및 동적인 하천의 수질, 수문학적 특성이 광범위하게 고려된다.
③ 호수에는 수심별 1차원 모델이 적용된다.

(6) USGS Streeter phelps 모델

① Streeter phelps 모델을 확장시킨 1차원 모델이다.
② 하천의 수리학적 특성, 반응계수 등을 고려
③ 비점오염원 무산소상태를 고려한다.

제6장 호수의 수질오염관리

❶ 성층현상 및 전도현상

(1) 호소에서 성층현상 및 전도현상

① 겨울에는 호수바닥의 물이 최대 밀도를 나타내게 된다.
② 여름에는 수직운동이 호수 상층에만 국한된다.
③ 수심에 따른 온도변화로 인해 발생되는 물의 밀도차에 의해 일어난다.
④ 봄, 가을에는 저수지의 수직혼합이 활발하여 분명한 열 밀도층의 구별이 없어진다.
⑤ 겨울과 여름에는 수직혼합이 없어 정체현상이 생기며 수심에 따라 온도와 용존산소 농도 차이가 크고 겨울보다 여름이 정체가 더 뚜렷히 생긴다.
⑥ 수온에 따라 표수층, 수온약층, 심수층의 성층을 이룬다.
⑦ 하층의 물은 표층으로 잘 순환(turn over)되지 않고 수직운동은 상층에만 국한한다.
⑧ 봄철 기온이 높고 바람이 약할 경우에는 성층이 늦게 이루어진다.

⑨ 봄철 전도현상은 표수층의 수온이 높아지기 시작하고 4℃가 되면 최대밀도를 가지게 되어 아래로 이동하게 되고 상대적으로 심수층 물이 표수층으로 이동하게 되어 일어난다.
⑩ 가을철 전도현상은 표수층의 수온이 점차 감소되기 시작하고 밀도는 증가하기 시작한다. 표수층의 수온이 심수층의 수온과 비슷해지면 바람에 의해서도 표수층의 물이 아래로 이동하고 심수층의 물이 표수층으로 이동하게 되어 발생한다.
⑪ 성층현상 ┌ 강한성층 : 여름철
　　　　　　└ 강한성층 : 겨울철
⑫ 전도현상은 봄과 가을에 발생한다.
⑬ 호소의 성층현상은 기후특성, 호소 저수용량에 따른 유입 유출량의 크기, 호수의 크기 등 다양한 환경 인자에 의해 영향을 받는다.
⑭ 수온약층은 표수층에 비하여 수심에 따른 온도차이가 크다.

❷ 호수의 부영양화

★★★ (1) 칼슨지수

칼슨에 의해 개발되어 칼슨지수라고 하는데 칼슨지수는 경험적으로 만든 연속적인 부영양화 지수이다.

① Carlson 지수 산정시 적용되는 Parameter
　㉠ 클로로필-a (chl-a)
　㉡ T-P (총인)
　㉢ 투명도 (SD)
② 부영양화 단계를 예측하는 모델
　㉠ 인(P) 부하모델 : Vollenweider 모델
　㉡ 인(P)-엽록소 모델 : Larsen & Mercier모델, Dillan모델, 사카모토 모델

(2) Vollenweider(볼렌와이더)가 제안한 영양물질 수지모델(호소의 부영양화 예측 모델)에서 고려 사항

① 방류 유량
② 침전율 계수
③ 호수의 체적

(3) Vollenweider model

호수에 부하되는 인산량을 적용하여 대상호수의 영양상태를 평가, 예측하는 모델 중 호수내의 인의 물질수지 관계식을 이용하여 평가하는 방법이다.

제7장 해수

❶ 해수의 특성

 (1) 해수의 특징

① 해수는 pH 약 8.2 정도이며 강전해질로 1리터당 35g의 염분을 함유한다.
② 해수의 밀도는 염분, 수온, 수압의 함수로 수심이 깊을수록 증가한다.
③ 해수 내 전체 질소 중 약 35% 정도는 암모니아성 질소와 유기질소의 형태이다.
④ 해수의 Mg/Ca 비는 3~4 정도로 담수에 비하여 크다.
⑤ 중요한 화학적 성분 7가지(Holy seven)는 Cl^-, Na^+, SO_4^{2-}, Mg^{2+}, Ca^{2+}, K^+, HCO_3^- 이다.
⑥ 해수의 주요성분 농도비는 항상 일정하다.
⑦ 해수는 HCO_3^-[bicarbonate : 중탄산염]를 포함시킨 상태로 되어 있다.(bicarbonate의 완충용액이다.)
⑧ 염분은 통상 천분율로 표시한다.
⑨ 염분농도순서는 중위도 > 적도 > 극지방 순서이다.
⑩ 염분은 적도 해역에서는 높고 남극과 북극 해역에서는 다소 낮다.
⑪ 해수는 염분 외에 온도만 측정하면 해수의 비중을 알 수 있다.

(2) 해수에서 영양염류가 수온이 낮은 곳에 많고 수온이 높은 지역에서 적은 이유

① 수온이 낮은 바다의 표층수는 원래 영양염류가 풍부한 극지방의 심층수로부터 기원하기 때문이다.
② 수온이 높은 바다의 표층수는 적도 부근의 표층수로부터 기원하므로 영양염류가 결핍 되어 있다.
③ 수온이 높은 바다는 수계의 안정으로 수직혼합이 일어나지 않아 표층수의 영양염류가 플랑크톤에 의해 소비되기 때문이다.

(3) 해류의 원인

① tidal current(조류) : 태양과 달의 영향으로 발생된다.
② tsunamis(쓰나미) : 지진이나 화산에 의해 발생된다.
③ upwelling(용승류) : 바람과 해양 및 육지의 상호작용으로 형성되는 상승류이다.
④ 심해류 : 해수의 온도와 염분에 의한 밀도차에 의하여 발생된다.

❷ 적조현상의 조건

① 해류의 정체(물의 이동이 적은 정체수역)
② 염분 농도의 감소
③ 수온의 상승
④ 영양염류의 증가
⑤ 햇빛이 강할 때
⑥ 플랑크톤 농도의 증가
⑦ 하천 유입수의 오염도 증가

제8장 수질오염 공식정리편

(1) Monod식에 의한 세포의 비증식 속도 계산식

$$\mu = \mu_{max} \times \frac{S}{Ks + S}$$

μ : 세포의 비증식 계수(/hr)
μ_{max} : 세포의 최대 비증식 계수(/hr)
S : 제한기질의 농도(mg/L)
Ks : 반포화 농도(즉, $\mu = \frac{1}{2}\mu_{max}$ 일 때 제한기질의 농도(mg/L))

(2) 1차 반응식

$$\ln \frac{C_t}{C_o} = -k \times t$$

- C_t : t시간 후의 농도(mg/L)
- k : 상수(/hr)
- C_o : 초기농도(mg/L)
- t : 시간(hr)

(3) 반감기 사용(1차 반응식에서)

$$\ln \frac{C_t}{C_o} = -k \times t \xrightarrow[C_t = 1/2 C_o]{\text{반감기}} \ln \frac{1}{2} = -k \times t$$

(4) 완전혼합형(CFSTR) 반응조에서 1차 반응식

① K(상수)가 없거나 희석만 고려할 경우

$$\ln \frac{C_t}{C_o} = -\left(\frac{Q}{V}\right) \times t$$

② K(상수)가 주어진 경우

$$Q(C_o - C_t) = k \times V \times C_t$$

(5) 플러그반응조(PFR)에서 1차 반응식

$$\ln \frac{C_t}{C_o} = -k \times \left(\frac{V}{Q}\right) \text{ 또는 } \ln \frac{C_t}{C_o} = -\left(\frac{Q}{V}\right) \times t$$

- C_o : 초기농도(mg/L)
- k : 상수(/hr)
- Q : 유량(m³/hr)
- C_t : t시간 후의 농도(mg/L)
- V : 체적(m³)

(6) 산소부족농도 계산식

$$D_t(\text{산소부족농도}) = \frac{k_1 \times L_o}{k_2 - k_1} \times (10^{-k_1 \times t} - 10^{-k_2 \times t}) + D_o \times (10^{-k_2 \times t})$$

- k_1 : 탈산소계수(/day)
- L_o : 최종 BOD(= BOD_u)(mg/L)
- D_o = Cs(포화 DO농도) − C(혼합수중 DO농도)
- t : 시간(day) = $\dfrac{\text{거리(m)}}{\text{유속(m/day)}}$
- k_2 : 재포기계수(/day)
- D_o : 초기산소부족량(mg/L)

(7) BOD 공식

① 소모공식, 밑수 10(또는 상용대수)
$BOD_t = BOD_u \times (1-10^{-k_1 \times t})$

② 소모공식, 밑수 e(또는 자연대수)
$BOD_t = BOD_u \times (1-e^{-k_1 \times t})$

③ 잔류공식, 밑수 10(또는 상용대수)
$BOD_t = BOD_u \times (10^{-k_1 \times t})$

④ 잔류공식, 밑수 e(또는 자연대수)
$BOD_t = BOD_u \times (e^{-k_1 \times t})$

- BOD_t : t일 BOD(mg/L)
- k_1 : 탈산소계수(/day)
- BOD_u : 최종 BOD(mg/L)
- t : 시간(day)

(8) 혼합공식

$$C_m = \frac{Q_1 C_1 + Q_2 C_2}{Q_1 + Q_2}$$

- C_m : 혼합지점의 농도
- C_1, C_2 : 농도(mg/L)
- Q_1, Q_2 : 유량(m³/day)

(9) N농도 계산식

① N농도 = eq/L

화학명	화학식	분자량(g)	당 량	1당량g
과망간산칼륨	$KMnO_4$	158g	5 당량	158g/5
다이크롬산칼륨	$K_2Cr_2O_7$	294g	6 당량	294g/6

$$N농도(eq/L) = \frac{질량(g)}{부피(L)} \bigg| \frac{1eq}{1당량\,g}$$

② 만약에 질량(g)과 부피(L)가 주어지지 않고 비중이 주어지면 비중(g/mL)을 사용하면 된다.

$$N농도(eq/L) = \frac{비중(g)}{(mL)} \bigg| \frac{10^3 mL}{1L} \bigg| \frac{1eq}{1당량\,g} \bigg| \frac{\%}{100}$$

(10) M 농도 계산식

① M농도 = mol/L

$$M농도(mol/L) = \frac{질량(g)}{부피(L)} \times \frac{1mol}{분자량(g)}$$

② 화합물의 1mol = 분자량(g)이다. 만약에 질량(g)과 부피(L)가 주어지지 않고 비중이 주어지면 비중(g/mL)을 사용하여 풀이한다.

$$M농도(mol/L) = \frac{비중(g)}{(mL)} \times \frac{10^3 mL}{1L} \times \frac{1mol}{분자량(g)} \times \frac{\%}{100}$$

(11) pH 계산식

① pH와 POH의 정의

pH = -log[H$^+$] ⇒ [H$^+$] = 10^{-pH} mol/L

pOH = -log[OH$^-$] ⇒ [OH$^-$] = 10^{-pOH} mol/L

② pH와 POH의 상관관계

pH + pOH = 14

pH = 14 - pOH

pOH = 14 - pH

③ pH 계산식

산성물질에서 pH = -log[H$^+$]

알칼리성물질에서 pH = 14 + log[OH$^-$]

(12) 경도 계산식

$$\frac{경도(mg/L)}{50g} = \frac{Ca^{2+}mg/L}{20g} + \frac{Mg^{2+}mg/L}{12g} + \frac{Fe^{2+}mg/L}{28g} + \frac{Mn^{2+}mg/L}{27.5g} + \frac{Sr^{2+}mg/L}{43.8g}$$

(13) 알칼리도(Alk) 계산식

① $\dfrac{Alk(mg/L)}{50g} = \dfrac{OH^-(mg/L)}{17g} + \dfrac{CO_3^{2-}(mg/L)}{60g/2} + \dfrac{HCO_3^-(mg/L)}{61g}$

② $Alk(mg/L) = \dfrac{A \times N \times 50,000}{V}$

⎡ A : 적정에 사용되는 량(mL)   N : 적정용액의 N농도
⎣ V : 시료량(mL)   50,000(mg) : CaCO$_3$ 1당량(mg)

(14) 제거효율 계산(η)

① $\eta = \left(1 - \dfrac{C_o}{C_i}\right) \times 100(\%)$

$\begin{bmatrix} \eta : 효율(\%) & C_i : 입구농도(mg/L) \\ C_o : 출구농도(mg/L) & \end{bmatrix}$

② $\eta = \left(1 - \dfrac{C_o \times P}{C_i}\right) \times 100(\%)$

$\left[P(희석배수치) = \dfrac{유입수의\ Cl^-\ 농도}{유출수의\ Cl^-\ 농도} = \dfrac{희석\ 후\ 유량}{희석\ 전\ 유량} \right]$

③ $\eta_T = 1 - (1 - \eta_1) \times (1 - \eta_2) \times (1 - \eta_3)$

$\begin{bmatrix} \eta_T : 총합\ 효율(\%) & \eta_1 : 1차처리\ 효율(\%) \\ \eta_2 : 2차처리\ 효율(\%) & \eta_3 : 3차처리\ 효율(\%) \end{bmatrix}$

④ ①식과 ③식을 합치면 다음과 같은 식이 성립된다.

$\left(1 - \dfrac{C_o}{C_i}\right) = 1 - (1 - \eta_1) \times (1 - \eta_2) \times (1 - \eta_3)$

※※ (15) $\dfrac{BOD_6}{BOD_u}$ 비 계산

$BOD_6 = BOD_u \times (1 - 10^{-k_1 \times t})$

$\therefore \dfrac{BOD_6}{BOD_u} = (1 - 10^{-k_1 \times t})$

(16) SAR(Sodium adsorption ratio) : 나트륨 흡착률 계산식

① $SAR = \dfrac{Na^+}{\sqrt{\dfrac{Mg^{2+} + Ca^{2+}}{2}}}$

② 단위 : meq/L = mN = mg/L ÷ 1mg 당량

$Na^+ = Na^+ mg/L \div 23$

$Ca^{2+} = Ca^{2+} mg/L \div 20$

$Mg^{2+} = Mg^{2+} mg/L \div 12$

③ 판정
- SAR 0~10 : 영향 적음
- SAR 10~18 : 중간 정도 영향
- SAR 18~26 : 큰 영향
- SAR 26 이상 : 아주 큰 영향

(17) COD = BDCOD + NBDCOD

$\begin{bmatrix} BDCOD : \text{생물학적 분해 가능한 COD} = BOD_u \\ NBDCOD : \text{생물학적 분해 불가능한 COD} \\ \therefore NBDCOD = COD - BDCOD(= BOD_u) \end{bmatrix}$

(18) 총량 계산식

총량(kg/day) = 유량(m^3/day)×농도(kg/m^3)

(19) 중화적정 공식

NV = N'V'

(20) 수은주 비중

$\dfrac{10332 mmH_2O}{760 mmHg} = 13.6 \Rightarrow \begin{cases} mmH_2O \to mmHg : mmH_2O \div 13.6 \\ mmHg \to mmH_2O : mmHg \times 13.6 \end{cases}$

(21) 유독성 단위 계산식

유독성 단위(TU) = $\dfrac{\text{환경수 중 오염물질 농도}}{\text{초기 TLm(96TLm)}}$

(22) 모세관 현상에서 물기둥 높이(h) 계산식

$h = \dfrac{4 \cdot \sigma \cdot \cos\theta}{r \cdot d}$

$\begin{bmatrix} h : \text{물기둥 높이(cm)} \\ \theta : \text{접촉각} \\ d : \text{유리관 지름(cm)} \end{bmatrix}$ σ : 표면장력(g_f/cm)
r : 물의 밀도(1g/cm^3)

TIP

g_f/cm = dyne/cm × $\dfrac{g_f}{980 dyne}$, kg_f/m = N/m × $\dfrac{kg_f}{9.8N}$

(23) 탈산소계수(K_1) 보정식, 재폭기계수(K_2) 보정식

$$K_1(T) = K_1(20℃) \times 1.047^{(T-20)}$$

$$K_2(T) = K_2(20℃) \times 1.018^{(T-20)}$$

(24) 이온강도(I) 계산식

$$이온강도(I) = \frac{합\{(이온의\ 몰수) \times (이온가수)^2\}}{2}$$

(25) 산소전달계수(KLa) 계산식

$$\frac{dO}{dt} = \alpha \cdot K_{La} \times (\beta \cdot Cs - C)$$

$\left[\begin{array}{l} \dfrac{dO}{dt} : 시간에\ 따른\ 용존산소농도\ 변화(mg/L \cdot hr) \qquad K_{La} : 산소전달계수(/hr) \\ Cs : 포화산소농도(mg/L) \qquad\qquad\qquad\qquad\quad C : 물속의\ 용존산소농도(mg/L) \\ \alpha, \beta : 계수 \end{array}\right.$

(26) 염소주입량 계산식

염소주입량 = 염소요구량 + 염소잔류량

(27) DO 포화도 계산식

$$DO\ 포화도(\%) = \frac{현재\ DO\ 농도}{포화\ DO\ 농도} \times 100(\%)$$

(28) 완충방정식

$$pH = pKa + \log \frac{[염기]}{[산]}$$

$$\frac{[염기]}{[산]} = \frac{Ka}{[H^+]}$$

(29) 초산(CH_3COOH)에서 [H^+] 농도

$$[H^+] = \sqrt{Ka \times C}$$

$\left[\ Ka : 산해리상수 \qquad\qquad\qquad\qquad C : CH_3COOH의\ mol/L농도 \right.$

(30) 임계점 도달시간(t_c), 임계부족량(D_c)

$$t_c = \frac{1}{k_1(f-1)} \log\left[f\left\{1-(f-1)\frac{D_o}{L_o}\right\}\right]$$

$$D_c = \frac{L_o}{f} \times 10^{-k_1 \times t}$$

$\begin{bmatrix} k_1 : \text{탈산소계수(/day)} \\ k_2 : \text{재폭기계수(/day)} \\ D_o : \text{초기산소부족량}(D_o = C_s - C) \end{bmatrix}$ $f : \text{자정계수}(f = \frac{k_2}{k_1})$
$L_o = BOD_u : \text{최종 BOD(mg/L)}$

(31) 생물지수(BI) 계산식

$$BI = \frac{2A+B}{A+B+C} \times 100$$

$\begin{bmatrix} BI : \text{생물지수} \\ B : \text{광범위 출현종의 미생물} \end{bmatrix}$ $A : \text{청수성 미생물}$
$C : \text{오수성 미생물}$

- 판정 $\begin{cases} \text{깨끗한 물} : 20\% \text{ 이상} \\ \text{약간 오염된 물} : 11\text{~}19\% \\ \text{오염된 물} : 6\text{~}10\% \\ \text{심하게 오염된 물} : 5\% \text{ 이하} \end{cases}$

(32) $BIP = \dfrac{\text{무색 생물수}}{\text{전 생물수}} \times 100(\%)$

- 판정 $\begin{cases} \text{깨끗한 물} : 0\text{~}2\% \\ \text{약간 오염된 물} : 10\text{~}20\% \\ \text{심하게 오염된 물} : 70\text{~}100\% \end{cases}$

제9장 반응식 정리

(1) 박테리아($C_5H_7O_2N$)의 호기성 반응

$$C_5H_7O_2N + 5O_2 \rightarrow 5CO_2 + 2H_2O + NH_3$$

(2) 프로피온산(C_2H_5COOH)의 이온 반응식

$$C_2H_5COOH \rightleftarrows C_2H_5COO^- + H^+$$

(3) 아세트산의 전리반응식

$$CH_3COOH \rightleftarrows CH_3COO^- + H^+$$

(4) 글루코스($C_6H_{12}O_6$)의 호기성 반응

$$C_6H_{12}O_6 + 6O_2 \rightarrow 6CO_2 + 6H_2O$$

(5) 글루코스($C_6H_{12}O_6$)의 혐기성 반응

$$C_6H_{12}O_6 \rightarrow 3CO_2 + 3CH_4$$

(6) 에탄(C_2H_6)의 호기성 반응

$$C_2H_6 + 3.5O_2 \rightarrow 2CO_2 + 3H_2O$$

(7) CH_2O(Foramaldehyde)의 호기성 반응

$$CH_2O + O_2 \rightarrow CO_2 + H_2O$$

(8) $Ca(OH)_2$와 $Ca(HCO_3)_2$ 반응에 의해 $CaCO_3$의 침전형성

$$Ca(OH)_2 + Ca(HCO_3)_2 \rightarrow 2CaCO_3 + 2H_2O$$

$\begin{bmatrix} Ca(OH)_2 : 수산화칼슘 \\ CaCO_3 : 탄산칼슘 \end{bmatrix}$ $Ca(HCO_3)_2$: 중탄산칼슘

(9) 자당($C_{12}H_{22}O_{11}$)의 호기성 반응

$$C_{12}H_{22}O_{11} + 12O_2 \rightarrow 12CO_2 + 11H_2O$$

(10) $Na_2SO_3 + 0.5O_2 \rightarrow Na_2SO_4$

(11) 메탄올(CH_3OH)의 호기성 반응

$CH_3OH + 1.5O_2 \rightarrow CO_2 + 2H_2O$

(12) $Ca(OH)_2$의 이온 반응식

$Ca(OH)_2 \rightleftarrows Ca^{2+} + 2OH^-$

(13) 글리신($CH_2(NH_2)COOH$)의 호기성 반응

$CH_2(NH_2)COOH + 3.5O_2 \rightarrow 2CO_2 + 2H_2O + HNO_3$

(14) 페놀(C_6H_5OH)의 호기성 반식

$C_6H_5OH + 7O_2 \rightarrow 6CO_2 + 3H_2O$

(15) 에탄올(C_2H_5OH)의 호기성 반응

$C_2H_5OH + 3O_2 \rightarrow 2CO_2 + 3H_2O$

(16) 탈질균에 의해 질소가스화 될 때 소요되는 메탄올량

$6NO_3^- + 5CH_3OH \rightarrow 3N_2 + 5CO_2 + 7H_2O + 6OH^-$

(17) 용해도적(곱) : K_{sp}

① $PbSO_4 \rightleftarrows Pb^{2+} + SO_4^{2-} \Rightarrow K_{sp} = [Pb^{2+}][SO_4^{2-}]$
② $Mg(OH)_2 \rightleftarrows Mg^{2+} + 2OH^- \Rightarrow K_{sp} = [Mg^{2+}][OH^-]^2$
③ $CaF_2 \rightleftarrows Ca^{2+} + 2F^- \Rightarrow K_{sp} = [Ca^{2+}][F^-]^2$

Part 02 수질오염공정시험기준

제1장 총칙

1. 농도 표시

① 백분율(Parts Per Hundred)은 용액 100mL 중의 성분무게(g), 또는 기체 100mL 중의 성분무게(g)를 표시할 때는 W/V%, 용액 100mL 중의 성분용량(mL), 또는 기체 100mL 중의 성분용량(mL)을 표시할 때는 V/V%, 용액 100 g 중 성분용량(mL)을 표시할 때는 V/W%, 용액 100 g중 성분무게(g)를 표시할 때는 W/W%의 기호를 쓴다. 다만, 용액의 농도를 "%"로만 표시할 때는 W/V%를 말한다.
② 천분율(ppt, parts per thousand)을 표시할 때는 g/L, g/kg의 기호를 쓴다.
③ 백만분율(ppm, parts per million)을 표시할 때는 mg/L, mg/kg의 기호를 쓴다.
④ 십억분율(ppb, parts per billion)을 표시할 때는 μg/L, μg/kg의 기호를 쓴다.
⑤ 기체 중의 농도는 표준상태(0℃, 1기압)로 환산 표시한다.

2. 온도 표시

① 표준온도는 0℃, 상온은 15~25℃, 실온은 1~35℃로 하고, 찬 곳은 따로 규정이 없는 한 0~15℃의 곳을 뜻한다.
② 냉수는 15℃ 이하, 온수는 60~70℃, 열수는 약 100℃를 말한다.
③ "수욕상 또는 수욕중에서 가열한다"라 함은 따로 규정이 없는 한 수온 100℃에서 가열함을 뜻하고 약 100℃의 증기욕을 쓸 수 있다.
④ 각각의 시험은 따로 규정이 없는 한 상온에서 조작하고 조작 직후에 그 결과를 관찰한다. 단, 온도의 영향이 있는 것의 판정은 표준온도를 기준으로 한다.

3. 관련 용어의 정의

① 시험조작 중 "즉시"란 30초 이내에 표시된 조작을 하는 것을 뜻한다.
② "감압 또는 진공"이라 함은 따로 규정이 없는 한 15mmHg 이하를 뜻한다.

③ "이상"과 "초과", "이하", "미만"이라고 기재하였을 때는 "이상" "이하"는 기산점 또는 기준점인 숫자를 포함하며, "초과"와 "미만"의 기산점 또는 기준점인 숫자를 포함하지 않는 것을 뜻한다. 또 "a~b"라 표시한 것은 a 이상 b 이하임을 뜻한다.

④ "바탕시험을 하여 보정한다"라 함은 시료에 대한 처리 및 측정을 할 때, 시료를 사용하지 않고 같은 방법으로 조작한 측정치를 빼는 것을 뜻한다.

⑤ 방울수라 함은 20℃에서 정제수 20 방울을 적하할 때, 그 부피가 약 1mL 되는 것을 뜻한다.

⑥ "항량으로 될 때까지 건조한다"라 함은 같은 조건에서 1시간 더 건조할 때 전후 무게의 차가 g당 0.3mg 이하일 때를 말한다.

⑦ 용액의 산성, 중성, 또는 알칼리성을 검사할 때는 따로 규정이 없는 한 유리전극법에 의한 pH미터로 측정하고 구체적으로 표시할 때는 pH 값을 쓴다.

⑧ 여과용 기구 및 기기를 기재하지 않고 "여과한다" 라고 하는 것은 KSM 7602 거름종이 5종 또는 이와 동등한 여과지를 사용하여 여과함을 말한다.

⑨ "정밀히 단다"라 함은 규정된 양의 시료를 취하여 화학저울 또는 미량저울로 칭량함을 말한다.

⑩ 무게를 "정확히 단다"라 함은 규정된 수치의 무게를 0.1mg까지 다는 것을 말한다.

⑪ "정확히 취하여"라 하는 것은 규정한 양의 액체를 부피피펫으로 눈금까지 취하는 것을 말한다.

⑫ "약"이라 함은 기재된 양에 대하여 ±10%이상의 차가 있어서는 안 된다.

⑬ "냄새가 없다"라고 기재한 것은 냄새가 없거나, 또는 거의 없는 것을 표시하는 것이다.

⑭ 시험에 쓰는 물은 따로 규정이 없는 한 증류수 또는 정제수로 한다.

9. 용기

① "용기"라 함은 시험용액 또는 시험에 관계된 물질을 보존, 운반 또는 조작하기 위하여 넣어두는 것으로 시험에 지장을 주지 않도록 깨끗한 것을 뜻한다.

② "밀폐용기"라 함은 취급 또는 저장하는 동안에 이물질이 들어가거나 또는 내용물이 손실되지 아니하도록 보호하는 용기를 말한다.

③ "기밀용기"라 함은 취급 또는 저장하는 동안에 밖으로부터의 공기 또는 다른 가스가 침입하지 아니하도록 내용물을 보호하는 용기를 말한다.

④ "밀봉용기"라 함은 취급 또는 저장하는 동안에 기체 또는 미생물이 침입하지 아니하도록 내용물을 보호하는 용기를 말한다.

⑤ "차광용기"라 함은 광선이 투과하지 않는 용기 또는 투과하지 않게 포장을 한 용기이며 취급 또는 저장하는 동안에 내용물이 광화학적 변화를 일으키지 아니하도록 방지할 수 있는 용기를 말한다.

제2장 일반시험기준

① 공장폐수 및 하수유량 측정방법

1. 개요

(1) 목적

공장, 하수 및 폐수 종말처리장 등의 원수, 공정수, 배출수 등의 관내의 유량을 측정하는 데 사용하며, 관(pipe)내의 유량측정 방법에는 벤튜리미터(venturi meter), 유량측정용 노즐(nozzle), 오리피스(orifice), 피토우(pitot)관, 자기식 유량측정기(magnetic flow meter)가 있다.

(2) 적용범위

공장, 하수 및 폐수 종말처리장 등의 원수, 공정수, 배출수 등에서 공장폐수원수(raw wastewater), 1차 처리수(primary effluent), 2차 처리수(secondary effluent), 1차 슬러지(primary sludge), 반송슬러지(return sludge, thickened sludge), 포기액(mixed liquor), 공정수(process water)등의 압력 하에 존재하는 관내의 유량을 측정하는데 사용한다.

▶ 폐수처리 공정에서 유량측정장치의 적용

장치	공장폐수원수(raw wastewater)	1차 처리수(primary effluent)	2차 처리수(secondary effluent)	1차 슬러지(primary sludge)	반송 슬러지(return sludge)	농축슬러지(thickened sludge)	포기액(mixed liquor)	공정수(process water)
벤튜리미터(venturi meter)	○	○	○	○	○	○	○	
유량측정용 노즐(nozzle)	○	○	○	○	○	○	○	○
오리피스(orifice)								○
피토우(pitot)관								○
자기식 유량측정기(magnetic flow meter)	○	○	○	○	○	○		○

② 공장폐수 및 하수유량 – 측정용수로 및 기타 유량 측정방법

1. 개요

(1) 목적

공장, 하수 및 폐수 종말처리장 등의 원수, 공정수, 배출수 등의 개수로의 유량을 측정하는 데 사용한다.

(2) 적용범위

① 관내의 압력이 필요하지 않은 측정용 수로에서 유량을 측정하는데 적용한다.
② 공장, 하수 및 폐수 종말처리장 등의 원수, 공정수 배출수 등에서 공장폐수원수(raw wastwater), 1차 처리수(primary effluent), 2차 처리수(secondary effluent), 공정수 (process water)등의 측정용 수로 유량을 측정하는 데 사용한다.

▶ 폐수처리 공정에서 유량측정장치의 적용

장치	공장폐수 원수(raw wastewater)	1차 처리수 (primary effluent)	2차 처리수 (secondary effluent)	1차 슬러지 (primary sludge)	반송 슬러지 (return sludge)	농축슬러지 (thickened sludge)	포기액 (mixed liquor)	공정수 (process water)
웨어 (weir)		○	○					○
플룸 (flume)	○	○	○					○

(3) 유량의 산출 방법

① 직각 3각 웨어

$$Q = K \cdot h^{5/2}$$

$\begin{bmatrix} Q : 유량(m^3/\ 분) \\ K : 유량계수 = 81.2 + \dfrac{0.24}{h} + [8.4 + \dfrac{12}{\sqrt{D}}] \times [\dfrac{h}{B} - 0.09]^2 \\ B : 수로의 폭(m) \qquad D : 수로의 밑면으로부터 절단 하부 점까지의 높이(m) \\ h : 웨어의 수두(m) \end{bmatrix}$

≪≪≪ ② 4각 웨어

$$Q = K \cdot b \cdot h^{3/2}$$

- Q : 유량(m^3/분)
- K : 유량계수 $= 107.1 + \dfrac{0.177}{h} + 14.2\dfrac{h}{D} - 25.7 \times \sqrt{\dfrac{(B-b)h}{D \cdot B}} + 2.04\sqrt{\dfrac{B}{D}}$
- D : 수로의 밑면으로부터 절단 하부 모서리까지의 높이(m)
- B : 수로의 폭(m) b : 절단의 폭(m) h : 웨어의 수두(m)

≪≪≪ TIP

삼각위어와 사각위어의 유량 적용공식 핵심정리

구분	적용공식	K값
삼각위어	$Q = K \cdot h^{5/2}$(m^3/min)	$K = 83 \sim 85$
사각위어	$Q = K \cdot b \cdot h^{3/2}$($m^3$/min)	$K = 109 \sim 111$

2. 용기에 의한 측정

(1) 최대 유량이 1m³/분 미만인 경우

① 유수를 용기에 받아서 측정한다.

② 용기는 용량 100~200L인 것을 사용하여 유수를 채우는 데에 요하는 시간을 스톱워치(stop watch)로 잰다. 용기에 물을 받아 넣는 시간을 20초 이상이 되도록 용량을 결정한다.

③ 다음 계산식에 의하여 그 유량을 구한다.

$$Q = 60 \cdot \dfrac{V}{t}$$

- Q : 유량(m^3/분) V : 측정용기의 용량(m^3)
- t : 유수가 용량 V를 채우는 데에 걸린 시간(sec)

3. 개수로에 의한 측정

(1) 수로의 구성재질과 수로 단면의 형상이 일정하고 수로의 길이가 적어도 10m까지 똑바른 경우

① 직선 수로의 구배와 횡단면을 측정하고 이어서 자(尺)등으로 수로폭간의 수위를 측정한다.

② 다음의 식을 사용하여 유량을 계산한다. 평균유속은 케이지(Chezy)의 유속공식에 의한다.

$Q = 60 \cdot V \cdot A$

- Q : 유량(m^3/분)
- A : 유수단면적(m^2)
- C : 유속계수(Bazin의 공식)
- R : 경심[유수 단면적 A를 윤변 S로 나눈 것(m)]
- V : 평균유속($= C\sqrt{Ri}$)(m/s)
- i : 홈 바닥의 구배(비율)
- $C = \dfrac{87}{1 + \dfrac{r}{\sqrt{R}}}$ (m/s)

▶ 관의 형상에 따른 경심공식

원형	장방형	제형
A(면적) = $\dfrac{\pi \cdot D^2}{4}$	A(면적) = $b \times h$	A(면적) = $\dfrac{h(B_1+B_2)}{2}$
S(윤변의 길이) = $\pi \cdot D$	S(윤변의 길이) = $b+2h$	S(윤변의 길이) = B_2+2b
R(경심) = $\dfrac{D}{4}$	R(경심) = $\dfrac{b \times h}{b+2h}$	R(경심) = $\dfrac{h(B_1+B_2)}{2(B_2+2b)}$

(2) 수로의 구성, 재질, 수로단면의 형상, 구배 등이 일정하지 않은 개수로의 경우

① 수로는 될수록 직선적이며, 수면이 물결치지 않는 곳을 고른다.
② 10m를 측정구간으로 하여 2m마다 유수의 횡단면적을 측정하고, 산술평균값을 구하여 유수의 평균 단면적으로 한다.
③ 유속의 측정은 부표를 사용하여 10m구간을 흐르는데 걸리는 시간을 스톱워치(stop watch)로 재며 이때 실측유속을 표면 최대유속으로 한다.
④ 수로의 수량은 다음 식을 사용하여 계산한다.

$V = 0.75 \cdot V_e$

- V : 총평균 유속(m/s)
- V_e : 표면 최대유속(m/s)

$Q = 60 \cdot V \cdot A$

- Q : 유량(m^3/분)
- A : 측정구간의 유수의 평균단면적(m^2)
- V : 총평균 유속(m/s)

❸ 하천유량 – 유속 면적법의 적용범위

이 시험기준은 단면의 폭이 크며 유량이 일정한 곳에 활용하기에 적합하다.

① 균일한 유속분포를 확보하기 위한 충분한 길이(약 100m 이상)의 직선 하도(河道)의 확보가 가능하고 횡단면상의 수심이 균일한 지점
② 모든 유량 규모에서 하나의 하도로 형성되는 지점
③ 가능하면 하상이 안정되어 있고, 식생의 성장이 없는 지점
④ 유속계나 부자가 어디에서나 유효하게 잠길 수 있을 정도의 충분한 수심이 확보되는 지점
⑤ 합류나 분류가 없는 지점
⑥ 교량 등 구조물 근처에서 측정할 경우 교량의 상류지점
⑦ 대규모 하천을 제외하고 가능하면 도섭으로 측정할 수 있는 지점
⑧ 선정된 유량측정 지점에서 말뚝을 박아 동일 단면에서 유량측정을 수행할 수 있는 지점

❹ 시료의 채취 및 보존방법

1. 시료 채취 방법

① 복수시료채취방법 등
  ㉠ 수동으로 시료를 채취할 경우에는 30분 이상 간격으로 2회 이상 채취(composite sample)하여 일정량의 단일시료로 한다. 단, 부득이한 사유로 6시간 이상 간격으로 채취한 시료는 각각 측정분석한 후 산술평균하여 측정분석값을 산출한다.
  ㉡ 자동시료채취기로 시료를 채취할 경우에는 6시간 이내에 30분 이상 간격으로 2회 이상 채취(composite sample)하여 일정량의 단일 시료로 한다.
  ㉢ 수소이온농도(pH), 수온 등 현장에서 즉시 측정하여야 하는 항목인 경우에는 30분 이상 간격으로 2회 이상 측정한 후 산술평균하여 측정값을 산출한다.(단, pH의 경우 2회 이상 측정한 값을 pH 7을 기준으로 산과 알칼리로 구분하여 평균값을 산정하고 산정한 평균값 중 배출허용기준을 많이 초과한 평균값을 측정분석값으로 함)
  ㉣ 시안(CN), 노말헥산추출물질, 대장균군 등 시료채취기구 등에 의하여 시료의 성분이 유실 또는 변질 등의 우려가 있는 경우에는 30분 이상 간격으로 2개 이상의 시료를 채취하여 각각 분석한 후 산술평균하여 분석값을 산출한다.

2. 시료채취시 유의사항

① 시료는 목적시료의 성질을 대표할 수 있는 위치에서 시료채취용기 또는 채수기를 사용하여 채취하여야 한다.
② 시료 채취 용기는 시료를 채우기 전에 시료로 3회 이상 씻은 다음 사용하며, 시료를 채울 때에는 어떠한 경우에도 시료의 교란이 일어나서는 안 되며 가능한 한 공기와 접촉하는 시간을 짧게 하여 채취한다.
③ 시료채취량은 시험항목 및 시험횟수에 따라 차이가 있으나 보통 3~5L정도이어야 한다.
④ 시료채취시에 시료채취시간, 보존제 사용여부, 매질 등 분석결과에 영향을 미칠 수 있는 사항을 기재하여 분석자가 참고할 수 있도록 한다.
⑤ 용존가스, 환원성 물질, 휘발성유기화합물, 냄새, 유류 및 수소이온 등을 측정하기 위한 시료를 채취할 때에는 운반중 공기와의 접촉이 없도록 시료 용기에 가득 채운 후 빠르게 뚜껑을 닫는다.

> **TIP**
> ① 휘발성유기화합물 분석용 시료를 채취할 때에는 뚜껑의 격막을 만지지 않도록 주의 하여야 한다.
> ② 병을 뒤집어 공기방울이 확인되면 다시 채취해야 한다.

⑥ 현장에서 용존산소 측정이 어려운 경우에는 시료를 가득 채운 300mL BOD병에 황산망간 용액 1mL와 알칼리성 요오드화칼륨-아자이드화나트륨 용액 1mL를 넣고 기포가 남지 않게 조심하여 마개를 닫고 수회 병을 회전하고 암소에 보관하여 8시간 이내 측정한다.
⑦ 유류 또는 부유물질 등이 함유된 시료는 시료의 균일성이 유지될 수 있도록 채취해야 하며, 침전물 등이 부상하여 혼입되어서는 안된다.
⑧ 지하수 시료는 취수정 내에 고여 있는 물과 원래 지하수의 성상이 달라질 수 있으므로 고여 있는 물을 충분히 퍼낸 다음 새로 나온 물을 채취한다. 이 경우 퍼내는 양은 고여 있는 물의 4~5배정도나 pH 및 전기전도도를 연속적으로 측정하여 이 값이 평형을 이룰 때까지로 한다.
⑨ 지하수 시료채취 시 심부층의 경우 저속양수펌프 등을 이용하여 반드시 저속시료채취하여 시료 교란을 최소화하여야 하며, 천부층의 경우 저속양수펌프 또는 정량이송펌프 등을 사용한다.
⑩ 냄새 측정을 위한 시료채취 시 유리기구류는 사용 직전에 새로 세척하여 사용한다. 먼저 냄새 없는 세제로 닦은 후 정제수로 닦아 사용하고, 고무 또는 플라스틱 재질의 마개는 사용하지 않는다.

⑪ 총유기탄소를 측정하기 위한 시료 채취 시 시료병은 가능한 외부의 오염이 없어야 하며, 이를 확인하기 위해 바탕시료를 시험해 본다. 시료병은 폴리테트라플루오로에틸렌(PTFE)으로 처리된 고무마개를 사용하며, 암소에서 보관하며 깨끗하지 않은 시료병은 사용하기 전에는 산세척하고, 알루미늄 호일로 포장하여 400℃ 회화로에서 1시간 이상 구워 냉각한 것을 사용한다.

⑫ 퍼클로레이트를 측정하기 위한 시료채취 시 시료 용기를 질산 및 정제수로 씻은 후 사용하며, 시료채취시 시료병의 2/3를 채운다.

3. 시료 채취 지점

(1) 하천수

① 하천수의 오염 및 용수의 목적에 따라 채수지점을 선정하며 하천본류와 하천지류가 합류하는 경우에는 그림의 합류이전의 각 지점과 합류이후 충분히 혼합된 지점에서 각각 채수한다.

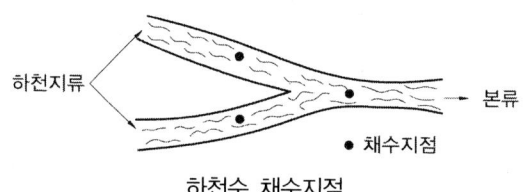

하천수 채수지점

② 하천의 단면에서 수심이 가장 깊은 수면의 지점과 그 지점을 중심으로 하여
  ㉠ 좌우로 수면폭을 2등분한 각각의 지점의 수면으로부터
  ㉡ 수심 2m 미만일 때에는 수심의 $\frac{1}{3}$에서
  ㉢ 수심이 2m 이상일 때에는 수심의 $\frac{1}{3}$ 및 $\frac{2}{3}$에서 각각 채수한다.

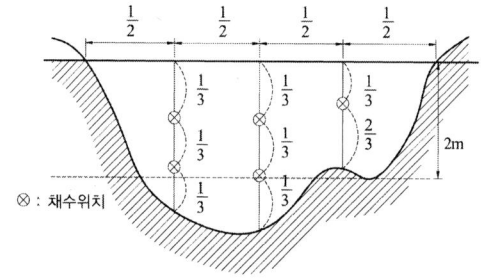

하천수 채수위치(단면)

4. 시료의 보존방법

▶ 시료의 보존방법

항목		시료용기	보존방법	최대보존기간 (권장보존기간)
냄새		G	가능한 한 즉시 분석 또는 냉장 보관	6시간
노말헥산추출물질		G	4℃ 보관, H_2SO_4로 pH 2 이하	28일
부유물질		P, G	4℃ 보관	7일
색도		P, G	4℃ 보관	48시간
생물화학적 산소요구량		P, G	4℃ 보관	48시간(6시간)
수소이온농도		P, G	-	즉시 측정
온도		P, G	-	즉시 측정
용존산소	적정법	BOD병	즉시 용존산소 고정 후 암소 보관	8시간
	전극법	BOD병	-	즉시 측정
잔류염소		G (갈색)	즉시 분석	-
전기전도도		P, G	4℃ 보관	24시간
총 유기탄소		P, G	즉시 분석 또는 H_3PO_4 또는 H_2SO_4를 가한 후(pH < 2) 4℃ 냉암소에서 보관	28일(7일)
클로로필 a		P, G	즉시 여과하여 -20℃ 이하에서 보관	7일(24시간)
탁도		P, G	4℃ 냉암소에서 보관	48시간(24시간)
투명도		-	-	-
화학적 산소요구량		P, G	4℃ 보관, H_2SO_4로 pH 2 이하	28일(7일)
불소		P	-	28일
브롬이온		P, G	-	28일
시안		P, G	4℃ 보관, NaOH로 pH 12 이상	14일(24시간)
아질산성 질소		P, G	4℃ 보관	48시간(즉시)
암모니아성 질소		P, G	4℃ 보관, H_2SO_4로 pH 2 이하	28일(7일)
염소이온		P, G	-	28일
음이온계면활성제		P, G	4℃ 보관	48시간
인산염인		P, G	즉시 여과한후 4℃ 보관	48시간
질산성 질소		P, G	4℃ 보관	48시간
총인(용존 총인)		P, G	4℃ 보관, H_2SO_4로 pH 2 이하	28일
총질소(용존 총질소)		P, G	4℃ 보관, H_2SO_4로 pH 2 이하	28일(7일)

항목		시료 용기	보존방법	최대보존기간 (권장보존기간)
퍼클로레이트		P, G	6℃ 이하 보관, 현장에서 멸균된 여과지로 여과	28일
페놀류		G	4℃ 보관, H_3PO_4로 pH 4 이하 조정한 후 시료 1L 당 $CuSO_4$ 1g 첨가	28일
황산이온		P, G	6℃ 이하 보관	28일(48시간)
금속류(일반)		P, G	시료 1L 당 HNO_3 2mL 첨가	6개월
비소		P, G	1L당 HNO_3 1.5mL로 pH 2 이하	6개월
셀레늄		P, G	1L당 HNO_3 1.5mL로 pH 2 이하	6개월
수은(0.2μg/L 이하)		P, G	1L당 HCl(12M) 5mL 첨가	28일
6가크롬		P, G	4℃ 보관	24시간
알킬수은		P, G	HNO_3 2mL/L	1개월
다이에틸헥실프탈레이트		G (갈색)	4℃보관	7일 (추출 후 40일)
1.4-다이옥산		G (갈색)	HCl(1+1)을 시료 10mL당 1~2방울씩 가하여 pH 2 이하	14일
염화비닐, 아크릴로니트릴, 브로모폼		G (갈색)	HCl(1+1)을 시료 10mL당 1~2방울씩 가하여 pH 2 이하	14일
석유계총탄화수소		G (갈색)	4℃보관, H_2SO_4 또는 HCl으로 pH 2 이하	7일 이내 추출, 추출 후 40일
유기인		G	4℃보관, HCl로 pH 5~9	7일 (추출 후 40일)
폴리클로리네이티드비페닐(PCB)		G	4℃보관, HCl로 pH 5~9	7일 (추출 후 40일)
휘발성유기화합물		G	냉장보관 또는 HCl을 가해 pH < 2로 조정 후 4℃보관 냉암소보관	7일 (추출 후 14일)
총대장균군	환경기준적용시료	P, G	저온(10℃ 이하)	24시간
	배출허용기준 및 방류수 기준 적용시료	P, G	저온(10℃ 이하)	6시간
분원성 대장균군		P, G	저온(10℃ 이하)	24시간
대장균		P, G	저온(10℃ 이하)	24시간
물벼룩 급성 독성		G	4℃ 보관	36시간
식물성 플랑크톤		P, G	즉시 분석 또는 포르말린용액을 시료의 3~5(V/V%) 가하거나 글루타르알데하이드 또는 루골용액을 시료의 1~2(V/V%) 가하여 냉암소보관	6개월

P : polyethylene, G : glass

❺ 시료의 전처리 방법

1. 산분해법

① 질산법 : 이 방법은 유기함량이 비교적 높지 않은 시료의 전처리에 사용한다.
② 질산-염산법 : 이 방법은 유기물 함량이 비교적 높지 않고 금속의 수산화물, 산화물, 인산염 및 황화물을 함유하고 있는 시료에 적용되며 휘발성 또는 난용성 염화물을 생성하는 금속 물질의 분석에는 주의한다.
③ 질산-황산법 : 이 방법은 유기물 등을 많이 함유하고 있는 대부분의 시료에 적용된다. 그러나 칼슘, 바륨, 납 등을 다량 함유한 시료는 난용성의 황산염을 생성하여 다른 금속성분을 흡착하므로 주의한다.
④ 질산-과염소산법 : 이 방법은 유기물을 다량 함유하고 있으면서 산분해가 어려운 시료에 적용된다.

> **TIP**
>
> **주의사항**
> ① 과염소산을 넣을 경우 질산이 공존하지 않으면 폭발할 위험이 있으므로 반드시 질산을 먼저 넣어주어야 하며, 어떠한 경우에도 유기물을 함유한 뜨거운 용액에 과염소산을 넣어서는 안 된다.
> ② 납을 측정할 경우, 시료 중에 황산이온(SO_4^{2-})이 다량 존재하면 불용성의 황산납이 생성되어 측정값에 손실을 가져온다. 이때는 분해가 끝난 액에 정제수 대신 아세트산암모늄(5 → 6) 50mL를 넣고 가열하여 액이 끓기 시작하면 비커 또는 킬달플라스크를 회전시켜 내벽을 액으로 충분히 씻어준 다음 약 5분 동안 가열을 계속하고 방치하여 냉각하여 거른다.

⑤ 질산-과염소산-불화수소산법 : 이 방법은 다량의 점토질 또는 규산염을 함유한 시료에 적용된다.

2. 마이크로파 산분해법

① 이 방법은 밀폐 용기를 이용한 마이크로파 장치에 의한 방법에 적용되는 방법이다.
② 깨끗한 용기에 잘 혼합된 시료 적당량을 옮긴 후 적당량의 질산을 가한다. 이 방법은 유기물을 다량 함유하고 있으면서 산분해가 어려운 시료에 적용된다.
③ 시료와 동일한 방법으로 바탕시험을 하며 전체 회전판의 평형을 맞추기 위하여 남은 용기에도 시료와 동일하게 정제수에 시약을 가하여 용기가 모두 일정하게 가열이 되도록 한다. 기타 전처리 조건은 제조사의 매뉴얼에 따른다.

④ 분해가 완료되면 용기를 꺼내어 시료 용액이 실온이 되도록 냉각시키고 시료를 혼합시키기 위해 용기를 잘 흔들어 섞고 용기 내에 남아 있는 가스를 제거한다. 분해된 시료가 고체 물질을 함유한다면 거르거나, 10분간 2,000~3,000rpm으로 원심 분리하여 거르거나 정치시켜 사용한다.

3. 회화에 의한 분해

① 이 방법은 목적성분이 400℃ 이상에서 휘산되지 않고 쉽게 회화될 수 있는 시료에 적용된다. 시료 중에 염화암모늄, 염화마그네슘 등이 다량 함유된 경우에는 납, 철, 주석, 아연, 안티몬 등이 휘산되어 손실을 가져오므로 주의하여야 한다.
② 회화온도 : 400~500℃

4. 용매추출법

① 다이에틸다이티오카바민산(diethyldithiocarbamate) 추출법 : 수질 시료 중 구리, 아연, 납, 카드뮴 및 니켈의 측정에 적용된다.
② 디티존-메틸아이소부틸케톤(MIBK, methyl isobutyl ketone) 추출법 : 이 방법은 시료 중 구리, 아연, 납, 카드뮴, 니켈 및 코발트 등의 측정에 적용된다.
③ 디티존-사염화탄소(5-amino-2-benzimidazolethiol-carbon-tetra chloride) 추출법 : 이 방법은 시료 중 아연, 납, 카드뮴 등의 측정에 적용된다.
④ 피로리딘 다이티오카르바민산 암모늄(1-pyrrolidinecarbodithioicacid, ammonuim salt)추출법 : 이 방법은 시료 중 구리, 아연, 납, 카드뮴, 니켈, 철, 망간, 6가 크롬, 코발트 및 은 등의 측정에 적용된다. 다만 망간은 착화합물 상태에서 매우 불안정하므로 추출 즉시 측정하여야 하며, 크롬은 6가 크롬 상태로 존재할 경우에만 추출된다. 또한 철의 농도가 높을 경우에는 다른 금속의 추출에 방해를 줄 수 있으므로 주의해야 한다.

제3장 일반항목편

❶ 냄새(Odor)

(1) 간섭물질

잔류염소 냄새는 측정에서 제외한다. 따라서 잔류염소가 존재하면 티오황산나트륨 용액을 첨가하여 잔류염소를 제거한다.

> ① 티오황산나트륨용액 1mL는 잔류염소 농도가 1mg/L인 시료 500mL의 잔류염소를 제거할 수 있다.
> ② 냄새 측정자는 너무 후각이 민감하거나, 둔감해서는 안 된다. 또한 측정자는 측정 전에 흡연을 하거나 음식을 섭취하면 안 되고, 로션, 향수, 진한 비누 등을 사용해서도 아니된다. 감기나 냄새에 대한 알레르기 등이 없어야 한다. 미리 정해진 횟수를 측정한 측정자는 무취 공간에서 30분 이상 휴식을 취해야 한다.
> ③ 냄새측정 실험실은 주위가 산만하지 않으며, 환기가 가능해야 한다. 필요하다면 활성탄 필터와 항온, 항습장치를 갖춘다.
> ④ 냄새를 정확하게 측정하기 위하여 측정자는 5명 이상으로 한다.
> ⑤ 시료 측정시 탁도, 색도 등이 있으면 온도 변화에 따라 냄새가 발생할 수 있으므로, 온도변화를 1℃ 이내로 유지한다. 또한 측정자가 시료에 대한 선입견을 갖지 않도록 어둡게 처리된 플라스크 또는 갈색플라스크를 사용한다.

(2) 냄새역치(TON, threshold odor number)

냄새를 감지할 수 있는 최대 희석배수를 말한다.

(3) 농도계산

냄새 역치(TON, threshold odor number)를 구하는 경우 사용한 시료의 부피와 냄새 없는 희석수의 부피를 사용하여 다음과 같이 계산한다.

$$냄새역치(Ton) = \frac{A+B}{A}$$

A : 시료 부피(mL) B : 무취 정제수 부피(mL)

② 투명도(Transparency)

이 시험기준은 투명도를 측정하기 위하여 지름 30cm의 투명도판(백색원판)을 사용하여 호소나 하천에 보이지 않는 깊이로 넣은 다음 이것을 천천히 끓어 올리면서 보이기 시작한 깊이를 0.1m 단위로 읽어 투명도를 측정하는 방법이다.

(1) 적용범위

이 시험기준은 지표수 중 호소수 또는 유속이 작은 하천에 적용할 수 있다.

(2) 투명도판

투명도판(백색원판)은 지름이 30cm로 무게가 약 3 kg이 되는 원판에 지름 5cm의 구멍 8개가 뚫려 있다.

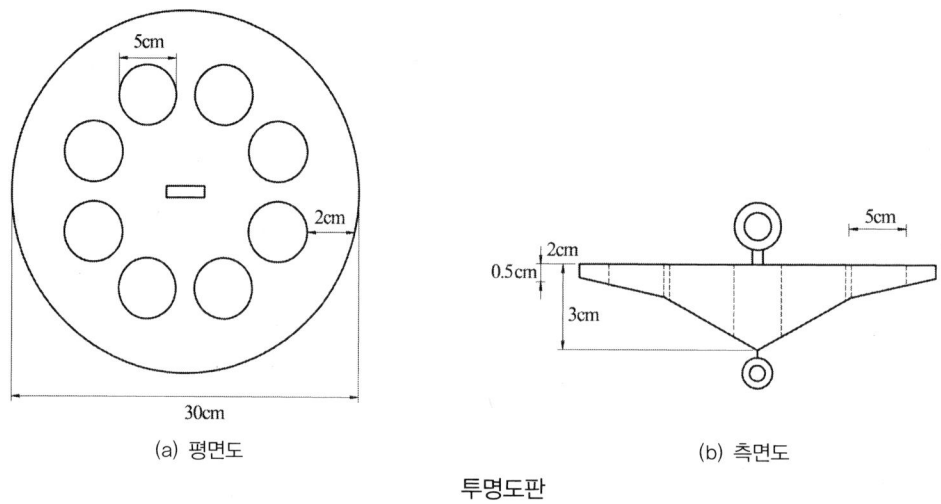

(a) 평면도　　　　　　　　　(b) 측면도

투명도판

(3) 분석절차

① 투명도판은 측정에 앞서 상판에 이물질이 없도록 깨끗하게 닦아 주고, 측정시간은 오전 10시에서 오후 4시 사이에 측정한다.
② 날씨가 맑고 수면이 잔잔할 때 측정하고, 직사광선을 피하여 배의 그늘 등에서 투명도판을 조용히 보이지 않는 깊이로 넣은 다음 천천히 끌어 올리면서 보이기 시작한 깊이를 반복해서 측정한다.

> **TIP**
> ① 투명도판의 색도차는 투명도에 미치는 영향이 적지만, 원판의 광 반사능도 투명도에 영향을 미치므로 표면이 더러울 때에는 다시 색칠하여야 한다.
> ② 투명도는 일기, 시각, 개인차 등에 의하여 약간의 차이가 있을 수 있으므로 측정조건을 기록해 두어야 한다.
> ③ 흐름이 있어 줄이 기울어질 경우에는 2kg정도의 추를 달아서 줄을 세워야 하고 줄은 10cm 간격으로 눈금표시가 되어 있어야 하며, 충분히 강도가 있는 것을 사용한다.
> ④ 강우시나 수면에 파도가 격렬하게 일 때는 정확한 투명도를 얻을 수 없으므로 측정하지 않는 것이 좋다.
> ⑤ 측정결과는 0.1m 단위로 표기한다.

❸ 색도(Color)

① 이 시험기준은 색도를 측정하기 위하여 시각적으로 눈에 보이는 색상에 관계없이 단순 색도차 또는 단일 색도차를 계산한다.
② 아담스-니컬슨(Adams-Nickerson)의 색도공식을 근거로 하고 있다.
③ 육안적으로 두개의 서로 다른 색상을 가진 A, B가 무색으로부터 같은 정도로 색도가 있다고 판정되면, 이들의 색도값(ADMI 값 : American Dye Manufacturers Institute)도 같게 된다.
④ 이 방법은 백금-코발트 표준물질과 아주 다른 색상의 폐·하수에서 뿐만 아니라 표준물질과 비슷한 색상의 폐·하수에도 적용할 수 있다.

❹ 수소이온농도(Potential of Hydrogen, pH)

이 시험기준은 물속의 수소이온농도(pH)를 측정하는 방법으로, 기준전극과 비교전극으로 구성되어진 pH측정기를 사용하여 양전극간에 생성되는 기전력의 차를 이용하여 측정하는 방법이다.

(1) 적용범위

이 시험기준은 수온이 0~40℃인 지표수, 지하수, 폐수에 적용되며, 정량범위는 pH 0~14 이다.

(2) 간섭물질

① 일반적으로 유리전극은 용액의 색도, 탁도, 콜로이드성 물질들, 산화 및 환원성 물질들 그리고 염도에 의해 간섭을 받지 않는다.
② pH 10 이상에서 나트륨에 의해 오차가 발생할 수 있는데, 이는 "낮은 나트륨 오차 전극"을 사용하여 줄일 수 있다.
③ 기름층이나 작은 입자상이 전극을 피복하여 pH 측정을 방해할 수 있는데, 이 피복물을 부드럽게 문질러 닦아내거나 세척제로 닦아낸 후 증류수로 세척하여 부드러운 천으로 물기를 제거하여 사용한다. 염산(1 + 9)을 사용하여 피복물을 제거할 수 있다.
④ pH는 온도변화에 따라 영향을 받는다.

⑤ 용존산소(DO : Dissolved Oxygen)

1. 적정법

(1) 적용범위

이 시험기준은 지표수, 지하수, 폐수 등에 적용할 수 있으며, 정량한계는 0.1mg/L이다.

(2) 간섭물질

① 시료가 착색되거나 현탁된 경우 정확한 측정을 할 수 없다.
② 시료 중에 산·환원성 물질이 존재하면 측정을 방해받을 수 있다.
③ 시료에 미생물 플록(floc)이 형성된 경우 측정을 방해받을 수 있다.

(3) 전처리

① 시료의 착색·현탁된 경우 : 칼륨명반용액과 암모니아수 주입
② 황산구리-설파민산법(미생물 플록(floc)이 형성된 경우) : 황산구리-설퍼민산용액 주입
③ 산화성 물질을 함유한 경우(잔류염소) : 알칼리성 요오드화칼륨 - 아자이드화나트륨 용액 주입
④ 산화성 물질을 함유한 경우(Fe(Ⅲ)) : Fe(Ⅲ) 100~200mg/L가 함유되어 있는 시료의 경우, 황산을 첨가하기 전에 플루오린화칼륨 용액 1mL를 가한다.

6 생물화학적 산소요구량(BOD, Biochemical Oxygen Demand)

(1) 전처리

① pH가 6.5~8.5의 범위를 벗어나는 산성 또는 알칼리성 시료는 염산용액(1 M) 또는 수산화나트륨용액(1 M)으로 시료를 중화하여 pH 7~7.2로 맞춘다. 다만 이때 넣어주는 염산 또는 수산화나트륨의 양이 시료량의 0.5%가 넘지 않도록 하여야 한다. pH가 조정된 시료는 반드시 식종을 실시한다.

② 가능한 한 염소소독 전에 시료를 채취한다. 그러나 잔류염소를 함유한 시료는 시료 100mL에 아자이드화나트륨 0.1 g과 요오드화칼륨 1 g을 넣고 흔들어 섞은 다음 염산을 넣어 산성으로 한다.(약 pH 1) 유리된 요오드를 전분지시약을 사용하여 아황산나트륨용액(0.025N)으로 액의 색깔이 청색에서 무색으로 변화될 때까지 적정하여 얻은 아황산나트륨용액(0.025N)의 소비된 부피(mL)를 남아 있는 시료의 양에 대응하여 넣어 준다. 일반적으로 잔류염소를 함유한 시료는 반드시 식종을 실시한다.

③ 수온이 20℃ 이하일 때의 용존산소가 과포화 되어 있을 경우에는 수온을 23~25℃로 상승시킨 이후에 15분간 통기하고 방치하고 냉각하여 수온을 다시 20℃로 한다.

④ 기타 독성을 나타내는 시료에 대해서는 그 독성을 제거한 후 식종을 실시한다.

(2) 분석방법

① 시료(또는 전처리한 시료)의 예상 BOD값으로부터 단계적으로 희석배율을 정하여 3~5종의 희석 시료를 2개를 한 조로 하여 조제한다.

② 예상 BOD값에 대한 사전경험이 없을 때에는 희석하여 시료 조제방법
 ㉠ 오염정도가 심한 공장폐수는 0.1~1.0%
 ㉡ 처리하지 않은 공장폐수와 침전된 하수는 1~5%
 ㉢ 처리하여 방류된 공장폐수는 5~25%
 ㉣ 오염된 하천수는 25~100%의 시료가 함유되도록 희석 조제한다.

③ 5일 저장기간 동안 산소의 소비량이 40~70% 범위안의 희석 시료를 선택하여 초기용존산소량과 5일간 배양한 다음 남아 있는 용존산소량의 차로부터 BOD를 계산한다.

❼ 화학적 산소요구량(Chemical Oxygen Demand)

	산성 과망간산칼륨법 (COD_{Mn})	알칼리성 과망간산칼륨법 (COD_{Mn})	다이크롬산칼륨법 (COD_{Cr})
시료액성	황산산성	알칼리성	황산산성
가열시간	30분	60분	2시간
적정용액	0.005M 과망간산칼륨 ($KMnO_4$)용액	0.025M 티오황산나트륨 ($Na_2S_2O_3$)용액	0.025N 황산제일철암모늄용액
종말점	엷은 홍색	무색	청록색 → 적갈색
농도(mg/L)	$COD(mg/L) = (b-a) \times f \times \dfrac{1000}{V} \times 0.2$	$COD(mg/L) = (b-a) \times f \times \dfrac{1000}{V} \times 0.2$	$COD(mg/L) = (b-a) \times f \times \dfrac{1000}{V} \times 0.2$

❽ 부유물질(Suspended Solids)

(1) 간섭물질

① 나무 조각, 큰 모래입자 등과 같은 큰 입자들은 부유물질 측정에 방해를 주며, 이 경우 직경 2mm 금속망에 먼저 통과시킨 후 분석을 실시한다.
② 증발잔류물이 1,000mg/L 이상인 경우의 해수, 공장폐수 등은 특별히 취급하지 않을 경우, 높은 부유물질 값을 나타낼 수 있다. 이 경우 여과지를 여러 번 세척한다.
③ 철 또는 칼슘이 높은 시료는 금속 침전이 발생하며 부유물질 측정에 영향을 줄 수 있다.
④ 유지(oil) 및 혼합되지 않는 유기물도 여과지에 남아 부유물질 측정값을 높게 할 수 있다.

(2) 분석절차

≪≪ 유리섬유여과지(GF/C)를 여과장치에 부착하여 미리 정제수 20mL씩으로 3회 흡인 여과하여 씻은 다음 시계접시 또는 알루미늄 호일 접시 위에 놓고 105~110℃의 건조기 안에서 2시간 건조시켜 황산 데시케이터에 넣어 방치하고 냉각한 다음 항량하여 무게를 정밀히 달고, 여과장치에 부착 시킨다.

❾ 노말헥산 추출물질(n-Hexane Extractable Material)

이 시험기준은 물중에 비교적 휘발되지 않는 탄화수소, 탄화수소유도체, 그리스유상물질 및 광유류를 함유하고 있는 시료를 pH 4 이하의 산성으로 하여 노말헥산층에 용해되는 물질을 노말헥산으로 추출하고 노말헥산을 증발시킨 잔류물의 무게로부터 구하는 방법이다. 다만, 광유류의 양을 시험하고자 할 경우에는 활성규산마그네슘(플로리실) 컬럼을 이용하여 동식물유지류를 흡착·제거하고 유출액을 같은 방법으로 구할 수 있다.

(1) 적용범위

이 시험기준은 지표수, 지하수, 폐수 등에 적용할 수 있으며, 정량한계는 0.5mg/L이다.

> **TIP**
> ① 폐수 중의 비교적 휘발되지 않는 탄화수소, 탄화수소유도체, 그리스유상물질 및 광유류가 노말헥산층에 용해되는 성질을 이용한 방법으로 통상 유분의 성분별 선택적 정량이 곤란하다.
> ② 활성규산마그네슘 컬럼과 동등이상의 성능을 나타낼 수 있는 것을 사용할 수 있다.
> ③ 활성규산마그네슘은 입경 150~250μm로서 사용전에 노말헥산으로 씻고 150℃로 약 2시간 가열한 후 진공건조용기에서 식힌 것을 사용한다.

(2) 간섭물질

최종 무게 측정을 방해할 가능성이 있는 입자가 존재할 경우 0.45μm 여과지로 여과한다.

(3) 분석절차

① 총 노말헥산추출물질
㉠ 시료적당량(노말헥산 추출물질로서 5~200mg 해당량)을 분별깔때기에 넣고 메틸오렌지용액(0.1%) 2~3방울을 넣고 황색이 적색으로 변할 때까지 염산(1+1)을 넣어 시료의 pH를 4이하로 조절한다.

⑩ 염소이온(Chloride, Cl⁻)

▶ 적용 가능한 시험방법

염소이온	정량한계(mg/L)	정밀도(% RSD)
이온크로마토그래피	0.1mg/L	±25% 이내
적정법	0.7mg/L	±25% 이내
이온전극법	5mg/L	±25% 이내

1. 적정법

이 시험기준은 물속에 존재하는 염소이온을 분석하기 위해서, 염소이온을 질산은과 정량적으로 반응시킨 다음 과잉의 질산은이 크롬산과 반응하여 크롬산은의 침전(엷은 적황색 침전)으로 나타나는 점을 적정의 종말점으로 하여 염소이온의 농도를 측정하는 방법이다.

⑪ 암모니아성 질소(Ammonium Nitrogen)

▶ 적용 가능한 시험방법

암모니아성질소	정량한계(mg/L)	정밀도(% RSD)
자외선/가시선 분광법	0.01mg/L	±25% 이내
이온전극법	0.08mg/L	±25% 이내
적정법	1mg/L	±25% 이내

⑫ 아질산성 질소(Nitrite-N)

▶ 적용 가능한 시험방법

아질산성 질소	정량한계(mg/L)	정밀도(% RSD)
자외선/가시선 분광법	0.004mg/L	±25% 이내
이온크로마토그래피	0.1mg/L	±25% 이내

⑬ 질산성 질소(Nitrate Nitrogen)

▶ 적용 가능한 시험방법

질산성질소	정량한계(mg/L)	정밀도(% RSD)
이온크로마토그래피	0.1mg/L	±25% 이내
자외선/가시선 분광법 (부루신법)	0.1mg/L	±25% 이내
자외선/가시선 분광법 (활성탄흡착법)	0.3mg/L	±25% 이내
데발다합금 환원증류법	중화적정법 : 0.5mg/L 분광법 : 0.1mg/L	±25% 이내

⑭ 총질소(Total Nitrogen)

▶ 적용 가능한 시험방법

총질소	정량한계(mg/L)	정밀도(% RSD)
자외선/가시선 분광법(산화법)	0.1mg/L	±25% 이내
자외선/가시선 분광법 (카드뮴-구리 환원법)	0.004mg/L	±25% 이내
자외선/가시선 분광법 (환원증류-킬달법)	0.02mg/L	±25% 이내
연속흐름법	0.06mg/L	±25% 이내

▶ 질소화합물의 분석방법 정리

질소화합물의 종류	분석방법
암모니아성 질소(NH_3-N)	① 자외선 가시선 분광법 ② 이온전극법 ③ 적정법
아질산성 질소(NO_2-N)	① 자외선 가시선 분광법 ② 이온크로마토그래피
질산성 질소(NO_3-N)	① 이온크로마토그래피 ② 자외선 가시선 분광법(부루신법) ③ 자외선 가시선 분광법(활성탄 흡착법) ④ 데발다합금 환원 증류법
총질소(T-N)	① 자외선 가시선 분광법(산화법) ② 자외선 가시선 분광법(카드뮴-구리 환원법) ③ 자외선 가시선 분광법(환원증류-킬달법) ④ 연속흐름법

⑮ 인산염인(Phosphate Phosphorus, PO_4-P)

▶ 적용 가능한 시험방법

인산염인	정량한계(mg/L)	정밀도(% RSD)
자외선/가시선 분광법 (이염화주석환원법)	0.003mg/L	±25% 이내
자외선/가시선 분광법 (아스코르빈산환원법)	0.003mg/L	±25% 이내
이온크로마토그래피	0.1mg/L	±25% 이내

1. 자외선/가시선 분광법(이염화주석환원법)

이 시험기준은 물속에 존재하는 인산염인을 측정하기 위하여 시료 중의 인산염인이 몰리브덴산 암모늄과 반응하여 생성된 몰리브덴산인 암모늄을 이염화주석으로 환원하여 생성된 몰리브덴 청의 흡광도를 690nm에서 측정하는 방법이다.

2. 자외선/가시선 분광법(아스코빈산환원법)

이 시험기준은 물속에 존재하는 인산염인을 측정하기 위하여 몰리브덴산암모늄과 반응하여 생성된 몰리브덴산인암모늄을 아스코빈산으로 환원하여 생성된 몰리브덴산 청의 흡광도를 880nm에서 측정하여 인산염인을 정량하는 방법이다.

⓰ 총인(Total Phosphorus)

▶ 적용 가능한 시험방법

총인	정량한계(mg/L)	정밀도(% RSD)
자외선/가시선 분광법	0.005mg/L	±25% 이내
연속흐름법	0.003mg/L	±25% 이내

1. 자외선/가시선 분광법

이 시험기준은 물속에 존재하는 총인을 측정하기 위하여 유기물화합물 형태의 인을 산화 분해하여 모든 인 화합물을 인산염(PO_4^{3-}) 형태로 변화시킨 다음 몰리브덴산암모늄과 반응하여 생성된 몰리브덴산인암모늄을 아스코빈산으로 환원하여 생성된 몰리브덴산의 흡광도를 880nm에서 측정하여 총인의 양을 정량하는 방법이다.

⓱ 페놀류(Phenols)

▶ 적용 가능한 시험방법

페놀 및 그 화합물	정량한계(mg/L)	정밀도(% RSD)
자외선/가시선 분광법	추출법 : 0.005mg/L 직접법 : 0.05mg/L	±25% 이내
연속흐름법	0.007mg/L	±25% 이내

1. 자외선/가시선 분광법

이 시험기준은 물속에 존재하는 페놀류를 측정하기 위하여 증류한 시료에 염화암모늄-암모니아 완충용액을 넣어 pH 10으로 조절한 다음 4-아미노안티피린과 헥사시안화철(Ⅱ)산칼륨을 넣어 생성된 붉은색의 안티피린계 색소의 흡광도를 측정하는 방법으로 수용액에서는 510nm, 클로로폼용액에서는 460nm에서 측정한다.

⑱ 시안(Cyanides)

▸ 적용 가능한 시험방법

시안	정량한계(mg/L)	정밀도(% RSD)
자외선/가시선 분광법	0.01mg/L	±25% 이내
이온전극법	0.10mg/L	±25% 이내
연속흐름법	0.01mg/L	±25% 이내

1. 자외선/가시선 분광법

이 시험기준은 물속에 존재하는 시안을 측정하기 위하여 시료를 pH 2 이하의 산성에서 가열 증류하여 시안화물 및 시안착화합물의 대부분을 시안화수소로 유출시켜 포집한 다음 포집된 시안이온을 중화하고 클로라민-T를 넣어 생성된 염화시안이 피리딘-피라졸론 등의 발색시약과 반응하여 나타나는 청색을 620nm에서 측정하는 방법이다.

TIP

① 다량의 유지류가 함유된 시료는 아세트산 또는 수산화나트륨 용액으로 pH 6~7로 조절 하고 시료의 약 2%에 해당하는 노말헥산 또는 클로로폼을 넣어 짧은 시간동안 흔들어 섞고 수층을 분리하여 시료를 취한다.
② 잔류염소가 함유된 시료는 잔류염소 20mg 당 L-아스코르빈산(10%) 0.6mL 또는 아비산 나트륨용액(10%) 0.7mL를 넣어 제거한다.
③ 황화합물이 함유된 시료는 아세트산아연용액(10%) 2mL를 넣어 제거한다. 이 용액 1mL는 황화물이온 약 14mg에 대응한다.

2. 이온전극법

이 시험기준은 지하수, 지표수, 폐수 등에 존재하는 시안을 측정하기 위하여 pH 12~13의 알칼리성에서 시안이온전극과 비교전극을 사용하여 전위를 측정하고 그 전위차로부터 시안을 정량하는 방법으로 음이온류 - 이온전극법에 따른다.

⑲ 불소(Fluoride, F⁻)

1. 적용 가능한 시험방법

불소	정량한계(mg/L)	정밀도(% RSD)
자외선/가시선 분광법	0.15mg/L	±25% 이내
이온전극법	0.1mg/L	±25% 이내
이온크로마토그래피	0.05mg/L	±25% 이내
연속흐름법	0.1mg/L	±25% 이내

2. 자외선/가시선 분광법

이 시험기준은 물속에 존재하는 불소를 측정하기 위하여 시료에 넣은 란탄알리자린 콤프렉손의 착화합물이 불소이온과 반응하여 생성하는 청색의 복합 착화합물의 흡광도를 620nm에서 측정하는 방법이다.

⑳ 브롬이온(Bromide)

▸ 적용 가능한 시험방법

브롬이온	정량한계	정밀도(% RSD)
이온크로마토그래피	0.03mg/L	±25% 이내

㉑ 황산이온(Sulfate)

▸ 적용 가능한 시험방법

황산이온	정량한계(mg/L)	정밀도(% RSD)
이온크로마토그래피	0.5mg/L	±25% 이내

㉒ 음이온계면활성제(Anionic Surfactants)

▸ 적용 가능한 시험방법

음이온계면활성제	정량한계(mg/L)	정밀도(% RSD)
자외선/가시선 분광법	0.02mg/L	±25% 이내
연속흐름법	0.09mg/L	±25% 이내

1. 자외선/가시선 분광법

이 시험기준은 물속에 존재하는 음이온 계면활성제를 측정하기 위하여 메틸렌블루와 반응시켜 생성된 청색의 착화합물을 클로로폼으로 추출하여 흡광도를 650nm에서 측정하는 방법이다.

㉓ 클로로필 a(Chlorophyll a)

이 시험기준은 물속의 클로로필 a의 양을 측정하는 방법으로 아세톤 용액을 이용하여 시료를 여과한 여과지로부터 클로로필 색소를 추출하고, 추출액의 흡광도를 663, 645, 630 및 750nm에서 측정하여 클로로필 a의 양을 계산하는 방법이다.

㉔ 전기전도도(Conductivity)

① 지시부와 검출부로 구성되어 있으며, 지시부는 교류 휘트스톤브리지(wheatstone bridge)회로나 연산 증폭기 회로 등으로 구성된 것을 사용하며, 검출부는 한 쌍의 고정된 전극(보통 백금 전극 표면에 백금흑도금을 한 것)으로 된 전도도 셀 등을 사용한다.
② 전도도 셀은 그 형태, 위치, 전극의 크기에 따라 각각 자체의 셀 상수를 가지고 있다. 셀 상수는 전도도 표준용액(염화칼륨용액)을 사용하여 결정하거나 셀 상수가 알려진 다른 전도도 셀과 비교하여 결정할 수 있으나, 일반적으로 기기제작사의 지침서 또는 설명서에 명시되어 있다.
③ 전기전도도 측정계 중에서 25℃에서의 자체온도 보상회로가 장치되어 있는 것이 사용하기에 편리하다. 그러한 장치가 없는 경우에는 온도에 따른 환산식을 사용하여 25℃에서 전기전도도 값으로 환산해야 한다.
④ 전기전도도 셀은 항상 수중에 잠긴 상태에서 보존하여야 하며, 정기적으로 점검한 후 사용한다.

㉕ 총 유기탄소(Total Organic Carbon)

① 총 유기탄소(TOC, total organic carbon) : 수중에서 유기적으로 결합된 탄소의 합을 말한다.

② 총 탄소(TC, total carbon) : 수중에서 존재하는 유기적 또는 무기적으로 결합된 탄소의 합을 말한다.
③ 무기성 탄소(IC, inorganic carbon) : 수중에 탄산염, 중탄산염, 용존 이산화탄소 등 무기적으로 결합된 탄소의 합을 말한다.
④ 용존성 유기탄소(DOC, dissolved organic carbon) : 총 유기탄소 중 공극 0.45㎛의 막 여지를 통과하는 유기탄소를 말한다.
⑤ 부유성 유기탄소(SOC, suspended organic carbon) : 총 유기탄소 중 공극 0.45㎛의 막 여지를 통과하지 못한 유기탄소를 말한다. GF/F로 여과시 입자성 유기탄소(POC, particulate organic carbon)로 구분하기도 하였다.
⑥ 비정화성 유기탄소(NPOC, nonpurgeable organic carbon) : 총 탄소 중 pH 2 이하에서 포기에 의해 정화(purging)되지 않는 탄소를 말한다. 과거에는 비휘발성 유기탄소라고 구분하기도 하였다.

26 퍼클로레이트(Perchlorate)

▶ 적용 가능한 시험방법

퍼클로레이트	정량한계(mg/L)	정밀도(% RSD)
액체크로마토그래프-질량분석법	0.002mg/L	±25% 이내
이온크로마토그래피	0.002mg/L	±25% 이내

제4장 중금속편

1 크롬(Chromium, Cr)

▶ 적용 가능한 시험방법

크롬	정량한계(mg/L)	정밀도(% RSD)
원자흡수분광광도법	산처리법 : 0.01mg/L 용매추출법 : 0.001mg/L	±25% 이내
자외선/가시선 분광법	0.04mg/L	±25% 이내
유도결합플라스마-원자발광분광법	0.007mg/L	±25% 이내
유도결합플라스마-질량분석법	0.0002mg/L	±25% 이내

1. 자외선/가시선 분광법

이 시험기준은 물속에 존재하는 크롬을 자외선/가시선 분광법으로 측정하는 것으로, 3가 크롬은 과망간산칼륨을 첨가하여 6가 크롬으로 산화시킨 후, 산성 용액에서 다이페닐카바자이드와 반응하여 생성하는 적자색 착화합물의 흡광도를 540nm에서 측정한다.

(1) 적용범위

이 시험기준은 지표수, 지하수, 폐수 등에 적용할 수 있으며, 정량한계는 0.04mg/L이다.

(2) 간섭물질

몰리브덴(Mo), 수은(Hg), 바나듐(V), 철(Fe), 구리(Cu) 이온이 과량 함유되어 있을 경우, 방해 영향이 나타날 수 있다.

❷ 6가 크롬(Hexavalent Chromium, Cr^{6+})

▶ 적용 가능한 시험방법

6가 크롬	정량한계(mg/L)	정밀도(% RSD)
원자흡수분광광도법	0.01mg/L	±25% 이내
자외선/가시선 분광법	0.04mg/L	±25% 이내
유도결합플라스마-원자발광분광법	0.007mg/L	±25% 이내

1. 원자흡수분광광도법

이 시험기준은 물속에 존재하는 6가 크롬을 원자흡수분광광도법으로 정량하는 방법이다. 6가 크롬을 피로리딘 디티오카르바민산 착물로 만들어 메틸아이소부틸케톤으로 추출한 다음 원자흡수분광광도계로 흡광도를 측정하여 6가 크롬의 농도를 구하는 것이 목적이다. 최종 분석시료는 불꽃에 분무하여 원자화되는 크롬 원소가 그 원자증기층을 투과하는 빛을 흡수하는 흡수 정도를 시료에 포함된 크롬의 농도로 환산한다.

(1) 적용범위

이 시험기준은 지표수, 지하수, 폐수 등에 적용할 수 있으며, 정량한계는 0.01mg/L이다.

(2) 간섭물질

폐수에 반응성이 큰 다른 금속 이온이 존재할 경우 방해 영향이 크므로, 이 경우는 황산나트륨 1%를 첨가하여 측정한다. 일반적으로 표층수에 존재하는 원소의 방해 영향은 무시할 수 있다.

2. 자외선/가시선 분광법

이 시험기준은 물속에 존재하는 6가 크롬을 자외선/가시선 분광법으로 측정하는 것으로, 산성 용액에서 다이페닐카바자이드와 반응하여 생성하는 적자색 착화합물의 흡광도를 540nm에서 측정한다.

(1) 적용범위

이 시험기준은 지표수, 지하수, 폐수 등에 적용할 수 있으며, 정량한계는 0.04mg/L이다.

(2) 간섭물질

몰리브덴(Mo), 수은(Hg), 바나듐(V), 철(Fe), 구리(Cu) 이온이 과량 함유되어 있을 경우 방해 영향이 나타날 수 있다.

③ 아연(Zinc, Zn)

▶ 적용 가능한 시험방법

아연	정량한계(mg/L)	정밀도(% RSD)
원자흡수분광광도법	0.002mg/L	±25% 이내
자외선/가시선 분광법	0.010mg/L	±25% 이내
유도결합플라스마-원자발광분광법	0.002mg/L	±25% 이내
유도결합플라스마-질량분석법	0.006mg/L	±25% 이내
양극벗김전압전류법	0.0001mg/L	±20% 이내

1. 자외선/가시선 분광법

이 시험기준은 물속에 존재하는 아연을 측정하기 위하여 아연이온이 pH 약 9에서 진콘(2-카르복시-2′-하이드록시(hydroxy)-5′술포포마질-벤젠·나트륨염)과 반응하여 생성하는 청색 킬레이트 화합물의 흡광도를 620nm에서 측정하는 방법이다.

(1) 적용범위

이 시험기준은 지표수, 지하수, 폐수 등에 적용 할 수 있으며, 정량한계는 0.010mg/L이다.

> **TIP**
>
> **시료 분석시 주의사항**
> ① 2가 망간이 공존하지 않은 경우에는 아스코빈산나트륨을 넣지 않는다.
> ② 발색의 정도는 15~29℃, pH는 8.8~9.2의 범위에서 잘 된다.

④ 구리(Copper, Cu)

▶ 적용 가능한 시험방법

구리	정량한계(mg/L)	정밀도(% RSD)
원자흡수분광광도법	0.008mg/L	±25% 이내
자외선/가시선 분광법	0.01mg/L	±25% 이내
유도결합플라스마-원자발광분광법	0.006mg/L	±25% 이내
유도결합플라스마-질량분석법	0.002mg/L	±25% 이내

1. 자외선/가시선 분광법

이 시험기준은 물속에 존재하는 구리이온이 알칼리성에서 다이에틸다이티오카르바민산나트륨과 반응하여 생성하는 황갈색의 킬레이트 화합물을 아세트산부틸로 추출하여 흡광도를 440nm에서 측정하는 방법이다.

> **TIP**
>
> **시료의 전처리에서 주의사항**
> ① 시료의 전처리를 하지 않고 직접 시료를 사용하는 경우, 시료 중에 시안화합물이 함유되어 있으면 염산산성으로 하여 끓여 시안화물을 완전히 분해 제거한 다음 시험한다.
> ② 추출용매는 아세트산부틸 대신 사염화탄소, 클로로폼, 벤젠 등을 사용할 수도 있다. 그러나 시료 중 음이온 계면활성제가 존재하면 구리의 추출이 불완전하다.
> ③ 무수황산나트륨 대신 건조 거름종이를 사용하여 걸러내어도 된다.
> ④ 비스무트(Bi)가 구리의 양보다 2배 이상 존재할 경우에는 황색을 나타내어 방해한다.

⑤ 카드뮴(Cadmium, Cd)

▶ 적용 가능한 시험방법

카드뮴	정량한계(mg/L)	정밀도(% RSD)
원자흡수분광광도법	0.002mg/L	±25% 이내
자외선/가시선 분광법	0.004mg/L	±25% 이내
유도결합플라스마-원자발광분광법	0.004mg/L	±25% 이내
유도결합플라스마-질량분석법	0.002mg/L	±25% 이내

1. 자외선/가시선 분광법

이 시험기준은 물속에 존재하는 카드뮴이온을 시안화칼륨이 존재하는 알칼리성에서 디티존과 반응시켜 생성하는 카드뮴착염을 사염화탄소로 추출하고, 추출한 카드뮴 착염을 타타르산용액으로 역추출한 다음 다시 수산화나트륨과 시안화칼륨을 넣어 디티존과 반응하여 생성하는 적색의 카드뮴착염을 사염화탄소로 추출하고 그 흡광도를 530nm에서 측정하는 방법이다.

⑥ 납(Lead, Pb)

▶ 적용 가능한 시험방법

불소	정량한계(mg/L)	정밀도(% RSD)
원자흡수분광광도법	0.04mg/L	±25% 이내
자외선/가시선 분광법	0.004mg/L	±25% 이내
유도결합플라스마-원자발광분광법	0.04mg/L	±25% 이내
유도결합플라스마-질량분석법	0.002mg/L	±25% 이내
양극벗김전압전류법	0.0001mg/L	±20% 이내

❼ 망간(Manganese, Mn)

▶ 적용 가능한 시험방법

망간	정량한계(mg/L)	정밀도(% RSD)
원자흡수분광광도법	0.005mg/L	±25% 이내
자외선/가시선 분광법	0.2mg/L	±25% 이내
유도결합플라스마-원자발광분광법	0.002mg/L	±25% 이내
유도결합플라스마-질량분석법	0.0005mg/L	±25% 이내

❽ 비소(Arsenic, As)

▶ 적용 가능한 시험방법

비소	정량한계(mg/L)	정밀도(% RSD)
수소화물생성-원자흡수분광광도법	0.005mg/L	±25% 이내
자외선/가시선 분광법	0.004mg/L	±25% 이내
유도결합플라스마-원자발광분광법	0.05mg/L	±25% 이내
유도결합플라스마-질량분석법	0.006mg/L	±25% 이내
양극벗김전압전류법	0.0003mg/L	±20% 이내

1. 수소화물생성-원자흡수분광광도법

이 시험기준은 물속에 존재하는 비소를 측정하는 방법으로 아연 또는 나트륨붕소수화물(NaBH$_4$)을 넣어 수소화 비소로 포집하여 아르곤(또는 질소)-수소 불꽃에서 원자화시켜 193.7nm에서 흡광도를 측정하고 비소를 정량하는 방법이다.

2. 자외선/가시선 분광법

이 시험기준은 물속에 존재하는 비소를 측정하는 방법으로, 3가 비소로 환원시킨 다음 아연을 넣어 발생되는 수소화비소를 다이에틸다이티오카바민산은(Ag-DDTC)의 피리딘 용액에 흡수시켜 생성된 적자색 착화합물을 530nm에서 흡광도를 측정하는 방법이다.

(1) 적용범위

이 시험기준은 지표수, 지하수, 폐수 등에 적용할 수 있으며, 정량한계는 0.004mg/L이다.

(2) 간섭물질

① 안티몬 또한 이 시험 조건에서 스티빈(stibine, SbH_3)으로 환원되고 흡수용액과 반응하여 510nm에서 최대 흡광도를 갖는 붉은 색의 착화합물을 형성한다. 안티몬이 고농도의 경우에는 이 방법을 사용하지 않는 것이 좋다.
② 높은 농도(>5mg/L)의 크롬, 코발트, 구리, 수은, 몰리브덴, 은 및 니켈은 비소 정량을 방해한다.
③ 황화수소(H_2S) 기체는 비소 정량에 방해하므로 아세트산납을 사용하여 제거하여야 한다.

⑨ 니켈(Nickel, Ni)

▶ 적용 가능한 시험방법

니켈	정량한계(mg/L)	정밀도(% RSD)
원자흡수분광광도법	0.01mg/L	±25% 이내
자외선/가시선 분광법	0.008mg/L	±25% 이내
유도결합플라스마-원자발광분광법	0.015mg/L	±25% 이내
유도결합플라스마-질량분석법	0.002mg/L	±25% 이내

1. 자외선/가시선 분광법

이 시험기준은 물속에 존재하는 니켈이온을 암모니아의 약 알칼리성에서 다이메틸글리옥심과 반응시켜 생성한 니켈착염을 클로로폼으로 추출하고 이것을 묽은 염산으로 역추출한다. 추출물에 브롬과 암모니아수를 넣어 니켈을 산화시키고 다시 암모니아 알칼리성에서 다이메틸글리옥심과 반응시켜 생성한 적갈색 니켈착염의 흡광도 450nm에서 측정하는 방법이다.

⑩ 철(Iron, Fe)

▶ 적용 가능한 시험방법

철	정량한계(mg/L)	정밀도(% RSD)
원자흡수분광광도법	0.03mg/L	±25% 이내
자외선/가시선 분광법	0.08mg/L	±25% 이내
유도결합플라스마-원자발광분광법	0.007mg/L	±25% 이내

⑪ 셀레늄(Selenium, Se)

▶ 적용 가능한 시험방법

셀레늄	정량한계(mg/L)	정밀도(% RSD)
수소화물생성-원자흡수분광광도법	0.005mg/L	±25% 이내
유도결합플라스마-질량분석법	0.03mg/L	±25% 이내

1. 수소화물생성-원자흡수분광광도법

이 시험기준은 물속에 존재하는 셀레늄을 측정하는 방법으로, 나트륨붕소수화물($NaBH_4$)을 넣어 수소화 셀레늄으로 포집하여 아르곤(또는 질소)-수소 불꽃에서 원자화시켜 196.0nm에서 흡광도를 측정하고 셀레늄을 정량하는 방법이다.

⑫ 수은(Mercury, Hg)

▶ 적용 가능한 시험방법

수은	정량한계(mg/L)	정밀도(% RSD)
냉증기-원자흡수분광광도법	0.0005mg/L	±25% 이내
자외선/가시선 분광법	0.003mg/L	±25% 이내
양극벗김전압전류법	0.0001mg/L	±20% 이내
냉증기-원자형광법	0.0005㎍/L	±25% 이내

1. 냉증기-원자흡수분광광도법

이 시험기준은 물속에 존재하는 수은을 측정하는 방법으로, 시료에 이염화주석($SnCl_2$)을 넣어 금속수은으로 산화시킨 후, 이 용액에 통기하여 발생하는 수은증기를 원자흡수분광광도법으로 253.7nm의 파장에서 측정하여 정량하는 방법이다.

(1) 간섭물질

① 시료 중 염화물이온이 다량 함유된 경우에는 산화 조작시 유리염소를 발생하여 253.7nm에서 흡광도를 나타낸다. 이때는 염산하이드록실아민용액을 과잉으로 넣어 유리염소를 환원시키고 용기 중에 잔류하는 염소는 질소 가스를 통기시켜 추출한다.

② 벤젠, 아세톤 등 휘발성 유기물질도 253.7nm에서 흡광도를 나타낸다. 이 때에는 과망간산칼륨 분해 후 헥산으로 이들 물질을 추출 분리한 다음 시험한다.

2. 자외선/가시선 분광법

이 시험기준은 물속에 존재하는 수은을 정량하기 위하여 사용한다. 수은을 황산 산성에서 디티존·사염화탄소로 일차추출하고 브롬화칼륨 존재하에 황산산성에서 역추출하여 방해성분과 분리한 다음 인산-탄산염 완충용액 존재하에서 디티존·사염화탄소로 수은을 추출하여 490nm에서 흡광도를 측정하는 방법이다.

⑬ 알킬수은(Alkyl Mercury)

▶ 적용 가능한 시험방법

알킬수은	정량한계(mg/L)	정밀도(% RSD)
기체크로마토그래피	0.0005mg/L	±25%
원자흡수분광광도법	0.0005mg/L	±25%

1. 기체크로마토그래피

이 시험기준은 물속에 존재하는 알킬수은 화합물을 기체크로마토그래피에 따라 정량하는 방법이다. 알킬수은화합물을 벤젠으로 추출하여 L-시스테인용액에 선택적으로 역추출하고 다시 벤젠으로 추출하여 기체크로마토그래프로 측정하는 방법이다.

제5장 유기물질 및 휘발성유기화합물편

❶ 석유계총탄화수소

1. 용매추출/기체크로마토그래피

이 시험기준은 물속에 존재하는 비등점이 높은(150~500℃) 유류에 속하는 석유계총탄화수소(제트유, 등유, 경유, 벙커C, 윤활유, 원유 등)를 다이클로로메탄으로 추출하여 기체크로마토그래프에 따라 확인 및 정량하는 방법으로 크로마토그램에 나타난 피크의 패턴에 따라 유류 성분을 확인하고 탄소수가 짝수인 노말알칸(C8~C40) 표준물질과 시료의 크로마토그램 총면적을 비교하여 정량한다.

(1) 적용범위

이 시험기준은 지표수, 지하수, 폐수 등에 적용 할 수 있으며, 정량한계는 0.2mg/L 이다.

❷ 유기인(Organophosphorus Pesticides)

1. 용매추출/기체크로마토그래피

이 시험기준은 물속에 존재하는 유기인계 농약성분 중 다이아지논, 파라티온, 이피엔, 메틸디메톤 및 펜토에이트를 측정하기 위한 것으로, 채수한 시료를 헥산으로 추출하여 필요시 실리카겔 또는 플로리실 컬럼을 통과시켜 정제한다. 이 액을 농축시켜 기체크로마토그래프에 주입하고 크로마토그램을 작성하여 유기인을 확인하고 정량하는 방법이다.

(1) 적용범위

이 시험기준은 지표수, 지하수, 폐수 등에 적용 할 수 있으며, 각 성분별 정량한계는 0.0005mg/L이다.

(2) 간섭물질

① 폴리테트라플루오로에틸렌(PTFE) 재질이 아닌 튜브, 봉합제 및 유속조절제의 사용을 피해야 한다.

② 높은 농도를 갖는 시료와 낮은 농도를 갖는 시료를 연속하여 분석할 때에 오염이 될 수 있으므로, 높은 농도의 시료를 분석한 후에는 바탕시료를 분석하는 것이 좋다.
③ 실리카겔 컬럼 정제는 산, 염화페놀, 폴리클로로페녹시페놀 등의 극성화합물을 제거하기 위하여 수행하며, 사용 전에 정제하고 활성화시켜야 하거나 시판용 실리카 카트리지를 이용할 수 있다.
④ 플로리실 컬럼 정제는 시료에 유분의 관찰 또는 분석 후 시료 크로마토그램의 방해성 문이 유분의 영향으로 판단될 경우에 수행하며 시판용 플로리실 카트리지를 이용할 수 있다.

> **TIP**
>
> **전처리시 주의사항**
> 헥산으로 추출하는 경우 메틸디메톤의 추출율이 낮아 질수도 있다. 이때에는 헥산 대신 다이클로로메탄과 헥산의 혼합용액(15 : 85)을 사용한다.

❸ 폴리클로리네이티드비페닐(Polychlorinated Biphenyls)

1. 용매추출/기체크로마토그래피

이 시험기준은 물속에 존재하는 폴리클로리네이티드비페닐(PCBs)을 측정하는 방법으로, 채수한 시료를 헥산으로 추출하여 필요시 알칼리 분해한 다음 다시 헥산으로 추출하고 실리카겔 또는 플로리실 컬럼을 통과시켜 정제한다. 이 액을 농축시켜 기체크로마토그래프에 주입하고 크로마토그램을 작성하여 나타난 피크 패턴에 따라 PCB를 확인하고 정량하는 방법이다.

(1) 적용범위

이 시험기준은 지표수, 지하수, 폐수 등에 적용 할 수 있으며, 정량한계는 0.0005mg/L이다.

제6장 생물편

❶ 총대장균군(Total Coliform)

1. 막여과법

① 총대장균군의 정의는 그람음성·무아포성의 간균으로서 락토오스를 분해하여 가스 또는 산을 발생하는 모든 호기성 또는 혐기성균을 말한다.
② 배양기의 배양온도는 (35±0.5)℃로 유지할 수 있는 것을 사용한다.
③ 배양 후 금속성 광택을 띠는 적색이나 진한 적색 계통을 집락한다.

2. 시험관법

3. 평판집락법

4. 효소이용정량법

❷ 분원성대장균군(Fecal Coliform)

1. 막여과법

① 분원성대장균군의 정의는 온혈동물의 배설물에서 발견되는 그람음성·무아포성의 간균으로서 44.5℃에서 락토오스를 분해하여 가스 또는 산을 발생하는 모든 호기성 또는 통성 혐기성균을 말한다.
② 배양기 또는 항온수조의 배양온도는 (44.5±0.2)℃로 유지할 수 있는 것을 사용 한다.
③ 배양 후 여러 가지 색조를 띠는 청색을 계수한다.

2. 시험관법

3. 효소이용정량법

❸ 대장균(Escherichia coli)

1. 효소이용정량법

① 대장균의 정의는 그람음성·무아포성의 간균으로 베타-글루쿠론산 분해효소(β-glucuronidase)의 활성을 가진 모든 호기성 또는 통성 혐기성균을 말한다.
② 배양기 또는 항온수조의 배양온도는 (35±0.5)℃ 및 (44.5±0.2)℃로 유지할 수 있는 것을 사용한다.

❹ 식물성플랑크톤(Phytoplankton) : 현미경 계수법

① 이 시험기준은 물속의 부유생물인 식물성 플랑크톤을 현미경계수법을 이용하여 개체수를 조사하는 정량분석 방법이다.
② 식물성 플랑크톤은 운동력이 없거나 극히 적어 수체의 유동에 따라 수체 내에 부유하면서 생활하는 단일 개체, 집락성, 선상형태의 광합성 생물을 총칭한다.
③ 시료의 개체수는 계수면적당 10~40 정도가 되도록 희석 또는 농축한다.
④ **시료 희석** : 시료가 육안으로 녹색이나 갈색으로 보일 경우 정제수로 적절한 농도로 희석한다.
⑤ 정성시험의 목적은 식물성 플랑크톤의 종류를 조사하는 것이다.
⑥ 정량시험에서 식물성 플랑크톤의 계수는 정확성과 편리성을 위하여 일정 부피를 갖는 계수용 챔버를 사용한다. 식물성 플랑크톤의 동정에는 고배율이 많이 이용되지만 계수에는 저~중배율이 많이 이용된다.
⑦ 저배율 방법(200배율 이하)에는 스트립 이용계수와 격자이용계수가 있으며, 세즈윅-라프터 챔버가 이용된다.
⑧ 중배율 방법(200~500배율 이하)에는 팔머-말로니 챔버 이용계수와 혈구계수이용계수가 있다.

❺ 물벼룩을 이용한 급성 독성 시험법(Cladocera, Crustacea)

(1) 용어정의

① **치사(Mortality)** : 일정 희석 비율로 준비된 시료에 물벼룩을 투입하여 24시간 경과 후 시험용기를 손으로 살짝 두드려 주고, 15초 후 관찰했을 때 독성물질에 의해 영향을 받

아 움직임이 명백하게 없는 상태를 '치사'라 판정한다.

② 유영저해(Immobilization) : 일정 희석 비율로 준비된 시료에 물벼룩을 투입하여 24시간 경과 후 시험용기를 손으로 살짝 두드려 주고, 15초 후 관찰했을 때 독성물질에 의해 영향을 받아 움직임이 없을 경우를 '유영저해'로 판정한다. 이 때 안테나나 다리 등 부속지를 움직인다 하더라도 유영을 하지 못한다면 '유영저해'로 판정한다.

③ 반수영향농도(EC_{50} 값, Median effective concentration) : 투입 시험생물의 50%가 치사 혹은 유영저해를 나타낸 농도이다.

④ 생태독성값(TU, Toxic unit) : 통계적 방법을 이용하여 반수영향농도 EC_{50} 값을 구한 후 100에서 EC_{50} 값을 나눠 준 값을 말한다. (EC_{50} 값의 단위는 %이다.)

⑤ 지수식 시험방법(Static non-renewal test) : 시험기간 중 시험용액을 교환하지 않는 시험을 말한다.

⑥ 표준독성물질(Reference substance) : 독성시험이 정상적인 조건에서 수행되는지를 확인하기 위하여 사용하며 다이크롬산포타슘(potassium dichromate, $K_2Cr_2O_7$, 분자량 : 294.18)을 이용한다.

(2) 시험생물

① 시험생물은 물벼룩인 Daphnia Magna Straus를 사용하도록 하며, 출처가 명확하고 건강한 개체를 사용한다.

② 시험을 실시할 때는 계대배양(여러 세대를 거쳐 배양)한 생후 2주 이상의 물벼룩 암컷 성체를 시험 전날에 새롭게 준비한 배양액이 담긴 용기에 옮기고, 그 다음날까지 생산한 생후 24시간 미만의 어린 개체를 사용한다. 물벼룩은 배양 상태가 좋을 때 7~10일 사이에 첫 새끼를 부화하게 되는데 이때 부화된 새끼는 시험에 사용하지 않고 같은 어미가 약 네 번째 부화한 새끼부터 시험에 사용하여야 한다. 군집배양의 경우, 부화 횟수를 정확히 아는 것이 어렵기 때문에 생후 약 2주 이상의 어미에서 생산된 새끼를 시험에 사용하면 된다.

③ 외부기관에서 새로 분양 받았다면 2번 이상의 세대교체 후 물벼룩을 시험에 사용해야 한다.

④ 시험하기 2시간 전에 먹이를 충분히 공급하여 시험 중 먹이가 주는 영향을 최소화하도록 한다.

⑤ 먹이는 Chlorella sp., Pseudochirknella subcapitata 등과 같은 녹조류와 yeast, cerophyll(R), trout chow의 혼합액인 YCT를 사용한다.

⑥ 물벼룩을 폐기할 경우에는 망으로 걸러 살아있는 상태로 하수구에 유입되지 않도록 주의해야한다.

⑦ 배양액을 교체해주거나 정해진 희석배율의 시험수에 시험생물을 옮겨 주입할 때에

는 시험생물이 공기 중에 노출되는 시간을 가능한 한 짧게 한다.
⑧ 태어난 지 24시간 이내의 시험생물일지라도 가능한 한 크기가 동일한 시험생물을 시험에 사용한다.
⑨ 평상시 물벼룩 배양에서 하루에 배양 용기 내 전체 물벼룩 수의 10% 이상이 치사한 경우 이들로부터 생산된 어린 물벼룩은 시험생물로 사용하지 않는다.
⑩ 배양시 물벼룩이 표면에 뜨지 않아야 하고, 표면에 뜰 경우 시험에 사용하지 않는다.
⑪ 물벼룩을 옮길 때 사용되는 스포이드에 의한 교차 오염이 발생하지 않도록 주의를 기울인다.

수질오염방지기술

제1장 물리적 처리

❶ 정수시설의 착수정

① 착수정의 고수위와 주변벽체의 상단간에는 60cm 이상의 여유를 두어야 한다.
② 형상은 일반적으로 직사각형 또는 원형으로 하고 유입구에는 제수밸브 등을 설치한다.
③ 착수정의 용량은 체류시간 1.5분 이상으로 한다.
④ 착수정의 수심은 3~5m 정도로 한다.
⑤ 수위가 고수위 이상으로 올라가지 않도록 월류관이나 월류위어를 설치한다.
⑥ 필요에 따라 분말활성탄을 주입할 수 있는 장치를 설치하는 것이 바람직하다.
⑦ 착수정은 2조 이상으로 분할하는 것이 원칙이나 분할하지 않는 경우에는 필히 바이패스관을 설치하여야 한다.
⑧ 착수정에는 원수수질을 파악할 수 있는 채수시설과 수질측정장치를 설치하는 것이 좋다.

❷ 침사지

(1) 상수시설 침사지의 설계사항

① 저부경사는 보통 $\frac{1}{100}$ ~ $\frac{2}{100}$ 로 한다.
② 수심은 유효수심에 모래 퇴적부의 깊이를 더한 것으로 한다.
③ 체류시간은 30~60초를 표준으로 한다.
④ 표면부하율은 200~500mm/min을 표준으로 한다.
⑤ 지내 평균유속은 2~7cm/sec를 표준으로 한다.
⑥ 지의 상단높이는 고수위보다 0.6~1m정도의 여유고를 둔다.

⑦ 지의 유효수심은 3~4m를 표준으로 하고, 퇴사심도를 0.5~1m로 한다.
⑧ 지의 길이는 폭의 3~8배를 표준으로 한다.

(2) 하수도 시설의 중력식 침사지

① 침사지의 평균유속은 0.3m/sec를 표준으로 한다.
② 침사지의 표면 부하율은 오수침사지의 경우 1800m³/m²·일, 우수침사지의 경우 3600m³/m²·일 정도로 한다.

❸ 침전지

(1) 하수처리시설 1차 침전지의 조건

① 침전지의 지수는 2지 이상으로 한다.
② 표면 부하율은 계획1일 최대오수량에 대하여 25~40m³/m²·day로 한다.
③ 침전지 수면의 여유고는 40~60cm정도로 한다.
④ 유효수심은 2.5~4m를 표준으로 한다.
⑤ 표면부하율은 계획1일 최대오수량에 대하여 분류식의 경우 35~70m³/m²·day, 합류식의 경우 25~50m³/m²·day로 한다.
⑥ 침전시간은 계획1일 최대 오수량에 대하여 표면부하율과 유효수심을 고려하여 정하며 일반적으로 2~4시간으로 한다.

(2) 하수처리시설 2차 침전지의 조건

① 표면 부하율은 계획1일 최대오수량에 대하여 20~30m³/m²·일로 한다.
② 고형물 부하율은 95~145kg/m²·일로 한다.
③ 월류위어의 부하율은 190m³/m·day이다.
④ 유효수심은 2.5~4m를 표준으로 한다.
⑤ 침전시간은 계획1일 최대 오수량에 따라 정하며 일반적으로 3~5시간으로 한다.

(3) 침강이론

① Ⅰ형침전(독립침전)
   ㉠ 고형물의 농도가 낮은 현탁액 속의 입자가 등가속도 영역에서 중력에 의해 침전하는 것을 말한다.
   ㉡ 농도가 낮은 부유물, 독립입자의 침강형태, 비중이 큰 무기성입자침전, 입자 상호간 방해 없음

② Ⅱ형침전(응결침전, 응집침전)
  ㉠ 비교적 농도가 낮은 현탁액에서 침전 중 입자들끼리 결합하고 응집하는 것을 말한다.
  ㉡ 부유물의 농도 낮을 때, 플록침전, 응결침전
  ㉢ 약품침전지나 2차 침전지가 해당
③ Ⅲ형침전(지역침전, 간섭침전, 방해침전)
  ㉠ 중간정도 농도, 서로 방해를 받으며 집단체로 침전하고 침전지나 농축조가 해당
  ㉡ 침전하는 입자들이 너무 가까이 있어서 입자간의 힘이 이웃입자의 침전을 방해하게 되고 동일한 속도로 침전하며 활성슬러지공법의 최종침전조 중간 깊이에서 일어나는 침전이다.
    • 특징
      - 생물학적 처리시설과 함께 사용되는 2차 침전시설 내에서 발생한다.
      - 입자간의 작용하는 힘에 의해 주변입자들의 침전을 방해하는 중간정도 농도의 부유액에서의 침전을 말한다.
      - 입자 등은 서로간의 상대적 위치를 변경시키지 않고 입자들은 구조물을 형성하여 한 개의 단위로 침전한다.
      - 함께 침전하는 입자들은 상부에 고체와 액체의 경계면이 형성된다.
④ Ⅳ형침전(압축침전, 압밀침전)
  ㉠ 입자들은 농도가 너무 커서 입자들끼리 구조물을 형성하여 더 이상의 침전은 압밀에 의해서만 생기는 고농도의 부유액에서 일어나는 침전이다.
  ㉡ 압밀은 상부의 액체로부터의 침전에 의하여 입자구조물에 연속적으로 가해지는 입자들의 무게 때문에 일어나게 된다.
  ㉢ 깊은 2차침전시설과 슬러지농축시설의 바닥에서와 같이 깊은 슬러지층의 하부에서 보통 일어난다.
  ㉣ 농축조가 해당된다.

❹ 여과지

✦✦✦ (1) 상수시설 중 완속여과지 특징

① 여과지의 여과속도 표준은 4~5m/day이다.
② 여과지의 깊이는 하수집수장치의 높이에 자갈층 두께, 모래층 두께, 모래면 위의 수심과 여유고를 더하여 2.5~3.5m를 표준으로 한다.

③ 여과지의 모래면 위의 수심은 0.9~1.2m(90~120cm)표준으로 한다.
④ 주위벽 상단은 지반보다 15cm이상 높여서 여과지 내로 오염수나 토사 등의 유입을 방지하여야 한다.
⑤ 한냉지에서는 여과지 물이 동결할 염려가 있으므로 여과지를 복개한다.
⑥ 여과지는 2지 이상으로 하고 10지마다 1지 비율로 예비지를 둔다.

(2) 상수시설 중 급속여과지 특징

① 여과면적은 계획정수량을 여과속도로 나누어 계산한다.
② 1지의 여과면적은 150m² 이하로 한다.
③ 여과속도는 120~150m/일을 표준으로 한다.
④ 중력식을 표준으로 한다.

▶ 완속여과지와 급속여과지 정리

	완속여과지	급속여과지
여과 속도	4~5m/day 표준	120~150m/day 표준
모래층 두께	70~90cm	60~120cm
모래 유효경	0.3~0.45mm	0.45~0.7mm
균등 계수	2.0 이하	1.7 이하
여과지의 모래면 위의 수심	0.9~1.2m(90~120cm)	1~1.5m(100~150cm)

제2장 화학적 처리

❶ 약품침전지 및 특성

(1) 정수시설의 응집지의 플록형성지 특성

① 혼화지와 침전지 사이에 위치하고 침전지에 붙여서 설치한다.
② 플록형성시간은 계획정수량에 대하여 20~40분간을 표준으로 한다.
③ 기계식 교반에서 플록큐레이션의 주변속도는 15~80cm/sec를 표준으로 한다.
④ 플록형성지 내의 교반 강도는 하류로 갈수록 점차 감소시키는 것이 바람직하다.
⑤ 직사각형이 표준이다.
⑥ 야간 근무자가 플록형성상태를 감시할 수 있는 적절한 조명장치를 설치한다.

⑦ 플록형성지는 단락류나 정체부가 생기지 않으면서 충분하게 교반될 수 있는 구조로 한다.

(2) 완속교반의 주목적

응집된 입자의 floc화를 촉진하기 위하여

② 응집제의 종류

(1) 황산 알루미늄(황산반토, Alum)

① 장점
- ㉠ 철염에 비해 가격이 저렴하다.
- ㉡ 독성이 없다.
- ㉢ 부식성이 없어 취급이 용이하다.
- ㉣ 탁도, 조류, 세균 등의 현탁성 물질, 부유물 제거에 효과적이다.

② 단점
- ㉠ 형성된 플록(floc)이 비교적 가볍다.
- ㉡ 적정 pH 폭이 좁다.(pH 5~8)

(2) 철염

① 장점
- ㉠ 염화제2철은 고체분말로서 6개의 결정수를 가지며 최적 pH 범위는 4~12 정도이다.
- ㉡ 철염의 floc은 무겁고 침강이 빠르며 pH 9 이상에서 망간 제거가 가능하다.
- ㉢ 염화제2철은 형성 플록이 무겁고 침강이 빠르다.
- ㉣ 황산 제1철은 pH와 알칼리도가 높은 물에서 주로 사용한다.
- ㉤ 알칼리 영역에서도 floc이 용해되지 않는다.

② 단점
- ㉠ 1철염은 철이온이 잔류하고, 색도를 유발시킨다.
- ㉡ 가격이 비싸다.
- ㉢ 부식성이 강하다.
- ㉣ 황산제1철은 소석회를 함께 첨가한다.

③ 흡착법에서 활성탄의 종류

① 입상 활성탄(GAC ; Granular Activated Carbon)
  ㉠ 분말 활성탄에 비해 흡착속도가 느리다.
  ㉡ 분말 활성탄에 비해 취급이 쉽다.
  ㉢ 재생이 용이하다.
  ㉣ 물과 분리가 용이하다.
② 분말 활성탄(PAC ; Powdered Activated Carbon)
  ㉠ 입상 활성탄에 비해 흡착속도가 빠르다.
  ㉡ 입상 활성탄에 비해 취급이 어렵다.
  ㉢ 분말이라 비산되기 쉽다.
③ 생물 활성탄(BAC ; Biological Activated Carbon)
  ㉠ 일반 활성탄에 비해 수명을 4배 이상 연장할 수 있다.
  ㉡ 활성탄이 서로 부착, 응집하여 수두손실이 증가할 수 있다.
  ㉢ 정상상태까지의 기간이 길다.
  ㉣ 활성탄에 병원균이 자랄 때 문제가 될 수 있다.
  ㉤ 오염물질에 따라 생물분해, 흡착작용이 상호보완하여 준다.
  ㉥ 미생물성장에 좋지 않은 조건이라도 흡착기능에 의하여 오염물질 제거가 가능하다.
  ㉦ 분해에 적응시간이 필요한 용해성 유기물질의 제거에 효과적이다.
  ㉧ 활성탄 사용시간 연장 및 재생이 가능하다.
  ㉨ 충격부하가 강하다.

④ 펜턴산화법의 특징

① 화학적 산화법의 일종이다.
② 펜턴 시약으로부터 발생하는 OH라디칼을 이용하는 처리법이다.
③ 난분해성 유기물의 산화처리에 이용된다.
④ 최적 반응은 pH 3~4.5(3~5) 정도의 범위이다.
⑤ pH의 조정은 반응조에 과산화수소와 철염을 가한 후 조절하는 것이 효과적이다.
⑥ 과산화수소는 철염이 과량으로 존재할 때 조금씩 단계적으로 첨가하는 것이 효과적이다.
⑦ 폐수의 COD는 감소하지만 BOD는 증가한다.
⑧ 철염을 이용하므로 수산화철의 슬러지가 다량 생성될 수 있다.

⑨ 펜턴 산화반응에서 철은 촉매로 작용한다.
⑩ 펜턴시약을 이용하여 난분해성 유기물을 처리하는 과정은 대체로 산화반응과 함께 pH조절, 중화 및 응집, 침전으로 크게 3단계로 나눌 수 있다.

❺ 유해물질 처리법

(1) 물리·화학적 질소제거 공정

막공법, 공기탈기법, 선택적이온교환법, 파과점 염소주입법

(2) 시안(CN) 화합물 처리방법

전기투석, 충격법, 감청법, 산성탈기법, 알칼리산화법, 오존산화법, 전해산화법

(3) 크롬처리방법

① 독성이 있는 6가를 독성이 없는 3가로 pH 2~4에서 환원시키고 3가를 pH 8~11 범위에서 침전시켜 처리한다.
② Cr^{6+}는 Cr^{3+}로 환원한 후 알칼리를 주입하여 수산화물을 침전시킨다.
③ $Cr^{3+} + 3(OH^-) \rightarrow Cr(OH)_3 \downarrow$ (pH 8~11)

```
황산 (pH 2~4)           NaOH(pH 8~11)   응집제 주입
     ↓                      ↓              ↓
              환원제(NaHSO₃)
   Cr⁶⁺(황색) ─────────────→ Cr³⁺(청록색) → Cr(OH)₃ → 방류(중성수 용액)
                                              ↓
                                         Cr(OH)₃의 침전물 형성
```

(4) 무기수은계 폐수처리방법

아밀감법, 황화물침전법, 이온교환법, 흡착법

(5) 유기수은계 폐수처리방법

산화분해법

(6) 불소 처리법

응집제거법, 활성알루미나법, 골탄법, 전해법(전기분해법)

(7) 카드뮴함유폐수 처리법

수산화물침전법, 황화물침전법, 이온교환법

✶✶ (8) 이온교환 선택성 크기

① 음이온 교환수지에서 음이온 선택성순서
$SO_4^{2-} > I^- > NO_3^- > CrO_4^{2-} > Br^- > Cl^- > OH^-$

② 양이온 교환수지에서 양이온 선택성순서
$Ba^{2+} > Pb^{2+} > Sr^{2+} > Ca^{2+} > Ni^{2+}$

(9) 수질성분이 금속도관의 부식에 미치는 영향

① 암모니아는 착화합물의 형성을 통해 구리, 납 등의 금속 용해도를 증가 시킬 수 있다.
② 칼슘은 $CaCO_3$로 침전하여 부식을 보호하고 부식속도를 감소시킨다.
③ pH가 높으면 관을 보호하고 부식속도를 감소시킨다.
④ 높은 알칼리도는 구리와 납의 부식을 증가시킨다.
⑤ 구리는 갈바닉 전지를 이룬 배관상에 흠집(구멍)을 야기한다.
⑥ 고농도의 염화물이나 황산염은 철, 구리, 납의 부식을 증가시킨다.
⑦ 용존산소는 여러 부식 반응속도를 증가시킨다.

❻ 살균

1. 살균의 특징

(1) 살균력의 크기

① $O_3 > Cl_2$
② $HOCl > OCl^-$ > 클로라민(결합 잔류 염소의 대표적 물질)
③ 클로라민 : 살균력은 약하나 소독 후 물에 이취미가 없고 살균작용이 오래 지속된다.
④ $HOCl$이 OCl^-보다 80배 이상 강하다.

✶✶✶ (2) 염소 살균력 증가조건

온도↑, 반응시간↑, 주입농도↑, 낮은 pH

2. 소독제의 종류

(1) 염소살균(소독)의 특징

① 살균강도는 HOCl이 OCl⁻보다 약 80배 이상 강하다.
② 염소의 살균력은 반응시간이 길며, 주입농도가 높을수록 강하다.
③ 염소의 살균력은 pH가 낮을수록 살균능력이 크다.
④ 염소의 살균력은 온도가 높을수록 살균능력이 크다.
⑤ 바이러스 사멸효과가 나쁜 편이다.
⑥ 처리수의 총용존고형물이 증가한다.
⑦ 하수의 염화물 함유량이 증가한다.
⑧ 암모니아 첨가에 의해 잔류염소가 형성된다.
⑨ ClO_2 소독에 비하여 바이러스 사멸효과가 나쁘다.
⑩ 암모니아가 존재하는 경우 결합잔류 염소로 존재한다.
⑪ 염소 접촉조로부터 휘발성 유기물이 생성된다.
⑫ 처리수의 잔류독성이 탈염소 과정에 의해 제거되어야 한다.
⑬ HOCl은 암모니아와 반응하여 클로라민을 생성한다.
⑭ 유량변동에 대해 적응성이 어렵다.
⑮ 인체에 위해성이 높다.
⑯ 잔류효과가 크다.
⑰ 알칼리도가 낮을수록 살균능력이 크다.

(2) 오존살균의 특징

① 오존은 저장 할 수 없어 현장에서 생산해야 한다.
② 오존은 산소의 동소체로 HOCl보다 더 강력한 산화제이다.
③ 수용액에서 오존은 매우 불안정하여 20℃ 증류수에서의 반감기는 20~30분 정도이다.
④ 오존은 잔류성이 없다.
⑤ 슬러지가 생기지 않는다.
⑥ 효과에 지속성이 없다.
⑦ 철 및 망간의 제거능력이 크다.
⑧ 병원균에 대하여 살균력이 강하며 탈취, 탈색효과가 크다.
⑨ 유기화합물의 생분해성을 높이며 바이러스의 불활성화 효과가 크다.
⑩ 오존은 자체의 높은 산화력으로 염소에 비하여 높은 살균력을 가지고 있다.
⑪ 소독 부산물의 생성을 유발하는 각종 전구물질에 대한 처리 효율이 높다.

(3) 자외선(UV) 방사의 특징

① 5~400nm 스펙트럼 범위의 단파장에서 발생하는 전자기 방사를 말한다.
② 수중에 잔류 방사량(잔류 살균력이 없음)이 존재하지 않는다.
③ 자외선소독은 화학물질 소비가 없고 해로운 부산물도 생성되지 않는다.
④ 물과 수중의 성분은 자외선의 전달 및 흡수에 영향을 주며 Beer-Lambert 법칙이 적용된다.
⑤ 태양광 중에 파장이 커질수록 살균효과는 감소한다.
⑥ 염소소독에 비해 안정성이 높다.
⑦ 잔류독성이 없다.
⑧ 대부분의 Virus, Spores, Cysts등을 비활성 시키는데 염소보다 효과적이다.
⑨ 접촉시간이 짧다.(1~5초)
⑩ pH변화에 관계없이 지속적인 살균이 가능하다.
⑪ 유량과 수질의 변동에 대해 적응력이 강하다.
⑫ 과학적으로 증명된 정밀한 처리시스템이다.
⑬ 물의 탁도가 높으면 소독능력은 저하된다.
⑭ 소독의 성공여부를 즉시 측정할 수 없다.
⑮ 비교적 소독비용이 저렴하다.
⑯ 안정성이 높고 요구되는 공간이 적다.

제3장 생물학적 처리

❶ 표준활성슬러지법

(1) 표준활성슬러지법(재래식 활성슬러지법)

① MLSS 1500~2500mg/L
② F/M비 0.2~0.4/day
③ HRT(수리학적 체류시간) 6~8hr
④ SRT(미생물 체류시간) 3~6day
⑤ 반응조 수심 4~6m

(2) 활성슬러지법 처리방법별 F/M비

① 표준활성슬러지법 : 0.2~0.4 kgBOD/kgSS·day
② 순산소활성슬러지법 : 0.3~0.6 kgBOD/kgSS·day
③ 장기포기법 : 0.03~0.05 kgBOD/kgSS·day
④ 산화구법 : 0.03~0.05 kgBOD/kgSS·day

(3) 표준활성슬러지법의 특징

① 동일한 COD 제거효율을 얻기 위해서는 온도가 감소함에 따라 F/M비를 감소해야 한다.
② F/M비가 높으면 BOD 제거효율이 떨어지게 된다.
③ 폭기시간은 원폐수가 폭기조내에 머무는 시간을 뜻하며 원폐수의 량만을 고려하고 반송슬러지량은 고려하지 않는다.
④ 슬러지팽화가 발생된다.
⑤ 슬러지(미생물)를 키워 처리하므로 슬러지의 생성량이 많다.
⑥ 운전비용이 고가이다.
⑦ BOD, SS의 제거율이 높다.
⑧ 처리수의 수질이 양호하다.
⑨ 설치면적이 적게 소요된다.

(4) 활성슬러지 공정 중 최종 침전조에서 슬러지 부상원인

① 탈질소화 현상이 발생할 때
② 침전조의 수면적 부하가 높은 경우
③ SVI가 높고 잉여슬러지의 인출량이 부족할 때

(5) 슬러지부상(Sludge rising) 원인은 침전조의 탈질화작용에 의한다.

❷ 생물막공법

1. 생물막공법의 특징

(1) 생물막공법의 처리특성

① 수질, 수량 변동이 강하여 저온처리 효율이 좋다.
② 질화세균 및 탈질균이 잘 증식된다.

③ 저농도의 폐수처리가 가능하다.
④ 슬러지 발생량이 적다.
⑤ 슬러지 보유량이 크고 생물상이 다양하다.
⑥ 생물막 각 단계별 우점종이 다르다.
⑦ 유해물질에 대한 내성이 높다.
⑧ 균일폭기가 어렵다.
⑨ 정화에 관여하는 미생물의 다양성이 높다.
⑩ 부산물이 생기지 않는다.
⑪ 질화세균 및 탈질균이 잘 증식된다.
⑫ 정수장 면적을 줄일 수 있다.
⑬ 자동화·무인화가 용이하다.
⑭ 시설의 표준화가 되어있지 않아 부품관리 시공이 어렵다.
⑮ 분해속도가 빠른 기질제어에 비효과적이다. (분해속도가 빠른 기질제어에 효과적인 방법은 활성슬러지법이다.)

(2) 막공법 중 물질분리를 유발하는 추진력

① 전기투석(Electrodialysis) - 전위차
② 투석(Dialysis) - 농도차
③ 역삼투(RO) - 정압차(정수압차)
④ 한외여과(UF) - 정압차(정수압차)
⑤ 나노여과(NF) - 정압차(정수압차)
⑥ 정밀여과(MF) - 정압차(정수압차)

2. 살수여상법

(1) 살수여상법 특징

① 슬러지 일령은 부유성장 시스템보다 높아 100일 이상의 슬러지일령에 쉽게 도달된다.
② 총괄 관측수율은 전형적인 활성슬러지공정의 60~80% 정도이다.
③ 정기적으로 여상에 살충제를 살포하거나 여상을 침수토록하여 파리문제를 해결할 수 있다.
④ 슬러지 팽화가 발생되지 않는다.
⑤ 슬러지의 발생량이 적다.
⑥ 생물막의 공기유동저항이 커 산소공급 능력에 한계가 있다.
⑦ 운전이 용이하다.

3. 회전원판법(RBC)

(1) 회전원판생물막 접촉기(RBC)

- 특징
  ① 미생물에 대한 산소공급 소요전력이 적고 높은 슬러지일령으로 유지된다.
  ② RBC조 메디아는 전형적으로 40%정도가 물에 잠기도록 하며 미생물이 여재위에 부착 성장함에 따라 막은 액체내에서 전단력을 증가시킨다.
  ③ 시스템의 산소전달능력을 초과하지 않을 정도의 유기물 부하율이 유지되도록 RBC조가 설계되어야 한다.
  ④ 활성슬러지 시스템에서 필요한 에너지의 $\frac{1}{3} \sim \frac{1}{2}$의 에너지가 필요하다.
  ⑤ 유입수는 침전을 거치거나 적어도 회전속도를 증가시켜 전단력을 작게하는 방법이 사용된다.
  ⑥ 슬러지 생산은 살수여상 공정에서의 관측수율과 비슷하다.
  ⑦ 메디아는 전형적으로 40%가 물에 잠긴다
  ⑧ 모델링의 복잡성으로 경험적 설계기준이 발전하였다.
  ⑨ 살수여상과 같이 파리는 발생하지 않으나 하루살이가 발생하는 수가 있다.
  ⑩ 설비는 경량 재료로 만든 원판으로 구성되며, 1~2rpm의 속도로 회전한다.
  ⑪ 고정메디아로 높은 미생물 농도 및 슬러지 일령을 유지할 수 있다.
  ⑫ 원판의 회전으로 인해 부착생물과 회전판사이에 전단력이 생긴다.

- 장점
  ① 부하충격에 강하고 에너지 소요가 적다.
  ② 미생물에 대한 산소공급 소요전력이 작다.
  ③ 충격부하의 조절이 가능하다.
  ④ 다단계 공정에서 높은 질산화율을 얻을 수 있다.
  ⑤ 활성슬러지 공법에 비하여 소요동력이 적다.
  ⑥ 단회로 현상의 제어가 쉽다.
  ⑦ 슬러지 반송이 불필요하다.
  ⑧ 운전관리상 조작이 간단하다.
  ⑨ 부하변동과 유해물질에 대한 내성이 크다.
  ⑩ 질산화가 가능하다.
  ⑪ 휴지기간에 대한 대응력이 뛰어나다.
  ⑫ 폐수량 변화에 강하다.

⑬ 재순환이 필요없고 유지비가 적게 든다.
⑭ 소비전력량은 소규모 처리시설에는 표준활성슬러지법에 비하여 작다.

- 단점
  ① 타 생물학적 처리공정에 비하여 bench-scale의 처리연구를 현장시스템으로 scale-up 시키기가 용이하지 못한다.
  ② 운영변수가 많아 모델링이 복잡하다.
  ③ 공기에 노출되기 때문에 저온시 처리효율이 크게 떨어진다.
  ④ 활성슬러지법에 비해 이차침전지에서 미세한 SS가 유출되기 쉽고 처리수의 투명도가 나쁘다.

4. 생물막법 중 접촉산화법

① 분해속도가 낮은 기질제거에 효과적이다.
② 부하, 수량변동에 대하여 완충능력이 있다.
③ 슬러지 반송이 필요없고 슬러지 발생량이 적다.
④ 슬러지 보유량이 크며 생물상이 다양하다.
⑤ 반송슬러지가 필요하지 않아 운전관리가 용이하다.
⑥ 슬러지 자산화가 기대되어 잉여슬러지량이 감소한다.
⑦ 비표면적이 큰 접촉제를 사용하여 부착생물량을 다량으로 보유할 수 있기 때문에 유입 기질 변동에 유연히 대응할 수 있다.
⑧ 매체에 생성되는 생물량은 부하조건에 의하여 결정된다.
⑨ 슬러지 반송은 필요 없으며 수온의 변동에 강하다.
⑩ 생물상이 다양하여 처리효과가 안정적이다.
⑪ 난분해성 물질 및 유해물질에 대한 내성이 크다.
⑫ 슬러지 반송이 필요없고 슬러지 발생량이 적으나 초기 건설비가 높다.
⑬ 접촉재가 조내에 있기 때문에 부착생물량의 확인이 용이하지 못한다.
⑭ 고부하시 매체의 공극으로 인하여 폐쇄위험이 크다.
⑮ 미생물량과 영향인자를 정상상태로 유지하기 위한 조작이 용이하지 못하다.
⑯ 반응조내에 매체를 균일하게 포기 교반하는 조건 설정이 어렵다.

제4장 3차 처리(고도처리)

❶ A/O 공법

(1) A/O 공법의 공정도

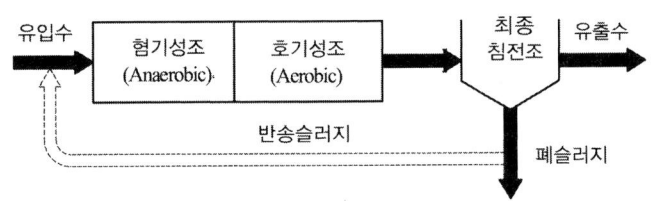

(2) A/O공법

① 인을 주로 처리하기 위한 공법이다.
② 폐슬러지내의 인의 함량은 비교적 높아 비료 가치가 있다.
③ 기온이 낮을 때 운전성능이 불확실하다.
④ 비교적 수리학적 체류시간이 짧다.
⑤ 높은 BOD/P비가 요구된다.
⑥ 공정의 운전 유연성이 제한적이다.
⑦ 혐기성조-호기성조로 이루어져 있다.
⑧ 인제거율은 시스템내의 SRT가 중요한 변수가 된다.
⑨ 인 제거 성능으로는 우천시에 저하되는 경향이 있다.
⑩ 표준활성슬러지법의 반응조 전반 20~40%정도를 혐기성 반응조로 하는것이 표준이다.
⑪ 혐기성 반응조의 운전지표로 산화·환원 전위를 사용할 수 있다.
⑫ 인제거 기능외에 사상성 미생물에 의한 벌킹억제 효과가 있다.
⑬ 처리수의 BOD 및 SS 농도를 표준활성슬러지법과 동등하게 처리할 수 있다.

(3) 폭기조(호기성조)의 주된 역할 : 인의 과잉 섭취
   혐기성조의 주된 역할 : 유기물제거와 인의 방출

❷ A₂/O 공법

(1) A₂/O 공법의 공정도

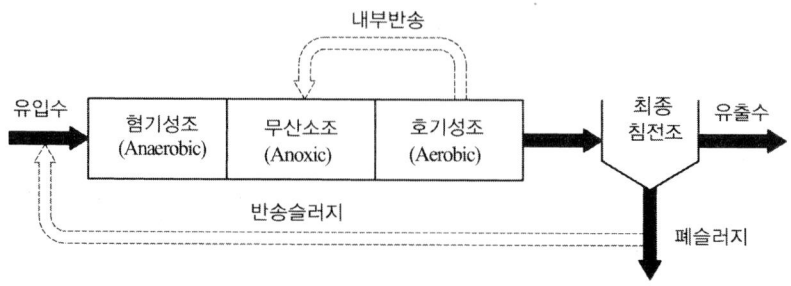

(2) A₂/O 공법의 특징

① 인과 질소를 동시에 처리할 수 있다.
② 인농도가 높아진 잉여슬러지를 인발함으로써 제거한다.
③ A/O공법에 비하여 탈질성능이 우수하다.
④ 폭기조의 주된 역할은 질산화와 인의 과잉섭취이며 유입유량의 2배정도 비율로 다시 무산소조로 반송시킨다.
⑤ 폐슬러지내의 인함유량은 일반슬러지에 비해 3~5% 높아 비료로서의 가치가 높다.
⑥ 폭기조에서 질산화를 통하여 생성된 질산성 질소를 무산소조로 내부반송하여 질소를 제거한다.
⑦ 무산소조에는 질산염과 아질산염 형태의 화학적으로 결합된 산소가 호기성조로부터 질산화된 MLSS로 내부반송되어 유입된다.
⑧ 내부 반송율은 유입유량 기준으로 100~300%정도이다.

❸ 4단계 Bardenpho 공정

(1) 4단계 Bardenpho 공정

생물학적 인 및 질소제거 공정 중 질소제거를 주목적으로 개발한 공정이다.

(2) 4단계 Bardenpho의 공정도

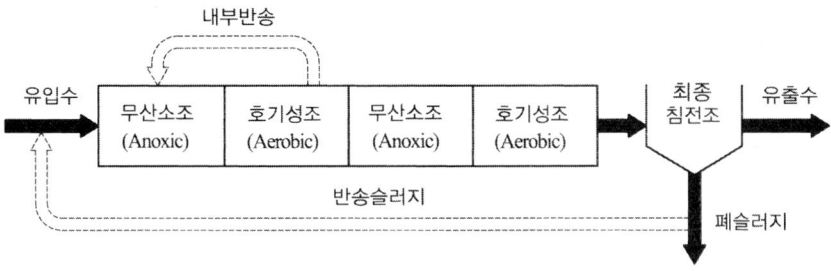

④ 5단계 Bardenpho 공정
(수정 Bardenpho 공정 또는 M-Bardenpho 공정)

(1) 5단계 Bardenpho 공정의 공정도

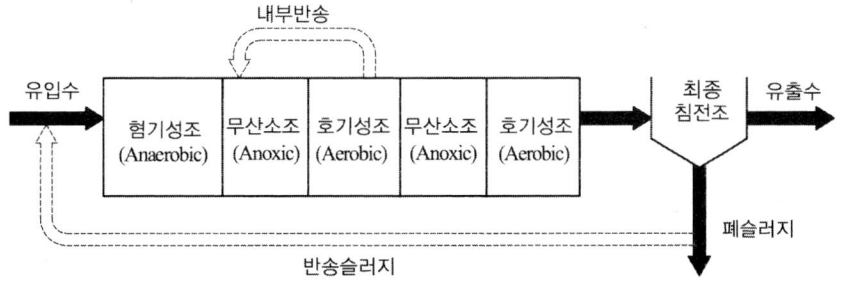

(2) 5단계 Bardenpho 공정(수정 Bardenpho 공정)

① 혐기성조의 역할 : 유기물제거 및 인의 방출
② 질소와 인을 동시에 처리할 수 있다.
③ 내부반송률이 높고 비교적 큰 규모의 반응조 사용이 가능하다.
④ 폐슬러지내의 인의 함량이 높아 비료가치가 있다.
⑤ 2단계 호기성조(재폭기조)의 역할은 종침에서 탈질에 의한 Rising 현상 및 인의 재방출을 방지하는데 있다.(2단계 호기성조는 최종침전지에서의 혐기성상태를 방지하기 위해 재포기를 실시한다.)
⑥ 1단계 무산소조에서는 탈질화 현상으로 질소제거가 이루어진다.
⑦ 2단계 무산소조에서는 잔류 질산성질소가 제거된다.
⑧ 슬러지의 생산량은 적으나 비교적 큰 규모의 반응조가 요구된다.
⑨ 효과적인 인제거를 위해서는 혐기성조에서 질산성질소가 유입되지 않아야 한다.

⑩ 인제거는 과잉의 인을 섭취한 슬러지를 폐기함으로써 이루어진다.
⑪ 혐기성조-1단계 무산소조-1단계 호기성조-2단계무산소조-2단계 호기성조로 이루어져 있다.
⑫ 내부반송은 1단계 호기성조에서 1단계 무산소조로 이루어진다.

❺ 포스트립(Phostrip) 공법

(1) 포스트립 공법의 공정도

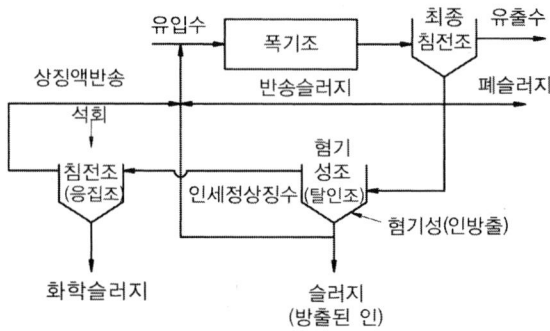

(2) 포스트립(Phostrip) 공법의 특징

Phostrip 프로세스는 폐수중 인 성분을 생물학적, 화학적 원리와 함께 이용하여 제거하는 방법이다.

① 인 침전을 위하여 석회주입이 필요함.
② 최종침전지에서 인 용출 방지를 위하여 MLSS내 DO를 높게 유지하여야 한다.
③ 기존 활성슬러지 처리장에 쉽게 적용 가능하다.
④ Stripping(액체속에 용해되어 있는 기체를 분리, 제거하는 조작)을 위한 별도의 반응조가 필요하다.
⑤ Main Stream 화학침전에 비하여 약품사용량이 적다.
⑥ 반송슬러지의 일부를 혐기성 상태의 조로 유입시켜 인을 방출시킨다.
⑦ 인 제거시 BOD/P에 의하여 조절되지 않는다.
⑧ 유입수의 BOD 부하에 따라 인 방출이 큰 영향을 받지 않는다.

⑥ 연속회분식(SBR)

※※(1) 연속회분식 활성슬러지법(SBR;Sequencing Batch Reactor)

생물학적 원리를 이용하여 폐수를 고도처리(영양염류 제거공정)하기 위한 공정 중 하나의 탱크에서 시차를 두고 유입, 반송, 침전, 유출 등의 각 과정을 거치는 공정이다.

- 장점
  ① 단일반응조에서 1주기(Cycle)중에 호기-무산소등의 조건을 설정하여 질산화와 탈질화를 도모할 수 있다.
  ② 충격부하 또는 첨두유량에 대한 대응성이 우수하다.
  ③ 자동화를 실시하기가 용이하다.
  ④ BOD 부하의 변화폭이 큰 경우에 잘 견딘다.
  ⑤ 슬러지 반송을 위한 펌프가 필요없어 배관과 동력이 절감된다.
  ⑥ 질소와 인의 효율적인 제거가 가능하다.
  ⑦ 2차 침전지와 슬러지 반송을 생략할 수 있다.
  ⑧ 수리학적 과부하에도 mLSS의 누출이 없다.
  ⑨ 팽화방지를 위한 공정의 변경이 용이하다.
  ⑩ 운전방식에 따라 사상균 벌킹을 방지할 수 있다.
  ⑪ 소규모처리장에 적합하다.
  ⑫ 고부하형의 경우 다른 처리방식과 비교하여 적은 부지면적에 시설을 건설할 수 있다.
  ⑬ 활성슬러지 혼합액을 이상적인 정치상태에서 침전시켜 고액분리가 원활히 행해진다.

- 단점
  ① 처리용량이 큰 처리장에는 적응하기 어렵다.(소용량 처리장에 적합)
  ② 설계자료가 제한적이다.

(2) 공정순서(SBR)

주입(fill) → 반응(react) → 침전(settle) → 제거(draw) → 휴지(idle)

제5장 방지기술 공식정리

(1) 소화조에서 소화율(%) 계산식

$$소화율(\%) = \left(1 - \frac{VSS_2/FSS_2}{VSS_1/FSS_1}\right) \times 100(\%)$$

- VSS_1 : 생 슬러지의 휘발성 고형물
- FSS_1 : 생 슬러지의 잔류성 고형물
- VSS_2 : 소화 슬러지의 휘발성 고형물
- FSS_2 : 소화 슬러지의 잔류성 고형물

(2) 탈질반응조(Anoxic basin)의 체류시간 계산식

$$체류시간 = \frac{S_i - S_o}{R_{DN} \times MLVSS}$$

- R_{DN} : T℃에서 탈질화율(mgNO$_3$−N/mg VSS·day)
- $R_{DN}(T℃) = R_{DN}(20℃) \times K^{(T-20)} \times (1-DO)$
- k : 보정계수
- S_i : 유입수 질산염 농도(mg/L)
- DO : 용존산소 농도(mg/L)
- S_o : 유출수 질산염 농도(mg/L)

(3) 침강속도 계산식

$$V_s = \frac{d^2(\rho_s - \rho_w)g}{18\mu}$$

- V_s : 침강속도(cm/sec)
- ρ_s : 입자의 비중(g/cm^3)
- g : 중력가속도(980cm/sec^2)
- d : 직경(cm)
- ρ_w : 물의 비중(1.0g/cm^3)
- μ : 점성도(g/cm·sec)

(4) 완전혼합형 반응조(CFSTR)에서 반응식

$$Q(C_o - C_t) = K \times V \times C_t^m$$

- Q : 유량(m^3/hr)
- C_t : t시간 후의 농도(mg/L)
- V : 반응조 부피(m^3)
- C_o : 초기농도(mg/L)
- k : 속도상수
- m : 차수

(5) 플러그 흐름 반응조(PFR)에서 반응식

$$\ln \frac{C_t}{C_o} = -\left(\frac{Q}{V}\right) \times t$$

- C_o : 초기농도(mg/L)
- Q : 유량(m³/hr)
- t : 시간(hr)
- C_t : t시간 후의 농도(mg/L)
- V : 체적(m³)

(6) 1차 반응식

$$\ln \frac{C_t}{C_o} = -k \times t$$

- C_o : 초기농도(mg/L)
- k : 상수(/hr)
- C_t : t시간 후의 농도(mg/L)
- t : 시간(hr)

(7) Q : 유량(m³/day), V : 체적(m³), t : 시간(day)의 상관관계식

① $Q(m^3/day) = \dfrac{V(m^3)}{t(day)}$

② $V(m^3) = Q(m^3/day) \times t(day)$

③ $t(day) = \dfrac{V(m^3)}{Q(m^3/day)}$

(8) 슬러지량 계산식

$$\text{슬러지량}(m^3/day) = \frac{\text{SS농도}(kg/m^3) \times Q(m^3/day) \times \eta(\text{제거율})}{\text{비중량}(kg/m^3)} \times \frac{100}{100-P}$$

TIP

여기서 슬러지 비중이 1.0이면 비중량은 1,000kg/m³이다. 100-P(함수율)은 TS(고형물 함량)과 동일하므로 함수율(P)이 주어지면 $\dfrac{100}{100-P}$, 고형물(TS)가 주어지면 $\dfrac{100}{TS}$를 대입하면 된다.

(9) 슬러지 비중 구하는 문제

① $\dfrac{100}{\rho_{SL}} = \dfrac{W_{TS}}{\rho_{TS}} + \dfrac{W_P}{\rho_P}$

　　ρ_{SL} : 슬러지 비중　　　　　　　　ρ_{TS} : 고형물 비중
　　ρ_P : 수분의 비중　　　　　　　　W_{TS} : 고형물 함량(%)
　　W_P : 수분의 함량(%)

② $\dfrac{100}{\rho_{SL}} = \dfrac{W_{VS}}{\rho_{VS}} + \dfrac{W_{FS}}{\rho_{FS}} + \dfrac{W_P}{\rho_P}$

　　ρ_{SL} : 슬러지 비중　　　　　　　　ρ_{VS} : 휘발성 고형물(유기물)비중
　　ρ_P : 수분의 비중(1.0)　　　　　　ρ_{FS} : 잔류성 고형물(무기물)비중
　　W_{VS} : 휘발성 고형물(유기물)함량(%)　　W_{FS} : 잔류성 고형물(무기물)함량(%)
　　W_P : 수분의 함량(%)

(10) 막의 면적(m²)

① $Q_F = k \times (\triangle P - \triangle \pi)$

　　Q_F : 유출수량(L/m²·day)　　　　k : 막의 확산계수(L/m²·day·kPa)
　　$\triangle P$: 압력차(kPa)　　　　　　$\triangle \pi$: 삼투압차(kPa)

② 25℃의 막의 면적$(A_{25℃}) = \dfrac{Q(유량)}{Q_F(유출수량)}$

③ 10℃의 막의 면적$(A_{10℃}) = 1.58 A_{25℃}$

(11) 속도경사 계산식

$G = \sqrt{\dfrac{P}{\mu \times V}} \Rightarrow P = G^2 \times \mu \times V$

　　G : 속도경사(/sec)　　　　　　　P : 동력(watt)
　　μ : 점성도(kg/m·sec = N·sec/m²)　V : 반응조 부피(m³)

(12) 동력 계산식

$P = \dfrac{C_D \times A \times \rho \times V^3}{2}$

　　P : 동력(watt = kg·m²/sec³)　　C_D : 항력계수
　　A : Paddle의 이론적 면적(m²)　　ρ : 물의 비중량(1,000kg/m³)
　　V : Paddle의 상대속도(m/sec)

(13) 공기와 고형물의 비(A/S비) 계산식

$$A/S비 = \frac{1.3 \times Sa \times (f \times P - 1)}{SS} \times R$$

- Sa : 공기의 용해도(mL/L)
- SS : 부유고형물 농도(mg/L)
- P : 절대압력(atm)
- R : 반송비

TIP

문제조건에서 A/S비 단위가 주어지지 않으면 공식에서 1.3을 사용한다.
문제조건에서 A/S비 단위가 주어지면 공식에서 1.3을 사용하지 않는다.

(14) 월류부하 계산식

$$월류부하(m^3/m \cdot day) = \frac{Q}{L}$$

- Q : 폐수량(m^3/day)
- L : 월류위어 길이(m) ⇒ 원형에서 L = π · D

(15) 수분과 고형물에 따른 슬러지 계산식

$$V_1 \times (100 - P_1) = V_2 \times (100 - P_2)$$
$$V_1 \times TS_1 = V_2 \times TS_2$$

- V : 슬러지량(m^3)
- TS : 고형물 함량(%)
- P : 함수율(%)

(16) BOD 면적부하 계산식

$$BOD\ 면적부하(g/m^2 \cdot day) = \frac{BOD \times Q}{A}$$

- BOD : BOD 농도(g/m^3)
- A : 면적(m^2)
- Q : 유량(m^3/day)

(17) 등온 흡착공식

$$\frac{X}{M} = KC^{\frac{1}{n}}$$

- X : 농도차(처음 농도 - 나중 농도)(mg/L)
- k, n : 경험적인 상수
- M : 활성탄 주입 농도(mg/L)
- C : 나중 농도(mg/L)

(18) 처리효율 계산식

① $\eta = \left(1 - \dfrac{BOD_o}{BOD_i}\right) \times 100(\%)$

② $\eta = \left\{1 - \dfrac{BOD_o \times P}{BOD_i}\right\} \times 100(\%)$

③ $\eta_T = 1 - (1 - \eta_1) \times (1 - \eta_2) \times (1 - \eta_3)$

④ $\left(1 - \dfrac{BOD_o}{BOD_i}\right) = 1 - (1 - \eta_1) \times (1 - \eta_2) \times (1 - \eta_3)$

$\begin{bmatrix} \eta : \text{처리 효율}(\%) & \eta_T : \text{총합효율}(\%) \\ \eta_1 : \text{1차 처리 효율}(\%) & \eta_2 : \text{2차 처리 효율}(\%) \\ \eta_3 : \text{3차 처리 효율}(\%) & BOD_i : \text{유입수 BOD 농도}(mg/L) \\ BOD_o : \text{유출수 BOD 농도}(mg/L) \\ P : \text{희석 배수치} \Rightarrow P = \dfrac{\text{유입수 Cl}^- \text{농도}}{\text{유출수 Cl}^- \text{농도}} = \dfrac{\text{희석 전 농도}}{\text{희석 후 농도}} = \dfrac{\text{희석 후 유량}}{\text{희석 전 유량}} \end{bmatrix}$

(19) 고형물 부하율 계산식

$$\text{고형물 부하}(kg/m^2 \cdot hr) = \dfrac{\text{고형물 농도}(kg/m^3) \times \text{유량}(m^3/hr)}{\text{면적}(m^2)}$$

(20) 수두손실 계산식

$$h_L = \beta \sin\alpha \left(\dfrac{t}{b}\right)^{4/3} \times \dfrac{V^2}{2g}$$

$\begin{bmatrix} h_L : \text{수두손실}(m) & \beta : \text{형상계수} \\ \alpha : \text{경사각} & t : \text{스크린의 막대 굵기}(m) \\ b : \text{스크린의 유효간격}(m) & g : \text{중력가속도}(9.8m/sec^2) \\ V : \text{유속}(m/sec) \end{bmatrix}$

(21) 부상속도 계산식

$$V_f = \dfrac{d^2(\rho_w - \rho_s)g}{18\mu}$$

$\begin{bmatrix} V_f : \text{부상속도}(cm/sec) & d : \text{직경}(cm) \\ \rho_w : \text{물의 비중}(1.0g/cm^3) & \rho_s : \text{입자의 비중}(g/cm^3) \\ g : \text{중력가속도}(980cm/sec^2) & \mu : \text{점성도}(g/cm \cdot sec) \end{bmatrix}$

(22) 혼합공식 계산식

$$C_m = \frac{Q_1C_1 + Q_2C_2}{Q_1 + Q_2}$$

$\begin{bmatrix} C_m : \text{혼합지점의 농도(mg/L)} \\ C : \text{농도(mg/L)} \end{bmatrix}$ $Q : 유량(m^3/day)$

(23) 염소 주입량 계산식

염소 주입량 = 염소 요구량 + 염소 잔류량

(24) 산기관수 계산식

$$\text{산기관수} = \frac{\text{공급공기량}(m^3/m^3 \cdot hr) \times \text{폐수량}(m^3/day) \times \text{체류시간}(day)}{\text{산기관의 공급 공기량}(m^3/hr \cdot \text{개})}$$

(25) 선속도 계산식

$$\text{선속도}(m^3/m^2 \cdot hr) = \frac{\text{유량}(m^3/hr)}{\text{면적}(m^2)}$$

(26) 원형 침전지에서 부피 계산식

$$\text{원형 침전지에서 부피}(V) = \left(\frac{\pi \cdot D^2}{4} \times H_1\right) + \left(\frac{\pi \cdot D^2}{4} \times H_2 \times \frac{1}{3}\right)$$

(27) Re(레이놀드 수) 계산식

① 원형일 때

$$Re = \frac{DV\rho}{\mu} = \frac{DV}{\nu}$$

$\begin{bmatrix} Re : \text{레이놀드 수} \\ V : \text{유속(cm/sec)} \\ \nu : \text{동점도}(cm^2/sec) \end{bmatrix}$ $D : 입자 직경(cm)$
$\mu : 점성도(g/cm \cdot sec)$

② 장방형

$$Re = \frac{D_oV\rho}{\mu} = \frac{D_oV}{\nu}$$

$[D_o(\text{환산직경} = \text{상당직경}) = 4R]$

제5장 | 방지기술 공식정리 | 99

$$R(경심) = \frac{A(면적)}{S(윤변길이)} = \frac{b+h}{b+2h}$$

$$\begin{bmatrix} b : 폭(m) & h : 평균수위(m) \end{bmatrix}$$

③ 판정

(층류) Re < 2100

(난류) Re > 4000

(천이구역) 2100 < Re < 4000

(28) 활성 슬러지법의 계산식

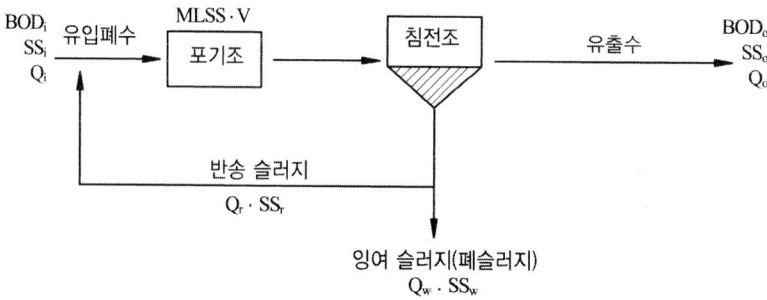

① HRT(수리학적 체류시간) = $\dfrac{V(m^3)}{Q(m^3/day)}$

② SRT = MCRT(미생물 체류시간)

$= \dfrac{MLSS \times V}{Q_w \cdot SS_w + Q_o SS_o} \xrightarrow{SS_o \ 무시} \quad \therefore SRT = \dfrac{MLSS \times V}{Q_w \times SS_w} = \dfrac{V}{Q_w} \times \dfrac{X}{X_r}$

③ L_V (BOD 용적부하) (kg/m³·day) = $\dfrac{BOD \times Q}{V}$

④ F/M비(BOD−MLSS부하)(/day) = $\dfrac{BOD \times Q}{MLSS \times V}$

응용 1 $\dfrac{Q}{V} = \dfrac{1}{t}$ $\quad \therefore F/M비 = \dfrac{BOD}{MLSS} \times \dfrac{1}{t}$

응용 2 $\dfrac{BOD \times Q}{V} = L_V$ $\quad \therefore F/M비 = \dfrac{1}{MLSS} \times L_V$

⑤ 슬러지량($Q_w \cdot SS_w$) = Y · Q · BOD · η − kd · V · MLSS

TIP

BOD · η = BOD_i − BOD_o

⑥ θ_v(유기물 반응시간) = $\dfrac{S_i - S_o}{반응상수(k) \times MLVSS \times S_o}$

$\begin{cases} MLVSS = MLSS의\ 75\% \\ S_i = COD_i - NBDCOD \\ S_o = COD_o - NBDCOD \end{cases}$

• 응용 1 : SRT, Y, Kd 주어지고 체적(V)계산?

① $SRT = \dfrac{MLSS \cdot V}{Q_w \cdot SS_w}$

② $Q_w \cdot SS_w = Y \cdot Q \cdot BOD \cdot \eta - Kd \cdot V \cdot MLSS$

②식의 $Q_w \cdot SS_w$를 ①식의 $Q_w \cdot SS_w$에 대입

$SRT = \dfrac{MLSS \cdot V}{Y \cdot Q \cdot BOD \cdot \eta - kd \cdot V \cdot MLSS}$

$\Rightarrow \dfrac{1}{SRT} = \dfrac{Y \cdot Q \cdot BOD \cdot \eta - Kd \cdot V \cdot MLSS}{MLSS \cdot V}$

$\Rightarrow \dfrac{1}{SRT} = \dfrac{Y \cdot Q \cdot BOD \cdot \eta}{MLSS \cdot V} - \dfrac{Kd \cdot V \cdot MLSS}{MLSS \cdot V}$

$\Rightarrow \boxed{\dfrac{1}{SRT} = \dfrac{Y \cdot Q \cdot BOD \cdot \eta}{MLSS \cdot V} - Kd}$

$\Rightarrow \dfrac{1}{SRT} + Kd = \dfrac{Y \cdot Q \cdot BOD \cdot \eta}{MLSS \cdot V}$

$\therefore \boxed{V = \dfrac{Y \cdot Q \cdot BOD \cdot \eta}{\left(\dfrac{1}{SRT} + Kd\right) \cdot MLSS}}$

• 응용 2 : SRT, Y, Kd 주어지고 폐슬러지량($Q_w \cdot SS_w$)계산?

① $SRT = \dfrac{MLSS \cdot V}{Q_w \cdot SS_w}$

② $Q_w \cdot SS_w = Y \cdot Q \cdot BOD \cdot \eta - Kd \cdot V \cdot MLSS$

①식의 $MLSS \cdot V = SRT \cdot Q_w \cdot SS_w$를 ②식의 $MLSS \cdot V$에 대입

$Q_w \cdot SS_w = Y \cdot Q \cdot BOD \cdot \eta - Kd \cdot SRT \cdot Q_w \cdot SS_w$

$Q_w \cdot SS_w + Kd \cdot SRT \cdot Q_w \cdot SS_w = Y \cdot Q \cdot BOD \cdot \eta$

$Q_w \cdot SS_w(1 + Kd \cdot SRT) = Y \cdot Q \cdot BOD \cdot \eta$

$$\therefore Q_w \cdot S_w = \frac{Y \cdot Q \cdot BOD \cdot \eta}{1+(Kd \cdot SRT)}$$

$\left[BOD \cdot \eta = BOD_i - BOD_o \right.$

(29) 활성슬러지법의 제어 지표

① SVI(슬러지 용적지수) : 포기조에서 성장한 미생물의 2차 침전지에서의 침강농축성을 나타내는 지표이다.

- 판정(SVI) $\begin{cases} 50\sim150 : 침강성 양호 \\ 200 \text{ 이상} : 슬러지 팽화 발생 \end{cases}$

$$SVI(mL/g) = \frac{SV(mL/L)}{MLSS(mg/L)} \times 10^3 = \frac{SV(\%)}{MLSS(mg/L)} \times 10^4 = \frac{10^6}{SS_r(mg/L)}$$

여기서 $SS_r = SS_w$ 이다.

② 반송비(R)와 반송율(%)

㉠ $R = \dfrac{MLSS - SS_i}{SS_r - MLSS} \xrightarrow{SSi \text{ 무시}} R = \dfrac{MLSS}{SS_r - MLSS}$

여기서 $SS_r = SS_w$ 이다.

㉡ $SVI = \dfrac{10^6}{SS_r} \Rightarrow SS_r = \dfrac{10^6}{SVI}$ 을 ㉠식에 대입

$R = \dfrac{MLSS - SS_i}{10^6/SVI - MLSS}$

㉢ $R = \dfrac{SV(\%)}{100 - SV(\%)}$

㉣ $R = \dfrac{Q_r}{Q_i}$

㉤ 반송율(%) = R(반송비) × 100(%)

③ SDI(슬러지밀도지수) : SVI의 역수이며 2~0.67 적당

$SDI = \dfrac{1}{SVI} \times 100(g/100mL)$

제6장 방지기술 반응식 정리

① $C_2H_5OH + 3O_2 \rightarrow 2CO_2 + 3H_2O$

② $C_6H_{12}O_6$(글루코스)
  ㉠ 호기성 반응식 : $C_6H_{12}O_6 + 6O_2 \rightarrow 6CO_2 + 6H_2O$
  ㉡ 혐기성 반응식 : $C_6H_{12}O_6 \rightarrow 3CO_2 + 3CH_4$

③ $2NH_4^+ + CaCO_3 \rightarrow (NH_4)_2CO_3 + Ca^{2+}$

④ $2CN^- + 5Cl_2 + 4H_2O \rightarrow 2CO_2 + N_2 + 8HCl + 2Cl^-$

⑤ $CH_2(NH_2)COOH$(글리신)의 호기성 반응
  $CH_2(NH_2)COOH + 3.5O_2 \rightarrow 2CO_2 + 2H_2O + HNO_3$

⑥ $Na_2SO_3 + 0.5O_2 \rightarrow Na_2SO_4$

⑦ $6NO_3^- + 5CH_3OH \rightarrow 3N_2 + 5CO_2 + 7H_2O + 6OH^-$

⑧ $C_5H_7O_2N$(박테리아)의 호기성 반응
  $C_5H_7O_2N + 5O_2 \rightarrow 5CO_2 + 2H_2O + NH_3$

⑨ $Fe_2(SO_4)_3 + 3Ca(OH)_2 \rightarrow 3CaSO_4 + 2Fe(OH)_3$

⑩ CH_3COOH(초산)의 호기성 반응
  $CH_3COOH + 2O_2 \rightarrow 2CO_2 + H_2O$

⑪ $NH_3\text{-}N + 2O_2 \rightarrow HNO_3 + H_2O$

Part 04 수질환경관계법규

제1장 총칙

❶ 물환경보전법에서 사용하는 용어

① **물환경** : 사람의 생활과 생물의 생육에 관계되는 물의 질(이하 "수질"이라 한다) 및 공공 수역의 모든 생물과 이들을 둘러싸고 있는 비생물적인 것을 포함한 수생태계를 총칭하여 말한다.
② **점오염원** : 폐수배출시설, 하수발생시설, 축사 등으로서 관거·수로 등을 통하여 일정한 지점으로 수질오염물질을 배출하는 배출원을 말한다.
③ **비점오염원** : 도시, 도로, 농지, 산지, 공사장 등으로서 불특정 장소에서 불특정하게 수질오염물질을 배출하는 배출원을 말한다.
④ **기타수질오염원** : 점오염원 및 비점오염원으로 관리되지 아니하는 수질오염물질을 배출하는 시설 또는 장소로서 환경부령으로 정하는 것을 말한다.
⑤ **폐수** : 물에 액체성 또는 고체성의 수질오염물질이 섞여 있어 그대로는 사용할 수 없는 물을 말한다.
⑥ **폐수관로** : 폐수를 사업장에서 제17호의 공공폐수처리시설로 유입시키기 위하여 제48조제1항에 따라 공공폐수처리시설을 설치·운영하는 자가 설치·관리하는 관로와 그 부속시설을 말한다.
⑦ **강우유출수** : 비점오염원의 수질오염물질이 섞여 유출되는 빗물 또는 눈 녹은 물 등을 말한다.
⑧ **불투수면** : 빗물 또는 눈 녹은 물 등이 지하로 스며들 수 없게 하는 아스팔트·콘크리트 등으로 포장된 도로, 주차장, 보도 등을 말한다.
⑨ **수질오염물질** : 수질오염의 요인이 되는 물질로서 환경부령으로 정하는 것을 말한다.
⑩ **특정수질유해물질** : 사람의 건강, 재산이나 동식물의 생육에 직접 또는 간접으로 위해를 줄 우려가 있는 수질오염물질로서 환경부령으로 정하는 것을 말한다.
⑪ **공공수역** : 하천, 호소, 항만, 연안해역, 그 밖에 공공용으로 사용되는 수역과 이에 접속하여 공공용으로 사용되는 환경부령으로 정하는 수로를 말한다.

⑫ 환경부령이 정하는 수로
  ㉠ 지하수로
  ㉡ 농업용 수로
  ㉢ 하수관로
  ㉣ 운하
⑬ **폐수배출시설** : 수질오염물질을 배출하는 시설물, 기계, 기구, 그 밖의 물체로서 환경부령으로 정하는 것을 말한다. 다만, 해양환경관리법에 따른 선박 및 해양시설은 제외한다.
⑭ **폐수무방류배출시설** : 폐수배출시설에서 발생하는 폐수를 해당 사업장에서 수질오염방지시설을 이용하여 처리하거나 동일 폐수배출시설에 재이용하는 등 공공수역으로 배출하지 아니하는 폐수배출시설을 말한다.
⑮ **수질오염방지시설** : 점오염원, 비점오염원 및 기타수질오염원으로부터 배출되는 수질오염물질을 제거하거나 감소하게 하는 시설로서 환경부령으로 정하는 것을 말한다.
⑯ **비점오염저감시설** : 수질오염방지시설 중 비점오염원으로부터 배출되는 수질오염물질을 제거하거나 감소하게 하는 시설로서 환경부령으로 정하는 것을 말한다.
⑰ **호소** : 다음 각 목의 어느 하나에 해당하는 지역으로서 만수위(댐의 경우에는 계획홍수위를 말한다) 구역 안의 물과 토지를 말한다.
  ㉠ 댐·보 또는 둑(사방사업법에 따른 사방시설은 제외) 등을 쌓아 하천 또는 계곡에 흐르는 물을 가두어 놓은 곳
  ㉡ 하천에 흐르는 물이 자연적으로 가두어진 곳
  ㉢ 화산활동 등으로 인하여 함몰된 지역에 물이 가두어진 곳
⑱ **수면관리자** : 다른 법령에 따라 호소를 관리하는 자를 말한다. 이 경우 동일한 호소를 관리하는 자가 둘 이상인 경우에는 「하천법」에 따른 하천관리청 외의 자가 수면관리자가 된다.
⑲ **수생태계 건강성** : 수생태계를 구성하고 있는 요소 중 환경부령으로 정하는 물리적·화학적·생물적 요소들이 훼손되지 아니하고 각각 온전한 기능을 발휘할 수 있는 상태를 말한다.
⑳ **상수원호소** : 수도법 제7조에 따라 지정된 상수원보호구역 및 환경정책기본법 제38조에 따라 지정된 수질보전을 위한 특별대책지역 밖에 있는 호소 중 호소의 내부 또는 외부에 수도법 제3조제17호에 따른 취수시설을 설치하여 그 호소의 물을 먹는 물로 사용하는 호소로서 환경부장관이 정하여 고시한 것을 말한다.
㉑ **공공폐수처리시설** : 공공폐수처리구역의 폐수를 처리하여 공공수역에 배출하기 위한 처리시설과 이를 보완하는 시설을 말한다.
㉒ **공공폐수처리구역** : 폐수를 공공폐수처리시설에 유입하여 처리할 수 있는 지역으로서 제49조제3항에 따라 환경부장관이 지정한 구역을 말한다.

㉓ 물놀이형 수경(水景)시설 : 수돗물, 지하수 등을 인위적으로 저장 및 순환하여 이용하는 분수, 연못, 폭포, 실개천 등의 인공시설물 중 일반인에게 개방되어 이용자의 신체와 직접 접촉하여 물놀이를 하도록 설치하는 시설을 말한다. 다만, 다음 각 목의 시설은 제외한다.
  ㉠ 관광진흥법 제5조제2항 또는 제4항에 따라 유원시설업의 허가를 받거나 신고를 한 자가 설치한 물놀이형 유기시설(遊技施設) 또는 유기기구(遊技機具)
  ㉡ 체육시설의 설치·이용에 관한 법률 제3조에 따른 체육시설 중 수영장
  ㉢ 환경부령으로 정하는 바에 따라 물놀이 시설이 아니라는 것을 알리는 표지판과 울타리를 설치하거나 물놀이를 할 수 없도록 관리인을 두는 경우

★★ ❷ 수질오염물질의 총량관리

① 오염총량관리기본계획의 수립에 포함되어야 하는 사항
  ㉠ 해당 지역 개발계획의 내용
  ㉡ 지방자치단체별·수계구간별 오염부하량(汚染負荷量)의 할당
  ㉢ 관할 지역에서 배출되는 오염부하량의 총량 및 저감계획
  ㉣ 해당 지역 개발계획으로 인하여 추가로 배출되는 오염부하량 및 그 저감계획
② 오염총량관리기본방침에 포함되어야 하는 사항
  ㉠ 오염총량관리의 목표
  ㉡ 오염총량관리의 대상 수질오염물질 종류
  ㉢ 오염원의 조사 및 오염부하량 산정방법
  ㉣ 오염총량관리기본계획의 주체, 내용, 방법 및 시한
  ㉤ 오염총량관리시행계획의 내용 및 방법
③ 오염총량관리시행계획을 수립하여 환경부장관에게 승인받아야 하는 사항
  ㉠ 오염총량관리시행계획 대상 유역의 현황
  ㉡ 오염원 현황 및 예측
  ㉢ 연차별 지역 개발계획으로 인하여 추가로 배출되는 오염부하량 및 해당 개발계획의 세부 내용
  ㉣ 연차별 오염부하량 삭감 목표 및 구체적 삭감 방안
  ㉤ 오염부하량 할당 시설별 삭감량 및 그 이행 시기
  ㉥ 수질예측 산정자료 및 이행 모니터링 계획

④ 오염총량관리기본계획의 승인을 받으려는 경우 오염총량관리기본계획안에 첨부하여 환경부장관에게 제출해야하는 서류
　㉠ 유역환경의 조사·분석 자료
　㉡ 오염원의 자연증감에 관한 분석 자료
　㉢ 지역개발에 관한 과거와 장래의 계획에 관한 자료
　㉣ 오염부하량의 산정에 사용한 자료
　㉤ 오염부하량의 저감계획을 수립하는데에 사용한 자료

③ 오염총량초과부과금

① 오염총량초과부과금의 산정방법 및 산정기준 등에 관하여 필요한 사항은 대통령령으로 정한다.
② 일일초과오염배출량 = 일일유량×배출농도×10^{-6} − 할당오염부하량
　일일초과오염배출량 = (일일유량 − 지정배출량)×배출농도×10^{-6}
　㉠ 일일초과오염배출량의 단위는 킬로그램(kg)으로 하되, 소수점 이하 첫째 자리까지 계산한다.
　㉡ 일일유량은 조치명령 등의 원인이 되는 배출오염물질을 채취하였을 때의 오수 및 폐수유량으로 계산한 오수 및 폐수총량을 말한다.
　㉢ 배출농도는 조치명령 등의 원인이 되는 배출오염물질을 채취하였을 때의 배출농도를 말하며, 배출농도의 단위는 리터당 밀리그램(㎎/L)으로 한다.
　㉣ 할당오염부하량과 지정배출량의 단위는 1일당 킬로그램(kg/일)과 1일당 리터(L/일)로 한다.
③ 일일유량 = 측정유량×조업시간
　㉠ 일일유량의 단위는 리터(L)로 한다.
　㉡ 측정유량의 단위는 분당 리터(L/min)로 한다.
　㉢ 일일조업시간은 측정하기 전 최근 조업한 30일간의 오수 및 폐수 배출시설의 조업시간 평균치로서 분으로 표시한다.

④ 오염총량관리를 위한 기관간 협조 및 조사·연구반의 운영

① 환경부장관은 오염총량관리 대상 오염물질 및 수계구간별 오염총량목표수질의 조정, 오염총량관리의 시행 등에 관한 검토·조사 및 연구를 위하여 환경부령이 정하는

바에 따라 관계 전문가 등으로 조사·연구반을 구성·운영할 수 있는 기관은 국립환경과학원이다.
② 조사·연구반의 반원은 국립환경과학원장이 추천하는 국립환경과학원 소속의 공무원과 수질 및 수생태계 관련 전문가로 구성한다.
③ 조사·연구반의 수행업무
  ㉠ 오염총량목표수질에 대한 검토·연구
  ㉡ 오염총량관리기본방침에 대한 검토·연구
  ㉢ 오염총량관리기본계획에 대한 검토
  ㉣ 오염총량관리시행계획에 대한 검토
  ㉤ 오염총량관리시행계획에 대한 전년도의 이행사항 평가 보고서 검토
  ㉥ 오염총량목표수질 설정을 위하여 필요한 수계특성에 대한 조사·연구
  ㉦ 오염총량관리제도의 시행과 관련한 제도 및 기술적 사항에 대한 검토·연구
  ㉧ ㉠부터 ㉦까지의 업무를 수행하기 위한 정보체계의 구축 및 운영

제2장 공공수역의 물환경보전

1 총칙

(1) 국립환경과학원장, 유역환경청장, 지방환경청장이 설치·운영하는 측정망의 종류
  ① 비점오염원에서 배출되는 비점오염물질 측정망
  ② 수질오염물질의 총량 관리를 위한 측정망
  ③ 대규모 오염원의 하류지점 측정망
  ④ 수질오염경보를 위한 측정망
  ⑤ 대권역·중권역을 관리하기 위한 측정망
  ⑥ 공공수역 유해물질 측정망
  ⑦ 퇴적물 측정망
  ⑧ 생물 측정망

(2) 시·도지사, 대도시의 장, 수면관리자가 설치·운영하는 측정망의 종류
  ① 소권역을 관리하기 위한 측정망
  ② 도심하천 측정망

③ 그 밖에 유역환경청장이나 지방환경청장과 협의하여 설치·운영하는 측정망

(3) 낚시행위의 제한

① 특별자치시장·특별자치도지사·군수·구청장이 낚시 금지구역 또는 낚시 제한구역을 지정할 경우 고려사항
   ㉠ 용수의 목적
   ㉡ 오염원 현황
   ㉢ 수질오염도
   ㉣ 낚시터 인근에서의 쓰레기 발생 현황 및 처리 여건
   ㉤ 연도별 낚시 인구의 현황
   ㉥ 서식 어류의 종류 및 양 등 수중 생태계의 현황

② 낚시 제한구역에서의 제한사항에서 환경부령이 정하는 사항
   ㉠ 낚시바늘에 끼워서 사용하지 아니하고 물고기를 유인하기 위하여 떡밥·어분 등을 던지는 행위
   ㉡ 어선을 이용한 낚시행위 등 낚시어선업법에 따른 낚시어선업을 영위하는 행위(내수어업법 시행령에 따른 외줄낚시는 제외)
   ㉢ 1명당 4대 이상의 낚시대를 사용하는 행위
   ㉣ 1개의 낚시대에 5개 이상의 낚시바늘을 떡밥과 뭉쳐서 미끼로 던지는 행위
   ㉤ 쓰레기를 버리거나 취사행위를 하거나 화장실이 아닌 곳에서 대·소변을 보는 등 수질오염을 일으킬 우려가 있는 행위
   ㉥ 고기를 잡기 위하여 폭발물·배터리·어망 등을 이용하는 행위(내수면어업법에 따라 면허 또는 허가를 받거나 신고를 하고 어망을 사용하는 경우는 제외)
   ㉦ 수산자원보호령에 따른 포획금지행위
   ㉧ 낚시로 인한 수질오염을 예방하기 위하여 그 밖에 시·군·자치구의 조례로 정하는 행위

(4) 수질오염경보제

① 조류경보
   ㉠ 상수원 구간

경보단계	발령·해제기준
관심	2회 연속 채취 시 남조류의 세포수가 1,000세포/mL 이상 10,000세포/mL 미만인 경우
경계	2회 연속 채취 시 남조류의 세포수가 10,000세포/mL 이상 1,000,000세포/mL 미만인 경우

경보단계	발령·해제기준
조류 대발생	2회 연속 채취 시 남조류의 세포수가 1,000,000세포/mL 이상인 경우
해제	2회 연속 채취 시 남조류의 세포수가 1,000세포/mL 미만인 경우

ⓒ 친수활동 구간

경보단계	발령·해제기준
관심	2회 연속 채취 시 남조류의 세포수가 20,000세포/mL 이상 100,000세포/mL 미만인 경우
경계	2회 연속 채취 시 남조류의 세포수가 100,000세포/mL 이상인 경우
해제	2회 연속 채취 시 남조류의 세포수가 20,000세포/mL 미만인 경우

② 수질오염감시경보

경보단계	발령·해제기준
관심	가. 수소이온농도, 용존산소, 총 질소, 총 인, 전기전도도, 총 유기탄소, 휘발성 유기화합물, 페놀, 중금속(구리, 납, 아연, 카드뮴 등) 항목 중 2개 이상 항목이 측정항목별 경보기준을 초과하는 경우 나. 생물감시 측정값이 생물감시 경보기준 농도를 30분 이상 지속적으로 초과하는 경우
주의	가. 수소이온농도, 용존산소, 총 질소, 총 인, 전기전도도, 총 유기탄소, 휘발성 유기화합물, 페놀, 중금속(구리, 납, 아연, 카드뮴 등) 항목 중 2개 이상 항목이 측정항목별 경보기준을 2배 이상(수소이온농도 항목의 경우에는 5 이하 또는 11 이상을 말한다) 초과하는 경우 나. 생물감시 측정값이 생물감시 경보기준 농도를 30분 이상 지속적으로 초과하고, 수소이온농도, 총 유기탄소, 휘발성유기화합물, 페놀, 중금속(구리, 납, 아연, 카드뮴 등) 항목 중 1개 이상의 항목이 측정항목별 경보기준을 초과하는 경우와 전기전도도, 총 질소, 총 인, 클로로필-a 항목 중 1개 이상의 항목이 측정항목별 경보기준을 2배 이상 초과하는 경우
경계	생물감시 측정값이 생물감시 경보기준 농도를 30분 이상 지속적으로 초과하고, 전기전도도, 휘발성유기화합물, 페놀, 중금속(구리, 납, 아연, 카드뮴 등) 항목 중 1개 이상의 항목이 측정항목별 경보기준을 3배 이상 초과하는 경우
심각	경계경보 발령 후 수질 오염사고 전개속도가 매우 빠르고 심각한 수준으로서 위기발생이 확실한 경우
해제	측정항목별 측정값이 관심단계 이하로 낮아진 경우

TIP

1. 측정소별 측정항목과 측정항목별 경보기준 등 수질오염감시경보에 관하여 필요한 사항은 환경부장관이 고시한다.
2. 용존산소, 전기전도도, 총유기탄화수소 항목이 경보기준을 초과하는 것은 그 기준초과 상태가 30분 이상 지속되는 경우를 말한다.

3. 수소이온농도 항목이 경보기준을 초과하는 것은 5 이하 또는 11 이상이 30분 이상 지속되는 경우를 말한다.
4. 생물감시장비 중 물벼룩감시장비가 경보기준을 초과하는 것은 양쪽 모든 시험조에서 30분 이상 지속되는 경우를 말한다.

② 국가 및 수계영향권별 물환경관리

(1) 대권역 물환경관리계획의 수립

① 유역환경청장은 국가 물환경관리기본계획에 따라 대권역별로 대권역 물환경관리계획을 10년마다 수립하여야 한다.

② 대권역계획에 포함되어야 하는 사항
  ㉠ 물환경의 변화 추이 및 물환경목표기준
  ㉡ 상수원 및 물 이용현황
  ㉢ 점오염원, 비점오염원 및 기타수질오염원의 분포현황
  ㉣ 점오염원, 비점오염원 및 기타수질오염원에서 배출되는 수질오염물질의 양
  ㉤ 수질오염 예방 및 저감 대책
  ㉥ 물환경 보전조치의 추진방향
  ㉦ 저탄소 녹색성장 기본법에 따른 기후변화에 대한 적응대책
  ㉧ 그 밖에 환경부령으로 정하는 사항

③ 오염된 공공수역에서의 물놀이 등의 행위제한 권고기준

▶ **물놀이 등의 행위제한 권고기준**

대상 행위	항목	기준
수영 등 물놀이	대장균	500(개체수/100mL) 이상
어패류 등 섭취	어패류 체내 총 수은(Hg)	0.3(mg/kg) 이상

④ 호소수 이용 상황 등의 조사·측정
  ㉠ 환경부장관은 물환경을 보전할 필요가 있는 호소를 지정·고시하고, 그 호소의 물환경을 정기적으로 조사·측정해야하는 기준
    ⓐ 1일 30만 톤 이상의 원수(原水)를 취수하는 호소
    ⓑ 동식물의 서식지·도래지이거나 생물다양성이 풍부하여 특별히 보전할 필요가 있다고 인정되는 호소
    ⓒ 수질오염이 심하여 특별한 관리가 필요하다고 인정되는 호소

≪ ⓒ 시·도지사가 물환경을 보전할 필요가 있는 호소를 지정·고시하고, 그 호소의 물환경을 정기적으로 조사·측정해야하는 기준 : 만수위(滿水位)일 때의 면적이 50만 제곱미터이상인 호소

❸ 중점관리 저수지

(1) 중점관리 저수지의 지정

① 환경부장관은 관계 중앙행정기관의 장과 협의를 거쳐 다음 각 호의 어느 하나에 해당하는 저수지를 중점관리저수지로 지정하고, 저수지관리자와 그 저수지의 소재지를 관할하는 시·도지사로 하여금 해당 저수지가 생활용수 및 관광·레저의 기능을 갖추도록 그 수질을 관리하게 할 수 있다.

≪ ㉠ 총저수용량이 1천만세제곱미터 이상인 저수지
　　㉡ 오염 정도가 대통령령으로 정하는 기준을 초과하는 저수지
　　㉢ 그 밖에 환경부장관이 상수원 등 해당 수계의 수질보전을 위하여 필요하다고 인정하는 경우
② 중점관리저수지의 지정 및 지정해제에 필요한 사항은 환경부령으로 정한다.

(2) 중점관리저수지의 관리자와 그 저수지의 소재지를 관할하는 시·도지사가 수립하는 중점관리저수지의 수질오염방지 및 수질개선에 관한 대책에 포함되어야 하는 사항

① 중점관리저수지의 설치목적, 이용현황 및 오염현황
≪ ② 중점관리저수지의 경계로부터 반경 2킬로미터 이내의 거주인구 등 일반현황
③ 중점관리저수지의 수질 관리목표
④ 중점관리저수지의 수질 오염 예방 및 수질 개선방안

(3) 중점관리저수지의 지정기준에서 대통령령으로 정하는 기준

① **농업용 저수지** : 호소의 생활환경 기준 중 약간 나쁨(Ⅳ) 등급
② **그 밖의 저수지** : 호소의 생활환경 기준 중 보통(Ⅲ) 등급

제3장 점오염원의 관리

❶ 산업폐수의 배출규제

(1) 배출시설 등의 가동시작신고

① 시운전 기간 중 환경부령이 정하는 기간
  ㉠ 폐수처리방법이 생물화학적 처리방법인 경우 : 가동시작일부터 50일
  ㉡ 폐수처리방법이 생물화학적 처리방법인 경우 중 가동시작일이 11월 1일부터 다음 연도 1월 31일까지에 해당하는 경우 : 가동시작일부터 70일
  ㉢ 폐수처리방법이 물리적 또는 화학적 처리방법인 경우 : 가동시작일부터 30일

(2) 배출시설 및 방지시설의 운영

① 측정기기와 관련하여 조치명령을 받은 자의 개선기간
  ㉠ 개선기간 : 6개월의 범위에서 개선기간
  ㉡ 개선기간 연장 : 천재지변이나 그 밖의 부득이한 사유로 개선기간 이내에 조치를 끝낼 수 없는 경우에는 조치명령을 받은 자의 신청을 받아 6개월의 범위에서 개선기간을 연장

② 폐수배출시설 및 수질오염방지시설의 운영기록 보존
  사업자 또는 수질오염방지시설을 운영하는 자는 폐수배출시설 및 수질오염방지시설의 가동시간, 폐수배출량, 약품투입량, 시설관리 및 운영자, 그 밖에 시설운영에 관한 중요사항을 운영일지에 매일 기록하고, 최종 기록일부터 1년간 보존하여야 한다. 다만, 폐수무방류배출시설의 경우에는 운영일지를 3년간 보존하여야 한다.

(3) 수질원격감시체계 관제센터의 설치·운영

① 환경부장관은 전산망을 운영하기 위하여 한국환경공단법에 따른 한국환경공단에 수질원격감시체계 관제센터를 설치·운영할 수 있다.
② 관제센터의 기능·운영 및 자동측정자료의 관리 등에 관하여 필요한 사항은 환경부장관이 정하여 고시한다.

(4) 배출부과금

① 배출부과금 산정시 고려사항
  ㉠ 배출허용기준 초과 여부
  ㉡ 배출되는 수질오염물질의 종류
  ㉢ 수질오염물질의 배출기간
  ㉣ 수질오염물질의 배출량
  ㉤ 자가측정 여부

② 지역별 부과계수

청정지역 및 가 지역	나 지역 및 특례지역
1.5	1.0

③ 기본배출부과금의 부과 대상 수질오염물질의 종류
  ㉠ 유기물질
  ㉡ 부유물질

④ 규모별 사업장 종 구분

▶ 사업장의 규모별 구분

종류	배출규모
제1종 사업장	1일 폐수배출량이 2,000m^3 이상인 사업장
제2종 사업장	1일 폐수배출량이 700m^3 이상, 2,000m^3 미만인 사업장
제3종 사업장	1일 폐수배출량이 200m^3 이상, 700m^3 미만인 사업장
제4종 사업장	1일 폐수배출량이 50m^3 이상, 200m^3 미만인 사업장
제5종 사업장	위 제1종부터 제4종까지의 사업장에 해당하지 아니하는 배출시설

⑤ 수질오염물질이 배출허용기준을 초과하여 배출되는 경우 초과배출부과금은 제1종 사업장은 400만원, 제2종사업장은 300만원, 제3종사업장은 200만원, 제4종사업장은 100만원, 제5종사업장은 50만원으로 한다.

⑥ 수질오염물질이 공공수역에 배출되는 경우(폐수무방류시설에 한함) 초과배출부과금은 500만원

⑦ 초과부과금의 산정기준

▶ 초과부과금의 산정기준

수질오염 물질	구분	수질오염물질 1킬로그램당 부과금액	배출허용기준초과율별 부과계수							지역별 부과계수		
			20% 미만	20% 이상 40% 미만	40% 이상 80% 미만	80% 이상 100% 미만	100% 이상 200% 미만	200% 이상 300% 미만	300% 이상 400% 미만	400% 이상	청정지역 및 가지역	나 지역	특례 지역
유기물질		250(배출농도를 생물화학적산소요구량 또는 화학적산소요구량으로 측정한 경우)	3.0	4.0	4.5	5.0	5.5	6.0	6.5	7.0	2	1.5	1
		450(배출농도를 총유기탄소량으로 측정한 경우)											
부유물질		250	3.0	4.0	4.5	5.0	5.5	6.0	6.5	7.0	2	1.5	1
총 질소		500	3.0	4.0	4.5	5.0	5.5	6.0	6.5	7.0	2	1.5	1
총 인		500	3.0	4.0	4.5	5.0	5.5	6.0	6.5	7.0	2	1.5	1
크롬 및 그 화합물		75,000	3.0	4.0	4.5	5.0	5.5	6.0	6.5	7.0	2	1.5	1
망간 및 그 화합물		30,000	3.0	4.0	4.5	5.0	5.5	6.0	6.5	7.0	2	1.5	1
아연 및 그 화합물		30,000	3.0	4.0	4.5	5.0	5.5	6.0	6.5	7.0	2	1.5	1
특정유해물질	페놀류	150,000	3.0	4.0	4.5	5.0	5.5	6.0	6.5	7.0	2	1.5	1
	시안화합물	150,000	3.0	4.0	4.5	5.0	5.5	6.0	6.5	7.0	2	1.5	1
	구리 및 그 화합물	50,000	3.0	4.0	4.5	5.0	5.5	6.0	6.5	7.0	2	1.5	1
	카드뮴 및 그 화합물	500,000	3.0	4.0	4.5	5.0	5.5	6.0	6.5	7.0	2	1.5	1

▶ 초과부과금의 산정기준

구분 수질오염 물질		수질오염 물질 1킬로 그램당 부과금액	배출허용기준초과율별 부과계수								지역별 부과계수		
			20% 미만	20% 이상 40% 미만	40% 이상 80% 미만	80% 이상 100% 미만	100% 이상 200% 미만	200% 이상 300% 미만	300% 이상 400% 미만	400% 이상	청정 지역 및 가 지역	나 지역	특례 지역
특정 유해 물질	수은 및 그 화합물	1,250,000	3.0	4.0	4.5	5.0	5.5	6.0	6.5	7.0	2	1.5	1
	유기인 화합물	150,000	3.0	4.0	4.5	5.0	5.5	6.0	6.5	7.0	2	1.5	1
	비소 및 그 화합물	100,000	3.0	4.0	4.5	5.0	5.5	6.0	6.5	7.0	2	1.5	1
	납 및 그 화합물	150,000	3.0	4.0	4.5	5.0	5.5	6.0	6.5	7.0	2	1.5	1
	6가크롬 화합물	300,000	3.0	4.0	4.5	5.0	5.5	6.0	6.5	7.0	2	1.5	1
	폴리염화 비페닐	1,250,000	3.0	4.0	4.5	5.0	5.5	6.0	6.5	7.0	2	1.5	1
	트리클로 로에틸렌	300,000	3.0	4.0	4.5	5.0	5.5	6.0	6.5	7.0	2	1.5	1
	테트라클로 로에틸렌	300,000	3.0	4.0	4.5	5.0	5.5	6.0	6.5	7.0	2	1.5	1

⑧ 초과배출부과금 부과 대상 수질오염물질의 종류
- 유기물질
- 부유물질
- 카드뮴 및 그 화합물
- 시안화합물
- 유기인화합물
- 납 및 그 화합물
- 6가 크롬화합물
- 비소 및 그 화합물
- 수은 및 그 화합물
- 폴리염화비페닐[polychlorinated biphenyl]
- 구리 및 그 화합물
- 크롬 및 그 화합물
- 페놀류
- 트리클로로에틸렌

- 테트라클로로에틸렌
- 망간 및 그 화합물
- 아연 및 그 화합물
- 총 질소
- 총 인

⑨ 사업장의 종류별 구분에 따른 위반횟수별 부과계수

종류	위반횟수별 부과계수
제1종 사업장	• 처음 위반한 경우 <table><tr><td>사업장 규모</td><td>2,000m³/일 이상 4,000m³/일 미만</td><td>4,000m³/일 이상 7,000m³/일 미만</td><td>7,000m³/일 이상 10,000m³/일 미만</td><td>10,000m³/일 이상</td></tr><tr><td>부과계수</td><td>1.5</td><td>1.6</td><td>1.7</td><td>1.8</td></tr></table>다음 위반부터는 그 위반 직전의 부과계수에 1.5를 곱한 것으로 한다.
제2종 사업장	• 처음 위반의 경우 : 1.4 • 다음 위반부터는 그 위반 직전의 부과계수에 1.4를 곱한 것으로 한다.
제3종 사업장	• 처음 위반의 경우 : 1.3 • 다음 위반부터는 그 위반 직전의 부과계수에 1.3을 곱한 것으로 한다.
제4종 사업장	• 처음 위반의 경우 : 1.2 • 다음 위반부터는 그 위반 직전의 부과계수에 1.2를 곱한 것으로 한다.
제5종 사업장	• 처음 위반의 경우 : 1.1 • 다음 위반부터는 그 위반 직전의 부과계수에 1.1을 곱한 것으로 한다.

※ 중요 : 폐수무방류배출시설에 대한 위반횟수별 부과계수 처음 위반한 경우 1.8로 하고, 다음 위반부터는 그 위반직전의 부과계수에 1.5를 곱한 것으로 한다.

⑩ 감면의 대상은 기본배출부과금으로 하고, 그 감면의 범위는 다음 각 호와 같다.
  ㉠ 감면율 적용 : 해당 부과기간의 시작일 전 6개월 이상 방류수수질기준을 초과하는 수질오염물질을 배출하지 아니한 사업자는 기본배출부과금을 감경
    ⓐ 6개월 이상 1년 내 : 100분의 20
    ⓑ 1년 이상 2년 내 : 100분의 30
    ⓒ 2년 이상 3년 내 : 100분의 40
    ⓓ 3년 이상 : 100분의 50
  ㉡ 폐수 재이용률별 감면율을 적용 : 최종방류구에 방류하기 전에 배출시설에서 배출하는 폐수를 재이용하는 사업자는 기본배출부과금을 감경
    ⓐ 재이용률이 10퍼센트 이상 30퍼센트 미만인 경우 : 100분의 20
    ⓑ 재이용률이 30퍼센트 이상 60퍼센트 미만인 경우 : 100분의 50
    ⓒ 재이용률이 60퍼센트 이상 90퍼센트 미만인 경우 : 100분의 80
    ⓓ 재이용률이 90퍼센트 이상인 경우 : 100분의 90

(5) 과징금 처분

① 과징금처분
  ㉠ 공익을 목적으로 하는 사업장은 조업정지에 갈음하여 매출액에 100분의 5를 곱한 금액을 초과하지 아니하는 범위에서 과징금 부과
  ㉡ 폐수처리업의 등록을 한 자에 대하여는 영업정지처분에 갈음하여 매출액에 100분의 5를 곱한 금액을 초과하지 아니하는 범위에서 과징금 부과

② 공익목적의 사업장의 종류
  ㉠ 의료법에 의한 의료기관의 배출시설
  ㉡ 발전소의 발전설비
  ㉢ 초·중등교육법 및 고등교육법에 의한 학교의 배출시설
  ㉣ 제조업의 배출시설
  ㉤ 그 밖에 대통령령이 정하는 배출시설

③ 과징금의 부과기준
  ㉠ 과징금은 행정처분 기준에 따른 조업정지일수에 1일당 부과금액과 사업장 규모별 부과계수를 각각 곱하여 산정할 것
  ㉡ 1일당 부과금액은 300만원으로 하고, 사업장 규모별 부과계수는 제1종사업장은 2.0, 제2종사업장은 1.5, 제3종사업장은 1.0, 제4종사업장은 0.7, 제5종사업장은 0.4로 할 것
  ㉢ 과징금의 납부기한은 과징금납부통지서의 발급일부터 30일

(6) 환경기술인

① 사업자는 배출시설과 방지시설의 정상적인 운영·관리를 위하여 환경기술인을 임명하고, 대통령령이 정하는 바에 따라 환경부장관에게 신고하여야 한다. 환경기술인을 바꾸어 임명한 때에도 또한 같다.

② 환경기술인을 두어야 할 사업장의 범위 및 환경기술인의 자격기준은 대통령령으로 정한다.

③ 환경기술인의 임명신고
  ㉠ 최초로 배출시설을 설치한 경우 : 가동시작 신고와 동시
  ㉡ 환경기술인을 바꾸어 임명하는 경우 : 그 사유가 발생한 날부터 5일 이내

④ 사업장별 환경기술인의 자격기준

▶ 사업장별 환경기술인의 자격기준

구분	환경기술인
제1종사업장	수질환경기사 1명 이상
제2종사업장	수질환경산업기사 1명 이상
제3종사업장	수질환경산업기사, 환경기능사 또는 3년 이상 수질분야 환경관련 업무에 직접 종사한 자 1명 이상
제4종사업장· 제5종사업장	배출시설 설치허가를 받거나 배출시설 설치신고가 수리된 사업자 또는 배출시설 설치허가를 받거나 배출시설 설치신고가 수리된 사업자가 그 사업장의 배출시설 및 방지시설업무에 종사하는 피고용인 중에서 임명하는 자 1명 이상

※ 특정수질유해물질이 포함된 수질오염물질을 배출하는 제4종 또는 제5종사업장은 제3종사업장에 해당하는 환경기술인을 두어야 한다. 다만, 특정수질유해물질이 포함된 1일 10m³ 이하의 폐수를 배출하는 사업장의 경우에는 그러하지 아니하다.

⑤ 환경기술인 교육

㉠ 교육과정

ⓐ 최초교육 : 환경기술인 등이 최초로 업무에 종사한 날로부터 1년 이내에 실시하는 교육

ⓑ 보수교육 : 최초교육 후 3년마다 실시하는 교육

㉡ 교육기관

ⓐ 환경기술인 : 한국환경보전원

ⓑ 측정기기 관리대행업에 등록된 기술인력 : 국립환경인재개발원, 한국상하수도협회

ⓒ 폐수처리업에 종사하는 기술요원 : 국립환경인재개발원

㉢ 교육과정

ⓐ 환경기술인과정

ⓑ 폐수처리기술요원과정

ⓒ 측정기기관리대행 기술인력과정

㉣ 교육기간은 4일 이내

제4장 비점오염원의 관리

❶ 비점오염원의 관리

① 비점오염원관리대책 지역을 지정·고시할 때 포함되어야 하는 사항
  ㉠ 관리목표
  ㉡ 관리대상 수질오염물질의 종류 및 발생량
  ㉢ 관리대상 수질오염물질의 발생예방 및 저감방안
  ㉣ 그 밖에 관리지역의 적정한 관리를 위하여 환경부령이 정하는 사항

② 시행계획의 수립시 포함되어야 하는 사항
  ㉠ 관리지역의 개발현황 및 개발계획
  ㉡ 관리지역의 대상 수질오염물질의 발생현황 및 지역개발계획으로 예상되는 발생량 변화
  ㉢ 환경친화적 개발 등의 대상 수질오염물질 발생 예방
  ㉣ 방지시설의 설치·운영 및 불투수면 면적의 축소 등 대상 수질오염물질 저감계획
  ㉤ 그 밖에 관리대책의 시행을 위하여 환경부령이 정하는 사항

③ 비점오염원의 변경신고를 하여야 하는 경우
  ㉠ 상호·대표자·사업명 또는 업종의 변경
  ㉡ 총 사업면적·개발면적 또는 사업장 부지면적이 처음 신고면적의 100분의 15 이상 증가하는 경우
  ㉢ 비점오염저감시설의 종류, 위치, 용량이 변경되는 경우
  ㉣ 비점오염원 또는 비점오염저감시설의 전부 또는 일부를 폐쇄하는 경우

④ 이행 또는 설치·개선 명령의 기간
  ㉠ 비점오염저감계획 이행(시설 설치·개선의 경우는 제외)의 경우 : 2개월
  ㉡ 시설 설치의 경우 : 1년
  ㉢ 시설 개선의 경우 : 6개월
  ㉣ 연장기간 : 6개월 범위

⑤ 시설유형별 기준
  ㉠ 자연형 시설
    ⓐ 저류시설
    ⓑ 인공습지
    ⓒ 침투시설
    ⓓ 식생형 시설

ⓒ 장치형 시설
ⓐ 여과형 시설
ⓑ 소용돌이형 시설
ⓒ 스크린형 시설
ⓓ 응집·침전 처리형 시설
ⓔ 생물학적 처리형 시설
⑥ 휴경 등 권고대상 농경지의 해발고도 및 경사도
㉠ 환경부령으로 정하는 해발고도 : 해발 400미터
㉡ 환경부령으로 정하는 경사도 : 경사도 15퍼센트
⑦ 비점오염 관련 관계 전문기관
㉠ 환경부령으로 정하는 관계 전문 기관 : 한국환경공단, 한국환경정책·평가연구원
⑧ 비점오염저감시설을 설치하여야 하는 취수시설의 상류·하류 지역에서 환경부령으로 정하는 거리란 취수시설로부터 상류로 유하거리 15킬로미터 및 하류로 유하거리 1킬로미터를 말한다.

제5장 폐수처리업

❶ 위임업무보고사항

업무내용	보고횟수	보고기일	보고자
1. 폐수배출시설의 설치허가, 수질오염물질의 배출상황검사, 폐수배출시설에 대한 업무처리 현황	연 4회	매분기 종료 후 15일 이내	시·도지사
2. 폐수무방류배출시설의 설치 허가(변경 허가) 현황	수시	허가(변경허가) 후 10일 이내	시·도지사
3. 기타 수질오염원 현황	연 2회	매반기 종료 후 15일 이내	시·도지사
4. 폐수처리업에 대한 등록·지도단속실적 및 처리실적 현황	연 2회	매반기 종료 후 15일 이내	시·도지사
5. 폐수위탁·사업장 내 처리현황 및 처리실적	연 1회	다음 해 1월 15일까지	시·도지사
6. 환경기술인의 자격별·업종별 신고상황	연 1회	다음 해 1월 15일까지	시·도지사

업무내용	보고횟수	보고기일	보고자
7. 배출업소의 지도·점검 및 행정처분 실적	연 4회	매분기 종료후 15일 이내	시·도지사
8. 배출부과금 부과 실적	연 4회	매분기 종료후 15일까지	시·도지사, 유역환경청장, 지방환경청장
9. 배출부과금 징수 실적 및 체납처분 현황	연 2회	매반기 종료 후 15일 이내	시·도지사, 유역환경청장, 지방환경청장
10. 배출업소 등에 따른 수질오염사고 발생 및 조치사항	수시	사고발생 시	시·도지사, 유역환경청장, 지방환경청장
11. 과징금 부과 실적	연 2회	매반기 종료 후 10일 이내	시·도지사
12. 과징금 징수 실적 및 체납처분 현황	연 2회	매반기 종료 후 10일 이내	시·도지사
13. 비점오염원의 설치신고 및 방지시설 설치 현황 및 행정처분 현황	연 4회	매분기 종료 후 15일 이내	유역환경청장, 지방환경청장
14. 골프장 맹·고독성 농약 사용 여부 확인 결과	연 2회	매반기 종료 후 10일 이내	시·도지사
15. 측정기기 부착시설설치현황	연 2회	매반기 종료 후 15일 이내	시·도지사, 유역환경청장, 지방환경청장
16. 측정기기 부착사업장 관리현황	연 2회	매반기 종료 후 15일 이내	시·도지사, 유역환경청장, 지방환경청장
17. 측정기기 부착사업장에 대한 행정처분 현황	연 2회	매반기 종료 후 15일 이내	시·도지사, 유역환경청장, 지방환경청장
18. 측정기기 관리대행업에 대한 등록·변경등록, 관리대행능력 평가·공시 및 행정처분 현황	연 1회	다음해 1월 15일까지	유역환경청장 지방환경청장
19. 수생태계 복원계획(변경계획)수립·승인 및 시행계획(변경계획)협의 현황	연 2회	매반기 종료후 15일이내	유역환경청장 지방환경청장
20. 수생태계 복원 시행계획(변경계획)협의 현황	연 2회	매반기 종료후 15일이내	유역환경청장 지방환경청장

제6장 수질오염물질 및 수질오염 방지시설

1 수질오염 방지시설의 종류

① 물리적 처리시설
- ㉠ 스크린
- ㉡ 분쇄기
- ㉢ 침사(沈砂)시설
- ㉣ 유수분리시설
- ㉤ 유량조정시설(집수조)
- ㉥ 혼합시설
- ㉦ 응집시설
- ㉧ 침전시설
- ㉨ 부상시설
- ㉩ 여과시설
- ㉪ 탈수시설
- ㉫ 건조시설
- ㉬ 증류시설
- ㉭ 농축시설

② 화학적 처리시설
- ㉠ 화학적 침강시설
- ㉡ 중화시설
- ㉢ 흡착시설
- ㉣ 살균시설
- ㉤ 이온교환시설
- ㉥ 소각시설
- ㉦ 산화시설
- ㉧ 환원시설
- ㉨ 침전물 개량시설

③ 생물화학적 처리시설
- ㉠ 살수여과상
- ㉡ 폭기(瀑氣)시설

ⓒ 산화시설(산화조(酸化槽) 또는 산화지(酸化池)를 말한다)
㉣ 혐기성·호기성 소화시설
㉤ 접촉조
㉥ 안정조
㉦ 돈사톱밥발효시설

제7장 방류수 수질 기준 및 항목별 배출허용 기준

❶ 항목별 배출허용 기준

▶ 항목별 배출허용 기준 중 생물화학적산소요구량·총유기탄소량·부유물질량

대상 규모 항목 지역구분	1일 폐수배출량 2천 세제곱미터 이상			1일 폐수배출량 2천 세제곱미터 미만		
	생물화학적 산소요구량 (mg/L)	총유기 탄소량 (mg/L)	부유 물질량 (mg/L)	생물화학적 산소요구량 (mg/L)	총유기 탄소량 (mg/L)	부유 물질량 (mg/L)
청정지역	30 이하	25 이하	30 이하	40 이하	30 이하	40 이하
가 지역	60 이하	40 이하	60 이하	80 이하	50 이하	80 이하
나 지역	80 이하	50 이하	80 이하	120 이하	75 이하	120 이하
특례지역	30 이하	25 이하	30 이하	30 이하	25 이하	30 이하

제8장 수질환경정책기본법상 환경기준

❶ 수질 및 수생태계 환경기준 중 하천의 사람 건강보호 기준

항목	기준값(mg/L)
카드뮴(Cd)	0.005 이하
비소(As)	0.05 이하
시안(CN)	검출되어서는 안 됨(검출한계 0.01)
수은(Hg)	검출되어서는 안 됨(검출한계 0.001)

항목	기준값(mg/L)
유기인	검출되어서는 안 됨(검출한계 0.0005)
폴리크로리네이티드비페닐(PCB)	검출되어서는 안 됨(검출한계 0.0005)
납(Pb)	0.05 이하
6가크롬(Cr^{6+})	0.05 이하
음이온계면활성제(ABS)	0.5 이하
사염화탄소	0.004 이하
1,2-디클로로에탄	0.03 이하
테트라클로로에틸렌(PCE)	0.04 이하
디클로로메탄	0.02 이하
벤젠	0.01 이하
클로로포름	0.08 이하
디에틸헥실프탈레이트(DEHP)	0.008 이하
안티몬	0.02 이하
1,4-다이옥세인	0.05 이하
포름알데히드	0.5 이하
헥사클로로벤젠	0.00004 이하

❷ 수질 및 수생태계 환경 기준 중 해역에서 생활환경 기준

(1) 생활환경

항목	수소이온농도 (pH)	총대장균군 (총대장균군수/100mL)	용매 추출유분 (mg/L)
기준	6.5~8.5	1,000 이하	0.01 이하

memo

과년도 기출문제

2012년
3월 4일 시행
5월 20일 시행
8월 26일 시행

2013년
3월 10일 시행
6월 2일 시행
8월 18일 시행

2014년
3월 2일 시행
5월 25일 시행
8월 17일 시행

2015년
3월 8일 시행
5월 31일 시행
8월 16일 시행

2016년
3월 6일 시행
5월 8일 시행
8월 21일 시행

2017년
3월 5일 시행
5월 7일 시행
8월 26일 시행

2018년
3월 4일 시행
4월 28일 시행
8월 19일 시행

2019년
3월 3일 시행
4월 27일 시행
8월 4일 시행

2020년
6월 13일 시행
8월 23일 시행

CBT 모의고사

2012년 3월 7일 시행

2012년 1회 수질환경산업기사

| 제1과목 | 수질오염개론

01 원생생물은 세포의 분화정도에 따라 진핵생물과 원핵생물로 나눌 수 있다. 다음 중 원핵세포와 비교하여 진핵세포에만 있는 것은?

㉮ DNA ㉯ 리보솜
㉰ 편모 ㉱ 세포소기관

02 다음 중 해수에 관한 설명으로 옳지 않은 것은?

㉮ 해수의 Mg/Ca 비는 담수에 비하여 크다.
㉯ 해수의 밀도는 수온, 수압, 수심 등과 관계없이 일정하다.
㉰ 염분은 적도해역에서 높고 남북 양극 해역에서 낮다.
㉱ 해수 내 전체질소 중 35% 정도는 암모니아성 질소, 유기질소 형태이다.

[풀이] ㉯ 해수의 밀도는 수온, 수압, 수심의 함수로 수심이 깊을수록 증가한다.

03 화학합성 자가영양미생물계의 에너지원과 탄소원으로 가장 옳은 것은?

㉮ 빛, CO_2
㉯ 유기물질의 산화환원반응, 유기탄소
㉰ 빛, 유기탄소
㉱ 무기물의 산화환원반응, CO_2

04 $CaCl_2$ 200mg/L는 몇 meq/L인가? (단, Ca 원자량 : 40, Cl 원자량 : 35.5)

㉮ 1.8 ㉯ 2.4
㉰ 3.6 ㉱ 4.8

[풀이] meq/L = mg/L ÷ 1당량 mg
$$= 200mg/L \div \left(\frac{118mg}{2}\right) = 3.6 meq/L$$

TIP
meq/L = mN

05 호기성 박테리아($C_5H_7O_2N$)의 이론적 COD/TOC 비는? (단, 박테리아는 CO_2, NH_3, H_2O로 분해)

㉮ 0.83 ㉯ 1.42
㉰ 2.67 ㉱ 3.34

[풀이] $C_5H_7O_2N + 5O_2 \rightarrow 5CO_2 + 2H_2O + NH_3$
$$\frac{COD}{TOC} = \frac{산소량}{유기물 중의 탄소량} = \frac{5 \times 32g}{5 \times 12g} = 2.67$$

정답 01 ㉱ 02 ㉯ 03 ㉱ 04 ㉰ 05 ㉰

06 다음 중 조류의 경험적 화학 분자식으로 가장 적절한 것은?

㉮ $C_4H_7O_2N$
㉯ $C_5H_8O_2N$
㉰ $C_6H_9O_2N$
㉱ $C_7H_{10}O_2N$

풀이 조류의 경험적 화학 분자식은 $C_5H_8O_2N$이다.

07 초기농도가 100mg/L인 오염물질의 반감기가 10day라고 할 때 반응속도가 1차 반응을 따를 경우 5일 후 오염물질의 농도는?

㉮ 70.7mg/L
㉯ 75.7mg/L
㉰ 80.7mg/L
㉱ 85.7mg/L

풀이
① 1차 반응식
$$\ln\frac{C_t}{C_o} = -k \times t \xrightarrow{\text{반감기}} \ln\frac{1}{2} = -k \times t$$
$$C_t = \frac{1}{2}C_o$$

따라서 $\ln\frac{1}{2} = -k \times 10\text{day}$

$$\therefore k = \frac{\ln\frac{1}{2}}{-10\text{day}} = 0.06931/\text{day}$$

② $\ln\frac{C_t}{C_o} = -k \times t$

$\ln\frac{C_t}{100\text{mg/L}} = -0.0693/\text{day} \times 5\text{day}$

$\therefore C_t = 100\text{mg/L} \times e^{(-0.0693/\text{day} \times 5\text{day})} = 70.72\text{mg/L}$

08 0.1M–NaOH의 농도를 mg/L로 나타내면 얼마인가?

㉮ 4
㉯ 40
㉰ 400
㉱ 4000

풀이
$$\text{mg/L} = \frac{0.1\text{mol}}{\text{L}} \times \frac{40\text{g}}{1\text{mol}} \times \frac{10^3\text{mg}}{1\text{g}} = 4,000\text{mg/L}$$

TIP
① NaOH 1mol = 40g
② M농도 = mol/L

09 유량이 $0.7m^3/s$이고 BOD_5가 3.0mg/L, DO가 9.5mg/L인 하천이 있다. 이 하천에 유량이 $0.4m^3/sec$, BOD_5 25mg/L, DO가 4.0mg/L인 지류가 흘러 들어오고 있으며 합쳐진 하천의 평균유속이 15m/min이라면 하류 54km 지점의 용존산소부족량은? (단, 온도 20℃, 혼합수의 k_1 = 0.1/day, k_2 = 0.2/day이며 포화용존산소 농도는 9.5mg/L, 상용대수 적용)

㉮ 3.2mg/L
㉯ 3.9mg/L
㉰ 4.2mg/L
㉱ 4.6mg/L

풀이
$$D_t = \frac{k_1 \times L_o}{k_2 - k_1} \times (10^{-k_1 \times t} - 10^{-k_2 \times t}) + D_o \times (10^{-k_2 \times t})$$

① 혼합수의 BOD_5를 혼합공식을 이용해 계산한다.
$$C_m = \frac{Q_1C_1 + Q_2C_2}{Q_1 + Q_2}$$
$$= \frac{0.7m^3/\text{sec} \times 3.0\text{mg/L} + 0.4m^3/\text{sec} \times 25\text{mg/L}}{(0.7+0.4)m^3/\text{sec}}$$
$$= 11\text{mg/L}$$

② $BOD_u = L_o$(최종 BOD)를 계산한다.
$BOD_5 = BOD_u \times (1 - 10^{-k_1 \times t})$
따라서 $11\text{mg/L} = BOD_u \times (1 - 10^{-0.1/\text{day} \times 5\text{day}})$
$$\therefore BOD_u = \frac{11\text{mg/L}}{(1 - 10^{-0.1/\text{day} \times 5\text{day}})} = 16.087\text{mg/L}$$

정답 06 ㉯ 07 ㉮ 08 ㉱ 09 ㉱

③ 혼합수의 DO 농도를 혼합공식을 이용해 계산한다.

$$C_m = \frac{Q_1C_1+Q_2C_2}{Q_1+Q_2}$$

$$= \frac{0.7m^3/sec \times 9.5mg/L + 0.4m^3/sec \times 4.0mg/L}{(0.7+0.4)m^3/sec}$$

$$= 7.5mg/L$$

④ D_0(초기산소부족량) = 포화용존산소량(C_s)
 - 혼합수 중 용존산소농도(C)
 = 9.5mg/L - 7.5mg/L = 2.0mg/L

⑤ t(시간) = $\frac{L(길이)}{v(평균유속)}$

$$= \frac{54 \times 10^3 \, m}{15m/min \times 60min/hr \times 24hr/day}$$

$$= 2.5day$$

⑥ $D_t = \frac{0.1/day \times 16.087mg/L}{0.2/day - 0.1/day}$
$\times (10^{-0.1/day \times 2.5day} - 10^{-0.2/day \times 2.5day})$
$+ 2.0mg/L \times (10^{-0.2/day \times 2.5day})$
= 4.59mg/L

10 물의 물리, 화학적 특성으로 옳지 않은 것은?

㉮ 물은 온도가 낮을수록 밀도는 커진다.
㉯ 물 분자는 H^+와 OH^-로 극성을 이루므로 유용한 용매가 된다.
㉰ 물은 기화열이 크기 때문에 생물의 효과적인 체온조절이 가능하다.
㉱ 생물체의 결빙이 쉽게 일어나지 않는 것은 물의 융해열이 크기 때문이다.

풀이 ㉮ 물은 온도가 4℃일때 밀도가 가장 크다.

11 HCHO(Formaldehyde) 200mg/L의 이론적 COD 값은?

㉮ 163 mg/L ㉯ 187 mg/L
㉰ 213 mg/L ㉱ 227 mg/L

풀이 HCHO + O_2 → CO_2 + H_2O
30g : 32g
200mg/L : X(COD)

∴ X(COD) = $\frac{32g \times 200mg/L}{30g}$ = 213.33mg/L

12 5×10^{-5}M Ca(OH)$_2$를 물에 용해하였을 때 pH는 얼마인가? (단, Ca(OH)$_2$는 물에서 완전 해리된다고 가정)

㉮ 9.0 ㉯ 9.5
㉰ 10.0 ㉱ 10.5

풀이 Ca(OH)$_2$ → Ca^{2+} + $2OH^-$
  XM   XM   2XM
XM = 5×10^{-5}M이므로
OH^- = 2XM = $2 \times 5 \times 10^{-5}$M이 된다.
따라서 pH = 14 + log[OH^-]
     = 14 + log[$2 \times 5 \times 10^{-5}$M] = 10.0

TIP

산성물질에서 pH = -log[H^+]
알칼리성물질에서 pH = 14 + log[OH^-]

정답 10 ㉮ 11 ㉰ 12 ㉰

13 수온이 20℃ 일 때 탈산소계수가 0.2/day(base 10)이었다면 수온 30℃에서의 탈산소계수(base 10)는? (단, θ = 1.042임)

㉮ 0.24/day   ㉯ 0.27/day
㉰ 0.30/day   ㉱ 0.34/day

풀이 $k_1(T) = k_1(20℃) \times 1.042^{(T-20)}$
$k_1(30℃) = 0.2/day \times 1.042^{(30-20)} = 0.30/day$

14 다음이 설명하는 하천모델의 종류로 가장 옳은 것은?

- 유속, 수심, 조도계수에 의해 확산계수가 결정된다.
- 하천과 대기의 열복사 및 열교환이 고려된다.

㉮ QUAL-I   ㉯ WQRRS
㉰ WASP   ㉱ EPAS

풀이 ㉮ QUAL-I에 대한 설명이다.

15 친수성 콜로이드(Colloid)의 특성에 관한 설명으로 옳지 않은 것은?

㉮ 염(鹽)에 대하여 큰 영향을 받지 않는다.
㉯ 틴달효과가 현저하고 점도는 분산매 보다 작다.
㉰ 다량의 염을 첨가하여야 응결 침전된다.
㉱ 존재 형태는 유탁(에멀션) 상태이다.

풀이 ㉯ 틴달효과가 약하거나 거의 없다.

16 탈산소 계수(상용대수 기준)가 0.12/day인 어느 폐수의 BOD_5는 200mg/L이다. 이 폐수가 3일 후에 미분해 되고 남아있는 BOD(mg/L)는?

㉮ 67   ㉯ 87
㉰ 117   ㉱ 127

풀이 ① $BOD_5 = BOD_u \times (1-10^{-k_1 \times t})$
$200mg/L = BOD_u \times (1-10^{-0.12/day \times 5day})$
$\therefore BOD_u = \dfrac{200mg/L}{(1-10^{-0.12/day \times 5day})} = 267.09mg/L$

② 잔존공식을 이용해 BOD_3를 계산한다.
$BOD_3 = BOD_u$
$= 267.09mg/L \times (10^{-0.12/day \times 3day})$
$= 116.59mg/L$

17 유량이 10,000m³/day인 폐수를 BOD 4mg/L, 유량 4,000,000m³/day인 하천에 방류하였다. 방류한 폐수가 하천수와 완전 혼합되어졌을 때 하천의 BOD가 1mg/L 높아졌다면 하천에 가해진 폐수의 BOD 부하량은? (단, 기타 조건은 고려하지 않음)

㉮ 1425kg/day   ㉯ 1810kg/day
㉰ 2250kg/day   ㉱ 4050kg/day

풀이 ① 혼합공식을 이용해 폐수의 BOD 농도를 계산한다.
$C_m = \dfrac{Q_1C_1 + Q_2C_2}{Q_1 + Q_2}$

$5mg/L = \dfrac{4,000,000m^3/day \times 4mg/L + 10,000m^3/day \times C_2}{(4,000,000+10,000)m^3/day}$

$\therefore C_2 = 405mg/L$

② BOD 부하량(kg/day)
= 폐수량(m³/day) × BOD 농도(kg/m³)
= 10,000m³/day × 0.405kg/m³ = 4050kg/day

정답 13 ㉰ 14 ㉮ 15 ㉯ 16 ㉰ 17 ㉱

TIP

① ppm = mg/L = g/m³
② mg/L $\xrightarrow{\times 10^{-3}}$ kg/m³
③ 405mg/L = 405×10⁻³kg/m³ = 0.405kg/m³

18 Wipple의 하천의 상태변화에 따른 4 지대 구분 중 '분해지대'에 관한 설명으로 옳지 않은 것은?

㉮ 오염에 잘 견디는 곰팡이류가 심하게 번식한다.
㉯ 여름철 온도에서 DO 포화도는 45% 정도에 해당된다.
㉰ 탄산가스가 줄고 암모니아성 질소가 증가한다.
㉱ 유기물 혹은 오염물을 운반하는 하수거의 방출지점과 가까운 하류에 위치한다.

풀이 ㉰ 탄산가스가 증가하고, 용존산소량이 감소한다.

19 마그네슘 경도 200mg/L as CaCO₃를 Mg²⁺의 농도로 환산하면 얼마인가? (단, Mg 원자량 : 24)

㉮ 48mg/L   ㉯ 72mg/L
㉰ 96mg/L   ㉱ 120mg/L

풀이 $\dfrac{경도(mg/L)}{50g} = \dfrac{Mg^{2+}(mg/L)}{12g}$

$\dfrac{200mg/L}{50g} = \dfrac{Mg^{2+}(mg/L)}{12g}$

$\therefore Mg^{2+}(mg/L) = \dfrac{200mg/L \times 12g}{50g} = 48mg/L$

20 적조 발생지역과 가장 거리가 먼 것은?

㉮ 정체 수역
㉯ 질소, 인 등의 영양염류가 풍부한 수역
㉰ upwelling 현상이 있는 수역
㉱ 갈수기시 수온, 염분이 급격히 높아진 수역

풀이 ㉱ 여름철 홍수시로 인한 염분농도가 감소된 정체된 해역에서 주로 발생한다.

| 제2과목 | 수질오염방지기술

21 유량이 5,000m³/day이고 BOD, SS 및 NH₃–N의 농도가 각각 20mg/L, 25mg/L 및 23mg/L인 유출수의 질소(NH₃–N)를 제거하기 위해 파괴점 염소주입 공정이 이용될 때 1일 염소 투입량은? (단, 투입염소(Cl₂)대 처리된 암모니아성 질소(NH₃–N)의 질량비는 9 : 1, 최종유출수의 NH₃–N 농도는 1.0mg/L 로 한다.)

㉮ 620kg/day   ㉯ 740kg/day
㉰ 990kg/day   ㉱ 1,280kg/day

풀이 ① NH₃ -N 제거량
= (23-1.0)×10⁻³kg/m³×5,000m³/day
= 110kg/day
② 염소투입량(kg/day)
= 110kg/day×9 = 990kg/day

TIP

① ppm = mg/L = g/m³이므로
mg/L $\xrightarrow{\times 10^{-3}}$ kg/m³
② 염소투입량은 NH₃ -N의 9배이므로 NH₃ -N 제거량에 9를 곱해서 계산한다.

정답 18 ㉰ 19 ㉮ 20 ㉱ 21 ㉰

22 총 처리수량은 50,000m³/day, 여과속도는 180m/day, 정방형 급속여과지 1지의 크기는? (단, 병렬 처리 기준이며 동일한 여과지수는 8지, 예비지는 고려하지 않음)

㉮ 5.9m×5.9m ㉯ 6.7m×6.7m
㉰ 7.8m×7.8m ㉱ 8.4m×8.4m

풀이 유량(Q) = 단면적(A)×유속(v)

$$\therefore A = \frac{Q}{v} = \frac{50,000 m^3/day}{180 m/day} \times \frac{1}{8} = 34.72 m^2$$

따라서 보기를 계산한 다음 34.72m²에 근접한 보기가 정답이 된다.

23 슬러지량이 300m³/day로 유입되는 소화조의 고형물(VS 기준) 부하율은 5kg/m³·day이다. 슬러지의 고형물(TS) 함량은 4%, TS중 VS 함유율이 70%일 때 소화조의 용적은? (단, 슬러지 비중은 1.0)

㉮ 1,960 m³ ㉯ 1,820 m³
㉰ 1,720 m³ ㉱ 1,680 m³

풀이 소화조의 고형물 부하율(kg/m³·day)

$$= \frac{Q(m^3/day) \times 비중량(kg/m^3) \times TS \times VS}{V(m^3)}$$

$$5kg/m^3 \cdot day = \frac{300m^3/day \times 1,000kg/m^3 \times 0.04 \times 0.7}{V(m^3)}$$

$$\therefore V = \frac{300m^3/day \times 1,000kg/m^3 \times 0.04 \times 0.7}{5kg/m^3 \cdot day}$$

$$= 1,680 m^3$$

TIP 슬러지 비중 1.0은 비중량 1,000kg/m³이다.

24 BOD₅ 농도가 2000mg/L이고 1일 폐수 배출량이 1000m³인 산업폐수를 BOD₅ 오염 부하량이 500kg/day로 될 때 까지 감소시키기 위해서 필요한 BOD₅ 제거효율은?

㉮ 70% ㉯ 75%
㉰ 80% ㉱ 85%

풀이
$$\eta = \left(1 - \frac{BOD_o}{BOD_i}\right) \times 100(\%)$$

$$= \left(1 - \frac{500kg/day}{2kg/m^3 \times 1000m^3/day}\right) \times 100(\%) = 75\%$$

25 가스 상태의 염소가 물에 들어가면 가수분해와 이온화반응이 일어나 살균력을 나타낸다. 이 때 살균력이 가장 높은 pH 범위는?

㉮ 산성영역 ㉯ 알칼리성영역
㉰ 중성영역 ㉱ pH와 관계없다.

풀이 염소소독은 pH가 낮을수록 살균력이 증가하므로 살균력이 가장 높은 pH 범위는 산성영역이다.

정답 22 ㉮ 23 ㉱ 24 ㉯ 25 ㉮

26 고형물 농도 10g/L인 슬러지를 하루 480m³ 비율로 농축 처리하기 위해 필요한 연속식 슬러지 농축조의 표면적은? (단, 농축조의 고형물 부하는 4kg/m²·hr로 한다.)

㉮ 50m² ㉯ 100m²
㉰ 150m² ㉱ 200m²

풀이 농축조의 고형물 부하(kg/m²·hr)

$= \dfrac{\text{고형물의 농도}(kg/m^3) \times \text{슬러지량}(m^3/hr)}{\text{표면적}(m^2)}$

$4kg/m^2 \cdot hr = \dfrac{10kg/m^3 \times 480m^3/day \times 1day/24hr}{\text{표면적}(m^2)}$

$\therefore \text{표면적} = \dfrac{10kg/m^3 \times 480m^3/day \times 1day/24hr}{4kg/m^2 \cdot hr}$

$= 50m^2$

TIP
① g/L = kg/m³
② 고형물 농도 10g/L = 10kg/m³

27 MLSS가 2,800mg/L인 활성슬러지공법 폭기조의 부피가 1,600m³이다. 매일 40m³의 폐슬러지(농도 0.8%)를 혐기성 소화조로 보내 처리할 때 슬러지 체류시간(SRT)는? (단, 기타 조건은 고려하지 않는다.)

㉮ 8일 ㉯ 11일
㉰ 14일 ㉱ 18일

풀이 $SRT = \dfrac{MLSS \cdot V}{Q_w \cdot SS_w} = \dfrac{2.8kg/m^3 \times 1,600m^3}{8kg/m^3 \times 40m^3/day} = 14day$

TIP
① % $\xrightarrow{\times 10^4}$ ppm
② ppm = mg/L = g/m³이므로 mg/L $\xrightarrow{\times 10^{-3}}$ kg/m³
③ MLSS 2,800mg/L은 2,800mg/L $\xrightarrow{\times 10^{-3}}$ 2.8kg/m³

④ 폐슬러지농도 0.8%는 0.8×10⁴ppm = 0.8×10⁴mg/L
⑤ 폐슬러지농도 0.8×10⁴mg/L $\xrightarrow{\times 10^{-3}}$ 8kg/m³

28 인구 45,000명인 도시의 폐수를 처리하기 위한 처리장을 설계하였다. 폐수의 유량은 350L/인·day이고 침강탱크의 체류시간 2hr, 월류속도 35m³/m²·day가 되도록 설계하였다면 이 침강 탱크의 용적(V)과 표면적(A)은?

㉮ V = 1,313m³, A = 540m²
㉯ V = 1,313m³, A = 450m²
㉰ V = 1,475m³, A = 540m²
㉱ V = 1,475m³, A = 450m²

풀이 ① 용적(V)을 계산하기 위해 유량(Q)을 먼저 계산한다.
   Q = 0.35m³/인·day × 45,000인 = 15,750m³/day
② 용적(V) = 유량(Q) × 시간(t)
   $= 15,750m^3/day \times \left(\dfrac{2hr}{24}\right)day = 1,312.5m^3$
③ 월류속도(m³/m²·day) = $\dfrac{Q}{A}$

   $35m^3/m^2 \cdot day = \dfrac{15,750m^3/day}{A(m^2)}$

   $\therefore A = \dfrac{15,750m^3/day}{35m^3/m^2 \cdot day} = 450m^2$

TIP
유량
350L/인·day = 350×10⁻³m³/인·day
   = 0.35m³/인·day

정답 26 ㉮ 27 ㉰ 28 ㉯

29 활성슬러지법에서 폭기조로 유입되는 폐수량이 500m³/day, SVI 120인 조건에서 혼합액 1L를 30분간 침전했을 때 300 mL가 침전(침전슬러지 용적)되었다면 폭기조의 MLSS농도(mg/L)는 얼마인가?

㉮ 1500　　㉯ 2000
㉰ 2500　　㉱ 3000

[풀이]
$$SVI = \frac{SV(mL/L)}{MLSS(mg/L)} \times 10^3$$
$$120 = \frac{300mL/L}{MLSS(mg/L)} \times 10^3$$
∴ MLSS = 2,500mg/L

30 다음의 생물학적 인 및 질소제거 공정 중 질소 제거를 주목적으로 개발한 공법으로 가장 적절한 것은?

㉮ 4단계 Bardenpho 공법
㉯ A²/O 공법
㉰ A/O 공법
㉱ Phostrip 공법

[풀이] 생물학적 인 및 질소제거 공정 중 질소 제거를 주목적으로 개발한 공법은 A²/O공법이다.

31 Jar test에서 Alum 최적 주입율이 40 ppm이라면 420m³/hr의 폐수에 필요한 Alum(농도 7.5%)의 량은? (단, 비중은 1.0 기준)

㉮ 204L/hr　　㉯ 214L/hr
㉰ 224L/hr　　㉱ 234L/hr

[풀이]
$$\text{Alum의 량(L/hr)} = \frac{40ppm \times 420m^3/hr \times 10^3 L/m^3}{7.5 \times 10^4 ppm}$$
$$= 224L/hr$$

TIP
① $\% \xrightarrow{\times 10^4} ppm$
② $7.5\% = 7.5 \times 10^4 ppm$

32 침전지를 설계하고자 한다. 침전시간은 2hr, 표면부하율 30m³/m²·day이며 폭과 길이의 비는 1 : 5로 하고 폭을 10m로 하였을 때 침전지의 용량은?

㉮ 875 m³　　㉯ 1,250 m³
㉰ 1,750 m³　　㉱ 2,450 m³

[풀이] 표면적 부하율(m³/m²·day)
$$= \frac{Q(m^3/day)}{A(m^2)} = \frac{V(m^3) \times \frac{1}{t(day)}}{A(m^2)}$$

폭(W) : 길이(L) = 1 : 5이므로
폭(W)가 10m이면 길이(L) = 50m가 된다.
따라서 면적(A) = W×L = 10m×50m = 500m²

표면적 부하율(m³/m²·day) = $\frac{V(m^3) \times \frac{1}{t(day)}}{A(m^2)}$

$$30m^3/m^2 \cdot day = \frac{V(m^3) \times \frac{2hr}{24}day}{500m^2}$$

$$\therefore V(m^3) = \frac{30m^3/m^2 \cdot day \times 500m^2}{\frac{1}{\left(\frac{2hr}{24}\right)day}} = 1,250m^3$$

정답 29 ㉰　30 ㉯　31 ㉰　32 ㉯

33 유입수의 BOD 농도가 270 mg/L인 폐수를 폭기시간 8시간, F/M비를 0.4로 처리하고자 한다면 유지되어야 할 MLSS의 농도(mg/L)는?

㉮ 2025 ㉯ 2525
㉰ 3025 ㉱ 3525

풀이
$$F/M비(/day) = \frac{BOD \times Q}{MLSS \times V} = \frac{BOD}{MLSS} \times \frac{1}{t}$$

따라서 $0.4/day = \frac{270mg/L}{MLSS(Mg/L)} \times \frac{1}{\left(\frac{8hr}{24}\right)day}$

$$\therefore MLSS = \frac{270mg/L}{0.4/day \times \left(\frac{8hr}{24}\right)day} = 2025.0 mg/L$$

34 구형입자의 침강속도가 stokes법칙에 따른다고 할 때 직경 0.5mm이고, 비중이 2.5인 구형입자의 침강속도는? (단, 물의 밀도는 1000kg/m³이고, 점성계수 μ는 1.002×10^{-3} kg/m·sec라고 가정)

㉮ 0.1 m/sec ㉯ 0.2 m/sec
㉰ 0.3 m/sec ㉱ 0.4 m/sec

풀이
$$V_S = \frac{d^2(\rho_s - \rho_w)g}{18\mu}$$

$\begin{bmatrix} V_s : 침강속도(cm/sec) \\ d : 직경(cm) \\ \rho_s : 입자의 비중(g/cm^3) \\ \rho_w : 물의 비중(1.0g/m^3) \\ g : 중력가속도(980cm/sec^2) \\ \mu : 점성계수(kg/m \cdot sec) \end{bmatrix}$

따라서
$$V_S = \frac{(0.5 \times 10^{-3}m)^2 \times (2500-1000)kg/m^3 \times 9.8m/sec^2}{18 \times 1.002 \times 10^{-3} kg/m \cdot sec}$$
$= 0.20 m/sec$

35 BOD 1kg 제거에 필요한 산소량은 산소 2kg이다. 공기 1m³에 함유되어 있는 산소량은 0.277kg이라 하고 포기조에서 공기 용해율을 4%(부피기준)라고 하면, BOD 5kg 제거하는데 필요한 공기량은?

㉮ 약 700m³ ㉯ 약 900m³
㉰ 약 1100m³ ㉱ 약 1300m³

풀이 필요한 공기량(m³)
$= \frac{2kg\ O_2}{1.0kg\ 제거\ BOD} \times \frac{1m^3 Air}{0.277kg\ O_2} \times \frac{100}{4\%}$
$\times 5kg\ 제거\ BOD = 902.53 m^3$

36 RBC(회전원판 접촉법)에 관한 설명으로 옳지 않은 것은?

㉮ 미생물에 대한 산소공급 소요전력이 적다는 장점이 있다.
㉯ RBC시스템에서 재순환이 없고 유지비가 적게 소요된다.
㉰ RBC조에서 메디아는 전형적으로 약 40% 가 물에 잠기도록 한다.
㉱ 다른 생물학적 공정에 비해 장치의 현장시스템으로의 Scale-up이 용이하다.

풀이 ㉱ 다른 생물학적 공정에 비해 장치의 현장시스템으로의 Scale-up이 용이하지 못하다.

정답 33 ㉮ 34 ㉯ 35 ㉯ 36 ㉱

37 산화지(oxidation pond)를 이용하여 유입량 2,000m³/day이고, BOD와 SS 농도가 각각 100mg/L인 폐수를 처리하고자 한다. 산화지의 BOD부하율이 2g BOD/m²·day로 할 때 폐수의 체류시간은? (단, 장방형이며 산화지 깊이 : 2m)

㉮ 80days ㉯ 100days
㉰ 120days ㉱ 140days

풀이 ① BOD 면적부하(g/m²·day)
$$= \frac{BOD(g/m^3) \times Q(m^3/day)}{A(m^2)}$$

$$2g/m^2 \cdot day = \frac{100g/m^3 \times 2,000m^3/day}{A(m^2)}$$

$$\therefore A = \frac{100g/m^3 \times 2,000m^3/day}{2g/m^2 \cdot day} = 100,000m^2$$

② 체류시간(t) $= \frac{V}{Q} = \frac{A \times H}{Q}$

$$= \frac{100,000m^2 \times 2m}{2,000m^3/day} = 100 day$$

38 포기조 내 BOD용적부하가 0.5kg-BOD/m³·d일 때 F/M비는? (단, 포기조 MLSS는 2,000mg/L)

㉮ 0.15kg-BOD/kg-MLSS·d
㉯ 0.20kg-BOD/kg-MLSS·d
㉰ 0.25kg-BOD/kg-MLSS·d
㉱ 0.30kg-BOD/kg-MLSS·d

풀이 F/M비(/day) $= \frac{BOD(kg/m^3) \times Q(m^3/day)}{MLSS(kg/m^3) \times V(m^3)}$

$$= \frac{1}{MLSS(kg/m^3)} \times \frac{BOD(kg/m^3) \times Q(m^3/day)}{V(m^3)}$$

$$= \frac{1}{2kg/m^3} \times 0.5kg/m^3 \cdot day = 0.25/day$$

TIP
$$\frac{BOD(kg/m^3) \times Q(m^3/day)}{V(m^3)} = 0.5 kgBOD/m^3 \cdot day$$

39 A폐수는 유량 1,200m³/day, BOD₅ 800mg/L이고, B폐수는 유량 1,900m³/day, BOD₅는 120mg/L이다. 이를 완전히 혼합하여 활성 슬러지법으로 처리하고자 한다. BOD 용적부하가 0.6kg BOD₅/m³-day이라면 포기조의 용적은?

㉮ 1,980m³ ㉯ 2,608m³
㉰ 3,910m³ ㉱ 4,340m³

풀이 BOD 용적부하(kg/m³·day)

$$= \frac{BOD(kg/m^3) \times Q(m^3/day)}{V(m^3)}$$

① $0.6kg/m^3 \cdot day = \frac{0.8kg/m^3 \times 1,200m^3/day}{V_1(m^3)}$

$\therefore V_1 = 1,600m^3$

② $0.6kg/m^3 \cdot day = \frac{0.12kg/m^3 \times 1,900m^3/day}{V_2(m^3)}$

$\therefore V_2 = 380m^3$

∴ 포기조 용적
$= V_1 + V_2 = 1,600m^3 + 380m^3 = 1,980m^3$

정답 37 ㉯ 38 ㉰ 39 ㉮

40 360g의 초산(CH_3COOH)이 35℃로 운전되는 혐기성 소화조에서 완전히 분해될 때 발생되는 CH_4의 양은? (단, 1기압 기준, 소화조 온도를 기준으로 함)

㉮ 약 126 L ㉯ 약 134 L
㉰ 약 144 L ㉱ 약 152 L

풀이 ① $CH_3COOH \rightarrow CO_2 + CH_4$
60g : 22.4L
360g : X(CH_4)
∴ $X(CH_4) = \dfrac{360g \times 22.4L}{60g} = 134.4L$ (표준)

② $CH_4(L) = 134.4L$ (표준) $\times \dfrac{273+35℃(현재)}{273(표준)}$
$= 151.63L$

| 제3과목 | 수질오염공정시험기준

41 다음 중 직각 3각 웨어로 유량을 산정하는 식으로 옳은 것은? (단, Q : 유량(m^3/분), k : 유량계수, h : 웨어의 수두(m), b : 절단의 폭(m))

㉮ $Q = K \cdot h^{\frac{3}{2}}$ ㉯ $Q = K \cdot h^{\frac{5}{2}}$
㉰ $Q = K \cdot b \cdot h^{\frac{3}{2}}$ ㉱ $Q = K \cdot b \cdot h^{\frac{5}{2}}$

42 공장폐수 및 하수유량(관 내의 유량측정방법)을 측정하는 장치 중 공정수(process water)에 적용하지 않는 것은?

㉮ 유량측적용 노즐
㉯ 오리피스
㉰ 벤튜리미터
㉱ 자기식유량측정기

풀이 공장폐수나 하수의 관내 유량측정방법 중 공정수(process water)에 적용되는 장치는 유량측정용 노즐, 오리피스, 피토우관, 자기식유량측정기이다.

43 다음은 총대장균군–막여과법에 관한 내용이다. ( )안에 옳은 내용은?

> 물속에 존재하는 총대장균군을 측정하기 위해 페트리접시에 배지를 올려놓은 다음 배양 후 ( )계통의 집락을 계수하는 방법이다.

㉮ 금속성 광택을 띠는 적색이나 진한 적색
㉯ 금속성 광택을 띠는 청색이나 진한 청색
㉰ 여러 가지 색조를 띠는 적색
㉱ 여러 가지 색조를 띠는 청색

정답 40 ㉱ 41 ㉯ 42 ㉰ 43 ㉮

44 수질오염공정시험기준 상 시안 정량을 위해 적용 가능한 시험방법과 가장 거리가 먼 것은?

㉮ 자외선/가시선 분광법
㉯ 이온전극법
㉰ 이온크로마토그래피
㉱ 연속흐름법

풀이 시안 정량을 위해 적용 가능한 시험방법은 자외선/가시선 분광법, 이온전극법, 연속흐름법이다.

45 감응계수에 관한 내용으로 옳은 것은?

㉮ 감응계수는 검정곡선 작성용 표준용액의 농도(C)에 대한 반응값(R)으로 [감응계수 = (R/C)]로 구한다.
㉯ 감응계수는 검정곡선 작성용 표준용액의 농도(C)에 대한 반응값(R)으로 [감응계수 = (C/R)]로 구한다.
㉰ 감응계수는 검정곡선 작성용 표준용액의 농도(C)에 대한 반응값(R)으로 [감응계수 = (CR-1)]로 구한다.
㉱ 감응계수는 검정곡선 작성용 표준용액의 농도(C)에 대한 반응값(R)으로 [감응계수 = (CR+1)]로 구한다.

46 보존방법이 나머지와 다른 측정 항목은?

㉮ 부유물질   ㉯ 전기전도도
㉰ 아질산성질소 ㉱ 잔류염소

풀이
㉮ 부유물질 : 4℃ 보관
㉯ 전기전도도 : 4℃ 보관
㉰ 아질산성질소 : 4℃ 보관
㉱ 잔류염소 : 즉시 분석

47 다음은 비소를 자외선/가시선 분광법으로 측정하는 방법이다. ( )안에 옳은 내용은?

> 물속에 존재하는 비소를 측정하는 방법으로 3가 비소로 환원시킨 다음 아연을 넣어 발생되는 수소화비소를 다이에틸다이티오카바민산은의 피리딘 용액에 흡수시켜 생성된 ( )에서 흡광도를 측정한다.

㉮ 적색 착화합물을 460nm
㉯ 적자색 착화합물을 530nm
㉰ 청색 착화합물을 620nm
㉱ 황갈색 착화합물을 560nm

48 자외선/가시선 분광법(부루신법)으로 질산성 질소를 측정할 때 정량한계는?

㉮ 0.01mg   ㉯ 0.05mg
㉰ 0.1mg   ㉱ 0.5mg

49 총칙 중 용어의 정의로 옳지 않은 것은?

㉮ '감압'이라 함은 따로 규정이 없는 한 15mmHg 이하를 뜻한다.
㉯ '기밀용기'라 함은 취급 또는 저장하는 동안에 기체 또는 미생물이 침입하지 않도록 내용물을 보호하는 용기를 말한다.
㉰ '약'이라 함은 기재된 양에 대하여 ±10% 이상의 차가 있어서는 안된다.
㉱ 시험조작 중 '즉시'란 30초 이내에 표시된 조작을 하는 것을 말한다.

풀이 ㉯ '기밀용기'라 함은 취급 또는 저장하는 동안에 공기 또는 다른 가스가 침입하지 않도록 내용물을 보호하는 용기를 말한다.

정답 44 ㉰ 45 ㉮ 46 ㉱ 47 ㉯ 48 ㉰ 49 ㉯

50 시료채취량 기준에 관한 내용으로 옳은 것은?

㉮ 시험항목 및 시험횟수에 따라 차이가 있으나 보통 1~2L 정도이어야 한다.
㉯ 시험항목 및 시험횟수에 따라 차이가 있으나 보통 3~5L 정도이어야 한다.
㉰ 시험항목 및 시험횟수에 따라 차이가 있으나 보통 5~7L 정도이어야 한다.
㉱ 시험항목 및 시험횟수에 따라 차이가 있으나 보통 8~10L 정도이어야 한다.

51 자외선/가시선 분광법에 의한 철의 정량에 필요하지 않는 시약은?

㉮ 티오황산나트륨
㉯ 암모니아수
㉰ 아세트산암모늄
㉱ 염산히드록실아민

풀이 사용되는 시약으로는 아세트산암모늄용액, 염산하이드록실아민, O-페난트로린용액, 암모니아수, 염산 등이 있다.

52 수소이온농도를 기준전극과 비교전극으로 구성된 pH측정기로 측정할 때 간섭물질에 대한 설명으로 옳지 않은 것은?

㉮ pH 10 이상에서 나트륨에 의해 오차가 발생할 수 있는데 이는 "낮은 나트륨 오차 전극"을 사용하여 줄일 수 있다.
㉯ pH는 온도변화에 따라 영향을 받는다.
㉰ 기름층이나 작은 입자상이 전극을 피복하여 pH측정을 방해할 수 있다.
㉱ 유리전극은 산화 및 환원성 물질, 염도에 의해 간섭을 받는다.

풀이 ㉱ 유리전극은 산화 및 환원성 물질, 염도에 의해 간섭을 받지 않는다.

53 냄새 측정시 시료에 잔류염소가 존재하는 경우 조치 내용으로 옳은 것은?

㉮ 티오황산나트륨 용액을 첨가하여 잔류염소를 제거
㉯ 아세트산암모늄 용액을 첨가하여 잔류염소를 제거
㉰ 과망간산칼륨 용액을 첨가하여 잔류염소를 제거
㉱ 황산은 분말을 첨가하여 잔류염소를 제거

정답 50 ㉯ 51 ㉮ 52 ㉱ 53 ㉮

54 다음은 공장폐수 및 하수유량측정방법 중 최대유량이 1m³/min 미만인 경우에 용기사용에 관한 설명이다. ( )안에 옳은 내용은?

> 용기는 용량 100 ~ 200L인 것을 사용하여 유수를 채우는데에 요하는 시간을 스톱워치로 잰다. 용기에 물을 받아 넣는 시간을 ( )되도록 용량을 결정한다.

㉮ 10초 이상 ㉯ 20초 이상
㉰ 30초 이상 ㉱ 40초 이상

55 총칙 중 온도표시에 관한 설명으로 옳지 않은 것은?

㉮ 찬 곳은 따로 규정이 없는 한 0 ~ 15℃의 곳을 뜻한다.
㉯ 냉수는 15℃ 이하를 말한다.
㉰ 온수는 60 ~ 70℃를 말한다.
㉱ 시험은 따로 규정이 없는 한 실온에서 조작한다.

[풀이] ㉱ 시험은 따로 규정이 없는 한 상온에서 조작한다.

56 냄새항목을 측정하기 위한 시료의 최대 보존기간 기준은?

㉮ 2시간 ㉯ 4시간
㉰ 6시간 ㉱ 8시간

[풀이] 냄새항목을 측정하기 위한 시료의 최대보존기간 기준은 6시간이다.

57 현장에서 측정하여야 하는 수온의 측정 기준으로 옳은 것은?

㉮ 30분 이상 간격으로 2회 이상 측정한 후 산술평균
㉯ 30분간 이상 간격으로 4회 이상 측정한 후 산술평균
㉰ 1시간 이상 간격으로 2회 이상 측정한 후 산술평균
㉱ 1시간 이상 간격으로 4회 이상 측정한 후 산술평균

58 적외선/가시선 분광법에서 흡광도 값이 1이란 무엇을 의미하는가?

㉮ 입사광의 1%의 빛이 액층에 의해 흡수된다.
㉯ 입사광의 10%의 빛이 액층에 의해 흡수된다.
㉰ 입사광의 90%의 빛이 액층에 의해 흡수된다.
㉱ 입사광의 100%의 빛이 액층에 의해 흡수된다.

[풀이] 흡광도$(A) = \log \dfrac{1}{투과\%}$

$1 = \log \dfrac{1}{투과\%}$

∴ 투과% $= 10^{-A} = 10^{-1} = 0.1$

따라서 투과%는 10%이므로 흡수%는 90%가 된다.

정답 54 ㉯ 55 ㉱ 56 ㉰ 57 ㉮ 58 ㉰

59 유기물 함량이 비교적 높지 않고 금속의 수산화물, 산화물, 인산염 및 황화물을 함유하고 있는 시료에 적용되며 휘발성 또는 난용성 염화물을 생성하는 금속 물질의 분석에는 주의하여야 하는 시료의 전처리 방법(산분해법)으로 가장 적절한 것은?

㉮ 질산 - 염산법
㉯ 질산 - 황산법
㉰ 질산 - 과염소산법
㉱ 질산 - 불화수소산법

풀이 ㉮ 질산 - 염산법 : 유기물 함량이 비교적 높지 않고 금속의 수산화물, 산화물, 인산염 및 황화물을 함유하고 있는 시료
㉯ 질산 - 황산법 : 유기물 등을 많이 함유하고 있는 대부분의 시료
㉰ 질산 - 과염소산법 : 유기물을 다량 함유하고 있으면서 산분해가 어려운 시료
㉱ 질산 - 과염소산 - 불화수소산법 : 다량의 점토질 또는 규산염을 함유한 시료

60 수질오염공정시험기준상 불소화합물을 측정하기 위한 시험방법과 가장 거리가 먼 것은?

㉮ 원자흡수분광광도법
㉯ 이온크로마토그래피
㉰ 이온전극법
㉱ 자외선/가시선 분광법

풀이 불소화합물을 측정하기 위한 시험방법에는 자외선 가시선 분광법, 이온전극법, 이온크로마토그래피, 연속흐름법이 있다.

제4과목 | 수질환경관계법규

61 수질오염경보의 종류별 경보단계 및 그 단계별 발령해제기준 관련 사항으로 옳지 않은 것은?

㉮ 측정소별 측정항목과 측정항목별 경보기준 등 수질오염 감시경보에 관하여 필요한 사항은 환경부장관이 고시한다.
㉯ 용존산소, 전기전도도, 총유기탄소 항목이 경보기준을 초과하는 것은 그 기준 초과 상태가 30분 이상 지속되는 경우를 말한다.
㉰ 수소이온농도 항목이 경보기준을 초과하는 것은 4이하 또는 10 이상이 30분 이상 지속되는 경우를 말한다.
㉱ 생물감시장비 중 물벼룩감시장비가 경보기준을 초과하는 것은 양쪽 모든 시험조에서 30분 이상 지속되는 경우를 말한다.

풀이 ㉰ 수소이온농도 항목이 경보기준을 초과하는 것은 5이하 또는 11 이상이 30분 이상 지속되는 경우를 말한다.

62 수질오염방지시설 중 물리적 처리시설은?

㉮ 응집시설   ㉯ 흡착시설
㉰ 침전물개량시설 ㉱ 안정조

풀이 ㉮ 응집시설 : 물리적 처리시설
㉯ 흡착시설 : 화학적 처리시설
㉰ 침전물개량시설 : 화학적 처리시설
㉱ 안정조 : 생물화학적 처리시설

정답 59 ㉮ 60 ㉮ 61 ㉰ 62 ㉮

63 폐수처리업자는 폐수의 처리능력과 처리가능성을 고려하여 수탁하여야 한다. 이 준수사항을 지키지 아니한 폐수처리업자에 대한 벌칙 기준은?

㉮ 100만원 이하의 벌금
㉯ 200만원 이하의 벌금
㉰ 300만원 이하의 벌금
㉱ 500만원 이하의 벌금

64 국립환경과학원장, 유역환경청장, 지방환경청장이 설치·운영하는 측정망의 종류와 가장 거리가 먼 것은?

㉮ 기타오염원에서 배출되는 오염물질 측정망
㉯ 공공수역 유해물질 측정망
㉰ 퇴적물 측정망
㉱ 생물 측정망

[풀이] 국립환경과학원장, 유역환경청장, 지방환경청장이 설치·운영하는 측정망의 종류에는 ① 비점오염원에서 배출되는 비점오염물질 측정망 ② 수질오염물질의 총량관리를 위한 측정망 ③ 대규모 오염원의 하류지점 측정망 ④ 수질오염 경보를 위한 측정망 ⑤ 대권역·중권역을 관리하기 위한 측정망 ⑥ 공공수역 유해물질 측정망 ⑦ 퇴적물 측정망 ⑧ 생물 측정망이 있다.

65 오염총량초과 부과금의 징수유예, 분할납부 및 징수절차에 관한 내용으로 옳지 않은 것은? (단, 예외적 사항은 고려하지 않음)

㉮ 징수유예의 기간은 유예한 날의 다음날부터 1년 이내로 한다.
㉯ 징수유예기간 중의 분할납부 횟수는 6회 이내로 한다.
㉰ 사업에 뚜렷한 손실을 입어 사업이 중대한 위기에 처한 경우에 오염총량초과 부과금의 징수유예 또는 분할납부를 신청할 수 있다.
㉱ 오염총량초과 부과금의 부과징수, 환급, 징수유예 및 분할납부에 관하여 필요한 사항은 대통령령으로 정한다.

[풀이] ㉱ 오염총량초과 부과금의 부과징수, 환급, 징수유예 및 분할납부에 관하여 필요한 사항은 환경부령으로 정한다.

66 폐수처리업에 종사하는 기술요원 또는 환경기술인을 고용한 자는 환경부령이 정하는 바에 의하여 그 해당자에 대하여 환경부장관 또는 시도지사가 실시하는 교육을 받게 하여야 한다. 이 규정을 위반하여 환경기술인 등의 교육을 받게 하지 아니한 자에 대한 과태료 처분기준은?

㉮ 100만원 이하의 과태료
㉯ 200만원 이하의 과태료
㉰ 300만원 이하의 과태료
㉱ 500만원 이하의 과태료

정답 63 ㉱ 64 ㉮ 65 ㉱ 66 ㉮

67 시도지사가 희석하여야만 오염물질의 처리가 가능하다고 인정할 수 있는 경우와 가장 거리가 먼 것은?

㉮ 폐수의 염분 농도가 높아 원래의 상태로는 생물화학적 처리가 어려운 경우
㉯ 폐수의 유기물 농도가 높아 원래의 상태로는 생물화학적 처리가 어려운 경우
㉰ 폐수의 중금속 농도가 높아 원래의 상태로는 화학적 처리가 어려운 경우
㉱ 폭발의 위험 등이 있어 원래의 상태로는 화학적 처리가 어려운 경우

68 다음은 폐수무방류배출시설의 세부 설치기준에 관한 내용이다. ( )안에 옳은 것은?

> 특별대책지역에 설치되는 폐수무방류배출시설의 경우 1일 24시간 연속하여 가동되는 것이면 배출 폐수를 전량 처리할 수 있는 예비 방지시설을 설치하여야 하고 1일 최대 폐수발생량이 ( ) 이상이면 배출 폐수의 무방류여부를 실시간으로 확인할 수 있는 원격유량감시장치를 설치하여야 한다.

㉮ 100세제곱미터 ㉯ 200세제곱미터
㉰ 300세제곱미터 ㉱ 500세제곱미터

69 비점오염원의 변경신고 기준으로 옳은 것은?

㉮ 총 사업면적, 개발면적 또는 사업장 부지면적이 처음 신고면적의 100분의 15 이상 증가하는 경우
㉯ 총 사업면적, 개발면적 또는 사업장 부지면적이 처음 신고면적의 100분의 20 이상 증가하는 경우
㉰ 총 사업면적, 개발면적 또는 사업장 부지면적이 처음 신고면적의 100분의 30 이상 증가하는 경우
㉱ 총 사업면적, 개발면적 또는 사업장 부지면적이 처음 신고면적의 100분의 50 이상 증가하는 경우

70 환경부장관이 비점오염원관리지역을 지정, 고시한 때에 관계중앙행정기관의 장 및 시도지사와 협의하여 수립하여야 하는 비점오염원관리대책에 포함되어야 할 사항과 가장 거리가 먼 것은?

㉮ 관리대상 수질오염물질의 종류 및 발생량
㉯ 관리대상 수질오염물질의 관리지역 영향 평가
㉰ 관리대상 수질오염물질의 발생 예방 및 저감방안
㉱ 관리목표

[풀이] ㉯ 관리지역의 적정한 관리를 위하여 환경부령이 정하는 사항

정답 67 ㉰ 68 ㉯ 69 ㉮ 70 ㉯

71 수질 및 수생태계 정책심의위원회에 관한 설명으로 옳지 않은 것은?

㉮ 수질 및 수생태계와 관련된 측정, 조사에 관한 사항을 심의한다.
㉯ 위원회의 운영 등에 관하여 필요한 사항은 환경부령으로 정한다.
㉰ 위원회 위원장은 환경부장관으로 한다.
㉱ 위원회는 위원장과 부위원장 각 1인을 포함한 20인 이내의 위원으로 구성한다.

[풀이] ㉯ 위원회의 운영 등에 관하여 필요한 사항은 대통령령으로 정한다.

[참고] 법개정으로 삭제

72 사업장의 규모별 구분에 관한 설명으로 옳지 않은 것은?

㉮ 1일 폐수배출량이 400m³인 사업장은 제3종 사업장이다.
㉯ 1일 폐수배출량이 800m³인 사업장은 제2종 사업장이다.
㉰ 사업장의 규모별 구분은 1년 중 가장 많이 배출한 날을 기준으로 정한다.
㉱ 최초 배출시설 설치 허가시의 폐수배출량은 사업계획에 따른 예상 폐수배출량을 기준으로 한다.

[풀이] ㉱ 최초 배출시설 설치 허가시의 폐수배출량은 사업계획에 따른 예상용수사용량을 기준으로 한다.

73 환경부장관이 공공수역을 관리하는 자에게 물환경의 보전을 위해 필요한 조치를 권고하려는 경우 포함되어야 할 사항과 가장 거리가 먼 것은?

㉮ 물환경을 보전하기 위한 목표에 관한 사항
㉯ 물환경에 미치는 중대한 위해에 관한 사항
㉰ 물환경을 보전하기 위한 구체적인 방법
㉱ 물환경의 보전에 필요한 재원의 마련에 관한 사항

74 환경부장관이 비점오염원저감계획의 이행을 명령할 경우 비점오염원저감계획의 이행에 필요하다고 고려하여 정하는 기간 범위 기준은? (단, 시설설치, 개선의 경우는 제외함)

㉮ 1개월 ㉯ 2개월
㉰ 3개월 ㉱ 6개월

[풀이] 비점오염저감계획 이행(시설설치·개선의 경우는 제외)의 경우는 2개월이다.

정답 71 ㉯ 72 ㉱ 73 ㉯ 74 ㉯

75 오염총량관리기본방침에 포함되어야 할 사항과 가장 거리가 먼 것은?

㉮ 오염총량관리의 목표
㉯ 오염총량관리 대상지역
㉰ 오염총량관리의 대상 수질오염물질 종류
㉱ 오염원의 조사 및 오염부하량 산정방법

풀이 ㉮·㉰·㉱외에 오염총량관리기본계획의 주체, 내용, 방법 및 시한 그리고 오염총량관리기본계획의 내용 및 방법이 포함되어야 한다.

76 환경부장관이 물환경을 보전할 필요가 있는 호소라고 지정, 고시하고 정기적으로 물환경을 조사, 측정하여야 하는 호소 기준으로 옳지 않은 것은?

㉮ 1일 30만톤 이상의 원수를 취수하는 호소
㉯ 1일 50만톤 이상이 공공수역으로 배출되는 호소
㉰ 동식물의 서식지, 도래지이거나 생물다양성이 풍부하여 특별히 보전할 필요가 있다고 인정되는 호소
㉱ 수질오염이 심하여 특별한 관리가 필요하다고 인정되는 호소

77 사업장별 환경기술인의 자격기준에 관한 내용으로 옳지 않은 것은?

㉮ 제1종 또는 제2종 사업장 중 연간 실제 작업한 날만을 계산하여 1일 평균 17시간 이상 작업하는 경우 그 사업장은 환경기술인을 각각 2명 이상 두어야 한다.
㉯ 공동방지시설의 경우에만 폐수배출량이 제4종 또는 제5종사업장의 규모에 해당하면 제3종 사업장에 해당하는 환경기술인을 두어야 한다.
㉰ 방지시설 설치면제 대상인 사업장과 배출시설에서 배출되는 수질오염물질 등을 공동방지시설에서 처리하게 하는 사업장은 제4종사업장, 제5종사업장에 해당하는 환경기술인을 둘 수 있다.
㉱ 연간 90일 미만 조업하는 제1종부터 제3종까지의 사업장은 제4종사업장, 제5종사업장에 해당하는 환경기술인을 선임할 수 있다.

풀이 ㉮제1종 또는 제2종 사업장 중 1개월간 실제 작업한 날만을 계산하여 1일 평균 17 시간 이상 작업하는 경우 그 사업장은 환경기술인을 각각 2명 이상 두어야 한다.

참고 ㉮번은 법개정으로 삭제

78 일일기준초과배출량 및 일일유량 산정 방법에서 일일조업시간에 관한 내용으로 옳은 것은?

- 일일기준초과배출량 = 일일유량×배출허용기준초과농도×10^{-6}
- 일일유량 = 측정유량×일일조업시간

㉮ 측정하기 전 최근 조업한 30일간의 배출시설 조업시간의 평균치로서 시간(hr)으로 표시한다.
㉯ 측정하기 전 최근 조업한 30일간의 배출시설 조업시간 중 최대치로서 시간(hr)으로 표시한다.
㉰ 측정하기 전 최근 조업한 30일간의 배출시설 조업시간의 평균치로서 분(min)으로 표시한다.
㉱ 측정하기 전 최근 조업한 30일간의 배출시설 조업시간 중 최대치로서 분(min)으로 표시한다.

정답 75 ㉯ 76 ㉯ 77 ㉮ 78 ㉰

79 수질 및 수생태계 환경기준으로 하천에서 사람의 건강보호기준이 다른 수질오염물질은?

㉮ 납 ㉯ 수은
㉰ 비소 ㉱ 6가 크롬

[풀이]
㉮ 납 : 0.05mg/L 이하
㉯ 수은 : 검출되어서는 안됨
㉰ 비소 : 0.05mg/L 이하
㉱ 6가 크롬 : 0.05mg/L 이하

80 오염총량관리기본계획에 포함되어야 할 사항과 가장 거리가 먼 것은?

㉮ 해당 지역 개발계획의 내용
㉯ 해당 지역 목표기준 설정 및 평가방법
㉰ 관할 지역에서 배출되는 오염부하량의 총량 및 저감계획
㉱ 해당 지역 개발계획으로 인하여 추가로 배출되는 오염부하량 및 그 저감계획

[풀이] ㉯ 지방자치단체별·수계구간별 오염부하량의 할당

정답 79 ㉯ 80 ㉯

2012년 2회 수질환경산업기사

2012년 5월 20일 시행

| 제1과목 | 수질오염개론 |

01 어느 하천 주변에 돼지를 사육하려고 한다. 하천의 유량은 100,000m³/day이며 BOD는 1.5mg/L이다. 이 하천의 수질을 BOD 4.5mg/L로 보호하면서 돼지는 최대 몇 마리까지 사육할 수 있는가? (단, 돼지 한 마리 당 2kg BOD/day을 발생시키며 발생 폐수량은 무시함)

㉮ 50 마리 ㉯ 100 마리
㉰ 150 마리 ㉱ 200 마리

풀이 마리 = $\dfrac{(4.5-1.5) \times 10^{-3} \text{kg/m}^3 \times 100,000 \text{m}^3/\text{day}}{2 \text{kg/day} \cdot \text{마리}}$
= 150마리

02 소수성 콜로이드에 관한 설명으로 옳지 않은 것은?

㉮ Suspension 상태이다.
㉯ 염에 매우 민감하다.
㉰ 물과 반발하는 성질을 가지고 있다.
㉱ 틴달효과가 약하거나 거의 없다.

풀이 ㉱ 틴달효과가 크다.

03 pH = 6.0인 용액의 산도의 8배를 가진 용액의 pH는?

㉮ 5.1 ㉯ 5.3
㉰ 5.4 ㉱ 5.6

풀이 pH = -log[H⁺] = -log[8×10⁻⁶mol/L] = 5.10

TIP
산성물질에서 pH = -log[H⁺]
알칼리성 물질에서 pH = 14+log[OH⁻]

04 해수의 온도와 염분의 농도에 의한 밀도차에 의해 형성되는 해류는?

㉮ 조류 ㉯ 쓰나미
㉰ 상승류 ㉱ 심해류

풀이 ㉮ 조류 : 태양과 달의 영향에 의해 발생
㉯ 쓰나미 : 지진과 화산에 의해 발생
㉰ 상승류 : 바람과 해양 및 육지의 상호작용으로 발생
㉱ 심해류 : 해수의 온도와 염분에 의한 밀도차에 의해 발생

05 물의 특성으로 옳지 않은 것은?

㉮ 물의 표면장력은 온도가 상승할수록 감소한다.
㉯ 물은 4℃에서 밀도가 가장 크다.
㉰ 물의 여러 가지 특성은 물의 수소결합 때문에 나타난다.

정답 01 ㉰ 02 ㉱ 03 ㉮ 04 ㉱ 05 ㉱

㉣ 융해열과 기화열이 작아 생명체의 열적 안정을 유지할 수 있다.

[풀이] ㉣ 융해열과 기화열이 커 생명체의 열적안정을 유지할 수 있다.

06 다음은 카드뮴에 관한 설명이다. ( ) 안에 옳은 내용은?

> 카드뮴은 화학적으로 ( )와(과) 유사한 특징을 가진 금속으로 천연에 있어서 카드뮴은 ( )광석과 같이 존재하는 것이 일반적이다.

㉮ 아연 ㉯ 망간
㉰ 주석 ㉣ 마그네슘

07 어떤 공장에서 phenol 500kg이 매일 폐수에 섞여 배출된다. 1g의 phenol이 1.7g의 BOD_5에 해당된다고 할 때, 인구당량은? (단, 1인 1일당 BOD_5는 50g 기준)

㉮ 15,000명 ㉯ 16,000명
㉰ 17,000명 ㉣ 18,000명

[풀이] 인구당량(인)
$= \frac{1.7gBOD_5}{1g\ \text{페놀}} \times 500 \times 10^3 g\ \text{페놀} \times \frac{1\text{인} \cdot day}{50gBOD_5}$
$= 17,000$인

08 미생물 세포를 $C_5H_7O_2N$이라고 하면 세포 5kg당의 이론적인 공기소모량은? (단, 완전산화 기준이며 분해 최종산물은 CO_2, H_2O, NH_3, 공기 중 산소는 23%(W/W)로 가정한다.)

㉮ 약 27kg air ㉯ 약 31kg air
㉰ 약 42kg air ㉣ 약 48kg air

[풀이] ① $C_5H_7O_2N + 5O_2 \rightarrow 5CO_2 + 2H_2O + NH_3$
　113g　: 5×32g
　5kg　: X(산소량)
∴ X(산소량) $= \frac{5kg \times 5 \times 32g}{113g} = 7.08kg$

② 산소량을 공기량으로 전환한다.
공기량(kg) $= \frac{\text{산소량}(kg)}{0.23} = \frac{7.08kg}{0.23}$
$= 30.78kg$

09 해양으로 유출된 유류를 제어하는 방법과 가장 거리가 먼 것은?

㉮ 계면활성제를 살포하여 기름을 분산시키는 것
㉯ 인공 포기로 기름 입자를 증산시키는 것
㉰ 오일펜스를 띄워 기름의 확산을 차단하는 것
㉣ 미생물을 이용하여 기름을 생화학적으로 분해하는 것

10 수(水) 중의 DO 농도 증감의 요인인 산소 용해율에 관한 내용으로 옳지 않은 것은?

㉮ 압력이 높을수록 산소용해율이 높다.
㉯ 물의 흐름이 난류일 때 산소용해율이 높다.
㉰ 염(분)의 농도가 높을수록 산소용해율은 감소한다.
㉣ 수온이 낮을수록 산소용해율은 감소한다.

[풀이] ㉣ 수온이 낮을수록 산소용해율은 증가한다.

정답 06 ㉮　07 ㉰　08 ㉯　09 ㉯　10 ㉣

11 최종BOD(BOD_u)가 500mg/L이고, 소모 BOD_5가 400mg/L일 때 탈산소 계수(base = 상용대수)는?

㉮ 0.12/day ㉯ 0.14/day
㉰ 0.16/day ㉱ 0.18/day

풀이 $BOD_5 = BOD_u \times (1-10^{-k_1 \times t})$
400mg/L = 500mg/L $\times (1-10^{-k_1 \times 5day})$
$10^{-k_1 \times 5day} = 1 - \dfrac{400mg/L}{500mg/L}$
$-k_1 \times 5day = \log\left(1 - \dfrac{400mg/L}{500mg/L}\right)$
$\therefore k = \dfrac{\log\left(1 - \dfrac{400mg/L}{500mg/L}\right)}{-5day} = 0.14/day$

TIP
10^x를 제거하기 위해 맞은변에 log를 취한다.
e^x를 제거하기 위해 맞은변에 ln을 취한다.

12 BOD 400mg/L를 함유한 공장폐수 400m³/day를 처리하여 하천에 방류하고 있다. 유량이 20,000m³/day이고 BOD 2mg/L인 하천에 방류한 후 곧 완전 혼합된 때의 BOD농도가 3mg/L이라면 이 공장폐수의 BOD제거율은 몇 %인가? (단, 하천의 다른 오염물질 유입은 없다고 가정함)

㉮ 82.3 ㉯ 84.6
㉰ 86.8 ㉱ 89.6

풀이
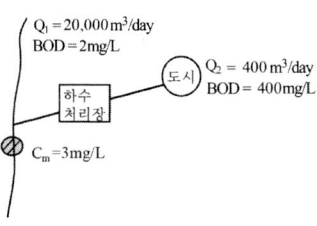

① 혼합공식을 이용해 $C_2(BOD_0)$를 계산한다.
$C_m = \dfrac{Q_1C_1 + Q_2C_2}{Q_1 + Q_2}$
$3mg/L = \dfrac{20,000m^3/day \times 2mg/L + 4000m^3/day \times C_2}{(20,000 + 400)m^3/day}$
= 11mg/L
$\therefore C_2(BOD_0) = 53mg/L$

② 제거효율(%) = $\left(1 - \dfrac{BOD_o}{BOD_i}\right) \times 100$
$= \left(1 - \dfrac{53mg/L}{400mg/L}\right) \times 100 = 86.75\%$

13 어떤 오염물질의 반응 초기 농도가 200mg/L에서 2시간 후에 40mg/L로 감소되었다. 이 반응이 1차 반응이라고 한다면 4시간 후 오염물질의 농도(mg/L)는?

㉮ 6 ㉯ 8
㉰ 10 ㉱ 12

풀이 1차 반응식 $\ln\dfrac{C_t}{C_o} = -k \times t$를 이용한다.

① $\ln\dfrac{40mg/L}{200mg/L} = -k \times 2hr$
$\therefore k = 0.8047/hr$

② $\ln\dfrac{C_t}{200mg/L} = -0.8047/hr \times 4hr$
$\therefore C_t = 200mg/L \times e^{(-0.8047/hr \times 4hr)} = 8.0mg/L$

정답 11 ㉯ 12 ㉰ 13 ㉯

14 페놀(C_6H_5OH) 100mg/L의 이론적인 COD(mg/L)는?

㉮ 약 240 ㉯ 약 280
㉰ 약 320 ㉱ 약 360

풀이 $C_6H_5OH + 7O_2 \rightarrow 6CO_2 + 3H_2O$
94g : 7× 32g
100mg/L : X(COD)

∴ X(COD) = $\dfrac{7 \times 32g \times 100mg/L}{94g}$ = 238.30mg/L

15 호소의 성층현상에 관한 설명으로 옳지 않은 것은?

㉮ 호소의 정체층이 수심에 따라 3개의 층, 즉 표층부, 변환부, 심층부로 분리되는 현상이 성층현상이다.
㉯ 겨울이 여름보다 수심에 따른 수온차가 더 커져 호소는 더욱 안정된 성층현상이 일어난다.
㉰ 수표면의 온도가 4℃인 이른 봄과 늦은 가을에 수직적으로 전도현상이 일어난다.
㉱ 계절의 변화에 따라 수온차에 의한 밀도차로 수층이 형성된다.

풀이 ㉯ 여름이 겨울보다 수심에 따른 수온차가 더 커져 호소는 더욱 안정된 성층현상이 일어난다.

16 유량이 1.2m³/s, BOD_5가 2.0mg/L, DO가 9.2mg/L인 하천에 유량 0.6m³/s, BOD_5가 30mg/L, DO가 3.0mg/L인 하수가 유입되고 있다. 하천의 평균유수단면적은 8.1m²이면 하류 48km 지점의 용존산소부족량은? (단, 수온은 20℃ [포화 DO 9.2mg/L], 혼합수의 k_1 = 0.1/day, k_2 = 0.2/day, 상용대수 기준)

㉮ 4.7mg/L ㉯ 5.2mg/L
㉰ 5.6mg/L ㉱ 6.1mg/L

풀이 ① 혼합수중의 $BOD_5 = \dfrac{Q_1C_1 + Q_2C_2}{Q_1 + Q_2}$

$= \dfrac{1.2m^3/sec \times 2.0mg/L + 0.6m^3/sec \times 30mg/L}{1.2m^3/sec + 0.6m^3/sec}$

= 11.33mg/L

② BOD_5 공식을 이용해 $BOD_u(= L_o)$를 계산한다.
$BOD_5 = BOD_u \times (1 - 10^{-k_1 \times t})$
11.33mg/L = $BOD_u \times (1 - 10^{(-0.1/day \times 5day)})$

∴ $BOD_u(= L_o) = \dfrac{11.33mg/L}{1 - 10^{(-0.1/day \times 5day)}}$

= 16.57mg/L

③ 혼합수중 용존산소 농도 = $\dfrac{Q_1C_1 + Q_2C_2}{Q_1 + Q_2}$

$= \dfrac{1.2m^3/sec \times 9.2mg/L + 0.6m^3/sec \times 3.0mg/L}{1.2m^3/sec + 0.6m^3/sec}$

= 7.13mg/L

④ D_o(초기산소 부족량)
= C_s(포화 DO농도) - C(혼합수중 DO농도)
= 9.2mg/L - 7.13mg/L = 2.07mg/L

⑤ 시간(t) = $\dfrac{거리(L)}{유속(V)}$

$V = \dfrac{Q}{A} = \dfrac{(1.2+0.6)m^3/sec}{8.1m^2}$ = 0.2222m/sec

$t = \dfrac{48 \times 10^3 m}{0.2222m/sec}$ = 216021.60sec = 60.0hr
= 2.5day

⑥ $D_t = \dfrac{k_1 \times L_o}{k_2 - k_1} \times (10^{-k_1 \times t} - 10^{-k_2 \times t}) + D_o \times 10^{-k_2 \times t}$

$= \dfrac{0.1/day \times 16.57mg/L}{0.2/day - 0.1/day} \times (10^{-0.1/day \times 2.5day}$
$- 10^{-0.2/day \times 2.5day}) + 2.07mg/L \times (10^{-0.2/day \times 2.5day})$

= 4.73mg/L

정답 14 ㉮ 15 ㉯ 16 ㉮

17 염기에 관한 내용으로 옳지 않은 것은?

㉮ 염기 수용액은 미끈미끈하다.
㉯ 전자쌍을 받는 화학종이다.
㉰ 양성자를 받는 분자나 이온이다.
㉱ 수용액에서 수산화이온을 내어놓는 것이다.

[풀이] ㉯ 전자쌍을 주는 화학종이다.

18 해수의 특성에 대한 내용 중 옳지 않은 것은?

㉮ 해수에서의 질소분포 형태는 $NO_2^- $-N, NO_3^--N 형태로 65% 정도 존재한다.
㉯ 해수의 pH는 8.2로 약알칼리성이다.
㉰ 일출시 생물의 탄소동화작용으로 해수 표면의 CO_2농도가 급증한다.
㉱ 해수의 밀도는 1.02 ~ 1.07g/cm³ 범위로서 수온, 염분, 수압의 함수이다.

[풀이] ㉰ 일출시 생물의 탄소동화작용으로 해수 표면의 CO_2농도가 감소한다.

19 다음이 설명하는 법칙은?

> 여러 물질이 혼합된 용액에서 어느 물질의 증기압(분압) P_i는 혼합액에서 그 물질의 몰 분율(X_i)에 순수한 상태에서 그 물질의 증기압(P_O)을 곱한 것과 같다.

㉮ Henry's law   ㉯ Dalton's law
㉰ Graham's law   ㉱ Raoult's law

20 25℃, AgCl의 물에 대한 용해도가 1.0×10^{-4}M 이라면 AgCl에 대한 K_{sp}(용해도적)는?

㉮ 1.0×10^{-6} ㉯ 2.0×10^{-6}
㉰ 1.0×10^{-8} ㉱ 2.0×10^{-8}

[풀이]
$AgCl \rightarrow Ag^+ + Cl^-$
  XM   XM   XM
용해도적$(K_{sp}) = [Ag^+][Cl^-] = X \times X = X^2$
$= (1.0 \times 10^{-4}M)^2$
$= 1.0 \times 10^{-8}$

제2과목 | 수질오염방지기술

21 활성슬러지 폭기조의 F/M비를 0.4kg BOD/kg MLSS·day로 유지하고자 한다. 운전조건이 다음과 같을 때 MLSS의 농도(mg/L)는? (단, 운전조건 : 폭기조 용량 100m³, 유량 1,000m³/day, 유입 BOD 100 mg/L)

㉮ 1,500   ㉯ 2,000
㉰ 2,500   ㉱ 3,000

[풀이]
$$F/M비(/day) = \frac{BOD \times Q}{MLSS \times V}$$

$$0.4/day = \frac{100mg/L \times 1,000m^3/day}{MLSS \times 100m^3}$$

$$\therefore MLSS = \frac{100mg/L \times 1,000m^3/day}{0.4/day \times 100m^3} = 2,500mg/L$$

정답 17 ㉯ 18 ㉰ 19 ㉱ 20 ㉰ 21 ㉰

22 생물학적 인 제거 공정에 관한 설명으로 옳지 않은 것은?

㉮ Acinetobacter는 인제거를 위한 중요한 미생물의 하나이다.
㉯ 5단계 Bardenpho 공정에서 인은 폐슬러지에 포함되어 제거된다.
㉰ Phostrip 공정은 인 성분을 Main-stream에서 제거하는 공정이다.
㉱ A²/O 공정은 질소와 인 성분을 함께 제거할 수 있다.

[풀이] ㉰ Phostrip 공정은 인 성분을 Side-stream에서 제거하는 공정이다.

23 상수 원수 내의 비소 처리에 관한 설명으로 옳지 않는 것은?

㉮ 응집처리에는 응집침전에 의한 제거방법과 응집여과에 의한 제거방법이 있다.
㉯ 이산화망간을 사용하는 흡착처리에서는 5가비소를 제거할 수 있다.
㉰ 흡착시의 pH는 활성알루미나에서는 3~4가 효과적인 범위이다.
㉱ 수산화세륨을 흡착제로 사용하는 경우는 3가 및 5가 비소를 흡착할 수 있다.

[풀이] ㉰ 흡착시의 pH는 활성알루미나에서는 4~6이 효과적인 범위이다.

24 BOD 200mg/L인 하수를 1차 및 2차 처리하여 최종 유출수의 BOD농도를 20 mg/L으로 하고자 한다. 1차 처리에서 BOD 제거율이 40%일 때 2차 처리에서의 BOD 제거율은?

㉮ 81.3%   ㉯ 83.3%
㉰ 86.3%   ㉱ 89.3%

[풀이] 200mg/L → 40% → η_2 → 20mg/L

① $\eta_T(\%) = \left(1 - \dfrac{BOD_o}{BOD_i}\right) \times 100$

$= \left(1 - \dfrac{20mg/L}{200mg/L}\right) \times 100 = 90\%$

② $\eta_T = 1 - (1-\eta_1) \times (1-\eta_2)$
따라서 $0.90 = 1 - (1-0.40) \times (1-\eta_2)$
∴ $\eta_2 = 83.33\%$

25 생물막법인 접촉산화법의 장단점으로 옳지 않는 것은?

㉮ 난분해성물질 및 유해물질에 대한 내성이 높다.
㉯ 슬러지 반송이 필요 없고 슬러지 발생량이 적다.
㉰ 미생물량과 영향인자를 정상상태로 유지하기 위한 조작이 용이하다.
㉱ 분해속도가 낮은 기질 제거에 효과적이다.

[풀이] ㉰ 미생물량과 영향인자를 정상상태로 유지하기 위한 조작이 용이하지 못하다.

정답 22 ㉰ 23 ㉰ 24 ㉯ 25 ㉰

26 폐수량 1000m³/일, BOD 2000mg/L에서 BOD 부하량을 400kg/day까지 감소시키려고 한다면 BOD 제거율은 얼마여야 하는가?

㉮ 75% ㉯ 80%
㉰ 85% ㉱ 90%

[풀이] BOD 제거율(%).
$= \left(1 - \dfrac{400\text{kg/day}}{2\text{kg/m}^3 \times 1000\text{m}^3/\text{day}}\right) \times 100 = 80\%$

27 포기조 내의 MLSS가 3,000mg/L, 포기조 용적이 2,000m³인 활성슬러지법에서 최종침전지에 유출되는 SS는 무시하고 매일 100m³의 폐슬러지를 뽑아서 소화조로 보내 처리한다. 폐슬러지의 농도가 1%라면 세포의 평균체류시간(SRT)은?

㉮ 120시간 ㉯ 144시간
㉰ 192시간 ㉱ 240시간

[풀이] ① 미생물 체류시간(SRT) $= \dfrac{\text{MLSS} \cdot V}{Q_w \cdot SS_w}$

$= \dfrac{3{,}000\text{mg/L} \times 2{,}000\text{m}^3}{100\text{m}^3/\text{day} \times 1.0 \times 10^4 \text{mg/L}} = 6\text{day}$

② 시간(hr) $= 6\text{day} \times \dfrac{24\text{hr}}{1\text{day}} = 144\text{hr}$

28 하수 소독을 위한 오존의 장단점으로 옳은 것은?

㉮ Virus의 불활성화 효과가 크다.
㉯ 전력비용이 적게 소요된다.
㉰ 효과에 지속성이 있다.
㉱ 탈취, 탈색효과가 적다.

[풀이] ㉯ 전력비용이 크게 소요된다.
㉰ 효과에 지속성이 없다.
㉱ 탈취, 탈색효과가 크다.

29 연속 회분식 반응조(SBR)의 운전단계(주입, 반응, 침전, 제거, 휴지)별 개요에 관한 설명으로 옳지 않은 것은?

㉮ 주입 : 주입과정에서 반응조의 수위는 75% 용량에서 100%까지 상승 된다.
㉯ 반응 : 주입단계에서 시작된 반응을 완결시키며 전형적으로 총 cycle시간의 35% 정도를 차지한다.
㉰ 침전 : 연속 흐름식 공정에 비하여 일반적으로 더 효율적이다.
㉱ 제거 : 침전슬러지를 반응조로부터 제거하는 것으로 총 cycle시간의 5~30% 정도이다.

정답 26 ㉯ 27 ㉯ 28 ㉮ 29 ㉱

30 역삼투법으로 하루에 300m³의 3차 처리 유출수를 탈염하기 위해 소요되는 막의 면적은?

[조건]
1. 물질전달계수 : 0.207L/(d-m²)(kPa)
2. 유입, 유출수의 사이의 압력차 : 2500(kPa)
3. 유입, 유출수의 삼투압차 : 410(kPa)

㉮ 324m² ㉯ 438m²
㉰ 541m² ㉱ 694m²

풀이 ① $Q_F = K \times (\triangle P - \triangle \pi)$

Q_F : 유출수량(L/day·m²)
K : 물질전달계수(L/day·m²·kPa)
$\triangle P$: 압력차(kPa)
$\triangle \pi$: 삼투압차(kPa)

따라서
$Q_F = 0.207(L/day \cdot m^2 \cdot kPa) \times (2500-410)kPa$
    $= 432.63 L/day \cdot m^2$

② 막의 면적(m²) = $\dfrac{Q(유량)}{Q_F(유출수량)}$

$= \dfrac{300 \times 10^3 L/day}{432.63 L/day \cdot m^2} = 693.43 m^2$

31 살수여상에서 연못화(Ponding)의 원인과 가장 거리가 먼 것은?

㉮ 기질(基質)부하율이 너무 낮다.
㉯ 생물막이 과도하게 탈리되었다.
㉰ 1차 침전지에서 고형물이 충분히 제거되지 않았다.
㉱ 여재가 너무 작거나 균일하지 않다.

풀이 ㉮ 기질(基質)부하율이 너무 높다.

32 잉여 슬러지량이 15m³/day이고, 폭기조 부피가 300m³[폭기조 MLSS농도(X)/반송슬러지농도(X_r)] = 0.3일 때, MCRT(평균미생물 체류시간)는? (단, 최종유출수의 SS농도 고려하지 않음)

㉮ 4day ㉯ 6day
㉰ 8day ㉱ 10day

풀이 평균 미생물 체류시간(MCRT) = $\dfrac{MLSS \times V}{Q_w \times SS_w}$

$= \dfrac{V}{Q_w} \times \dfrac{MLSS}{SS_w} = \dfrac{V}{Q_w} \times \left(\dfrac{X}{X_r}\right)$

$= \dfrac{300 m^3}{15 m^3/day} \times 0.3 = 6 day$

33 폐수의 성질이 BOD 1,000mg/L, SS 1,500mg/L, pH 3.5, 질소분 55mg/L, 인산분 12mg/L인 폐수가 있다. 이 폐수의 처리 순서로 타당한 것은?

㉮ Screening→중화→미생물처리→침전
㉯ Screening→침전→미생물처리→중화
㉰ 침전→Screening→미생물처리→중화
㉱ 미생물처리→Screening→중화→침전

정답 30 ㉱ 31 ㉮ 32 ㉯ 33 ㉮

34 어느 공장 폐수의 BOD가 67,000ppb 일 때 유출수량은 1,600m³/day이다. 이 시설의 1일 BOD 부하량(kg/day)은?

㉮ 107.2 kg/day ㉯ 207.3 kg/day
㉰ 314.2 kg/day ㉱ 456.2 kg/day

풀이
BOD 부하량(kg/day) = $\dfrac{0.067kg}{m^3} \times \dfrac{1,600m^3}{day}$
= 107.2kg/day

TIP
① ppb = μg/L
② μg/L $\xrightarrow{\times 10^{-6}}$ kg/m³
③ 67,000ppb = 0.067kg/m³

35 부상조의 최적 A/S비는 0.08, 처리할 폐수의 부유물질 농도는 375mg/L, 20℃에서 5.1atm으로 가압할 때 반송율(%)은? (단, f = 0.8, 공기용해도 a_s = 18.7 mL/L, 20℃ 기준, 순환 방식 기준)

㉮ 약 25 ㉯ 약 30
㉰ 약 35 ㉱ 약 40

풀이
① A/S비 = $\dfrac{1.3 \times Sa \times (f \cdot P - 1)}{SS} \times R$

0.08 = $\dfrac{1.3 \times 18.7mL/L \times (0.8 \times 5.1atm - 1)}{357mg/L} \times R$

∴ R = 0.40
② 반송율(%) = 반송비(R)×100
= 0.4×100 = 40%

36 고도수처리에 이용되는 분리방법 중 투석의 구동력으로 옳은 것은?

㉮ 정수압차(0.1 ~ 1Bar)
㉯ 정수압차(20 ~ 100Bar)
㉰ 전위차
㉱ 농도차

풀이 투석의 구동력은 농도차이다.

37 하수고도처리 방법 중 질소제거를 위한 막분리활성슬러지법(MBR 공법)의 장·단점 및 설계, 유지관리상 유의점으로 옳지 않는 것은?

㉮ 생물학적 공정에서 문제시 되고 있는 이차 침전지의 침강성과 관련된 문제가 없다.
㉯ 긴 SRT로 인하여 슬러지발생량이 적다.
㉰ SS제거를 위해 응집조를 두어 분리막을 보호하고 수명을 연장한다.
㉱ 완벽한 고액분리가 가능하며 높은 MLSS 유지가 가능하다.

38 회전생물막접촉기(RBC)에 관한 설명으로 옳지 않은 것은?

㉮ 슬러지 반송량 조절이 용이하다.
㉯ 활성슬러지법에 비해 슬러지 생산량이 적다.
㉰ 질소, 인 등의 영양염류의 제거가 가능하다.
㉱ 동력비가 적게 든다.

풀이 ㉮ 슬러지 반송량 조절이 용이하지 못하다.

정답 34 ㉮ 35 ㉱ 36 ㉱ 37 ㉰ 38 ㉮

39 슬러지의 함수율 90%, 슬러지의 고형물량 중 유기물 함량 70% 이다. 투입량은 100kL이며 소화로 유기물의 5/7가 제거된다. 소화된 후의 슬러지 양은? (단, 소화슬러지의 함수율은 85%, %는 부피기준이며, 고형물의 비중은 1.0으로 가정한다.)

㉮ 33.3m³ ㉯ 42.2m³
㉰ 45.6m³ ㉱ 51.4m³

풀이 소화슬러지량(m³)
= 슬러지 투입량(m³/day)×{1−(VS비×소화비)}
$\times \left(\dfrac{100-P_1}{100-P_2}\right)$
= $100m^3 \times \left\{1-\left(0.7\times\dfrac{5}{7}\right)\right\} \times \left(\dfrac{100-90}{100-85}\right) = 33.33m^3$

TIP
투입량 100kL = 100m³

40 직경이 0.5mm이고 비중이 2.65인 구형 입자가 20℃ 물에서 침강할 때 침강속도(m/sec)는? (단, 20℃에서 ρw = 998.2 kg/m³이며, μ = 1.002×10⁻³kg/m·sec, Stokes 법칙 적용)

㉮ 0.08 ㉯ 0.14
㉰ 0.22 ㉱ 0.32

풀이 $V_s = \dfrac{d^2(\rho_s-\rho_w)g}{18\mu}$

V_s : 침강속도(m/sec)
d : 직경(m)
ρ_s : 입자의 밀도(kg/m³)
ρ_w : 물의 밀도(kg/m³)
g : 중력가속도(9.8m/sec²)
μ : 점성도(kg/m·sec)

따라서
$V_s = \dfrac{(0.5\times10^{-3}m)^2\times(2650-998.2)kg/m^3\times9.8m/sec^2}{18\times1.002\times10^{-3}kg/m\cdot sec}$
= 0.22m/sec

TIP
① 비중 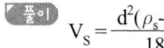 kg/m³
② 비중 2.65 $\xrightarrow{\times10^3}$ 2650kg/m³

| 제3과목 | 수질오염공정시험기준

41 시료를 채취할 때 유의하여야 할 사항으로 옳지 않는 것은?

㉮ 휘발성유기화합물 분석용 시료를 채취할 때에는 뚜껑의 격막을 만지지 않도록 주의 하여야 한다.
㉯ 지하수 시료채취 시 심부층의 경우 저속양수펌프 등을 이용하여 반드시 저속시료채취하여 시료 교란을 최소화하여야 한다.
㉰ 냄새 측정을 위한 시료채취시 냄새 없는 세제로 닦은 후 고무 또는 플라스틱 마개로 봉한다.
㉱ 퍼클로레이트를 측정하기 위한 시료채취 시 시료용기를 질산 및 정제수로 씻은 후 사용하며 시료 채취시 시료병의 2/3를 채운다.

풀이 ㉰ 냄새 측정을 위한 시료채취시 냄새 없는 세제로 닦은 후 정제수로 닦아 사용하고, 고무 또는 플라스틱 재질의 마개는 사용하지 않는다.

정답 39 ㉮ 40 ㉰ 41 ㉰

42 냄새 측정 시 냄새역치(TON)를 구하는 산출식으로 옳은 것은? (단, A : 시료부피(mL), B : 무취 정제수 부피(mL))

㉮ 냄새역치 = (A+B)/A
㉯ 냄새역치 = A/(A+B)
㉰ 냄새역치 = (A+B)/B
㉱ 냄새역치 = B/(A+B)

43 시료의 최대보전기간이 나머지와 다른 측정대상 항목은?

㉮ 총인(용존 총인)
㉯ 퍼클로레이트
㉰ 페놀류
㉱ 유기인

[풀이]
㉮ 총인(용존 총인) : 28일
㉯ 퍼클로레이트 : 28일
㉰ 페놀류 : 28일
㉱ 유기인 : 7일

44 총칙 중 온도표시에 관한 내용으로 옳지 않는 것은?

㉮ 냉수는 15℃ 이하를 말한다.
㉯ 찬 곳은 따로 규정이 없는 한 4~15℃의 곳을 뜻한다.
㉰ 시험은 따로 규정이 없는 한 상온에서 조작하고 조작 직후에 그 결과를 관찰한다.
㉱ 온수는 60~70℃를 말한다.

[풀이] ㉯ 찬 곳은 따로 규정이 없는 한 0~15℃의 곳을 뜻한다.

45 정량한계(LOQ)를 옳게 나타낸 것은?

㉮ 정량한계 = 2×표준편차
㉯ 정량한계 = 3.3×표준편차
㉰ 정량한계 = 5×표준편차
㉱ 정량한계 = 10×표준편차

46 자동시료채취기의 시료채취 기준으로 옳은 것은? (단, 배출허용기준 적합여부 판정을 위한 시료채취-복수시료채취방법 기준)

㉮ 2시간 이내에 30분 이상 간격으로 2회 이상 채취하여 일정량의 단일시료로 한다.
㉯ 4시간 이내에 30분 이상 간격으로 2회 이상 채취하여 일정량의 단일시료로 한다.
㉰ 6시간 이내에 30분 이상 간격으로 2회 이상 채취하여 일정량의 단일시료로 한다.
㉱ 8시간 이내에 30분 이상 간격으로 2회 이상 채취하여 일정량의 단일시료로 한다.

47 다음은 잔류염소-비색법 측정에 관한 내용이다. ( )안에 옳은 내용은?

> 시료의 pH를 ( )으로 약산성으로 조절한 후 발색하여 잔류염소 표준비색표와 비교 측정한다.

㉮ 인산염완충용액
㉯ 프탈산염완충용액
㉰ 붕산염완충용액
㉱ 수산화칼륨완충용액

정답 42 ㉮ 43 ㉱ 44 ㉯ 45 ㉱ 46 ㉰ 47 ㉮

48 다음은 페놀류를 자외선/가시선 분광법으로 측정하는 방법이다. ( )안에 옳은 내용은?

> 증류한 시료에 염화암모늄-암모니아 완충액을 넣어 pH 10 으로 조절한 다음 4-아미노안티피린과 ( )을 넣어 생성된 붉은색의 안티피린계 색소의 흡광도를 측정함

㉮ 몰리브덴산 암모늄
㉯ 아연분말
㉰ 헥사시안화철(Ⅱ)산칼륨
㉱ 과황산칼륨

49 총대장균군(환경기준 적용시료) 실험을 위한 시료의 보존 방법 기준은?

㉮ 4℃ 보관
㉯ 저온(10℃ 이하) 보관
㉰ 냉암소에 4℃ 보관
㉱ 황산구리 첨가 후 4℃ 냉암소 보관

[풀이] 총대장균군(환경기준 적용시료) 실험을 위한 시료의 보존 방법 기준은 저온(10℃ 이하) 보관이다.

50 공장폐수 및 하수유량(측정용 수로 및 기타 유량측정 방법) 측정을 위한 웨어의 최대유속과 최소유속의 비로 옳은 것은?

㉮ 100 : 1   ㉯ 200 : 1
㉰ 400 : 1   ㉱ 500 : 1

51 인산염인의 정량을 위해 적용 가능한 시험방법과 가장 거리가 먼 것은? (단, 수질오염공정시험기준 기준)

㉮ 자외선/가시선 분광법(이염화주석환원법)
㉯ 자외선/가시선 분광법(아스코빈산환원법)
㉰ 이온크로마토그래피
㉱ 이온전극법

52 색도 측정에 관한 설명 중 옳지 않는 것은?

㉮ 색도측정은 시각적으로 눈에 보이는 색상에 관계 없이 단순 색도차 또는 단일 색도차를 계산한다.
㉯ 백금-코발트 표준물질과 아주 다른 색상의 폐하수에는 적용 할 수 없다.
㉰ 근본적인 간섭은 적용 파장에서 콜로이드 물질 및 부유물질의 존재로 빛이 흡수 또는 분산되면서 일어난다.
㉱ 아담스 - 니컬슨(Adams-Nickerson) 색도공식을 근거로 한다.

[풀이] ㉯ 백금-코발트 표준물질과 아주 다른 색상의 폐하수에도 적용 할 수 있다.

정답 48 ㉰ 49 ㉯ 50 ㉱ 51 ㉱ 52 ㉯

53 개수로 측정 구간의 유수의 평균 단면적이 0.8m²이고, 표면 최대 유속이 2m/sec 일 때 유량은? (단, 수로의 구성, 재질, 수로 단면의 형상, 구배 등이 일정치 않은 개수로의 경우)

㉮ 53 m³/min ㉯ 72 m³/min
㉰ 84 m³/min ㉱ 90 m³/min

풀이 ① 유량(Q) = 단면적(A)×유속(v)
= 0.8m²×(2m/sec×0.75)
= 1.2m³/sec

② $Q(m^3/min) = \frac{1.2m^3}{sec} \times \frac{60sec}{min} = 72m^3/min$

54 다음은 시료의 전처리 방법 중 '회화에 의한 분해'에 관한 내용이다. ( )안에 옳은 것은?

> 목적성분이 (①)이상에서 (②)되지 않고 쉽게 (③) 될 수 있는 시료에 적용한다.

㉮ ① 400℃, ② 휘산, ③ 회화
㉯ ① 400℃, ② 회화, ③ 휘산
㉰ ① 500℃, ② 휘산, ③ 회화
㉱ ① 500℃, ② 회화, ③ 휘산

55 측정하고자 하는 금속물질이 바륨인 경우의 시험방법과 가장 거리가 먼 것은?
(단, 수질오염공정시험기준)

㉮ 자외선/가시선 분광법
㉯ 유도결합플라스마 원자발광분광법
㉰ 유도결합플라스마 질량분석법
㉱ 불꽃 원자흡수분광광도법

풀이 바륨의 적용 가능한 시험방법에는 원자흡수분광광도법, 유도결합플라스마-원자발광분광법, 유도결합플라스마-질량분석법이 있다.

56 클로로필a 측정시 클로로필 색소를 추출하는데 사용되는 용액은?

㉮ 아세톤(1+9) 용액
㉯ 아세톤(9+1) 용액
㉰ 에틸알콜(1+9) 용액
㉱ 에틸알콜(9+1) 용액

풀이 클로로필a 측정시 클로로필 색소를 추출하는데 사용되는 용액은 아세톤(9+1) 용액이다.

57 시안(CN⁻)을 이온전극법으로 측정할 때 정량한계는?

㉮ 0.01 mg/L ㉯ 0.05 mg/L
㉰ 0.10 mg/L ㉱ 0.50 mg/L

풀이 시안의 시험방법과 정량한계
① 자외선 가시선 분광법 : 0.01mg/L
② 이온전극법 : 0.10mg/L
③ 연속흐름법 : 0.01mg/L

정답 53 ㉯ 54 ㉮ 55 ㉮ 56 ㉯ 57 ㉰

58 폐수 중의 알킬수은을 기체크로마토그래피로 정량할 때 사용되는 검출기와 운반기체를 맞게 짝지어진 것은?

㉮ TCD, 헬륨   ㉯ FPD, 질소
㉰ ECD, 헬륨   ㉱ FTD, 질소

[풀이] 알킬수은을 기체크로마토그래피로 정량할 때 사용되는 검출기는 전자포획형검출기(ECD), 운반기체로는 99.999%이상의 질소 또는 헬륨을 사용한다.

59 그림과 같은 개수로(수로의 구성재질과 수로 단면의 형상이 일정하고 수로의 길이가 적어도 10m까지 똑바른 경우)가 있다. 수심 1m, 수로폭 2m, 수면경사 $\frac{1}{1,000}$ 인 수로의 평균 유속($C(Ri)^{0.5}$)을 케이지(Chezy)의 유속 공식으로 계산하였을 때 유량은? (단, Bazin의 유속계수 $C = \frac{87}{1+\frac{r}{\sqrt{R}}}$ 이며 $R = \frac{Bh}{B+2h}$ 이고 r = 0.46 이다.)

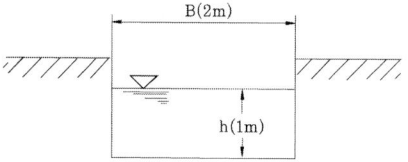

㉮ 102m³/min   ㉯ 122m³/min
㉰ 142m³/min   ㉱ 162m³/min

[풀이]
① $R(경심m) = \frac{A(면적)}{S(윤변의 길이)} = \frac{1m \times 2m}{2m + 2 \times 1m} = 0.5m$

② $C = \frac{87}{1+\frac{r}{\sqrt{R}}} = \frac{87}{1+\frac{0.46}{\sqrt{0.5m}}} = 52.71$

③ Chezy식에서 유속(v) = $C \times (R \times i)^{0.5}$
$= 52.71 \times (0.5m \times \frac{1}{1,000})^{0.5} = 1.1786$ m/sec

④ 유량(Q) = 단면적(A) × 유속(v)
$= (1m \times 2m) \times 1.1786$ m/sec $\times 60$ sec/min
$= 141.43$ m³/min

60 실험 일반 총칙 중 용어정의에 관한 내용으로 옳지 않은 것은?

㉮ 냄새가 없다 : 냄새가 없거나 또는 거의 없는 것을 표시하는 것
㉯ 정밀히 단다 : 규정된 수치의 무게를 0.1mg까지 다는 것
㉰ 정확히 취하여 : 규정한 양의 액체를 부피피펫으로 눈금까지 취하는 것
㉱ 진공 : 따로 규정이 없는 한 15mmHg 이하

[풀이] ㉯ 정밀히 단다 : 규정된 양의 시료를 취하여 화학저울 또는 미량저울로 칭량함을 말한다.

제4과목 | 수질환경관계법규

61 환경부장관은 비점오염원의 종합적인 관리를 위하여 비점오염원관리 종합대책을 관계중앙행정기관의 장 및 시도지사와 협의하여 대통령령으로 정하는 바에 따라 몇 년마다 수립하여야 하는가?

㉮ 1년   ㉯ 3년
㉰ 5년   ㉱ 10년

정답 58 ㉰ 59 ㉰ 60 ㉯ 61 ㉰

62 과징금 부과기준에 대한 내용으로 옳지 않은 것은?

㉮ 과징금의 납부기한은 과징금납부통지서의 발급일부터 30일로 한다.
㉯ 과징금은 영업정지일수에 1일당 부과금액과 폐수처리업의 종류별 부과계수를 곱하여 산정한다.
㉰ 영업정지 1일당 부과금액은 300만원으로 한다.
㉱ 폐수처리업의 종류별 부과계수는 폐수수탁처리업 2.0, 폐수재이용업 1.2로 한다.

풀이 | 폐수처리업의 종류별 부과계수는 폐수수탁처리업 2.0, 폐수재이용업 0.5로 한다.

63 환경기준 중 수질 및 수생태계(하천)의 생활환경기준으로 옳지 않은 것은? (단, 등급은 매우 좋음(Ia))

㉮ 수소이온농도(pH) : 6.3 ~ 7.5
㉯ T-P : 0.02mg/L 이하
㉰ SS : 25mg/L 이하
㉱ BOD : 1mg/L 이하

풀이 | ㉮ 수소이온농도(pH) : 6.5 ~ 8.5

64 환경기술인 등에 교육에 관한 내용으로 옳지 않은 것은?

㉮ 보수교육 : 최초 교육 후 3년 마다 실시하는 교육
㉯ 교육과정 : 환경기술인과정, 폐수처리 기술요원과정, 측정기기 관리대행 기술인력과정
㉰ 교육과정의 교육기간 : 3일 이내
㉱ 교육기관 : 환경기술인은 한국환경보전원, 폐수처리 기술요원은 국립환경인재개발원

풀이 | ㉰ 교육과정의 교육기간 : 4일 이내

65 환경부장관은 비점오염저감계획을 검토하거나 비점오염저감시설을 설치하지 아니하여도 되는 사업장을 인정하려는 때에는 그 적정성에 관하여 환경부령이 정하는 관계전문기관의 의견을 들을 수 있다. 다음이 말하는 환경부령이 정하는 관계전문기관으로 옳은 것은?

㉮ 국립환경과학원
㉯ 한국환경정책·평가연구원
㉰ 한국환경기술개발원
㉱ 한국건설기술연구원

66 유역환경청장은 대권역별 물환경관리계획을 위한 기본계획을 몇 년마다 수립하여야 하는가?

㉮ 3년   ㉯ 5년
㉰ 7년   ㉱ 10년

풀이 | 유역환경청장은 대권역별 물환경관리 계획을 10년마다 수립하여야 한다.

정답 | 62 ㉱   63 ㉮   64 ㉰   65 ㉯   66 ㉱

67 1일 폐수배출량이 800m³인 사업장의 환경기술인의 자격기준으로 옳은 것은?

㉮ 수질환경기사 1명 이상
㉯ 수질환경산업기사 1명 이상
㉰ 수질환경산업기사, 환경기능사 또는 2년 이상 수질분야 환경관련 업무에 직접 종사한자 1명 이상
㉱ 수질환경산업기사, 환경기능사 또는 3년 이상 수질분야 환경관련 업무에 직접 종사한자 1명 이상

풀이 1일 폐수배출량이 800m³인 경우는 2종 사업장이므로 환경기술인의 자격기준은 수질환경산업기사 1명 이상이다.

68 초과부과금의 산정기준인 수질오염물질 1킬로그램 당 부과금액이 가장 적은 것은?

㉮ 수은 및 그 화합물
㉯ 폴리염화비페닐
㉰ 트리클로로에틸렌
㉱ 카드뮴 및 그 화합물

풀이
㉮ 수은 및 그 화합물 : 1,250,000원
㉯ 폴리염화비페닐 : 1,250,000원
㉰ 트리클로로에틸렌 : 300,000원
㉱ 카드뮴 및 그 화합물 : 500,000원

69 수질오염경보 중 조류경보(조류경보단계)시 취수장, 정수장관리자의 조치사항으로 틀린 것은? (단, 상수원 구간 기준)

㉮ 조류증식 수심 이하로 취수구 이동
㉯ 취수구와 조류가 심한 지역에 대한 차단막 설치 등 조류 제거조치 실시
㉰ 정수처리 강화(활성탄처리, 오존처리)
㉱ 정수의 독소분석 실시

풀이 ㉯번은 수면관리자의 조치사항에 해당한다.

70 환경부장관은 비점오염저감계획의 이행 또는 시설의 설치, 개선을 명령할 경우에는 비점오염저감계획의 이행 또는 시설의 설치, 개선에 필요한 기간을 고려하여 정한다. 시설 설치의 경우의 필요기간 범위로 옳은 것은? (단, 연장기간은 고려하지 않음)

㉮ 6월　　㉯ 1년
㉰ 2년　　㉱ 3년

풀이 시설 설치의 경우의 필요기간은 1년이다.

71 공공폐수처리시설의 방류수 수질기준으로 옳지 않은 것은? (단, Ⅳ 지역, 적용기간 : 2012.1.1 ~ 2012.12.31 ( )는 농공단지 공공폐수처리시설의 방류수수질기준)

㉮ BOD : 20(30)mg/L 이하
㉯ COD : 30(40)mg/L 이하
㉰ SS : 20(30)mg/L 이하
㉱ T-N : 40(60)mg/L 이하

풀이 ㉯ COD : 40(40)mg/L 이하

정답 67 ㉯　68 ㉰　69 ㉯　70 ㉯　71 ㉯

72 물놀이 등의 행위제한 권고기준 중 대상 행위가 '어패류 등 섭취'인 경우 항목 및 기준으로 옳은 것은?

㉮ 어패류 체내 총 수은(Hg) : 0.1mg/kg 이상
㉯ 어패류 체내 총 수은(Hg) : 0.3mg/kg 이상
㉰ 어패류 체내 총 카드뮴(Cd) : 0.1mg/kg 이상
㉱ 어패류 체내 총 카드뮴(Cd) : 0.3mg/kg 이상

73 위임업무 보고사항 중 보고횟수 기준이 나머지와 다른 업무내용은?

㉮ 배출업소의 지도, 점검 및 행정처분 실적
㉯ 폐수처리업에 대한 등록, 지도단속실적 및 처리실적 현황
㉰ 배출부과금 부과 실적
㉱ 비점오염원의 설치신고 및 방지시설 설치 현황 및 행정처분 현황

[풀이] ㉮ 배출업소의 지도, 점검 및 행정처분 실적 : 연 4회
㉯ 폐수처리업에 대한 등록, 지도단속실적 및 처리실적 현황 : 연 2회
㉰ 배출부과금 부과 실적 : 연 4회
㉱ 비점오염원의 설치신고 및 방지시설 설치 현황 및 행정처분 현황 : 연 4회

74 비점오염원의 변경신고를 하여야 하는 경우에 대한 기준으로 옳은 것은?

㉮ 총 사업면적, 개발면적 또는 사업장 부지면적이 처음 신고면적의 100분의 15 이상 증가하는 경우
㉯ 총 사업면적, 개발면적 또는 사업장 부지면적이 처음 신고면적의 100분의 25 이상 증가하는 경우
㉰ 총 사업면적, 개발면적 또는 사업장 부지면적이 처음 신고면적의 100분의 30 이상 증가하는 경우
㉱ 총 사업면적, 개발면적 또는 사업장 부지면적이 처음 신고면적의 100분의 50 이상 증가하는 경우

75 다음은 폐수처리업자의 준수사항에 관한 내용이다. ( )안에 옳은 내용은?

기술인력을 그 해당 분야에 종사하도록 하여야 하며 폐수처리시설을 (①) 이상 가동할 경우에는 해당 처리시설의 현장근무 (②) 이상의 경력자를 작업현장에 책임 근무하도록 하여야 한다.

㉮ ① 8시간 ② 1년
㉯ ① 8시간 ② 2년
㉰ ① 16시간 ② 1년
㉱ ① 16시간 ② 2년

정답 72 ㉯ 73 ㉯ 74 ㉮ 75 ㉱

76 환경부령이 정하는 수로에 해당되지 않는 것은?

㉮ 상수관거 ㉯ 운하
㉰ 농업용 수로 ㉱ 지하수로

[풀이] 환경부령이 정하는 수로는 지하수로, 농업용 수로, 하수관거, 운하가 있다.

77 환경부장관은 가동시작신고를 한 폐수무방류배출시설에 대하여 10일 이내에 허가 또는 변경허가의 기준에 적합한지 여부를 조사하여야 한다. 이 규정에 의한 조사를 거부, 방해 또는 기피한 자에 대한 벌칙 기준은?

㉮ 500만원 이하의 벌금
㉯ 1년 이하의 징역 또는 1천만원 이하의 벌금
㉰ 2년 이하의 징역 또는 1천오백만원 이하의 벌금
㉱ 3년 이하의 징역 또는 2천만원 이하의 벌금

78 수질오염방지시설 중 화학적 처리시설이 아닌 것은?

㉮ 살균시설 ㉯ 응집시설
㉰ 흡착시설 ㉱ 침전물 개량시설

[풀이] ㉯ 응집시설은 물리적 처리시설에 해당한다.

79 기타수질오염원인 수산물양식시설 중 가두리 양식어장의 시설 설치 등의 조치 기준으로 옳지 않은 것은?

㉮ 사료를 준 후 2시간 지났을 때 침전되는 양이 10% 미만인 부상사료를 사용한다. 다만 10센티미터 미만의 치어 또는 종묘에 대한 사료는 제외한다.
㉯ 부상사료 유실 방지대를 수표면 상, 하로 각각 30센티미터 이상 높이로 설치하여야 한다. 다만, 사료유실의 우려가 없는 경우에는 그러하지 아니하다.
㉰ 어병의 예방이나 치료를 하기 위한 항생제를 지나치게 사용하여서는 아니 된다.
㉱ 분뇨를 수집할 수 있는 시설을 갖춘 변소를 설치하여야 하며 수집된 분뇨를 육상으로 운반하여 호소에 재유입되지 아니하도록 처리하여야 한다.

[풀이] ㉯ 부상사료 유실 방지대를 수표면 상, 하로 각각 10센티미터 이상 높이로 설치하여야 한다. 다만, 사료유실의 우려가 없는 경우에는 그러하지 아니하다.

80 사업자가 환경기술인을 바꾸어 임명하는 경우에 관한 기준으로 옳은 것은?

㉮ 그 사유가 발생한 날부터 30일 이내 신고한다.
㉯ 그 사유가 발생한 날부터 10일 이내 신고한다.
㉰ 그 사유가 발생한 날부터 5일 이내 신고한다.
㉱ 그 사유가 발생한 날, 즉시 신고한다.

정답 76 ㉮ 77 ㉯ 78 ㉯ 79 ㉯ 80 ㉰

2012년 9월 15일 시행

2012년 3회 수질환경산업기사

| 제1과목 | 수질오염개론

01 20℃ 5일 BOD가 50mg/L인 하수의 2일 BOD는? (단, 20℃, 탈산소계수 k = 0.23/day이고, 자연대수 기준)

㉮ 21mg/L ㉯ 24mg/L
㉰ 27mg/L ㉱ 29mg/L

풀이 ① $BOD_5 = BOD_u \times (1-e^{-k_1 \times t})$
$50mg/L = BOD_u \times (1-e^{-0.23/day \times 5day})$
$\therefore BOD_u = \dfrac{50mg/L}{(1-e^{-0.23/day \times 5day})} = 73.17mg/L$

② $BOD_2 = BOD_u \times (1-e^{-k_1 \times t})$
$= 73.17mg/L \times (1-e^{-0.23/day \times 2day})$
$= 26.98mg/L$

02 미생물에 관한 설명으로 옳지 않은 것은?

㉮ 진핵세포는 핵막이 있으나 원핵세포는 없다.
㉯ 세포소기관인 리보솜은 원핵세포에 존재하지 않는다.
㉰ 조류는 진핵미생물로 엽록체라는 세포소기관이 있다.
㉱ 진핵세포는 유사분열을 한다.

풀이 ㉯ 세포성분인 리보솜은 원핵세포에 존재한다.

03 산과 염기에 관한 내용으로 옳지 않은 것은?

㉮ 루이스(Lewis)는 전자쌍을 받는 화학종을 산이라 하였다.
㉯ 아레니우스(Arrhenius)는 수용액에서 양성자를 내어놓는 물질을 염기라고 하였다.
㉰ 염기는 그 수용액이 미끈 미끈하다.
㉱ 염기는 붉은 리트머스종이를 푸르게한다.

풀이 ㉯ 아레니우스(Arrhenius)는 수용액에서 양성자 [H+]를 내어 놓는 물질을 산이라고 하였다.

04 세균의 수가 mL당 1000마리가 검출된 물을 염소농도 0.5ppm으로 소독하여 80% 죽이는데 시간이 10분이 소요되었다. 최종 세균수를 10마리까지만 허용한다면 소독 시간이 몇 분 걸리겠는가? (단, 세균의 감소는 1차 반응식을 따른다.)

㉮ 약 23분 ㉯ 약 29분
㉰ 약 36분 ㉱ 약 38분

풀이 1차 반응식 : $\ln \dfrac{N_t}{N_o} = -k \times t$를 이용한다.

① $\ln \dfrac{20\%}{100\%} = -k \times 10min$

$\therefore k = \dfrac{\ln \dfrac{20\%}{100\%}}{-10min} = 0.1609/min$

정답 01 ㉰ 02 ㉯ 03 ㉯ 04 ㉯

② $\ln \dfrac{10마리}{1000마리} = -0.1609/min \times t$

∴ $t = \dfrac{\ln \dfrac{10마리}{1000마리}}{-0.1609/min} = 28.62 min$

05 어떤 폐수의 분석결과 COD가 450mg/L 이고, BOD_5가 300mg/L 였다면 NBDCOD 는? (단, 탈산소계수 k_1=0.2/day, base는 상용대수)

㉮ 약 76 mg/L ㉯ 약 84 mg/L
㉰ 약 117 mg/L ㉱ 약 136 mg/L

풀이 ① $BOD_5 = BOD_u \times (1-10^{-k_1 \times t})$
$300mg/L = BOD_u \times (1-10^{-0.2/day \times 5day})$
∴ $BOD_u = \dfrac{300mg/L}{(1-10^{-0.2/day \times 5day})} = 333.33 mg/L$

② $BOD_9 = BOD_u \times \{1-10^{-k_1 \times t}\}$
$= 266.09 mg/L \times \{1-10^{-0.14/day \times 9day}\}$
$= 251.47 mg/L$

② COD = BDCOD+NBDCOD
∴ NBDCOD = COD-BDCOD
$= 450mg/L - 333.33mg/L$
$= 116.67mg/L$

TIP
$BDCOD = BOD_u$

06 동점성계수의 단위로 적절한 것은?

㉮ cm^2/sec ㉯ $g/cm \cdot sec$
㉰ $g \cdot cm/sec^2$ ㉱ cm/sec^2

07 pH 2.8인 용액중의 [H^+]은 몇 mole/L인가?

㉮ 1.58×10^{-3} ㉯ 2.58×10^{-3}
㉰ 3.58×10^{-3} ㉱ 4.58×10^{-3}

풀이 $pH = -\log[H^+] \Rightarrow [H^+] = 10^{-pH} mol/L$
따라서 $[H^+] = 10^{-2.8} mol/L = 1.58 \times 10^{-3} mol/L$

08 Fungi가 심하게 번식하는 지대는? (단, Whipple의 4지대 기준)

㉮ 분해지대 ㉯ 활발한 분해지대
㉰ 회복지대 ㉱ 정수지대

풀이 Fungi가 심하게 번식하는 지대는 분해지대이다.

09 지하수의 특성을 지표수와 비교해서 설명한 것 중 옳지 않은 것은?

㉮ 경도가 높다.
㉯ 자정작용이 빠르다.
㉰ 탁도가 낮다.
㉱ 수온변동이 적다.

풀이 ㉯ 자정작용이 느리다.

정답 05 ㉰ 06 ㉮ 07 ㉮ 08 ㉮ 09 ㉯

10 25℃, 2기압의 압력에 있는 메탄가스 20kg의 부피는? (단, 이상 기체 상수(R) : 0.082 L·atm/mol·k)

㉮ $2.14×10^3$ L   ㉯ $2.34×10^3$ L
㉰ $1.24×10^4$ L   ㉱ $1.53×10^4$ L

풀이 기체상태 방정식

$PV = nRT \Rightarrow PV = \dfrac{W}{M}RT$를 이용한다.

$\begin{bmatrix} P : 압력(atm) \\ V : 부피(m^3) \\ n : 몰수 \\ W : 질량(g) \\ M : 분자량(g) \\ R : 기체상수(L·atm/mol·k) \\ T : 절대온도(K) \end{bmatrix}$

따라서 2atm×V(L)

$= \dfrac{20×10^3 g}{16g} ×(0.082 L·atm/mol·k)×(273+25)$

∴ $V = 1.53×10^4$ L

11 60,000 m³/d 상수를 살균하기 위하여 30kg/d의 염소가 주입되고 있는데 살균 접촉 후 잔류염소는 0.2mg/L이다. 염소 요구량(농도)은?

㉮ 0.3mg/L   ㉯ 0.4mg/L
㉰ 0.6mg/L   ㉱ 0.8mg/L

풀이 염소주입량 = 염소요구량 + 염소잔류량
따라서 염소요구량 = 염소주입량 - 염소잔류량

$= \left(\dfrac{30\text{kg/day}}{60,000\text{m}^3/\text{day}} ×10^3\right) \text{mg/L} - 0.2\text{mg/L}$

$= 0.3\text{mg/L}$

TIP
① 총량(kg/day) = 농도(kg/m³)×유량(m³/day)
② 농도(kg/m³) = $\dfrac{총량(kg/day)}{유량(m^3/day)}$
③ kg/m³ = g/L이므로 kg/m³×10³ = mg/L

12 다음의 콜로이드에 관한 설명 중 옳지 않은 것은?

㉮ 콜로이드 입자들은 대단히 작아서 질량에 비해 표면적이 아주 크다.
㉯ 콜로이드 입자의 질량은 아주 작아서 중력의 영향은 중요하지 않다.
㉰ 콜로이드 입자들은 모두 전하를 띠고 있다.
㉱ 콜로이드를 제거하기 위해서는 콜로이드의 안정성을 증가시켜야 한다.

풀이 ㉱ 콜로이드를 제거하기 위해서는 콜로이드의 안정성을 감소시켜야 한다.

13 해수의 온도와 염분의 농도에 의한 밀도 차에 의해 형성되는 해류는?

㉮ 조류(tidal current)
㉯ 쓰나미(tsunami)
㉰ 심해류(deep ocean current)
㉱ 상승류(upwelling)

풀이 ㉮ 조류(tidal current) : 태양과 달의 영향
㉯ 쓰나미(tsunami) : 지진이나 화산활동
㉰ 심해류(deep ocean current) : 해수의 온도와 염분에 의한 밀도차
㉱ 상승류(upwelling) : 바람과 해양 및 육지의 상호작용

정답 10 ㉱ 11 ㉮ 12 ㉱ 13 ㉰

14 하천의 유기물 분해상태를 조사하기 위해 20℃에서 BOD를 측정했을 때 $k_1 = 0.13/day$이었다. 실제 하천온도가 18℃일 때 정확한 탈산소 계수(k_1)는? (단, 온도보정계수는 1.047이며 상용대수 기준)

㉮ 0.113/day ㉯ 0.119/day
㉰ 0.123/day ㉱ 0.125/day

풀이 $k_{1(18℃)} = k_{1(20℃)} \times 1.047^{(18-20)}$
    $= 0.13/day \times 1.047^{(18-20)} = 0.119/day$

15 다음과 같은 용액을 만들었을 때 몰 농도가 가장 큰 것은? (단, Na = 23, S = 32, Cl = 35.5)

㉮ 3.5L 중 NaOH 150 g
㉯ 30 mL 중 H_2SO_4 5.2 g
㉰ 5L 중 NaCl 0.2 kg
㉱ 100 mL 중 HCl 5.5 g

풀이 M농도 = mol/L = $\frac{질량(g)}{부피(L)} \times \frac{1mol}{분자량(g)}$

㉮ NaOH = $\frac{150g}{3.5L} \times \frac{1mol}{40g} = 1.07M$

㉯ H_2SO_4 = $\frac{5.2g}{0.03L} \times \frac{1mol}{98g} = 1.77M$

㉰ NaCl = $\frac{0.2 \times 10^3 g}{5L} \times \frac{1mol}{58.5g} = 0.68M$

㉱ HCl = $\frac{5.5g}{0.1L} \times \frac{1mol}{36.5g} = 1.51M$

16 다음 중 적조 발생의 환경적 요인과 가장 거리가 먼 것은?

㉮ 바다의 수온구조가 안정화되어 물의 수직적 성층이 이루어질 때
㉯ 플랑크톤의 번식에 충분한 광량과 영양염류가 공급될 때
㉰ 태풍 등으로 급격하게 수역의 정체가 파괴되었을 때
㉱ 해저에 빈산소 수괴가 형성되어 포자의 발아 촉진이 일어나고 퇴적층으로부터 부영양화의 원인물질이 용출될 때

풀이 ㉰ 물의 이동이 적은 정체수역에서 잘 발생한다.

17 수질오염물질과 그로 인한 공해병과의 관계를 잘못 짝지은 것은?

㉮ Hg : 미나마타병
㉯ Cr : 이따이 이따이병
㉰ F : 반상치
㉱ PCB : 카네미유증

풀이 ㉯ Cd(카드뮴) : 이따이 이따이병

18 Bacteria 18 g의 이론적인 COD는? (단, Bacteria의 분자식은($C_5H_7O_2N$), 질소는 암모니아로 분해됨을 기준으로 함)

㉮ 약 25.5 g ㉯ 약 28.8 g
㉰ 약 32.3 g ㉱ 약 37.5 g

풀이 $C_5H_7O_2N + 5O_2 \rightarrow 5CO_2 + 2H_2O + NH_3$
113g : 5 × 32g
18g : X(COD)

∴ X(COD) = $\frac{5 \times 32g \times 18g}{113g} = 25.49g$

정답 14 ㉯ 15 ㉯ 16 ㉰ 17 ㉯ 18 ㉮

19 Ca^{2+}가 40mg/L, Mg^{2+}가 36mg/L이 포함된 물의 경도는? (단, Ca의 원자량 40, Mg의 원자량 24)

㉮ 150mg/L as $CaCO_3$
㉯ 200mg/L as $CaCO_3$
㉰ 250mg/L as $CaCO_3$
㉱ 300mg/L as $CaCO_3$

풀이

$$\frac{경도(mg/L)}{50g} = \frac{Ca^{2+}mg/L}{20g} + \frac{Mg^{2+}mg/L}{12g}$$

$$\frac{경도(mg/L)}{50g} = \frac{40mg/L}{20g} + \frac{36mg/L}{12g}$$

∴ 총경도 = 250mg/L as $CaCO_3$

20 500mL 물에 125mg의 염이 녹아 있을 때 이 수용액의 농도를 %로 나타낸 값은?

㉮ 0.125 %   ㉯ 0.250 %
㉰ 0.0125 % ㉱ 0.0250 %

풀이 수용액의 농도(%)

$$= \frac{용질}{용매} \times 100 = \frac{125mg}{500,000mg} \times 100 = 0.025\%$$

TIP
① 물의 비중이 1.0g/mL이므로
   500mL×1.0g/mL=500g이다.
② 염 125mg = 125×10^{-3}g = 0.125g

| 제2과목 | 수질오염방지기술

21 어느 폐수의 SS농도가 260mg/L이고, 유량이 1000m³/day이다. 폐수를 가압부상조로 처리할 때 A/S 비는? (단, 공기 용해도 = 16.8mL/L, 가압 탱크 내 압력 = 4기압, f = 0.5, 반송 없음)

㉮ 9.5×10^{-2} ㉯ 8.4×10^{-2}
㉰ 7.3×10^{-2} ㉱ 6.8×10^{-2}

풀이

$$A/S비 = \frac{1.3 \times S_a \times (f \cdot P - 1)}{SS} \times R$$

S_a : 공기의 용해도(mL/L)
P : 압력(atm)
SS : 부유고형물 농도(mg/L)

$$A/S비 = \frac{1.3 \times 16.8mL/L \times (0.5 \times 4atm - 1)}{260mg/L}$$

$= 0.084 = 8.40 \times 10^{-2}$

22 다음 흡착에 대한 설명 중 잘못된 것은?

㉮ 흡착은 보통 물리적 흡착과 화학적 흡착으로 분류한다.
㉯ 화학적 흡착은 주로 van der waals의 힘에 기인하며 비가역적이다.
㉰ 흡착제는 단위 질량당 표면적이 큰 활성탄, 제올라이트 등이 사용된다.
㉱ 활성탄은 코코넛 껍질, 석탄 등을 탄화시킨 후 뜨거운 공기나 증기로 활성화시켜 제조한다.

풀이 ㉯ 물리적 흡착은 주로 van der waals의 힘에 기인하며 가역적이다.

정답 19 ㉰   20 ㉱   21 ㉯   22 ㉯

23 유입수의 유량이 360L/인·일, BOD_5 농도가 200mg/L인 폐수를 처리하기 위해 완전혼합형 활성슬러지 처리장을 설계하려고 한다. pilot plant를 이용하여 처리능력을 실험한 결과, 1차 침전지에서 유입수 BOD_5의 25%가 제거되며 최종 유출수 BOD_5 = 10mg/L, MLSS = 3,000 mg/L, MLVSS는 MLSS의 75%이며 반응속도상수(K)가 0.93L/[gMLVSS]hr 이라면 일차반응일 경우 반응시간(hr)은? (단, 2차 침전지는 고려하지 않음)

㉮ 4.5hr　　㉯ 5.4hr
㉰ 6.7hr　　㉱ 7.9hr

풀이 $Q \cdot (C_o - C_t) = k \cdot V \cdot C_t \cdot MLVSS$

$t = \dfrac{V}{Q}$ 이므로

$(C_o - C_t) = \left(\dfrac{V}{Q}\right) \cdot k \cdot C_t \cdot MLVSS$

$\therefore t = \dfrac{(C_o - C_t)}{k \cdot C_t \cdot MLVSS}$

$= \dfrac{(150-10)mg/L}{0.93L/g \cdot hr \times 10mg/L \times 3g/L \times 0.75}$

$= 6.69hr$

TIP
① C_o = 200mg/L×(1-0.25) = 150mg/L
② C_t = 10mg/L

24 처리수의 BOD농도가 5mg/L인 폐수처리공정의 BOD 제거효율은 1차 처리 40%, 2차 처리 80%, 3차 처리 15% 이다. 이 폐수처리공정에 유입되는 유입수의 BOD 농도는?

㉮ 39 mg/L　　㉯ 49 mg/L
㉰ 59 mg/L　　㉱ 69 mg/L

풀이 ① 총합효율(η_T) = $1-(1-\eta_1)\times(1-\eta_2)\times(1-\eta_3)$
= $1-(1-0.4)\times(1-0.8)\times(1-0.15) = 0.898$
따라서 89.80%

② $\eta_T = \left(1 - \dfrac{유출수\,BOD}{유입수\,BOD}\right) \times 100$

$89.80\% = \left(1 - \dfrac{5mg/L}{유입수\,BOD}\right) \times 100$

∴ 유입수 BOD = 49.02mg/L

25 다음 중 응집침전에 사용되는 황산알루미늄 응집제에 대한 설명으로 틀린 것은?

㉮ 결정(結晶)은 부식성이 있어 취급에 유의하여야 한다.
㉯ 독성이 없어 대량 첨가가 가능하다.
㉰ 여러 폐수에 적용된다.
㉱ 생성된 플록이 가볍다.

풀이 ㉮ 결정(結晶)은 부식성이 없어 취급이 용이하다.

정답　23 ㉰　24 ㉯　25 ㉮

26 1,000mg/L의 SS를 함유하는 폐수가 있다. 90%의 SS제거를 위한 침강속도를 측정해 보니 10mm/min이었다. 폐수의 양이 14,400m³/day일 경우 SS 90% 제거를 위해 요구되는 침전지의 최소 수면적은?

㉮ 900 m² ㉯ 1,000 m²
㉰ 1,200 m² ㉱ 1,500 m²

[풀이] 침강속도(Vs) = 수면부하율(V_o)×효율(η)

수면부하율(m³/m²·day) = $\dfrac{\text{폐수량(m}^3\text{/day)}}{\text{수면적(m}^2\text{)}}$

① 침강속도(m/day)
= $\dfrac{10mm}{min} \times \dfrac{1m}{10^3 m} \times \dfrac{60min}{1hr} \times \dfrac{24hr}{1day}$
= 14.4m/day

② 14.4m/day = $\dfrac{14,400 m^3/day}{\text{수면적(m}^2\text{)}} \times 0.90$

∴ 수면적 = $\dfrac{14,400 m^3/day \times 0.90}{14.4 m/day} = 900 m^2$

27 고도수처리방법에 사용되는 각종 분리막에 관한 설명으로 틀린 것은?

㉮ 역삼투의 구동력은 농도차이다.
㉯ 한외여과의 구동력은 정수압차이다.
㉰ 전기투석의 구동력은 전위차이다.
㉱ 정밀여과의 막형태는 대칭형 다공성막이다.

[풀이] ㉮ 역삼투의 구동력은 정수압차이다.

28 포기조의 MLSS 3000mg/L, BOD-MLSS(부하) 0.2kg/kg·일의 조건에서 BOD 200mg/L의 하수 750m³/일을 처리하고자 한다. 포기조의 크기는?

㉮ 420 m³ ㉯ 350 m³
㉰ 250 m³ ㉱ 200 m³

[풀이] F/M비 = $\dfrac{BOD \times Q}{MLSS \times V}$

0.2day = $\dfrac{200mg/L \times 750m^3/day}{3000mg/L \times V}$

∴ V = $\dfrac{200mg/L \times 750m^3/day}{3000mg/L \times 0.2day} = 250m^3$

29 96%의 수분을 함유하는 Sludge 100m³을 탈수하여 수분 90%인 Sludge를 얻었다. 탈수된 Sludge의 부피는? (단, 비중(1.0)은 변하지 않는 것으로 한다.)

㉮ 40 m³ ㉯ 50 m³
㉰ 60 m³ ㉱ 70 m³

[풀이] $V_1 \times (100-P_1) = V_2 \times (100-P_2)$
$100m^3 \times (100-96) = V_2 \times (100-90)$
∴ $V_2 = \dfrac{100m^3 \times (100-96)}{(100-90)} = 40m^3$

정답 26 ㉯ 27 ㉮ 28 ㉰ 29 ㉮

30 BOD 1.0kg 제거에 필요한 산소량은 1.5kg이다. 공기 1m³에 포함된 산소량이 0.277kg이라 하면 활성슬러지에서 공기용해율이 6%(V/V%)일 때 BOD 1.0kg을 제거하는데 필요한 공기량은?

㉮ 60.2 m³ ㉯ 70.1 m³
㉰ 80.4 m³ ㉱ 90.3 m³

풀이 필요한 공기량(m³)
$= \dfrac{1.5\text{kg O}_2}{\text{BOD 1kg 제거}} \times \dfrac{1\text{m}^3 \text{ 공기}}{0.277\text{kg O}_2} \times \dfrac{100}{6\%} = 90.25\text{m}^3$

31 하수처리를 위한 일차침전지의 설계기준 중 잘못된 것은?

㉮ 유효수심은 2.5~4m를 표준으로 한다.
㉯ 침전시간은 계획1일 최대오수량에 대하여 표면부하율과 유효수심을 고려하여 정하며 일반적으로 2~4시간을 표준으로 한다.
㉰ 표면적부하율은 계획1일 최대오수량에 대하여 분류식의 경우는 25~35m³/m²·day, 합류식의 경우는 35~70m³/m²·day로 한다.
㉱ 침전지 수면의 여유고는 40~60cm 정도로 한다.

풀이 ㉰ 표면적부하율은 계획1일 최대오수량에 대하여 분류식의 경우는 35~70m³/m²·day, 합류식의 경우는 25~50m³/m²·day로 한다.

32 하수처리시 소독 방법인 자외선 소독의 장단점으로 틀린 것은? (단, 염소 소독과의 비교)

㉮ 요구되는 공간이 적고 안전성이 높다.
㉯ 소독이 성공적으로 되었는지 즉시 측정할 수 없다.
㉰ 잔류효과, 잔류독성이 없다.
㉱ 대장균살균을 위한 낮은 농도에서 virus, spores, cysts 등을 비활성화 시키는데 효과적이다.

풀이 ㉱ 높은 농도에서 virus, spores, cysts 등을 비활성화 시키는데 염소보다 효과적이다.

33 어떤 폐수를 중성으로 조절하는데 0.1% NaOH가 20mL 소요되었다. 이 경우 NaOH 대신 1% Ca(OH)₂를 사용하면 중성조절에 소요되는 1% Ca(OH)₂량은? (단, Ca(OH)₂의 분자량은 74, NaOH는 40 이다.)

㉮ 1.9mL ㉯ 3.6mL
㉰ 5.8mL ㉱ 7.5mL

풀이
N농도 = eq/L = $\dfrac{\text{질량(g)}}{\text{부피(L)}} \times \dfrac{1\text{eq}}{1\text{당량 g}}$

① NaOH의 eq/L
$= \dfrac{0.1 \times 10^4 \text{mg}}{\text{L}} \times \dfrac{1\text{g}}{10^3\text{mg}} \times \dfrac{1\text{eq}}{40\text{g}} = 0.025\text{N}$

② Ca(OH)₂의 eq/L
$= \dfrac{1 \times 10^4 \text{mg}}{\text{L}} \times \dfrac{1\text{g}}{10^3\text{mg}} \times \dfrac{1\text{eq}}{74\text{g}/2} = 0.27\text{N}$

③ $N_1V_1 = N_2V_2$
0.025N × 20mL = 0.27N × V_2
∴ V_2 = 1.85mL

정답 30 ㉱ 31 ㉰ 32 ㉱ 33 ㉮

34 5단계 Bardenpho공정 중 호기조의 역할에 관한 설명으로 가장 적절한 것은?

㉮ 인의 방출 ㉯ 인의 과잉 섭취
㉰ 슬러지 라이징 ㉱ 탈질산화

풀이 ㉮ 인의 방출 : 혐기성조
㉯ 인의 과잉 섭취 : 호기성조(포기조)
㉱ 탈질산화 : 무산소조

35 폭기조내의 MLSS가 4000mg/L, 폭기조 용적이 500m³인 활성슬러지법에서 매일 25m³의 폐슬러지를 뽑아 소화조로 보내 처리한다면 세포의 평균체류시간은? (단, 반송슬러지의 농도는 2%, 비중은 1.0, 유출수내 SS 농도 고려안함.)

㉮ 2일 ㉯ 3일
㉰ 4일 ㉱ 5일

풀이 세포의 평균체류시간(SRT) = $\dfrac{MLSS \cdot V}{Q_w \cdot SS_w}$

$= \dfrac{4000\text{mg/L} \times 500\text{m}^3}{25\text{m}^3/\text{day} \times 2 \times 10^4 \text{mg/L}} = 4\text{day}$

TIP
① $SS_w = SS_r = 2\%$
② $2\% \xrightarrow{\times 10^4} 2 \times 10^4 \text{mg/L}$

36 토양처리 급속침투 시스템을 설계하여 1차 처리 유출수 100L/sec를 160m³/m²·년의 속 도로 처리하고자 한다. 필요한 부지면적은? (단, 1일 24시간, 1년 365일로 환산한다.)

㉮ 약 2ha ㉯ 약 20ha
㉰ 약 4ha ㉱ 약 40ha

풀이 ① 160m³/m²·년

$= \dfrac{0.1\text{m}^3/\text{sec} \times 3600\text{sec}/1\text{hr} \times 24\text{hr/day} \times 365\text{day/년}}{A(\text{m}^2)}$

∴ A = 19.710m² = 0.01971km²

② 1km² = 100hr

∴ A = 0.01971km² × 100ha/1km² = 1.97ha

37 원추형 바닥을 가진 원형의 일차침전지의 직경이 40m, 측벽 깊이가 3m, 원추형 바닥의 깊이가 1m인 경우 하수 처리 유량은? (단, 침전지 체류시간 6시간)

㉮ 약 13,500m³/d ㉯ 약 15,200m³/d
㉰ 약 16,800m³/d ㉱ 약 19,300m³/d

풀이 ① $V = \left\{ \left(\dfrac{\pi D^2}{4} \times H_1\right) + \left(\dfrac{\pi D^2}{4} \times H_2 \times \dfrac{1}{3}\right) \right\}$

$= \left\{ \dfrac{\pi \times (40\text{m})^2}{4} \times 3\text{m} \right\} + \left\{ \dfrac{\pi \times (40\text{m})^2}{4} \times 1\text{m} \times \dfrac{1}{3} \right\}$

$= 4188.8\text{m}^3$

② $Q(\text{m}^3/\text{day}) = \dfrac{V(\text{m}^3)}{t(\text{day})} = \dfrac{4188.8\text{m}^3}{\left(\dfrac{6}{24}\right)\text{day}}$

$= 16,755.2\text{m}^3/\text{day}$

정답 34 ㉯ 35 ㉰ 36 ㉮ 37 ㉰

38 하수관거가 매설되어 있지 않은 지역에 위치한 500개의 단독주택에서 생성된 정화조 슬러지를 소규모 하수처리장에 운반하여 처리할 경우, 이로 인한 BOD 부하량(kg·BOD/수거일)은?

[조건]
- 정화조는 연 1회 수거
- 정화조 1개당 발생되는 슬러지 : 3.8m³
- 연중 250일 동안 일정량의 정화조 슬러지를 수거, 운반, 처리
- 정화조 슬러지의 BOD 농도 : 6,000mg/L

㉮ 33.6　　㉯ 45.6
㉰ 56.3　　㉱ 63.2

풀이 BOD 부하량(kg/day)
= 3.8m³/개·년×500개×1년/250일×6kg/m³
= 45.6kg/day

39 180g의 초산(CH_3COOH)이 35℃ 혐기성 소화조에서 분해할 때 발생되는 이론적인 CH_4의 양은 얼마인가?

㉮ 약 45L　　㉯ 약 68L
㉰ 약 76L　　㉱ 약 83L

풀이 ① $CH_3COOH \rightarrow CO_2 + CH_4$
60g : 22.4L
180g : X(CH_4)

∴ X(CH_4) = $\dfrac{180g \times 22.4L}{60g}$ = 67.2L(표준 상태)

② CH_4(35°) = 67.2L × $\dfrac{273+35}{273}$ = 75.82L

40 다음 중 보통 1차침전지에서 부유물질의 침전속도가 작게 되는 경우는? (단, Stokes 법칙 적용)

㉮ 부유물질 입자의 밀도가 클 경우
㉯ 부유물질 입자의 입경이 클 경우
㉰ 처리수의 밀도가 작을 경우
㉱ 처리수의 점성도가 클 경우

| 제3과목 | 수질오염공정시험기준

41 시험에 적용되는 온도 표시에 관한 내용으로 옳지 않은 것은?

㉮ 실온은 1~35℃
㉯ 찬 곳은 4℃ 이하
㉰ 온수는 60~70℃
㉱ 상온은 15~25℃

풀이 ㉯ 찬 곳은 0~15℃

42 4각 웨어의 수두 80cm, 절단의 폭 2.5m이면 유량은? (단, 유량계수는 1.6 이다.)

㉮ 약 2.9 m³/min　　㉯ 약 3.5 m³/min
㉰ 약 4.7 m³/min　　㉱ 약 5.3 m³/min

풀이 Q(m³/min) = k · b · h^(3/2) = 1.6×2.5m×(0.8m)^(3/2)
= 2.86m³/min

43 물벼룩을 이용한 급성 독성 시험법에서 적용되는 용어인 '치사'의 정의로 옳은 것은?

㉮ 치사(Mortality) : 일정 희석 비율로 준비된 시료에 물벼룩을 투입하여 12시간 경과 후 시험용기를 손으로 살짝 두드려 주고, 15 후 관찰했을 때 독성물질에 의해 영향을 받아 움직임이 명백하게 없는 상태를 '치사'라 판정한다.

㉯ 치사(Mortality) : 일정 희석 비율로 준비된 시료에 물벼룩을 투입하여 12시간 경과 후 시험용기를 손으로 살짝 두드려 주고, 30초 후 관찰했을 때 독성물질에 의해 영향을 받아 움직임이 명백하게 없는 상태를 '치사'라 판정한다.

㉰ 치사(Mortality) : 일정 희석 비율로 준비된 시료에 물벼룩을 투입하여 24시간 경과 후 시험용기를 손으로 살짝 두드려 주고, 15초 후 관찰했을 때 독성물질에 의해 영향을 받아 움직임이 명백하게 없는 상태를 '치사'라 판정한다.

㉱ 치사(Mortality) : 일정 희석 비율로 준비된 시료에 물벼룩을 투입하여 24시간 경과 후 시험용기를 손으로 살짝 두드려 주고, 30초 후 관찰했을 때 독성물질에 의해 영향을 받아 움직임이 명백하게 없는 상태를 '치사'라 판정한다.

44 다음은 자외선/가시선 분광법을 적용한 불소 측정 방법이다. ( )안에 옳은 내용은?

> 물속에 존재하는 불소를 측정하기 위해 시료에 넣은 란탄알리자린 콤프렉손의 착화합물이 불소이온과 반응하여 생성하는 ( )에서 측정하는 방법이다.

㉮ 적색의 복합 착화합물의 흡광도를 560nm

㉯ 청색의 복합 착화합물의 흡광도를 620nm

㉰ 황갈색의 복합 착화합물의 흡광도를 460nm

㉱ 적자색의 복합 착화합물의 흡광도를 520nm

45 노말헥산 추출물질 측정 개요에 관한 내용으로 옳지 않은 것은?

㉮ 통상 유분의 성분별 선택적 정량이 용이하다.

㉯ 최종 무게 측정을 방해할 가능성이 있는 입자가 존재하는 경우 0.45μm여과지로 여과한다.

㉰ 정량한계는 0.5mg/L 이다.

㉱ 시료를 pH 4 이하의 산성으로 하여 노말헥산층에 용해되는 물질을 노말헥산으로 추출하고 노말헥산을 증발시킨 잔류물의 무게를 구한다.

[풀이] ㉮ 통상 유분의 성분별 선택적 정량이 곤란하다.

정답 43 ㉰ 44 ㉯ 45 ㉮

46 개수로의 평균 단면적이 1.6m² 이고, 부표를 사용하여 10m 구간을 흐르는데 걸리는 시간을 측정한 결과 5초(sec)였을 때 이 수로의 유량은? (단, 수로의 구성, 재질, 수로단면의 형상, 기울기 등이 일정하지 않은 개수로의 경우 기준)

㉮ 144m³/min ㉯ 154 m³/min
㉰ 164m³/min ㉱ 174 m³/min

풀이 유량(m³/min)
= 평균 단면적(m²)×평균 유속(m/min)
= $1.6m^2 \times \frac{10m}{5sec} \times 60sec/min \times 0.75$ = 144m³/min

TIP
평균유속 = 최대유속×0.75

---

47 채취된 시료를 규정된 보존방법에 따라 조치했다면 최대 보존기간이 가장 짧은 측정항목은?

㉮ 6가 크롬
㉯ 노말헥산추출물질
㉰ 클로로필a
㉱ 색도

풀이 ㉮ 6가 크롬 : 24시간
㉯ 노말헥산추출물질 : 28일
㉰ 클로로필a : 7일
㉱ 색도 : 48시간

---

48 수소이온농도 측정을 위한 표준용액 중 거의 중성 pH값을 나타내는 것은?

㉮ 인산염 표준용액
㉯ 수산염 표준용액
㉰ 탄산염 표준용액
㉱ 프탈산염 표준용액

풀이 수소이온농도 측정을 위한 표준용액 중 거의 중성 pH값을 나타내는 것은 인산염 표준용액이다.

---

49 납에 적용 가능한 시험방법으로 옳지 않은 것은? (단, 수질오염공정시험기준 기준)

㉮ 유도결합플라스마 - 원자발광분광법
㉯ 원자형광법
㉰ 양극벗김전압전류법
㉱ 유도결합플라스마 - 질량분석법

풀이 납에 적용 가능한 시험방법에는 유도결합플라스마 - 원자발광분광법, 양극벗김전압전류법, 유도결합플라스마 - 질량분석법, 자외선 가시선 분광법, 원자흡수분광광도법이 있다.

---

50 시료채취시 유의사항으로 옳지 않은 것은?

㉮ 휘발성유기화합물 분석용 시료를 채취할 때에는 뚜껑의 격막을 만지지 않도록 주의 하여야 한다.
㉯ 환원성 물질 분석용 시료의 채취병을 뒤집어 공기방울이 확인되면 다시 채취하여야 한다.
㉰ 천부층 지하수의 시료채취시 고속양수펌프를 이용하여 신속히 시료를 채취하여 시료영향을 최소화한다.
㉱ 시료채취시에 시료채취시간, 보존제 사용여부, 매질 등 분석결과에 영향을 미칠 수 있는 사항을 기재하여 분석자가 참고할 수 있도록 한다.

풀이 ㉰ 심부층 지하수의 시료채취시 저속양수펌프를 이용하여 반드시 저속시료채취하여 시료 교란을 최소화한다.

정답 46 ㉮ 47 ㉮ 48 ㉮ 49 ㉯ 50 ㉰

51 측정항목에 따른 시료의 보존방법이 다른 것으로 짝지어진 것은?

㉮ 부유물질 - 색도
㉯ 생물화학적산소요구량 - 전기전도도
㉰ 아질산성 질소 - 음이온계면활성제
㉱ 유기인 - 인산염인

풀이 ㉮ 부유물질 - 색도 : 4℃ 보관
㉯ 생물화학적산소요구량 - 전기전도도 : 4℃ 보관
㉰ 아질산성 질소 - 음이온계면활성제 : 4℃ 보관
㉱ 유기인 : 4℃ 보관, HCl로 pH 5~9
   인산염인 : 즉시 여과후 4℃ 보관

52 물속의 냄새 측정시 잔류염소 냄새는 측정에서 제외한다. 잔류염소 제거를 위해 첨가하는 시액은?

㉮ 티오황산나트륨용액
㉯ 과망간산칼륨용액
㉰ 아스코르빈산암모늄용액
㉱ 질산암모늄용액

53 다음은 비소를 자외선/가시선 분광법을 적용하여 측정할때의 측정방법이다. ( )안에 옳은 내용은?

> 물속에 존재하는 비소를 측정하는 방법으로 비소를 (①)로 환원시킨 다음 아연을 넣어 발생되는 수소화비소를 다이에틸다이티오카바민산은의 피리딘용액에 흡수시켜 생성된 (②) 착화합물을 (③)에서 흡광도를 측정하는 방법이다.

㉮ ① 3가 비소 ② 청색 ③ 620nm
㉯ ① 3가 비소 ② 적자색 ③ 530nm
㉰ ① 6가 비소 ② 청색 ③ 620nm
㉱ ① 6가 비소 ② 적자색 ③ 530nm

54 "항량으로 될 때까지 건조한다"라는 용어의 정의로 옳은 것은?

㉮ 같은 조건에서 1시간 더 건조했을 때 전후 무게 차가 g당 0.1mg 이하일 때
㉯ 같은 조건에서 1시간 더 건조했을 때 전후 무게 차가 g당 0.3mg 이하일 때
㉰ 같은 조건에서 1시간 더 건조했을 때 전후 무게 차가 g당 0.5mg 이하일 때
㉱ 같은 조건에서 1시간 더 건조했을 때 전후 무게 차가 g당 1.0mg 이하일 때

55 다음은 부유물질을 측정 분석절차에 관한 내용이다. ( )안에 옳은 내용은?

> 유리섬유여과지를 여과장치에 부착하여 미리 정제수 20mL 씩으로 (A) 흡인 여과하여 씻은 다음 시계접시 또는 알루미늄 호일 접시 위에 놓고 105~110℃의 건조기 안에서 (B) 건조시켜 황산 데시케이터에 넣어 방치하고 냉각한 다음 함량하여 무게를 정밀히 달고 여과장치에 부착시킨다.

㉮ A : 2회, B : 1시간
㉯ A : 2회, B : 2시간
㉰ A : 3회, B : 1시간
㉱ A : 3회, B : 2시간

56 6가 크롬(Cr^{6+})의 측정방법과 가장 거리가 먼 것은? (단, 수질오염공정시험기준 기준)

㉮ 불꽃 원자흡수 분광광도법
㉯ 양극벗김전압전류법
㉰ 자외선/가시선 분광법
㉱ 유도결합플라스마 원자발광분광법

정답 51 ㉱ 52 ㉮ 53 ㉯ 54 ㉯ 55 ㉱ 56 ㉯

풀이 6가 크롬(Cr^{6+})의 측정방법에는 원자흡수 분광광도법, 자외선/가시선 분광법, 유도결합플라스마 - 원자발광분광법이 있다.

57 식물성 플랑크톤을 측정하기 위한 시료 채취시 정성채집에 이용하는 것은?

㉮ 반돈 채수기 ㉯ 플랑크톤 채수병
㉰ 플랑크톤 네트 ㉱ 플랑크톤 박스

58 시안분석을 위하여 채취한 시료 보존방법에 관한 내용 중 옳지 않은 것은?

㉮ 시안 분석용 시료에 잔류염소가 공존할 경우 시료 1L 당 아스코빈산 1g을 첨가한다.
㉯ 시안 분석용 시료에 산화제가 공존할 경우에는 시안을 파괴할 수 있으므로 채수 즉시 황산 암모늄철을 시료 1L 당 0.6g 첨가한다.
㉰ NaOH로 pH 12 이상으로 하여 4℃에서 보관한다.
㉱ 최대 보존 기간은 14일 정도이다.

풀이 ㉯ 시안 분석용 시료에 산화제가 공존할 경우에는 시안을 파괴할 수 있으므로 채수 즉시 이산화비소산나트륨을 시료 1L 당 0.6g 첨가한다.

59 시험에 적용되는 용어의 정의로 옳지 않는 것은?

㉮ 기밀용기 : 취급 또는 저장하는 동안에 밖으로부터의 공기 또는 다른 가스가 침입하지 아니하도록 내용물을 보호하는 용기
㉯ 정밀히 단다 : 규정된 양의 시료를 취하여 화학저울 또는 미량저울로 칭량함을 말한다.
㉰ 정확히 취하여 : 규정된 양의 액체를 부피피펫으로 눈금까지 취하는 것을 말한다.
㉱ 감압 : 따로 규정이 없는 한 15mmH$_2$O 이하를 뜻한다.

풀이 ㉱ 감압 : 따로 규정이 없는 한 15mmHg 이하를 뜻한다.

60 자외선/가시선 분광법으로 페놀류를 측정할 때 간섭물질인 시료 내 오일과 타르 성분의 제거방법으로 옳은 것은?

㉮ 수산화나트륨을 사용하여 시료의 pH 9~10으로 조절한 후 클로로포름으로 용매 추출하여 제거한다.
㉯ 수산화나트륨을 사용하여 시료의 pH 12~12.5로 조절한 후 클로로포름으로 용매 추출하여 제거한다.
㉰ 묽은 황산을 사용하여 시료의 pH 4 이하로 조절한 후 클로로포름으로 용매 추출하여 제거한다.
㉱ 묽은 황산을 사용하여 시료의 pH 2 이하로 조절한 후 클로로포름으로 용매 추출하여 제거한다.

정답 57 ㉰ 58 ㉯ 59 ㉱ 60 ㉯

| 제4과목 | 수질환경관계법규

61 대권역 물환경관리 계획에 포함되어야 하는 사항과 가장 거리가 먼 것은?

㉮ 오염원별 수질오염 저감시설 현황
㉯ 점오염원, 비점오염원 및 기타 수질오염원에 의한 수질오염물질 발생량
㉰ 상수원 및 물 이용현황
㉱ 수질오염 예방 및 저감대책

[풀이] ㉯·㉰·㉱외에 물환경의변화 추이 및 목표기준, 점오염원, 비점오염원 및 기타 수질오염원의 분포현황, 물환경 보전조치의 추진방향이 있다.

62 다음 중 방류수수질기준초과율별 부과계수가 틀린 것은?

㉮ 초과율이 30% 이상 40% 미만인 경우 부과계수는 1.6을 적용한다.
㉯ 초과율이 50% 이상 60% 미만인 경우 부과계수는 2.0을 적용한다.
㉰ 초과율이 70% 이상 80% 미만인 경우 부과계수는 2.4를 적용한다.
㉱ 초과율이 90% 이상 100% 미만인 경우 부과계수는 2.6을 적용한다.

[풀이] ㉱ 초과율이 90% 이상 100% 미만인 경우 부과계수는 2.8을 적용한다.

63 물환경보전법에 사용하고 있는 용어의 정의와 가장 거리가 먼 것은?

㉮ 점오염원 : 폐수배출시설, 하수발생시설, 축사 등으로서 일정한 장소에서 수질오염물질을 배출하는 배출원
㉯ 비점오염원 : 도시, 도로, 농지, 산지, 공사장 등으로서 불특정 장소에서 불특정하게 수질오염물질을 배출하는 배출원
㉰ 폐수무방류배출시설 : 폐수배출시설에서 발생하는 폐수를 당해 사업장 안에서 수질오염방지시설을 이용하여 처리하거나 동일 배출시설에 재이용하는 등 공공수역으로 배출하지 아니하는 폐수배출시설
㉱ 폐수 : 물에 액체성 또는 고체성의 수질오염물질이 혼입되어 그대로 사용할 수 없는 물

[풀이] ㉮ 점오염원 : 폐수배출시설, 하수발생시설, 축사 등으로서 관거 수로 등을 통하여 일정한 지점으로 수질오염물질을 배출하는 배출원

64 비점오염원의 변경신고사항과 가장 거리가 먼 것은?

㉮ 상호, 사업장 위치 및 장비(예비차량 포함)가 변경되는 경우
㉯ 비점오염원 또는 비점오염저감시설의 전부 또는 일부를 폐쇄하는 경우
㉰ 비점오염저감시설의 종류, 위치, 용량이 변경되는 경우
㉱ 총 사업면적, 개발면적 또는 사업장 부지면적이 처음 신고면적의 100분의 15 이상 증가하는 경우

[풀이] ㉮ 상호, 대표자, 사업명 또는 업종이 변경되는 경우

정답 61 ㉮ 62 ㉱ 63 ㉮ 64 ㉮

65 수질오염경보 중 조류경보의 단계가 관심단계일 때 수면관리자의 조치사항으로 옳은 것은? (단, 상수원구간 기준)

㉮ 정수처리 강화(활성탄처리, 오존처리)
㉯ 관심경보 발령
㉰ 환경기초시설 수질측정자료 모니터링 실시
㉱ 취수구와 조류가 심한 지역에 차단막 설치 등 조류제거 조치 실시

풀이 ㉮ 취수장, 정수장 관리자
㉯ 유역지방환경청장
㉰ 한국환경공단이사장

66 수질오염감시경보에 관한 내용으로 측정항목별 측정값이 관심단계 이하로 낮아진 경우의 수질오염감시경보단계는?

㉮ 경계 ㉯ 주의
㉰ 해제 ㉱ 관찰

67 낚시제한구역에서의 낚시방법의 제한사항에 관한 내용으로 틀린 것은?

㉮ 1명당 4대 이상의 낚시대를 사용하는 행위
㉯ 1개의 낚시대에 5개 이상의 낚시바늘을 사용하는 행위
㉰ 쓰레기를 버리거나 취사행위를 하거나 화장실이 아닌 곳에서 대, 소변을 보는 등 수질오염을 일으킬 우려가 있는 행위
㉱ 낚시바늘에 끼워서 사용하지 아니하고 물고기를 유인하기 위하여 떡밥, 어분 등을 던지는 행위

풀이 ㉯ 1개의 낚시대에 5개 이상의 낚시바늘을 떡밥과 뭉쳐서 미끼로 던지는 행위

68 오염총량관리 조사·연구반을 구성, 운영하는 곳은?

㉮ 국립환경과학원
㉯ 유역환경청
㉰ 한국환경공단
㉱ 시도보건환경연구원

69 수질오염경보의 종류별 경보단계 및 그 단계별 발령, 해제기준에 관한 내용 중 조류경보의 해제기준으로 옳은 것은? (단, 상수원구간 기준)

㉮ 2회 연속 채취시 남조류의 세포수가 100세포/mL 미만인 경우
㉯ 2회 연속 채취시 남조류의 세포수가 200세포/mL 미만인 경우
㉰ 2회 연속 채취시 남조류의 세포수가 500세포/mL 미만인 경우
㉱ 2회 연속 채취시 남조류의 세포수가 1,000세포/mL 미만인 경우

풀이 조류경보의 해제기준은 ㉱ 2회 연속 채취시 남조류의 세포수가 1,000세포/mL 미만인 경우이다.

70 종말처리시설에 유입된 수질오염물질을 최종 방류구를 거치지 아니하고 배출하거나 최종 방류구를 거치지 아니하고 배출할 수 있는 시설을 설치하는 행위를 한 자에 대한 벌칙기준은?

㉮ 3년 이하의 징역 또는 1천5백만원 이하의 벌금
㉯ 3년 이하의 징역 또는 2천만원 이하의 벌금
㉰ 5년 이하의 징역 또는 3천만원 이하의

정답 65 ㉱ 66 ㉰ 67 ㉯ 68 ㉮ 69 ㉱

㉰ 초과오염배출량
㉱ 연도별 부과금 단가
㉲ 오염부하량 단가

71 오염총량관리기본계획 수립시 포함되어야 하는 사항이 아닌 것은?

㉮ 해당 지역 개발 현황
㉯ 지방자치단체별, 수계구간별 오염부하량의 할당
㉰ 관할 지역에서 배출되는 오염부하량의 총량 및 저감계획
㉱ 해당 지역 개발계획으로 인하여 추가로 배출되는 오염부하량 및 그 저감계획

[풀이] ㉮ 당해 지역 개발계획의 내용

74 1일 폐수배출량이 2,000m³ 이상인 폐수배출시설의 지역별, 항목별 배출허용기준으로 틀린 것은?

구분	BOD (mg/L)	TOC (mg/L)	SS (mg/L)
㉮ 청정지역	20 이하	30 이하	20 이하
㉯ 가 지역	60 이하	40 이하	60 이하
㉰ 나 지역	80 이하	50 이하	80 이하
㉱ 특례지역	30 이하	25 이하	30 이하

[풀이] ㉮

	BOD(mg/L)	TOC(mg/L)	SS(mg/L)
청정지역	30 이하	25 이하	30 이하

72 수질 및 수생태계 환경기준 중 하천에서 사람의 건강보호기준으로 틀린 것은?

㉮ 카드뮴 : 0.05mg/L 이하
㉯ 비소 : 0.05mg/L 이하
㉰ 납 : 0.05mg/L 이하
㉱ 6가 크롬 : 0.05mg/L 이하

[풀이] ㉮ 카드뮴 : 0.005mg/L 이하

75 다음의 수질오염방지시설 중 화학적 처리시설인 것은?

㉮ 혼합시설   ㉯ 폭기시설
㉰ 응집시설   ㉱ 살균시설

[풀이] ㉮ 혼합시설 : 물리적 처리시설
㉯ 폭기시설 : 생물화학적 처리시설
㉰ 응집시설 : 물리적 처리시설
㉱ 살균시설 : 화학적 처리시설

73 다음은 오염총량초과부과금의 산정방법이다. ( )안에 옳은 내용은?

> 오염총량초과부과금 = ( ) × 초과율별 부과계수 × 지역별 부과계수 × 위반횟수별 부과계수 - 감액 대상 배출부과금 및 과징금

㉮ 초과배출이익

정답 70 ㉰ 71 ㉮ 72 ㉮ 73 ㉮ 74 ㉮

76 사업자 및 배출시설과 방지시설에 종사하는 자는 배출시설과 방지시설의 정상적인 운영, 관리를 위한 환경기술인의 업무를 방해하여서는 아니 되며, 그로부터 업무수행에 필요한 요청을 받은 때에는 정당한 사유가 없는 한 이에 응하여야 한다. 이를 위반하여 환경기술인의 업무를 방해하거나 환경기술인의 요청을 정당한 사유없이 거부한 자에 대한 벌칙 기준은?

㉮ 100만원 이하의 벌금에 처한다.
㉯ 200만원 이하의 벌금에 처한다.
㉰ 300만원 이하의 벌금에 처한다.
㉱ 500만원 이하의 벌금에 처한다.

77 비점오염저감시설 중 자연형 시설이 아닌 것은?

㉮ 식생형시설   ㉯ 인공습지
㉰ 여과형시설   ㉱ 저류시설

[풀이] ㉰ 침투시설

78 수질 및 수생태계 정책심의 위원회 위원(위원장, 부위원장 포함)으로 가장 거리가 먼 것은?

㉮ 환경부장관
㉯ 국토해양부장관
㉰ 환경부장관이 위촉하는 수질 및 수생태계 관련 전문가 3인
㉱ 산림청장

[풀이] ㉯ 국토해양부차관
[참고] 법개정으로 삭제됨

79 다음은 폐수처리업의 등록기준 중 폐수재이용업의 운반장비에 관한 기준이다. ( )안에 옳은 내용은?

> 폐수운반차량은 청색(색번호 10B5-12 (1016))으로 도색하고 양쪽 옆면과 뒷면에 가로 50센티미터, 세로 20센티미터 이상 크기의 ( )로 폐수운반 차량, 회사명, 등록번호, 전화번호 및 용량을 지워지지 아니하도록 표시하여야 한다.

㉮ 노란색 바탕에 청색 글씨
㉯ 노란색 바탕에 검은색 글씨
㉰ 흰색 바탕에 청색 글씨
㉱ 흰색 바탕에 검은색 글씨

80 위반횟수별 부과계수에 관한 내용 중 맞는 것은? (단, 초과배출부과금 산정 기준)

㉮ 2종 사업장 : 처음 위반의 경우 1.6
㉯ 3종 사업장 : 처음 위반의 경우 1.4
㉰ 4종 사업장 : 처음 위반의 경우 1.3
㉱ 5종 사업장 : 처음 위반의 경우 1.1

[풀이] ㉮ 2종 사업장 : 처음 위반의 경우 1.4
㉯ 3종 사업장 : 처음 위반의 경우 1.3
㉰ 4종 사업장 : 처음 위반의 경우 1.2

정답 80 ㉱

2013년 1회 수질환경산업기사

2013년 3월 10일 시행

| 제1과목 | 수질오염개론

01 다음의 용어에 대한 설명 중 틀린 것은?

㉮ 독립영양계 미생물이란 CO_2를 탄소원으로 이용하는 미생물이다.
㉯ 종속영양계 미생물이란 유기탄소를 탄소원으로 이용하는 미생물을 말한다.
㉰ 화학합성독립영양계 미생물은 유기물의 산화환원 반응을 에너지원으로 한다.
㉱ 광합성독립영양계 미생물은 빛을 에너지원으로 한다.

풀이 ㉰ 화학합성독립영양계 미생물은 무기물의 산화환원 반응을 에너지원으로 한다.

TIP

에너지원과 탄소원에 의한 미생물의 분류

분류	에너지원	탄소원
광합성 자가(독립) 영양 미생물	빛	CO_2
화학합성 자가(독립) 영양 미생물	무기물의 산화·환원 반응	CO_2
광합성 타가(종속) 영양 미생물	빛	유기탄소
화학합성 타가(종속) 영양 미생물	유기물의 산화·환원 반응	유기탄소

02 [기체가 관련된 화학반응에서는 반응하는 기체와 생성하는 기체의 부피 사이에 정수관계가 성립한다]라는 내용의 기체 법칙은?

㉮ Graham의 결합 부피 법칙
㉯ Gay-Lussac의 결합 부피 법칙
㉰ Dalton의 결합 부피 법칙
㉱ Henry의 결합 부피 법칙

풀이 ㉯ Gay-Lussac의 결합 부피 법칙에 대한 설명이다.

03 다음에 나타낸 오수 미생물 중에서 유황화합물을 산화하여 균체 내 또는 균체 외에 유황입자를 축적하는 것은?

㉮ Zoogloea ㉯ Sphaerotilus
㉰ Beggiatoa ㉱ Crenothrix

풀이 유황산화 박테리아를 찾는 문제이다.

TIP

유황산화 박테리아
Begiatoa(베기아토아)
Thiobacillus(티오바실러스)
Thiooxidans(티오옥시던스)
Thiotrix(티오트릭스)

정답 01 ㉰ 02 ㉯ 03 ㉰

04 증류수 500mL에 NaOH 0.01g을 녹이면 pH는? (단, NaOH의 분자량은 40이고 완전해리한다.)

㉮ 10.4   ㉯ 10.7
㉰ 11.0   ㉱ 11.3

풀이 NaOH → Na$^+$ + OH$^-$
　　　　XM　　XM　　XM

NaOH의 mol/L = $\dfrac{0.01g}{0.5L} \times \dfrac{1mol}{40g}$ = 5.0×10^{-4}mol/L

따라서 [OH$^-$] = XM = 5.0×10^{-4}mol/L

∴ pH = 14+log[OH$^-$]
　　　= 14+log[5.0×10^{-4}mol/L]
　　　= 10.70

TIP
① M농도 = mol/L
② 1mol = 분자량(g)
③ NaOH의 분자량 = 23+16+1 = 40g
④ 산성물질에서 pH = -log[H$^+$]
⑤ 알칼리성물질에서 pH = 14+log[OH$^-$]

05 다음 중 물이 가지는 특성으로 틀린 것은?

㉮ 물의 밀도는 0℃에서 가장 크며 그 이하의 온도에서는 얼음형태로 물에 뜬다.
㉯ 물은 광합성의 수소공여체이며 호흡의 최종산물이다.
㉰ 생물체의 결빙이 쉽게 일어나지 않는 것은 융해열이 크기 때문이다.
㉱ 물은 기화열이 크기 때문에 생물의 효과적인 체온조절이 가능하다.

풀이 ㉮ 물의 밀도는 4℃에서 1g/cm^{3}로 가장 크다.

06 정체해역에 조류 등이 이상 증식하여 해수의 색을 변색시키는 현상을 적조 현상이라 한다. 이때 어류가 죽는 원인과 가장 거리가 먼 것은?

㉮ 플랑크톤의 이상증식은 해수중의 DO를 고갈시킨다.
㉯ 독성을 가진 플랑크톤에 의해 어류가 폐사한다.
㉰ 적조현상에 의한 수표면 수막현상으로 인해 어류가 폐사한다.
㉱ 이상 증식한 플랑크톤이 어류의 아가미에 부착되어 호흡장애를 일으킨다.

07 호수나 저수지를 상수원으로 사용할 경우 전도(turn over)현상으로 수질 악화가 우려 되는 시기는?

㉮ 봄과 여름   ㉯ 봄과 가을
㉰ 여름과 겨울   ㉱ 가을과 겨울

풀이 전도현상은 봄과 가을에 발생하고, 성층현상은 여름과 겨울에 발생한다.

정답　04 ㉯　05 ㉮　06 ㉰　07 ㉯

08 하천주변에 돼지를 키우려고 한다. 이 하천은 BOD가 2.0mg/L이고 유량이 100,000m³/day이다. 돼지 1마리당 BOD 배출량은 0.25kg/day라고 한다면 최대 몇 마리까지 키울 수 있는가? (단, 하천의 BOD는 6mg/L을 유지하려고 한다.)

㉮ 1600 ㉯ 2000
㉰ 2500 ㉱ 3000

풀이 마리수

$= \dfrac{(\text{BOD의 기준치농도} - \text{하천의 현재 BOD 농도})\text{kg/m}^3 \times \text{유량}(\text{m}^3/\text{day})}{\text{BOD 배출량}(\text{kg/day} \cdot \text{마리})}$

$= \dfrac{(6-2) \times 10^{-3} \text{kg/m}^3 \times 100,000 \text{m}^3/\text{day}}{0.25 \text{kg/day} \cdot \text{마리}} = 1600$마리

TIP
① ppm = mg/L = g/m³
② mg/L $\xrightarrow{\times 10^{-3}}$ kg/m³

09 탈산소계수 K(상용대수)가 0.1/day인 어떤 폐수 5일 BOD가 500mg/L이라면 이 폐수의 3일 후에 남아있는 BOD는?

㉮ 366mg/L ㉯ 386mg/L
㉰ 416mg/L ㉱ 436mg/L

풀이 ① $BOD_5 = BOD_u \times (1-10^{-k \times t})$
$500\text{mg/L} = BOD_u \times (1-10^{-0.1/\text{day} \times 5\text{day}})$
$\therefore BOD_u = \dfrac{500\text{mg/L}}{1-10^{-0.1/\text{day} \times 5\text{day}}} = 731.24\text{mg/L}$

② 3일후 남아있는 BOD를 구한다.
$BOD_3 = BOD_u \times (10^{-k \times t})$
$= 731.24\text{mg/L} \times (10^{-0.1/\text{day} \times 3\text{day}})$
$= 366.49\text{mg/L}$

10 Formaldehyde(CH₂O) 1250mg/L의 이론적인 COD는?

㉮ 1263mg/L ㉯ 1333mg/L
㉰ 1423mg/L ㉱ 1594mg/L

풀이 $CH_2O + O_2 \rightarrow CO_2 + H_2O$
30g : 32g
1250mg/L : COD

$\therefore COD = \dfrac{250\text{mg/L} \times 32\text{g}}{30\text{g}} = 1333.33\text{mg/L}$

TIP
① CH_2O의 분자량 = 12+(2×1)+16 = 30g
② O_2의 분자량 = 2×16 = 32g

11 0.01N 약산이 2% 해리되어 있을 때 이 수용액의 pH는?

㉮ 3.1 ㉯ 3.4
㉰ 3.7 ㉱ 3.9

풀이 $CH_3COOH \xrightarrow{2\%\text{해리}} CH_3COO^- + H^+$
해리전 0.01M   0M   0M
해리후 0.01M-0.01M×0.02 0.01M×0.02 0.01M×0.02
따라서 pH = $-\log[H^+]$ = $-\log[0.01M \times 0.02]$ = 3.70

TIP
① CH_3COOH는 1가이므로 N농도와 M농도가 동일하다.
② 0.01N = 0.01M
③ 산성물질에서 pH = $-\log[H^+]$
④ 알칼리성물질에서 pH = $14+\log[OH^-]$

정답 08 ㉮ 09 ㉮ 10 ㉯ 11 ㉰

12 물의 동점성계수를 가장 알맞게 나타낸 것은?

㉮ 전단력 τ과 점성계수 μ를 곱한 값이다.
㉯ 전단력 τ과 밀도 ρ를 곱한 값이다.
㉰ 점성계수 μ를 전단력 τ로 나눈 값이다.
㉱ 점성계수 μ를 밀도 ρ로 나눈 값이다.

풀이 물의 동점성계수$(\nu) = \dfrac{\text{점성계수}(\mu)}{\text{밀도}(\rho)}$

13 pH = 4.5인 물의 수소이온농도(M)는?

㉮ 약 3.2×10^{-5}M ㉯ 약 5.2×10^{-5}M
㉰ 약 3.2×10^{-4}M ㉱ 약 5.2×10^{-4}M

풀이 pH = 4.5이면
$[H^+] = 10^{-pH}$ mol/L $= 10^{-4.5}$ mol/L
$= 3.16 \times 10^{-5}$ mol/L

TIP
① pH = $-\log[H^+]$ ⇒ $[H^+] = 10^{-pH}$ mol/L
② pOH = $-\log[OH^-]$ ⇒ $[OH^-] = 10^{-pOH}$ mol/L

14 BOD_5가 180mg/L이고 COD가 400mg/L인경우, 탈산소계수(k_1)의 값은 0.12/day였다. 이때 생물학적으로 분해불가능한 COD는? (단, 상용대수 기준)

㉮ 100mg/L ㉯ 120mg/L
㉰ 140mg/L ㉱ 160mg/L

풀이 ① BOD_u(COD)를 계산한다.
$BOD_5 = BOD_u \times (1 - 10^{-k_1 \times t})$
180mg/L $= BOD_u \times (1 - 10^{-0.12/\text{day} \times 5\text{day}})$
$\therefore BOD_u = \dfrac{180\text{mg/L}}{(1 - 10^{-0.12/\text{day} \times 5\text{day}})} = 240.38$ mg/L

② NBDCOD를 계산한다.
COD = BDCOD + NBDCOD

⎡ BDCOD : 생물학적 분해 가능한 COD
⎣ NBDCOD : 생물학적 분해 불가능한 COD

따라서 NBDCOD = COD − BDCOD
= 400mg/L − 240.38mg/L
= 159.62mg/L

15 수산화나트륨(NaOH) 10g을 물에 용해시켜 200mL로 만든 용액의 농도(N)는?

㉮ 0.62 ㉯ 0.80
㉰ 1.05 ㉱ 1.25

풀이 eq/L = $\dfrac{\text{질량(g)}}{\text{부피(L)}} \times \dfrac{1\text{eq}}{1\text{당량 g}}$

$= \dfrac{10\text{g}}{0.2\text{L}} \times \dfrac{1\text{eq}}{40\text{g}} = 1.25$ eq/L

TIP
① eq/L = N 농도
② 1당량 g = $\dfrac{\text{분자량}}{\text{가수}}$
③ NaOH는 1가 물질
④ NaOH의 분자량 = 23 + 16 + 1 = 40g

정답 12 ㉱ 13 ㉮ 14 ㉱ 15 ㉱

16 산소의 포화농도가 9.14mg/L인 하천에서 t = 0 일 때 DO 농도가 6.5mg/L라면 물이 3일 및 5일 흐른 후 하류에서의 DO 농도는? (단, 최종 BOD = 11.3mg/L, $k_1 = 0.1$/day, $k_2 = 0.2$/day, 상용대수 기준)

㉮ 3일 후 DO 농도 = 5.7mg/L, 5일 후 DO 농도 = 6.1mg/L
㉯ 3일 후 DO 농도 = 5.7mg/L, 5일 후 DO 농도 = 6.4mg/L
㉰ 3일 후 DO 농도 = 6.1mg/L, 5일 후 DO 농도 = 7.1mg/L
㉱ 3일 후 DO 농도 = 6.1mg/L, 5일 후 DO 농도 = 7.4mg/L

풀이

$D_t = \dfrac{k_1 \times L_o}{k_2 - k_1} \times (10^{-k_1 \times t} - 10^{-k_2 \times t}) + D_o \times (10^{-k_2 \times t})$

- D_t : t시간 후 DO 부족 농도(mg/L)
- k_1 : 탈산소계수(/day)
- k_2 : 재포기계수(/day)
- L_o : 최종 BOD(mg/L)
- D_o : 초기산소부족량(mg/L)

D_o = 포화 DO 농도(C_S) - 하천수의 DO 농도(C)
= 9.14mg/L - 6.5mg/L = 2.64mg/L

① 3일 유하 후 하류에서의 DO농도

$D_{3day} = \dfrac{0.1/day \times 11.3mg/L}{0.2/day - 0.1/day} \times (10^{-0.1/day \times 3day} - 10^{-0.2/day \times 3day}) + 2.64mg/L \times (10^{-0.2/day \times 3day})$

= 3.488mg/L

따라서 하류에서의 DO 농도 = $C_S - D_{3day}$
= 9.14mg/L - 3.488mg/L = 5.65mg/L

② 5일 유하 후 하류에서의 DO농도

$D_{5day} = \dfrac{0.1/day \times 11.3mg/L}{0.2/day - 0.1/day} \times (10^{-0.1/day \times 5day} - 10^{-0.2/day \times 5day}) + 2.64mg/L \times (10^{-0.2/day \times 5day})$

= 2.707mg/L

따라서 하류에서의 DO 농도 = $C_S - D_{5day}$
= 9.14mg/L - 2.707mg/L = 6.43mg/L

17 어느 물질의 반응시작 때의 농도가 200mg/L이고 2시간 후의 농도가 35mg/L로 되었다. 반응시작 1시간 후의 반응물질 농도는? (단, 1차 반응 기준, 자연대수 기준)

㉮ 약 84mg/L ㉯ 약 92mg/L
㉰ 약 107mg/L ㉱ 약 114mg/L

풀이

1차 반응식 : $\ln \dfrac{C_t}{C_o} = -k \times t$

- C_o : 초기농도
- C_t : t시간후의 농도
- k : 상수
- t : 시간

① $\ln \dfrac{35mg/L}{200mg/L} = -k \times 2hr$

∴ $k = \dfrac{\ln \dfrac{35mg/L}{200mg/L}}{-2hr} = 0.8715/hr$

② $\ln \dfrac{C_t}{200mg/L} = -0.8715/hr \times 1hr$

∴ $C_t = 200mg/L \times (e^{-0.8715/hr \times 1hr}) = 83.66mg/L$

TIP

$\ln \leftrightarrow e^x$
$\log \leftrightarrow 10^x$

정답 16 ㉯ 17 ㉮

18 콜로이드에 관한 설명으로 틀린 것은?

㉮ 콜로이드는 입자크기가 크기 때문에 보통의 반투막을 통과하지 못한다.
㉯ 콜로이드 입자들이 전기장에 놓이게 되면 입자들은 그 전하의 반대쪽 극으로 이동하며 이러한 현상을 전기영동이라 한다.
㉰ 일부 콜로이드 입자들의 크기는 가시광선 평균 파장보다 크기 때문에 빛의 투과를 간섭한다.
㉱ 콜로이드의 안정도는 척력과 중력의 차이에 의해 결정된다.

[풀이] ㉱ 콜로이드의 안정도는 제타전위의 크기에 따라 결정된다.

19 해수에 관한 설명으로 옳은 것은?

㉮ 해수의 밀도는 담수 보다 작다.
㉯ 염분은 적도해역에서 높고, 남·북 양극 해역에서 다소 낮다.
㉰ 해수의 Mg/Ca비는 담수의 Mg/Ca비 보다 작다.
㉱ 수심이 깊을수록 해수 주요 성분 농도비의 차이는 줄어든다.

[풀이] ㉮ 해수의 밀도는 담수 보다 크다.
㉰ 해수의 Mg/Ca비는 담수의 Mg/Ca비 보다 크다.
㉱ 해수 주요 성분 농도비는 항상 일정하다.

20 글리신($C_2H_5O_2N$)이 호기성조건에서 CO_2, H_2O 및 HNO_3로 변화될 때 글리신 10g의 경우 총 산소필요량은 약 몇 g인가?

㉮ 15   ㉯ 20
㉰ 30   ㉱ 40

[풀이] $C_2H_5O_2N + 3.5O_2 \rightarrow 2CO_2 + 2H_2O + HNO_3$
75g : 3.5×32g
10g : ThOD

∴ ThOD = $\dfrac{10g \times 3.5 \times 32g}{75g}$ = 14.93g

| 제2과목 | 수질오염방지기술

21 BOD 200mg/L인 폐수를 일차침전 처리 후(처리효율 25%), BOD부하 1.5kg BOD/m^3·day로 깊이 2m인 살수여상을 통과할 때 수리학적 부하는?

㉮ 30m^3/m^2·day   ㉯ 20m^3/m^2·day
㉰ 15m^3/m^2·day   ㉱ 10m^3/m^2·day

[풀이] BOD 용적부하(Lv) = $\dfrac{BOD \times Q}{V}$ = $\dfrac{BOD \times Q}{A \times H}$

$\Rightarrow \dfrac{Q}{A} = Lv \times \dfrac{H}{BOD}$

따라서

$\dfrac{Q}{A}$ (m^3/m^2·day) = 1.5kg/m^3·day × $\dfrac{2m}{0.2kg/m^3 \times (1-0.25)}$
= 20m^3/m^2·day

TIP
① mg/L $\xrightarrow{\times 10^{-3}}$ kg/m^3
② 살수여상의 BOD농도 = 폐수의 BOD농도×(1-처리효율)

정답 18 ㉱ 19 ㉯ 20 ㉮ 21 ㉯

22 유량 1,000m³/day, 유입 BOD 600mg/L인 폐수를 활성슬러지공법으로 처리하고 있다. 폭기시간 12시간, 처리수 BOD 농도 40mg/L, 세포 증식계수 0.8, 내생호흡계수 0.08/d, MLSS농도 4,000mg/L라면 고형물의 체류시간(day)은?

㉮ 약 4.3 ㉯ 약 6.9
㉰ 약 8.6 ㉱ 약 10.3

풀이
$$\frac{1}{SRT} = \frac{Y \cdot Q \cdot (BOD_i - BOD_o)}{MLSS \cdot V} - Kd$$

여기서 $t = \frac{V}{Q} \Rightarrow \frac{1}{t} = \frac{Q}{V}$

따라서 $\frac{1}{SRT} = \frac{Y \cdot (BOD_i - BOD_o)}{MLSS \cdot t} - Kd$

$$= \frac{0.8 \times (600-40)mg/L}{4,000mg/L \times \left(\frac{12hr}{24}\right)} - 0.08/day$$

$$\therefore SRT = \frac{1}{0.144/day} = 6.94 day$$

23 하루 2500m³ 폐수를 처리할 수 있는 폭기조를 시공하고자 한다. 폭기조 내 산기관 1개당 300L/min의 공기를 공급할 때 필요한 산기관 개수는? (단, 폭기조 용적당 공기공급량은 3.0m³/m³·hr, 폭기조 체류시간 18hr 이다.)

㉮ 313 ㉯ 326
㉰ 347 ㉱ 369

풀이 산기관 개수

$= \frac{\text{폐수량}(m^3/day) \times \text{체류시간}(day) \times \text{폭기조 용적당 공기공급량}(L/m^3 \cdot min)}{\text{폭기조내 산기관1개당 공기공급량}(L/min \cdot 개)}$

$= \frac{2500m^3/day \times \left(\frac{18hr}{24}\right)day \times 3.0m^3/m^3 \cdot hr \times 1hr/60min \times 10^3 L/m^3}{300L/min \cdot 개}$

$= 312.5 ≒ 313$개

24 흐름이 거의 없는 물에서 비중이 큰 무기성 입자가 침강할 때, 다음 중 침강속도에 가장 민감하게 영향을 주는 것은?

㉮ 수온 ㉯ 물의 점성도
㉰ 입자의 밀도 ㉱ 입자의 직경

풀이
$$Vs = \frac{d^2(\rho_s - \rho_w)g}{18\mu}$$

- Vs : 침강속도(m/sec)
- d : 입자의 직경(m)
- ρ_s : 입자의 밀도(kg/m³)
- ρ_w : 물의 밀도(kg/m³)
- g : 중력가속도(9.8m/sec²)
- μ : 점성도(kg/m·sec)

따라서 침강속도(Vs)는
- 입자의 직경(d)의 제곱에 비례한다.
- 밀도차($\rho_s - \rho_w$)에 비례한다.
- 중력가속도(g)에 비례한다.
- 점성도(μ)에 반비례한다.

25 정수시설인 플록형성지에서 플록형성 시간의 표준으로 옳은 것은?

㉮ 계획 정수량에 대하여 2～5분간
㉯ 계획 정수량에 대하여 5～10분간
㉰ 계획 정수량에 대하여 10～20분간
㉱ 계획 정수량에 대하여 20～40분간

풀이 플록형성시간은 계획정수량에 대하여 20～40분간을 표준으로 한다.

정답 22 ㉯ 23 ㉮ 24 ㉱ 25 ㉱

26 BOD 용적부하 0.2kg/m³·d 로 하여 유량 300m³/d, BOD 200mg/L인 폐수를 활성슬러지법으로 처리하고자 한다. 필요한 폭기조의 용량은?

㉮ 150m³ ㉯ 200m³
㉰ 250m³ ㉱ 300m³

[풀이] BOD 용적부하(kg/m³·day)

$$= \frac{\text{BOD 농도}(kg/m^3) \times \text{유량}(m^3/day)}{\text{폭기조 용적}(m^3)}$$

따라서

$$0.2kg/m^3 \cdot day = \frac{0.2kg/m^3 \times 300m^3/day}{\text{폭기조 용적}(m^3)}$$

$$\therefore \text{폭기조 용적} = \frac{0.2kg/m^3 \times 300m^3/day}{0.2kg/m^3 \cdot day}$$

$$= 300m^3$$

TIP
① ppm = mg/L = g/m³
② mg/L $\xrightarrow{\times 10^{-3}}$ kg/m³

27 응집침전 처리수가 100m³/day이다. 이 처리수를 모래 여과하여 방류한다면 필요한 여과 면적은? (단, 여과속도는 2m/hr로 할 경우)

㉮ 1.8m² ㉯ 2.1m²
㉰ 2.4m² ㉱ 2.8m²

[풀이] 처리수량(Q) = 여과면적(A)×여과속도(v)

따라서 $A = \frac{Q}{v} = \frac{100m^3/day \times 1day/24hr}{2m/hr}$

$= 2.08m^2$

28 하수 슬러지 농축 방법 중 부상식 농축의 장단점으로 틀린 것은?

㉮ 잉여슬러지의 농축에 부적합하다.
㉯ 소요면적이 크다.
㉰ 실내에 설치할 경우 부식문제가 유발된다.
㉱ 약품 주입 없이 운전이 가능하다.

[풀이] ㉮ 잉여슬러지의 농축에 적합하다.

29 하수 내 함유된 유기물질 뿐 아니라 영양물질까지 제거하기 위한 공법인 Phostrip 공법에 관한 설명으로 옳지 않은 것은?

㉮ 생물학적 처리방법과 화학적 처리방법을 조합한 공법이다.
㉯ 유입수의 일부를 혐기성 상태의 조(槽)로 유입시켜 인을 방출시킨다.
㉰ 유입수의 BOD부하에 따라 인 방출이 큰 영향을 받지 않는다.
㉱ 기존에 활성슬러지 처리장에 쉽게 적용이 가능하다.

[풀이] ㉯ 반송슬러지의 일부를 혐기성 상태의 조(槽)로 유입시켜 인을 방출시킨다.

30 수은함유 폐수를 처리하는 공법과 가장 거리가 먼 것은?

㉮ 황화물 침전법 ㉯ 아말감법
㉰ 알칼리 환원법 ㉱ 이온교환법

[풀이] 수은함유 폐수를 처리하는 공법에는 아말감법, 황화물침전법, 이온교환법, 흡착법이 있다.

정답 26 ㉱ 27 ㉯ 28 ㉮ 29 ㉯ 30 ㉰

31 슬러지 부피(SVI)가 평균 25% 일 때 SVI를 60~100으로 유지하기 위한 MLSS의 농도 범위로 가장 옳은 것은?

㉮ 1250 ~ 2500mg/L
㉯ 2300 ~ 3240mg/L
㉰ 2500 ~ 4170mg/L
㉱ 2800 ~ 5120mg/L

풀이

$SVI = \dfrac{SV(\%)}{MLSS(mg/L)} \times 10^4$

① SVI가 60일 때

$60 = \dfrac{25\%}{MLSS} \times 10^4$

∴ MLSS = 4166.67mg/L

② SVI가 100일 때

$100 = \dfrac{25\%}{MLSS} \times 10^4$

∴ MLSS = 2500mg/L

③ MLSS의 범위는 2500 ~ 4166.67mg/L

TIP

① SVI(슬러지용적지수)의 단위 : mL/g
② $SVI = \dfrac{SV(mL/L)}{MLSS(mg/L)} \times 10^3$
③ $SVI = \dfrac{SV(\%)}{MLSS(mg/L)} \times 10^4$
④ $SVI = \dfrac{10^6}{SS_t(mg/L)} \times 10^3$

32 폐수유량이 3,000m³/d, 부유고형물의 농도가 200mg/L이다. 공기부상시험에서 공기/고형물비가 0.03일 때 최적의 부상을 나타내며 이때 공기용해도는 18.7mL/L이고 공기용존비가 0.50이다. 부상조에서 요구되는 압력은? (단, 비순환식 기준)

㉮ 약 2.0atm   ㉯ 약 2.5atm
㉰ 약 3.0atm   ㉱ 약 3.5atm

풀이

$A/S비 = \dfrac{1.3 \times Sa \times (f \cdot P - 1)}{SS}$

Sa : 공기의 용해도(mL/L)
SS : 부유고형물의 농도(mg/L)
P : 절대압력(atm)

따라서 $0.03 = \dfrac{1.3 \times 18.7mL/L \times (0.5 \times P - 1)}{200mg/L}$

∴ P = 2.49atm

33 지름 600mm인 하수관에 15.3m³/min의 하수가 흐를 때, 관내 유속은?

㉮ 약 2.5m/sec   ㉯ 약 1.4m/sec
㉰ 약 1.2m/sec   ㉱ 약 0.9m/sec

풀이

유량(Q) = 단면적(A) × 유속(v) = $\dfrac{\pi D^2}{4} \times v$

따라서 $15.3m^3/min \times 1min/60sec = \dfrac{\pi}{4} \times (0.6m)^2 \times v$

∴ $v = \dfrac{15.3m^3/min \times 1min/60sec}{\dfrac{\pi}{4} \times (0.6m)^2} = 0.90m/sec$

정답 31 ㉰ 32 ㉯ 33 ㉱

34 1차 침전지에서 슬러지를 인발(引拔)했을 때 함수율이 99%이었다. 이 슬러지를 함수율 96%로 농축시켰더니 33.3m³이었다면 1차 침전지에서 인발한 농축 전 슬러지량은? (단, 비중은 1.0 기준)

㉮ 113m³   ㉯ 133m³
㉰ 153m³   ㉱ 173m³

풀이 $V_1 \times (100-P_1) = V_2 \times (100-P_2)$

$\begin{bmatrix} V_1 : \text{농축 전 슬러지량}(m^3) \\ P_1 : \text{농축 전 함수율}(\%) \\ V_2 : \text{농축 후 슬러지량}(m^3) \\ P_2 : \text{농축 후 함수율}(\%) \end{bmatrix}$

따라서 $V_1 \times (100-99) = 33.3m^3 \times (100-96)$

$\therefore V_1 = \dfrac{33.3m^3 \times (100-96)}{(100-99)} = 133.2m^3$

35 교반강도를 표시하는 속도구배(G : Velocity Gradient)를 가장 적절히 나타낸 식은? (단, μ : 점성계수, W : 반응조 단위 용적당 동력, V : 반응조 부피, P : 동력)

㉮ $G = \sqrt{\dfrac{V}{P}}$ ㉯ $G = \sqrt{\dfrac{\mu}{W}}$

㉰ $G = \sqrt{\dfrac{P}{V}}$ ㉱ $G = \sqrt{\dfrac{W}{\mu}}$

풀이 $G = \sqrt{\dfrac{P}{V \cdot \mu}}$ 에서 $W = \dfrac{P}{V}$ 이므로

$G = \sqrt{\dfrac{W}{\mu}}$

36 폐수처리 과정인 침전시 입자의 농도가 매우 높아 입자들끼리 구조물을 형성하는 침전형태로 옳은 것은?

㉮ 농축침전   ㉯ 응집침전
㉰ 압밀침전   ㉱ 독립침전

풀이 ㉰ 압밀침전(압축침전)에 대한 설명이다.

TIP

Ⅳ형침전(압축침전, 압밀침전)
① 입자들은 농도가 너무 커서 입자들끼리 구조물을 형성하여 더 이상의 침전은 압밀에 의해서만 생기는 고농도의 부유액에서 일어나는 침전이다.
② 압밀은 상부의 액체로부터의 침전에 의하여 입자 구조물에 연속적으로 가해지는 입자들의 무게 때문에 일어나게 된다.
③ 깊은 2차침전시설과 슬러지 농축시설의 바닥에서와 같이 깊은 슬러지층의 하부에서 보통 일어난다.
④ 농축조가 해당한다.

37 순산소활성슬러지법의 특징으로 틀린 것은?

㉮ 이차침전지에서 스컴이 발생하는 경우가 많다.
㉯ 잉여슬러지는 표준활성슬러지법에 비하여 일반적으로 많이 발생한다.
㉰ 표준활성슬러지법의 1/2 정도의 포기시간으로 처리수의 BOD, SS, COD 및 투시도 등을 표준활성슬러지법과 비슷한 결과를 얻을 수 있다.
㉱ MLSS농도는 표준활성슬러지법의 2배 이상으로 유지 가능하다.

풀이 ㉯ 잉여슬러지는 표준활성슬러지법에 비하여 일반적으로 적게 발생한다.

정답 34 ㉯   35 ㉱   36 ㉰   37 ㉯

38 부유물질의 농도가 300mg/L인 하수 1,000톤의 1차침전지(체류시간 1시간)에서의 부유물질 제거율은 60%이다. 체류시간을 2배 증가시켜 제거율이 90%로 되었다면 체류시간을 증대시키기 전과 후의 슬러지 발생량(m^3)의 차이는? (단, 하수비중 : 1.0, 슬러지비중 : 1.0, 슬러지 함수율 95% 기준)

㉮ 1.3m^3　　　㉯ 1.8m^3
㉰ 2.3m^3　　　㉱ 2.7m^3

[풀이] 슬러지 발생량(m^3)

$= \dfrac{SS농도(kg/m^3) \times 하수량(m^3) \times 제거율}{비중량(kg/m^3)} \times \dfrac{100}{100-함수율(\%)}$

① 제거율이 60%일 때 슬러지 발생량(m^3)
슬러지 발생량(m^3)
$= \dfrac{0.3kg/m^3 \times 1000m^3 \times 0.6}{1000kg/m^3} \times \dfrac{100}{100-95} = 3.6m^3$

② 제거율이 90%일 때 슬러지 발생량(m^3)
슬러지 발생량(m^3)
$= \dfrac{0.3kg/m^3 \times 1000m^3 \times 0.9}{1000kg/m^3} \times \dfrac{100}{100-95} = 5.4m^3$

③ 슬러지 발생량의 차 = 5.4m^3 - 3.6m^3 = 1.8m^3

TIP
① ppm = mg/L = g/m^3
② mg/L $\xrightarrow{\times 10^{-3}}$ kg/m^3
③ 비중(g/cm^3) $\xrightarrow{\times 10^3}$ 비중량(kg/m^3)
④ 비중의 단위 : g/cm^3 = g/mL = kg/L = ton/m^3
⑤ 하수량 1000ton × $\dfrac{1}{1.0ton}$ = 1000m^3

39 생물학적 방법으로 하수내의 인을 제거하기 위한 고도처리공정인 A/O 공법에 관한 설명으로 맞는 것은?

㉮ 무산소조에서 질산화 및 인의 과잉섭취가 일어난다.
㉯ 혐기조에서 유기물제거와 함께 인의 과잉섭취가 일어난다.
㉰ 폭기조에서 인의 방출과 질산화가 동시에 일어난다.
㉱ 하수내의 인은 결국 잉여슬러지의 인발에 의하여 제거된다.

[풀이] ㉮ A/O공법은 혐기성조와 호기성조로 구성되어 있어 무산소조가 존재하지 않는다.
㉯ 혐기조에서 유기물제거와 함께 인의 방출이 일어난다.
㉰ 폭기조(호기성조)에서는 인의 과잉흡수가 일어난다.

40 수중의 암모니아(NH_3)를 공기탈기법(air stripping)으로 제거하고자 할 때 가장 중요한 인자는?

㉮ 기압　　　　㉯ pH
㉰ 용존산소　　㉱ 공기공급량

[풀이] 수중의 암모니아성 질소 탈기법은 암모니아성 질소를 pH 10 이상에서 암모니아 가스로 탈기시키는 공법이며, 기온이 상승할수록 같은 양의 폐수를 처리하는데 필요한 공기의 양은 감소하게 된다. 따라서 가장 중요한 인자는 pH와 온도이다.

정답 38 ㉯　39 ㉱　40 ㉯

| 제3과목 | 수질오염공정시험기준

41 채취된 시료의 최대 보존 기간이 가장 짧은 측정항목은?

㉮ 부유물질
㉯ 음이온계면활성제
㉰ 암모니아성 질소
㉱ 염소이온

풀이 보존기간
㉮ 부유물질 : 7일
㉯ 음이온계면활성제 : 48시간
㉰ 암모니아성 질소 : 28일
㉱ 염소이온 : 28일

42 시료의 보존방법이 다른 항목은?

㉮ 음이온계면활성제
㉯ 6가 크롬
㉰ 알킬수은
㉱ 질산성질소

풀이 시료의 보존방법
㉮ 음이온계면활성제 : 4℃ 보관
㉯ 6가 크롬 : 4℃ 보관
㉰ 알킬수은 : HNO_3 2mL/L
㉱ 질산성질소 : 4℃ 보관

43 시료채취시의 유의사항에 관련된 설명으로 옳은 것은?

㉮ 휘발성유기화합물 분석용 시료를 채취할 때에는 뚜껑의 격막을 만지지 않도록 주의 하여야 한다.
㉯ 유류 물질을 측정하기 위한 시료는 밀도차를 유지하기 위해 시료용기에 70~80% 정도를 채워 적정공간을 확보하여야 한다.
㉰ 지하수 시료는 고여 있는 물의 10배 이상을 퍼낸 다음 새로 고이는 물을 채취한다.
㉱ 시료채취량은 보통 5~10L 정도 이어야 한다.

풀이 ㉯ 유류 등을 측정하기 위한 시료는 채취할 때에는 운반중 공기와의 접촉이 없도록 시료용기에 가득 채운 후 빠르게 뚜껑을 닫는다.
㉰ 지하수 시료는 고여 있는 물의 4~5배 정도 퍼낸 다음 새로 나온 물을 채취한다.
㉱ 시료채취량은 보통 3~5L 정도여야 한다.

정답 41 ㉯ 42 ㉰ 43 ㉮

44 다음은 인산염인 시험법(자외선 가시선 분광법-이염화주석환원법)에 관한 내용이다. ( )안에 옳은 내용은?

> 시료 중의 인산염인이 몰리브덴산 암모늄과 반응하여 생성된 몰리브덴산인 암모늄을 이염화주석으로 환원하여 생성된 몰리브덴( )의 흡광도를 측정한다.

㉮ 적자색 ㉯ 황갈색
㉰ 황색   ㉱ 청색

TIP
인산염인 분석법
(1) 자외선 가시선 분광법(이염화주석환원법)
 몰리브덴산 암모늄과 반응하여 생성된 몰리브덴산인 암모늄을 이염화주석으로 환원하여 생성된 몰리브덴 청의 흡광도를 690nm에서 측정하는 방법으로, 정량한계는 0.003mg/L이다.
(2) 자외선 가시선 분광법(아스코빈산환원법)
 몰리브덴산암모늄과 반응하여 생성된 몰리브덴산인암모늄을 아스코빈산으로 환원하여 생성된 몰리브덴산 청의 흡광도를 880nm에서 측정하여 인산염인을 정량하는 방법으로, 정량한계는 0.003 mg/L이다.

45 수질오염공정시험기준에서 사용되는 용어의 정의로 틀린 것은?

㉮ 정확히 단다 : 규정된 양의 시료를 취하여 화학저울 또는 미량저울로 칭량함을 말한다.
㉯ 약 : 기재된 양에 대하여 ±10% 이상의 차가 있어서는 안 된다.
㉰ 즉시 : 30초 이내에 표시된 조작을 하는 것을 뜻한다.
㉱ 감압 : 따로 규정이 없는 한 15mmHg 이하를 뜻한다.

풀이 ㉮ 정확히 단다 : 규정된 수치의 무게를 0.1mg 까지 다는 것을 말한다.

TIP
정밀히 단다 : 규정된 양의 시료를 취하여 화학저울 또는 미량저울로 칭량함을 말한다.

46 물벼룩을 이용한 급성 독성 시험법에서 적용되는 용어인 '치사'의 정의로 옳은 것은?

㉮ 치사(Mortality) : 일정 희석 비율로 준비된 시료에 물벼룩을 투입하여 12시간 경과 후 시험용기를 손으로 살짝 두드려 주고, 15초 후 관찰했을 때 독성물질에 의해 영향을 받아 움직임이 명백하게 없는 상태를 '치사'라 판정한다.
㉯ 치사(Mortality) : 일정 희석 비율로 준비된 시료에 물벼룩을 투입하여 12시간 경과 후 시험용기를 손으로 살짝 두드려 주고, 30초 후 관찰했을 때 독성물질에 의해 영향을 받아 움직임이 명백하게 없는 상태를 '치사'라 판정한다.
㉰ 치사(Mortality) : 일정 희석 비율로 준비된 시료에 물벼룩을 투입하여 24시간 경과 후 시험용기를 손으로 살짝 두드려 주고, 15초 후 관찰했을 때 독성물질에 의해 영향을 받아 움직임이 명백하게 없는 상태를 '치사'라 판정한다.
㉱ 치사(Mortality) : 일정 희석 비율로 준비된 시료에 물벼룩을 투입하여 24시간 경과 후 시험용기를 손으로 살짝 두드려 주고, 30초 후 관찰했을 때 독성물질에 의해 영향을 받아 움직임이 명백하게 없는 상태를 '치사'라 판정한다.

정답 44 ㉱ 45 ㉮ 46 ㉰

47 다음은 총대장균군(평판집락법 적용) 측정에 관한 내용이다. ( )안에 옳은 내용은?

> 페트리접시의 배지표면에 평판집락법 배지를 굳힌 후 배양한 다음 ( )의 전형적인 집락을 계수하는 방법이다.

㉮ 진한 갈색 ㉯ 진한 적색
㉰ 청색   ㉱ 황색

48 다음의 금속류 중에서 불꽃 원자흡수분광광도법으로 측정하지 않는 것은?
(단, 수질오염공정시험기준)

㉮ 안티몬   ㉯ 주석
㉰ 셀레늄   ㉱ 수은

[풀이] 분석방법
㉮ 안티몬 : 유도결합플라스마 - 원자발광분광법, 유도결합플라스마 - 질량분석법
㉯ 주석 : 원자흡수분광광도법, 유도결합플라스마 - 원자발광분광법, 유도결합플라스마 - 질량분석법
㉰ 셀레늄 : 수소화물생성 - 원자흡수분광광도법, 유도결합플라스마 - 질량분석법
㉱ 수은 : 냉증기 - 원자흡수분광광도법, 자외선 가시선 분광법, 양극벗김전압전류법, 냉증기 - 원자형광법

49 금속류 중 원자형광법을 시험방법으로 분석하는 것은? (단, 수질오염공정시험기준)

㉮ 바륨   ㉯ 수은
㉰ 주석   ㉱ 셀레늄

[풀이] 분석방법
㉮ 바륨 : 원자흡수분광광도법, 유도결합플라스마-원자발광분광법, 유도결합플라스마-질량분석법
㉯ 수은 : 냉증기-원자흡수분광광도법, 자외선 가시선 분광법, 양극벗김전압전류법, 냉증기-원자형광법
㉰ 주석 : 원자흡수분광광도법, 유도결합플라스마-원자발광분광법, 유도결합플라스마-질량분석법
㉱ 셀레늄 : 수소화물생성-원자흡수분광광도법, 유도결합플라스마-질량분석법

50 다음은 하천수의 오염 및 용수의 목적에 따른 채수지점에 관한 내용이다. ( )안에 옳은 내용은?

> 하천의 단면에서 수심이 가장 깊은 수면의 지점과 그 지점을 중심으로 하여 좌우로 수면 폭을 2등분한 각각의 지점의 수면으로부터 ( )

㉮ 수심이 2m 미만일 때는 표층수를 대표로 하고 2m이상일 때는 수심 1/3 지점에서 채수한다.
㉯ 수심이 2m 미만일 때는 수심의 1/2에서 2m이상일 때는 수심 1/3 및 2/3 지점에서 각각 채수한다.
㉰ 수심이 2m 미만일 때는 표층수를 대표로 하고 2m이상일 때는 수심 2/3 지점에서 채수한다.
㉱ 수심이 2m 미만일 때는 수심의 1/3에서 2m이상일 때는 수심 1/3 및 2/3 지점에서 각각 채수한다.

정답 47 ㉯ 48 ㉮ 49 ㉯ 50 ㉱

51 다음은 구리의 측정(자외선 가시선 분광법 기준)원리에 관한 내용이다. ( )안의 내용으로 옳은 것은?

> 구리이온이 알칼리성에서 다이에틸다이티오카르바민산나트륨과 반응하여 생성하는 ( )의 킬레이트 화합물을 아세트산 부틸로 추출하여 흡광도를 440nm에서 측정한다.

㉮ 황갈색 ㉯ 청색
㉰ 적갈색 ㉱ 적자색

52 온도 표시로 틀린 것은?

㉮ 냉수는 15℃ 이하
㉯ 온수는 60~70℃
㉰ 찬 곳은 0~4℃
㉱ 실온은 1~35℃

풀이) ㉰ 찬 곳은 0~15℃

53 불소화합물 측정방법을 가장 적절하게 짝지은 것은? (단, 수질오염공정시험기준)

㉮ 자외선 가시선 분광법 - 기체크로마토그래피
㉯ 자외선 가시선 분광법 - 불꽃 원자흡수분광광도법
㉰ 유도결합플라스마 원자발광광도법 - 불꽃 원자흡수분광광도법
㉱ 자외선 가시선 분광법 - 이온크로마토그래피

풀이) 불소화합물 측정방법에는 자외선 가시선 분광법, 이온전극법, 이온크로마토그래피, 연속흐름법이 있다.

54 시료의 전처리 방법과 가장 거리가 먼 것은?

㉮ 산분해법
㉯ 마이크로파 산분해법
㉰ 용매추출법
㉱ 촉매분해법

풀이) 시료의 전처리 방법에는 크게 산분해법, 마이크로파 산분해법, 용매추출법으로 나눌 수 있다.

55 노말헥산 추출물질(총 노말헥산 추출물질) 함유량 측정(절차)에 관한 설명인 아래 밑줄 친 내용 중 틀린 것은?

> 시료의 적당량(노말헥산 추출물질로서 (1) 200mg 이상)을 분별깔대기에 넣고 (2) 메틸오렌지용액(0.1%) 2~3방울을 넣고 용액이 (3) 황색이 적색으로 변할 때까지 염산(1+1)을 넣어 시료의 (4) pH를 4 이하로 조절한다.

㉮ (1) ㉯ (2)
㉰ (3) ㉱ (4)

풀이) (1) 200mg → 5~200mg

TIP

노말헥산 추출물질(총 노말헥산 추출물질) 함유량 측정
시료적당량(노말헥산 추출물질로서 5~200mg 해당량)을 분별깔때기에 넣고 메틸오렌지용액(0.1%) 2~3방울을 넣고 황색이 적색으로 변할 때까지 염산(1+1)을 넣어 pH를 4 이하로 조절한다.

정답 51 ㉮ 52 ㉰ 53 ㉱ 54 ㉱ 55 ㉮

56 취급 또는 저장하는 동안에 기체 또는 미생물이 침입하지 아니하도록 내용물을 보호하는 용기는?

㉮ 밀폐용기 ㉯ 기밀용기
㉰ 차광용기 ㉱ 밀봉용기

▶ 풀이 용기의 종류
㉮ 밀폐용기 : 이물질
㉯ 기밀용기 : 공기 또는 다른 가스
㉰ 차광용기 : 광선
㉱ 밀봉용기 : 기체 또는 미생물

57 다음 중 4각 웨어의 유량 측정 공식은?
(단, Q : 유량(m^3/분), K : 유량계수, b : 절단의 폭(m), h : 웨어의 수두(m))

㉮ $Q = Kh^{\frac{3}{2}}$ ㉯ $Q = Kbh^{\frac{5}{2}}$
㉰ $Q = Kh^{\frac{5}{2}}$ ㉱ $Q = Kbh^{\frac{3}{2}}$

▶ 풀이 ㉰ $Q = Kh^{\frac{5}{2}}$ 는 직각 삼각웨어의 유량 측정 공식이다.

58 시안(자외선 가시선 분광법) 분석에 관한 설명으로 틀린 것은?

㉮ 각 시안화합물의 종류를 구분하여 정량할 수 없다.
㉯ 황화합물이 함유된 시료는 아세트산나트륨 용액을 넣어 제거한다.
㉰ 시료에 다량의 유지류를 포함한 경우 노말헥산 또는 클로로폼으로 추출하여 제거한다.
㉱ 정량한계는 0.01mg/L이다.

▶ 풀이 ㉯ 황화합물이 함유된 시료는 아세트산아연용액을 넣어 제거한다.

59 다음은 페놀류측정(자외선 가시선 분광법)에 관한 내용이다. ( )안에 옳은 내용은?

> 증류한 시료에 염화암모늄-암모니아 완충액을 넣어 (   )으로 조절한 다음, 4-아미노안티피린과 헥사시안화철(Ⅱ)산칼륨을 넣어 생성된 붉은색의 안티피린계 색소의 흡광도를 측정한다.

㉮ pH 4 ㉯ pH 8
㉰ pH 9 ㉱ pH 10

TIP
페놀류의 자외선 가시선 분광법
증류한 시료에 염화암모늄-암모니아 완충용액을 넣어 pH 10으로 조절한 다음 4-아미노안티피린과 헥사시안화철(Ⅱ)산칼륨을 넣어 생성된 붉은색의 안티피린계 색소의 흡광도를 측정하는 방법으로 수용액에서는 510nm, 클로로폼용액에서는 460nm에서 측정한다. 정량한계는 클로로폼추출법일 때 0.005mg/L, 직접측정법일 때 0.05mg/L이다.

60 다음은 이온 전극법을 적용하여 불소를 측정하는 경우의 설명이다. ( )안의 내용으로 옳은 것은?

> 시료에 이온강도 조절용 완충액을 넣어 pH(   )로 조절하고 불소이온전극과 비교전극을 사용하여 전위를 측정, 그 전위차로 불소를 정량함

㉮ 4.0 ~ 4.5 ㉯ 5.0 ~ 5.5
㉰ 6.5 ~ 7.5 ㉱ 8.0 ~ 8.5

정답 56 ㉱ 57 ㉱ 58 ㉯ 59 ㉱ 60 ㉯

제4과목 | 수질환경관계법규

61 공공폐수처리시설의 방류수 수질기준으로 옳은 것은?(단, I 지역 기준, ( )는 농공단지 공공폐수처리시설의 방류수 수질기준)

㉮ 총질소 10(20)mg/L 이하
㉯ 총인 0.2(0.2)mg/L 이하
㉰ COD 10(20)mg/L 이하
㉱ 부유물질 20(30)mg/L 이하

풀이 ㉮ 총질소 20(20)mg/L 이하
㉰ COD 20(40)mg/L 이하
㉱ 부유물질 10(10)mg/L 이하

62 국립환경과학원장, 유역환경청장, 지방환경청장이 설치, 운영하는 측정망의 종류와 가장 거리가 먼 것은?

㉮ 유독물질 측정망
㉯ 생물 측정망
㉰ 비점오염원에서 배출되는 비점오염물질 측정망
㉱ 퇴적물 측정망

TIP
측정망의 종류
(1) 국립환경과학원장, 유역환경청장, 지방환경청장이 설치·운영하는 측정망의 종류
① 비점오염원에서 배출되는 비점오염물질 측정망
② 수질오염물질의 총량관리를 위한 측정망
③ 대규모 오염원의 하류지점 측정망
④ 수질오염경보를 위한 측정망
⑤ 대권역·중권역을 관리하기 위한 측정망
⑥ 공공수역 유해물질 측정망
⑦ 퇴적물 측정망
⑧ 생물 측정망
(2) 시·도지사, 대도시의 장, 수면관리자가 설치·운영하는 측정망의 종류
① 소권역을 관리하기 위한 측정망
② 도심하천 측정망

63 환경부장관 또는 시도지사가 고시하는 측정망 설치계획에 포함되어야 할 사항과 가장 거리가 먼 것은?

㉮ 측정망 운영기관
㉯ 측정망 관리계획
㉰ 측정망을 설치할 토지 또는 건축물의 위치 및 면적
㉱ 측정자료의 확인방법

풀이 환경부장관 또는 시도지사가 고시하는 측정망 설치계획에 포함되어야 할 사항으로 ① 측정망 설치시기 ② 측정망 배치도 ③ 측정망을 설치할 토지 또는 건축물의 위치 및 면적 ④ 측정망 운영기관 ⑤ 측정자료의 확인방법이 있다.

64 수질오염경보 중 조류경보(조류경보단계)시 취수장, 정수장관리자의 조치사항으로 틀린것은? (단, 상수원 구간 기준)

㉮ 조류증식 수심 이하로 취수구 이동
㉯ 취수구와 조류가 심한 지역에 대한 차단막 설치 등 조류 제거조치 실시
㉰ 정수처리 강화(활성탄처리, 오존처리)
㉱ 정수의 독소분석 실시

풀이 ㉯번은 수면관리자의 조치사항에 해당한다.

정답 61 ㉯ 62 ㉮ 63 ㉯ 64 ㉯

65 환경부장관이 폐수처리업의 등록을 한 자에 대하여 영업정지를 명하여야 하는 경우로 그 영업정지가 주민의 생활 그 밖의 공익에 현저한 지장을 초래할 우려가 있다고 인정되는 경우에는 영업정지 처분에 갈음하여 과징금을 매출액에 얼마를 곱한 금액을 초과하지 않는 범위에서 부과하는가?

㉮ 100분의 1   ㉯ 100분의 5
㉰ 100분의 10   ㉱ 100분의 15

66 환경기술인 등의 교육기간, 대상자 등에 관한 내용으로 틀린 것은?

㉮ 폐수처리업에 종사하는 기술요원의 교육기관은 국립환경인재개발원이다.
㉯ 환경기술인과정과 폐수처리기술요원과정의 교육기간은 3일 이내로 한다.
㉰ 최초교육은 환경기술인 등이 최초로 업무에 종사한 날부터 1년 이내에 실시하는 교육이다.
㉱ 보수교육은 최초교육 후 3년 마다 실시하는 교육이다.

〔풀이〕 ㉯ 환경기술인과정과 폐수처리기술요원과정의 교육기간은 4일 이내로 한다.

67 1일 폐수배출량이 500m³인 사업장의 규모 기준으로 옳은 것은? (단, 기타 조건은 고려하지 않음)

㉮ 2종 사업장   ㉯ 3종 사업장
㉰ 4종 사업장   ㉱ 5종 사업장

〔풀이〕 사업장 규모별 구분
① 1종 사업장 : 1일 폐수배출량이 2,000m³ 이상
② 2종 사업장 : 1일 폐수배출량이 700m³ 이상 2,000m³ 미만
③ 3종 사업장 : 1일 폐수배출량이 200m³ 이상 700m³ 미만
④ 4종 사업장 : 1일 폐수배출량이 50m³ 이상 200m³ 미만
⑤ 5종 사업장 : 1일 폐수배출량이 50m³ 미만

68 수질오염물질의 항목별 배출허용기준 중 1일 폐수배출량이 2000m³ 미만인 폐수배출시설의 지역별, 항목별 배출허용기준으로 틀린 것은?

㉮
	BOD (mg/L)	TOC (mg/L)	SS (mg/L)
청정지역	40 이하	30 이하	40 이하

㉯
	BOD (mg/L)	TOC (mg/L)	SS (mg/L)
가지역	60 이하	70 이하	60 이하

㉰
	BOD (mg/L)	TOC (mg/L)	SS (mg/L)
나지역	120 이하	75 이하	120 이하

㉱
	BOD (mg/L)	TOC (mg/L)	SS (mg/L)
특례지역	30 이하	25 이하	30 이하

〔풀이〕 ㉯
	BOD(mg/L)	TOC(mg/L)	SS(mg/L)
가지역	80 이하	50 이하	80 이하

정답 65 ㉯ 66 ㉯ 67 ㉯ 68 ㉯

69 수질 및 수생태계 환경기준 중 하천에서 사람의 건강보호기준으로 틀린 것은?

㉮ 1, 4-다이옥세인 : 0.05mg/L 이하
㉯ 수은 : 0.05mg/L 이하
㉰ 납 : 0.05mg/L 이하
㉱ 6가 크롬 : 0.05mg/L 이하

[풀이] ㉯ 수은 : 검출되어서는 안 됨

70 수질오염방지시설 중 물리적 처리시설에 해당되는 것은?

㉮ 응집시설 ㉯ 흡착시설
㉰ 침전물 개량시설 ㉱ 중화시설

[풀이] ㉮ 응집시설 : 물리적 처리시설
㉯ 흡착시설 : 화학적 처리시설
㉰ 침전물 개량시설 : 화학적 처리시설
㉱ 중화시설 : 화학적 처리시설

71 다음은 수질오염감시경보의 경보단계 발령, 해제 기준이다. ( )안에 옳은 내용은?

> 생물감시 측정값이 생물감시 경보기준 농도를 30분 이상 지속적으로 초과하고, 전기전도도, 휘발성유기화합물, 페놀, 중금속(구리, 납, 아연, 카드뮴 등)항목 중 1개 이상의 항목이 측정항목별 경보기준을 ( )배 이상 초과하는 경우

㉮ 2배 ㉯ 3배
㉰ 5배 ㉱ 10배

72 낚시금지구역에서 낚시행위를 한 자에 대한 벌칙 또는 과태료 기준으로 옳은 것은?

㉮ 벌금 200만원 이하
㉯ 벌금 300만원 이하
㉰ 과태료 200만원 이하
㉱ 과태료 300만원 이하

[풀이] ① 낚시금지구역 : 300만원 이하의 과태료
② 낚시제한구역 : 100만원 이하의 과태료

73 다음의 위임업무 보고사항 중 보고 횟수 기준이 다른 것은?

㉮ 기타 수질오염원 현황
㉯ 폐수처리업에 대한 등록, 지도단속실적 및 처리실적 현황
㉰ 폐수위탁·사업장 내 처리현황 및 처리실적
㉱ 골프장 맹, 고독성 농약 사용 여부 확인결과

[풀이] ㉮ 기타 수질오염원 현황 : 연 2회
㉯ 폐수처리업에 대한 등록, 지도단속실적 및 처리실적 현황 : 연 2회
㉰ 폐수위탁·사업장 내 처리현황 및 처리실적 : 연 1회
㉱ 골프장 맹, 고독성 농약 사용 여부 확인결과 : 연 2회

정답 69 ㉯ 70 ㉮ 71 ㉯ 72 ㉱ 73 ㉰

74 수질 및 수생태계 환경기준인 수질 및 수생태계 상태별 생물학적 특성 이해표에 관한 내용 중 생물 등급이 [약간나쁨~매우나쁨] 생물지표종(어류)으로 틀린 것은?

㉮ 피라미 ㉯ 미꾸라지
㉰ 메기   ㉱ 붕어

■풀이 ㉮ 피라미는 보통~약간나쁨이다.

TIP
수질 및 수생태계 상태별 생물학적 특성이해표 내용 중 생물등급에 따른 어류
① 매우좋음~좋음 : 산천어, 금강모치, 열목어, 버들치 등
② 좋음~보통 : 쉬리, 갈겨니, 은어, 쏘가리 등
③ 보통~약간나쁨 : 피라미, 끄리, 모래무지, 참붕어 등
④ 약간나쁨~매우나쁨 : 붕어, 잉어, 미꾸라지, 메기 등

75 물놀이 등의 행위제한 권고기준으로 옳은 것은? (단, 대상 행위-항목-기준)

㉮ 수영 등 물놀이 - 대장균 - 1000(개체수/100mL) 이상
㉯ 수영 등 물놀이 - 대장균 - 5000(개체수/100mL) 이상
㉰ 어패류 등 섭취 - 어패류 체내 총 수은(Hg) - 0.3mg/kg 이상
㉱ 어패류 등 섭취 - 어패류 체내 총 카드뮴(Cd) - 0.03mg/kg 이상

■풀이 물놀이 등의 행위제한 권고기준

대상 행위	항목	기준
수영 등 물놀이	대장균	500(개체수/100mL) 이상
어패류 등 섭취	어패류 체내 총 수은(Hg)	0.3(mg/kg) 이상

76 물환경보전법에 사용하고 있는 용어의 정의와 가장 거리가 먼 것은?

㉮ 점오염원 : 폐수배출시설, 하수발생시설, 축사 등으로서 관거, 수로 등을 통하여 일정한 지점으로 수질오염물질을 배출하는 배출원
㉯ 비점오염원 : 도시, 도로, 농지, 산지, 공사장 등으로서 불특정 장소에서 불특정하게 수질오염물질을 배출하는 배출원
㉰ 폐수무방류배출시설 : 폐수배출시설에서 발생하는 폐수를 당해 사업장 안에서 수질오염방지시설을 이용하여 처리하거나 동일 배출시설에 재이용하는 등 공공수역으로 배출하지 아니하는 폐수배출시설
㉱ 강우유출수 : 점오염원, 비점오염원 및 기타 오염원의 수질오염물질이 섞여 유출되는 빗물 또는 눈녹은 물

■풀이 ㉱ 강우유출수 : 비점오염원의 수질오염물질이 섞여 유출되는 빗물 또는 눈녹은 물 등을 말한다.

77 폐수처리업의 종류(업종 구분)로 가장 옳은 것은?

㉮ 폐수 수탁처리업, 폐수 재이용업
㉯ 폐수 수탁처리업, 폐수 재활용법
㉰ 폐수 위탁처리업, 폐수 수거, 운반업
㉱ 폐수 수탁처리업, 폐수 위탁처리업

TIP
폐수처리업의 종류
① 폐수 수탁처리업 : 폐수처리시설을 갖추고 위탁받은 폐수를 재생·이용 외의 방법으로 처리하는 영업
② 폐수 재이용업 : 위탁받은 폐수를 제품의 원료·재료 등으로 재생·이용하는 영업

정답 74 ㉮ 75 ㉰ 76 ㉱ 77 ㉮

78 기타 수질오염원 시설인 금은판매점의 세공시설의 규모기준으로 옳은 것은?

㉮ 폐수발생량이 1일 0.01 세제곱미터 이상일 것
㉯ 폐수발생량이 1일 0.1 세제곱미터 이상일 것
㉰ 폐수발생량이 1일 1 세제곱미터 이상일 것
㉱ 폐수발생량이 1일 10 세제곱미터 이상일 것

풀이 기타 수질오염원 시설인 금은판매점의 세공시설의 규모기준으로는 폐수발생량이 1일 0.01 세제곱미터 이상이다.

79 비점오염원의 변경신고 기준으로 틀린 것은?

㉮ 상호, 대표자, 사업명 또는 업종의 변경
㉯ 총 사업면적, 개발면적 또는 사업장 부지면적이 처음 신고면적의 100분의 30 이상 증가하는 경우
㉰ 비점오염저감시설의 종류, 위치, 용량이 변경되는 경우
㉱ 비점오염원 또는 비점오염저감시설의 전부 또는 일부를 폐쇄하는 경우

풀이 ㉯ 총 사업면적, 개발면적 또는 사업장 부지면적이 처음 신고면적의 100분의 15 이상 증가하는 경우

80 시장·군수·구청장이 낚시금지구역 또는 낚시제한구역을 지정하려는 경우 고려하여야 할 사항과 가장 거리가 먼 것은?

㉮ 용수 사용 및 배출 현황
㉯ 낚시터 인근에서의 쓰레기 발생현황 및 처리여건
㉰ 수질오염도
㉱ 서식 어류의 종류 및 양 등 수중생태계의 현황

TIP
시장·군수·구청장이 낚시금지구역 또는 낚시제한구역을 지정할 경우 고려사항
① 용수의 목적
② 오염원 현황
③ 수질오염도
④ 낚시터 인근에서의 쓰레기 발생 현황 및 처리 여건
⑤ 연도별 낚시 인구의 현황
⑥ 서식 어류의 종류 및 양 등 수중생태계의 현황

정답 78 ㉮ 79 ㉯ 80 ㉮

2013년 2회 수질환경산업기사

2013년 6월 2일 시행

| 제1과목 | 수질오염개론

01 0.01M NaOH 500mL를 완전 중화시키는데 소요되는 0.1N H_2SO_4 량은?

㉮ 10mL ㉯ 25mL
㉰ 50mL ㉱ 100mL

풀이 중화적정공식 : $N_1V_1 = N_2V_2$
$0.01N \times 500mL = 0.1N \times V_2$
$\therefore V_2 = \dfrac{0.01N \times 500mL}{0.1N} = 50mL$

TIP
① M 농도×가수 = N 농도
② NaOH는 1가 물질이므로 0.01M = 0.01N

02 BOD_u/BOD_5의 비가 1.72인 경우의 탈산소계수(day^{-1})는? (단, base는 상용대수임)

㉮ 0.056 ㉯ 0.066
㉰ 0.076 ㉱ 0.086

풀이 $BOD_5 = BOD_u \times (1-10^{-k_1 \times t})$
$\dfrac{BOD_5}{BOD_u} = 1-10^{-k_1 \times t}$
$\dfrac{BOD_u}{BOD_5} = \dfrac{1}{(1-10^{-k_1 \times t})}$
$1.72 = \dfrac{1}{(1-10^{-k_1 \times 5day})}$
$\therefore k_1 = 0.0756/day$

TIP
$10^x \leftrightarrow \log$
$e^x \leftrightarrow \ln$

03 BOD가 4mg/L이고, 유량이 1,000,000 m^3/day인 하천에 유량이 10,000m^3/day인 폐수가 유입되었다. 하천과 폐수가 완전히 혼합되어진 후 하천의 BOD가 1mg/L 높아졌다면, 하천에 가해지는 폐수의 BOD 부하량(kg/day)은? (단, 기타사항은 고려하지 않음)

㉮ 460 ㉯ 610
㉰ 805 ㉱ 1050

풀이 하천의 BOD = 4mg/L
하천의 유량 = 1,000,000m^3/day
폐수량 = 10,000m^3/day
폐수의 BOD = ?
혼합 후 BOD 농도 = 5mg/L
혼합공식 : $C_m = \dfrac{Q_1C_1+Q_2C_2}{Q_1+Q_2}$
$5mg/L = \dfrac{1,000,000m^3/day \times 4mg/L + 10,00m^3/day \times C_2}{(1,000,000+10,000)m^3/day}$
$\therefore C_2$(폐수의 BOD) = 105mg/L
따라서 폐수의 BOD 부하량(kg/day)
= 폐수의 BOD농도(kg/m^3)×폐수량(m^3/day)
= 0.105kg/m^3 × 10,000m^3/day
= 1050kg/day

정답 01 ㉰ 02 ㉰ 03 ㉱

TIP
① ppm = mg/L = g/m³
② mg/L×10⁻³ = kg/m³

04 여름철 부영양화된 호수나 저수지에서 다음과 같은 조건을 나타내는 수층으로 가장 적절한 것은?

[조건]
① pH는 약산성이다.
② 용존산소는 거의 없다.
③ CO_2는 매우 많다.
④ H_2S가 검출된다.

㉮ 성층 ㉯ 수온약층
㉰ 심수층 ㉱ 혼합층

풀이 ▶ 심수층에 대한 설명이다.

05 우리나라의 물이용 형태에서 볼 때 수요가 가장 많은 분야는?

㉮ 공업용수 ㉯ 농업용수
㉰ 유지용수 ㉱ 생활용수

풀이 ▶ 우리나라 수자원 이용현황은 농업용수 > 하천유지용수 > 생활용수 > 공업용수 순서이다.

06 용존산소의 포화농도가 9mg/L인 하천의 상류에서 용존산소 농도가 6mg/L이라면(BOD_5가 5mg/L, K_1 = 0.1day⁻¹, K_2 = 0.4day⁻¹) 5일 후의 하류에서의 DO 부족량(mg/L)은? (단, 상용대수 기준, 기타 조건은 고려하지 않음)

㉮ 약 0.8 ㉯ 약 1.8
㉰ 약 2.8 ㉱ 약 3.8

풀이 ▶
$$D_t = \frac{k_1 \times L_o}{k_2 - k_1} \times (10^{-k_1 \times t} - 10^{-k_2 \times t}) + D_o \times (10^{-k_2 \times t})$$

D_t : t시간 후 DO 부족 농도(mg/L)
k_1 : 탈산소계수(/day)
k_2 : 재포기계수(/day)
L_o : 최종 BOD(mg/L)
D_o : 초기산소부족량(mg/L)

D_o = 포화 DO 농도(C_S) - 하천수의 DO 농도(C)
    = 9mg/L - 6mg/L = 3mg/L

① 최종 BOD(L_o)를 계산한다.
$BOD_5 = BOD_u \times (1-10^{-k_1 \times t})$
$5mg/L = BOD_u \times (1-10^{-0.1/day \times 5day})$
∴ $BOD_u = \dfrac{5mg/L}{(1-10^{-0.1/day \times 5day})} = 7.31mg/L$

② $D_{5day} = \dfrac{0.1/day \times 7.31mg/L}{0.4/day - 0.1/day} \times (10^{-0.1/day \times 5day}$
$\quad -10^{-0.4/day \times 5day}) + 3mg/L \times (10^{-0.4/day \times 5day})$
$\quad = 0.78mg/L$

07 박테리아(분자식 : $C_5H_7O_2N$) 50g의 호기성 분해시 이론적 소요산소량은? (단, CO_2, NH_3, H_2O로 분해됨)

㉮ 52.6g ㉯ 65.3g
㉰ 70.8g ㉱ 87.8g

풀이 ▶ $C_5H_7O_2N + 5O_2 \rightarrow 5CO_2 + 2H_2O + NH_3$
113g : 5×32g
50g : ThOD

∴ ThOD(이론적산소요구량) = $\dfrac{50g \times 5 \times 32g}{113g}$
= 70.80g

정답 04 ㉰ 05 ㉯ 06 ㉮ 07 ㉰

08 물 1L에 NaOH 0.04g을 녹인 용액의 pH는? (단, Na : 23, 완전 해리 기준)

㉮ 9 ㉯ 10
㉰ 11 ㉱ 12

풀이 ① NaOH → Na$^+$ + OH$^-$
   XM   XM   XM

NaOH의 mol/L = $\dfrac{질량(g)}{부피(L)} \bigg| \dfrac{1mol}{분자량(g)}$

= $\dfrac{0.04g}{1L} \bigg| \dfrac{1mol}{40g}$ = 0.001mol/L

따라서 [OH$^-$] = XM = 0.001mol/L이다.

② pH = 14+log[OH$^-$]
      = 14+log[0.001mol/L] = 11.0

TIP
① M농도 = mol/L
② 1mol = 분자량(g)
③ NaOH의 분자량 = 23+16+1 = 40g
④ 산성물질에서 pH = -log[H$^+$]
⑤ 알칼리성물질에서 pH = 14+log[OH$^-$]

09 0.25M MgCl$_2$ 용액의 이온강도는? (단, 완전 해리 기준)

㉮ 0.45 ㉯ 0.55
㉰ 0.65 ㉱ 0.75

풀이 이온강도(I)는 용액에 들어있는 이온의 전체농도를 나타내는 척도이다.

MgCl$_2$ → Mg^{2+} + 2Cl$^-$
0.25M   0.25M   2×0.25M

이온강도(I) = $\dfrac{합\{이온의\ 몰수 \times (이온가수)^2\}}{2}$

= $\dfrac{(0.25M \times 2^2)+(2 \times 0.25M \times 1^2)}{2}$

= 0.75

10 어떤 하천의 물을 농업용수로 적당한가를 알아보기 위하여 수질분석한 결과는 다음과 같다. 이 하천의 Sodium Adsorption Ratio는? (단, 원자량은 Na = 23, Ca = 40, Mg = 24.3, P = 31, N = 14, O = 16)

이온	Na$^+$	Ca^{+2}	Mg^{+2}	PO$_4^{3-}$	NO$_3^-$
농도 (mg/L)	184	50	97.2	100	68

㉮ 1.5 ㉯ 2.5
㉰ 3.5 ㉱ 4.5

풀이 나트륨 흡착률(SAR) = $\dfrac{Na^+}{\sqrt{\dfrac{Ca^{2+}+Mg^{2+}}{2}}}$

Na$^+$ = Na$^+$mg/L÷23 = 184mg/L÷23 = 8mN
Ca^{2+} = Ca^{2+}mg/L÷20 = 50mg/L÷20 = 2.5mN
Mg^{2+} = Mg^{2+}mg/L÷12.15 = 97.2mg/L÷12.15
       = 8mN

따라서 SAR = $\dfrac{8}{\sqrt{\dfrac{2.5+8}{2}}}$ = 3.49

TIP
meq/L = me/L = mN = mg/L÷1mg 당량

정답 08 ㉰ 09 ㉱ 10 ㉰

11 분뇨 처리 후 방류수 잔류염소를 3mg/L로 하고자 한다. 하루 방류수 유량이 1600m³이고 염소요구량이 4mg/L이라면 염소는 하루에 얼마나 필요(주입)한가?

㉮ 8.6kg/day ㉯ 11.2kg/day
㉰ 14.3kg/day ㉱ 18.6kg/day

풀이 ① 염소주입량 = 염소요구량+염소잔류량
= 3mg/L+4mg/L = 7mg/L
② 염소주입량(kg/day)
= 염소주입농도(kg/m³)×유량(m³/day)
= 7×10⁻³kg/m³×1600m³/day
= 11.2kg/day

TIP
① ppm = mg/L = g/m³
② mg/L $\xrightarrow{\times 10^{-3}}$ kg/m³

12 0.05N의 약산인 초산이 16% 해리되어 있다면 이 수용액의 pH는?

㉮ 2.1 ㉯ 2.3
㉰ 2.6 ㉱ 2.9

풀이 CH₃COOH $\xrightarrow{16\% 해리}$ CH₃COO⁻ + H⁺
해리전 0.05M   0M   0M
해리후 0.05M−0.05M×0.16 0.05M×0.16 0.05M×0.16
따라서 pH = −log[H⁺] = −log[0.05M×0.16] = 2.10

TIP
① 산성물질에서 pH = −log[H⁺]
② 알칼리성물질에서 pH = 14+log[OH⁻]

13 6% NaCl의 M 농도는?
(단, NaCl 분자량 = 58.5, 비중 1.0 기준)

㉮ 0.61M ㉯ 0.83M
㉰ 1.03M ㉱ 1.26M

풀이
$$\text{mol/L} = \frac{\text{비중(g)}}{(\text{mL})} \times \frac{10^3\text{mL}}{1\text{L}} \times \frac{1\text{mol}}{\text{분자량}} \times \frac{\%\text{농도}}{100}$$

$$= \frac{1.0\text{g}}{\text{mL}} \times \frac{10^3\text{mL}}{1\text{L}} \times \frac{1\text{mol}}{58.5\text{g}} \times \frac{6\%}{100}$$

$$= 1.03\text{mol/L}$$

TIP
① M농도 = mol/L
② 1mol = 분자량(g)
③ NaCl의 분자량 = 23+35.5 = 58.5g

14 산성비를 정의할 때 기준이 되는 수소이온농도(pH)는?

㉮ 4.3 ㉯ 4.5
㉰ 5.6 ㉱ 6.3

풀이 보통 대기중 탄산가스와 평형상태에 있는 물은 약 pH 5.6의 산성을 띠고 있다.

정답 11 ㉯ 12 ㉮ 13 ㉰ 14 ㉰

15 물의 물리화학적 특성에 관한 설명으로 틀린 것은?

㉮ 물은 기화열이 작기 때문에 생물의 효과적인 체온조절이 가능하다.
㉯ 물(액체)분자는 H^+와 OH^-의 극성을 형성하므로 다양한 용질에 유효한 용매이다.
㉰ 물은 광합성의 수소 공여체이며 호흡의 최종산물로서 생체의 중요한 대사물이 된다.
㉱ 물은 융해열이 크기 때문에 생활에 적합한 매체가 된다.

풀이 ㉮ 물은 기화열이 크기 때문에 생물의 효과적인 체온조절이 가능하다.

16 어느 1차 반응에서 반응개시의 물질 농도가 220mg/L이고 반응 1시간 후의 농도는 94mg/L이었다면 반응 8시간 후의 물질의 농도는?

㉮ 0.12mg/L   ㉯ 0.25mg/L
㉰ 0.36mg/L   ㉱ 0.48mg/L

풀이 1차 반응식 : $\ln \frac{C_t}{C_0} = -k \times t$

$\begin{bmatrix} C_0 : 초기농도 \\ C_t : t시간 후 농도 \\ k : 상수 \\ t : 시간 \end{bmatrix}$

① $\ln \frac{94mg/L}{220mg/L} = -k \times 1hr$

∴ $k = \frac{\ln \frac{94mg/L}{220mg/L}}{-1hr} = 0.8503/hr$

② $\ln \frac{C_t}{220mg/L} = -0.8503/hr \times 8hr$

∴ $C_t = 220mg/L \times (e^{-0.8503/hr \times 8hr}) = 0.24mg/L$

TIP
$e^x \leftrightarrow \ln$
$10^x \leftrightarrow \log$

17 개미산(HCOOH)의 ThOD/TOC의 비는?

㉮ 1.33   ㉯ 2.14
㉰ 2.67   ㉱ 3.19

풀이 $HCOOH + 0.5O_2 \rightarrow CO_2 + H_2O$

여기서 $\frac{ThOD(이론적산소요구량)}{TOC(총유기탄소량)}$

$= \frac{0.5 \times 32g}{1 \times 12g} = 1.33$

18 하천에서 유기물 분해상태를 측정하기 위해 20℃에서 BOD를 측정했을 때 $K_1 = 0.2/day$ 이었다. 실제 하천온도가 18℃일 때 탈산소계수는? (단, 온도보정계수는 1.035 이다.)

㉮ 약 0.159/day   ㉯ 약 0.164/day
㉰ 약 0.172/day   ㉱ 약 0.187/day

풀이 $K_{1(T)} = K_{1(20℃)} \times 1.035^{(T-20)}$
$K_{1(18℃)} = 0.2/day \times 1.035^{(18-20)} = 0.187/day$

정답 15 ㉮   16 ㉯   17 ㉮   18 ㉱

19 표준상태에서 45g의 포도당($C_6H_{12}O_6$)이 혐기성 분해시 이론적으로 발생시킬 수 있는 CH_4 가스의 부피는?

㉮ 16.8L ㉯ 19.6L
㉰ 24.3L ㉱ 28.6L

풀이 $C_6H_{12}O_6 \rightarrow 3CO_2 + 3CH_4$
180g : 3×22.4L
45g : CH_4

∴ $CH_4 = \dfrac{45g \times 3 \times 22.4L}{180g} = 16.8L$

TIP
① 체적(L) = 계수×22.4(L)
② 중량(g) = 계수×분자량(g)
③ $C_6H_{12}O_6$ = 포도당 = 글루코스
④ $C_6H_{12}O_6$의 분자량
 = (6×12)+(12×1)+(6×16) = 180g

20 K_1(탈산소계수)가 0.1/day인 어떤 폐수의 BOD_5가 500mg/L이라면 2일 소모 BOD는? (단, 상용대수 기준)

㉮ 220mg/L ㉯ 250mg/L
㉰ 270mg/L ㉱ 290mg/L

풀이 ① $BOD_5 = BOD_u \times (1-10^{-k_1 \times t})$
500mg/L = $BOD_u \times (1-10^{-0.1/day \times 5day})$

∴ $BOD_u = \dfrac{500mg/L}{(1-10^{-0.1/day \times 5day})} = 731.24mg/L$

② $BOD_2 = BOD_u \times (1-10^{-k_1 \times t})$
= 731.24mg/L × $(1-10^{-0.1/day \times 2day})$
= 269.86mg/L

TIP
① 상용대수 기준이면 밑수 10
② 자연대수 기준이면 밑수 e

| 제2과목 | 수질오염방지기술

21 일반적으로 회전원판법에서 원판 직경의 몇 %가 물에 잠긴 상태에서 운영하는가? (단, 공기구동 방식이 아님)

㉮ 약 20% ㉯ 약 40%
㉰ 약 60% ㉱ 약 80%

풀이 회전원판법에서 원판 직경의 40%가 물에 잠긴 상태에서 운영한다.

22 다음의 생물학적 고도처리 공정 중 수중인의 제거를 주목적으로 개발한 공법은?

㉮ 4단계 Bardenpho 공법
㉯ 5단계 Bardenpho 공법
㉰ A^2/O 공법
㉱ A/O 공법

풀이 ㉮ 4단계 Bardenpho 공법 : 질소(N)처리가 주목적
㉯ 5단계 Bardenpho 공법 : 질소(N), 인(P)처리가 주목적
㉰ A^2/O 공법 : 질소(N), 인(P)처리가 주목적
㉱ A/O 공법 : 인(P)처리가 주목적

정답 19 ㉮ 20 ㉰ 21 ㉯ 22 ㉱

23 2000m³/day의 하수를 처리하고 있는 하수처리장에서 염소처리시 염소요구량이 5.5mg/L이고 잔류염소농도가 0.5mg/L일 때 1일 염소 주입량은?
(단, 주입염소에는 40%의 불순물이 함유되어 있다.)

㉮ 10 kg/day ㉯ 15 kg/day
㉰ 20 kg/day ㉱ 25 kg/day

풀이 ① 염소주입량 = 염소요구량 + 염소잔류량
= 5.5mg/L + 0.5mg/L = 6.0mg/L
② 염소주입량(kg/day)
= 주입염소농도(kg/m^3) × 하수량(m^3/day)
$\times \dfrac{100}{순도(\%)}$
= $6.0 \times 10^{-3} kg/m^3 \times 2000 m^3/day \times \dfrac{100}{60\%}$
= 20kg/day

TIP
① ppm = mg/L = g/m^3
② mg/L $\xrightarrow{\times 10^{-3}}$ kg/m^3

24 하수 소독 방법인 UV 살균의 장점과 가장 거리가 먼 것은?

㉮ 유량과 수질의 변동에 대해 적응력이 강하다.
㉯ 접촉시간이 짧다.
㉰ 물의 탁도나 혼탁이 소독효과에 영향을 미치지 않는다.
㉱ 강한 살균력으로 바이러스에 대해 효과적이다.

풀이 ㉰ 물의 탁도나 혼탁이 소독효과에 영향을 미친다.

25 표준활성슬러지법의 MLSS농도의 표준범위로 가장 옳은 것은?

㉮ 1000 ~ 1500mg/L
㉯ 1500 ~ 2500mg/L
㉰ 2500 ~ 3500mg/L
㉱ 3500 ~ 4500mg/L

풀이 표준활성슬러지법의 MLSS농도의 표준범위는 1500 ~ 3000mg/L이다.

TIP
표준활성슬러지법
① MLSS 1500 ~ 3000mg/L
② F/M비 0.2 ~ 0.4/day
③ HRT(수리학적 체류시간) 6 ~ 8hr
④ SRT(미생물 체류시간) 3 ~ 6day
⑤ 반응조 수심 4 ~ 6m
⑥ 반응조 형상 : 사각형, 다단 완전혼합형
⑦ 포기방식 : 전면포기식, 선회류식, 미세기포 분사식, 수중 교반식

26 8kg glucose($C_6H_{12}O_6$)로부터 발생 가능한 CH_4가스의 용적은? (단, 표준상태, 혐기성 분해 기준)

㉮ 약 1500L ㉯ 약 2000L
㉰ 약 2500L ㉱ 약 3000L

풀이 $C_6H_{12}O_6 \rightarrow 3CO_2 + 3CH_4$
180g : 3 × 22.4L
8×10^3g : CH_4량
∴ CH_4량 = $\dfrac{8 \times 10^3 g \times 3 \times 22.4 L}{180g}$ = 2986.67L

TIP
① 체적(L) = 계수 × 22.4(L)
② 중량(g) = 계수 × 분자량(g)
③ $C_6H_{12}O_6$ = 포도당 = 글루코스
④ $C_6H_{12}O_6$의 분자량
= (6×12) + (12×1) + (6×16) = 180g

정답 23 ㉰ 24 ㉰ 25 ㉯ 26 ㉱

27 슬러지 건조고형물 무게의 1/2이 유기물질, 1/2이 무기물질이며 이 슬러지 함수율은 80%, 유기물질 비중은 1.0, 무기물질 비중은 2.5라면 슬러지 전체의 비중은?

㉮ 1.025　　㉯ 1.046
㉰ 1.064　　㉱ 1.087

풀이

$$\frac{1}{\rho_{SL}} = \frac{W_{FS}}{\rho_{FS}} + \frac{W_{VS}}{\rho_{VS}} + \frac{W_P}{\rho_P}$$

- ρ_{SL} : 슬러지의 비중
- ρ_{FS} : 무기물의 비중
- W_{FS} : 무기물의 함량
- ρ_{VS} : 유기물의 비중
- W_{VS} : 유기물의 함량
- ρ_P : 수분의 비중
- W_P : 수분의 함량

따라서 $\frac{1}{\rho_{SL}} = \frac{0.2 \times \frac{1}{2}}{2.5} + \frac{0.2 \times \frac{1}{2}}{1.0} + \frac{0.8}{1.0}$

∴ $\rho_{SL} = \frac{1}{0.94} = 1.0638$

28 5°C의 수중에 동일한 직경을 가지는 기름방울 A와 B가 있다. A의 비중은 0.84, B의 비중은 0.98 일 때 A와 B의 부상속도비(V_A/V_B)는?

㉮ 2　　㉯ 4
㉰ 6　　㉱ 8

풀이

부상속도(V_f) = $\frac{d^2(\rho_w - \rho_s)g}{18\mu}$

$V_f = (\rho_w - \rho_s)$이므로

$\frac{V_A}{V_B} = \left(\frac{1.0-0.84}{1.0-0.98}\right) = 8$

TIP
물의 비중은 1.0이다.

29 폭기조 용액을 1L 메스실린더에서 30분간 침강시킨 침전슬러지 부피가 500mL이었다. MLSS 농도가 2500mg/L라면 SDI는?

㉮ 0.5　　㉯ 1
㉰ 2　　㉱ 4

풀이

① $SVI = \frac{SV(mL/L)}{MLSS(mg/L)} \times 10^3$

$= \frac{500mL/L}{2500mg/L} \times 10^3 = 200$

② $SDI = \frac{1}{SVI} \times 100 = \frac{1}{200} \times 100 = 0.5$

TIP
① 슬러지용적지수(SVI)의 단위는 mL/g이다.
② 슬러지밀도지수(SDI)의 단위는 g/100mL이다.

30 잉여슬러지의 농도가 10,000mg/L 일 때 포기조 MLSS를 2,500mg/L로 유지하기 위한 반송비는? (단, 기타 조건은 고려하지 않음)

㉮ 0.23　　㉯ 0.33
㉰ 0.43　　㉱ 0.53

풀이

반송비(R) = $\frac{MLSS - SS_i}{SS_r - MLSS}$

$= \frac{2,500mg/L}{10,000mg/L - 2,500mg/L} = 0.33$

TIP
SS_r(반송슬러지 농도) = SS_w(잉여슬러지 농도)

정답 27 ㉰　28 ㉱　29 ㉮　30 ㉯

31 부피 2000m³인 탱크의 G값을 50/sec로 하고자 할 때 필요한 이론 소요동력(W)은? (단, 유체점도는 0.001 kg/m · sec)

㉮ 3500 ㉯ 4000
㉰ 4500 ㉱ 5000

풀이 $P = G^2 \times \mu \times V$

$\begin{cases} P : 동력(Watt) \\ G : 속도경사(/sec) \\ \mu : 점성도(kg/m \cdot sec) \\ V : 반응조 부피(m^3) \end{cases}$

따라서 $P = (50/sec)^2 \times 0.001 kg/m \cdot sec \times 2000m^3$
$= 5000 Watt$

TIP
점성도 단위 : $kg/m \cdot sec = N \cdot sec/m^2$

32 폐수에 포함된 15mg/L의 난분해성 유기물을 활성탄흡착에 의해 1mg/L로 처리하고자 하는 경우 필요한 활성탄 양은? (단, 오염물질의 흡착량과 흡착제 양과의 관계는 Freundlich의 등온식에 따르며 k = 0.5, n = 1)

㉮ 24mg/L ㉯ 28mg/L
㉰ 32mg/L ㉱ 36mg/L

풀이 Freundlich의 등온흡착식

$\dfrac{C_i - C_o}{M} = K \times C_o^{\frac{1}{n}}$

$\begin{cases} C_i : 유입수 농도 \\ C_o : 유출수 농도 \\ M : 활성탄 주입량 \\ k, n : 경험적인 상수 \end{cases}$

따라서 $\dfrac{(15-1)mg/L}{M} = 0.5 \times (1mg/L)^{\frac{1}{1}}$

∴ $M = \dfrac{(15-1)mg/L}{0.5 \times (1mg/L)^{\frac{1}{1}}} = 28mg/L$

TIP
Freundlich의 등온흡착식
$\dfrac{X}{M} = K \times C_o^{\frac{1}{n}} \Rightarrow \dfrac{C_i - C_o}{M} = K \times C_o^{\frac{1}{n}}$

33 슬러지의 함수율이 95%에서 90%로 줄어들면 슬러지의 부피는? (단, 슬러지 비중은 1.0)

㉮ 2/3로 감소한다. ㉯ 1/2로 감소한다.
㉰ 1/3로 감소한다. ㉱ 3/4로 감소한다.

풀이 $V_1 \times (100-P_1) = V_2 \times (100-P_2)$

$\begin{cases} V_1 : 처음의 슬러지량 \\ P_1 : 처음의 함수율 \\ V_2 : 변화된 슬러지량 \\ P_2 : 변화된 함수율 \end{cases}$

따라서 $V_1 \times (100-95) = V_2 \times (100-90)$

∴ $\dfrac{V_2}{V_1} = \dfrac{(100-95)}{(100-90)} = \dfrac{5}{10} = \dfrac{1}{2}$

따라서 $\dfrac{1}{2}$ 로 감소한다.

34 진공여과기로 슬러지를 탈수하여 함수율 78%의 탈수 cake을 얻었다. 여과면적은 30m², 여과속도는 25kg/m² · hr이라면 진공여과기의 시간당 cake의 생산량은? (단, 슬러지 비중은 1.0로 가정한다.)

㉮ 약 2.8m³/hr ㉯ 약 3.4m³/hr
㉰ 약 4.2m³/hr ㉱ 약 5.3m³/hr

풀이 cake의 생산량(m³/hr)

$= \dfrac{건조 슬러지량}{비중량} \times \dfrac{100}{100-함수율(\%)}$

$= \dfrac{25kg/m^2 \cdot hr \times 30m^2}{1000kg/m^3} \times \dfrac{100}{100-78}$

$= 3.41 m^3/hr$

정답 31 ㉱ 32 ㉯ 33 ㉯ 34 ㉯

TIP
① 건조슬러지량(kg/hr)
　= 여과속도(kg/m²·hr)×면적(m²)
② 비중(g/cm³) $\xrightarrow{\times 10^3}$ 비중량(kg/m³)
③ 비중 1.0g/cm³ $\xrightarrow{\times 10^3}$ 1000kg/m³

35 펜톤(Fenton)반응에서 사용되는 과산화수소의 용도는?

㉮ 응집제　　㉯ 촉매제
㉰ 산화제　　㉱ 침강촉진제

풀이 펜톤(Fenton) 산화법은 펜톤시약(H_2O_2)으로부터 발생하는 OH라디칼을 이용해 처리하는 방법이다. 따라서 과산화수소(H_2O_2)의 용도는 산화제이다.

36 BOD 300mg/L인 폐수를 20℃에서 살수여상법으로 처리한 결과 유출수 BOD가 60mg/L 되었다. 이 폐수를 10℃에서 처리한다면 유출수의 BOD는? (단, 처리효율 Et = E20×1.035$^{(T-20)}$이다.)

㉮ 110mg/L　　㉯ 130mg/L
㉰ 150mg/L　　㉱ 170mg/L

풀이 ① 20℃에서 처리효율을 계산한다.
$E_{20℃} = \left\{1 - \dfrac{유출수\ BOD}{유입수\ BOD}\right\} \times 100$
$= \left\{1 - \dfrac{60mg/L}{300mg/L}\right\} \times 100 = 80\%$

② 20℃ 처리효율을 10℃의 처리효율로 전환한다.
$E_{10℃} = 80\% \times 1.035^{(10-20)} = 56.71\%$

③ 10℃에서 유출수의 BOD 농도를 계산한다.
$56.71\% = \left\{1 - \dfrac{유출수\ BOD}{300mg/L}\right\} \times 100$
∴ 유출수 BOD = 300mg/L×(1-0.5671)
　　　　　　　= 129.87mg/L

37 활성슬러지법에 의한 폐수처리의 운전 및 유지 관리상 가장 중요도가 낮은 사항은?

㉮ 포기조 내의 수온
㉯ 포기조에 유입되는 폐수의 용존산소량
㉰ 포기조에 유입되는 폐수의 pH
㉱ 포기조에 유입되는 폐수의 BOD 부하량

풀이 유입되는 폐수의 용존산소량보다 포기조의 용존산소량이 중요하다.

38 혐기성 소화조 운전 중 소화가스 발생량이 저하되었다. 그 원인과 가장 거리가 먼 것은?

㉮ 조내 온도저하
㉯ 저농도 슬러지유입
㉰ 소화슬러지 과잉배출
㉱ 과다교반

풀이 혐기성소화시 소화가스 발생량 저하 원인
① 저농도 슬러지 유입
② 소화슬러지 과잉 배출
③ 조내 온도 저하
④ 소화가스가 누출될 때
⑤ 과다한 산이 생성되었을 때
⑥ 소화조내의 pH 상승(pH 8.5이상)

정답 35 ㉰　36 ㉯　37 ㉯　38 ㉱

39 BOD 300mg/L, 유량 2,000m³/day의 폐수를 활성슬러지법으로 처리할 때 BOD 슬러지부하 0.25kgBOD/kgMLSS·day, MLSS 2000mg/L로 하기 위한 포기조의 용적은?

㉮ 800m³ ㉯ 1000m³
㉰ 1200m³ ㉱ 1400m³

풀이

$$F/M비(/day) = \frac{BOD(kg/m^3) \times Q(m^3/day)}{MLSS(kg/m^3) \times V(m^3)}$$

따라서 $0.25/day = \frac{0.3kg/m^3 \times 2000m^3/day}{2kg/m^3 \times V(m^3)}$

$\therefore V = \frac{0.3kg/m^3 \times 2000m^3/day}{2kg/m^3 \times 0.25/day} = 1200m^3$

40 지름이 20m이고, 깊이가 5m인 원형침전지에서 BOD 200mg/L, SS 240mg/L인 하수 4,000m³/day를 처리할 때 침전지의 수면적 부하율은?

㉮ 2.7m/day ㉯ 12.7m/day
㉰ 23.7m/day ㉱ 27.0m/day

풀이 수면적 부하율(m³/m²·day)

$$= \frac{Q(m^3/day)}{A(m^2)} = \frac{Q(m^3/day)}{\frac{\pi}{4} \times D^2(m^2)} = \frac{4000m^3/day}{\frac{\pi}{4} \times (20m)^2}$$

$= 12.73 m^3/m^2 \cdot day$

TIP
수면적 부하율의 단위
m³/m²·day = m/day

제3과목 | 수질오염공정시험기준

41 자외선 가시선 분광법을 사용한 크롬 분석에 관한 설명으로 옳은 것은?

㉮ 정량한계는 0.01mg/L이다.
㉯ 다이페닐카르바지드를 작용시켜 생성하는 청색 착화물의 흡광도를 측정한다.
㉰ RSD(%)는 ±15% 이내이다.
㉱ 과망간산칼륨을 첨가하여 3가 크롬을 6가 크롬으로 산화시킨다.

풀이 ㉮ 정량한계는 0.04mg/L이다.
㉯ 다이페닐카르바지드를 작용시켜 생성하는 적자색 착화물의 흡광도를 측정한다.
㉰ RSD(%)는 ±25% 이내이다.

TIP
크롬의 자외선 가시선 분광법
3가 크롬은 과망간산칼륨을 첨가하여 6가 크롬으로 산화시킨 후, 산성 용액에서 다이페닐카바자이드와 반응하여 생성되는 적자색 착화합물의 흡광도를 540nm에서 측정하며, 정량한계는 0.04mg/L이다.

42 다음은 총대장균군(평판집락법) 측정에 관한 내용이다. ( )안에 내용으로 옳은 것은?

> 배출수 또는 방류수에 존재하는 총대장균군을 측정하는 방법으로 페트리접시의 평판집락법 배지를 굳힌 후 배양한 다음 진한 ( )의 전형적인 집락을 계수하는 방법이다.

㉮ 황색 ㉯ 적색
㉰ 청색 ㉱ 녹색

정답 39 ㉰ 40 ㉯ 41 ㉱ 42 ㉯

43 다음 용어의 정의에 대한 설명 중 옳은 것은?

㉮ 시험조작 중 "즉시"란 1분 이내에 표시된 조작을 하는 것을 뜻한다.
㉯ "항량으로 될 때까지 건조한다"라는 뜻은 같은 조건에서 30분 더 건조할 때 전후 무게의 차가 g당 0.3mg 이하일 때이다.
㉰ 무게를 "정밀히 단다"라 함은 규정된 수치의 무게를 0.1mg까지 다는 것을 말한다.
㉱ "약"이라 함은 기재된 양에 대하여 ±10% 이상의 차가 있어서는 안 된다.

[풀이]
㉮ 시험조작중 "즉시"란 30초 이내에 표시된 조작을 하는 것을 뜻한다.
㉯ "항량으로 될 때까지 건조한다"라는 뜻은 같은 조건에서 1시간 더 건조할 때 전후 무게의 차가 g당 0.3mg 이하일 때이다.
㉰ 무게를 "정확히 단다"라 함은 규정된 수치의 무게를 0.1mg 까지 다는 것을 말한다.

44 개수로에 의한 유량측정시 케이지(Chezy)의 유속공식이 적용된다. 경심이 0.653m, 홈바닥의 구배 $i = \dfrac{1}{1500}$, 유속계수가 31.3일 때 평균유속은? (단, 수로의 구성 재질과 수로 단면의 형상이 일정하고 수로의 길이가 적어도 10m까지 똑바른 경우, 케이지유속 공식은 $V(m/sec) = C\sqrt{iR}$ 이다.)

㉮ 0.65 m/sec ㉯ 0.84 m/sec
㉰ 1.21 m/sec ㉱ 1.63 m/sec

[풀이] Chezy 유속 공식 : $V = C\sqrt{iR}$
C : 유속계수
i : 기울기
R : 경심(m)

따라서 $V = 31.3 \times \sqrt{\dfrac{1}{1500} \times 0.653m} = 0.65 m/sec$

45 비소를 수소화물생성-원자흡수분광광도법으로 측정할 때의 내용으로 옳은 것은?

㉮ 수소화비소를 아르곤-수소 불꽃에서 원자화시켜 228.7nm에서 흡광도를 측정한다.
㉯ 염화제일주석으로 시료 중의 비소를 6가 비소로 산화시킨다.
㉰ 망간을 넣어 수소화 비소를 발생시킨다.
㉱ 정량한계는 0.005mg/L이다.

TIP
비소의 수소화물생성-원자흡수분광광도법
아연 또는 나트륨붕소수화물(NaBH₄)을 넣어 수소화 비소로 포집하여 아르곤(또는 질소)-수소 불꽃에서 원자화시켜 193.7nm에서 흡광도를 측정하고 비소를 정량하는 방법이며, 정량한계는 0.005mg/L이다.

46 생물화학적 산소요구량(BOD) 측정시 사용되는 ATU 용액, TCMP 시약의 역할로 옳은 것은?

㉮ 식종 정착 ㉯ 질산화 억제
㉰ 산소 고정 ㉱ 미생물 영양

[풀이] 생물화학적 산소요구량(BOD) 측정시 사용되는 ATU 용액, TCMP 시약의 역할은 질산화 억제이다.

정답 43 ㉱ 44 ㉮ 45 ㉱ 46 ㉯

47 다음 설명하는 정도관리요소에 해당하는 것은?

> 시험분석 결과의 반복성을 나타내는 것으로 반복시험하여 얻은 결과를 상대표준편차(RSD, relative standard deviation)로 나타내며, 연속적으로 n회 측정한 결과의 평균값과 표준편차로 구한다.

㉮ 정밀도 ㉯ 정확도
㉰ 정량한계 ㉱ 검출한계

TIP

용어설명
(1) 정밀도 : 시험분석 결과의 반복성을 나타내는 것으로 반복시험하여 얻은 결과를 상대 표준편차(RSD, relative standard deviation)로 나타내며, 연속적으로 n회 측정한 결과의 평균값($\bar{x}$)과 표준편차(s)로 구한다.
(2) 정확도 : 시험분석 결과가 참값에 얼마나 근접하는가를 나타내는 것으로 동일한 매질의 인증시료를 확보할 수 있는 경우에는 표준절차서(SOP, standard operational procedure)에 따라 인증표준물질을 분석한 결과값(CM)과 인증값(CC)과의 상대백분율로 구한다.
(3) 정량한계 : 시험분석 대상을 정량화할 수 있는 측정값으로서, 제시된 정량한계 부근의 농도를 포함하도록 시료를 준비하고 이를 반복 측정하여 얻은 결과의 표준편차(s)에 10배한 값을 사용한다.
(4) 검출한계
① 기기검출한계(IDL, instrument detection limit)란 시험분석 대상물질을 기기가 검출할 수 있는 최소한의 농도 또는 양으로서, 일반적으로 S/N 비의 2~5배 농도 또는 바탕시료를 반복 측정 분석한 결과의 표준편차에 3배한 값 등을 말한다.
② 방법검출한계(MDL, method detection limit)란 시료와 비슷한 매질 중에서 시험분석대상을 검출할 수 있는 최소한의 농도로서, 제시된 정량한계 부근의 농도를 포함하도록 준비한 n개의 시료를 반복 측정하여 얻은 결과의 표준편차(s) 99% 신뢰도에서의 t-분포값을 곱한 것이다.

48 수은 측정에 적용 가능한 시험방법과 가장 거리가 먼 것은? (단, 공정시험기준)

㉮ 자외선 가시선 분광법
㉯ 양극벗김전압전류법
㉰ 냉증기-원자형광법
㉱ 유도결합플라스마-원자발광분광법

풀이 수은 측정에 적용 가능한 시험방법에는 냉증기-원자흡수분광광도법, 자외선 가시선 분광법, 양극벗김전압전류법, 냉증기-원자형광법이 있다.

49 밀폐용기를 설명한 것으로 옳은 것은?

㉮ 취급 또는 저장하는 동안에 기체 또는 미생물이 침입하지 아니하도록 내용물을 보호하는 용기를 말한다.
㉯ 취급 또는 저장하는 동안에 이물질이 들어가거나 또는 내용물이 손실되지 아니하도록 보호하는 용기를 말한다.
㉰ 취급 또는 저장하는 동안에 밖으로부터의 공기, 다른 가스가 침입하지 아니하도록 내용물을 보호하는 용기를 말한다.
㉱ 취급 또는 저장하는 동안에 이물질이나 미생물이 침입하지 아니하도록 내용물을 보호하는 용기를 말한다.

TIP

용기의 종류
① 밀폐용기 : 이물질
② 기밀용기 : 공기 또는 다른 가스
③ 밀봉용기 : 기체 또는 미생물
④ 차광용기 : 광선

정답 47 ㉮ 48 ㉱ 49 ㉯

50 인산염인을 측정하기 위해 적용 가능한 시험방법과 가장 거리가 먼 것은?
(단, 공정시험기준)

㉮ 자외선 가시선 분광법(이염화주석환원법)
㉯ 자외선 가시선 분광법(아스코르빈산환원법)
㉰ 자외선 가시선 분광법(부루신환원법)
㉱ 이온크로마토그래피

풀이 인산염인을 측정하기 위해 적용 가능한 시험방법에는 자외선 가시선 분광법(이염화주석환원법), 자외선 가시선 분광법(아스코르빈산환원법), 이온크로마토그래피가 있다.

51 니켈의 자외선 가시선 분광법 측정원리에 대한 설명이다. ( )에 내용으로 옳은 것은?

> 니켈이온을 암모니아의 ( )에서 ( )과 반응시켜 생성한 니켈착염을 클로로폼으로 추출하고 이것을 묽은 염산으로 역추출한다. 추출물에 브롬과 암모니아수를 넣어 니켈을 산화시키고 다시 암모니아 알칼리성에서 반응시켜 생성한 니켈착염의 흡광도를 측정하는 방법이다.

㉮ 약산성 - 다이메틸 글리옥심
㉯ 약산성 - 과요오드산칼륨
㉰ 약알칼리성 - 다이메틸 글리옥심
㉱ 약알칼리성 - 과요오드산칼륨

52 DO 측정시(적정법) End point(종말점)에 있어서의 액의 색은?

㉮ 무색 ㉯ 적색
㉰ 황색 ㉱ 황갈색

풀이 DO를 적정법으로 분석시 종말점의 색은 무색이다.

53 아연의 일반적 성질에 관한 내용으로 틀린 것은?

㉮ 토양 중에는 10 ~ 300mg/kg 정도가 존재한다.
㉯ 지하수에는 0.1mg/L 이하로 존재한다.
㉰ 5mg/L 이상의 농도에서 신맛을 나타낸다.
㉱ 염산이나 묽은 황산에서는 수소가 발생하며 녹아 각각의 염이 된다.

풀이 ㉰ 5mg/L 이상의 농도에서 쓴맛을 나타낸다.

54 시안을 자외선 가시선 분광법으로 측정할 때 정량한계로 옳은 것은?

㉮ 0.1mg/L ㉯ 0.05mg/L
㉰ 0.01mg/L ㉱ 0.005mg/L

TIP
시안의 자외선 가시선 분광법
시료를 pH 2 이하의 산성에서 가열 증류하여 시안화물 및 시안착화합물의 대부분을 시안화수소로 유출시켜 포집한 다음 포집된 시안이온을 중화하고 클로라민-T를 넣어 생성된 염화시안이 피리딘-피라졸론 등의 발색시약과 반응하여 나타나는 청색을 620nm에서 측정하는 방법이며, 정량한계는 0.01mg/L이다.

정답 50 ㉱ 51 ㉰ 52 ㉮ 53 ㉰ 54 ㉰

55 시료의 보존방법 및 최대보존기간에 대한 내용으로 옳은 것은?

㉮ 냄새용 시료는 4℃ 보관, 최대 48시간동안 보존한다.
㉯ COD용 시료는 황산 또는 질산을 첨가하여 pH 4 이하, 최대 7일간 보존한다.
㉰ 유기인용 시료는 HCl로 pH 5~9, 4℃ 보관, 최대 7일간 보존한다.
㉱ 질산성 질소용 시료는 4℃ 보관, 최대 24시간 보존한다.

풀이
㉮ 냄새용 시료는 가능한 즉시 분석 또는 냉장 보관, 최대 6시간동안 보존한다.
㉯ COD용 시료는 4℃ 보관, 황산 첨가하여 pH 2 이하, 최대 28일간 보존한다.
㉱ 질산성 질소용 시료는 4℃ 보관, 최대 48시간 보존한다.

56 물 속의 냄새를 측정하기 위한 시험에서 시료 부피 4mL와 무취 정제수(희석수) 부피 196mL인 경우 냄새역치(TON, threshold odor number)는?

㉮ 0.02 ㉯ 0.5
㉰ 50   ㉱ 100

풀이
냄새역치(TON) = $\dfrac{A+B}{A}$

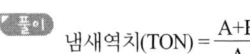

따라서 냄새역치(TON) = $\dfrac{4mL+196mL}{4mL}$ = 50

57 4각 웨어에 의하여 유량을 측정하려고 한다. 웨어의 수두 0.8m, 절단의 폭 2.5m 이면 유량은? (단, 유량계수는 4.8 이다.)

㉮ 4.8m³/min   ㉯ 6.7m³/min
㉰ 8.6m³/min   ㉱ 10.2m³/min

풀이
$Q = k \cdot b \cdot h^{\frac{3}{2}}$

Q : 유량(m³/min)
k : 유량계수
b : 절단의 폭(m)
h : 웨어의 수두(m)

따라서 Q = 4.8×2.5m×(0.8m)^{3/2} = 8.59m³/min

58 다음은 구리(자외선 가시선 분광법) 측정에 관한 내용이다. ( )안에 내용으로 옳은 것은?

> 물속에 존재하는 구리이온이 알칼리성에서 다이에틸다이티오카르바민산나트륨과 반응하여 생성하는 ( )을 아세트산부틸로 추출하여 흡광도를 측정한다.

㉮ 황갈색의 킬레이트 화합물
㉯ 적갈색의 킬레이트 화합물
㉰ 청색의 킬레이트 화합물
㉱ 적색의 킬레이트 화합물

정답 55 ㉰ 56 ㉰ 57 ㉰ 58 ㉮

59 물벼룩을 이용한 급성 독성 시험법(시험생물)에 관한 내용으로 틀린 것은?

㉮ 시험하기 2시간 전 부터는 먹이 공급을 중단하여 먹이에 대한 영향을 최소화 한다.
㉯ 태어난 지 24시간 이내의 시험생물일지라도 가능한 한 크기가 동일한 시험생물을 시험에 사용한다.
㉰ 배양시 물벼룩이 표면에 뜨지 않아야 하고, 표면에 뜰 경우 시험에 사용하지 않는다.
㉱ 물벼룩을 옮길 때 사용되는 스포이드에 의한 교차 오염이 발생하지 않도록 주의를 기울인다.

[풀이] ㉮ 시험하기 2시간 전에 먹이를 충분히 공급하여 시험 중 먹이가 주는 영향을 최소화 한다.

60 다음 중 다량의 점토질 또는 규산염을 함유한 시료의 전처리 방법으로 가장 옳은 것은?

㉮ 질산-과염소산-불화수소산
㉯ 질산-과염소산법
㉰ 질산-염산법
㉱ 질산-황산법

TIP
전처리방법
① 질산법 : 유기함량이 비교적 높지 않은 시료에 적용
② 질산-염산법 : 유기물 함량이 비교적 높지 않고 금속의 수산화물, 산화물, 인산염 및 황화물을 함유하고 있는 시료에 적용
③ 질산-황산법 : 유기물 등을 많이 함유하고 있는 대부분의 시료에 적용
④ 질산-과염소산법 : 유기물을 다량 함유하고 있으면서 산분해가 어려운 시료에 적용
⑤ 질산-과염소산-불화수소산법 : 다량의 점토질 또는 규산염을 함유한 시료에 적용
⑥ 마이크로파 산분해법 : 밀폐 용기를 이용한 마이크로파 장치에 의한 방법에 적용되는 방법으로 유기물을 다량 함유하고 있으면서 산분해가 어려운 시료에 적용

| 제4과목 | 수질환경관계법규

61 비점오염저감시설 중 장치형 시설에 해당 되는 것은?

㉮ 여과형 시설   ㉯ 저류형 시설
㉰ 식생형 시설   ㉱ 침투형 시설

[풀이] ① 자연형 시설의 종류에는 저류시설, 인공습지, 침투시설, 식생형 시설이 있다.
② 장치형 시설에는 여과형시설, 소용돌이형시설, 스크린형 시설, 응집 침전 처리형 시설, 생물학적 처리형 시설이 있다.

62 환경부장관이 수질원격감시체계 관제센터를 설치, 운영할 수 있는 기관은?

㉮ 한국환경공단
㉯ 국립환경과학원
㉰ 유역환경청
㉱ 시·도 보건환경연구원

[풀이] 환경부장관이 수질원격감시체계 관제센터를 설치, 운영할 수 있는 기관은 한국환경공단이다.

63 공공수역이라 함은 하천, 호소, 항만, 연안해역 그 밖에 공공용에 사용되는 수역과 이에 접속하여 공공용에 사용되는 환경부령이 정하는 수로를 말한다. 다음 중 환경부령이 정하는 수로에 해당되지 않는 것은?

㉮ 지하수로   ㉯ 운하
㉰ 상수관거   ㉱ 하수관로

[풀이] 환경부령이 정하는 수로에는 지하수로, 농업용수로, 하수관로, 운하가 있다.

정답 59 ㉮ 60 ㉮ 61 ㉮ 62 ㉮ 63 ㉰

64 다음은 비점오염저감시설(식생형 시설)의 관리, 운영기준에 관한 내용이다. ( )안에 옳은 내용은?

> 식생수로 바닥의 퇴적물이 처리용량의 ( )를 초과하는 경우는 침전된 토사를 제거하여야 한다.

㉮ 10% ㉯ 15%
㉰ 20% ㉱ 25%

65 기타 수질오염원을 설치 또는 관리하고자 하는 자는 환경부령이 정하는 바에 의하여 환경부장관에게 신고하여야 한다. 이 규정에 의한 신고를 하지 아니하고 기타 수질오염원을 설치 또는 관리한 자에 대한 벌칙기준은?

㉮ 500만원 이하의 벌금
㉯ 1000만원 이하의 벌금
㉰ 1년 이하의 징역 또는 1천만원 이하의 벌금
㉱ 1년 이하의 징역 또는 1천5백만원 이하의 벌금

[풀이] 신고를 하지 아니하고 기타 수질오염원을 설치 또는 관리한 자는 1년 이하의 징역 또는 1천만원 이하의 벌금에 해당한다.

66 기타 수질오염원 시설인 복합물류터미널 시설(화물의 운송, 보관, 하역과 관련된 작업을 하는 시설)의 규모 기준으로 옳은 것은?

㉮ 면적이 10만 제곱미터 이상일 것
㉯ 면적이 15만 제곱미터 이상일 것
㉰ 면적이 20만 제곱미터 이상일 것
㉱ 면적이 30만 제곱미터 이상일 것

[풀이] 기타 수질오염원 시설인 복합물류터미널 시설(화물의 운송, 보관, 하역과 관련된 작업을 하는 시설)의 규모 기준은 면적이 20만 제곱미터 이상이다.

67 수질 및 수생태계 환경기준 중 해역에서 생활환경기준 항목에 해당되지 않는 것은?

㉮ 수소이온농도 ㉯ 부유물질
㉰ 총대장균군   ㉱ 용매 추출유분

[풀이] 수질 및 수생태계 환경기준 중 해역에서 생활환경기준 항목으로는 수소이온농도(pH), 총대장균군, 용매추출유분이 있다.

68 낚시금지, 제한구역의 안내판 규격에 관한 내용으로 옳은 것은?

㉮ 바탕색 : 흰색, 글씨 : 청색
㉯ 바탕색 : 청색, 글씨 : 흰색
㉰ 바탕색 : 녹색, 글씨 : 흰색
㉱ 바탕색 : 흰색, 글씨 : 녹색

TIP

안내판의 규격
① 두께 및 재질 : 3밀리미터 또는 4밀리미터 두께의 철판
② 바탕색 : 청색
③ 글씨 : 흰색

정답 64 ㉱ 65 ㉰ 66 ㉰ 67 ㉯ 68 ㉯

69 기본배출부과금의 부과기간 기준으로 옳은 것은?

㉮ 월별로 부과
㉯ 분기별로 부과
㉰ 반기별로 부과
㉱ 년별로 부과

70 공공폐수처리시설의 방류수 수질기준으로 틀린 것은? (단, Ⅳ지역 기준, ( )는 농공단지 공공폐수처리시설의 방류수 수질기준)

㉮ 총질소 20(20)mg/L 이하
㉯ 총인 2(2)mg/L 이하
㉰ TOC 25(25)mg/L 이하
㉱ 총대장균군수 1,000(1,000)개/mL 이하

풀이 ㉱ 총대장균군수 3,000(3,000)개/mL 이하

71 수질 및 수생태계 환경기준 중 해역인 경우 생태기반 해수수질 기준으로 옳은 것은?

㉮ 등급 : V(아주 나쁨), 수질평가 지수값 : 30 이상
㉯ 등급 : V(아주 나쁨), 수질평가 지수값 : 40 이상
㉰ 등급 : V(아주 나쁨), 수질평가 지수값 : 50 이상
㉱ 등급 : V(아주 나쁨), 수질평가 지수값 : 60 이상

풀이 생태기반 해수수질 기준

등급	수질평가 지수값 (Water Quality Index)
Ⅰ등급(매우좋음)	23 이하
Ⅱ등급(좋음)	24 ~ 33
Ⅲ등급(보통)	34 ~ 46
Ⅳ등급(나쁨)	47 ~ 59
Ⅴ등급(아주 나쁨)	60 이상

72 다음의 위임업무 보고사항 중 보고 횟수 기준이 연 2회에 해당되는 것은?

㉮ 배출업소의 지도, 점검 및 행정처분 실적
㉯ 배출부과금 부과 실적
㉰ 과징금 부과 실적
㉱ 비점오염원의 설치신고 및 방지시설 설치현황 및 행정처분 현황

풀이
㉮ 배출업소의 지도, 점검 및 행정처분 실적 : 연 4회
㉯ 배출부과금 부과 실적 : 연 4회
㉰ 과징금 부과 실적 : 연 2회
㉱ 비점오염원의 설치신고 및 방지시설 설치현황 및 행정처분 현황 : 연 4회

73 수질오염경보의 종류별 경보단계 및 그 단계별 발령, 해제기준에 관한 내용 중 경계단계의 발령기준으로 옳은 것은? (단, 상수원구간 기준)

㉮ 2회 연속 채취시 남조류의 세포수가 100세포/mL~1,000세포/mL 미만인 경우
㉯ 2회 연속 채취시 남조류의 세포수가 1,000세포/mL~100,000세포/mL 미만인 경우
㉰ 2회 연속 채취시 남조류의 세포수가 10,000세포/mL~1,000,000세포/mL 미만인 경우
㉱ 2회 연속 채취시 남조류의 세포수가 1,000,000세포/mL 이상인 경우

풀이 조류경보의 경계단계의 설명은 ㉰번이다.

정답 69 ㉰ 70 ㉱ 71 ㉱ 72 ㉰ 73 ㉰

74 제5종 사업장의 경우, 과징금 산정시 적용하는 사업장 규모별 부과계수로 옳은 것은?

㉮ 0.2 ㉯ 0.3
㉰ 0.4 ㉱ 0.5

풀이 사업장 규모별 부과계수
제1종사업장은 2.0, 제2종사업장은 1.5, 제3종사업장은 1.0, 제4종사업장은 0.7, 제5종사업장은 0.4이다.

75 1일 폐수배출량이 250m³인 사업장의 규모의 종류는?

㉮ 제2종 사업장 ㉯ 제3종 사업장
㉰ 제4종 사업장 ㉱ 제5종 사업장

풀이 사업장 규모별 구분
① 1종 사업장 : 1일 폐수배출량이 2,000m³ 이상
② 2종 사업장 : 1일 폐수배출량이 700m³ 이상 2,000m³ 미만
③ 3종 사업장 : 1일 폐수배출량이 200m³ 이상 700m³ 미만
④ 4종 사업장 : 1일 폐수배출량이 50m³ 이상 200m³ 미만
⑤ 5종 사업장 : 1일 폐수배출량이 50m³ 미만

76 환경부장관이 물환경보전에 관한 법률의 목적을 달성하기 위하여 필요하다고 인정하는 때에 관계기관의 장에게 요청할 수 있는 조치의 가장 거리가 먼 것은?

㉮ 해충구제방법의 개선
㉯ 공공수역의 준설
㉰ 도시개발제한구역의 지정
㉱ 녹지시설의 설치 및 개축

77 다음은 수질오염물질의 항목별 배출허용기준 중 1일 폐수배출량이 2000m³ 미만인 폐수 배출시설의 지역별, 항목별 배출허용기준이다. ( )안에 옳은 것은?

	BOD (mg/L)	TOC (mg/L)	SS (mg/L)
청정지역	(①)	(②)	(③)

㉮ ① 20 이하 ② 30 이하 ③ 20 이하
㉯ ① 30 이하 ② 40 이하 ③ 30 이하
㉰ ① 40 이하 ② 30 이하 ③ 40 이하
㉱ ① 50 이하 ② 60 이하 ③ 50 이하

풀이 1일 폐수배출량이 2000m³ 미만인 폐수배출시설

	BOD (mg/L)	TOC (mg/L)	SS (mg/L)
청정지역	40	30	40
가지역	80	50	80
나지역	120	75	120
특례지역	30	25	30

정답 74 ㉰ 75 ㉯ 76 ㉱ 77 ㉰

78 물환경보전법에 사용하고 있는 용어 중 수면관리자의 정의로 가장 옳은 것은?

㉮ 동일 법령의 규정에 의하여 호소를 관리하는 자를 말한다. 이 경우 동일한 호소를 관리하는 자가 2 이상인 경우에는 [하천법]에 의한 하천의 관리청의 자가 수면 관리자가 된다.
㉯ 동일 법령의 규정에 의하여 호소를 관리하는 자를 말한다. 이 경우 동일한 호소를 관리하는 자가 2 이상인 경우에는 [하천법]에 의한 하천의 관리청 외의 자가 수면 관리자가 된다.
㉰ 다른 법령의 규정에 의하여 호소를 관리하는 자를 말한다. 이 경우 동일한 호소를 관리하는 자가 2 이상인 경우에는 [하천법]에 의한 하천의 관리청의 자가 수면 관리자가 된다.
㉱ 다른 법령의 규정에 의하여 호소를 관리하는 자를 말한다. 이 경우 동일한 호소를 관리하는 자가 2 이상인 경우에는 [하천법]에 의한 하천의 관리청 외의 자가 수면관리자가 된다.

79 다음은 총량관리 단위 유역의 수질 측정 방법에 관한 내용이다. ( )안에 내용으로 옳은 것은?

> 목표수질지점별로 연간 30회 이상 측정하여야 하며 이에 따른 수질 측정 주기는 ( ) 간격으로 일정하여야 한다. 다만, 홍수, 결빙, 갈수 등으로 채수가 불가능한 특정 기간에는 그 측정 주기를 늘리거나 줄일 수 있다.

㉮ 3일 ㉯ 5일
㉰ 8일 ㉱ 10일

80 수질오염경보의 종류별 경보단계별 조치사항 중 수질오염감시경보 단계가 '경계'일 때 물환경변화 감시 및 원인 조사의 조치를 취하는 관계기관(자)은?

㉮ 유역, 지방환경청장
㉯ 물환경연구소장
㉰ 취수장, 정수장 관리자
㉱ 수면관리자

[풀이] 수질오염감시경보경계단계시 수면관리자의 조치사항으로는 물환경변화 감시 및 원인 조사 그리고 방어막 설치 등 오염물질 방제 조치 그리고 사고발생시 지역사고대책본부 구성, 운영이 있다.

정답 78 ㉱ 79 ㉰ 80 ㉱

2013년 3회 수질환경산업기사

2013년 8월 18일 시행

| 제1과목 | 수질오염개론

01 박테리아 10g/L의 이론적인 COD는?
(단, 박테리아 경험식 적용, 반응생성물은 CO_2, H_2O, NH_3이다.)

㉮ 21.1g/L   ㉯ 18.4g/L
㉰ 16.0g/L   ㉱ 14.2g/L

풀이 $C_5H_7O_2N + 5O_2 \rightarrow 5CO_2 + 2H_2O + NH_3$
   113g : 5×32g
   10g/L : COD

∴ $COD = \dfrac{10g/L \times 5 \times 32g}{113g} = 14.16g/L$

TIP
① 박테리아 = $C_5H_7O_2N$
② $C_5H_7O_2N$의 분자량
   = (5×12)+(7×1)+(2×16)+14 = 113g
③ COD = 산소량

02 glycine ($CH_2(NH_2)COOH$)의 이론적 COD/TOC의 비는? (단, 글리신 최종분해물은 CO_2, HNO_3, H_2O이다.)

㉮ 4.67   ㉯ 5.83
㉰ 6.72   ㉱ 8.32

풀이 $CH_2(NH_2)COOH + 3.5O_2 \rightarrow 2CO_2 + 2H_2O + HNO_3$

∴ $\dfrac{COD}{TOC} = \dfrac{산소량}{총유기탄소량} = \dfrac{3.5 \times 32g}{2 \times 12g} = 4.67$

TIP
글리신 = $CH_2(NH_2)COOH = C_2H_5O_2N$

03 진핵생물이나 원핵생물 세포내 '리보솜'의 역할로 가장 옳은 것은?

㉮ 호흡대사
㉯ 소화, 잔유물 제거와 배출
㉰ 단백질 합성
㉱ 화학에너지 환

풀이 리보솜의 역할은 단백질 합성이다.

04 BOD 농도 200mg/L, 유량 1,000m³/day인 폐수를 처리하여 BOD 농도 4mg/L, 유량 50,000m³/day인 하천에 방류했을 경우 합류지점의 BOD 농도는? (단, 폐수는 80% 처리 후 방류하며 합류지점에서는 완전혼합 되었다고 한다.)

㉮ 4.3mg/L   ㉯ 4.7mg/L
㉰ 5.4mg/L   ㉱ 5.8mg/L

풀이 $C_m = \dfrac{Q_1C_1 + Q_2C_2}{Q_1 + Q_2}$

$= \dfrac{1,000m^3/day \times 200mg/L \times (1-0.8) + 50,000m^3/day \times 4mg/L}{(1,000+50,000)m^3/day}$

$= 4.71 mg/L$

정답 01 ㉱   02 ㉮   03 ㉰   04 ㉯

TIP
폐수의 농도(C_1)는 80% 처리된 후 합류되므로
$C_1 = 200mg/L \times (1-0.8)$이 된다.

05 0.00025M의 NaCl용액의 농도(ppm)는? (단, NaCl 분자량 : 58.5)

㉮ 9.3 ㉯ 14.6
㉰ 21.3 ㉱ 29.8

풀이
$$mg/L = \frac{0.00025mol}{L} \times \frac{58.5g}{1mol} \times \frac{10^3 mg}{1g}$$
$$= 14.63 mg/L$$

TIP
① ppm = mg/L
② M농도 = mol/L
③ 1mol = 분자량(g)
④ NaCl 1mol = 58.5g

06 Ca^{2+}이온의 농도가 80mg/L, Mg^{2+}이온의 농도가 4.8mg/L인 물의 경도는 몇 mg/L as $CaCO_3$인가?
(단, 원자량은 Ca = 40, Mg = 24이다.)

㉮ 200 ㉯ 220
㉰ 240 ㉱ 260

풀이
$$\frac{경도(mg/L)}{50g} = \frac{Ca^{2+}mg/L}{20g} + \frac{Mg^{2+}mg/L}{12g}$$
$$= \frac{80mg/L}{20g} + \frac{4.8mg/L}{12g}$$
∴ 경도 = 220mg/L

07 20℃에서 어떤 하천수의 최종 BOD 농도는 50mg/L이고, 5일 BOD 농도는 30mg/L이다. 하천수의 수온이 10℃일 때 하천수의 반응속도상수 k(탈산소계수)는? (단, 온도에 따른 보정상수는 1.047, 속도식은 상용대수를 기준으로 함.)

㉮ 0.03 d^{-1} ㉯ 0.05 d^{-1}
㉰ 0.07 d^{-1} ㉱ 0.09 d^{-1}

풀이
① BOD_5공식을 이용해 탈산소계수(k)를 계산한다.
$BOD_5 = BOD_u \times (1-10^{-k \times t})$
$30mg/L = 50mg/L \times (1-10^{-k \times 5day})$
$10^{-k \times 5day} = 1 - \frac{30mg/L}{50mg/L}$
$-k \times 5day = \log\left(1 - \frac{30mg/L}{50mg/L}\right)$
$$\therefore k = \frac{\log\left(1-\frac{30mg/L}{50mg/L}\right)}{(1-10^{-0.12/day \times 5day})} = 0.08/day$$

② 20℃의 k를 10℃의 k로 전환한다.
$k(T) = k(20℃) \times 1.047^{(T-20)}$
$= 0.08/day \times 1.047^{(10-20)}$
$= 0.05/day$

08 우리나라 물의 이용 형태별로 볼 때 가장 수요가 많은 용수는 다음 중 어느 것인가?

㉮ 생활용수 ㉯ 공업용수
㉰ 농업용수 ㉱ 유지용수

풀이 우리나라 수자원 이용현황
농업용수 > 하천 유지용수 > 생활용수 > 공업용수

정답 05 ㉯ 06 ㉯ 07 ㉯ 08 ㉰

09 수질 모델 중 Streeter & Phelps 모델에 관한 내용으로 옳은 것은?

㉮ 하천을 완전혼합흐름으로 가정하였다.
㉯ 하천에서의 산소변화를 단위 면적에 대한 물질수지 방정식으로 모델화하였다.
㉰ 조류 및 슬러지 퇴적물의 영향이 큰 균일한 단면의 하천에 적용된다.
㉱ 유기물의 분해와 재폭기만을 고려하였다.

[풀이] Streeter & Phelps 모델의 특징
① 점오염원으로부터 오염부하량 고려
② 하천수질 모델링의 최초
③ 유기물 분해로 인한 용존산소 소비와 대기로부터 수면을 통해 산소가 재공급되는 재폭기 고려

10 질소순환과정에서 질산화를 나타내는 반응은?

㉮ $N_2 \rightarrow NO_2^- \rightarrow NO_3^-$
㉯ $NO_3^- \rightarrow NO_2^- \rightarrow N_2$
㉰ $NO_3^- \rightarrow NO_2^- \rightarrow NH_3$
㉱ $NH_3 \rightarrow NO_2^- \rightarrow NO_3^-$

[풀이] 질산화과정은 ㉱번이다.

11 0.04M-HCl이 30% 해리되어 있는 수용액의 pH는?

㉮ 2.82 ㉯ 2.42
㉰ 1.92 ㉱ 1.72

[풀이]

$$HCl \xrightarrow{30\%해리} H^+ + Cl^-$$

해리전   0.04M   0M   0M
해리후   0.04M-0.04M×0.3   0.04M×0.3 0.04M×0.3

따라서 pH = $-\log[H^+]$ = $-\log[0.04M \times 0.3]$ = 1.92

TIP

pH 계산식
산성물질 : pH = $-\log[H^+]$
알칼리성물질 : pH = $14 + \log[OH^-]$

12 탈산소계수(base = 상용대수)가 0.12 day^{-1} 일 때 BOD_3/BOD_5의 값은?

㉮ 0.55 ㉯ 0.65
㉰ 0.75 ㉱ 0.85

[풀이] BOD의 소모공식
$BOD_t = BOD_u \times (1-10^{-k_1 \times t})$

$$\frac{BOD_3}{BOD_5} = \frac{BOD_u \times (1-10^{-0.12/day \times 3day})}{BOD_u \times (1-10^{-0.12/day \times 5day})} = 0.75$$

정답 09 ㉱ 10 ㉱ 11 ㉰ 12 ㉰

13 어느 물질이 반응시작 할 때의 농도가 200mg/L이고 2시간 후의 농도가 35mg/L로 되었다. 반응시작 1시간 후의 반응물질 농도는? (단, 1차 반응 기준)

㉮ 약 56mg/L ㉯ 약 84mg/L
㉰ 약 112mg/L ㉱ 약 133mg/L

 1차 반응식 $\ln \dfrac{C_t}{C_o} = -k \times t$를 이용한다.

$\begin{bmatrix} C_o : \text{초기농도(mg/L)} \\ C_t : \text{t시간 후 농도(mg/L)} \\ k : \text{상수(/hr)} \\ t : \text{시간(hr)} \end{bmatrix}$

① $\ln \dfrac{35mg/L}{200mg/L} = -k \times 2hr$

∴ $k = \dfrac{\ln \dfrac{35mg/L}{200mg/L}}{-2hr} = 0.8715/hr$

② $\ln \dfrac{C_t mg/L}{200mg/L} = -0.8715/hr \times 1hr$

∴ $C_t = 200mg/L \times (e^{-0.8715/hr \times 1hr}) = 83.67mg/L$

TIP

$\ln \dfrac{C_t}{C_o} = -k \times t \Rightarrow C_t = C_o \times e^{(-k \times t)}$

14 어느 폐수의 BOD_u가 300mg/L, k_1값이 0.15/day라면 BOD_5는? (단, 상용대수 기준)

㉮ 270mg/L ㉯ 256mg/L
㉰ 247mg/L ㉱ 220mg/L

풀이 $BOD_5 = BOD_u \times (1-10^{-k_1 \times t})$
     $= 300mg/L \times (1-10^{-0.15/day \times 5day})$
     $= 246.65mg/L$

15 수은주높이 300mm는 수주로 몇 mm 인가? (단, 표준 상태 기준)

㉮ 1960 ㉯ 3220
㉰ 3760 ㉱ 4078

풀이 $300mmHg \times 13.6 = 4080mmH_2O$

TIP

① 수은주 비중 $= \dfrac{10332mmH_2O}{760mmHg}$
$= 13.6 mmH_2O/mmHg$

② $mmHg \xrightarrow{\times 13.6} mmH_2O$

③ $mmH_2O \xrightarrow{\div 13.6} mmHg$

16 어떤 폐수의 분석결과 COD 400mg/L 이었고 BOD_5가 250mg/L이었다면 NBDCOD는? (단, 탈산소계수 k1(밑이 10) = 0.2/day이다.)

㉮ 78mg/L ㉯ 122mg/L
㉰ 172mg/L ㉱ 210mg/L

풀이 ① BOD_5공식을 이용해 최종 BOD(BOD_u)를 계산한다.
$BOD_5 = BOD_u \times (1-10^{-k_1 \times t})$
$250mg/L = BOD_u \times (1-10^{-0.2/day \times 5day})$

∴ $BOD_u = \dfrac{250mg/L}{(1-10^{-0.2/day \times 5day})} = 277.78mg/L$

② COD = BDCOD + NBDCOD
NBDCOD = COD − BDCOD
$= 400mg/L - 277.78mg/L$
$= 122.22mg/L$

TIP

① BDCOD = BOD_u : 생물학적 분해가능한 COD
② NBDCOD : 생물학적 분해 불가능한 COD

정답 13 ㉱ 14 ㉰ 15 ㉱ 16 ㉯

17 글루코스($C_6H_{12}O_6$) 500mg/L를 혐기성 분해시킬 때 생산되는 이론적 메탄의 농도는?

㉮ 약 87mg/L   ㉯ 약 114mg/L
㉰ 약 133mg/L   ㉱ 약 157mg/L

풀이

$C_6H_{12}O_6 \xrightarrow{혐기성 분해} 3CO_2 + 3CH_4$
180g : 3×16g
500mg/L : CH_4

∴ $CH_4 = \dfrac{500mg/L \times 3 \times 16g}{180g} = 133.33mg/L$

TIP
① 글루코스 = Glucose = $C_6H_{12}O_6$
② $C_6H_{12}O_6$의 분자량
  = (6×12)+(12×1)+(6×16) = 180g

18 Glucose($C_6H_{12}O_6$) 800mg/L 용액을 호기성 처리시 필요한 이론적 인량(P, mg/L)은? (단, $BOD_5 : N : P = 100 : 5 : 1$, $k_1 = 0.1day^{-1}$, 상용대수 기준)

㉮ 약 9.6   ㉯ 약 7.9
㉰ 약 5.8   ㉱ 약 3.6

풀이
① $C_6H_{12}O_6 + 6O_2 \rightarrow 6CO_2 + 6H_2O$
  180g : 6×32g
  800mg/L : BOD_u

  ∴ $BOD_u = \dfrac{800mg/L \times 6 \times 32g}{180g} = 853.33mg/L$

② $BOD_5 = BOD_u \times (1-10^{-k_1 \times t})$
  $= 853.33mg/L \times (1-10^{-0.1/day \times 5day})$
  $= 583.48mg/L$

③ BOD_5 : P
   100 : 1
   583.48mg/L : P
   ∴ P = 5.84mg/L

19 적조에 의해 어패류가 폐사하는 원인으로 가장 거리가 먼 것은?

㉮ 수면의 적조생물막에 의한 광차단현상으로 인한 대사기능 저하로 폐사한다.
㉯ 적조생물에 포함된 치사성의 유독물질로 인해 폐사한다.
㉰ 적조생물의 급속한 사후분해에 의해 DO가 소비되면서 황화수소나 부패독과 같은 유해 물질로 인해 폐사한다.
㉱ 적조생물이 아가미 등에 부착되어 질식사 한다.

풀이 ㉮ 수면의 적조생물막에 의한 산소차단현상으로 인한 대사기능 저하로 폐사한다.

20 PCB_S에 관한 설명으로 틀린 것은?

㉮ 물에는 난용성이며 유기용제에 잘 녹는다.
㉯ 화학적으로 불활성이고 절연성이 좋다.
㉰ 만성 중독 증상으로 카네미유증이 대표적이다.
㉱ 고온에서 대부분의 금속과 합금을 부식시킨다.

풀이 ㉱ PCBs(폴리클로리네이티드비페닐)은 부식성이 거의 없다.

정답 17 ㉰ 18 ㉰ 19 ㉮ 20 ㉱

제2과목 | 수질오염방지기술

21 활성슬러지 혼합액을 부상농축기로 농축하고자 한다. 부상 농축기에 대한 최적 A/S비가 0.008이고, 공기 용해도가 18.7mL/L일 때 용존공기의 분율이 0.5라면 필요한 압력은? (단, 비순환식 기준, 혼합액의 고형물농도는 0.2%임)

㉮ 3.98 atm ㉯ 3.62 atm
㉰ 3.32 atm ㉱ 3.14 atm

풀이

$$\text{A/S비} = \frac{1.3 \times Sa \times (f \times P - 1)}{SS}$$

┌ Sa : 공기의 용해도(mL/L)
│ SS : 부유고형물 농도(mg/L)
└ P : 절대압력(atm)

따라서 $0.008 = \dfrac{1.3 \times 18.7 \text{mL/L} \times (0.5 \times P - 1)}{0.2 \times 10^4 \text{mg/L}}$

∴ P = 3.32atm

TIP

① $SS = 0.2\% = 0.2 \times 10^4 \text{ppm}$
   $= 0.2 \times 10^4 \text{mg/L}$
② $\text{ppm} = \text{mg/L}$
③ $\% \xrightarrow{\times 10^4} \text{ppm}$
④ $\text{ppm} \xrightarrow{\times 10^{-4}} \%$

22 하수고도처리공법인 수정 Bardenpho(5단계)에 관한 설명과 가장 거리가 먼 것은?

㉮ 질소와 인을 동시에 처리할 수 있다.
㉯ 내부반송율을 낮게 유지할 수 있어 비교적 적은 규모의 반응조 사용이 가능하다.
㉰ 폐슬러지 내의 인의 함량이 높아 비료가치가 있다.
㉱ 2차 호기성조(재폭기조)의 역할은 최종 침전조에서 탈질에 의한 Rising 현상 및 인의 재방출을 방지하는데 있다.

풀이 ㉯ 내부반송율이 높고 비교적 큰 규모의 반응조 사용이 가능하다.

23 염소 요구량이 5mg/L인 하수 처리수에 잔류염소 농도가 0.5mg/L가 되도록 염소를 주입하려고 한다. 이때 염소 주입량은?

㉮ 4.5mg/L ㉯ 5.0mg/L
㉰ 5.5mg/L ㉱ 6.0mg/L

풀이 염소주입량 = 염소요구량+염소잔류량
= 5mg/L+0.5mg/L
= 5.5mg/L

정답 21 ㉰ 22 ㉯ 23 ㉰

24 폐수량이 10,000m³/d, SS농도 500mg/L인 폐수가 처리장으로 유입되고 있다. 폭기조의 MLSS 농도가 3,000mg/L이고 SVI가 125라면, 이 폭기조의 MLSS 농도를 변동없이 유지하기 위한 반송슬러지 유량은?

㉮ 4,500m³/d ㉯ 5,000m³/d
㉰ 5,500m³/d ㉱ 6,000m³/d

풀이
① 반송비(R) = $\dfrac{MLSS - SS_i}{SS_r - MLSS}$

여기서 $SS_r = \dfrac{10^6}{SVI}$ 이므로

$R = \dfrac{MLSS - SS_i}{\dfrac{10^6}{SVI} - MLSS} = \dfrac{3,000mg/L - 500mg/}{\dfrac{10^6}{125} - 3,000mg/L} = 0.5$

② 반송슬러지 유량(Q_R) = Q×R
   = 10,000m³/day × 0.5
   = 5,000m³/day

25 슬러지 함수율이 95%에서 90%로 낮아지면 전체 슬러지의 부피는 몇 % 감소되는가? (단, 슬러지 비중은 1.0)

㉮ 15% ㉯ 25%
㉰ 50% ㉱ 75%

풀이 $V_1 \times (100-P_1) = V_2 \times (100-P_2)$

$\dfrac{V_2}{V_1} = \dfrac{(100-P_1)}{(100-P_2)} = \dfrac{(100-95)}{(100-90)} = \dfrac{1}{2} = 0.5$

따라서 50% 감소한다.

26 원형관수로에 물의 수심이 50%로 흐르고 있다. 이때 경심은? (단, D는 원형관수로 직경)

㉮ D/4 ㉯ D/8
㉰ πD   ㉱ 2πD

풀이
경심(R) = $\dfrac{단면적}{윤변의 길이} = \dfrac{\dfrac{\pi D^2}{4} \times 0.5}{\pi \cdot D \times 0.5} = \dfrac{D}{4}$

27 하수고도 처리공법인 A/O 공법의 공정 중 혐기조의 역할을 가장 적절하게 설명한 것은?

㉮ 유기물제거, 질산화
㉯ 탈질, 유기물 제거
㉰ 유기물 제거, 용해성 인 방출
㉱ 유기물 제거, 인 과잉흡수

풀이 A/O 공법의 반응조 역할
① 혐기성조 : 인(P)의 방출, 유기물 제거
② 호기성조 : 인(P)의 과잉흡수

정답 24 ㉯ 25 ㉰ 26 ㉮ 27 ㉰

28 폐유를 함유한 공장폐수가 있다. 이 폐수에는 A, B 두 종류의 기름이 있는데 A의 비중은 0.90이고 B의 비중은 0.94 이다. A와 B의 부상 속도비(V_A/V_B)는?
(단, stokes 법칙 적용, 물의 비중은 1.0 이고 직경은 동일함)

㉮ 1.12　　㉯ 1.25
㉰ 1.43　　㉱ 1.67

풀이 부상속도(V_f) = $\dfrac{d^2(\rho_w - \rho_s)g}{18\mu}$

따라서 $\dfrac{Vf_A}{Vf_B} = \dfrac{(1-0.90)}{(1-0.94)} = 1.67$

29 BOD 농도가 200ppm인 유량이 2,000 m³/d인 폐수를 표준 활성슬러지법으로 처리한다. 폭기조의 크기가 폭 5m, 길이 10m, 유효 깊이 4m로 할 때 폭기조의 용적부하(kgBOD/m³·day)는?

㉮ 1.5　　㉯ 2.0
㉰ 2.5　　㉱ 3.0

풀이 BOD 용적부하(kg/m³·day)
= $\dfrac{BOD(kg/m^3) \times Q(m^3/day)}{폭 \times 길이 \times 유효깊이(m^3)}$
= $\dfrac{0.2kg/m^3 \times 2,000m^3/day}{5m \times 10m \times 4m}$
= 2.0kg/m³·day

TIP
① mg/L $\xrightarrow{\times 10^{-3}}$ kg/m³
② ppm = mg/L = g/m³

30 어느 식품공장에서 BOD가 200mg/L인 폐수를 하루에 500m³ 배출하고 있다. 생물학적처리법으로 처리하기 위한 제 반환경여건 중 질소성분이 부족하여 요소($NH_2)_2CO$를 첨가하려고 한다. 소요되는 요소의 양(kg/day)은? (단, BOD : N : P = 100 : 5 : 1 기준, 폐수 내 질소는 고려하지 않음)

㉮ 5.7　　㉯ 10.7
㉰ 15.7　　㉱ 20.7

풀이 ① N(질소)의 농도를 계산한다.
　　BOD : N
　　100 : 5
　　200mg/L : N
　　∴ N = $\dfrac{200mg/L \times 5}{100}$ = 10mg/L

② 주입해야 할 요소를 계산한다.
　　$(NH_2)_2CO$: 2N
　　60g : 2×14g
　　$(NH_2)_2CO$: 10mg/L
　　∴ $(NH_2)_2CO$ = $\dfrac{60g \times 10mg/L}{2 \times 14g}$ = 21.43mg/L

③ $(NH_2)_2CO$(kg/day)
= 21.43×10⁻³kg/m³ × 500m³/day
= 10.72kg/day

TIP
① mg/L $\xrightarrow{\times 10^{-3}}$ kg/m³
② 총량(kg/day) = 농도(kg/m³) × 유량(m³/day)

정답 28 ㉱　29 ㉯　30 ㉯

31 BOD가 250mg/L인 하수를 1차 및 2차 처리로 BOD 10mg/L으로 유지하고자 한다. 2차 처리효율이 75%라면 1차 처리효율은?

㉮ 73% ㉯ 78%
㉰ 84% ㉱ 89%

[풀이]

① $\eta_T = \left(1 - \dfrac{\text{유출수 BOD}}{\text{유입수 BOD}}\right) \times 100$

$= \left(1 - \dfrac{10mg/L}{250mg/L}\right) \times 100$

$= 96\%$

② $\eta_T = 1 - (1-\eta_1) \times (1-\eta_2)$

$0.96 = 1 - (1-\eta_1) \times (1-0.75)$

$\therefore \eta_1 = 1 - \dfrac{(1-0.96)}{(1-0.75)} = 0.84$

따라서 84% 이다.

---

32 어떤 공장폐수에 미처리된 유기물이 10mg/L 함유되어 있다. 이 폐수를 분말활성탄 흡착법으로 처리하여 1mg/L까지 처리하고자 할 때 분말활성탄은 폐수 $1m^3$당 몇 g이 필요한가? (단, Freundlich 식을 이용, k = 0.5, n = 1)

㉮ 18 ㉯ 24
㉰ 36 ㉱ 42

[풀이]

$\dfrac{X}{M} = k \cdot C^{\frac{1}{n}}$

X : 농도차($C_i - C_o$)(mg/L)
M : 활성탄 주입농도(mg/L)
C : 나중 농도(C_o)(mg/L)
k, n : 경험적 상수

따라서 $\dfrac{(10-1)mg/L}{M} = 0.5 \times (1mg/L)^{\frac{1}{1}}$

$\therefore M = \dfrac{(10-1)mg/L}{0.5 \times (1mg/L)^{\frac{1}{1}}} = 18mg/L$

따라서 $M = 18mg/L = 18g/m^3$이므로 18g이 필요하다.

---

33 화학합성을 하는 자가영양계미생물의 에너지원과 탄소원으로 옳은 것은?

	(에너지원)	(탄소원)
㉮	무기물의 산화환원반응	유기탄소
㉯	무기물의 산화환원반응	CO_2
㉰	유기물의 산화환원반응	유기탄소
㉱	유기물의 산화환원반응	CO_2

[풀이] 에너지원과 탄소원에 의한 미생물의 분류

분류	에너지원	탄소원
광합성 독립 영양 미생물	빛	CO_2
화학합성 독립 영양 미생물	무기물의 산화·환원 반응	CO_2
광합성 종속 영양 미생물	빛	유기탄소
화학합성 종속 영양 미생물	유기물의 산화·환원 반응	유기탄소

---

34 피혁공장에서 BOD 400mg/L의 폐수가 $1,000m^3$/day로 방류되고 이것을 활성슬러지법으로 처리하고자 한다. 하루 처리장으로 유입되는 유량의 5%(부피기준, 함수율 99%)에 해당되는 슬러지가 발생된다고 보고 이 때 슬러지를 $4.5kg/m^2$-h(고형물 기준)의 성능을 가진 진공여과기로 매일 8시간씩 탈수작업을 하여 처리하려면 여과기 면적은? (단, 슬러지 비중은 1.0으로 가정함)

㉮ 약 $4m^2$ ㉯ 약 $8m^2$
㉰ 약 $11m^2$ ㉱ 약 $14m^2$

[풀이] 진공여과기의 능력($kg/m^2 \cdot hr$)

$= \dfrac{\text{슬러지 농도}(kg/m^3) \times \text{폐수량}(m^3/day)}{\text{면적}(m^2) \times \text{탈수시간}(hr/day)}$

$4.5kg/m^2 \cdot hr = \dfrac{1000m^3/day \times 0.05 \times 10kg/m^3}{\text{면적}(m^2) \times 8hr/day}$

$\therefore$ 면적 $= \dfrac{1000m^3/day \times 0.05 \times 10kg/m^3}{4.5kg/m^2 \cdot hr \times 8hr/day} = 13.89m^2$

정답 31 ㉰ 32 ㉮ 33 ㉯ 34 ㉱

TIP

① 고형물 농도 = 100-함수율(%)
  = 100-99% = 1%
② 고형물 1% = 1×10⁴ppm = 1×10⁴mg/L
③ mg/L $\xrightarrow{×10^{-3}}$ kg/m³
④ 고형물 농도(kg/m³)
  = 1×10⁴mg/L×10⁻³ = 10kg/m³

35 염소이온 농도가 500mg/L이고, BOD가 5,000mg/L인 공장폐수를 염소이온이 없는 깨끗한 물로 희석한 후 활성슬러지법으로 처리하여 얻은 유출수의 BOD는 10mg/L이고, 염소이온이 20mg/L이었다. 이 때 BOD 제거율은? (단, 기타 여건은 고려하지 않음)

㉮ 90% ㉯ 92%
㉰ 95% ㉱ 98%

풀이 ① 희석배수치(P)
$= \dfrac{\text{유입수의 Cl}^-\text{ 농도}}{\text{유출수의 Cl}^-\text{ 농도}} = \dfrac{500\text{mg/L}}{20\text{mg/L}} = 25$

② BOD 제거율(%)
$= \left(1 - \dfrac{\text{유출수 BOD} \times P}{\text{유입수 BOD}}\right) \times 100$
$= \left(1 - \dfrac{10\text{mg/L} \times 25}{5,000\text{mg/L}}\right) \times 100 = 95\%$

36 1차 처리된 분뇨의 2차 처리를 위해 폭기조, 2차침전지로 구성된 활성슬러지 공정을 운영하고 있다. 운영조건이 다음과 같을 때 폭기조 내의 고형물 체류시간은?

유입유량 200m³/day, 폭기조 용량 1,000m³, 잉여슬러지 배출량 50m³/day, 반송슬러지 SS 농도 1%, MLSS 농도 2,500mg/L, 2차 침전지 유출수 SS농도 0mg/L

㉮ 4일 ㉯ 5일
㉰ 6일 ㉱ 7일

풀이 $SRT = \dfrac{MLSS \times V}{Q_w \times SS_w}$
$= \dfrac{2,500\text{mg/L} \times 1,000\text{m}^3}{50\text{m}^3/\text{day} \times 1 \times 10^4 \text{mg/L}} = 5\text{day}$

TIP

① 폐슬러지농도(SS_w) = 반송슬러지 농도(SS_r)
② SS_w 1% = 1×10⁴ppm = 1×10⁴mg/L

정답 35 ㉰ 36 ㉯

37 폐수 6,000m³/day에서 생성되는 1차 슬러지부피(m³/day)는? (단, 1차 침전탱크 체류시간 2hr, 현탁고형물 제거효율 60%, 폐수 중 현탁고형물 함유량 220mg/L, 발생슬러지 비중 1.03, 슬러지함수율 94%, 1차 침전탱크에서 제거된 현탁 고형물 전량이 슬러지로 발생되는 것으로 가정함)

㉮ 약 10 ㉯ 약 13
㉰ 약 16 ㉱ 약 19

풀이 슬러지량(m³/day)

$$= \frac{SS농도(kg/m^3) \times Q(m^3/day) \times \eta}{비중량(kg/m^3)} \times \frac{100}{100-P(\%)}$$

$$= \frac{0.22kg/m^3 \times 6,000m^3/day \times 0.6}{1,030kg/m^3} \times \frac{100}{100-94\%}$$

$$= 12.82 m^3/day$$

TIP

① mg/L $\xrightarrow{\times 10^{-3}}$ kg/m³
② SS농도 220mg/L = 0.22kg/m³
③ 비중 $\xrightarrow{\times 10^3}$ 비중량(kg/m³)
④ 슬러지비중량 = 1.03 $\xrightarrow{\times 10^3}$ 1,030kg/m³

38 활성슬러지 변법인 장기포기법에 관한 내용으로 틀린 것은?

㉮ SRT를 길게 유지하며 동시에 MLSS농도를 낮게 유지하여 처리하는 방법이다.
㉯ 활성슬러지가 자산화되기 때문에 잉여슬러지의 발생량은 표준활성슬러지법에 비해 적다.
㉰ 과잉 포기로 인하여 슬러지의 분산이 야기되거나 슬러지의 활성도가 저하되는 경우가 있다.
㉱ 질산화가 진행되면서 pH의 저하가 발생한다.

풀이 ㉮ SRT를 길게 유지하며 동시에 MLSS농도를 높게 유지하여 처리하는 방법이다.

39 물 5m³의 DO가 9.0mg/L 이다. 이 산소를 제거하는데 이론적으로 필요한 아황산나트륨 (Na_2SO_3)의 양은? (단, 나트륨 원자량 : 23)

㉮ 약 355g ㉯ 약 385g
㉰ 약 402g ㉱ 약 429g

풀이 $Na_2SO_3 + 0.5O_2 \rightarrow Na_2SO_4$

126g : 0.5×32g
X : 9.0mg/L(g/m³)×5m³

$$\therefore X = \frac{126g \times 9.0g/m^3 \times 5m^3}{0.5 \times 32g} = 354.38g$$

40 유량이 2,000m³/day이고 SS농도가 200mg/L인 하수가 1차침전지에서 처리된 후 처리수의 SS 농도는 90mg/L가 되었다. 이때 1차침전지에서 발생하는 슬러지의 양은 몇 m³/day인가? (단, 슬러지의 함수율은 97%이고, 비중은 1.0 이며 기타 다른 조건은 고려하지 않음)

㉮ 4.3 ㉯ 5.3
㉰ 6.3 ㉱ 7.3

풀이 슬러지량(m³/day)

$$= \frac{(SS_i - SS_o)(kg/m^3) \times Q(m^3/day)}{비중량(kg/m^3)} \times \frac{100}{100-P(\%)}$$

$$= \frac{(0.2kg/m^3 - 0.09kg/m^3) \times 2,000m^3/day}{1,000kg/m^3} \times \frac{100}{100-97\%}$$

$$= 7.33 m^3/day$$

정답 37 ㉯ 38 ㉮ 39 ㉮ 40 ㉱

| 제3과목 | 수질오염공정시험기준

41 취급 또는 저장하는 동안에 기체 또는 미생물이 침입하지 아니하도록 내용물을 보호하는 용기는?

㉮ 밀봉용기 ㉯ 기밀용기
㉰ 밀폐용기 ㉱ 완밀용기

풀이 용기
① 밀폐용기 : 이물질
② 밀봉용기 : 기체 또는 미생물
③ 기밀용기 : 공기 또는 다른 가스
④ 차광용기 : 광선

42 시료의 전처리법 중 유기물을 다량 함유하고 있으면서 산분해가 어려운 시료에 적용하기 가장 적절한 것은?

㉮ 회화에 의한 분해
㉯ 질산 - 과염소산법
㉰ 질산 - 황산법
㉱ 질산 - 염산법

풀이
㉮ 회화에 의한 분해 : 목적성분이 400℃ 이상에서 휘산되지 않고 쉽게 회화할 수 있는 시료
㉯ 질산 - 과염소산법 : 유기물을 다량 함유하고 있으면서 산분해가 어려운 시료
㉰ 질산 - 황산법 : 유기물 등을 많이 함유하고 있는 대부분의 시료
㉱ 질산 - 염산법 : 유기물 함량이 비교적 높지 않고 금속의 수산화물, 산화물, 인산염 및 황화물을 함유하고 있는 시료

43 다음 그림은 자외선 가시선 분광법으로 불소측정시 사용되는 분석기기인 수증기 증류장치이다. C의 명칭으로 옳은 것은?

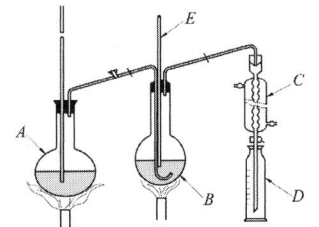

㉮ 유리연결관 ㉯ 냉각기
㉰ 정류관   ㉱ 메스실린더관

풀이 그림의 명칭
A : 수증기 발생용 플라스크
B : 수증기 발생용 플라스크
C : 냉각기
D : 수기
E : 온도계

정답 41 ㉮ 42 ㉯ 43 ㉯

44 부유물질 측정에 관한 내용으로 틀린 것은?

㉮ 유지(oil) 및 혼합되지 않는 유기물도 여과지에 남아 부유물질 측정값을 높게 할 수 있다.
㉯ 철 또는 칼슘이 높은 시료는 금속침전이 발생하며 부유물질 측정에 영향을 줄 수 있다.
㉰ 증발잔유물이 1,000mg/L 이상인 경우 해수, 공장폐수 등은 특별히 취급하지 않을 경우, 높은 부유물질 값을 나타낼 수 있는데 이 경우 여과지를 여러 번 세척한다.
㉱ 큰 모래입자 등과 같은 큰 입자들은 부유물질 측정에 방해를 주며, 충분히 침전시킨 후 상등수를 채취하여 분석을 실시한다.

> [풀이] ㉱ 큰 모래입자 등과 같은 큰 입자들은 부유물질 측정에 방해를 주며, 이 경우 직경 2mm 금속망에 먼저 통과시킨 후 분석을 실시한다.

45 페놀류의 자외선 가시선 분광법 측정시 정량한계에 관한 내용으로 옳은 것은?

㉮ 클로로폼추출법 : 0.003mg/L
    직접측정법 : 0.03mg/L
㉯ 클로로폼추출법 : 0.03mg/L
    직접측정법 : 0.003mg/L
㉰ 클로로폼추출법 : 0.005mg/L
    직접측정법 : 0.05mg/L
㉱ 클로로폼추출법 : 0.05mg/L
    직접측정법 : 0.005mg/L

> [풀이] 페놀류의 자외선 가시선 분광법 측정시 정량한계는 클로로폼추출법 0.005mg/L, 직접측정법 0.05mg/L 이다.

46 전기전도도 측정에 관한 설명으로 틀린 것은?

㉮ 전극의 표면이 부유물질, 그리스, 오일 등으로 오염될 경우, 전기전도도의 값이 영향을 받을 수 있다.
㉯ 전기전도도 측정계는 지시부와 검출부로 구성되어 있다.
㉰ 정확도는 측정값의 % 상대표준편차(RSD)로 계산하며 측정값의 25% 이내이어야 한다.
㉱ 전기전도도 측정계 중에서 25℃에서의 자체온도 보상회로가 장치되어 있는 것이 사용하기에 편리하다.

> [풀이] ㉰ 정밀도는 측정값의 % 상대표준편차(RSD)로 계산하며 측정값의 20% 이내이어야 한다.

47 다음 중 관내에 압력이 존재하는 관수로 흐름에서의 관내 유량측정방법이 아닌 것은?

㉮ 벤튜리미터
㉯ 오리피스
㉰ 파샬플룸
㉱ 자기식 유량측정기

> [풀이] 관내에 압력이 존재하는 관수로 흐름에서의 관내 유량측정방법에는 벤튜리미터, 유량측정용노즐, 오리피스, 피토우관, 자기식 유량측정기가 있다.

정답 44 ㉱ 45 ㉰ 46 ㉰ 47 ㉰

48 클로로필 a 시료의 보존방법으로 옳은 것은?

㉮ 즉시 여과하여 4℃ 이하에서 보관
㉯ 즉시 여과하여 0℃ 이하에서 보관
㉰ 즉시 여과하여 -10℃ 이하에서 보관
㉱ 즉시 여과하여 -20℃ 이하에서 보관

풀이 클로로필 a 시료의 보존방법은 즉시 여과하여 -20℃ 이하에서 보관이며, 최대보존기간은 7일이다.

49 폐수처리 공정 중 관내의 압력이 필요하지 않은 측정용 수로의 유량 측정 장치인 웨어가 적용되지 않는 것은?

㉮ 공장폐수원수   ㉯ 1차 처리수
㉰ 2차 처리수   ㉱ 공정수

풀이 관내의 압력이 필요하지 않은 측정용 수로의 유량 측정 장치인 웨어는 1차처리수, 2차처리수, 공정수에 적용한다.

50 인산염인을 측정하기 위해 적용 가능한 시험방법과 가장 거리가 먼 것은?

㉮ 이온크로마토그래피
㉯ 자외선 가시선 분광법(카드뮴-구리 환원법)
㉰ 자외선 가시선 분광법(아스코르빈산환원법)
㉱ 자외선 가시선 분광법(이염화주석환원법)

풀이 인산염인의 시험방법에는 자외선 가시선 분광법(이염화주석환원법), 자외선 가시선 분광법(아스코르빈산환원법), 이온크로마토그래피가 있다.

51 다음 측정항목 중 시료의 최대보존기간이 가장 짧은 것은?

㉮ 시안   ㉯ 탁도
㉰ 부유물질   ㉱ 염소이온

풀이 시료의 최대보존기간
㉮ 시안 : 14일
㉯ 탁도 : 48시간
㉰ 부유물질 : 7일
㉱ 염소이온 : 28일

52 다음은 카드뮴 측정원리(자외선 가시선 분광법)에 대한 내용이다. ( )안에 들어갈 내용이 순서대로 옳게 나열된 것은?

카드뮴 이온을 시안화칼륨이 존재하는 알칼리성에서 디티존과 반응시켜 생성하는 카드뮴 착염을 사염화탄소로 추출하고, 추출한 카드뮴착염을 타타르산용액으로 역추출한 다음 다시 수산화나트륨과 시안화칼륨을 넣어 디티존과 반응하여 생성하는 ( )의 카드뮴착염을 사염화탄소로 추출하고 그 흡광도를 ( )에서 측정하는 방법이다.

㉮ 적색, 420nm   ㉯ 적색, 530nm
㉰ 청색, 620nm   ㉱ 청색, 680nm

정답 48 ㉱ 49 ㉮ 50 ㉯ 51 ㉯ 52 ㉯

53 용액 중 CN^-농도를 2.6mg/L로 만들려고 하면 물 1,000L에 NaCN 몇 g을 용해시키면 되는가? (단, Na 원자량 : 23)

㉮ 약 5 g
㉯ 약 10 g
㉰ 약 15 g
㉱ 약 20 g

풀이

$$NaCN(g) = \frac{2.6mgCN^-}{L} \times \frac{1g}{10^3mg} \times \frac{49gNaCN}{26gCN}$$
$$\times 1,000L$$
$$= 4.9g$$

54 염소이온을 적정법으로 측정시 적정의 종말점에 관한 설명으로 옳은 것은?

㉮ 엷은 황갈색 침전이 나타낼 때
㉯ 엷은 적자색 침전이 나타날 때
㉰ 엷은 적황색 침전이 나타낼 때
㉱ 엷은 청록색 침전이 나타낼 때

풀이 염소이온을 적정법으로 측정시 적정의 종말점은 엷은 적황색 침전이 나타낼 때이다.

55 분원성대장균군 측정 방법 중 막여과법에 관한 설명으로 옳지 않은 것은?

㉮ 분원성대장균군수/mg 단위로 표시한다.
㉯ 핀셋은 끝이 몽툭하고 넓으며 여과막을 집어 올릴 때 여과막을 손상시키지 않는 형태의 것으로 화염멸균이 가능한 것을 사용한다.
㉰ 배양기 또는 항온수조는 배양온도를 (44.5±0.2)℃로 유지할 수 있는 것을 사용한다.
㉱ 분원성대장균군은 배양 후 여러 가지 색조를 띠는 청색의 집락을 형성하며 이를 계수한다.

풀이 ㉮ 분원성대장균군수 100mL 단위로 표시한다.

56 수질오염공정시험기준 중 크롬의 측정 방법이 아닌 것은?

㉮ 자외선 가시선 분광법
㉯ 유도결합플라스마-원자발광분광법
㉰ 유도결합플라스마-질량분석법
㉱ 이온전극법

풀이 크롬의 측정방법에는 원자흡수분광도법, 자외선 가시선 분광법, 유도결합플라스마-원자발광분광법, 유도결합플라스마-질량분석법이 있다.

57 측정 금속이 수은인 경우, 시험방법으로 해당되지 않는 것은?

㉮ 자외선 가시선 분광법
㉯ 양극벗김전압전류법
㉰ 유도결합플라스마 원자발광분광법
㉱ 냉증기-원자형광법

풀이 수은의 측정방법에는 냉증기 - 원자흡수분광도법, 자외선 가시선 분광법, 양극벗김전압전류법, 냉증기 - 원자형광법이 있다.

58 노말헥산 추출물질시험법에서 염산(1+1)으로 산성화 할 때 넣어주는 지시약과 이때의 조절되는 pH를 바르게 나타낸 것은?

㉮ 메틸레드 - pH 4.0 이하
㉯ 메틸오렌지 - pH 4.0 이하
㉰ 메틸레드 - pH 2.0 이하
㉱ 메틸오렌지 - pH 2.0 이하

풀이 시료적당량(노말헥산 추출물질로서 5~200 mg 해당량)을 분별깔때기에 넣고 메틸오렌지용액(0.1%) 2~3방울을 넣고 황색이 적색으로 변할 때까지 염

정답 53 ㉮ 54 ㉰ 55 ㉮ 56 ㉱ 57 ㉰ 58 ㉯

산(1+1)을 넣어 시료의 pH를 4 이하로 조절한다.

59
4각 웨어에 의하여 유량을 측정하려고 한다. 웨어의 수두 90cm, 웨어 절단의 폭 1.0m일 때의 유량은? (단, 유량계수 k = 1.2 임)

㉮ 약 $1.03m^3/min$ ㉯ 약 $1.26m^3/min$
㉰ 약 $1.37m^3/min$ ㉱ 약 $1.53m^3/min$

[풀이]
$Q = k \times b \times h^{\frac{3}{2}}$
- Q : 유량(m^3/min)
- k : 유량계수
- b : 절단의 폭(m)
- h : 웨어의 수두(m)

따라서 $Q = 1.2 \times 1.0m \times (0.9m)^{\frac{3}{2}} = 1.03m^3/min$

TIP
직각삼각웨어의 유량 구하는 공식
$Q = k \cdot h^{\frac{5}{2}} (m^3/min)$

60
다음 중 질산성 질소의 측정방법이 아닌 것은?

㉮ 이온크로마토그래피
㉯ 자외선 가시선 분광법-부루신법
㉰ 자외선 가시선 분광법-활성탄흡착법
㉱ 자외선 가시선 분광법-데발다합금·킬달법

[풀이] 질산성 질소의 측정방법에는 이온크로마토그래피, 자외선 가시선 분광법(부루신법), 자외선 가시선 분광법(활성탄흡착법), 데발다합금 환원증류법이 있다.

| 제4과목 | 수질환경관계법규

61
수질 및 수생태계 환경기준 중 해역인 경우 생태기반 해수수질 기준으로 옳은 것은?

㉮ 등급 : I(매우 좋음), 수질평가 지수값 : 12 이하
㉯ 등급 : I(매우 좋음), 수질평가 지수값 : 23 이하
㉰ 등급 : I(매우 좋음), 수질평가 지수값 : 34 이하
㉱ 등급 : I(매우 좋음), 수질평가 지수값 : 40 이하

[풀이] 생태기반 해수수질 기준

등급	수질평가 지수값 (Water Quality Index)
I 등급(매우좋음)	23 이하
II 등급(좋음)	24 ~ 33
III 등급(보통)	34 ~ 46
IV 등급(나쁨)	47 ~ 59
V 등급(아주 나쁨)	60 이상

62
다음의 수질오염방지시설 중 물리적 처리시설에 해당되는 것은?

㉮ 응집시설   ㉯ 흡착시설
㉰ 이온교환시설   ㉱ 침전물개량시설

[풀이] 수질오염방지시설의 종류
㉮ 응집시설 : 물리적 처리시설
㉯ 흡착시설 : 화학적 처리시설
㉰ 이온교환시설 : 화학적 처리시설
㉱ 침전물개량시설 : 화학적 처리시설

정답 59 ㉮   60 ㉱   61 ㉯   62 ㉮

63 폐수의 처리능력과 처리가능성을 고려하여 수탁하여야 하는 폐수처리업자의 준수사항을 지키지 아니한 폐수처리업자에게 부과되는 벌칙기준은?

㉮ 300만원 이하의 벌금
㉯ 500만원 이하의 벌금
㉰ 1천만원 이하의 벌금
㉱ 1년 이하의 징역 또는 1천만원 이하의 벌금

64 [시도지사는 공공수역의 수질보전을 위하여 환경부령이 정하는 해발고도 이상에 위치한 농경지 중 환경부령이 정하는 경사도 이상의 농경지를 경작하는 자에 대하여 경작방식의 변경 등을 권고할 수 있다.] 위에서 언급한 '환경부령이 정하는 해발고도' 기준은?

㉮ 해발 400미터 ㉯ 해발 500미터
㉰ 해발 600미터 ㉱ 해발 700미터

[풀이] 환경부령으로 정하는 해발고도는 해발 400미터이며, 경사도는 경사도 15퍼센트이다.

65 수질오염경보의 종류 중 조류경보 단계가 '조류경보'인 경우, 취수장, 정수장 관리자의 조치사항이 아닌 것은?

㉮ 조류증식 수심 이하로 취수구 이동
㉯ 정수처리 강화(활성탄처리, 오존처리)
㉰ 취수구와 조류가 심한 지역에 대한 방어막 설치
㉱ 정수의 독소분석 실시

[풀이] ㉰번은 수면관리자의 조치사항이다.

66 비점오염저감시설 중 장치형 시설에 해당되는 것은?

㉮ 생물학적 처리형 시설
㉯ 저류시설
㉰ 식생형 시설
㉱ 침투시설

[풀이] 장치형 시설에는 여과형 시설, 소용돌이형 시설, 스크린형 시설, 응집·침전 처리형 시설, 생물학적 처리형 시설이 있다.

67 다음은 호소수 이용 상황 등의 조사·측정 등의 기준에 관한 내용이다. ( )안에 옳은 내용은?

> 시도지사는 환경부장관이 지정, 고시하는 호소 외의 호소로서 ( )인 호소의 물환경 등을 정기적으로 조사·측정하여야 한다.

㉮ 원수 취수량이 10만톤 이상
㉯ 원수 취수량이 20만톤 이상
㉰ 만수위일 때의 면적이 30만 제곱미터 이상
㉱ 만수위일 때의 면적이 50만 제곱미터 이상

정답 63 ㉯ 64 ㉮ 65 ㉰ 66 ㉮ 67 ㉱

68 대권역 물환경관리 계획 수립시 포함되어야 하는 사항과 가장 거리가 먼 것은?

㉮ 점오염원, 비점오염원 및 기타 오염원에 의한 수질오염물질 발생량
㉯ 상수원 및 물 이용현황
㉰ 물환경 변화 추이 및 목표기준
㉱ 물환경 보전대책

풀이 대권역계획에 포함되어야 하는 사항
① 물환경의 변화 추이 및 목표기준
② 상수원 및 물 이용현황
③ 점오염원, 비점오염원 및 기타 수질오염원의 분포현황
④ 점오염원, 비점오염원 및 기타 수질오염원에 의한 수질오염물질 발생량
⑤ 수질오염 예방 및 저감대책
⑥ 물환경 보전조치의 추진방향
⑦ 그 밖에 환경부령이 정하는 사항

69 다음은 수질 및 수생태계 환경기준 중 하천에서 생활환경 기준의 등급별 물환경 생태에 관한 내용이다. ( )안에 옳은 내용은?

보통 : 보통의 오염물질로 인하여 용존산소가 소모되는 일반 생태계로 여과, 침전, 활성탄 투입, 살균 등 고도의 정수처리 후 생활용수로 이용하거나 일반적 정수처리 후 ( )로 사용할 수 있음

㉮ 재활용수 ㉯ 농업용수
㉰ 수영용수 ㉱ 공업용수

70 공공폐수처리시설의 방류수 수질기준으로 옳은 것은? (단, Ⅳ지역 기준, ( ) 농공단지 공공폐수처리시설의 방류수 수질기준)

㉮ 부유물질 10(10)mg/L 이하
㉯ 부유물질 20(20)mg/L 이하
㉰ 부유물질 30(30)mg/L 이하
㉱ 부유물질 40(40)mg/L 이하

71 다음 ( )안에 들어갈 알맞은 말은?

환경부장관은 폐수처리업의 등록을 한 자에 대하여 영업정지를 명하여야 하는 경우로서 그 영업정지가 주민의 생활 그 밖의 공익에 현저한 지장을 줄 우려가 있다고 인정되는 경우에는 영업정지처분을 갈음하여 매출액에 ( )를 곱한 금액을 초과하지 아니하는 범위에서 과징금을 부과할 수 있다.

㉮ 100분의 0.5 ㉯ 100분의 5
㉰ 100분의 10 ㉱ 100분의 15

72 오염총량관리 조사·연구반이 속한 기관은?

㉮ 시·도보건환경연구원
㉯ 유역환경청 또는 지방환경청
㉰ 국립환경과학원
㉱ 한국환경공단

풀이 오염총량관리 조사·연구반이 속한 기관은 국립환경과학원이다.

정답 68 ㉱ 69 ㉱ 70 ㉮ 71 ㉯ 72 ㉰

73 [환경부장관은 폐수무방류배출시설의 설치허가신청을 받은 때에는 폐수무방류배출시설 및 폐수를 배출하지 아니하고 처리할 수 있는 수질오염방지시설 등의 적정성 여부에 대하여 환경부령이 정하는 관계전문기관의 의견을 들어야 한다.] 위에서 언급한 '환경부령이 정하는 관계전문기관'은?

㉮ 한국환경공단
㉯ 국립환경과학원
㉰ 한국환경기술개발원
㉱ 환경산업시험원

74 다음은 폐수무방류배출시설의 세부 설치기준에 관한 내용이다. ( )안에 옳은 내용은?

> 특별대책지역에 설치되는 폐수무방류배출시설의 경우 1일 24시간 연속하여 가동되는 것이면 ( ) 할 수 있는 예비방지시설을 설치하여야 하고, 1일 최대 폐수발생량이 200세제곱미터 이상이면 배출 폐수의 무방류 여부를 실시간으로 확인할 수 있는 원격유량 감시장치를 설치하여야 한다.

㉮ 배출 폐수의 15%를 처리
㉯ 배출 폐수의 30%를 처리
㉰ 배출 폐수의 50%를 처리
㉱ 배출 폐수를 전량 처리

75 중점관리저수지 지정 기준으로 옳은 것은?

㉮ 총저수용량이 5백만세제곱미터 이상인 저수지
㉯ 총저수용량이 1천만세제곱미터 이상인 저수지
㉰ 총저수용량이 3천만세제곱미터 이상인 저수지
㉱ 총저수용량이 5천만세제곱미터 이상인 저수지

76 국립환경과학원장, 유역환경청장, 지방환경청장이 설치할 수 있는 측정망의 종류와 가장 거리가 먼 것은?

㉮ 생물 측정망
㉯ 공공수역 오염원 측정망
㉰ 퇴적물 측정망
㉱ 비점오염원에서 배출되는 비점오염물질 측정망

TIP

측정망의 종류
(1) 국립환경과학원장, 유역환경청장, 지방환경청장이 설치·운영하는 측정망의 종류
  ① 비점오염원에서 배출되는 비점오염물질 측정망
  ② 수질오염물질의 총량관리를 위한 측정망
  ③ 대규모 오염원의 하류지점 측정망
  ④ 수질오염경보를 위한 측정망
  ⑤ 대권역·중권역을 관리하기 위한 측정망
  ⑥ 공공수역 유해물질 측정망
  ⑦ 퇴적물 측정망
  ⑧ 생물 측정망
(2) 시·도지사, 대도시의 장, 수면관리자가 설치·운영하는 측정망의 종류
  ① 소권역을 관리하기 위한 측정망
  ② 도심하천 측정망

정답 73 ㉮ 74 ㉱ 75 ㉯ 76 ㉯

77 환경부장관이 비점오염원관리지역을 지정, 고시한 때에 수립하는 비점오염원관리대책에 포함되어야 하는 사항과 가장 거리가 먼 것은?

㉮ 관리목표
㉯ 관리대상 수질오염물질의 종류 및 발생량
㉰ 관리대상 수질오염물질의 발생 예방 및 저감방안
㉱ 관리대상 수질오염물질이 수질오염에 미치는 영향

[풀이] 비점오염원관리대책에 포함되어야 하는 사항에는 관리목표, 관리대상 수질오염물질의 종류 및 발생량, 관리대상 수질오염물질의 발생 예방 및 저감방안, 그 밖의 관리지역의 적정한 관리를 위하여 환경부령이 정하는 사항이 있다.

78 환경기술인을 바꾸어 임명하는 경우의 신고 기준으로 옳은 것은?

㉮ 그 사유가 발생함과 동시에 신고하여야 한다.
㉯ 그 사유가 발생한 날부터 5일 이내에 신고하여야 한다.
㉰ 그 사유가 발생한 날부터 10일 이내에 신고하여야 한다.
㉱ 그 사유가 발생한 날부터 15일 이내에 신고하여야 한다.

[풀이] 환경기술인을 바꾸어 임명하는 경우에는 그 사유가 발생한 날부터 5일 이내에 신고하여야 한다.

79 종말처리시설에 유입된 수질오염물질을 최종 방류구를 거치지 아니하고 배출하거나 최종 방류구를 거치지 아니하고 배출할 수 있는 시설을 설치하는 행위를 한 자에 대한 벌칙 기준은?

㉮ 1년 이하의 징역 또는 1천만원 이하의 벌금
㉯ 3년 이하의 징역 또는 2천만원 이하의 벌금
㉰ 5년 이하의 징역 또는 3천만원 이하의 벌금
㉱ 7년 이하의 징역 또는 5천만원 이하의 벌금

[풀이] ㉰ 5년 이하의 징역 또는 3천만원 이하의 벌금에 해당한다.

80 오염총량관리지역을 관할하는 시도지사가 수립하여 환경부장관에게 승인을 얻는 오염총량관리기본계획에 포함되는 사항과 가장 거리가 먼 것은?

㉮ 당해 지역 개발계획의 내용
㉯ 지방자치단체별·수계구간별 오염부하량의 할당
㉰ 당해 지역의 점오염원, 비점오염원, 기타 오염원 현황
㉱ 당해 지역 개발계획으로 인하여 추가로 배출되는 오염부하량 및 그 저감계획

[풀이] ㉯ 관할 지역에서 배출되는 오염부하량의 총량 및 저감계획

정답 77 ㉱ 78 ㉯ 79 ㉰ 80 ㉯

2014년 1회 수질환경산업기사

2014년 3월 2일 시행

| 제1과목 | 수질오염개론

01 수분함량 97%의 슬러지 14.7m³를 수분함량 85%로 농축하면 농축 후 슬러지 용적은 얼마인가? (단, 슬러지 비중은 1.0이다.)

㉮ 1.92m³ ㉯ 2.94m³
㉰ 3.21m³ ㉱ 4.43m³

풀이 $V_1 \times (100-P_1) = V_2 \times (100-P_2)$
$14.7m^3 \times (100-97) = V_2 \times (100-85)$
$\therefore V_2 = \dfrac{14.7m^3 \times (100-97)}{(100-85)} = 2.94m^3$

02 용액을 통해 흐르는 전류의 특성으로 알맞지 않은 것은 어느 것인가? (단, 금속을 통해 흐르는 전류와 비교)

㉮ 용액에서 화학변화가 일어난다.
㉯ 전류는 전자에 의해 운반된다.
㉰ 온도의 상승은 저항을 감소시킨다.
㉱ 대체로 전기저항이 금속의 경우보다 크다.

풀이 ㉯ 전류는 전하에 의해 운반된다.

03 PbSO₄(MW=303.3)의 용해도는 0.038 g/L이다. PbSO₄의 용해도적 상수(K_{SP})는 얼마인가?

㉮ 약 1.6×10^{-8} ㉯ 약 2.4×10^{-8}
㉰ 약 3.2×10^{-8} ㉱ 약 4.8×10^{-8}

풀이 $PbSO_4 \rightleftharpoons Pb^{2+} + SO_4^{2-}$
　　　XM　　XM　XM
① PbSO₄의 mol/L
$= \dfrac{0.038g}{L} \times \dfrac{1mol}{303.3g} = 1.253 \times 10^{-4} mol/L$
② XM $= 1.253 \times 10^{-4} mol/L$
③ Ksp(용해도적) $= [Pb^{2+}][SO_4^{2-}] = XM \times XM$
④ Ksp $= (1.253 \times 10^{-4} mol/L) \times (1.253 \times 10^{-4} mol/L)$
$= 1.57 \times 10^{-8}$

04 BOD가 10,000mg/L이고 염소이온농도가 1,000mg/L인 분뇨를 희석하여 활성슬러지법으로 처리한 결과 방류수의 BOD는 20mg/L, 염소이온의 농도는 25mg/L으로 나타났다. 활성슬러지법의 처리효율은 얼마인가? (단, 염소는 생물학적 처리에서 제거되지 않는다.)

㉮ 86% ㉯ 88%
㉰ 90% ㉱ 92%

풀이 제거효율(%) $= \left(1 - \dfrac{BOD_0 \times P}{BOD_i}\right) \times 100(\%)$

정답 01 ㉯　02 ㉯　03 ㉮　04 ㉱

① 희석배수치(P)

$= \dfrac{\text{유입수의 } Cl^-}{\text{유출수의 } Cl^-} = \dfrac{1,000\text{mg/L}}{25\text{mg/L}} = 40$

② 제거효율(%)

$= \left(1 - \dfrac{20\text{mg/L} \times 40}{10,000\text{mg/L}}\right) \times 100 = 92\%$

05 $Ca(OH)_2$ 1,480mg/L 용액의 pH는 얼마인가? (단, $Ca(OH)_2$의 분자량은 74이고 완전해리 한다.)

㉮ 약 12.0 ㉯ 약 12.3
㉰ 약 12.6 ㉱ 약 12.9

[풀이] $Ca(OH)_2 \rightarrow Ca^{2+} + 2OH^-$
　　　　 XM　　 XM　 2XM

① $Ca(OH)_2$의 mol/L를 계산한다.

$\text{mol/L} = \dfrac{1,480\text{mg}}{L} \left| \dfrac{1g}{10^3\text{mg}} \right| \dfrac{1\text{mol}}{74g} = 0.02\text{mol/L}$

② XM = 0.02mol/L
③ $[OH^-]$농도 $= 2XM = 2 \times 0.02$mol/L
④ pH $= 14 + \log[OH^-]$
$= 14 + \log[2 \times 0.02\text{mol/L}] = 12.60$

06 친수성 콜로이드에 관한 설명으로 틀린 것은 어느 것인가?

㉮ 물 속에서 현탁상태(suspension)로 존재한다.
㉯ 염에 대하여 큰 영향을 받지 않는다.
㉰ 단백질, 합성된 고단위 중합체 등이 해당된다.
㉱ 틴달효과가 약하거나 거의 없다.

[풀이] ㉮ 물 속에서 유탁상태(에멀젼)로 존재한다.

07 촉매에 관한 내용으로 틀린 것은 어느 것인가?

㉮ 반응속도를 느리게 하는 효과가 있는 것을 역촉매라고 한다.
㉯ 반응의 역할에 따라 반응 후 본래 상태로 회복여부가 결정된다.
㉰ 반응의 최종 평형상태에는 아무런 영향을 미치지 않는다.
㉱ 화학반응의 속도를 변화시키는 능력을 가지고 있다.

08 초기농도가 300mg/L인 오염물질이 있다. 이 물질의 반감기가 10day 라고 할 때 반응속도가 1차 반응에 따른다면 5일 후의 농도는 얼마인가?

㉮ 212mg/L ㉯ 228mg/L
㉰ 235mg/L ㉱ 246mg/L

[풀이] ① 반감기 공식 : $\ln \dfrac{1}{2} = -k \times t$

$\ln \dfrac{1}{2} = -k \times 10\text{day}$

$\therefore k = \dfrac{\ln \dfrac{1}{2}}{-10\text{day}} = 0.0693/\text{day}$

② 1차반응식 공식 : $\ln \dfrac{C_t}{C_o} = -k \times t$

$\ln \dfrac{C_t}{300\text{mg/L}} = -0.0693/\text{day} \times 5\text{day}$

$\therefore C_t = 300\text{mg/L} \times e^{(-0.0693/\text{day} \times 5\text{day})} = 212.15\text{mg/L}$

정답 05 ㉰　06 ㉮　07 ㉯　08 ㉮

09 포도당($C_6H_{12}O_6$) 500mg이 탄산가스와 물로 완전산화 하는데 소요되는 이론적 산소요구량은 얼마인가?

㉮ 512mg   ㉯ 521mg
㉰ 533mg   ㉱ 548mg

풀이 $C_6H_{12}O_6 + 6O_2 \rightarrow 6CO_2 + 6H_2O$
180g : 6×32g
500mg : ThOD
∴ ThOD = $\dfrac{6 \times 32g \times 500mg}{180g}$ = 533.33mg

10 Ca^{2+}가 200mg/L를 N농도로 나타내면 얼마인가? (단, Ca : 40)

㉮ 0.01   ㉯ 0.02
㉰ 0.5   ㉱ 1.0

풀이 eq/L = $\dfrac{200mg}{L} \times \dfrac{1g}{10^3 mg} \times \dfrac{1eq}{20g}$ = 0.01eq/L

TIP
① N농도 = eq/L
② Ca^{2+}의 1eq = $\dfrac{원자량(g)}{2} = \dfrac{40g}{2}$ = 20g

11 수중에 탄산가스 농도나 암모니아성 질소의 농도가 증가하며 Fungi가 사라지는 하천의 변화과정 지대는 어느 것인가? (단, Whipple의 4지대 기준)

㉮ 활발한 분해지대   ㉯ 점진적 분해지대
㉰ 분해지대   ㉱ 점진적 회복지대

풀이 ㉮ 활발한 분해지대에 대한 설명이다.

12 지구상 담수의 존재량을 볼 때 그 양이 가장 큰 존재 형태는 어느 것인가?

㉮ 하천수   ㉯ 빙하
㉰ 호소수   ㉱ 지하수

풀이 지구상에 분포하는 담수수량 중 가장 많은 양을 차지하는 순서는 빙하(만년설 포함) > 지하수 > 토양의 수분 > 대기중의 수분 순이다.

13 최종BOD(BOD_u)가 500mg/L이고, BOD_5가 400mg/L일 때 탈산소계수(base = 상용대수)는 얼마인가?

㉮ 0.12/day   ㉯ 0.14/day
㉰ 0.16/day   ㉱ 0.18/day

풀이 $BOD_5 = BOD_u \times (1-10^{-k_1 \times t})$
$400mg/L = 500mg/L \times (1-10^{-k_1 \times 5day})$
$1-10^{-k_1 \times 5day} = \dfrac{400mg/L}{500mg/L}$
$10^{-k_1 \times 5day} = 1 - \dfrac{400mg/L}{500mg/L}$
$-k_1 \times 5day = \log\left(1 - \dfrac{400mg/L}{500mg/L}\right)$
$k_1 = \dfrac{\log\left(1 - \dfrac{400mg/L}{500mg/L}\right)}{-5day}$ = 0.14/day

정답 09 ㉰   10 ㉮   11 ㉮   12 ㉯   13 ㉯

14 현재의 BOD가 1mg/L이고 유량이 200,000m³/day인 하천주변에 양돈단지를 조성하고자 한다. 하천의 환경기준이 BOD 5mg/L이하인 하천에서 환경기준치 이하로 유지시키기 위한 최대사육 돼지의 마리수는 얼마인가? (단, 돼지 사육으로 인한 하천의 유량증가는 무시하고 돼지 1마리당 BOD배출량은 0.16kg/day로 본다.)

㉮ 3,500마리 ㉯ 4,000마리
㉰ 4,500마리 ㉱ 5,000마리

풀이 돼지 마리수
$= \dfrac{(\text{기준치 농도}-\text{하천의 농도})\text{kg/m}^3 \times \text{유량}(\text{m}^3/\text{day})}{\text{돼지 1마리당 BOD 배출량}(\text{kg/day}\cdot\text{마리})}$
$= \dfrac{\{(5-1)\text{mg/L}\times 10^{-3}\}\text{kg/m}^3 \times 200,000\text{m}^3/\text{day}}{0.16\text{kg/day}\cdot\text{마리}}$
= 5,000마리

15 [여러 물질이 혼합된 용액에서 어느 물질의 증기압(분압)은 혼합액에서 그 물질의 몰분율에 순수한 상태에서 그 물질의 증기압을 곱한 것과 같다]는 어떤 법칙을 설명한 것인가?

㉮ Dalton의 분압법칙
㉯ Henry의 법칙
㉰ Avogadro의 법칙
㉱ Raoult의 법칙

풀이 ㉱ Raoult의 법칙에 대한 법칙이다.

16 탈산소계수(상용대수)가 0.2day⁻¹이면, BOD₃/BOD₅ 비는 얼마인가?

㉮ 0.74 ㉯ 0.78
㉰ 0.83 ㉱ 0.87

풀이
$\dfrac{\text{BOD}_3}{\text{BOD}_5} = \dfrac{\text{BOD}_u \times (1-10^{-k_1 \times t})}{\text{BOD}_u \times (1-10^{-k_1 \times t})}$
$= \dfrac{\text{BOD}_u \times (1-10^{-0.2/\text{day}\times 3\text{day}})}{\text{BOD}_u \times (1-10^{-0.2/\text{day}\times 5\text{day}})} = 0.83$

17 점오염원에 대한 설명으로 틀린 것은 어느 것인가?

㉮ 고농도의 하·폐수가 특정한 한 점에서 집중 배출되는 오염원이다.
㉯ 대체로 좁은 지역에서 발생하며 시간에 따른 수질의 변화가 있다.
㉰ 배출위치를 정확히 파악할 수 있다.
㉱ 강우시 집중적으로 발생하는 영양염류가 주요 오염물질이다.

풀이 ㉱번은 비점오염원에 대한 설명이다.

18 CH_2O 100mg/L의 이론적 COD 값은 얼마인가?

㉮ 97mg/L   ㉯ 107mg/L
㉰ 117mg/L ㉱ 127mg/L

풀이 $CH_2O + O_2 \rightarrow CO_2 + H_2O$
30g : 32g
100mg/L : COD
$\therefore \text{COD} = \dfrac{32\text{g}\times 100\text{mg/L}}{30\text{g}} = 106.67\text{mg/L}$

정답 14 ㉱ 15 ㉱ 16 ㉰ 17 ㉱ 18 ㉯

19 다음 중 가경도(pseudo hardness) 유발 물질로 가장 대표적인 것은 어느 것인가?

㉮ 칼슘   ㉯ 염소
㉰ 나트륨   ㉱ 철

풀이 가경도 유발물질의 대표적인 것은 나트륨(Na^+)이다.

20 다음 중 적조의 발생에 관한 설명으로 틀린 것은 어느 것인가?

㉮ 정체해역에서 일어나기 쉬운 현상이다.
㉯ 강우에 따라 하천수가 해수에 유입될 때 발생될 수 있다.
㉰ 수괴의 연직 안정도가 크고 독립해 있을 때 발생한다.
㉱ 해역의 영양 부족 또는 염소농도 증가로 발생된다.

풀이 ㉱ 해역의 영양 과다 또는 염소농도 감소로 발생된다.

| 제2과목 | 수질오염방지기술

21 암모늄이온(NH_4^+)을 27mg/L 함유하고 있는 폐수 1,667m³을 이온교환수지로 NH_4^+를 제거하고자 할 때 100,000g $CaCO_3/m^3$의 처리 능력을 갖는 양이온교환수지의 소요용적은 얼마인가? (단, Ca 원자량 : 40)

㉮ 0.60m³   ㉯ 0.85m³
㉰ 1.25m³   ㉱ 1.50m³

풀이 ① $2NH_4^+ + CaCO_3 \rightarrow (NH_4)_2CO_3 + Ca^{2+}$
2×18g : 100g
27g/m³×1,667m³ : X
∴ $X = \frac{100g \times 27g/m^3 \times 1,667m^3}{2 \times 18g} = 125,025g$

② 양이온 교환수지의 소요용적(m³)
$= \frac{125,025g}{100,000g/m^3} = 1.25m^3$

22 어떤 산업폐수를 중화처리하는데 NaOH 0.1% 용액 30mL가 필요하였다. 이를 0.1% $Ca(OH)_2$로 대체할 경우 몇 mL가 필요한가? (단, Ca 원자량 : 40)

㉮ 15   ㉯ 28
㉰ 32   ㉱ 37

풀이 ① NaOH의 eq/L = $\frac{0.1g}{0.1L} \times \frac{1eq}{40g} = 0.025eq/L$

② $Ca(OH)_2$의 eq/L = $\frac{0.1g}{0.1L} \times \frac{1eq}{37g} = 0.027eq/L$

③ $N_1V_1 = N_2V_2$
0.025N×30mL = 0.027N×V_2
∴ $V_2 = \frac{0.025N \times 30mL}{0.027N} = 27.78mL$

TIP
① N농도 = eq/L
② $Ca(OH)_2$의 1eq = $\frac{74g}{2} = 37g$
③ NaOH 0.1% 용액 = $\frac{0.1g}{100mL} = \frac{0.1g}{0.1L}$
④ $Ca(OH)_2$ 0.1% 용액 = $\frac{0.1g}{100mL} = \frac{0.1g}{0.1L}$

정답 19 ㉰ 20 ㉱ 21 ㉰ 22 ㉯

23 1kg BOD_5를 호기성 처리하는데 0.8kg의 O_2가 필요하고, 표면교반기를 통해 전력 1kW로 물에 2.4kg O_2를 주입할 수 있다면 전력량 1,000kW/day로 처리할 수 있는 이론적 BOD_5 부하량은 얼마인가?

㉮ 800kg/day ㉯ 1,000kg/day
㉰ 2,000kg/day ㉱ 3,000kg/day

풀이 전력량(kW/day)
$= BOD_5 \text{부하량}(kg/day) \times \dfrac{1kW}{O_2 \text{주입량}(kg)} \times \dfrac{O_2 \text{필요량}(kg)}{BOD_5 \text{량}(kg)}$

따라서 1,000kW/day
$= BOD_5 \text{부하량}(kg/day) \times \dfrac{1kW}{2.4kg} \times \dfrac{0.8kg}{1kg}$

$\therefore BOD_5 \text{부하량} = \dfrac{1,000kW/day}{\dfrac{1kW}{2.4kg} \times \dfrac{0.8kg}{1kg}} = 3,000kg/day$

24 포기조내 MLSS의 농도가 2,500mg/L이고, SV_{30}이 30%일 때 SVI는 얼마인가?

㉮ 85 ㉯ 120
㉰ 135 ㉱ 150

풀이 $SVI = \dfrac{SV(\%)}{MLSS(mg/L)} \times 10^4$

$= \dfrac{30\%}{2,500mg/L} \times 10^4 = 120$

TIP
① SVI : 슬러지 용적지수
② $SVI = \dfrac{SV(mL/L)}{MLSS(mg/L)} \times 10^3$
③ SVI가 50~150이면 정상 침강
④ SVI가 200 이상이면 슬러지 팽화 발생

25 길이 20m, 폭 6m, 깊이 4m인 직사각형 침전지에 유입되는 폐수가 하루에 2,400m³이고 BOD 농도는 250mg/L, SS농도가 370mg/L라면 수리학적 표면 부하율은 얼마인가?

㉮ 6m³/m²·일 ㉯ 10m³/m²·일
㉰ 15m³/m²·일 ㉱ 20m³/m²·일

풀이 표면부하율(m³/m²·day)
$= \dfrac{\text{폐수량}(m^3/day)}{\text{수면적}(m^2)} = \dfrac{Q(m^3/day)}{W(m) \times L(m)}$
$= \dfrac{2,400m^3/day}{6m \times 20m} = 20m^3/m^2 \cdot day$

26 다음은 슬러지 처리공정을 순서대로 배치한 것이다. 일반적인 순서로 알맞은 것은?

㉮ 농축 → 약품조정(개량) → 유기물의 안정화 → 건조 → 탈수 → 최종처분
㉯ 농축 → 유기물의 안정화 → 약품조정(개량) → 탈수 → 건조 → 최종처분
㉰ 약품조정(개량) → 농축 → 유기물의 안정화 → 탈수 → 건조 → 최종처분
㉱ 유기물의 안정화 → 농축 → 약품조정(개량) → 탈수 → 건조 → 최종처분

정답 23 ㉱ 24 ㉯ 25 ㉱ 26 ㉯

27 부피가 1,000m³인 탱크에서 G(평균속도 경사) 값을 30/s로 유지하기 위해 필요한 이론적 소요동력(W)은 얼마인가?
(단, 물의 점성계수는 $1.139 \times 10^{-3} N \cdot s/m^2$)

㉮ 1,025W ㉯ 1,250W
㉰ 1,425W ㉱ 1,650W

풀이 $P(Watt) = G^2 \times \mu \times V$
$= (30/sec)^2 \times 1.139 \times 10^{-3} N \cdot s/m^2 \times 1,000m^3$
$= 1,025.1 Watt$

TIP
점성도 단위 : $kg/m \cdot sec = N \cdot sec/m^2$

28 BOD가 250mg/L이고 유량이 2,000m³/day인 폐수를 활성슬러지법으로 처리하고자 한다. 포기조의 BOD 용적부하가 0.4kg/m³·day라면 포기조의 부피는 얼마인가?

㉮ 1,250m³ ㉯ 1,000m³
㉰ 750m³   ㉱ 500m³

풀이 BOD의 용적부하(kg/m³·day)
$= \dfrac{BOD(kg/m^3) \times Q(m^3/day)}{V(m^3)}$

따라서 $0.4 kg/m^3 \cdot day = \dfrac{0.25 kg/m^3 \times 2,000 m^3/day}{V(m^3)}$

$\therefore V = \dfrac{0.25 kg/m^3 \times 2,000 m^3/day}{0.4 kg/m^3 \cdot day} = 1,250 m^3$

29 정수처리의 단위공정으로 오존(O_3)처리법이 다른 처리법에 비교할 때 장점에 해당하지 않는 것은 어느 것인가?

㉮ 소독부산물의 생성을 유발하는 각종 전구물질에 대한 처리효율이 높다.
㉯ 오존은 자체의 높은 산화력으로 염소에 비하여 높은 살균력을 가지고 있다.
㉰ 전염소처리를 할 경우, 염소와 반응하여 잔류염소를 증가시킨다.
㉱ 철, 망간의 산화능력이 크다.

풀이 ㉰ 전염소처리를 할 경우, 염소와 반응하여 잔류염소를 증가시키지 않는다.

30 다음 특성을 갖는 폐수를 활성슬러지법으로 처리할 때 포기조내의 MLSS 농도를 일정하게 유지하려면 반송율은 약 얼마로 유지하여야 하는가? (단, 유입원수의 SS는 250mg/L, 포기조내의 MLSS는 2,500mg/L, 반송슬러지 농도는 8,000mg/L이며, 포기조 내에서 슬러지 생성 및 방류수 중의 SS는 무시한다.)

㉮ 20% ㉯ 30%
㉰ 40% ㉱ 50%

풀이 ① 반송비(R) $= \dfrac{MLSS - SS_i}{SS_r - MLSS}$

$= \dfrac{2,500mg/L - 250mg/L}{8,000mg/L - 2,500mg/L} = 0.4091$

② 반송율(%) $= R \times 100$
$= 0.4091 \times 100 = 40.91\%$

정답 27 ㉮ 28 ㉮ 29 ㉰ 30 ㉰

31 하수 슬러지의 농축 방법별 장단점으로 틀린 것은 어느 것인가?

㉮ 중력식 농축 : 잉여슬러지의 농축에 부적합
㉯ 부상식 농축 : 약품 주입 없이도 운전 가능
㉰ 원심분리 농축 : 악취가 적음
㉱ 중력벨트 농축 : 별도의 세정장치가 필요 없음

[풀이] ㉱ 중력벨트 농축 : 별도의 세정장치가 필요하다.

32 200mg/L의 Ethanol(C_2H_5OH)만을 함유한 공장폐수 3,000m³/day를 활성슬러지 공법으로 처리하려면 하루에 첨가하여야 하는 N의 양은 얼마인가? (단, Ethanol은 완전분해(COD=BOD)하고, 독성이 없으며 BOD : N : P = 100 : 5 : 1 이다.)

㉮ 42kg ㉯ 63kg
㉰ 81kg ㉱ 109kg

[풀이] ① $C_2H_5OH + 3O_2 \rightarrow 2CO_2 + 3H_2O$
46g : 3×32g
0.2kg/m³×3,000m³/day : BOD_u

∴ $BOD_u = \dfrac{3 \times 32g \times 0.2kg/m^3 \times 3,000m^3/day}{46g}$
= 1252.174kg/day

② BOD : N
100 : 5
1,252.174kg/day : N

∴ $N = \dfrac{1,252.174kg/day \times 5}{100}$ = 62.61kg/day

33 생물학적으로 하수 내 질소와 인을 동시에 제거할 수 있는 고도처리공법인 혐기무산소호기조합법에 관한 설명으로 잘못된 것은 어느 것인가?

㉮ 방류수의 인 농도를 안정적으로 확보할 필요가 있는 경우에는 호기 반응조의 말단에 응집제를 첨가할 설비를 설치하는 것이 바람직하다.
㉯ 인제거를 효과적으로 행하기 위해서는 일차침전지 슬러지와 잉여슬러지의 농축을 분리하는 것이 바람직하다.
㉰ 혐기조에서는 인방출, 호기조에서는 인의 과잉섭취현상이 발생한다.
㉱ 인제거율 또는 인제거량은 잉여슬러지의 인방출률과 수온에 의해 결정된다.

34 혐기성 조건하에서 400g의 $C_6H_{12}O_6$ (glucose)로부터 발생 가능한 CH_4 가스의 용적은 얼마인가? (단, 표준상태 기준)

㉮ 149L ㉯ 176L
㉰ 187L ㉱ 198L

[풀이] $C_6H_{12}O_6 \rightarrow 3CH_4 + 3CO_2$
180g : 3×22.4L
400g : X

∴ $x = \dfrac{400g \times 3 \times 22.4L}{180g}$ = 149.33L

정답 31 ㉱ 32 ㉯ 33 ㉱ 34 ㉮

35 BOD₅가 85mg/L인 하수가 완전혼합 활성슬러지공정으로 처리된다. 유출수의 BOD₅가 15mg/L, 온도 20℃, 유입유량 40,000톤/일, MLVSS가 2,000mg/L, Y값 0.6mgVSS/mgBOD₅, kd값 0.6 d⁻¹, 미생물체류시간 10일이라면 Y 값과 kd값을 이용한 반응조의 부피(m^3)는 얼마인가? (단, 비중은 1.0 기준)

㉮ 800m³ ㉯ 1,000m³
㉰ 1,200m³ ㉱ 1,400m³

풀이

$$\frac{1}{SRT} = \frac{Y \cdot Q \cdot (BOD_i - BOD_o)}{MLVSS \cdot V} - Kd$$

$$\frac{1}{10day} = \frac{0.6 \times 40,000m^3/day \times (85-15)mg/L}{2,000mg/L \times V} - 0.6/day$$

∴ V = 1,200m³

TIP

$$Q = 40,000 ton/day \times \frac{1}{1ton/m^3} = 40,000 m^3/day$$

36 어떤 정유 공장에서 최소 입경이 0.009 cm인 기름방울을 제거하려고 한다. 부상속도는 얼마인가? (단, 물의 밀도는 1g/cm³, 기름의 밀도 0.9g/cm³, 점도는 0.02 g/cm·sec, Stokes 법칙 적용)

㉮ 0.044cm/sec ㉯ 0.033cm/sec
㉰ 0.022cm/sec ㉱ 0.011cm/sec

풀이

$$V_f = \frac{d^2(\rho_s - \rho_w)g}{18\mu}$$

$$= \frac{(0.009cm)^2 \times (1.0-0.9)g/cm^3 \times 980cm/sec^2}{18 \times 0.02g/cm \cdot sec}$$

= 0.022cm/sec

37 BOD농도가 240mg/L인 폐수를 폭기조 BOD 부하 0.4kg BOD/kg MLSS·day인 활성슬러지법으로 6시간 폭기할 때 MLSS 농도(mg/L)는 얼마인가?

㉮ 3,300mg/L ㉯ 3,000mg/L
㉰ 2,700mg/L ㉱ 2,400mg/L

풀이

$$F/M비 = \frac{BOD \times Q}{MLSS \times V} = \frac{BOD}{MLSS} \times \frac{1}{t}$$

따라서 $0.4/day = \frac{240mg/L}{MLSS} \times \frac{1}{\left(\frac{6hr}{24}\right)day}$

∴ MLSS = 2,400mg/L

TIP

$$t = \frac{V}{Q} \Rightarrow \frac{1}{t} = \frac{Q}{V}$$

38 활성슬러지법에서 폭기조의 유효 용적이 900m³이고 MLSS 농도가 2,400 mg/L이다. 고형물 체류시간(SRT)이 6일이라고 한다면 건조된 잉여슬러지 생산량은 얼마인가? (단, 유출미생물량은 고려하지 않음)

㉮ 260kg/day ㉯ 320kg/day
㉰ 360kg/day ㉱ 400kg/day

풀이

$$SRT = \frac{MLSS \cdot V}{Q_w \cdot SS_w}$$

따라서 $6day = \frac{2.4kg/m^3 \times 900m^3}{Q_w \cdot SS_w}$

∴ $Q_w SS_w = \frac{2.4kg/m^3 \times 900m^3}{6day} = 360kg/day$

정답 35 ㉰ 36 ㉰ 37 ㉱ 38 ㉰

39 3차 처리 프로세스 중 5단계─Bardenpho 프로세스에 대한 설명으로 틀린 것은?

㉮ 1차 포기조에서는 질산화가 일어난다.
㉯ 혐기조에서는 용해성 인의 과잉흡수가 일어난다.
㉰ 인의 제거는 인의 함량이 높은 잉여슬러지를 제거함으로 가능하다.
㉱ 무산소조에서는 탈질화과정이 일어난다.

[풀이] ㉯ 혐기조에서는 인의 방출이 일어난다.

40 고형물의 농도가 15%인 슬러지 100kg을 건조상에서 건조시킨 후 수분이 20%로 되었다. 제거된 수분의 양은 얼마인가? (단, 슬러지 비중 1.0 기준)

㉮ 약 54.2kg   ㉯ 약 65.3kg
㉰ 약 72.6kg   ㉱ 약 81.3kg

[풀이] ① $W_1 \times TS_1 = W_2 \times (100-P_2)$
$100kg \times 15\% = W_2 \times (100-20)$
$\therefore W_2 = \dfrac{100kg \times 15\%}{(100-20)} = 18.75kg$
② 제거된 수분량 = $W_1 - W_2$
= 100kg - 18.75kg = 81.25kg

제3과목 | 수질오염공정시험기준

41 시안의 측정방법으로 틀린 것은 어느 것인가?

㉮ 자외선/가시선 분광법
㉯ 이온전극법
㉰ 연속흐름법
㉱ 질량분석법

[풀이] 시안의 측정방법으로는 자외선/가시선 분광법, 이온전극법, 연속흐름법이 있다.

42 불소(자외선/가시선 분광법)측정에 관한 내용으로 잘못된 것은 어느 것인가?

㉮ 알루미늄 및 철의 방해가 크나 증류하면 영향이 없다.
㉯ 정량한계는 0.5mg/L이다.
㉰ 청색의 복합 착화합물의 흡광도를 620nm에서 측정한다.
㉱ 전처리는 직접증류법과 수증기증류법이 적용된다.

[풀이] ㉯ 정량한계는 0.15mg/L이다.

정답 39 ㉯ 40 ㉱ 41 ㉱ 42 ㉯

43 식물성 플랑크톤을 측정하기 위한 시료 채취시 정성채집을 위해 이용하는 기구는 어느 것인가?

㉮ 플랑크톤 네트(mesh size 25μm)
㉯ 반돈 채수기
㉰ 채수병
㉱ 미량펌프채수기

풀이 식물성 플랑크톤을 측정하기 위한 시료 채취시 정성채집을 위해 이용하는 기구는 플랑크톤 네트(mesh size 25μm)이다.

44 6가 크롬을 자외선/가시선 분광법에 대한 설명으로 맞는 것은 어느 것인가?

㉮ 산성 용액에서 다이페닐카바자이드와 반응하여 생성되는 청색 착화합물의 흡광도를 620nm에서 측정
㉯ 산성 용액에서 페난트로린용액과 반응하여 생성되는 청색 착화합물의 흡광도를 620nm에서 측정
㉰ 산성 용액에서 다이페닐카바자이드와 반응하여 생성되는 적자색 착화합물의 흡광도를 540nm에서 측정
㉱ 산성 용액에서 페난트로린용액과 반응하여 생성되는 적자색 착화합물의 흡광도를 540nm에서 측정

45 바륨(금속류) 시험방법으로 틀린 것은 어느 것인가? (단, 공정시험기준)

㉮ 불꽃원자흡수분광광도법
㉯ 자외선/가시선 분광법
㉰ 유도결합플라스마 원자발광분광법
㉱ 유도결합플라스마 질량분석법

풀이 바륨의 시험방법으로는 원자흡수분광광도법, 유도결합플라스마-원자발광분광법, 유도결합플라스마-질량분석법이 있다.

46 수은(냉증기-원자흡수분광광도법)측정시 물속에 있는 수은을 금속수은으로 산화시키기 위해 주입하는 시약은 무엇인가?

㉮ 이염화주석
㉯ 아연분말
㉰ 염산하이드록실아민
㉱ 시안화칼륨

47 실험에 일반적으로 적용되는 용어의 정의로 잘못된 것은 어느 것인가? (단, 공정시험기준 기준)

㉮ '감압'이라 함은 따로 규정이 없는 한 15mmH$_2$O 이하를 뜻한다.
㉯ '밀폐용기'라 함은 취급 또는 저장하는 동안에 이물질이 들어가거나 또는 내용물이 손실되지 아니하도록 보호하는 용기를 말한다.
㉰ '냄새가 없다'라고 기재한 것은 냄새가 없거나 또는 거의 없는 것을 표시하는 것이다.
㉱ '정확히 취하여'란 규정한 양의 액체를 부피피펫으로 눈금까지 취하는 것을 말한다.

풀이 ㉮ '감압'이라 함은 따로 규정이 없는 한 15mmHg 이하를 뜻한다.

정답 43 ㉮ 44 ㉰ 45 ㉯ 46 ㉮ 47 ㉮

48 하천유량(유속 면적법) 측정의 적용범위에 관한 설명으로 잘못된 것은 어느 것인가?

㉮ 모든 유량 규모에서 하나의 하도로 형성되는 지점
㉯ 대규모 하천을 제외하고 가능하면 도섭으로 측정할 수 있는 지점
㉰ 교량 등 구조물 근처에서 측정할 경우 교량의 하류지점
㉱ 합류나 분류가 없는 지점

풀이 ㉰ 교량 등 구조물 근처에서 측정할 경우 교량의 상류지점

TIP

적용범위
① 균일한 유속분포를 확보하기 위한 충분한 길이(약 100m 이상)의 직선 하도(河道)의 확보가 가능하고 횡단면상의 수심이 균일한 지점
② 모든 유량 규모에서 하나의 하도로 형성되는 지점
③ 가능하면 하상이 안정되어 있고, 식생의 성장이 없는 지점
④ 유속계나 부자가 어디에서나 유효하게 잠길 수 있을 정도의 충분한 수심이 확보되는 지점
⑤ 합류나 분류가 없는 지점
⑥ 교량 등 구조물 근처에서 측정할 경우 교량의 상류지점
⑦ 대규모 하천을 제외하고 가능하면 도섭으로 측정할 수 있는 지점
⑧ 선정된 유량측정 지점에서 말뚝을 박아 동일 단면에서 유량측정을 수행할 수 있는 지점

49 웨어의 수로에 관한 설명으로 잘못된 것은 어느 것인가?

㉮ 수로는 목재, 철판, PVC판, FRP 등을 이용하여 만들며 부식성을 고려하여 내구성이 강한 재질을 선택한다.
㉯ 수로의 크기는 수로의 내부치수로 정하되 폐수량에 따라 적절하게 결정한다.
㉰ 수로는 바닥면을 수평으로 하며 수위를 읽는데 오차가 생기지 않도록 한다.
㉱ 유수의 도입 부분은 상류 측의 수로가 웨어의 수로폭과 깊이보다 작을 경우에는 없어도 좋다.

풀이 ㉱ 유수의 도입 부분은 상류 측의 수로가 웨어의 수로폭과 깊이보다 클 경우에는 없어도 좋다.

50 용존산소를 전극법으로 측정할 때에 대한 설명으로 잘못된 것은 어느 것인가?

㉮ 정량한계는 0.1mg/L이다.
㉯ 격막 필름은 가스를 선택적으로 통과시키지 못하므로 장시간 사용 시 황화수소가스의 유입으로 감도가 낮아질 수 있다.
㉰ 정확도는 수중의 용존산소를 윙클러 아자이드화나트륨 변법으로 측정한 결과와 비교하여 산출한다.
㉱ 정확도는 4회 이상 측정하여 측정 평균값의 상대백분율로서 나타내며 그 값이 95% ~ 105% 이내이어야 한다.

풀이 ㉮ 정량한계는 0.5mg/L이다.

정답 48 ㉰ 49 ㉱ 50 ㉮

51 총 유기탄소에 측정시 적용되는 용어의 설명으로 잘못된 것은 어느 것인가?

㉮ 무기성 탄소 : 수중에 탄산염, 중탄산염, 용존 이산화탄소 등 무기적으로 결합된 탄소의 합을 말한다.
㉯ 부유성 유기탄소 : 총 유기탄소 중 공극 0.45μm의 막 여지를 통과하여 부유하는 유기 탄소를 말한다.
㉰ 비정화성 유기탄소 : 총 탄소 중 pH 2 이하에서 포기에 의해 정화되지 않는 탄소를 말한다.
㉱ 총 탄소 : 수중에서 존재하는 유기적 또는 무기적으로 결합된 탄소의 합을 말한다.

풀이 ㉯ 부유성 유기탄소 : 총 유기탄소 중 공극 0.45μm의 막 여지를 통과하지 못한 유기탄소를 말한다.

52 다음 항목 중 최대 보존기간이 '즉시 측정'에 해당되지 않는 것은 어느 것인가?

㉮ 수소이온농도 ㉯ 용존산소(전극법)
㉰ 온도   ㉱ 냄새

풀이 ㉱ 냄새는 최대 보존기간이 6시간이다.

53 시료의 보존방법이 '6℃ 이하 보관'에 해당되는 측정항목은?

㉮ 6가 크롬   ㉯ 유기인
㉰ 1.4 다이옥산 ㉱ 황산이온

풀이 시료 보존방법
㉮6가 크롬 : 4℃ 보관
㉯유기인 : 4℃ 보관, HCl로 pH 5 ~ 9
㉰1.4 다이옥산 : HCl(1+1)을 시료 10mL당 1 ~ 2 방울씩 가하여 pH 2 이하
㉱황산이온 : 6℃ 이하 보관

54 물벼룩을 이용한 급성 독성 시험법과 관련된 생태독성값(TU)에 대한 내용으로 맞는 것은?

㉮ 통계적 방법을 이용하여 반수영향농도 EC_{50} 값을 구한 후 100에서 EC_{50} 값을 곱해 준 값을 말한다. (EC_{50} 값의 단위는 %이다.)
㉯ 통계적 방법을 이용하여 반수영향농도 EC_{50} 값을 구한 후 100에서 EC_{50} 값을 나눠 준 값을 말한다. (EC_{50} 값의 단위는 %이다.)
㉰ 통계적 방법을 이용하여 반수영향농도 EC_{50} 값을 구한 후 10에서 EC_{50} 값을 곱해 준 값을 말한다. (EC_{50} 값의 단위는 %이다.)
㉱ 통계적 방법을 이용하여 반수영향농도 EC_{50} 값을 구한 후 10에서 EC_{50} 값을 나눠 준 값을 말한다. (EC_{50} 값의 단위는 %이다.)

55 개수로에 의한 유량 측정시 케이지(Chezy)의 유속공식이 적용된다. 경심이 0.653m, 홈바닥의 구배 i = 1/1,500, 유속계수가 25 일 때 평균 유속은 얼마인가? (단, 수로의 구성재질과 수로 단면의 형상이 일정하고 수로의 길이가 적어도 10m까지 똑바른 경우)

㉮ 약 0.52m/sec   ㉯ 약 0.62m/sec
㉰ 약 0.74m/sec   ㉱ 약 0.85m/sec

풀이
$V = C\sqrt{R \times i}$
$= 25 \times \sqrt{0.653m \times \dfrac{1}{1,500}}$
$= 0.52$m/sec

정답 51 ㉯ 52 ㉱ 53 ㉱ 54 ㉯ 55 ㉮

56 투명도 측정에 관한 설명으로 알맞은 것은 어느 것인가?

㉮ 투명도판은 무게가 3kg, 지름 30cm인 백색원판에 지름 5cm의 구멍 8개가 뚫린 것이다.
㉯ 호소나 하천에 투명도판을 수면으로부터 천천히 넣어 보이지 않기 시작한 깊이를 1m단위로 읽어 투명도를 측정한다.
㉰ 투명도판의 색도차는 투명도에 미치는 영향이 크므로 표면이 더러울 때는 다시 색칠하여야 한다.
㉱ 흐름이 있어 줄이 기울어질 경우에는 5kg정도의 추를 달아서 줄을 세워야 하며 줄은 1m 간격의 눈금표시가 있어야 한다.

[풀이] ㉯ 호소나 하천에 투명도판을 보이지 않는 깊이로 넣은 다음 이것을 천천히 끌어 올리면서 보이기 시작한 깊이를 0.1m 단위로 읽어 투명도를 측정한다.
㉰ 투명도판의 광반사능은 투명도에 미치는 영향이 크므로 표면이 더러울 때는 다시 색칠하여야 한다.
㉱ 흐름이 있어 줄이 기울어질 경우에는 2kg정도의 추를 달아서 줄을 세워야 하며 줄은 10cm 간격의 눈금표시가 있어야 한다.

57 다음은 납분석(자외선/가시선 분광법)에 대한 설명이다. ( )안에 알맞은 말은?

> 물속에 존재하는 납 이온이 (①) 공존 하에 알칼리성에서 디티존과 반응하여 생성하는 납 디티존착염을 사염화탄소로 추출하고 과잉의 디티존을 (②)용액으로 씻은 다음 납착염의 흡광도를 측정한다.

㉮ ① 시안화칼륨, ② 시안화칼륨
㉯ ① 시안화칼륨, ② 클로로폼
㉰ ① 다이메틸글리옥심, ② 시안화칼륨
㉱ ① 다이메틸글리옥심, ② 클로로폼

58 다이에틸헥실프탈레이트 분석용 시료에 잔류염소가 공존할 경우의 시료 보존 방법으로 알맞은 것은?

㉮ 시료 1L당 티오황산나트륨을 80mg 첨가한다.
㉯ 시료 1L당 글루타르알데하이드를 80mg 첨가한다.
㉰ 시료 1L당 브로모폼을 80mg 첨가한다.
㉱ 시료 1L당 과망간산칼륨을 80mg 첨가한다.

정답 56 ㉮ 57 ㉮ 58 ㉮

59 다음 용어에 관한 설명 중 잘못된 것은 어느 것인가?

㉮ "방울수"라 함은 표준온도에서 정제수 20방울을 적하할 때, 그 부피가 약 1mL 되는 것을 말한다.
㉯ "약"이라 함은 기재된 양에 대하여 ±10% 이상의 차이가 있어서는 안 된다.
㉰ 무게를 "정확히 단다"라 함은 규정된 수치의 무게를 0.1mg까지 다는 것을 말한다.
㉱ "항량으로 될 때까지 건조한다"라 함은 같은 조건에서 1시간 더 건조할 때 전후 무게의 차가 g당 0.3mg 이하일 때를 말한다.

[풀이] ㉮ "방울수"라 함은 20℃에서 정제수 20방울을 적하할 때, 그 부피가 약 1mL 되는 것을 말한다.

60 노말헥산(n-Hexane) 추출물질의 측정에 대한 내용으로 잘못된 것은 어느 것인가?

㉮ 정량한계는 0.5mg/L이다.
㉯ 최종 무게 측정을 방해할 가능성이 있는 입자가 존재할 경우 0.45μm여과지로 여과한다.
㉰ 폐수 중 휘발성이 강한 탄화수소 등을 대상으로 하며 성분별 선택적 정량이 용이하다.
㉱ 증발용기는 알루미늄박으로 만든 접시, 비커 또는 증류플라스크로써 부피가 50~250mL 인 것을 사용한다.

[풀이] ㉰ 폐수 중 휘발성이 약한 탄화수소 등을 대상으로 하며 성분별 선택적 정량이 곤란하다.

| 제4과목 | 수질환경관계법규

61 다음 ( )안에 들어갈 알맞은 말은?

> 환경부장관은 공익을 목적으로 하는 사업장의 배출시설(폐수무방류배출시설은 제외)을 설치·운영하는 사업자에 대하여 조업정지를 명하여야 하는 경우로서 그 조업정지가 주민의 생활, 대외적인 신용, 고용, 물가 등 국민경제 또는 그 밖의 공익에 현저한 지장을 줄 우려가 있다고 인정되는 경우에는 조업정지처분을 갈음하여 매출액에 ( )를 곱한 금액을 초과하지 아니하는 범위에서 과징금을 부과할 수 있다.

㉮ 100분의 0.5   ㉯ 100분의 1
㉰ 100분의 5   ㉱ 100분의 10

62 환경부장관은 개선명령을 받은 자가 개선명령을 이행하지 아니하거나 기간 이내에 이행은 하였으나 배출허용기준을 계속 초과할 때에는 해당 배출시설의 전부 또는 일부에 대한 조업정지를 명할 수 있다. 이에 따른 조업정지 명령을 위반한 자에 대한 벌칙기준은 어느 것인가?

㉮ 1년 이하의 징역 또는 1천만원 이하의 벌금
㉯ 2년 이하의 징역 또는 1천만원 이하의 벌금
㉰ 3년 이하의 징역 또는 3천만원 이하의 벌금
㉱ 5년 이하의 징역 또는 5천만원 이하의 벌금

정답 59 ㉮ 60 ㉰ 61 ㉰ 62 ㉱

63 위임업무 보고사항 중 "비점오염원의 설치신고 및 방지시설 설치 현황 및 행정처분 현황"의 보고횟수 기준은 어느 것인가?

㉮ 연 1회 ㉯ 연 2회
㉰ 연 4회 ㉱ 수시

64 비점오염저감시설 중 자연형 시설에 해당하지 않는 것은 어느 것인가?

㉮ 침투시설 ㉯ 식생형 시설
㉰ 저류시설 ㉱ 소용돌이형 시설

[풀이] 자연형 시설에는 저류시설, 인공습지, 침투시설, 식생형 시설이 있다.

65 수질오염방제센터에서 수행하는 사업으로 틀린 것은 어느 것인가?

㉮ 공공수역의 수질오염사고 감시
㉯ 지자체별 수질오염사고 예방 및 처리 대행
㉰ 수질오염 방제기술 관련 교육·훈련, 연구개발 및 홍보
㉱ 수질오염사고에 대비한 장비, 자재, 약품 등의 비치 및 보관을 위한 시설의 설치·운영

66 대권역 물환경 보전계획에 포함되어야 하는 사항으로 틀린 것은 어느 것인가?

㉮ 물환경 보전 목표
㉯ 상수원 및 물 이용현황
㉰ 수질오염 예방 및 저감대책
㉱ 점오염원, 비점오염원 및 기타수질오염원의 분포현황

[풀이] 대권역계획에 포함되어야 하는 사항
① 물환경 변화 추이 및 목표기준
② 상수원 및 물 이용현황
③ 점오염원, 비점오염원 및 기타 수질오염원의 분포현황
④ 점오염원, 비점오염원 및 기타 수질오염원에서 배출되는 수질오염물질의 양
⑤ 수질오염 예방 및 저감대책
⑥ 물환경 보전조치의 추진방향
⑦ 기후변화에 대한 적응대책

67 기타 수질오염원 시설 중 복합물류터미널시설(화물의 운송, 보관, 하역과 관련된 작업을 하는 시설)의 규모기준으로 알맞은 것은 어느 것인가?

㉮ 면적이 10만 제곱미터 이상일 것
㉯ 면적이 20만 제곱미터 이상일 것
㉰ 면적이 30만 제곱미터 이상일 것
㉱ 면적이 50만 제곱미터 이상일 것

정답 63 ㉰ 64 ㉱ 65 ㉯ 66 ㉮ 67 ㉯

68 하천의 수질 및 수생태계 환경기준 중 헥사클로로벤젠 기준값(mg/L)으로 알맞은 것은 어느 것인가? (단, 사람의 건강 보호 기준)

㉮ 0.04 이하 ㉯ 0.004 이하
㉰ 0.0004 이하 ㉱ 0.00004 이하

69 환경부령으로 정하는 수로에 해당되지 않는 것은 어느 것인가?

㉮ 상수관거 ㉯ 지하수로
㉰ 운하 ㉱ 농업용수로

[풀이] ㉮ 하수관거

70 다음 중 호소수의 이용 상황 등을 조사, 측정하여야 하는 대상으로 틀린 것은 어느 것인가?

㉮ 호소로서 만수위의 면적이 30만 제곱미터 이상인 호소
㉯ 1일 30만톤 이상의 원수를 취수하는 호소
㉰ 생물다양성이 풍부하여 특별히 보전할 필요가 있다고 인정되는 호소
㉱ 수질오염이 심하여 특별한 관리가 필요하다고 인정되는 호소

[풀이] ㉮ 호소로서 만수위의 면적이 50만 제곱미터 이상인 호소

71 오염총량관리기본계획 수립시 포함되어야 하는 사항으로 틀린 것은 어느 것인가?

㉮ 해당 지역 개발계획의 내용
㉯ 해당 지역 개발계획에 따른 추가 오염부하량의 할당
㉰ 관할 지역에서 배출되는 오염부하량의 총량 및 저감계획
㉱ 지방자치단체별·수계구간별 오염부하량의 할당

[풀이] ㉯ 해당 지역 개발계획으로 인하여 추가로 배출되는 오염부하량 및 그 저감계획

72 다음은 폐수무방류배출시설의 세부 설치기준에 관한 내용이다. ( )안에 알맞은 것은?

> 특별대책지역에 설치되는 폐수무방류배출시설의 경우 1일 24시간 연속하여 가동되는 것이면 배출 폐수를 전량 처리할 수 있는 예비 방지시설을 설치하여야 하고 1일 최대 폐수발생량이 ( ) 이상이면 배출 폐수의 무방류여부를 실시간으로 확인할 수 있는 원격 유량감시장치를 설치하여야 한다.

㉮ 50세제곱미터 ㉯ 100세제곱미터
㉰ 200세제곱미터 ㉱ 300세제곱미터

정답 68 ㉱ 69 ㉮ 70 ㉮ 71 ㉯ 72 ㉰

73 다음은 총량관리 단위유역의 수질 측정 방법에 관한 내용이다. ( )안에 알맞은 것은?

> 목표수질지점별로 연간 30회 이상 측정하여야 한다. 이에 따른 수질 측정 주기는 ( )으로 일정하여야 한다.

㉮ 3일 간격 ㉯ 5일 간격
㉰ 8일 간격 ㉱ 10일 간격

74 오염총량관리기본방침에 포함되어야 할 사항으로 틀린 것은 어느 것인가?

㉮ 오염총량관리의 목표
㉯ 오염총량관리의 대상 수질오염물질 종류
㉰ 오염원의 조사 및 오염부하량 산정방법
㉱ 오염총량관리 대상 물질 배출량

[풀이] 오염총량관리기본방침에 포함되어야 하는 사항
① 오염총량관리의 목표
② 오염총량관리의 대상 수질오염물질 종류
③ 오염원의 조사 및 오염부하량 산정방법
④ 오염총량관리기본계획의 주체, 내용, 방법 및 시한
⑤ 오염총량관리시행계획의 내용 및 방법

75 초과부과금 산정을 위한 기준에서 수질오염물질 1킬로그램당 부과 금액이 가장 낮은 수질오염물질은 어느 것인가?

㉮ 카드뮴 및 그 화합물
㉯ 유기인 화합물
㉰ 비소 및 그 화합물
㉱ 6가 크롬 화합물

[풀이] 수질오염물질 1킬로그램당 부과 금액
㉮ 카드뮴 및 그 화합물 : 500,000원
㉯ 유기인 화합물 : 150,000원
㉰ 비소 및 그 화합물 : 100,000원
㉱ 6가 크롬 화합물 : 300,000원

76 법에서 사용하는 용어의 뜻으로 틀린 것은 어느 것인가?

㉮ 폐수 : 물에 액체성 또는 고체성의 수질오염물질이 섞여 있어 그대로는 사용할 수 없는 물을 말한다.
㉯ 공공수역 : 하천, 호소, 항만, 연안해역, 그 밖에 공공용으로 사용되는 수역과 이에 접속하여 공공용으로 사용되는 환경부령으로 정하는 수로를 말한다.
㉰ 비점오염원 : 수질오염물질을 불특정하게 배출하는 시설 및 장소로서 환경부령으로 정하는 것을 말한다.
㉱ 강우유출수 : 비점오염원의 수질오염물질이 섞여 유출되는 빗물 또는 눈 녹은 물 등을 말한다.

[풀이] ㉰ 비점오염원이란 도시, 도로, 농지, 산지, 공사장 등으로서 불특정 장소에서 불특정하게 수질오염물질을 배출하는 배출원을 말한다.

정답 73 ㉰ 74 ㉱ 75 ㉰ 76 ㉰

77 중점관리저수지 지정기준으로 알맞은 것은 어느 것인가?

㉮ 총저수용량이 1천만세제곱미터 이상인 저수지
㉯ 총저수용량이 2천만세제곱미터 이상인 저수지
㉰ 총저수면적(홍수위 기준)이 1천만제곱미터 이상인 저수지
㉱ 총저수면적(홍수위 기준)이 2천만제곱미터 이상인 저수지

78 다음 중 방류수수질기준 초과율 산정공식으로 알맞은 것은 어느 것인가?

㉮ $\dfrac{(배출허용기준 - 방류수수질기준)}{(배출농도 - 방류수수질기준)} \times 100$

㉯ $\dfrac{(방류수수질기준 - 배출허용기준)}{(방류수수질농도 - 배출농도)} \times 100$

㉰ $\dfrac{(배출농도 - 방류수수질기준)}{(배출허용기준 - 방류수수질기준)} \times 100$

㉱ $\dfrac{(배출허용기준 - 배출농도)}{(방류수수질기준 - 배출허용기준)} \times 100$

79 폐수처리업 등록을 할 수 없는 자에 대한 기준으로 잘못된 것은 어느 것인가?

㉮ 피성년후견인
㉯ 폐수처리업의 등록이 취소된 후 2년이 지나지 아니한 자
㉰ 피한정후견인
㉱ 파산선고를 받은 후 2년이 지나지 아니한 자

【풀이】 ㉱ 파산선고를 받고 복권되지 아니한 자

80 하천수질 및 수생태계 상태가 생물등급으로 '약간 나쁨 ~ 매우 나쁨'일 때의 생물지표종(저서생물)은 어느 것인가?
(단, 수질 및 수생태계 상태별 생물학적 특성 이해표 기준)

㉮ 붉은깔따구, 나방파리
㉯ 넓적거머리, 민하루살이
㉰ 물달팽이, 턱거머리
㉱ 물삿갓벌레, 물벌레

【풀이】 생물등급에 따른 저서생물
① 넓적거머리 : 좋음 ~ 보통
② 민하루살이 : 매우좋음 ~ 좋음
③ 물달팽이 : 보통 ~ 약간나쁨
④ 턱거머리 : 보통 ~ 약간나쁨
⑤ 물삿갓벌레 : 좋음 ~ 보통
⑥ 물벌레 : 보통 ~ 약간나쁨

정답 77 ㉮ 78 ㉰ 79 ㉱ 80 ㉮

2014년 2회 수질환경산업기사

2014년 5월 25일 시행

| 제1과목 | 수질오염개론

01 BOD 10mg/L인 하수처리장 유출수가 50,000m³/day로 방출되고 있다. 하수가 방출되기 전에 하천의 BOD는 3mg/L이며, 유량은 5.8m³/sec이다. 방출된 하수가 하천수에 의해 완전 혼합된다고 한다면 혼합지점에서의 BOD 농도(mg/L)는 얼마인가?

㉮ 3.12mg/L ㉯ 3.32mg/L
㉰ 3.64mg/L ㉱ 3.95mg/L

풀이
$C_m = \dfrac{Q_1C_1+Q_2C_2}{Q_1+Q_2}$

$= \dfrac{5.8m^3/sec \times 3mg/L + 0.5787m^3/sec \times 10mg/L}{5.8m^3/sec + 0.5787m^3/sec}$

$= 3.64mg/L$

여기서
$Q_2 = 50,000m^3/day \times 1day/24hr \times 1hr/3600sec$
$= 0.5787m^3/sec$

02 박테리아의 경험적인 화학적 분자식이 $C_5H_7O_2N$이면, 100g의 박테리아가 산화될 때 소모되는 이론적산소량(g)은 얼마인가? (단, 박테리아의 질소는 암모니아로 전환된다.)

㉮ 92g   ㉯ 101g
㉰ 124g ㉱ 142g

풀이
$C_5H_7O_2N + 5O_2 \rightarrow 5CO_2 + 2H_2O + NH_3$
113g : 5×32g
100g : ThOD

∴ ThOD $= \dfrac{100g \times 5 \times 32g}{113g} = 141.60mg/L$

03 어느 하천의 DO가 6.3mg/L, BODu가 17.1mg/L이었다. 이때 용존산소곡선(DO Sag Curve)에서 임계점에 달하는 시간(day)은 얼마인가? (단, 온도는 20℃, 용존산소 포화량 9.2mg/L, $k_1 = 0.1/day$, $k_2 = 0.3/day$)

㉮ 약 1.0일 ㉯ 약 1.5일
㉰ 약 2.0일 ㉱ 약 2.5일

풀이
$t_c = \dfrac{1}{k_1(f-1)} \log\left\{f \times (1-(f-1)\dfrac{D_o}{L_o})\right\}$

① $f = \dfrac{k_2}{k_1} = \dfrac{0.3/day}{0.1/day} = 3$

② $L_o = BOD_u = 17.1mg/L$

③ D_o = 포화 DO 농도 - 하천의 DO 농도
= 9.2mg/L - 6.3mg/L = 2.9mg/L

④ $t_c = \dfrac{1}{0.1/day \times (3-1)} \log\left\{3 \times (1-(3-1)\dfrac{2.9mg/L}{17.1mg/L})\right\}$

= 1.5day

정답 01 ㉰ 02 ㉱ 03 ㉯

04 미생물의 증식곡선의 단계 순서로 알맞은 것은 어느 것인가?

㉮ 대수기 - 유도기 - 정지기 - 사멸기
㉯ 유도기 - 대수기 - 정지기 - 사멸기
㉰ 대수기 - 유도기 - 사멸기 - 정지기
㉱ 유도기 - 대수기 - 사멸기 - 정지기

05 다음 우리나라의 수자원 이용현황 중 가장 많은 용도로 사용하고 있는 용수는 어느 것인가?

㉮ 생활용수   ㉯ 공업용수
㉰ 하천유지용수   ㉱ 농업용수

[풀이] 우리나라 수자원 이용현황은 농업용수>하천유지용수>생활용수>공업용수 순이다.

06 0.02M NaOH 100mL를 중화하는데 0.1N H_2SO_4 몇 mL가 소비되는가?

㉮ 5 mL   ㉯ 10 mL
㉰ 20 mL   ㉱ 100 mL

[풀이] $N_1 \times V_1 = N_2 \times V_2$
$0.02N \times 100mL = 0.1N \times V_2$
$\therefore V_2 = \dfrac{0.02N \times 100mL}{0.1N} = 20mL$

TIP
① 중화적정공식 : $N_1 \times V_1 = N_2 \times V_2$
② M 농도×가수 = N 농도
③ 0.02M NaOH는 0.02N NaOH이다.

07 글루코스($C_6H_{12}O_6$)를 120mg/L 함유하고 있는 시료용액의 총유기 탄소의 이론치(mg/L)는 얼마인가?

㉮ 42mg/L   ㉯ 48mg/L
㉰ 52mg/L   ㉱ 58mg/L

[풀이] $C_6H_{12}O_6$: 6C
180g : 6×12g
120mg/L : ThOC
$\therefore ThOC = \dfrac{120mg/L \times 6 \times 12g}{180g} = 48mg/L$

08 해수의 함유성분 중 "holy seven"에 해당하지 않는 것은 어느 것인가?

㉮ HCO_3^- ㉯ SO_4^{2-}
㉰ PO_4^{2-} ㉱ K^+

[풀이] Holy seven에는 Cl^-, Na^+, SO_4^{2-}, Mg^{2+}, Ca^{2+}, K^+, HCO_3^-가 있다.

09 0.04N의 초산이 8% 해리되어 있다면 이 수용액의 pH는 얼마인가?

㉮ 2.5   ㉯ 2.7
㉰ 3.1   ㉱ 3.3

[풀이]
$CH_3COOH \longrightarrow CH_3COO^- + H^+$
해리전 0.04M   0M   0M
해리후 0.04M-0.04M×0.08 0.04M×0.08 0.04M×0.08
$\therefore pH = -\log[H^+] = -\log[0.04M \times 0.08] = 2.50$

정답 04 ㉯ 05 ㉱ 06 ㉰ 07 ㉯ 08 ㉰ 09 ㉮

10 어느 폐수의 BOD_u가 120mg/L이며 k_1 (상용대수) 값이 0.2/day라면 5일 후 남아 있는 BOD(mg/L)는 얼마인가?

㉮ 10mg/L   ㉯ 12mg/L
㉰ 14mg/L   ㉱ 16mg/L

[풀이] 잔존 $BOD_5 = BOD_u \times (10^{-k_1 \times t})$
= 120mg/L × ($10^{-0.2/day \times 5day}$)
= 12mg/L

11 물 500mL에 NaOH 0.1g을 용해시킨 용액의 pH는 얼마인가?

㉮ 11.0   ㉯ 11.3
㉰ 11.4   ㉱ 11.7

[풀이] ① $NaOH \rightarrow Na^+ + OH^-$
 XM   XM   XM

$NaOH(mol/L) = \dfrac{0.1g}{0.5L} \times \dfrac{1mol}{40g} = 0.005 mol/L$

② $[OH^-]$의 농도 = XM = 0.005M
③ $pH = 14 + \log[OH^-]$
= 14 + log[0.005M] = 11.70

12 BOD_5가 213mg/L인 하수의 7일 동안 소모된 BOD(mg/L)는 얼마인가? (단, 탈산소계수는 0.14/day(상용대수 기준))

㉮ 238mg/L   ㉯ 248mg/L
㉰ 258mg/L   ㉱ 268mg/L

[풀이] ① $BOD_5 = BOD_u \times (1 - 10^{-k_1 \times t})$
213mg/L = $BOD_u \times (1 - 10^{-0.14/day \times 5day})$
∴ BOD_u = 266.09mg/L
② $BOD_7 = BOD_u \times (1 - 10^{-k_1 \times t})$
= 266.09mg/L × $(1 - 10^{-0.14/day \times 7day})$
= 238.23mg/L

13 어떤 용액의 NaOH 농도가 0.05M 이다. 이 농도를 mg/L 단위로 알맞게 나타낸 것은 어느 것인가? (단, Na : 23)

㉮ 500mg/L   ㉯ 1,000mg/L
㉰ 2,000mg/L   ㉱ 4,000mg/L

[풀이] $mg/L = \dfrac{0.05 mol}{L} \times \dfrac{40g}{1mol} \times \dfrac{10^3 mg}{1g}$
= 2,000mg/L

14 Na^+ 460mg/L, Ca^{2+} 200mg/L, Mg^{2+} 264mg/L인 농업용수가 있다. 이때 SAR(Sodium Adsorption Rate)의 값은 얼마인가? (단, Na : 23, Ca : 40, Mg : 24)

㉮ 4   ㉯ 5
㉰ 6   ㉱ 7

[풀이] $SAR = \dfrac{Na^+}{\sqrt{\dfrac{Ca^{2+} + Mg^{2+}}{2}}}$

① 이온의 단위 : mN = meq/L
② mN = mg/L ÷ 1당량 mg
 Na^+ = 460mg/L ÷ 23 = 20mN
 Ca^{2+} = 200mg/L ÷ 20 = 10mN
 Mg^{2+} = 264mg/L ÷ 12 = 22mN
③ $SAR = \dfrac{20}{\sqrt{\dfrac{10+22}{2}}} = 5$

정답 10 ㉯ 11 ㉱ 12 ㉮ 13 ㉰ 14 ㉯

15 물의 밀도가 가장 큰 값을 나타내는 온도는 얼마인가?

㉮ -10℃ ㉯ 0℃
㉰ 4℃   ㉱ 10℃

16 성층현상이 있는 호수에서 수심에 따라 수온차이가 가장 크게 나타나는 층은 어느 것인가?

㉮ epilimnion ㉯ thermocline
㉰ 친전물층   ㉱ hypolimnion

풀이 ㉯ thermocline(수온약층)에 대한 설명이다.

17 pH 2인 용액은 pH 7인 용액보다 몇 배 더 산성인가?

㉮ 100   ㉯ 1,000
㉰ 10,000 ㉱ 100,000

풀이 pH = -log[H$^+$] ⇒ [H$^+$] = 10^{-pH}mol/L
pH 2 ⇒ [H$^+$] = 10^{-2}mol/L
pH 7 ⇒ [H$^+$] = 10^{-7}mol/L
따라서 $\frac{10^{-2}\text{mol/L}}{10^{-7}\text{mol/L}}$ = 100,000

18 수온이 20℃이고 재포기 계수가 0.2/day인 수체에서 수온이 10℃로 변할 때의 재포기 계수(/day)는 얼마인가? (단, 온도보정계수는 1.024)

㉮ 0.158/day ㉯ 0.178/day
㉰ 0.198/day ㉱ 0.218/day

풀이 보정식 : K$_2$(T) = K$_2$(20℃)×1.024$^{(T-20)}$
= 0.2/day×1.024$^{(10-20)}$
= 0.158/day

19 다음에서 설명하는 기체확산에 관한 법칙은 어느 것인가?

> 기체의 확산속도(조그마한 구멍을 통한 기체의 탈출)는 기체 분자량의 제곱근에 반비례한다.

㉮ Dalton의 법칙
㉯ Graham의 법칙
㉰ Gay-Lussac의 법칙
㉱ Charles의 법칙

풀이 ㉯ Graham의 법칙에 대한 설명이다.

20 Ca^{2+} 이온의 농도가 450mg/L인 물의 환산경도는 얼마인가? (단, Ca : 40)

㉮ 1,125mg CaCO$_3$/L
㉯ 1,250mg CaCO$_3$/L
㉰ 1,350mg CaCO$_3$/L
㉱ 1,450mg CaCO$_3$/L

풀이 $\frac{경도(\text{mg/L})}{50g} = \frac{\text{Ca}^{2+}\text{mg/L}}{20g} = \frac{450\text{mg/L}}{20g}$
∴ 경도 = 1,125mg/L

정답 15 ㉰ 16 ㉯ 17 ㉱ 18 ㉮ 19 ㉯ 20 ㉮

| 제2과목 | 수질오염방지기술

21 질산화와 탈질을 일으키는 생물학적 처리에 관한 설명으로 잘못된 것은 어느 것인가? (단, 부유성장 공정 기준)

㉮ 질산화 미생물의 증식량은 종속영양 미생물의 세포 증식량에 비하여 여러 배 적다.
㉯ 부유성장 질산화 공정에서 질산화를 위해서는 최소 2.0mg/L 이상의 DO농도를 유지하여야 한다.
㉰ Nitrosomonas와 Nitrobacter는 질산화를 시키는 미생물로 알려져 있다.
㉱ 질산화를 위해서는 유입수의 BOD_5/TKN 비가 클수록 잘 일어난다.

22 폭기조 혼합액을 30분간 침전시킨 뒤의 침전물의 부피는 400mL/L이었고, MLSS 농도가 3,000mg/L이었다면 침전지에서 침전상태로 알맞은 것은 어느 것인가?

㉮ 정상적이다.
㉯ 슬러지 팽화로 인하여 침전이 되지 않는다.
㉰ 슬러지 부상(Sludge rising)현상이 발생하여 큰 덩어리가 떠오른다.
㉱ 슬러지가 floc을 형성하지 못하고 미세하게 떠다닌다.

[풀이] $SVI = \dfrac{SV(mL/L)}{MLSS(mg/L)} \times 10^3$

$= \dfrac{400mL/L}{3,000mg/L} \times 10^3 = 133.33$

SVI가 50~150이 정상침강이므로 침전지에서 침전상태는 정상적이다.

23 Jar test에서 폐수 500mL에 대하여 0.1%의 황산알루미늄 용액 15mL를 첨가하니 처리율이 가장 좋았다. 이때 폐수중의 황산알루미늄 농도(mg/L)는 얼마인가? (단, 0.1% 황산알루미늄 용액의 비중은 1.0 기준이다.)

㉮ 50mg/L   ㉯ 30mg/L
㉰ 15mg/L   ㉱ 10mg/L

[풀이] Alum(mg/L)

$= \dfrac{0.1 \times 10^4 mg}{L} \times 15 \times 10^{-3}L \times 0.5L = 30mg/L$

TIP
① % $\xrightarrow{\times 10^4}$ ppm
② ppm = mg/L
③ 황산알루미늄 = Alum

24 유량이 4,000m³/day이고, 포기조의 MLSS가 4,000kg이다. F/M비(kg/kg·day)를 0.20으로 유지하기 위해서는 유입수의 BOD 농도(mg/L)를 얼마로 유입시켜야 되는가?

㉮ 200mg/L   ㉯ 225mg/L
㉰ 250mg/L   ㉱ 275mg/L

[풀이] $F/M비(/day) = \dfrac{BOD(kg/m^3) \times Q(m^3/day)}{MLSS(kg/m^3) \times V(m^3)}$

$0.2/day = \dfrac{BOD(kg/m^3) \times 4,000m^3/day}{4,000kg}$

∴ $BOD = \dfrac{0.2/day \times 4,000kg}{4,000m^3/day} = 0.2kg/m^3$

$= 200mg/L$

정답 21 ㉱ 22 ㉮ 23 ㉯ 24 ㉮

TIP

① $mg/L \xrightarrow{\times 10^{-3}} kg/m^3$

② $kg/m^3 \xrightarrow{\times 10^3} mg/L$

③ $MLSS(kg) = MLSS(kg/m^3) \times V(m^3)$

25 유입기질 10g BOD_u를 혐기성으로 분해시킬 때 발생되는 이론적인 CH_4량(L)은 얼마인가? (단, 표준상태 기준)

㉮ 1.5L ㉯ 2.5L
㉰ 3.5L ㉱ 4.5L

[풀이]
① $C_6H_{12}O_6 + 6O_2 \rightarrow 6CO_2 + 6H_2O$
  180g : 6×32g
  X_1 : 10g
  ∴ $X_1 = \dfrac{180g \times 10g}{6 \times 32g} = 9.375g$

② $C_6H_{12}O_6 \rightarrow 3CH_4 + 3CO_2$
  180g : 3×22.4L
  9.375g : X_2
  ∴ $X_2 = \dfrac{9.375g \times 3 \times 22.4L}{180g} = 3.5L$

26 미생물이 분해 불가능한 유기물을 제거하기 위하여 흡착제인 활성탄을 사용하였다. COD가 56mg/L인 원수에 활성탄 20mg/L를 주입시켰더니 COD가 16mg/L으로, 활성탄 52mg/L를 주입시켰더니 COD가 4mg/L로 되었다. COD 9mg/L로 만들기 위해 주입되어야 할 활성탄 양(mg/L)은 얼마인가? (단, Freundlich 등온공식 : $\dfrac{X}{M} = KC^{\frac{1}{n}}$ 이용)

㉮ 31.3mg/L ㉯ 36.3mg/L
㉰ 41.3mg/L ㉱ 46.3mg/L

[풀이] $\dfrac{X}{M} = k \cdot C^{\frac{1}{n}}$

① $\dfrac{(56-16)mg/L}{20mg/L} = k \times (16mg/L)^{\frac{1}{n}}$
  ⇒ $2mg/L = k \times (16mg/L)^{\frac{1}{n}}$

② $\dfrac{(56-4)mg/L}{52mg/L} = k \times (4mg/L)^{\frac{1}{n}}$
  ⇒ $1mg/L = k \times (4mg/L)^{\frac{1}{n}}$

③ $\dfrac{(56-9)mg/L}{M} = k \times (9mg/L)^{\frac{1}{n}}$

①÷②을 하면 $2 = 4^{\frac{1}{n}}$이 된다.

양변에 ln을 취하면 $\ln 2 = \dfrac{1}{n}\ln 4$

∴ $n = \dfrac{\ln 4}{\ln 2} = 2$, $k = 0.5$

따라서 $\dfrac{(56-9)mg/L}{M} = 0.5 \times (9mg/L)^{\frac{1}{2}}$

∴ $M = 31.33mg/L$

27 어떤 공장의 폐수량과 BOD 농도가 각각 1,000m³/day, 600mg/L일 때, N과 P는 없다고 가정하면 활성슬러지 처리를 위해서 필요한 $(NH_4)_2SO_4$의 양(kg/day)은 얼마인가? (단, BOD : N : P = 100 : 5 : 1이라 가정한다.)

㉮ 111 kg/day ㉯ 121 kg/day
㉰ 131 kg/day ㉱ 141 kg/day

[풀이]
① BOD : N
  100 : 5
  1,000m³/day × 0.6kg/m³ : X_1
  ∴ $X_1 = \dfrac{1,000m^3/day \times 0.6kg/m^3 \times 5}{100} = 30kg/day$

② $(NH_4)_2SO_4$: 2N
  132g : 2×14g
  X_2 : 30kg/day

정답 25 ㉰ 26 ㉮ 27 ㉱

$$\therefore X_2 = \frac{30\text{kg/day} \times 132\text{g}}{2 \times 14\text{g}} = 141.43\text{kg/day}$$

28 염소소독에 관한 설명으로 잘못된 것은 어느 것인가?

㉮ pH 5 또는 그 이하에서 대부분의 염소는 HOCl의 형태이다.
㉯ HOCl은 암모니아와 반응하여 클로라민을 생성한다.
㉰ HOCl은 매우 강한 소독제로 OCl^- 보다 약 80~200배 정도 더 강하다.
㉱ 트리클로라민(NCl_3)은 매우 안정하여 잔류 산화력을 유지한다.

풀이 ㉱ 트리클로라민(NCl_3)은 불안정하여 산화력을 상실한다.

29 고도 수처리에 사용되는 분리막에 대한 내용으로 알맞은 것은 어느 것인가?

㉮ 정밀여과의 막형태는 대칭형 다공성막이다.
㉯ 한외여과의 구동력은 농도차이다.
㉰ 역삼투의 분리형태는 공극의 크기(pore size) 및 흡착현상에 기인한 체걸름이다.
㉱ 투석의 구동력은 정수압차이다.

풀이 ㉯ 한외여과의 구동력은 정수압차이다.
㉰ 역삼투의 분리형태는 용해확산이다.
㉱ 투석의 구동력은 농도차이다.

30 활성슬러지공정 중 최종 침전조에서 슬러지가 부상하는 원인으로 틀린 것은 어느 것인가?

㉮ 탈질소화 현상이 발생할 때
㉯ 침전조의 수면적 부하가 높은 경우
㉰ SVI가 높고 잉여슬러지의 인출량이 부족할 때
㉱ 폭기조의 폭기량을 감소시켜 질산화 정도를 감소시킬 때

풀이 ㉱ 폭기조의 폭기량을 증가시켜 질산화 정도를 증가시킬 때

31 직경이 1.0mm이고 비중이 2.0인 입자를 17℃의 물에 넣었다. 입자가 3m 침강하는데 걸리는 시간(sec)은 얼마인가?
(단, 17℃의 물의 점성계수는 1.089×10^{-3}kg/m·s, Stokes 침강이론을 기준으로 한다.)

㉮ 6초 ㉯ 16초
㉰ 38초 ㉱ 56초

풀이 ① $V_s = \dfrac{d^2(\rho_s - \rho_w)g}{18\mu}$

$= \dfrac{(1.0 \times 10^{-3}\text{m})^2 \times (2,000-1,000)\text{kg/m}^3 \times 9.8\text{m/sec}^2}{18 \times 1.089 \times 10^{-3}\text{kg/m·sec}}$

$= 0.50$m/sec

② $t(\text{sec}) = \dfrac{L(\text{m})}{V_s(\text{m/sec})} = \dfrac{3\text{m}}{0.50\text{m/sec}} = 6.0$sec

정답 28 ㉱ 29 ㉮ 30 ㉱ 31 ㉮

32 고형물의 농도가 16.5%인 슬러지 200kg을 건조상에서 건조시켰더니 수분이 20%로 나타났다. 제거된 수분의 양(kg)은 얼마인가? (단, 슬러지의 비중은 1.0 기준이다.)

㉮ 약 127kg ㉯ 약 132kg
㉰ 약 159kg ㉱ 약 166kg

풀이 ① $W_1 \times TS_1 = W_2 \times (100-P_2)$
200kg×16.5% = W_2×(100-20%)
∴ $W_2 = \dfrac{200kg \times 16.5\%}{(100-20\%)} = 41.25kg$

② 제거된 수분량(kg) = $W_1 - W_2$
= 200kg - 41.25kg = 158.75kg

TIP
① $W_1 \times TS_1 = W_2 \times (100-P_2)$
② $Ts = 100-P(\%)$

33 BOD 1kg 제거에 필요한 산소량은 산소 2kg 이다. 공기 1m³에 함유되어 있는 산소량은 0.277kg 이라 하고 포기조에서 공기 용해율을 4%(부피기준)라고 하면, BOD 2.5kg 제거하는데 필요한 공기량(m³)은 얼마인가?

㉮ 약 451m³ ㉯ 약 491m³
㉰ 약 551m³ ㉱ 약 591m³

풀이 필요한 공기량(m³)
= $\dfrac{1m^3 \text{ 공기}}{0.277kg\ O_2} \times \dfrac{2kg\ O_2}{1kg\ BOD} \times 2.5\text{제거 BOD} \times \dfrac{100}{4\%}$
= 451.26m³

34 어떤 폐수를 활성슬러지법으로 처리하기 위하여 예비실험을 행한 결과, BOD를 50% 제거하는데 3시간의 폭기시간이 걸렸다. BOD의 감소속도가 1차 반응속도에 따른다면 BOD를 90%까지 제거하는데 필요한 폭기 시간(hr)은 얼마인가? (단, 자연대수 기준이다.)

㉮ 약 10시간 ㉯ 약 11시간
㉰ 약 13시간 ㉱ 약 15시간

풀이 1차 반응식 : $\ln \dfrac{C_t}{C_o} = -k \times t$

① $\ln \dfrac{50\%}{100\%} = -k \times 3hr$

∴ $k = \dfrac{\ln \dfrac{50\%}{100\%}}{-3hr} = 0.231/hr$

② $\ln \dfrac{10\%}{100\%} = -0.231/hr \times t$

∴ $t = \dfrac{\ln \dfrac{10\%}{100\%}}{-0.231hr} = 9.97/hr$

정답 32 ㉰ 33 ㉮ 34 ㉮

35 유입폐수의 유량이 1,000m³/day, 포기조 내의 MLSS 농도가 4,500mg/L이며 포기시간은 12시간, 최종침전지에서 매일 25m³의 잉여슬러지를 인발한다. 이 때 잉여슬러지의 농도는 50,000mg/L이며 방류수의 SS를 무시한다면 슬러지 체류시간(SRT)은 얼마인가?

㉮ 1.8day ㉯ 2.8day
㉰ 3.8day ㉱ 4.8day

풀이

$$SRT = \frac{MLSS \cdot V}{Q_w \cdot SS_w}$$

$$= \frac{4,500mg/L \times 1,000m^3/day \times \left(\frac{12hr}{24}\right)day}{25m^3/day \times 50,000mg/L}$$

$$= 1.8day$$

TIP

$V(m^3) = Q(m^3/day) \times t(day)$
$= 1,000m^3/day \times \left(\frac{12hr}{24}\right)day$

36 생물학적 하수 고도처리공법인 A/O 공법에 관한 내용으로 잘못된 것은 어느 것인가?

㉮ 사상성 미생물에 의한 벌킹이 억제되는 효과가 있다.
㉯ 표준활성슬러지법의 반응조 전반 20~40% 정도를 혐기반응조로 하는 것이 표준이다.
㉰ 혐기반응조에서 탈질이 주로 이루어진다.
㉱ 처리수의 BOD 및 SS농도를 표준 활성슬러지법과 동등하게 처리할 수 있다.

풀이 ㉰ 혐기반응조에서는 인(P)이 방출된다.

37 슬러지 반송율을 25%, 반송슬러지 농도를 10,000mg/L일 때 포기조의 MLSS 농도(mg/L)는 얼마인가? (단, 유입수의 SS농도는 고려하지 않는다.)

㉮ 1,200mg/L ㉯ 1,500mg/L
㉰ 2,000mg/L ㉱ 2,500mg/L

풀이

$$반송율(\%) = \frac{MLSS - SS_i}{SS_r - MLSS} \times 100$$

$$25\% = \frac{MLSS}{10,000mg/L - MLSS} \times 100$$

$$\therefore MLSS = 2,000mg/L$$

38 하수처리를 위한 생물막법의 공통적 문제점으로 잘못된 것은 어느 것인가? (단, 활성슬러지법과 비교 기준)

㉮ 활성슬러지법과 비교하면 이차침전지로부터 미세한 SS가 유출되기 쉽다.
㉯ 처리과정에서 질산화 반응이 진행되기 쉽고 이에 따라 처리수의 pH가 낮아지게 되거나 BOD가 높게 유출될 수 있다.
㉰ 생물막법은 운전관리 조작이 간단하지만 운전조작의 유연성에 결점이 있어 문제가 발생할 경우에 운전방법의 변경 등 적절한 대처가 곤란하다.
㉱ 반응조를 다단화 하기 어려워 처리의 안정성이 떨어진다.

풀이 ㉱ 반응조를 다단화 할 수 있어 처리의 안정성이 높아진다.

정답 35 ㉮ 36 ㉰ 37 ㉰ 38 ㉱

39 가압부상조 설계에 있어, 유량이 3,000 m³/day인 폐수 내 SS의 농도가 200mg/L, 공기의 용해도는 18.7mL/L 이라고 할 때 압력이 4기압인 부상조에서의 A/S 비는 얼마인가? (단, 용존공기의 분율은 0.5이며 반송은 고려하지 않는다.)

㉮ 0.027 ㉯ 0.048
㉰ 0.064 ㉱ 0.122

풀이
$$A/S비 = \frac{1.3 \times Sa \times (f \cdot P - 1)}{SS}$$
$$= \frac{1.3 \times 18.7 mL/L \times (0.5 \times 4 atm - 1)}{200 mg/L}$$
$$= 0.122$$

40 다음 중 물리·화학적 질소제거 공정으로 틀린 것은 어느 것인가?

㉮ Air Stripping
㉯ Breakpoint chlorination
㉰ Ion exchange
㉱ Sequencing Batch Reactor

풀이 ㉱ Sequencing Batch Reactor(SBR) : 질소와 인을 처리하는 생물학적처리 공정이다.

| 제3과목 | 수질오염공정시험기준

41 냄새항목을 측정하기 위한 시료의 최대 보존기간 기준으로 알맞은 것은 어느 것인가?

㉮ 즉시 ㉯ 6시간
㉰ 24시간 ㉱ 48시간

풀이 냄새항목을 측정하기 위한 시료의 최대보존기간 기준은 6시간이다.

42 수로 및 직각 3각 웨어판을 만들어 유량을 산출할 때 웨어의 수두 0.2m, 수로의 밑면에서 절단 하부점까지의 높이 0.75m, 수로의 폭 0.5m일 때의 웨어의 유량(m³/min)은 얼마인가? (단, $k = 81.2 + \frac{0.24}{h} + \left[8.4 + \frac{12}{\sqrt{D}}\right] \times \left[\frac{h}{B} - 0.09\right]^2$)

㉮ 0.54m³/min ㉯ 1.15m³/min
㉰ 1.51m³/min ㉱ 2.33m³/min

풀이
① $k = 81.2 + \frac{0.24}{h} + \left[8.4 + \frac{12}{\sqrt{D}}\right] \times \left[\frac{h}{B} - 0.09\right]^2$
$= 81.2 + \frac{0.24}{0.2m} + \left[8.4 + \frac{12}{\sqrt{0.75m}}\right]$
$\times \left[\frac{0.2m}{0.5m} - 0.09\right]^2 = 84.54$

② $Q = k \cdot h^{\frac{5}{2}} (m^3/min)$
$= 84.54 \times (0.2m)^{\frac{5}{2}} = 1.51 m^3/min$

정답 39 ㉱ 40 ㉱ 41 ㉯ 42 ㉰

43 시료의 최대보존기간이 가장 짧은 측정 항목은 어느 것인가?

㉮ 클로로필-a ㉯ 염소이온
㉰ 페놀류 ㉱ 암모니아성 질소

【풀이】 시료의 최대보존기간
㉮ 클로로필-a : 7일
㉯ 염소이온 : 28일
㉰ 페놀류 : 28일
㉱ 암모니아성 질소 : 28일

44 수로의 구성, 재질, 수로단면의 형상, 기울기 등이 일정하지 않은 개수로에서 부표를 사용하여 유속을 측정한 결과 수로의 평균 단면적이 $3.2m^2$, 표면최대유속은 2.4m/sec이라면 이 수로에 흐르는 유량(m^3/sec)은 얼마인가?

㉮ 약 $2.7m^3$/sec ㉯ 약 $3.6m^3$/sec
㉰ 약 $4.3m^3$/sec ㉱ 약 $5.8m^3$/sec

【풀이】 유량(Q) = 단면적(A)×평균유속(v)
① 평균유속(v) = 표면최대유속×0.75
  = 2.4m/sec×0.75 = 1.8m/sec
② 유량(Q) = $3.2m^2$×1.8m/sec
  = $5.76m^3$/sec

45 식물성 플랑크톤을 현미경계수법으로 분석하고자 할 때 분석절차에 대한 내용으로 틀린 것은 어느 것인가?

㉮ 시료의 개체수는 계수 면적당 10~40 정도가 되도록 희석 또는 농축한다.
㉯ 시료가 육안으로 녹색이나 갈색으로 보일 경우 정제수로 적절한 농도로 희석한다.
㉰ 시료 농축방법인 원심분리방법은 일정량의 시료를 원심침전관에 넣고 100×g ~ 150×g 로 20분 정도 원심분리하여 일정배율로 농축한다.
㉱ 시료농축방법인 자연침전법은 일정시료에 포르말린 용액 또는 루골용액을 가하여 플랑크톤을 고정시켜 실린더 용기에 넣고 일정시간 정치 후 싸이폰을 이용하여 상층액을 따라 내어 일정량으로 농축한다.

【풀이】 ㉰ 일정량의 시료를 원심침전관에 넣고 1,000×g로 20분정도 원심분리하여 일정배율로 농축한다.

46 최대유속과 최소유속의 비가 가장 큰 유량계는 어느 것인가?

㉮ 벤튜리미터
㉯ 오리피스
㉰ 피토우관
㉱ 자기식 유량측정기

【풀이】 최대유속과 최소유속의 비
㉮ 벤튜리미터는 4 : 1
㉯ 오리피스는 4 : 1
㉰ 피토우관은 3 : 1
㉱ 자기식 유량측정기는 10 : 1

정답 43 ㉮ 44 ㉱ 45 ㉰ 46 ㉱

47 감응계수에 대한 설명으로 알맞은 것은 어느 것인가?

㉮ 감응계수는 검정곡선 작성용 표준용액의 농도(C)에 대한 반응값(R)으로 [감응계수 = (R/C)]로 구한다.
㉯ 감응계수는 검정곡선 작성용 표준용액의 농도(C)에 대한 반응값(R)으로 [감응계수 = (C/R)]로 구한다.
㉰ 감응계수는 검정곡선 작성용 표준용액의 농도(C)에 대한 반응값(R)으로 [감응계수 = (CR-1)]로 구한다.
㉱ 감응계수는 검정곡선 작성용 표준용액의 농도(C)에 대한 반응값(R)으로 [감응계수 = (CR+1)]로 구한다.

48 다음은 염소이온 분석을 위한 적정법에 관한 설명이다. ( )안에 알맞은 것은?

> 염소이온을 ( )과 정량적으로 반응시킨 다음 과잉의 ( )이 크롬산과 반응하여 크롬산은의 침전으로 나타나는 점을 적정의 종말점으로 하여 농도를 측정하는 방법이다.

㉮ 질산은 ㉯ 황산은
㉰ 염화은 ㉱ 과망간산은

49 자외선/가시선 분광법(활성탄흡착법)으로 질산성 질소를 측정할 때 정량한계는 얼마인가?

㉮ 0.01mg/L ㉯ 0.03mg/L
㉰ 0.1mg/L ㉱ 0.3mg/L

50 투명도 측정에 대한 내용으로 잘못된 것은 어느 것인가?

㉮ 투명도 측정시간은 오전 10시에서 오후 4시 사이에 측정한다.
㉯ 지름 20cm의 백색원판에 지름 5cm의 구멍 8개가 뚫린 투명도판을 사용한다.
㉰ 흐름이 있어 줄이 기울어질 경우에는 2kg 정도의 추를 달아서 줄을 세워야 한다.
㉱ 강우시나 수면에 파도가 격렬할 때는 투명도를 측정하지 않는 것이 좋다.

[풀이] ㉯ 지름 30cm의 백색원판에 지름 5cm의 구멍 8개가 뚫린 투명도판을 사용한다.

51 다음 중 수소화물생성 – 원자흡수분광광도법에 의한 비소(As) 측정시 선택파장으로 알맞은 것은 어느 것인가?

㉮ 193.7nm ㉯ 214.4nm
㉰ 370.2nm ㉱ 440.9nm

52 다음은 공장폐수 및 하수유량측정방법 중 최대유량이 1m³/min미만인 경우에 용기사용에 관한 설명이다. ( )안에 알맞은 것은?

> 용기는 용량 100 ~ 200L인 것을 사용하여 유수를 채우는 데에 요하는 시간을 스톱워치로 잰다. 용기에 물을 받아 넣는 시간을 ( )되도록 용량을 결정한다.

㉮ 20초 이상 ㉯ 30초 이상
㉰ 60초 이상 ㉱ 90초 이상

정답 47 ㉮ 48 ㉮ 49 ㉱ 50 ㉯ 51 ㉮ 52 ㉮

53 총대장균군 시험방법으로 틀린 것은 어느 것인가?

㉮ 막여과법 ㉯ 시험관법
㉰ 평판집락법 ㉱ 현미경계수법

[풀이] ㉱ 현미경계수법은 식물성플랑크톤의 분석법이다.

54 총칙에 대한 내용으로 틀린 것은 어느 것인가?

㉮ 온도의 영향이 있는 실험결과 판정은 표준온도를 기준으로 한다.
㉯ 찬 곳은 따로 규정이 없는 한 0~15℃의 곳을 뜻한다.
㉰ 냉수는 4℃ 이하를 말한다.
㉱ 온수는 60~70℃를 말한다.

[풀이] ㉰ 냉수는 15℃ 이하를 말한다.

55 다음은 자외선/가시선 분광법에 의한 페놀류 측정원리를 설명한 것이다. ( )안에 알맞은 것은?

> 증류한 시료에 염화암모늄-암모니아 완충용액을 넣어 (①)(으)로 조절한 다음 4-아미노안티피린과 헥사시안화철(Ⅱ)산칼륨을 넣어 생성된 (②)의 안티피린계 색소의 흡광도를 측정하는 방법이다.

㉮ ① pH 4, ② 청색
㉯ ① pH 4, ② 붉은색
㉰ ① pH 10, ② 청색
㉱ ① pH 10, ② 붉은색

56 물벼룩을 이용한 급성독성시험을 할 때 희석수 비율에 해당되는 것은 어느 것인가? (단, 원수 100% 기준이다.)

㉮ 35% ㉯ 25%
㉰ 15% ㉱ 5%

[풀이] 시료의 희석비는 원수 100%를 기준으로 50%, 25%, 12.5%, 6.25%로 하여 시험한다.

57 자외선/가시선 분광법 – 이염화주석환원법으로 인산염인을 분석할 때 흡광도 측정 파장으로 알맞은 것은 어느 것인가?

㉮ 550nm ㉯ 590nm
㉰ 650nm ㉱ 690nm

58 불소를 자외선/가시선 분광법으로 분석할 때에 대한 내용으로 알맞은 것은 어느 것인가?

㉮ 정밀도는 첨가한 표준물질의 농도에 대한 측정 평균값의 상대 백분율로서 나타내며 그 값이 25% 이내이어야 한다.
㉯ 알루미늄 및 철의 방해가 크나 증류하면 영향이 없다.
㉰ 정량한계는 0.05mg/L이다.
㉱ 적색의 복합 화합물의 흡광도를 540nm에서 측정한다.

[풀이] ㉮ 정밀도는 측정값의 % 상대표준편차(RSD)로 계산하며 측정값이 25% 이내이어야 한다.
㉰ 정량한계는 0.15mg/L이다.
㉱ 청색의 복합 화합물의 흡광도를 620nm에서 측정한다.

정답 53 ㉱ 54 ㉰ 55 ㉱ 56 ㉯ 57 ㉱ 58 ㉯

59 분석할 시료채취량은 시험항목 및 시험 횟수에 따라 차이가 있으나 보통 몇 L 정도를 채취하는가?

㉮ 0.5 ~ 1L ㉯ 1 ~ 2L
㉰ 2 ~ 3L ㉱ 3 ~ 5L

60 부유물질(SS) 측정시 간섭물질에 관한 내용으로 잘못된 것은 어느 것인가?

㉮ 큰 입자들은 부유물질 측정에 방해를 주며, 이 경우 직경 0.2mm 금속망에 먼저 통과 시킨 후 분석을 실시한다.
㉯ 증발잔류물이 1,000mg/L 이상인 경우의 해수, 공장폐수 등은 특별히 취급하지 않을 경우, 높은 부유물질 값을 나타낼 수 있어 여과지를 여러 번 세척한다.
㉰ 철 또는 칼슘이 높은 시료는 금속 침전이 발생하며 부유물질 측정에 영향을 줄 수 있다.
㉱ 유지(oil) 및 혼합되지 않는 유기물도 여과지에 남아 부유물질 측정값을 높게 할 수 있다.

[풀이] ㉮ 큰 입자들은 부유물질 측정에 방해를 주며, 이 경우 직경 2mm 금속망에 먼저 통과 시킨 후 분석을 실시한다.

제4과목 | 수질환경관계법규

61 수질 및 수생태계 환경기준으로 하천에서 사람의 건강보호기준이 다른 수질오염물질은 어느 것인가?

㉮ 납 ㉯ 비소
㉰ 카드뮴 ㉱ 6가 크롬

[풀이] 하천에서 사람의 건강보호기준
㉮ 납 : 0.05mg/L
㉯ 비소 : 0.05mg/L
㉰ 카드뮴 : 0.005mg/L
㉱ 6가 크롬 : 0.05mg/L

62 폐수무방류배출시설의 설치허가 또는 변경허가를 받은 사업자가 폐수무방류배출시설에서 배출되는 폐수를 오수 또는 다른 배출시설에서 배출되는 폐수와 혼합하여 처리하거나 처리할 수 있는 시설을 설치하는 행위를 한 경우 벌칙 기준은 어느 것인가?

㉮ 2년 이하의 징역 또는 2천만원 이하의 벌금
㉯ 3년 이하의 징역 또는 3천만원 이하의 벌금
㉰ 5년 이하의 징역 또는 5천만원 이하의 벌금
㉱ 7년 이하의 징역 또는 7천만원 이하의 벌금

정답 59 ㉱ 60 ㉮ 61 ㉰ 62 ㉱

63 폐수처리업에 종사하는 기술요원의 교육기관은 어느 것인가?

㉮ 국립환경인재개발원
㉯ 환경기술인협회
㉰ 한국환경보전원
㉱ 환경기술연구원

풀이 교육기관
① 환경기술인 : 한국환경보전원
② 측정기기 관리대행업에 등록된 기술인력 : 국립환경인재개발원, 한국상하수도협회
③ 폐수처리업에 종사하는 기술요원 : 국립환경인재개발원

64 해역 환경기준 중 생활환경기준의 항목으로 틀린 것은 어느 것인가?

㉮ 용매 추출유분 ㉯ 수소이온농도
㉰ 총대장균군   ㉱ 용존산소량

풀이 해역 환경기준 중 생활환경기준의 항목으로는 용매 추출유분, 수소이온농도, 총대장균군이 있다.

65 복합물류터미널 시설로 화물의 운송, 보관, 하역과 관련된 작업을 하는 시설의 기타 수질오염원 규모기준으로 알맞은 것은 어느 것인가?

㉮ 면적이 10만 제곱미터 이상일 것
㉯ 면적이 20만 제곱미터 이상일 것
㉰ 면적이 30만 제곱미터 이상일 것
㉱ 면적이 50만 제곱미터 이상일 것

66 환경부장관이 비점오염저감계획의 이행을 명령할 경우 비점오염저감계획의 이행에 필요한 기간을 고려하여 정하는 기간 범위 기준은 어느 것인가? (단, 시설 설치, 개선의 경우는 제외함)

㉮ 2개월   ㉯ 3개월
㉰ 6개월   ㉱ 1년

67 환경부장관이 10년마다 수립하는 대권역 물환경 관리계획에 포함되는 사항으로 틀린 것은 어느 것인가?

㉮ 상수원 및 물 이용현황
㉯ 수질오염 예방 및 저감대책
㉰ 물환경 보전조치의 추진방향
㉱ 수질오염저감시설의 분포 현황

풀이 대권역계획에 포함되어야 하는 사항
① 물환경 변화 추이 및 목표기준
② 상수원 및 물 이용현황
③ 점오염원, 비점오염원 및 기타 수질오염원의 분포현황
④ 점오염원, 비점오염원 및 기타 수질오염원에서 배출되는 수질오염물질의 양
⑤ 수질오염 예방 및 저감대책
⑥ 물환경 보전조치의 추진방향
⑦ 기후변화에 대한 적응대책

정답 63 ㉮ 64 ㉱ 65 ㉯ 66 ㉮ 67 ㉱

68 다음 수질오염 방지시설 중 화학적 처리시설은 어느 것인가?

㉮ 살균시설   ㉯ 응집시설
㉰ 폭기시설   ㉱ 접촉조

▶풀이 수질오염 방지시설
㉮ 살균시설 : 화학적 처리시설
㉯ 응집시설 : 물리적 처리시설
㉰ 폭기시설 : 생물학적 처리시설
㉱ 접촉조 : 생물학적 처리시설

69 다음은 사업장별 환경기술인의 자격기준에 관한 내용이다. ( )안에 알맞은 것은?

> 특정 수질유해물질이 포함된 수질오염물질을 배출하는 제4종 또는 제5종사업장은 제3종사업장에 해당되는 환경기술인을 두어야 한다. 다만 특정수질유해물질이 포함된 ( ) 이하의 폐수를 배출하는 사업장의 경우에는 그러하지 아니하다.

㉮ 1일 10m³   ㉯ 1일 30m³
㉰ 1일 50m³   ㉱ 1일 100m³

70 총량관리 단위유역의 수질 측정방법 기준으로 알맞은 것은 어느 것인가?

㉮ 목표수질지점별로 연간 10회 이상 측정하여야 한다.
㉯ 목표수질지점별로 연간 20회 이상 측정하여야 한다.
㉰ 목표수질지점별 수질측정 주기는 15일 간격으로 일정하여야 한다. 다만, 홍수, 결빙, 갈수 등으로 채수가 불가능한 특정 기간에는 그 측정 주기를 늘리거나 줄일 수 있다.
㉱ 목표수질지점별 수질 측정 주기는 8일 간격으로 일정하여야 한다. 다만 홍수, 결빙, 갈수 등으로 채수가 불가능한 특정 기간에는 그 측정 주기를 늘리거나 줄일 수 있다.

71 다음 위임업무 보고사항 중 연간 보고 횟수가 가장 많은 것은 어느 것인가?

㉮ 과징금 징수 실적 및 체납처분 현황
㉯ 골프장 맹·고독성 농약 사용 여부 확인 결과
㉰ 비점오염원의 설치신고 및 방지시설 설치현황 및 행정처분 현황
㉱ 환경기술인의 자격별·업종별 현황

▶풀이 위임업무 보고사항 중 연간 보고 횟수
㉮ 연 2회
㉯ 연 2회
㉰ 연 4회
㉱ 연 1회

정답 68 ㉮ 69 ㉮ 70 ㉱ 71 ㉰

72 환경부장관이 비점오염원 관리지역을 지정, 고시한 때에 수립하는 비점오염원 관리대책에 포함되어야 할 사항으로 틀린 것은 어느 것인가?

㉮ 관리대상 수질오염물질의 발생 예방 및 저감방안
㉯ 관리대상 지역 내 수질오염물질 발생원 현황
㉰ 관리목표
㉱ 관리대상 수질오염물질의 종류 및 발생량

풀이 관리대책에 포함되어야 할 사항
① 관리목표
② 관리대상 수질오염물질의 종류 및 발생량
③ 관리대상 수질오염물질의 발생 예방 및 저감방안

73 초과배출부과금 부과 대상 수질오염물질의 종류로 틀린 것은 어느 것인가?

㉮ 구리 및 그 화합물
㉯ 아연 및 그 화합물
㉰ 벤젠류
㉱ 유기인화합물

74 1일 폐수배출량이 800m³인 사업장의 규모 구분으로 알맞은 것은 어느 것인가?

㉮ 제 2종 사업장 ㉯ 제 3종 사업장
㉰ 제 4종 사업장 ㉱ 제 5종 사업장

풀이 1일 폐수배출량이 700m³ 이상 2,000m³ 미만인 사업장은 2종 사업장이다.

75 오염총량관리 조사·연구반을 두는 곳은 어디인가?

㉮ 한국환경공단
㉯ 국립환경과학원
㉰ 유역·지방환경청
㉱ 시도보건환경연구원

76 수질오염경보인 조류경보 단계 중 조류대발생 경보 시 취수장, 정수장 관리자의 조치사항과 가장 거리가 먼 것은?
(단, 상수원 구간)

㉮ 정수의 독소분석 실시
㉯ 정수처리 강화(활성탄 처리, 오존 처리)
㉰ 조류증식 수심 이하로 취수구 이동
㉱ 취수구와 조류가 심한 지역에 대한 차단막 설치 등 조류제거 조치 실시

풀이 ㉱번은 수면관리자의 조치사항이다.

77 다음은 비점오염 저감시설 중 "침투시설"의 설치기준에 관한 사항이다. ( )안에 알맞은 것은?

> 침투시설 하층 토양의 침투율은 시간당 (①)이어야 하며, 동절기에 동결로 기능이 저하되지 아니하는 지역에 설치한다. 또한 지하수 오염을 방지하기 위하여 최고 지하수위 또는 기반암으로부터 수직으로 최소 (②)의 거리를 두도록 한다.

㉮ ① 5밀리미터 이상, ② 0.5미터 이상
㉯ ① 5밀리미터 이상, ② 1.2미터 이상
㉰ ① 13밀리미터 이상, ② 0.5미터 이상
㉱ ① 13밀리미터 이상, ② 1.2미터 이상

정답 72 ㉯ 73 ㉰ 74 ㉮ 75 ㉯ 76 ㉱ 77 ㉱

78 1일 폐수배출량이 2,000m³ 이상인 폐수배출시설의 지역별, 항목별 배출허용기준으로 잘못된 것은 어느 것인가?

㉮
	BOD (mg/L)	TOC (mg/L)	SS (mg/L)
청정지역	20 이하	30 이하	20 이하

㉯
	BOD (mg/L)	TOC (mg/L)	SS (mg/L)
가지역	60 이하	40 이하	60 이하

㉰
	BOD (mg/L)	TOC (mg/L)	SS (mg/L)
나지역	80 이하	50 이하	80 이하

㉱
	BOD (mg/L)	TOC (mg/L)	SS (mg/L)
특례지역	30 이하	25 이하	30 이하

[풀이] ㉮
	BOD(mg/L)	TOC(mg/L)	SS(mg/L)
청정지역	30 이하	25 이하	30 이하

79 환경부장관이 폐수배출시설, 비점오염저감시설 및 공공폐수처리시설을 대상으로 조사하는 기후변화에 대한 시설의 취약성 조사주기는 얼마인가?

㉮ 3년　　㉯ 5년
㉰ 7년　　㉱ 10년

80 사업자는 배출시설과 방지시설의 정상적인 영업·관리를 위하여 대통령령으로 정하는 바에 따라 환경기술인을 임명하여야 한다. 이를 위반하여 환경기술인을 임명하지 아니한 자에 대한 과태료 부과 기준은 어느 것인가?

㉮ 1백만원 이하　　㉯ 2백만원 이하
㉰ 3백만원 이하　　㉱ 1천만원 이하

[풀이] ㉱ 1천만원 이하의 과태료에 해당한다.

정답 78 ㉮　79 ㉱　80 ㉱

2014년 3회 수질환경산업기사

2014년 8월 17일 시행

| 제1과목 | 수질오염개론

01 암모니아성 질소 42mg/L와 아질산성 질소 14mg/L가 포함된 폐수를 완전 질산화 시키기 위한 산소요구량(mg/L)은 얼마인가?

㉮ 135 mgO₂/L ㉯ 174 mgO₂/L
㉰ 208 mgO₂/L ㉱ 232 mgO₂/L

[풀이]
① $NH_3\text{-}N + 2O_2 \rightarrow HNO_3 + H_2O$
　　14g : 2×32g
　　42mg/L : X_1
　　∴ $X_1 = \dfrac{42mg/L \times 2 \times 32g}{14g} = 192mg/L$
② $NO_2\text{-}N + 0.5O_2 \rightarrow NO_3\text{-}N$
　　14g : 0.5×32g
　　14mg/L : X_2
　　∴ $X_2 = \dfrac{14mg/L \times 0.5 \times 32g}{14g} = 16mg/L$
③ 산소요구량 = $X_1 + X_2$
　　　　　　 = 192mg/L + 16mg/L = 208mg/L

02 어떤 폐수의 BOD_5가 100mg/L이고, 10을 밑수로 한 탈산소계수(K_1)가 0.1/day라 하면 BOD_3 및 BOD_u는 얼마인가?

㉮ BOD_3 : 64mg/L, BOD_u : 123mg/L
㉯ BOD_3 : 73mg/L, BOD_u : 126mg/L
㉰ BOD_3 : 64mg/L, BOD_u : 143mg/L
㉱ BOD_3 : 73mg/L, BOD_u : 146mg/L

[풀이]
① BOD_5공식을 이용해 최종BOD(=BOD_u)를 계산한다.
　$BOD_5 = BOD_u \times (1-10^{-k_1 \times t})$
　$100mg/L = BOD_u \times (1-10^{-0.1/day \times 5day})$
　∴ $BOD_u = \dfrac{100mg/L}{(1-10^{-0.1/day \times 5day})} = 146.25mg/L$
② $BOD_3 = BOD_u \times (1-10^{-k_1 \times t})$
　　　　 = $146.25mg/L \times (1-10^{-0.1/day \times 3day})$
　　　　 = $72.95mg/L$

정답 01 ㉰ 02 ㉱

03 어느 공장에서 BOD 200mg/L인 폐수 500m³/day를 BOD 4mg/L, 유량 200,000m³/day의 하천에 방류할 때 합류점의 BOD 농도(mg/L)는 얼마인가?

㉮ 4.20mg/L   ㉯ 4.49mg/L
㉰ 4.72mg/L   ㉱ 4.84mg/L

풀이 혼합공식을 이용해 합류점의 BOD를 계산한다.

$$C_m = \frac{Q_1C_1+Q_2C_2}{Q_1+Q_2}$$

$$= \frac{500m^3/day \times 200mg/L + 200,000m^3/day \times 4mg/L}{(500+200,000)m^3/day}$$

$$= 4.49mg/L$$

04 Bacteria($C_5H_7O_2N$) 10g의 이론적인 COD값(g)은 얼마인가? (단, 최종산물은 CO_2, H_2O, NH_3이다.)

㉮ 10.2g   ㉯ 12.2g
㉰ 14.2g   ㉱ 16.2g

풀이 $C_5H_7O_2N + 5O_2 \rightarrow 5CO_2 + 2H_2O + NH_3$
113g : 5×32g
10g : COD

$$\therefore COD = \frac{10g \times 5 \times 32g}{113g} = 14.16g$$

05 물의 물리적 성질을 나타낸 것으로 틀린 것은 어느 것인가?

㉮ 비열 1.0cal/g(20℃)
㉯ 표면장력 72.75dyne/cm(20℃)
㉰ 비저항 2.5×10⁷ Ω·cm
㉱ 기화열 539.032cal/g(100℃)

풀이 ㉮ 비열 1.0cal/g·℃(15℃)

06 CH_3COOH 150mg/L를 함유하고 있는 용액 pH는 얼마인가? (단, CH_3COOH의 이온화상수 $K_a = 1.8 \times 10^{-5}$이다.)

㉮ 3.2   ㉯ 3.7
㉰ 4.2   ㉱ 4.7

풀이 ① $CH_3COOH \rightarrow CH_3COO^- + H^+$

산해리상수(K_a) = $\frac{[CH_3COO^-][H^+]}{[CH_3COOH]}$

여기서 $[CH_3COO^-] = [H^+]$
$[H^+]^2 = K_a \times [CH_3COOH]$
$[H^+] = \sqrt{K_a \times [CH_3COOH]}$
여기서 $[CH_3COOH]$의

$mol/L = \frac{0.15g}{L} \cdot \frac{1mol}{60g} = 2.5 \times 10^{-3} mol/L$

따라서 $[H^+] = \sqrt{(1.8 \times 10^{-5}) \times (2.5 \times 10^{-3} mol/L)}$
$= 2.12 \times 10^{-4} mol/L$

② $pH = -\log[H^+] = -\log[2.12 \times 10^{-4} mol/L] = 3.67$

07 해수의 주요성분 중 Cl^-, Na^+ 다음으로 가장 많이 함유되어 있는 이온은 어느 것인가?

㉮ SO_4^{2-} ㉯ HCO_3^-
㉰ Ca^{2+} ㉱ K^+

풀이 해수의 주요성분(Holy Seven) 순서
$Cl^- > Na^+ > SO_4^{2-} > Mg^{2+} > Ca^{2+} > K^+ > HCO_3^-$

정답 03 ㉯   04 ㉰   05 ㉮   06 ㉯   07 ㉮

08 $[H^+] = 5.0 \times 10^{-6}$ mol/L인 용액의 pH는?

㉮ 5.0   ㉯ 5.3
㉰ 5.6   ㉱ 5.9

풀이 pH = $-\log[H^+]$ = $-\log[5.0 \times 10^{-6}$ mol/L$]$ = 5.30

TIP
① 산성물질에서 pH = $-\log[H^+]$
② 알칼리성물질에서 pH = $14 + \log[OH^-]$

09 음용수를 염소 소독할 때 살균력이 강한 것부터 순서대로 바르게 나타낸 것은 어느 것인가? (단, 강함 > 약함)

① HOCl   ② OCl⁻
③ Chloramine

㉮ ① > ② > ③   ㉯ ② > ③ > ①
㉰ ② > ① > ③   ㉱ ① > ③ > ②

10 탈질 미생물에 대한 내용으로 틀린 것은 어느 것인가?

㉮ 최적 pH는 6~8 정도이다.
㉯ 탈질균 대부분은 통성 혐기성균으로 호기, 혐기 어느 상태에서도 증식이 가능하다.
㉰ 유기물을 에너지원으로 한다.
㉱ 탈질시 알칼리도가 소모된다.

풀이 ㉱ 알칼리도는 $NO_3^- -N$, $NO_2^- -N$ 환원에 따라 알칼리도가 생성된다.

11 호소의 성층현상에 대한 내용으로 틀린 것은 어느 것인가?

㉮ 여름에는 연직 온도경사는 DO구배와 같은 모양을 나타낸다.
㉯ 겨울이 여름보다 수심에 따른 수온차가 더 커져 호소는 더욱 안정된 성층현상이 일어난다.
㉰ 봄과 가을에 수직적으로 전도현상이 일어난다.
㉱ 계절의 변화에 따라 수온차에 의한 밀도차로 수층이 형성된다.

풀이 ㉯ 여름이 겨울보다 수심에 따른 수온차가 더 커져 호소는 더욱 안정된 성층현상이 일어난다.

12 Formaldehyde(CH_2O)의 COD/TOC의 비는 얼마인가?

㉮ 2.67   ㉯ 2.88
㉰ 3.37   ㉱ 3.65

풀이 $CH_2O + O_2 \rightarrow CO_2 + H_2O$

$$\frac{COD(산소량)}{TOC(유기물 중 탄소량)} = \frac{1 \times 32g}{1 \times 12g} = 2.67$$

정답 08 ㉯   09 ㉮   10 ㉱   11 ㉯   12 ㉮

13 아래의 내용은 어느 기체의 법칙인가?

> 공기와 같은 혼합기체 속에서 각 성분의 기체는 서로 독립적으로 압력을 나타낸다. 각 기체의 부분 압력은 혼합물 속에서의 그 기체의 양(부피 퍼센트)에 비례한다. 바꾸어 말하면 그 기체가 혼합기체의 전체부피를 단독으로 차지하고 있을 때에 나타내는 압력과 같다.

㉮ Dalton의 부분 압력 법칙
㉯ Henry의 부분 압력 법칙
㉰ Avogadro의 부분 압력 법칙
㉱ Boyle의 부분 압력 법칙

[풀이] ㉮ Dalton의 부분 압력 법칙에 대한 설명이다.

14 초기농도가 100mg/L인 오염물질의 반감기가 10day라고 할 때 반응속도가 1차반응을 따를 경우 5일 후 오염물질의 농도(mg/L)는 얼마인가?

㉮ 70.7mg/L ㉯ 75.7mg/L
㉰ 80.7mg/L ㉱ 85.7mg/L

[풀이] ① 반감기 공식 : $\ln \frac{1}{2} = -k \times t$

따라서 $\ln \frac{1}{2} = -k \times 10\text{day}$

$\therefore k = \frac{\ln \frac{1}{2}}{-10\text{day}} = 0.0693/\text{day}$

② 1차반응식 공식 : $\ln \frac{C_t}{C_o} = -k \times t$

따라서 $\ln \left(\frac{C_t}{100\text{mg/L}} \right) = -0.0693/\text{day} \times 5\text{day}$

$\therefore C_t = 100\text{mg/L} \times e^{(-0.0693/\text{day} \times 5\text{day})} = 70.72\text{mg/L}$

15 마그네슘 경도 200mg/L as $CaCO_3$를 Mg^{2+}의 농도로 환산하면 얼마인가? (단, Mg 원자량 : 24)

㉮ 36mg/L ㉯ 48mg/L
㉰ 60mg/L ㉱ 72mg/L

[풀이] $\frac{경도(\text{mg/L})}{50\text{g}} = \frac{Mg^{2+}\text{mg/L}}{12\text{g}}$

따라서 $\frac{200\text{mg/L}}{50\text{g}} = \frac{Mg^{2+}\text{mg/L}}{12\text{g}}$

$\therefore Mg^{2+} = \frac{200\text{mg/L} \times 12\text{g}}{50\text{g}} = 48\text{mg/L}$

16 미생물 세포를 $C_5H_7O_2N$ 이라고 하면 세포 5kg당의 이론적인 공기소모량(kg)을 계산하면 얼마인가? (단, 완전산화 기준이며, 최종 분해산물은 CO_2, H_2O, NH_3이며, 공기 중 산소는 23%(W/W)로 가정한다.)

㉮ 약 27kg air ㉯ 약 31kg air
㉰ 약 42kg air ㉱ 약 48kg air

[풀이] ① 산소량을 계산한다.
$C_5H_7O_2N + 5O_2 \rightarrow 5CO_2 + 2H_2O + NH_3$
113g : 5×32g
5kg : 산소량

$\therefore 산소량 = \frac{5\text{kg} \times 5 \times 32\text{g}}{113\text{g}} = 7.08\text{kg}$

② 공기량을 계산한다.

공기량(kg) = 산소량(kg) × $\frac{1}{0.23}$

$= 7.08\text{kg} \times \frac{1}{0.23} = 30.78\text{kg}$

정답 13 ㉮ 14 ㉮ 15 ㉯ 16 ㉯

17 하천수 수온은 10℃이다. 20℃ 탈산소 계수 K(상용대수)가 0.1day^{-1}이라면 최종 BOD와 BOD$_4$의 비(BOD$_4$/BOD$_u$)는 얼마인가? (단, $K_T = K_{20} \times 1.047^{(T-20)}$)

㉮ 0.75 ㉯ 0.64
㉰ 0.52 ㉱ 0.44

풀이 ① 20℃의 k_1을 10℃의 k_1으로 환산한다.
$k_{(T)} = k_{(20℃)} \times 1.047^{(T-20)}$
$= 0.1/day \times 1.047^{(10-20)}$
$= 0.063/day$

② 10℃에서 BOD$_4$/BOD$_u$를 계산한다.
$BOD_4 = BOD_u \times (1 - 10^{-k \times t})$
$\dfrac{BOD_4}{BOD_u} = 1 - 10^{-k \times t}$
$= 1 - 10^{(-0.063/day \times 4day)} = 0.44$

18 0.01N NaOH 용액의 농도를 %로 나타내면 얼마인가? (단, Na : 23)

㉮ 0.2% ㉯ 0.4%
㉰ 0.02% ㉱ 0.04%

풀이 ① N농도를 mg/L(ppm)으로 환산한다.
$mg/L = \dfrac{0.01eq}{L} \times \dfrac{40g}{1eq} \times \dfrac{10^3 mg}{1g} = 400mg/L$

② mg/L를 %로 환산한다.
$mg/L(ppm) \times 10^{-4} = \%$
따라서 $400mg/L \times 10^{-4} = 0.04\%$

TIP
① NaOH의 1eq = $\dfrac{분자량(g)}{가수} = \dfrac{40g}{1} = 40g$
② ppm = mg/L

19 Glucose($C_6H_{12}O_6$) 360mg/L가 완전 산화하는데 필요한 이론적 산소요구량(ThOD)은 얼마인가?

㉮ 384mg/L ㉯ 392mg/L
㉰ 407mg/L ㉱ 416mg/L

풀이 $C_6H_{12}O_6 + 6O_2 \rightarrow 6CO_2 + 6H_2O$
180g : 6×32g
360mg/L : ThOD

∴ ThOD = $\dfrac{360mg/L \times 6 \times 32g}{180g} = 384mg/L$

20 농도가 A인 기질을 제거하기 위하여 반응조를 설계하고자 한다. 요구되는 기질의 전환율이 90%일 경우 회분식 반응조의 체류시간(hr)은 얼마인가? (단, 기질의 반응은 1차 반응이며, 반응상수 k는 0.35/hr이다.)

㉮ 6.6hr ㉯ 8.6hr
㉰ 10.6hr ㉱ 12.6hr

풀이 1차 반응식 : $\ln \dfrac{C_t}{C_o} = -k \times t$

따라서 $\ln \dfrac{(100-90)\%}{100\%} = -0.35/hr \times t$

∴ t = $\dfrac{\ln \dfrac{(100-90)\%}{100\%}}{-0.35/hr} = 6.58hr$

정답 17 ㉱ 18 ㉱ 19 ㉮ 20 ㉮

| 제2과목 | 수질오염방지기술

21 물리, 화학적 질소제거 공정인 파괴점 염소주입법의 장·단점으로 틀린 것은 어느 것인가?

㉮ 적절한 운전으로 모든 암모니아성 질소의 산화가 가능하다.
㉯ 고도의 질소제거를 위하여 여타 질소제거 공정 다음에 사용 가능하다.
㉰ 기존시설에 적용이 용이하다.
㉱ 염소 주입으로 유출수내 TDS 농도가 감소한다.

풀이 ㉱ 염소 주입으로 유출수내 TDS 농도가 증가한다.

22 함수율 95%의 슬러지를 함수율 75%의 탈수 케익으로 만들었을 때 탈수 후 체적은 탈수 전 체적의 얼마인가? (단, 분리액으로 유출된 슬러지양은 무시하고, 비중은 1.0 기준이다.)

㉮ 1/3 ㉯ 1/4
㉰ 1/5 ㉱ 1/6

풀이 $V_1 \times (100-P_1) = V_2 \times (100-P_2)$
$V_1 \times (100-95) = V_2 \times (100-75)$
$\therefore \dfrac{V_2}{V_1} = \dfrac{(100-95)}{(100-75)} = \dfrac{5}{25} = \dfrac{1}{5}$

23 유입하수량이 20,000m³/day, 유입 BOD가 200mg/L, 폭기조 용량 1,000m³, 폭기조내 MLSS가 1,750mg/L, BOD 제거율이 90%이고 BOD의 세포 합성율이 0.55이며 슬러지의 자기 산화율이 0.08/day 일 때, 잉여슬러지 발생량(kg/day)은 얼마인가?

㉮ 1,680kg/day ㉯ 1,720kg/day
㉰ 1,840kg/day ㉱ 1,920kg/day

풀이 $Q_w \cdot SS_w$(kg/day)
$= Y \times Q(m^3/day) \times BOD(kg/m^3) \times \eta - Kd(/day) \times MLSS(kg/m^3) \times V(m^3)$
$= 0.55 \times 20,000m^3/day \times 0.2kg/m^3 \times 0.90 - 0.08/day \times 1.75kg/m^3 \times 1,000m^3$
$= 1,840$kg/day

24 BOD 1kg 제거에 필요한 산소량이 1kg이며 공기 1m³에 함유되어 있는 산소량이 0.277kg이고 활성슬러지에서 공기 용해율이 4%(부피%)라 할 때 BOD 5kg을 제거하는데 필요한 공기용량(m³)은 얼마인가? (단, 기타 조건은 무시한다.)

㉮ 451m³ ㉯ 554m³
㉰ 632m³ ㉱ 712m³

풀이 필요한 공기량(m³)
$= \dfrac{1m^3\ Air}{0.277kg\ O_2} \times \dfrac{1kg\ O_2}{1kg\ BOD} \times 5kg\ BOD \times \dfrac{100}{4\%}$
$= 451.26m^3$

정답 21 ㉱ 22 ㉰ 23 ㉰ 24 ㉮

25 유량이 15,000m³/day인 공장폐수를 활성슬러지공법으로 처리하고자 한다. 포기조 유입수의 BOD 및 SS 농도가 각각 250mg/L이며 BOD 및 SS의 처리효율은 각각 90%, F/M(kgBOD/kgMLSS·day)비는 0.2, 포기시간은 8시간, 반송슬러지의 SS농도는 0.8%인 경우에 슬러지의 반송율(%)은 얼마인가?

㉮ 82% ㉯ 87%
㉰ 92% ㉱ 94%

풀이

① F/M비 $= \dfrac{BOD \times Q}{MLSS \times V} = \dfrac{BOD}{MLSS} \times \dfrac{1}{t}$

여기서 체류시간(t) $= \dfrac{V}{Q}$

따라서 $0.2/day = \dfrac{250mg/L}{MLSS(mg/L)} \times \dfrac{1}{\left(\dfrac{8hr}{24}\right)day}$

∴ MLSS $= \dfrac{250mg/L}{0.2/day \times \left(\dfrac{8hr}{24}\right)day} = 3,750mg/L$

② 반송율(%) $= \dfrac{MLSS - SS_i}{SS_r - MLSS} \times 100$

$= \dfrac{3,750mg/L - 250mg/L}{0.8 \times 10^4 mg/L - 3,750mg/L} \times 100$

$= 82.35\%$

TIP

① % $\xrightarrow{\times 10^4}$ ppm(mg/L)

② $0.8\% = 0.8 \times 10^4 mg/L = 8,000mg/L$

26 유량이 20,000m³/d, 체류시간 3시간인 침전지의 수면적 부하율은 얼마인가? (단, 침전지 수심은 3m이다.)

㉮ $20m^3/m^2 \cdot d$ ㉯ $22m^3/m^2 \cdot d$
㉰ $24m^3/m^2 \cdot d$ ㉱ $26m^3/m^2 \cdot d$

풀이 수면적 부하율($m^3/m^2 \cdot day$)

$= \dfrac{Q(m^3/day)}{A(m^2)} = \dfrac{H(m)}{t(day)}$

$= \dfrac{3m}{\left(\dfrac{3hr}{24}\right)day} = 24m^3/m^2 \cdot day$

27 침사지에서 직경 10^{-2}mm이고 비중이 2.65인 모래 입자의 20℃인 물속에서의 침강속도(cm/sec)는 얼마인가? (단, 물의 밀도 : 1g/cm³, 점성계수 : 0.01g/cm·sec)

㉮ 8.98×10^{-2}cm/sec
㉯ 4.49×10^{-2}cm/sec
㉰ 8.98×10^{-3}cm/sec
㉱ 4.49×10^{-3}m/sec

풀이 침강속도(Vs) $= \dfrac{d^2(\rho_s - \rho_w)g}{18\mu}$

$= \dfrac{(10^{-2} \times 10^{-1}cm)^2 \times (2.65-1.0) \times 980cm/sec^2}{18 \times 0.01g/cm \cdot sec}$

$= 8.98 \times 10^{-3}$cm/sec

정답 25 ㉮ 26 ㉰ 27 ㉰

28 연속 회분식 활성슬러지법의 특징으로 틀린 것은 어느 것인가?

㉮ 운전방식에 따라 사상균 벌킹을 방지할 수 있다.
㉯ 침전 및 배출공정은 포기가 이루어지지 않은 상황에서 이루어짐으로 보통의 연속식침전지와 비교해 스컴 등의 잔류가능성이 높다.
㉰ 저부하형의 경우 다른 처리방식과 비교하여 적은 부지면적에 시설을 건설할 수 있다.
㉱ 활성슬러지 혼합액을 이상적인 정치상태에서 침전시켜 고액분리가 원활히 행해진다.

[풀이] ㉰ 저부하형의 경우 다른 처리방식과 비교하여 큰 부지면적이 필요하다.

29 평균유속이 0.5m/s, 유효수심이 2.0m, 수면적부하가 2,000m³/m²·day인 조건에 적합한 침사지의 체류시간(sec)은 얼마인가?

㉮ 약 90sec   ㉯ 약 180sec
㉰ 약 270sec ㉱ 약 360sec

[풀이]
① 수면적부하(m³/m²·day) = $\frac{유효수심(m)}{체류시간(day)}$

따라서 2,000m³/m²·day = $\frac{2.0m}{체류시간(day)}$

∴ 체류시간 = $\frac{2.0m}{2,000m^3/m^2 \cdot day}$ = 0.001day

② 체류시간(sec) = 0.001day × $\frac{24hr}{1day}$ × $\frac{3600sec}{1hr}$

= 86.4sec

30 표준상태에서 1.5kg의 glucose($C_6H_{12}O_6$)로부터 발생 가능한 CH_4 가스량(L)은 얼마인가? (단, 혐기성분해 기준이다.)

㉮ 410 L   ㉯ 560 L
㉰ 660 L   ㉱ 720 L

[풀이] $C_6H_{12}O_6 \rightarrow 3CH_4 + 3CO_2$
180g : 3×22.4L
1.5×10³g : X

∴ X = $\frac{1.5 \times 10^3 g \times 3 \times 22.4L}{180g}$ = 560L

31 여과면적 18m²의 진동여과기로 고형물 농도 100g/L의 슬러지를 10m³/day 탈수 처리하고자 한다. 여과 전에 고형물 농도의 30%를 응집제로 첨가했다면 여과기 산출량(kg/h·m²)은 얼마인가? (단, 고형물 기준, 연속가동 기준, 탈수 여액의 농도는 고려하지 않는다.)

㉮ 1.8kg/h·m²   ㉯ 2.3kg/h·m²
㉰ 2.7kg/h·m²   ㉱ 3.0kg/h·m²

[풀이] 여과기 산출량(kg/m²·hr)
= $\frac{고형물의 농도(kg/m^3) \times 슬러지량(m^3/hr)}{여과면적(m^2)}$

= $\frac{100kg/m^3 \times (1+0.3) \times 10m^3/day \times 1day/24hr}{18m^2}$

= 3.01kg/m²·hr

정답 28 ㉰ 29 ㉮ 30 ㉯ 31 ㉱

32 하수 유입수의 BOD_5가 180mg/L, 유출수의 BOD_5가 10mg/L인 활성슬러지 공정이 폭기조 용적 $2,000m^3$, MLSS 2,000mg/L, 반송슬러지 SS농도 8,000 mg/L, 고형물 체류시간은 5일로 운전되고 있다. 방류수의 SS농도는 무시하고 고형물 체류시간을 5일로 유지하기 위해 폐기하는 슬러지량(m^3/day)은 얼마인가?

㉮ $50m^3$/day ㉯ $100m^3$/day
㉰ $150m^3$/day ㉱ $200m^3$/day

풀이
$$SRT = \frac{MLSS \times V}{Q_w \times SS_w}$$

따라서 $5day = \dfrac{2kg/m^3 \times 2,000m^3}{Q_w \times 8kg/m^3}$

$\therefore Q_w = \dfrac{2kg/m^3 \times 2,000m^3}{5day \times 8kg/m^3} = 100m^3/day$

33 폭 2m, 길이 15m인 침사지에 100cm의 수심으로 폐수가 유입할 때 체류시간이 50초 이라면 유량(m^3/hr)은 얼마인가?

㉮ $2,025m^3$/hr ㉯ $2,160m^3$/hr
㉰ $2,240m^3$/hr ㉱ $2,530m^3$/hr

풀이
유량(m^3/hr) = $\dfrac{체적(m^3)}{체류시간(hr)}$

$= \dfrac{2m \times 15m \times 1m}{50sec \times 1hr/3600sec}$

$= 2,160m^3/hr$

34 생물학적 인제거를 위한 A/O공정에 대한 설명으로 틀린 것은 어느 것인가?

㉮ 타공법에 비하여 운전이 비교적 간단하다.
㉯ 폐슬러지내 인의 함량이 비교적 높고 (3~5%) 비료의 가치가 있다.
㉰ 낮은 BOD/P비 조건이 요구된다.
㉱ 추운 기후의 운전조건에서 성능이 불확실하다.

풀이 ㉰ 높은 BOD/P비 조건이 요구된다.

35 활성슬러지 변법 중 step aeration법의 반응조 후단에 MLSS 농도(mg/L)범위로 가장 알맞은 것은 어느 것인가? (단, F/M비, 반응조 수심, 반응조 형상은 표준활성슬러지법과 같고 HRT 4~6시간, 체류시간은 3~6일이다.)

㉮ 500~1,000 ㉯ 1,000~1,500
㉰ 1,500~2,500 ㉱ 2,500~3,500

36 1일 2,270m³를 처리하는 1차 처리시설에서 생슬러지를 분석한 결과 다음과 같은 자료를 얻었다. 이 슬러지의 비중은 얼마인가?

- 수분 : 90%
- 총고형물 중 무기성 고형물 : 30%
- 휘발성 고형물 : 70%
- 무기성 고형물 비중 : 2.2
- 휘발성 고형물 비중 : 1.1

㉮ 1.012 ㉯ 1.018
㉰ 1.023 ㉱ 1.034

[풀이] $\dfrac{1}{\rho_{SL}} = \dfrac{W_{VS}}{\rho_{VS}} + \dfrac{W_{FS}}{\rho_{FS}} + \dfrac{W_P}{\rho_P}$

$= \dfrac{0.1 \times 0.7}{1.1} + \dfrac{0.1 \times 0.3}{2.2} + \dfrac{0.90}{1.0}$

∴ $\rho_{SL} = 1.023$

37 UV를 이용한 하수 소독 방법에 대한 설명으로 틀린 것은 어느 것인가?

㉮ 자외선의 강한 살균력으로 바이러스에 대해 효과적으로 작용한다.
㉯ 물이 혼탁하거나 탁도가 높으면 소독 능력에 영향을 미친다.
㉰ 유량 및 수질의 변동에 대해 적응력이 약하다.
㉱ pH변화에 관계없이 지속적인 살균이 가능하다.

[풀이] ㉰ 유량 및 수질의 변동에 대해 적응력이 강하다.

38 길이 23m, 폭 8m, 깊이 2.3m인 직사각형 침전지가 3,000m³/day의 하수를 처리한다면 표면부하율(m/day)은 얼마인가?

㉮ 20.6m/day ㉯ 16.3m/day
㉰ 10.5m/day ㉱ 33.4m/day

[풀이] 표면부하율(m³/m²·day)

$= \dfrac{Q(m^3/day)}{A(m^2)} = \dfrac{Q(m^3/day)}{길이(m) \times 폭(m)}$

$= \dfrac{3,000m^3/day}{23m \times 8m} = 16.30 m^3/m^2 \cdot day$

$= 16.30 m/day$

39 BOD 150mg/L, 폐수량 1,000m³/day인 폐수를 250m³의 유효용량을 가진 포기조로 처리할 경우 BOD 용적부하(kg/m³·day)는 얼마인가?

㉮ 0.2kg/m³·day ㉯ 0.4kg/m³·day
㉰ 0.6kg/m³·day ㉱ 0.8kg/m³·day

[풀이] BOD 용적부하(kg/m³·day)

$= \dfrac{BOD(kg/m^3) \times Q(m^3/day)}{V(m^3)}$

$= \dfrac{0.15 kg/m^3 \times 1,000 m^3/day}{250 m^3}$

$= 0.6 kg/m^3 \cdot day$

정답 36 ㉰ 37 ㉰ 38 ㉯ 39 ㉰

40 어떤 폐수를 응집처리하기 위해 시료 200mL를 취하여 Jar-test 한 결과 Alum의 농도 300mg/L에서 가장 양호한 결과를 얻었다. 폐수량 2,000m³/일을 처리하는데 하루에 필요한 Alum의 양(kg/일)은 얼마인가?

㉮ 450 kg/일   ㉯ 600 kg/일
㉰ 750 kg/일   ㉱ 900 kg/일

풀이 Alum의 필요량(kg/day)
= Alum의 농도(kg/m³)×폐수량(m³/day)
= 0.3kg/m³×2,000m³/day
= 600kg/day

제3과목 | 수질오염공정시험기준

41 수질오염공정시험기준의 총칙에 대한 내용으로 틀린 것은 어느 것인가?

㉮ 온도의 영향이 있는 실험결과 판정은 표준온도를 기준으로 한다.
㉯ 찬 곳은 따로 규정이 없는 한 0~15℃의 곳을 뜻한다.
㉰ '수욕상 또는 수욕중에서 가열한다'라 함은 따로 규정이 없는 한 수온 100℃에서 가열함을 뜻하고 약 100℃의 증기욕을 쓸 수 있다.
㉱ 냉수는 15℃ 이하, 온수는 50~60℃, 열수는 약 100℃를 말한다.

풀이 ㉱ 냉수는 15℃ 이하, 온수는 60~70℃, 열수는 약 100℃를 말한다.

42 퇴적물 채취에 사용되는 에크만 그랩(ekman grab)에 대한 내용으로 잘못된 것은 어느 것인가?

㉮ 물의 흐름이 거의 없는 곳에서 채취가 잘 되는 채취기이다.
㉯ 채취기가 바닥에 닿아 줄의 장력이 감소하면 아래 날이 닫히도록 되어 있다.
㉰ 채집면적이 좁고 조류가 센 곳에서는 바닥에 안정시키기 어렵다.
㉱ 가벼워 휴대가 용이하고 작은 배에서 손쉽게 사용할 수 있다.

풀이 ㉯번은 포나그랩에 대한 설명이다.

43 측정항목별 시료 보존 방법으로 틀린 것은 어느 것인가?

㉮ 페놀류 : H_2SO_4로 pH 2 이하로 조정한 후 $CuSO_4$ 1g/L을 첨가하여 4℃에서 보존한다.
㉯ 노말헥산추출물질 : H_2SO_4로 pH 2 이하로 하여 4℃에서 보관한다.
㉰ 암모니아성 질소 : H_2SO_4로 pH 2 이하로 하여 4℃에서 보관한다.
㉱ 황산이온 : 6℃ 이하에서 보관한다.

풀이 ㉮ 페놀류 : H_3PO_4로 pH 4 이하로 조정한 후 $CuSO_4$ 1g/L을 첨가하여 4℃에서 보존한다.

44 적정법을 이용한 염소이온의 측정시 적정의 종말점으로 알맞은 것은 어느 것인가?

㉮ 엷은 적황색 침전이 나타날 때
㉯ 엷은 적갈색 침전이 나타날 때
㉰ 엷은 청록색 침전이 나타날 때
㉱ 엷은 황갈색 침전이 나타날 때

정답 40 ㉯ 41 ㉱ 42 ㉯ 43 ㉮ 44 ㉮

45 분원성대장균군의 정의이다. ( )안에 알맞은 말은?

> 온혈동물의 배설물에서 발견되는 (A)의 간균으로서 (B)℃에서 락토스를 분해하여 가스 또는 산을 발생하는 모든 호기성 또는 통성 혐기성균을 말한다.

㉮ A : 그람음성·무아포성, B : 44.5
㉯ A : 그람양성·무아포성, B : 44.5
㉰ A : 그람음성·아포성, B : 35.5
㉱ A : 그람양성·아포성, B : 35.5

46 6가 크롬의 자외선/가시선 분광법 시험방법에 대한 내용으로 틀린 것은 어느 것인가?

㉮ 산성용액에서 다이페닐카바자이드와 반응시켜 착화합물을 생성시킨다.
㉯ 흡광도를 540nm에서 측정, 정량한다.
㉰ 간섭물질이 존재하는 경우 수산나트륨 1%를 첨가하여 측정한다.
㉱ 적자색의 착화합물 흡광도를 정량한다.

[풀이] ㉰번의 설명은 원자흡수분광광도법에서 폐수의 반응성이 큰 다른 금속이온이 존재할 경우 방해 영향이 크므로 이 경우는 황산나트륨 1%를 첨가하여 측정한다.

47 납(Pb)의 정량방법 중 자외선/가시선 분광법에 사용되는 시약으로 틀린 것은 어느 것인가?

㉮ 에틸렌디아민용액
㉯ 사이트르산이암모늄용액
㉰ 암모니아수
㉱ 시안화칼륨용액

48 질산성 질소 분석 방법으로 틀린 것은 어느 것인가?

㉮ 이온크로마토그래피법
㉯ 자외선/가시선 분광법-부루신법
㉰ 자외선/가시선 분광법-활성탄흡착법
㉱ 연속흐름법

[풀이] 질산성 질소 분석 방법으로는 이온크로마토그래피, 자외선/가시선 분광법(부루신법), 자외선/가시선 분광법(활성탄 흡착법), 데발다합금 환원 증류법이 있다.

49 수로의 폭이 0.5m인 직각 삼각웨어의 수두가 0.25m일 때 유량(m^3/min)은 얼마인가? (단, 유량계수는 80이다.)

㉮ 2.0m^3/min ㉯ 2.5m^3/min
㉰ 3.0m^3/min ㉱ 3.5m^3/min

[풀이] 삼각웨어의 유량(Q) = $k \cdot h^{\frac{5}{2}}$ (m^3/min)

따라서 Q = $80 \times (0.25m)^{\frac{5}{2}}$ = 2.5m^3/min

TIP 사각웨어의 유량(Q) = $k \cdot b \cdot h^{\frac{3}{2}}$ (m^3/min)

정답 45 ㉮ 46 ㉰ 47 ㉮ 48 ㉱ 49 ㉯

50 개수로에 의한 유량측정시 평균유속은 Chezy의 유속 공식을 적용한다. 여기서 경심에 대한 내용으로 알맞은 것은 어느 것인가?

㉮ 유수단면적을 윤변으로 나눈 것을 말한다.
㉯ 윤변에서 유수단면적을 뺀 것을 말한다.
㉰ 윤변과 유수단면적을 곱한 것을 말한다.
㉱ 윤변과 유수단면적을 더한 것을 말한다.

51 실험에 관련된 용어의 정의로 잘못된 것은 어느 것인가?

㉮ 밀봉용기 : 취급 또는 저장하는 동안에 밖으로부터의 공기 또는 다른 가스가 침입하지 아니하도록 내용물을 보호하는 용기를 말한다.
㉯ 정밀히 단다 : 규정된 양의 시료를 취하여 화학저울 또는 미량저울로 칭량함을 말한다.
㉰ 정확히 취하여 : 규정한 양의 액체를 부피피펫으로 눈금까지 취하는 것을 말한다.
㉱ 냄새가 없다 : 냄새가 없거나, 또는 거의 없는 것을 표시하는 것이다.

[풀이] ㉮ 밀봉용기 : 취급 또는 저장하는 동안에 기체 또는 미생물이 침입하지 아니 하도록 내용물을 보호하는 용기를 말한다.

52 다음은 수질측정 항목과 최대보존기간을 짝지은 것이다. 틀린 것은 어느 것인가? (단, 항목-최대보존기간)

㉮ 색도-48시간 ㉯ 6가 크롬-24시간
㉰ 비소-6개월   ㉱ 유기인-28일

[풀이] ㉱ 유기인-7일

53 다음은 페놀류를 자외선/가시선 분광법을 적용하여 분석할 때에 관한 내용이다. ( ) 안에 알맞은 말은?

> 이 시험기준은 물속에 존재하는 페놀류를 측정하기 위하여 증류한 시료에 염화암모늄-암모니아 완충용액을 넣어 ( )으로 조절한 다음 4-아미노안티피린과 헥사시안화철(Ⅱ)산칼륨을 넣어 생성된 붉은색의 안티피린계 색소의 흡광도를 측정하는 방법이다.

㉮ pH 8   ㉯ pH 9
㉰ pH 10   ㉱ pH 11

54 기체크로마토그래피법으로 측정하지 않는 항목은 어느 것인가?

㉮ 폴리클로리네이티드비페닐
㉯ 유기인
㉰ 비소
㉱ 알킬수은

[풀이] 비소의 시험방법으로는 수소화물생성-원자흡수분광광도법, 자외선/가시선 분광법, 유도결합플라스마-원자발광분광법, 유도결합플라스마-질량분석법, 양극벗김전압 전류법이 있다.

정답 50 ㉮ 51 ㉮ 52 ㉱ 53 ㉰ 54 ㉰

55 자외선/가시선 분광법에 의한 시안 정량 분석시, 간섭물질로 작용하는 시료 중 황화합물을 제거하는데 사용되는 시약은 어느 것인가?

㉮ 과망간산칼륨용액
㉯ 아황산나트륨용액
㉰ 피리딘-피라졸론용액
㉱ 아세트산아연용액

56 유량 측정시 사용되는 웨어판에 대한 내용으로 잘못된 것은 어느 것인가?

㉮ 웨어판의 재료는 3mm 이상의 두께를 갖는 내구성이 강한 철판으로 한다.
㉯ 웨어판의 내면은 평면이어야 한다.
㉰ 웨어판 안측의 가장자리는 직선이어야 한다.
㉱ 웨어판의 크기는 수로의 붙인 틀의 크기에 맞추고 절단의 크기는 따로 정하지 않는다.

[풀이] ㉱ 웨어판의 크기는 수로의 붙인 틀의 크기에 맞추고 절단의 크기는 따로 정한다.

57 시료의 전처리 방법(산분해법) 중 유기물 등을 많이 함유하고 있는 대부분의 시료에 적용하는 것은 어느 것인가?

㉮ 질산법
㉯ 질산-염산법
㉰ 질산-황산법
㉱ 질산-과염소산법

[풀이]
㉮ 질산법 : 유기물의 함량이 비교적 높지 않은 시료
㉯ 질산-염산법 : 유기물의 함량이 비교적 높지 않고 금속의 수산화물, 산화물, 인산염 및 황화물을 함유하고 있는 시료
㉱ 질산-과염소산법 : 유기물을 다량 함유하고 있으면서 산분해가 어려운 시료

58 폐수중의 부유 물질을 측정하고자 실험을 하여 다음과 같은 결과를 얻었다. 폐수중의 부유물질의 양(mg/L)은 얼마인가?

- 시료량 : 100mL
- 시료 여과 전 유리섬유 여지의 무게 : 0.6329g
- 시료 여과 후 유리섬유 여지의 무게 : 0.6531g

㉮ 202mg/L
㉯ 221mg/L
㉰ 231mg/L
㉱ 241mg/L

[풀이] 부유물질의 양(mg/L)

$= \dfrac{(\text{여과후 무게}-\text{여과전 무게})(mg)}{\text{시료량}(L)}$

$= \dfrac{(0.6531g - 0.6329g) \times 10^3 mg/g}{0.1L}$

$= 202mg/L$

정답 55 ㉱ 56 ㉱ 57 ㉰ 58 ㉮

59 금속류인 망간 측정방법으로 틀린 것은 어느 것인가? (단, 수질오염공정시험기준)

㉮ 원자흡수분광광도법
㉯ 기체크로마토그래피법
㉰ 유도결합플라스마 - 질량분석법
㉱ 유도결합플라스마 - 원자발광분광법

[풀이] 망간 측정방법으로는 원자흡수분광광도법, 자외선/가시선 분광법, 유도결합플라스마-원자발광분광법, 유도결합플라스마-질량분석법이 있다.

60 다음 분석 방법 중 아연의 분석법으로 틀린 것은 어느 것인가? (단, 수질오염공정시험기준)

㉮ 원자흡수분광광도법
㉯ 원자형광법
㉰ 자외선/가시선분광법
㉱ 양극벗김전압전류법

[풀이] 아연의 분석법으로는 원자흡수분광광도법, 자외선/가시선 분광법, 유도결합플라스마-원자발광분광법, 유도결합플라스마-질량분석법, 양극벗김전압전류법이 있다.

| 제4과목 | 수질환경관계법규

61 폐수처리업의 등록기준 중 폐수재이용업의 기술능력 기준으로 알맞은 것은 어느 것인가?

㉮ 수질환경산업기사, 화공산업기사 중 1명 이상
㉯ 수질환경산업기사, 대기환경산업기사, 화공산업기사 중 1명 이상
㉰ 수질환경기사, 대기환경기사 중 1명 이상
㉱ 수질환경산업기사, 대기환경산업기사 중 1명 이상

62 다음 용어 뜻으로 잘못된 것은 어느 것인가?

㉮ 폐수 : 물에 액체성 또는 고체성의 수질오염물질이 섞여 있어 그대로 사용할 수 없는 물을 말한다.
㉯ 수질오염물질 : 수질오염의 요인이 되는 물질로서 환경부령으로 정하는 것을 말한다.
㉰ 불투수면 : 빗물 또는 눈 녹은 물 등이 지하로 스며들 수 없게 하는 아스팔트, 콘크리트 등으로 포장된 도로, 주차장, 보도 등을 말한다.
㉱ 강우유출수 : 점오염원 및 비점오염원의 수질오염물질이 섞여 유출되는 빗물 또는 눈녹은 물 등을 말한다.

[풀이] ㉱ 강우유출수 : 비점오염원의 수질오염물질이 섞여 유출되는 빗물 또는 눈녹은 물 등을 말한다.

정답 59 ㉯ 60 ㉯ 61 ㉮ 62 ㉱

63 비점오염원 관리지역에 대한 내용으로 잘못된 것은 어느 것인가?

㉮ 환경부장관은 비점오염원에서 유출되는 강우유출수로 인해 하천·호소 등의 이용목적, 주민의 건강·재산이나 자연생태계에 중대한 위해가 발생하거나 발생할 우려가 있는 지역에 대해 관할 시·도지사와 협의하여 비점오염원 관리지역을 지정할 수 있다.
㉯ 시·도지사는 관할구역 중 비점오염원의 관리가 필요하다고 인정되는 지역에 대해 환경부장관에게 관리지역으로의 지정을 요청할 수 있다.
㉰ 관리지역의 지정기준, 지정절차, 그 밖의 필요한 사항은 환경부령으로 정한다.
㉱ 환경부장관은 관리지역의 지정사유가 없어졌거나 목적을 달성할 수 없는 등 지정의 해제가 필요하다고 인정되는 경우에는 관리지역의 전부 또는 일부에 대하여 그 지정을 해제할 수 있다.

[풀이] ㉰ 관리지역의 지정기준, 지정절차, 그 밖의 필요한 사항은 대통령령으로 정한다.

64 수질오염물질의 배출허용기준 중 잘못된 것은 어느 것인가?

㉮ 1일 폐수배출량이 2,000m³ 미만인 경우 BOD기준은 청정지역과 가 지역은 각각 40mg/L 이하, 80mg/L 이하이다.
㉯ 1일 폐수배출량이 2,000m³ 미만인 경우 TOC기준은 나 지역과 특례 지역은 각각 75mg/L 이하, 25mg/L 이하이다.
㉰ 1일 폐수배출량이 2,000m³ 이상인 경우 BOD기준은 청정지역과 가 지역은 각각 30mg/L 이하, 60mg/L 이하이다.
㉱ 1일 폐수배출량이 2,000m³ 이상인 경우 TOC기준은 청정지역과 가 지역은 각각 50mg/L 이하, 90mg/L 이하이다.

[풀이] ㉱ 1일 폐수배출량이 2,000m³ 이상인 경우 TOC기준은 청정지역과 가 지역은 각각 25mg/L 이하, 40mg/L 이하이다.

65 대권역 물환경 관리계획에 포함되어야 하는 사항으로 틀린 것은 어느 것인가?

㉮ 상수원 및 물 이용현황
㉯ 점오염원, 비점오염원 및 기타 수질오염원별 수질오염 저감시설 현황
㉰ 점오염원, 비점오염원 및 기타 수질오염원의 분포현황
㉱ 점오염원, 비점오염원 및 기타 수질오염원에서 배출되는 수질오염물질의 양

[풀이] 대권역계획에 포함되어야 하는 사항
① 물환경 변화 추이 및 목표기준
② 상수원 및 물 이용현황
③ 점오염원, 비점오염원 및 기타 수질오염원의 분포현황
④ 점오염원, 비점오염원 및 기타 수질오염원에서 배출되는 수질오염물질의 양
⑤ 수질오염 예방 및 저감대책
⑥ 물환경 보전조치의 추진방향
⑦ 기후변화에 대한 적응대책

정답 63 ㉰ 64 ㉱ 65 ㉯

66 시·도지사 등이 환경부장관에게 보고할 사항(위임업무보고 사항) 중 보고 횟수가 연 4회에 해당되는 것은 무엇인가?

㉮ 과징금 징수실적 및 체납처분 현황
㉯ 폐수위탁·사업장 내 처리현황 및 처리실적
㉰ 배출부과금 징수실적 및 체납처분 현황
㉱ 비점오염원의 설치신고 및 방지시설 설치현황 및 행정처분 현황

풀이 위임업무 보고횟수
㉮ 연 2회
㉯ 연 1회
㉰ 연 2회
㉱ 연 4회

67 다음의 수질오염방지시설 중 화학적 처리시설에 해당되는 것은 어느 것인가?

㉮ 접촉조　　㉯ 살균시설
㉰ 안정조　　㉱ 폭기시설

풀이 수질오염방지시설
㉮ 접촉조 : 생물화학적 처리시설
㉯ 살균시설 : 화학적 처리시설
㉰ 안정조 : 생물화학적 처리시설
㉱ 폭기시설 : 생물화학적 처리시설

68 자연형 비점오염저감시설의 종류로 틀린 것은 어느 것인가?

㉮ 여과형 시설　　㉯ 인공습지
㉰ 침투시설　　㉱ 식생형 시설

풀이 비점오염원 저감시설
① 자연형 시설 : 저류시설, 인공습지, 침투시설, 식생형시설
② 장치형 시설 : 여과형 시설, 소용돌이형 시설, 스크린형 시설, 응집·침전 처리형 시설, 생물학적 처리형 시설

69 2회 연속 채취시 남조류 세포수가 1,000,000세포/mL 이상인 경우의 수질오염경보단계는 어느 것인가? (단, 조류 경보 기준이며, 상수원 구간이다.)

㉮ 조류 대발생　　㉯ 관심
㉰ 경계　　㉱ 해제

70 오염할당사업자 등에 대한 과징금 부과기준에서 사업장 규모별 부과계수로 알맞은 것은 어느 것인가?

㉮ 제1종 사업장 3.0
㉯ 제2종 사업장 2.0
㉰ 제3종 사업장 1.0
㉱ 제4종 사업장 0.5

풀이 사업장 부과계수는 제1종 사업장 : 2.0, 제2종 사업장 : 1.5, 제3종 사업장 : 1.0, 제4종 사업장 : 0.7, 제5종 사업장 : 0.4이다.

정답　66 ㉱　67 ㉯　68 ㉮　69 ㉮　70 ㉰

71 국립환경과학원장, 유역환경청장, 지방환경청장이 설치·운영하는 측정망의 종류로 틀린 것은 어느 것인가?

㉮ 비점오염원에서 배출되는 비점오염물질 측정망
㉯ 공공수역 유해물질 측정망
㉰ 퇴적물 측정망
㉱ 도심하천 측정망

풀이 국립환경과학원장, 유역환경청장, 지방환경청장이 설치·운영하는 측정망의 종류
① 비점오염원에서 배출되는 비점오염물질 측정망
② 수질오염물질의 총량관리를 위한 측정망
③ 대규모 오염원의 하류지점 측정망
④ 수질오염경보를 위한 측정망
⑤ 대권역·중권역을 관리하기 위한 측정망
⑥ 공공수역 유해물질 측정망
⑦ 퇴적물 측정망
⑧ 생물 측정망

72 오염총량관리기본방침에 포함되어야 하는 사항으로 틀린 것은 어느 것인가?

㉮ 오염원의 조사 및 오염부하량 산정방법
㉯ 오염부하량 총량 및 저감계획
㉰ 오염총량관리의 대상 수질오염물질 종류
㉱ 오염총량관리의 목표

풀이 오염총량관리기본방침에 포함되어야 하는 사항
① 오염총량관리의 목표
② 오염총량관리의 대상 수질오염물질 종류
③ 오염원의 조사 및 오염부하량 산정방법
④ 오염총량관리기본계획의 주체, 내용, 방법 및 시한
⑤ 오염총량관리시행계획의 내용 및 방법

73 환경기술인을 교육하는 기관으로 알맞은 것은 어느 것인가?

㉮ 국립환경인재개발원
㉯ 환경기술인협회
㉰ 한국환경보전원
㉱ 한국환경공단

풀이 교육기관
① 환경기술인 : 한국환경보전원
② 측정기기 관리대행업에 등록된 기술인력 : 국립환경인재개발원, 한국상하수도협회
③ 폐수처리업에 종사하는 기술요원 : 국립환경인재개발원

74 환경부장관은 비점오염원 관리지역을 지정·고시한 때에는 비점오염원 관리대책을 관계 중앙행정기관의 장 및 시·도지사와 협의하여 수립하여야 한다. 다음 중 비점오염원 관리대책에 포함되어야 하는 사항으로 틀린 것은 어느 것인가?

㉮ 관리대상 수질오염물질 발생시설 현황
㉯ 관리대상 수질오염물질의 종류 및 발생량
㉰ 관리대상 수질오염물질의 발생 예방 및 저감방안
㉱ 관리목표

풀이 비점오염원 관리대책에 포함되어야 하는 사항
① 관리목표
② 관리대상 수질오염물질의 종류 및 발생량
③ 관리대상 수질오염물질의 발생 예방 및 저감방안

정답 71 ㉱ 72 ㉯ 73 ㉰ 74 ㉮

75 환경기준 중 수질 및 수생태계(하천)의 생활환경기준으로 틀린 것은 어느 것인가? (단, 등급은 매우 나쁨(Ⅵ))

㉮ COD : 11mg/L 초과
㉯ T-P : 0.5mg/L 초과
㉰ SS : 100mg/L 초과
㉱ BOD : 10mg/L 초과

[풀이] ㉰ SS : 기준치 없음

76 환경부장관이 공공수역을 관리하는 자에게 물환경의 보전을 위해 필요한 조치를 권고하려는 경우 포함되어야 할 사항으로 틀린 것은 어느 것인가?

㉮ 물환경을 보전하기 위한 목표에 관한 사항
㉯ 물환경에 미치는 중대한 위해에 관한 사항
㉰ 물환경을 보전하기 위한 구체적인 방법
㉱ 물환경의 보전에 필요한 재원의 마련에 관한 사항

[풀이] 물환경의 보전을 위해 필요한 조치를 권고하려는 경우 포함되어야 할 사항으로는 ㉮·㉰·㉱외에 그 밖에 물환경의 보전에 필요한 사항이 있다.

77 사업자 및 배출시설과 방지시설에 종사하는 사람은 배출시설과 방지시설의 운영·관리를 위한 환경기술인의 업무를 방해하여서는 아니되며 그로부터 업무 수행에 필요한 요청을 받을 때에는 정당한 사유가 없으면 이에 따라야 한다. 이를 위반하여 환경기술인의 업무를 방해하거나 환경기술인의 요청을 정당한 사유없이 거부한 자에 대한 벌칙기준은 어느 것인가?

㉮ 100만원 이하의 벌금
㉯ 200만원 이하의 벌금
㉰ 300만원 이하의 벌금
㉱ 500만원 이하의 벌금

[풀이] ㉮ 100만원 이하의 벌금에 해당한다.

78 비점오염원의 변경신고를 하여야 하는 경우에 대한 기준으로 알맞은 것은 어느 것인가?

㉮ 총 사업면적, 개발면적 또는 사업장 부지면적이 처음 신고면적의 100분의 10이상 증가하는 경우
㉯ 총 사업면적, 개발면적 또는 사업장 부지면적이 처음 신고면적의 100분의 15이상 증가하는 경우
㉰ 총 사업면적, 개발면적 또는 사업장 부지면적이 처음 신고면적의 100분의 25이상 증가하는 경우
㉱ 총 사업면적, 개발면적 또는 사업장 부지면적이 처음 신고면적의 100분의 30이상 증가하는 경우

정답 75 ㉰ 76 ㉯ 77 ㉮ 78 ㉯

79 수질오염경보 중 조류경보에서 '경계' 단계 발령시 조치사항으로 틀린 것은 어느 것인가? (단, 취수장, 정수장 관리자 기준이며, 상수원 구간이다.)

㉮ 취수구와 조류가 심한 지역에 대한 차단막 설치 등 조류제거 조치 실시
㉯ 정수의 독소분석 실시
㉰ 조류증식 수심 이하로 취수구 이동
㉱ 정수처리 강화(활성탄 처리, 오존처리)

풀이 수질오염경보 중 조류경보에서 '경계' 단계 발령시 조치사항(취수장, 정수장 관리자 기준)은
① 정수의 독소분석 실시
② 조류증식 수심 이하로 취수구 이동
③ 정수처리 강화(활성탄 처리, 오존처리)이다.

80 공동처리구역에서 배출시설을 설치하고자 하는 자 및 폐수를 배출하고자 하는 자 중 대통령령으로 정하는 자는 해당 사업장에서 배출되는 폐수를 폐수 종말처리시설에 유입하여야 하며 이에 필요한 배수 관거 등 배수설비를 설치하여야 한다. 이 배수설비의 설치방법, 구조 기준에 관한 내용으로 틀린 것은 어느 것인가?

㉮ 시간당 최대폐수량이 일평균 폐수량의 2배 이상인 사업자는 자체적으로 유량조정조를 설치하여야 한다.
㉯ 순간수질과 일평균수질과의 격차가 리터당 100밀리그램 이상인 시설의 사업자는 자체적으로 유량조정조를 설치하여야 한다.
㉰ 배수관 입구에는 유효간격 1.0밀리미터 이하의 스크린을 설치하여야 한다.
㉱ 배수관의 관경은 내경 150밀리미터 이상으로 하여야 한다.

풀이 ㉰ 배수관 입구에는 유효간격 10밀리미터 이하의 스크린을 설치하여야 한다.

정답 79 ㉮ 80 ㉰

2015년 1회 수질환경산업기사

2015년 3월 8일 시행

| 제1과목 | 수질오염개론

01 동점성(Kinematic viscosity)계수와 관계가 가장 먼 것은 어느 것인가?

㉮ Poise
㉯ Stoke
㉰ cm^2/sec
㉱ μ/ρ(점성계수/밀도)

풀이 Poise = g/cm·sec 로 점성계수의 단위이다.

02 분뇨처리시설 중의 투입조, 저류조, 소화조 등의 여러부분에 부식을 유발하는 가스로 알맞은 것은 어느 것인가?

㉮ H_2S ㉯ NH_3
㉰ CO_2 ㉱ CH_4

풀이 분뇨처리시설은 주로 혐기성소화이며, 이때 발생되는 황화합물(H_2S)이 부식을 유발한다.

03 세포증식에 관한 식(Monod)에 대한 설명으로 잘못된 것은 어느 것인가?

(단, $\mu = \mu_{max} \times \dfrac{S}{Ks+S}$)

㉮ μ는 세포의 비증가율을 말하며, 단위는 g이다.
㉯ μ_{max}는 세포의 비증가율 최대치를 말한다.
㉰ S는 제한기질의 농도이며 단위는 g/L이다.
㉱ Ks는 $\mu = \dfrac{1}{2}\mu_{max}$ 일때의 제한기질의 농도를 말한다.

풀이 ㉮ μ는 세포의 비증가율을 말하며, 단위는 /hr이다.

04 친수성 콜로이드의 특성으로 틀린 것은 어느 것인가?

㉮ 표면장력은 분산매 보다 상당히 작다.
㉯ 에멀젼 상태이다.
㉰ 틴달효과가 적거나 전무하다.
㉱ 점도는 분산매와 큰 차이가 없다.

풀이 ㉱ 점도는 분산매와 큰 차이가 있다.

정답 01 ㉮ 02 ㉮ 03 ㉮ 04 ㉱

05 원생생물은 세포의 분화정도에 따라 진핵생물과 원핵생물로 나눌 수 있다. 다음 중 원핵세포와 비교하여 진핵세포에만 있는 것은 어느 것인가?

㉮ DNA ㉯ 리보솜
㉰ 편모 ㉱ 세포소기관

풀이 진핵세포에만 있는 것은 세포소기관이다.

06 하천의 수질이 다음과 같을 때 이 물의 이온강도는 얼마인가? (단, Ca^{2+} = 0.02M, Na^+ = 0.05M, Cl^- = 0.02M)

㉮ 0.055 ㉯ 0.065
㉰ 0.075 ㉱ 0.085

풀이 이온강도(I) = $\frac{1}{2}$ [합{이온의 몰수×(이온의 가수)^2}]

= $\frac{1}{2}$ {(0.02M×2^2)+(0.05M×1^2)+(0.02M×1^2)}

= 0.075

TIP
이온강도(I) : 용액중에 있는 이온의 전체농도를 나타내는 척도

07 환경미생물에 대한 내용으로 틀린 것은 어느 것인가?

㉮ Bacteria는 형상에 따라 막대형, 구형, 나선형 등으로 구분되며 용해된 유기물을 섭취한다.
㉯ Fungi는 탄소동화작용을 하지 않으며 폐수 내 질소와 용존산소가 부족한 환경에서도 잘 성장한다.
㉰ Algae는 단세포 또는 다세포의 유기영양형 광합성 원생동물이다.
㉱ Protozoa는 편모충류, 섬모충류 등이 있으며 흔히 박테리아 같은 미생물을 잡아먹는다.

풀이 ㉰ Algae는 단세포 또는 다세포의 유기영양형 광합성 원핵미생물(원핵세포)이다.

08 지하수의 특성에 대한 내용으로 틀린 것은 어느 것인가?

㉮ 염분농도는 비교적 얕은 지하수에서는 하천수보다 평균 30% 정도 이상 큰 값을 나타낸다.
㉯ 지하수에 무기물질이 물에 용해되는 순서를 보면 규산염, Ca 및 Mg의 탄산염, 마지막으로 염화물 알칼리 금속의 황산염 순서로 된다.
㉰ 자연 및 인위의 국지적 조건의 영향을 받기 쉽다.
㉱ 세균에 의한 유기물의 분해가 주된 생물작용이 된다.

정답 05 ㉱ 06 ㉰ 07 ㉰ 08 ㉯

09 물의 물리적 특성을 나타내는 용어 중 단위가 잘못 표현된 것은 어느 것인가?

㉮ 밀도 - g/cm^3
㉯ 표면장력 - $dyne/cm^2$
㉰ 압력 - $dyne/cm^2$
㉱ 열전도도 - $cal/cm \cdot sec \cdot ℃$

풀이 ㉯ 표면장력 - $dyne/cm$

10 $60,000m^3/day$ 상수를 살균하기 위하여 $30kg/day$의 염소가 주입되고 살균 접촉 후 잔류 염소는 $0.2mg/L$일 때 염소요구량(mg/L)은 얼마인가?

㉮ $0.3mg/L$
㉯ $0.4mg/L$
㉰ $0.6mg/L$
㉱ $0.8mg/L$

풀이 염소요구량 = 염소주입량 - 염소잔류량
① 염소주입량(mg/L) = $\frac{염소주입량(kg/day)}{유량(m^3/day)} \times 10^3$

$= \frac{30kg/day}{60,000m^3/day} \times 10^3 = 0.5mg/L$

② 염소요구량 = $0.5mg/L - 0.2mg/L = 0.3mg/L$

TIP
① $kg/m^3 = g/L$
② $kg/m^3 \xrightarrow{\times 10^3} mg/L$

11 회복지대의 특성에 관한 내용으로 틀린 것은 어느 것인가? (단, Whipple의 하천정화단계기준)

㉮ 용존산소량이 증가함에 따라 질산염과 아질산염의 농도가 감소한다.
㉯ 혐기성균이 호기성균으로 대체되며 Fungi도 조금씩 발생한다.
㉰ 광합성을 하는 조류가 번식하고 원생동물, 윤충, 갑각류가 번식한다.
㉱ 바닥에서는 조개나 벌레의 유충이 번식하며 오염에 견디는 힘이 강한 은빛 담수어 등의 물고기도 서식한다.

풀이 ㉮ 용존산소량이 증가함에 따라 질산염과 아질산염의 농도가 증가한다.

12 자연수 중 지하수의 경도가 높은 이유는 다음 중 주로 어떤 물질의 영향인가?

㉮ NH_3
㉯ O_2
㉰ Colloid
㉱ CO_2

13 수질오염에 관한 미생물의 작용에 있어서 흔히 사용되는 조류(Algae)의 경험적 화학 조성식으로 알맞은 것은 어느 것인가?

㉮ $C_5H_7O_2N$
㉯ $C_5H_8O_3N$
㉰ $C_5H_7O_3N$
㉱ $C_5H_8O_2N$

정답 09 ㉯ 10 ㉮ 11 ㉮ 12 ㉱ 13 ㉱

14 해수의 특성에 대한 내용으로 틀린 것은 어느 것인가?

㉮ 해수의 밀도는 1.5 ~ 1.7g/cm³ 정도로 수심이 깊을수록 밀도는 감소한다.
㉯ 해수는 강전해질이다.
㉰ 해수의 Mg/Ca비는 3 ~ 4 정도이다.
㉱ 염분은 적도해역보다 남·북극의 양극 해역에서 다소 낮다.

[풀이] ㉮ 해수의 밀도는 염분, 수온, 수압의 함수로 수심이 깊을수록 증가한다.

15 분뇨의 특성으로 틀린 것은 어느 것인가?

㉮ 분뇨는 다량의 유기물을 함유하며 고액 분리가 어렵다.
㉯ 뇨는 VS 중의 80 ~ 90% 정도의 질소화합물을 함유하고 있다.
㉰ 분뇨의 질소는 주로 NH_4HSO_3, $(NH_4)_2SO_3$ 의 형태로 존재하고 소화조내의 산도를 적정하게 유지시켜 pH의 상승을 막는 완충작용을 한다.
㉱ 분뇨의 특성은 시간에 따라 변한다.

[풀이] ㉰ 분뇨의 질소는 주로 $(NH_4)HCO_3$, $(NH_4)_2CO_3$의 형태로 존재하고, 소화조내의 알칼리도를 높게 유지시켜 pH의 강하를 막아준다.

16 어떤 공장에서 phenol 500kg이 매일 폐수에 섞여 배출된다. 1g의 phenol이 1.7g의 BOD_5에 해당된다고 할 때, 인구당량은 얼마인가? (단, 1인 1일당 BOD_5는 50g 기준)

㉮ 15,000명
㉯ 16,000명
㉰ 17,000명
㉱ 18,000명

[풀이] 인구당량(명) = $\dfrac{500 \times 10^3 \text{g페놀/일} \times 1.7 \text{gBOD}_5/1\text{g페놀}}{50 \text{gBOD}_5/\text{인·일}}$
= 17,000명

17 유해물질, 오염발생원과 인간에 미치는 영향에 대하여 연결이 잘못된 것은 어느 것인가?

㉮ 구리 - 도금공장, 파이프제조업 - 만성중독시 간경변
㉯ 시안 - 아연제련공장, 인쇄공업 - 파킨슨씨병 증상
㉰ PCB - 변압기, 콘덴서공장 - 카네미유증
㉱ 비소 - 광산정련공업, 피혁공업 - 피부흑색(청색)화

[풀이] ㉯ 망간 - 광산, 합금, 유리착색공업 - 파킨슨씨병 증상

정답 14 ㉮ 15 ㉰ 16 ㉰ 17 ㉯

18 Streeter-Phelps 모델에 대한 설명으로 틀린 것은 어느 것인가?

㉮ 최초의 하천 수질 모델링이다.
㉯ 유속, 수심, 조도계수에 의한 확산계수를 결정한다.
㉰ 점오염원으로부터 오염부하량을 고려한다.
㉱ 유기물의 분해에 따라 용존산소 소비와 재폭기를 고려한다.

[풀이] ㉯번의 설명은 QUAL-I 모델에 대한 설명이다.

19 다음 중 적조현상과 관계가 없는 것은?

㉮ 해류의 정체   ㉯ 염분농도의 증가
㉰ 수온의 상승   ㉱ 영양염류의 증가

[풀이] ㉯ 염분농도의 감소

20 호소에서 나타나는 현상에 대한 내용으로 알맞은 것은 어느 것인가?

㉮ 겨울철 심수층은 혐기성 미생물의 증식으로 유기물이 적정하게 분해되어 수질이 양호하게 된다.
㉯ 봄, 가을에는 물의 밀도 변화에 의한 전도현상(Turn over)이 일어난다.
㉰ 깊은 호수의 경우 여름철의 심수층 수온 변화는 수온약층보다 크다.
㉱ 여름철에는 표수층과 심수층 사이에 수온의 변화가 거의 없는 수온약층이 존재한다.

[풀이] ㉮ 겨울철 심수층은 혐기성 미생물의 증식으로 유기물의 분해가 느려 수질이 나쁘다.
㉰ 깊은 호수의 경우 여름철의 심수층 수온변화는 수온약층보다 작다.
㉱ 여름철에는 표수층과 심수층 사이에 수온의 변화가 심한 수온약층이 존재한다.

| 제2과목 | 수질오염방지기술

21 납이온을 함유하는 폐수에 알칼리를 첨가하면 다음식과 같이 반응이 일어난다. 30mg/L의 납이온을 함유하는 폐수를 침전 처리할 경우 이론상 OH^-의 첨가량은 이 폐수 1L당 몇 mg인가? (단, Pb의 원자량은 207이다.)

$$Pb^{2+} + 2OH^- \rightarrow PbO + H_2O$$

㉮ 2.9mg/L   ㉯ 4.9mg/L
㉰ 7.4mg/L   ㉱ 9.4mg/L

[풀이] $Pb^{2+} + 2OH^- \rightarrow PbO + H_2O$
207g : 2×17g
30mg/L : X
∴ $X = \dfrac{30mg/L \times 2 \times 17g}{207g} = 4.93mg/L$

22 폐수속에 염산 18.25g을 중화시키기 위해 필요한 수산화칼슘의 양(g)은 얼마인가? (단, Cl의 원자량 35.5, Ca의 원자량 40이다.)

㉮ 18.5g   ㉯ 24.5g
㉰ 37.5g   ㉱ 44.5g

[풀이] ① HCl의 당량(eq)을 계산한다.

HCl의 당량(eq) = $18.25g \times \dfrac{1eq}{36.5g} = 0.5eq$

② 수산화칼슘[$Ca(OH)_2$]의 양으로 환산한다.

$Ca(OH)_2(g) = 0.5eq \times \dfrac{74g/2}{1eq} = 18.5g$

정답 18 ㉯ 19 ㉯ 20 ㉯ 21 ㉯ 22 ㉮

23 포화용존산소 농도가 12mg/L인 어떤 활성오니조에서 물의 실제 용존산소 농도를 8mg/L에서 2mg/L로 낮출 경우 액상으로의 산소 전달율은 얼마인가?

㉮ 1.5배로 증가된다.
㉯ 2.5배로 증가된다.
㉰ 3.5배로 증가된다.
㉱ 4.5배로 증가된다.

풀이 $\dfrac{dO}{dt} = K_{La} \times (C_s - C)$ 에서

- $\dfrac{dO}{dt}$: 시간에 따른 용존산소농도(mg/L·hr)
- K_{La} : 산소전달계수
- C_s : 포화산소농도(mg/L)
- C : 물속의 용존산소농도(mg/L)

따라서 $\dfrac{(12-2)\text{mg/L}}{(12-8)\text{mg/L}} = 2.5$배

24 폐수특성에 따른 적절한 처리법을 연결한 것과 가장 거리가 먼 것은?

㉮ 비소 함유폐수 - 수산화 제2철 공침법
㉯ 시안 함유폐수 - 오존 산화법
㉰ 6가 크롬 함유폐수 - 알칼리 염소법
㉱ 카드뮴 함유폐수 - 황화물 침전법

풀이 ㉰ 6가 크롬 함유폐수 - 수산화물 침전법

25 20,000명의 처리인구를 가진 폐수처리시설에서 슬러지 발생량이 0.12kg/cap·d 이고 슬러지는 70%의 휘발성 물질을 포함하고 있으며 이중 50%가 분해된다. 분해슬러지 당 0.89m³/kg의 소화가스가 발생하며 50%의 메탄이 함유되어 있고 메탄의 열량은 35,850kJ/m³이라면 소화조 보온을 위해 가용한 에너지(kJ/hr)는 얼마인가?

㉮ 약 270,000kJ/hr ㉯ 약 380,000kJ/hr
㉰ 약 420,000kJ/hr ㉱ 약 560,000kJ/hr

풀이 소화조 보온을 위해 가용한 에너지(kJ/hr)

= 슬러지 발생량(kg/hr) × $\dfrac{\text{휘발성물질(\%)}}{100}$

× $\dfrac{\text{휘발성물질의 분해율(\%)}}{100}$ × $\dfrac{\text{소화가스 발생량(m}^3\text{)}}{\text{분해슬러지(kg)}}$

× $\dfrac{\text{메탄함유량(\%)}}{100}$ × 메탄의 열량(kJ/m³)

= 0.12kg/cap·day × 20,000인 × 1day/24hr × 0.70
× 0.50 × 0.89m³/kg × 0.50 × 35,850kJ/m³
= 558,363.75kJ/hr

TIP
kg/cap·day = kg/인·day

정답 23 ㉯ 24 ㉰ 25 ㉱

26 1,000m³의 폐수중 부유물질농도가 200mg/L일 때 처리효율이 70%인 처리장에서 발생슬러지량(m³)은 얼마인가?
(단, 부유물질처리만을 기준으로 하며 기타조건은 고려하지 않고, 슬러지 비중 : 1.03, 함수율 95% 이다.)

㉮ 2.36m³ ㉯ 2.46m³
㉰ 2.72m³ ㉱ 2.96m³

풀이 슬러지 발생량(m³)

$$= \frac{SS농도(kg/m^3) \times Q(m^3/day) \times \eta(제거율)}{비중량(kg/m^3)} \times \frac{100}{100-P(\%)}$$

$$= \frac{0.2kg/m^3 \times 1,000m^3 \times 0.70}{1,030kg/m^3} \times \frac{100}{100-95}$$

$$= 2.72m^3$$

TIP
① mg/L $\xrightarrow{\times 10^{-3}}$ kg/m³
② 비중 $\xrightarrow{\times 10^3}$ kg/m³

27 보통 음이온 교환수지에 대하여 가장 일반적인 음이온의 선택성 순서로 알맞은 것은 어느 것인가?

㉮ $SO_4^{-2} > I^{-1} > NO_3^{-1} > CrO_4^{-2} > Br^{-1}$
㉯ $SO_4^{-2} > NO_3^{-1} > CrO_4^{-2} > Br^{-1} > I^{-1}$
㉰ $SO_4^{-2} > CrO_4^{-2} > NO_3^{-1} > I^{-1} > Br^{-1}$
㉱ $SO_4^{-2} > CrO_4^{-2} > I^{-1} > NO_3^{-1} > Br^{-1}$

28 BOD 200mg/L인 유기성 폐수를 활성슬러지법으로 처리하고자 한다. F/M비를 0.25kgBOD/kgMLSS·d, 폭기시간 6시간이라면, 폭기조의 MLSS(mg/L)는 얼마인가?

㉮ 2,700mg/L ㉯ 3,200mg/L
㉰ 3,700mg/L ㉱ 4,200mg/L

풀이
$$F/M비(/day) = \frac{BOD \times Q}{MLSS \times V} = \frac{BOD}{MLSS} \times \frac{Q}{V}$$

$$= \frac{BOD}{MLSS} \times \frac{1}{t}$$

(여기서 $t = \frac{V}{Q} \Rightarrow \frac{1}{t} = \frac{Q}{V}$)

따라서 $0.25/day = \frac{200mg/L}{MLSS} \times \frac{1}{\left(\frac{6hr}{24}\right)day}$

$$\therefore MLSS = \frac{200mg/L}{0.25/day \times \left(\frac{6hr}{24}\right)day} = 3,200mg/L$$

29 다음 중 보통 1차침전지에서 부유물질의 침강속도가 작게 되는 조건으로 알맞은 것은 어느 것인가? (단, Stokes 법칙 적용)

㉮ 부유물질 입자의 밀도가 클 경우
㉯ 부유물질 입자의 입경이 클 경우
㉰ 처리수의 밀도가 작을 경우
㉱ 처리수의 점성도가 클 경우

풀이 ㉮ 부유물질 입자의 밀도가 작을 경우
㉯ 부유물질 입자의 입경이 작을 경우
㉰ 처리수의 밀도가 클 경우

정답 26 ㉰ 27 ㉮ 28 ㉯ 29 ㉱

30 혐기성 반응기에 있어서 생물학적 고형물량을 유지하고 증가시키는 방법으로 틀린 것은 어느 것인가?

㉮ 짧은 수리학적 체류시간으로의 시스템 운전
㉯ 시스템내의 고형물을 유지하는 농후한 슬러지 블랭킷의 개발
㉰ 시스템에서 박테리아가 자라고 유지될 수 있는 고정된 표면의 제공
㉱ 반응기 유출수로부터의 고형물의 분리 및 이 고형물의 반응기로의 재순환

[풀이] ㉮ 긴 수리학적 체류시간으로의 시스템 운전

31 다음 중 분뇨와 같은 고농도 유기폐수를 처리하는데 적합한 최적처리법은 어느 것인가?

㉮ 표준활성슬러지법
㉯ 응집침전법
㉰ 여과·흡착법
㉱ 혐기성소화법

[풀이] 분뇨와 같은 고농도 유기폐수는 혐기성 소화법이 적합하다.

32 폐수량이 500m³/일이며, SS의 침강속도는 25m/일이다. SS를 90%까지 제거하고자 하면 침전지의 수면적(m³)은 얼마인가?

㉮ 18m³ ㉯ 22m³
㉰ 27m³ ㉱ 32m³

[풀이] 침강속도(V_s) = 수면부하율(V_o)×제거효율(η)

수면부하율(V_o) = $\dfrac{\text{폐수량}(Q)}{\text{수면적}(A)}$ 이므로 $V_s = \dfrac{Q}{A} \times \eta$

$25\text{m/day} = \dfrac{500\text{m}^3/\text{day}}{A(\text{m}^2)} \times 0.90$

$\therefore A = \dfrac{500\text{m}^3/\text{day} \times 0.90}{25\text{m/day}} = 18\text{m}^2$

33 폐수량 500m³/day, BOD 1,000mg/L인 폐수를 살수여상으로 처리하는 경우 여재에 대한 BOD부하를 0.2kg/m³·day로 할 때 여상의 용적(m³)은 얼마인가?

㉮ 250m³ ㉯ 500m³
㉰ 1,500m³ ㉱ 2,500m³

[풀이] BOD 용적부하(kg/m³·day)

$= \dfrac{\text{BOD 농도}(\text{kg/m}^3) \times Q(\text{m}^3/\text{day})}{V(\text{m}^3)}$

$0.2\text{kg/m}^3 \cdot \text{day} = \dfrac{1\text{kg/m}^3 \times 500\text{m}^3/\text{day}}{V(\text{m}^3)}$

$\therefore V(\text{m}^3) = \dfrac{1\text{kg/m}^3 \times 500\text{m}^3/\text{day}}{0.2\text{kg/m}^3 \cdot \text{day}} = 2,500\text{m}^3$

TIP
① mg/L $\xrightarrow{\times 10^{-3}}$ kg/m³
② 1,000mg/L = 1kg/m³

정답 30 ㉮ 31 ㉱ 32 ㉮ 33 ㉱

34 다음의 물리화학적 처리방법 중 수중의 암모니아성 질소의 효과적 제거방법으로 틀린 것은 어느 것인가?

㉮ Alum 주입
㉯ Break point 염소주입법
㉰ Zeolite 이용법
㉱ 탈기법

[풀이] 수중의 암모니아성 질소는 응집법(Alum 주입)으로 제거되지 않는다.

35 고도 수처리에 사용되는 분리방법에 대한 내용으로 틀린 것은 어느 것인가?

㉮ 한외여과의 분리형태는 체걸름(Sieving)이다.
㉯ 역삼투의 막형태는 대칭형 다공성막이다.
㉰ 정밀여과의 구동력은 정수압차이다.
㉱ 투석의 분리형태는 대류가 없는 층에서의 확산이다.

[풀이] ㉯ 정밀여과의 막형태는 대칭형 다공성막이다.

36 처리장에 20,000m³/d의 폐수가 유입되고 있다. 체류시간은 30분, 속도경사 40sec⁻¹의 응집침전조를 설계하고자 할 때 교반기 모터의 동력효율을 60%로 예상한다면 응집침전조의 교반기에 필요한 모터의 총동력(W)은 얼마인가? (단, μ = 10⁻³kg/m·s 이다.)

㉮ 417W
㉯ 667.2W
㉰ 728.5W
㉱ 1,112W

[풀이] 총동력(Watt) = $G^2 \times \mu \times V \times \dfrac{100}{\text{모터의 효율(\%)}}$
= $(40/\text{sec})^2 \times 10^{-3}\text{kg/m·sec} \times 20,000\text{m}^3/\text{day}$
　$\times 1\text{day}/24\text{hr} \times 1\text{hr}/60\text{min} \times 30\text{min} \times \dfrac{100}{60\%}$
= 1,111.11 Watt

TIP
$V(m^3) = Q(m^3/min) \times 체류시간(min)$

37 BOD 1kg 제거에 0.9kg의 산소(O₂)가 소요된다. 폐수량이 20,000m³이고, BOD 농도가 250mg/L일 때 BOD를 모두 제거하는데 필요한 전력(kW)은 얼마인가? (단, 2kg O₂ 주입에 1kW의 전력이 소요된다.)

㉮ 3,250kW
㉯ 2,750kW
㉰ 2,250kW
㉱ 1,750kW

[풀이] BOD 제거에 필요한 전력(kW)
= $\dfrac{1\text{kW 전력}}{2\text{kg O}_2} \times \dfrac{0.9\text{kg O}_2}{\text{BOD 1kg 제거}} \times \dfrac{0.25\text{kg BOD}}{\text{m}^3}$
　$\times 20,000\text{m}^3$
= 2,250kW

정답 34 ㉮ 35 ㉯ 36 ㉱ 37 ㉰

38 폐수의 성질이 BOD 1,000mg/L, SS 1,500mg/L, pH 3.5, 질소분 55mg/L, 인산분 12mg/L인 폐수가 있다. 이 폐수의 처리 순서로 알맞은 것은 어느 것인가?

㉮ Screening→중화→미생물처리→침전
㉯ Screening→침전→미생물처리→중화
㉰ 침전→Screening→미생물처리→중화
㉱ 미생물처리→Screening→중화→침전

39 비교적 일정한 유량을 폐수처리장에 공급하기 위한 것으로, 예비처리시설 다음에 설치되는 시설은 어느 것인가?

㉮ 균등조 ㉯ 침사조
㉰ 스크린조 ㉱ 침전조

40 처리수의 BOD농도가 5mg/L인 폐수처리공정의 BOD 제거효율은 1차 처리 40%, 2차 처리 80%, 3차 처리 15%이다. 이 폐수처리공정에 유입되는 유입수의 BOD농도(mg/L)는 얼마인가?

㉮ 39mg/L ㉯ 49mg/L
㉰ 59mg/L ㉱ 69mg/L

[풀이] 총합효율(η_T) = 1-(1-η_1)×(1-η_2)×(1-η_3)

총합효율(η_T) = $\left(1 - \dfrac{유출수\,BOD}{유입수\,BOD}\right) \times 100$

① η_T = 1-(1-0.4)×(1-0.8)×(1-0.15) = 0.898
따라서 89.8%이다.

② 89.80% = $\left(1 - \dfrac{5mg/L}{유입수\,BOD}\right) \times 100$

∴ 유입수 BOD = $\dfrac{5mg/L}{(1-0.898)}$ = 49.02mg/L

| 제3과목 | 수질오염공정시험기준

41 유량 측정시 적용되는 웨어의 웨어판에 대한 기준으로 알맞은 것은 어느 것인가?

㉮ 웨어판 안측의 가장자리는 곡선이어야 한다.
㉯ 웨어판은 수로의 장축에 직각 또는 수직으로 하여 말단의 바깥틀에 누수가 없도록 고정한다.
㉰ 직각 3각 웨어판의 유량측정공식은 $Q = k \cdot b \cdot h^{3/2}$이다.
 (k : 유량계수, b : 수로폭, h : 수두)
㉱ 웨어판의 재료는 10mm 이상의 두께를 갖는 내구성이 강한 철판으로 하여야 한다.

[풀이] ㉮ 웨어판 안측의 가장자리는 직선이어야 한다.
㉰ 직각 3각 웨어판의 유량측정공식은 $Q = k \cdot h^{5/2}$ 이다.(k : 유량계수, h : 수두)
㉱ 웨어판의 재료는 3mm 이상의 두께를 갖는 내구성이 강한 철판으로 하여야 한다.

42 다음에 표시된 농도 중 가장 낮은 것은 어느 것인가? (단, 용액의 비중은 모두 1.0이다.)

㉮ 24μg/mL ㉯ 240ppb
㉰ 24mg/L   ㉱ 2.4ppm

[풀이] ㉮ 24 μg/mL = 24mg/L = 24ppm
㉯ 240ppb×10^{-3} = 0.24ppm
㉰ 24mg/L = 24ppm
㉱ 2.4ppm
따라서 가장 낮은 농도는 ㉯번이다.

정답 38 ㉮ 39 ㉮ 40 ㉯ 41 ㉯ 42 ㉯

43 이온전극법에서 사용하는 장치에 대한 내용으로 틀린 것은 어느 것인가?

㉮ 저항전위계 또는 이온측정기는 mV까지 읽을 수 있는 고압력 저항 측정기여야 한다.
㉯ 이온전극은 분석대상 이온에 대한 고도의 선택성이 있다.
㉰ 이온전극은 일반적으로 칼로멜전극 또는 산화은 전극이 사용된다.
㉱ 이온전극은 이온농도에 비례하여 전위를 발생할 수 있는 전극이다.

풀이 ㉰ 비교전극은 내부전극으로 염화제일수은 전극(칼로멜 전극) 또는 은-염화은 전극이 사용된다.

44 유도결합플라스마 - 원자발광분광법에서 시료와 혼합표준액을 측정한 후 검정곡선의 작성 방법에 해당하지 않는 것은 어느 것인가?

㉮ 검정곡선법 ㉯ 내부표준법
㉰ 넓이백분율법 ㉱ 표준물질첨가법

45 활성슬러지의 미생물 플럭이 형성된 경우 DO 측정을 위한 전처리 방법으로 알맞은 것은 어느 것인가?

㉮ 칼륨명반 응집침전법
㉯ 황산구리 설퍼민산법
㉰ 불화칼륨 처리법
㉱ 아지드화나트륨 처리법

46 자외선/가시선 분광법을 적용하여 아연 측정시 발색이 가장 잘 되는 pH는 얼마인가?

㉮ pH 4   ㉯ pH 9
㉰ pH 11 ㉱ pH 12

풀이 발색의 정도는 15 ~ 29℃, pH는 8.8 ~ 9.2의 범위에서 잘 된다.

47 공정시험기준에서 정의한 용어의 내용으로 틀린 것은 어느 것인가?

㉮ 표준온도는 0℃를 말하고, 온수는 60 ~ 70℃, 냉수는 15℃ 이하를 말한다.
㉯ 감압 또는 진공이라 함은 따로 규정이 없는 한 15mmHg 이하를 말한다.
㉰ '항량으로 될 때까지 건조한다'라 함은 같은 조건에서 1시간 더 건조할 때 전후차가 g당 0.3mg 이하일 때를 말한다.
㉱ 방울수라 함은 4℃에서 정제수를 20방울을 적하할 때 그 부피가 약 1mL 되는 것을 뜻한다.

풀이 ㉱ 방울수라 함은 20℃에서 정제수를 20방울을 적하할 때 그 부피가 약 1mL되는 것을 뜻한다.

정답 43 ㉰ 44 ㉰ 45 ㉯ 46 ㉯ 47 ㉱

48 색도 측정에 대한 내용으로 틀린 것은 어느 것인가?

㉮ 색도측정은 시각적으로 눈에 보이는 색상에 관계없이 단순 색도차 또는 단일 색도차를 계산한다.
㉯ 백금-코발트 표준물질과 아주 다른 색상의 폐하수에는 적용할 수 없다.
㉰ 근본적인 간섭은 적용 파장에서 콜로이드 물질 및 부유물질의 존재로 빛이 흡수 혹은 분산되면서 일어난다.
㉱ 아담스-니컬슨(Adams-Nickerson) 색도공식을 근거로 한다.

풀이 ㉯ 백금-코발트 표준물질과 아주 다른 색상의 폐·하수에서 뿐만 아니라 표준물질과 비슷한 색상의 폐·하수에도 적용할 수 있다.

49 시료채취량 기준에 대한 설명으로 알맞은 것은 어느 것인가?

㉮ 시험항목 및 시험횟수에 따라 차이가 있으나 보통 1~2L 정도이어야 한다.
㉯ 시험항목 및 시험횟수에 따라 차이가 있으나 보통 3~5L 정도이어야 한다.
㉰ 시험항목 및 시험횟수에 따라 차이가 있으나 보통 5~7L 정도이어야 한다.
㉱ 시험항목 및 시험횟수에 따라 차이가 있으나 보통 8~10L 정도이어야 한다.

50 시안화합물 측정시 방해물질과 이를 제거하기 위하여 첨가하는 시약의 연결로 틀린 것은 어느 것인가?

㉮ 잔류염소 - 아스코르빈산용액
㉯ 황화합물 - 아세트산아연용액
㉰ 유지류 - 노말헥산
㉱ 중금속 - 아비산나트륨용액

풀이 ㉱ 잔류염소 - 아비산나트륨용액

51 수질오염공정시험기준상 노말헥산 추출물질에 해당하지 않는 것은 어느 것인가?

㉮ 휘발되지 않는 탄화수소, 탄화수소유도체
㉯ 그리스유상물질
㉰ 광유류
㉱ 셀룰로오스류

풀이 노말헥산 추출물질에 해당하는 물질은 휘발되지 않는 탄화수소, 탄화수소유도체, 그리스유상물질, 광유류가 있다.

52 수질오염공정시험기준에서 총대장균군의 시험방법으로 틀린 것은 어느 것인가?

㉮ 막여과법
㉯ 시험관법
㉰ 균군계수 시험법
㉱ 평판집락법

풀이 총대장균군의 시험방법으로는 막여과법, 시험관법, 평판집락법, 효소이용정량법이 있다.

정답 48 ㉯ 49 ㉯ 50 ㉱ 51 ㉱ 52 ㉰

53 기체크로마토그래피에서 인 또는 황화합물을 선택적으로 검출할 수 있는 검출기로 알맞은 것은 어느 것인가?

㉮ 전자포획형 검출기
㉯ 불꽃광도형 검출기
㉰ 열전도도 검출기
㉱ 불꽃열이온화 검출기

▣ 풀이 ㉯ 불꽃광도형 검출기에 대한 설명이다.

54 시료의 채취량은 시험항목 및 시험횟수에 따라 차이가 있으나 일반적으로 어느 정도가 적당한가?

㉮ 1~2L   ㉯ 2~3L
㉰ 3~5L   ㉱ 5~7L

55 유도결합플라스마-원자발광분광법의 원리에 대한 내용이다. ( )안에 알맞은 말은 어느 것인가?

> 시료를 고주파유도코일에 의하여 형성된 아르곤플라스마에 도입하여 6,000~8,000K에서 들뜬상태의 원자가 (①)로 전이할 때 (②) 하는 발광선 및 발광강도를 측정하여 원소의 정성 및 정량분석에 이용하는 방법이다.

㉮ ① 들뜬상태 ② 흡수
㉯ ① 바닥상태 ② 흡수
㉰ ① 들뜬상태 ② 방출
㉱ ① 바닥상태 ② 방출

56 전처리 방법 중 질산-과염소산에 의한 분해에 대한 내용으로 잘못된 것은 어느 것인가?

㉮ 유기물을 다량 포함하고 있으면서 산분해가 어려운 시료에 적용한다.
㉯ 시료에 질산을 넣고 가열하여 증발농축하고 방냉 후 다시 질산과 과염소산을 넣고 가열하여 백연이 발생하기 시작하면 가열을 중지한다.
㉰ 질산만을 넣을 경우 폭발 위험이 있어 과염소산을 넣고 질산을 넣는다.
㉱ 유기물을 함유한 뜨거운 용액에 과염소산을 넣어서는 안 된다.

▣ 풀이 ㉰ 과염소산을 넣을 경우 질산이 공존하지 않으면 폭발할 위험이 있으므로 반드시 질산을 먼저 넣어 주어야 한다.

57 식물성 플랑크톤(조류) 분석에 대한 내용으로 잘못된 것은 어느 것인가?

㉮ 시료의 조제 : 시료의 개체수는 계수 면적당 10~40 정도가 되도록 조정한다.
㉯ 시료의 조제 : 원심분리방법과 자연침전법을 적용한다.
㉰ 정성시험 : 목적은 식물성 플랑크톤의 종류를 조사하는 것이다.
㉱ 정량시험 : 식물성 플랑크톤의 계수는 정확성과 편리성을 위하여 고배율이 주로 사용된다.

▣ 풀이 ㉱ 정량시험 : 식물성 플랑크톤의 계수는 정확성과 편리성을 위하여 저~중배율이 주로 사용된다.

정답 53 ㉯ 54 ㉰ 55 ㉱ 56 ㉰ 57 ㉱

58 BOD 측정시 시료의 전처리에 대한 설명이다. ( )안에 알맞은 것은 어느 것인가?

> pH가 (①)의 범위를 벗어나는 시료는 염산용액 또는 수산화나트륨 용액으로 시료를 중화하여 pH 7~7.2로 한다. 다만 이때 넣어주는 산 또는 알칼리의 양이 시료량의 (②)가 넘지 않도록 하여야 한다.

㉮ ① pH 4.3~8.5 ② 0.2%
㉯ ① pH 5.6~8.3 ② 0.3%
㉰ ① pH 6.3~8.3 ② 0.3%
㉱ ① pH 6.5~8.5 ② 0.5%

59 다음은 부유물질의 측정 분석절차에 대한 설명이다. ( )안에 적당한 것은 어느 것인가?

> 유리섬유여과지를 여과장치에 부착하여 미리 정제수 20mL씩으로 (①) 흡인여과하여 씻은 다음 시계접시 또는 알루미늄 호일 접시 위에 놓고 105~110℃의 건조기 안에서 (②) 건조시켜 데시케이터에 넣어 방치하고 냉각한 다음 항량하여 무게를 정밀히 달고 여과장치에 부착시킨다.

㉮ ① 2회 ② 1시간
㉯ ① 2회 ② 2시간
㉰ ① 3회 ② 1시간
㉱ ① 3회 ② 2시간

60 0.05N-KMnO₄ 4.0L를 만들려고 한다. KMnO₄는 약 몇 g이 필요한가? (단, 원자량은 K = 39, Mn = 55이다.)

㉮ 3.2 ㉯ 4.6
㉰ 5.2 ㉱ 6.3

풀이

$$eq/L = \frac{W(g)}{V(L)} \bigg| \frac{1eq}{1당량\, g}$$

$$0.05eq/L = \frac{W(g)}{4.0L} \bigg| \frac{1eq}{158g/5}$$

$$\therefore W = \frac{0.05eq/L \times 4.0L \times 158g/5}{1eq} = 6.32g$$

TIP
① N농도 = eq/L
② KMnO₄(과망간산칼륨)의 분자량 = 158g
③ KMnO₄는 5당량
④ KMnO₄의 1eq = $\frac{158g}{5}$

| 제4과목 | 수질환경관계법규

61 위임업무 보고사항 중 보고횟수 기준이 나머지와 다른 업무내용은 어느 것인가?

㉮ 배출업소의 지도, 점검 및 행정처분 실적
㉯ 폐수처리업에 대한 등록, 지도단속실적 및 처리실적 현황
㉰ 배출부과금 부과 실적
㉱ 비점오염원의 설치신고 및 방지시설 설치 현황 및 행정처분 현황

풀이 보고횟수
㉮ 연 4회
㉯ 연 2회
㉰ 연 4회
㉱ 연 4회

정답 58 ㉱ 59 ㉱ 60 ㉱ 61 ㉯

62 수질오염방지시설 중 화학적 처리시설로 틀린 것은 어느 것인가?

㉮ 살균시설
㉯ 폭기시설
㉰ 이온교환시설
㉱ 침전물 개량시설

[풀이] ㉯ 폭기시설은 생물화학적 처리시설에 해당한다.

63 공공수역에 분뇨·가축분뇨 등을 버린 자에 대한 벌칙기준으로 알맞은 것은 어느 것인가?

㉮ 2년 이하의 징역 또는 2천만원 이하의 벌금
㉯ 2년 이하의 징역 또는 1천만원 이하의 벌금
㉰ 1년 이하의 징역 또는 1천만원 이하의 벌금
㉱ 1년 이하의 징역 또는 5백만원 이하의 벌금

64 물환경보전법상에서 적용하고 있는 용어의 정의로 잘못된 것은 어느 것인가?

㉮ 비점오염저감시설 : 수질오염방지시설 중 비점오염원으로부터 배출되는 수질오염물질을 제거하거나 감소하게 하는 시설로서 환경부령이 정하는 것을 말한다.
㉯ 강우유출수 : 비점오염원의 수질오염물질이 섞여 유출되는 빗물 또는 눈 녹은 물 등을 말한다.
㉰ 기타 수질오염원 : 점오염원 및 비점오염원으로 관리되지 아니하는 수질오염물질을 배출하는 시설 또는 장소로서 환경부령이 정하는 것을 말한다.
㉱ 비점오염원 : 불특정하게 수질오염물질을 배출하는 시설 및 지역으로 환경부령이 정하는 것을 말한다.

[풀이] ㉱ 비점오염원 : 도시, 도로, 농지, 산지, 공사장 등으로서 불특정장소에서 불특정하게 수질오염물질을 배출하는 배출원을 말한다.

65 초과부과금 부과대상 오염물질로 틀린 것은 어느 것인가?

㉮ 부유물질
㉯ 황 및 그 화합물
㉰ 망간 및 그 화합물
㉱ 유기인화합물

정답 62 ㉯ 63 ㉰ 64 ㉱ 65 ㉯

66 환경부장관은 대권역별로 물환경보전을 위한 기본계획을 몇 년마다 수립하여야 하는가?

㉮ 1년 ㉯ 5년
㉰ 10년 ㉱ 20년

67 1일 폐수배출량이 2,000m³ 이상인 폐수배출시설의 지역별, 항목별 배출허용기준으로 잘못된 것은 어느 것인가?

㉮
	BOD (mg/L)	TOC (mg/L)	SS (mg/L)
청정지역	20 이하	30 이하	20 이하

㉯
	BOD (mg/L)	TOC (mg/L)	SS (mg/L)
가지역	60 이하	40 이하	60 이하

㉰
	BOD (mg/L)	TOC (mg/L)	SS (mg/L)
나지역	80 이하	50 이하	80 이하

㉱
	BOD (mg/L)	TOC (mg/L)	SS (mg/L)
특례지역	30 이하	25 이하	30 이하

풀이 ㉮
	BOD(mg/L)	TOC(mg/L)	SS(mg/L)
청정지역	30 이하	25 이하	30 이하

68 개선명령을 받은 자가 개선명령을 이행하지 아니하거나 기간 이내에 이행은 하였으나 검사결과가 배출허용기준을 계속 초과할 때의 처분인 '조업정지명령'을 위반한 자에 대한 벌칙기준으로 알맞은 것은 어느 것인가?

㉮ 3년 이하의 징역 또는 1천5백만원 이하의 벌금
㉯ 3년 이하의 징역 또는 2천만원 이하의 벌금
㉰ 5년 이하의 징역 또는 5천만원 이하의 벌금
㉱ 7년 이하의 징역 또는 5천만원 이하의 벌금

69 다음 중 환경부령이 정하는 관계전문기관으로 알맞은 것은 어느 것인가?

> 환경부장관은 비점오염저감계획을 검토하거나 비점오염저감시설을 설치하지 아니하여도 되는 사업장을 인정하려는 때에는 그 적정성에 관하여 환경부령이 정하는 관계전문기관의 의견을 들을 수 있다.

㉮ 국립환경과학원
㉯ 한국환경정책·평가연구원
㉰ 한국환경기술개발원
㉱ 한국건설기술연구원

풀이 환경부령이 정하는 관계전문기관으로는 한국환경공단, 한국환경정책·평가연구원이 있다.

정답 66 ㉰ 67 ㉮ 68 ㉰ 69 ㉯

70 폐수무방류배출시설의 운영기록은 최종 기록일부터 얼마 동안 보존하여야 하는가?

㉮ 1년간 ㉯ 2년간
㉰ 3년간 ㉱ 5년간

71 조업정지처분에 갈음하여 과징금을 부여할 수 있는 사업장으로 틀린 것은 어느 것인가?

㉮ 발전소의 발전시설
㉯ 의료기관의 배출시설
㉰ 학교의 배출시설
㉱ 공공기관의 배출시설

〔풀이〕 ㉱ 제조업의 배출시설

72 낚시금지구역 또는 낚시제한구역 안내판의 규격 중 색상기준으로 알맞은 것은 어느 것인가?

㉮ 바탕색 : 녹색, 글씨 : 회색
㉯ 바탕색 : 녹색, 글씨 : 흰색
㉰ 바탕색 : 청색, 글씨 : 회색
㉱ 바탕색 : 청색, 글씨 : 흰색

73 환경기술인의 관리사항으로 틀린 것은 어느 것인가?

㉮ 폐수배출시설 및 수질오염방지시설의 설치에 관한 사항
㉯ 폐수배출시설 및 수질오염방지시설의 개선에 관한 사항
㉰ 운영일지의 기록·보존에 관한 사항
㉱ 수질오염물질의 측정에 관한 사항

〔풀이〕 ㉮ 폐수배출시설 및 수질오염방지시설의 관리에 관한 사항

74 해역의 항목별 생활환경 환경기준으로 잘못된 것은 어느 것인가?

㉮ 수소이온농도(pH) : 6.5 ~ 8.5
㉯ 총대장균군(총대장균군수/100mL) : 1000 이하
㉰ 용매 추출유분(mg/L) : 0.01 이하
㉱ T-N(mg/L) : 0.5 이하

〔풀이〕 해역의 항목별 생활환경 환경기준으로는 수소이온농도(pH), 총대장균군, 용매 추출유분이다.

75 환경부장관이 폐수처리업의 등록을 한 자에 대하여 영업정지를 명하여야 하는 경우로 그 영업정지가 주민의 생활 그 밖의 공익에 현저한 지장을 초래할 우려가 있다고 인정되는 경우에는 영업정지처분에 갈음하여 과징금을 매출액에 얼마를 곱한 금액을 초과하지 않는 범위에서 부과하는가?

㉮ 100분의 1   ㉯ 100분의 3
㉰ 100분의 5   ㉱ 100분의 10

정답 70 ㉰ 71 ㉱ 72 ㉱ 73 ㉮ 74 ㉱ 75 ㉰

76 초과배출부과금 부과대상이 되는 수질오염물질로 잘못된 것은 어느 것인가?

㉮ 디클로로메탄
㉯ 폴리염화비페닐
㉰ 테트라클로로에틸렌
㉱ 페놀류

77 수질 및 수생태계 정책심의위원회 위원(위원장, 부위원장 포함)으로 틀린 것은 어느 것인가?

㉮ 환경부장관
㉯ 국토교통부장관
㉰ 환경부장관이 위촉하는 수질 및 수생태계 관련 전문가 3인
㉱ 산림청장

[풀이] 수질 및 수생태계 정책심의위원회 위원
① 환경부장관
② 기획재정부차관, 국토교통부차관 중 해당부처의 장관이 지명하는자
③ 농림식품부차관
④ 산림청장
⑤ 환경부장관이 위촉하는 수질 및 수생태계 관련 전문가 3인
⑥ 농림축산식품부장관 또는 국토교통부장관의 추천을 받아 환경부장관이 위촉하는 수질 및 수생태계 관련전문가 각 3명
⑦ 대통령령이 정하는 관계기관 또는 단체의 대표자 중 환경부장관이 위촉하는 자

[참고] 법개정으로 삭제됨

78 국립환경과학원장이 설치·운영하는 측정망으로 틀린 것은 어느 것인가?

㉮ 퇴적물 측정망
㉯ 생물 측정망
㉰ 공공수역 유해물질 측정망
㉱ 기타오염원에서 배출되는 오염물질 측정망

[풀이] ㉱ 비점오염원에서 배출되는 비점오염물질 측정망

79 다음 규정을 위반하여 환경기술인 등의 교육을 받게 하지 아니한 자에 대한 과태료 처분 기준으로 알맞은 것은 어느 것인가?

> 폐수처리업에 종사하는 기술요원 또는 환경기술인을 고용한 자는 환경부령이 정하는 바에 의하여 그 해당자에 대하여 환경부장관 또는 시도지사가 실시하는 교육을 받게 하여야 한다.

㉮ 100만원 이하의 과태료
㉯ 200만원 이하의 과태료
㉰ 300만원 이하의 과태료
㉱ 500만원 이하의 과태료

정답 76 ㉮ 77 ㉯ 78 ㉱ 79 ㉮

80 일일기준초과배출량 산정시 적용되는 일일유량산정방법은 [일일유량 = 측정유량×일일조업시간]이다. 일일조업시간에 대한 설명으로 알맞은 것은 어느 것인가?

㉮ 일일조업시간은 측정하기 전 최근 조업한 60일간의 배출시설의 조업시간 평균치로서 시간(HR)으로 표시한다.

㉯ 일일조업시간은 측정하기 전 최근 조업한 60일간의 배출시설의 조업시간 평균치로서 분(min)으로 표시한다.

㉰ 일일조업시간은 측정하기 전 최근 조업한 30일간의 배출시설의 조업시간 평균치로서 시간(HR)으로 표시한다.

㉱ 일일조업시간은 측정하기 전 최근 조업한 30일간의 배출시설의 조업시간 평균치로서 분(min)으로 표시한다.

2015년 2회 수질환경산업기사

2015년 5월 31일 시행

| 제1과목 | 수질오염개론

01 다음과 같은 용액을 만들었을 때 몰 농도가 가장 큰 것은 어느 것인가?
(단, Na = 23, S = 32, Cl = 35.5)

㉮ 3.5L 중 NaOH 150g
㉯ 30mL 중 H_2SO_4 5.2g
㉰ 5L 중 NaCl 0.2kg
㉱ 100mL 중 HCl 5.5g

[풀이] $mol/L = \dfrac{질량(g)}{부피(L)} \times \dfrac{1mol}{분자량(g)}$

㉮ $\dfrac{150g}{3.5L} \times \dfrac{1mol}{40g} = 1.07mol/L$

㉯ $\dfrac{5.2g}{0.03L} \times \dfrac{1mol}{98g} = 1.77mol/L$

㉰ $\dfrac{200g}{5L} \times \dfrac{1mol}{58.5g} = 0.68mol/L$

㉱ $\dfrac{5.5g}{0.1L} \times \dfrac{1mol}{36.5g} = 1.51mol/L$

02 염소소독시 pH가 높을 때 가장 잘 일어나는 반응은 어느 것인가?

㉮ $HOCl \rightarrow H^+ + OCl^-$
㉯ $Cl_2 + H_2O \rightarrow HOCl + HCl$
㉰ $H^+ + OCl^- \rightarrow HOCl$
㉱ $HOCl + HCl \rightarrow Cl_2 + H_2O$

[풀이] ㉮ pH가 높을 때 잘 일어나는 반응 : 살균효과 낮다.
㉯ pH가 낮을 때 잘 일어나는 반응 : 살균효과 높다.

03 Bacteria 18g의 이론적인 COD(g)는 얼마인가? (단, Bacteria의 분자식은 $(C_5H_7O_2N)$, 질소는 암모니아로 분해됨을 기준으로 한다.)

㉮ 약 25.5g   ㉯ 약 28.8g
㉰ 약 32.3g   ㉱ 약 37.5g

[풀이] $C_5H_7O_2N + 5O_2 \rightarrow 5CO_2 + 2H_2O + NH_3$
113g : 5×32g
18g : COD

∴ $COD = \dfrac{18g \times 5 \times 32g}{113g} = 25.49g$

04 모든 진핵생물이 가지고 있는 세포소기관(organelles)은 어느 것인가?

㉮ 핵막   ㉯ 미토콘드리아
㉰ 리보좀   ㉱ 세포벽

[풀이] 모든 진핵생물이 가지고 있는 세포소기관은 미토콘드리아이다.

정답 01 ㉮ 02 ㉮ 03 ㉮ 04 ㉯

05 수량 10,000m³/day의 오수를 어떤 하천에 방류하였다. 이 하천은 BOD가 3mg/L이고, 유량이 3,000,000m³/day이며, 방류시킨 오수가 하천수와 완전히 혼합되었을 때 하천의 BOD가 1mg/L 높아졌다고 하면 오수의 BOD 부하량(ton/day)은 얼마인가? (단, 오수와 혼합 이후의 하천의 BOD 절대량에는 변화가 없다고 한다.)

㉮ 0.58ton/day   ㉯ 1.52ton/day
㉰ 2.35ton/day   ㉱ 3.04ton/day

풀이 ① 혼합공식을 이용해 오수의 BOD를 계산한다.

$$C_m = \frac{Q_1C_1+Q_2C_2}{Q_1+Q_2}$$

$$4mg/L = \frac{3,000,000m^3/day \times 3mg/L + 10,000m^3/day \times C_2}{3,000,000m^3/day + 10,000m^3/day}$$

∴ C_2 = 304mg/L

② 오수의 BOD 부하량(ton/day)
= 농도(ton/m³)×유량(m³/day)
= 304×10⁻⁶ton/m³×10,000m³/day
= 3.04ton/day

TIP
304mg/L = 304g/m³ = 304×10⁻³kg/m³
= 304×10⁻⁶ton/m³

06 물의 물리 화학적 특성에 대한 내용으로 틀린 것은 어느 것인가?

㉮ 순수한 물의 무게는 약 4℃에서 최대의 밀도를 가지며 온도가 상승하거나 하강하면 그 체적은 증대하여 일정 체적당 무게는 감소한다.
㉯ 액체 표면에 작용하는 분자간의 힘인 표면장력은 수온이 증가하고 불순물의 농도가 높을수록 감소한다.
㉰ 물의 점성은 분자상호간의 인력 때문에 생기며 층간의 전단응력으로 점성도를 나타내게 되는데, 수온이 증가하면 점성도도 증가한다.
㉱ 물의 융점(melting point)과 비점(boiling point)은 물과 유사한 화합물(H_2S, HF, CH_4)에 비해 매우 높다.

풀이 ㉰ 물의 점성은 분자상호간의 인력 때문에 생기며 층간의 전단응력으로 점성도를 나타내게 되는데, 수온이 증가하면 점성도는 감소한다.

07 다음에서 설명하는 하천의 수질 모델링은 어느 것인가?

- 하천의 수리학적 모델, 수질모델, 독성 물질의 거동모델 등을 고려할 수 있으며, 1차원, 2차원, 3차원까지 고려할 수 있음
- 수질항목간의 상태적 반응기작은 Streeter Phelps식부터 수정
- 수질에 저질이 미치는 영향을 보다 상세히 고려한 모델

㉮ QUAL-Ⅰ model   ㉯ WQRRS model
㉰ QUAL-Ⅱ model   ㉱ WASP5 model

풀이 ㉱ WASP5 model에 대한 설명이다.

08 오염물질이 수중에서 확산 혼합되는 현상의 원인으로 틀린 것은 어느 것인가?

㉮ 브라운 운동
㉯ 난류
㉰ 수온에 의한 밀도류
㉱ 용존산소의 농도

풀이 ㉱ 용존산소의 농도는 수질오염의 정도를 나타낸다.

정답 05 ㉱   06 ㉰   07 ㉱   08 ㉱

09 다음의 용어에 대한 설명 중 틀린 것은 어느 것인가?
㉮ 독립영양계 미생물이란 CO_2를 탄소원으로 이용하는 미생물이다.
㉯ 종속영양계 미생물이란 유기탄소를 탄소원으로 이용하는 미생물을 말한다.
㉰ 화학합성독립영양계 미생물은 유기물의 산화환원반응을 에너지원으로 한다.
㉱ 광합성독립영양계 미생물은 빛을 에너지원으로 한다.

【풀이】 ㉰ 화학합성독립영양계 미생물은 무기물의 산화환원반응을 에너지원으로 한다.

10 Ca^{2+} 농도가 300mg/L일 때 이것은 몇 meq/L가 되는가? (단, Ca 원자량 = 40)
㉮ 5meq/L   ㉯ 10meq/L
㉰ 15meq/L   ㉱ 30meq/L

【풀이】 meq/L = mg/L ÷ 1mg 당량
= 300mg/L ÷ 20 = 15meq/L

11 탄광폐수가 하천이나 호수, 저수지에 유입되어 유발되는 오염의 형태로 틀린 것은 어느 것인가?
㉮ 부식성이 높은 수질이 될 수 있다.
㉯ 대체적으로 물의 pH를 낮춘다.
㉰ 비탄산경도를 높이게 된다.
㉱ 일시경도를 높이게 된다.

【풀이】 탄광폐수에는 산성물질이 많이 포함되어 있으므로 ㉮·㉯·㉰의 현상이 나타난다.

12 해수의 온도와 염분의 농도에 의한 밀도차에 의해 형성되는 해류는 어느 것인가?
㉮ 조류   ㉯ 쓰나미
㉰ 상승류 ㉱ 심해류

【풀이】 ㉮ 조류 : 태양과 달의 영향
㉯ 쓰나미 : 지진이나 화산의 영향
㉰ 상승류 : 바람과 해양 및 육지의 상호작용
㉱ 심해류 : 해수의 온도와 염분의 농도에 의한 밀도차

13 농업용수의 수질 평가시 사용되는 SAR (Sodium Adsorption Ratio)산출식에 관련된 원소로만 짝지어진 것은 어느 것인가?
㉮ Na, Ca, Mg   ㉯ Mg, Ca, Fe
㉰ K, Ca, Mg   ㉱ Na, Al, Mg

【풀이】 SAR(나트륨 흡착률) = $\dfrac{Na^+}{\sqrt{\dfrac{Ca^{2+}+Mg^{2+}}{2}}}$

14 해수에 대한 내용으로 알맞은 것은 어느 것인가?
㉮ 해수의 밀도는 담수보다 작다.
㉯ 염분은 적도해역에서 높고, 남·북 양극 해역에서 다소 낮다.
㉰ 해수의 Mg/Ca비는 담수의 Mg/Ca비보다 작다.
㉱ 수심이 깊을수록 해수 주요 성분 농도비의 차이는 줄어든다.

【풀이】 ㉮ 해수의 밀도는 담수보다 크다.
㉰ 해수의 Mg/Ca비는 담수의 Mg/Ca비보다 크다.
㉱ 해수의 주요 성분 농도비는 항상 일정하다.

정답 09 ㉰ 10 ㉰ 11 ㉱ 12 ㉱ 13 ㉮ 14 ㉯

15 적조 발생지역으로 틀린 것은 어느 것인가?

㉮ 정체 수역
㉯ 질소, 인 등의 영양염류가 풍부한 수역
㉰ upwelling 현상이 있는 수역
㉱ 갈수기시 수온, 염분이 급격히 높아진 수역

▶풀이 ㉱ 홍수시 수온이 높고, 염분농도가 낮아진 수역

16 다음은 부영양화에 대한 설명이다. 알맞은 것은 어느 것인가?

㉮ 호수의 부영양화 현상은 호수의 온도성층에 의해 크게 영향을 받는다.
㉯ 식물성플랑크톤의 생장에 제한하는 요소가 되는 영양식물은 질소와 인이며 이 중 질소가 더 중요한 제한물질이다.
㉰ 부영양화는 비옥한 평야나 산간에 많이 위치하며 호수는 수심이 깊고 식물성 플랑크톤의 증식으로 녹색 또는 갈색으로 흐리다.
㉱ 부영양화에 큰 영향을 미치는 질소와 인은 상대적인 비율 조성이 매우 중요한데, 일반적으로 식물성플랑크톤이나 수초생체의 N : P의 비율은 중량비로서 16 : 1로 일정하게 유지되어야 한다.

▶풀이 ㉯ 식물성플랑크톤의 생장에 제한하는 요소가 되는 영양식물은 질소와 인이며 이 중 인이 더 중요한 제한물질이다.
㉰ 부영양화는 비옥한 평야나 분지에 많이 위치하며, 호수는 수심이 얕고 식물성 플랑크톤의 증식으로 녹색 또는 갈색으로 흐리다.
㉱ 부영양화에 큰 영향을 미치는 질소와 인은 상대적인 비율 조성이 매우 중요한데, 일반적으로 식물성플랑크톤이나 수초생체의 N : P의 비율은 중량비로서 1 : 16으로 일정하게 유지되어야 한다.

17 화학합성 자가영양미생물계의 에너지원과 탄소원으로 알맞은 것은 어느 것인가?

㉮ 빛, CO_2
㉯ 유기물의 산화환원반응, 유기탄소
㉰ 빛, 유기탄소
㉱ 무기물의 산화환원반응, CO_2

▶풀이 화학합성 자가영양미생물계의 에너지원은 무기물의 산화환원반응이며, 탄소원은 무기 탄소(CO_2)이다.

18 다음 중 환경미생물에 관한 내용으로 틀린 것은 어느 것인가?

㉮ bacteria는 단세포 원핵성 진정세균으로, 형상에 따라 막대형, 구형, 나선형 및 사상형으로 구분한다.
㉯ Fungi는 다세포, 호기성, 비광합성, 유기종속영양형 진핵원생물로, 번식방법에 따라 유성, 무성, 분열, 발아, 포자형성으로 분류한다.
㉰ Algae는 단세포 또는 다세포의 유기영양형 광합성 원생동물이다.
㉱ Protozoa는 세포벽이 없는 단세포 진핵미생물로, 대부분이 호기성 또는 임의성을 띤 혐기성 화학합성 종속영양 생물이다.

▶풀이 ㉰ Algae는 단세포 또는 다세포의 유기영양형 광합성 원핵미생물(원핵세포)이다.

정답 15 ㉱ 16 ㉮ 17 ㉱ 18 ㉰

19 pH 2.8인 용액중의 [H⁺]은 몇 mole/L 인가?

㉮ 1.58×10^{-3} ㉯ 2.58×10^{-3}
㉰ 3.58×10^{-3} ㉱ 4.58×10^{-3}

풀이 pH = -log[H⁺] ⇒ [H⁺] = 10^{-pH} mol/L
따라서 [H⁺] = $10^{-2.8}$ mol/L = 1.58×10^{-3} mol/L

20 우수(雨水)에 대한 내용으로 틀린 것은 어느 것인가?

㉮ 우수의 주성분은 육수(陸水)보다는 해수(海水)의 주성분과 거의 동일하다고 할 수 있다.
㉯ 해안에 가까운 우수는 염분함량의 변화가 크다.
㉰ 용해성분이 많아 완충작용이 크다.
㉱ 산성비가 내리는 것은 대기오염물질인 NO_X, SO_X등의 용존성분 때문이다.

풀이 ㉰ 용해성분이 적어 완충작용이 낮다.

| 제2과목 | 수질오염방지기술

21 어떤 원폐수의 수질분석 결과가 다음과 같을 때 처리방법으로 알맞은 것은 어느 것인가?

BOD : 500mg/L, SS : 1,000mg/L,
pH : 3.5, TKN : 40 mg/L, T-P : 8mg/L

㉮ 중화 → 침전 → 생물학적 처리
㉯ 침전 → 중화 → 생물학적 처리
㉰ 생물학적 처리 → 침전 → 중화
㉱ 침전 → 생물학적 처리 → 중화

22 슬러지의 함수율이 95%로부터 90%로 되면 전체 슬러지의 부피(%)는 얼마인가?

㉮ 5%   ㉯ 25%
㉰ 30% ㉱ 50%

풀이 ① $V_1 \times (100-P_1) = V_2 \times (100-P_2)$
$V_1 \times (100-95) = V_2 \times (100-90)$
$\therefore \dfrac{V_2}{V_1} = \dfrac{(100-95)}{(100-90)}$

② 부피감소율(%) = $\left(1 - \dfrac{V_2}{V_1}\right) \times 100$
$= \left\{1 - \dfrac{(100-95)}{(100-90)}\right\} \times 100 = 50\%$

23 하수처리를 위한 일차침전지의 설계기준으로 틀린 것은 어느 것인가?

㉮ 유효수심은 2.5 ~ 4m를 표준으로 한다.
㉯ 침전시간은 계획1일 최대오수량에 대하여 표면부하율과 유효수심을 고려하여 정하며 일반적으로 2 ~ 4시간을 표준으로 한다.
㉰ 표면적부하율은 계획1일 최대오수량에 대하여 분류식의 경우는 25 ~ 50 m³/m²·day, 합류식의 경우는 35 ~ 70m³/m²·day로 한다.
㉱ 침전지 수면의 여유고는 40 ~ 60cm 정도로 한다.

풀이 ㉰ 표면적부하율은 계획1일 최대오수량에 대하여 분류식의 경우는 35 ~ 70m³/m²·day, 합류식의 경우는 25 ~ 50m³/m²·day로 한다.

정답 19 ㉮ 20 ㉰ 21 ㉮ 22 ㉱ 23 ㉰

24 폐수유량이 3,000m³/d, 부유고형물의 농도가 200mg/L이다. 공기부상시험에서 공기/고형물비가 0.03일 때 최적의 부상을 나타내며, 이 때 공기용해도는 18.7mL/L이고, 공기용존비가 0.5이다. 부상조에서 요구되는 압력(atm)은 얼마인가? (단, 비순환식 기준이다.)

㉮ 약 2.0atm   ㉯ 약 2.5atm
㉰ 약 3.0atm   ㉱ 약 3.5atm

[풀이]

$$A/S비 = \frac{1.3 \times Sa \times (f \times P - 1)}{SS}$$

$$0.03 = \frac{1.3 \times 18.7 mL/L \times (0.5 \times P - 1)}{200 mg/L}$$

∴ P = 2.49atm

25 다음 중 입자의 침전속도에 가장 큰 영향을 미치는 것은 어느 것인가? (단, 기타 조건은 동일하며 침전속도는 스토크법칙에 따른다.)

㉮ 입자의 밀도   ㉯ 입자의 직경
㉰ 처리수의 밀도 ㉱ 처리수의 점성도

[풀이]

$$Vs = \frac{d^2(\rho_s - \rho_w)g}{18\mu}$$

Vs : 침전속도(cm/sec)
d : 직경(cm)
ρ_s : 입자의 밀도(g/cm³)
ρ_w : 물의 밀도(g/cm³)
g : 중력가속도(980cm/sec²)
μ : 점성계수(g/cm·sec)

26 활성슬러지법에서 폭기조로 유입되는 폐수량이 500m³/day, SVI 120인 조건에서 혼합액 1L를 30분간 침전했을 때 300mL가 침전(침전슬러지 용적)되었다면 폭기조의 MLSS농도(mg/L)는 얼마인가?

㉮ 1,500mg/L   ㉯ 2,000mg/L
㉰ 2,500mg/L   ㉱ 3,000mg/L

[풀이]

$$SVI = \frac{SV(mL/L)}{MLSS(mg/L)} \times 10^3$$

$$120 = \frac{300mL/L}{MLSS(mg/L)} \times 10^3$$

∴ MLSS = 2,500mg/L

27 어떤 도시의 폐수처리 기본계획을 위하여 조사한 자료는 다음과 같다. 생활하수와 공장 폐수를 혼합하여 공동처리할 경우 처리장에 들어오는 혼합유입수의 BOD 농도(mg/L)는 얼마인가? (단, 계획인구 : 50,000인, 계획 1인 1일 오수량 : 450L, 계획 1인 1일 오탁부하량 BOD : 50g, 공장폐수량 : 50,000m³/d, 공장폐수 BOD : 500mg/L)

㉮ 350mg/L   ㉯ 360mg/L
㉰ 380mg/L   ㉱ 390mg/L

[풀이]
① 오수량(Q_1) = 0.45m³/day · 인 × 50,000인
= 22,500m³/day

오수의 BOD 농도(C_1) = $\frac{50 \times 10^3 mg/인·일}{450L/인·일}$

= 111.11mg/L

② 공장폐수량(Q_2) = 50,000m³/day
공장폐수 BOD 농도(C_2) = 500mg/L

따라서 $C_m = \frac{Q_1C_1 + Q_2C_2}{Q_1 + Q_2}$

= $\frac{22,500m³/day \times 111.11mg/L + 50,000m³/day \times 500mg/L}{(22,500+50,000)m³/day}$

= 379.31mg/L

정답 24 ㉯   25 ㉯   26 ㉰   27 ㉰

28 NH_4^+가 미생물에 의해 NO_3^-로 산화될 때 pH의 변화로 알맞은 것은 어느 것인가?

㉮ 감소한다.
㉯ 증가한다.
㉰ 변화없다.
㉱ 증가하다 감소한다.

풀이 질산화가 되면서 H^+가 증가하므로 pH는 감소한다.

29 미생물의 고정화를 위한 팰렛(Pellet)재료로서 이상적인 요구조건으로 틀린 것은 어느 것인가?

㉮ 기질, 산소의 투과성이 양호한 것
㉯ 압축강도가 높을 것
㉰ 암모니아 분배계수가 낮을 것
㉱ 고정화시 활성수율과 배양 후의 활성이 높을 것

풀이 ㉰ 암모니아 분배계수가 높을 것

30 최종침전지에서 발생하는 침전성이 우수한 슬러지의 부상(sludge rising) 원인으로 알맞은 것은 어느 것인가?

㉮ 침전조의 슬러지 압밀 작용에 의한다.
㉯ 침전조의 탈질화 작용(denitrification)에 의한다.
㉰ 침전조의 질산화 작용(nitrification)에 의한다.
㉱ 사상균류(flamentus bacteria)의 출현에 의한다.

풀이 슬러지부상의 원인은 침전조의 탈질화 작용이다.

31 축산폐수 처리에 관한 내용으로 틀린 것은 어느 것인가?

㉮ BOD 농도가 높아 생물학적 처리가 효과적이다.
㉯ 호기성 처리공정과 혐기성 처리공정을 조합하면 효과적이다.
㉰ 돈사폐수의 유기물 농도는 돈사형태와 유지관리에 따라 크게 변한다.
㉱ COD 농도가 매우 높아 화학적으로 처리하면 경제적이고 효과적이다.

풀이 ㉱ COD 농도는 낮고 BOD 농도가 높아 생물학적 처리가 효과적이다.

32 산업단지내 발생되는 폐수를 폐수처리시설을 거쳐 인근하천으로 방류한다. 처리시설로 유입되는 폐수의 유량은 20,000m^3/day, BOD농도는 200mg/L이고, 인근하천의 유량은 10m^3/sec, BOD농도는 0.5mg/L이다. 하천방류지점의 BOD농도를 1mg/L로 유지하고자 할 때 폐수처리시설에서의 BOD 최소 제거효율(%)은 얼마인가? (단, 폐수처리시설 방류수는 방류 직후 완전혼합된다.)

㉮ 약 68% ㉯ 약 75%
㉰ 약 82% ㉱ 약 89%

풀이 ① 혼합공식을 이용해 C_2(유출수의 BOD 농도)를 계산한다.

$$C_m = \frac{Q_1C_1+Q_2C_2}{Q_1+Q_2}$$

따라서 1mg/L

$= \frac{10m^3/sec \times 3600sec/1hr \times 24hr/day \times 0.5mg/L + 20,000m^3/day \times C_2}{10m^3/sec \times 3600sec/hr \times 24hr/day + 20,000m^3/day}$

∴ C_2 = 22.6mg/L(유출수의 BOD 농도)

정답 28 ㉮ 29 ㉰ 30 ㉯ 31 ㉱ 32 ㉱

② BOD 제거효율(%)
$$= \left(1 - \frac{\text{유출수의 BOD}}{\text{유입수의 BOD}}\right) \times 100$$
$$= \left(1 - \frac{22.6 \text{mg/L}}{200 \text{mg/L}}\right) \times 100 = 88.7\%$$

33 폐수 플럭 형성탱크에서 속도구배(G), 유체의 점도(μ), 소요동력(P)과 탱크부피(V)의 관계식 표현이 적절한 것은 어느 것인가? (단, 단위는 적절하다고 가정함)

㉮ $G = \frac{1}{P}\sqrt{\frac{V}{\mu}}$ ㉯ $G = \frac{1}{V}\sqrt{\frac{P}{\mu}}$

㉰ $G = \sqrt{\frac{V}{\mu P}}$ ㉱ $G = \sqrt{\frac{P}{\mu V}}$

34 다음 액체염소의 주입으로 생성된 유리염소, 결합잔류염소의 살균력이 바르게 나열된 것은 어느 것인가?

㉮ HOCl > Chloramines > OCl⁻
㉯ HOCl > OCl⁻ > Chloramines
㉰ OCl⁻ > Chloramines > HOCl
㉱ OCl⁻ > HOCl > Chloramines

〔풀이〕 살균력의 순서는 HOCl > OCl⁻ > Chloramines 이다.

35 생물막을 이용한 처리공법인 접촉산화법에 대한 내용으로 틀린 것은 어느 것인가?

㉮ 분해속도가 낮은 기질제거에 효과적이다.
㉯ 매체에 생성되는 생물량은 부하조건에 의하여 결정된다.
㉰ 미생물량과 영향인자를 정상상태로 유지하기 위한 조작이 어렵다.
㉱ 대규모시설에 적합하고, 고부하시 운전조건에 유리하다.

〔풀이〕 ㉱ 대규모시설에 부적합하고, 고부하시 운전조건에 불리하다.

36 2,000명이 살고 있는 지역에서 1일에 BOD 150kg이 하천으로 유입되고 있다. 가정하수로 1인당 1일 BOD 50g이 배출된다면 이 하천의 유입상태로 알맞은 것은 어느 것인가?

㉮ 가정하수만 유입되고 있다.
㉯ 가정하수와 폐수가 유입되고 있다.
㉰ 가정하수와 지하수가 유입되고 있다.
㉱ 가정하수와 우수가 유입되고 있다.

〔풀이〕 가정하수량(kg) = 50×10⁻³kg/인·일×2,000인
     = 100kg/일
폐수량(kg) = 150kg/일 - 100kg/일 = 50kg/일
따라서 가정하수와 폐수가 유입되고 있다.

정답 33 ㉱ 34 ㉯ 35 ㉱ 36 ㉯

37 산화지를 이용하여 유입량 2,000m³/day이고, BOD와 SS 농도가 각각 100mg/L인 폐수를 처리하고자 한다. 산화지의 BOD부하율이 2g BOD/m²·day로 할 때 폐수의 체류시간(days)은 얼마인가? (단, 장방형이며 산화지 깊이 : 2m이다.)

㉮ 80days ㉯ 100days
㉰ 120days ㉱ 140days

풀이 ① BOD 면적부하(g/m²·day)
$$= \frac{BOD(g/m^3) \times Q(m^3/day)}{A(m^2)}$$
$$2g/m^2 \cdot day = \frac{100g/m^3 \times 2,000m^3/day}{A(m^2)}$$
$$\therefore A = \frac{100g/m^3 \times 2,000m^3/day}{2g/m^2 \cdot day} = 100,000m^2$$

② 체류시간(t) = $\frac{V}{Q} = \frac{A \times H}{Q}$
$$= \frac{100,000m^2 \times 2m}{2,000m^3/day} = 100day$$

38 카드뮴 함유폐수의 처리방법으로 틀린 것은 어느 것인가?

㉮ 수산화물 침전법 ㉯ 황화물 침전법
㉰ 질화물 침전법 ㉱ 이온교환법

풀이 카드뮴 함유폐수의 처리방법으로는 부상법, 여과법, 수산화물침전법, 황화물침전법, 탄산염침전법, 이온교환법, 흡착법이 있다.

39 무기계 수은 농도가 20mg/L인 폐수 500m³이 있다. 황화나트륨($Na_2S \cdot 9H_2O$)을 가하여 침전제거 하고자 하는 경우, 황화나트륨의 소요량(kg)은 얼마인가? (단, 여유율은 20% 이고, 원자량 Hg : 200, Na : 23, S : 32, 수은은 100% 처리 기준이다.)

㉮ 11.2kg ㉯ 12.1kg
㉰ 14.4kg ㉱ 16.9kg

풀이 Hg^{2+} : $Na_2S \cdot 9H_2O$
200g : 240g
$20 \times 10^{-3}kg/m^3 \times 500m^3 \times 1.2$: X

$\therefore X = \frac{20 \times 10^{-3}kg/m^3 \times 500m^3 \times 1.2 \times 240g}{200g} = 14.4kg$

TIP 여유율 20% = 1.2

40 1L 실린더의 250mL 침전 부피 중 TSS 농도가 3,050mg/L로 나타나는 폭기조 혼합액의 SVI(mL/g)는 얼마인가?

㉮ 62 ㉯ 72
㉰ 82 ㉱ 92

풀이
$$SVI(mL/g) = \frac{SV(mL/L)}{MLSS(mg/L)} \times 10^3$$
$$= \frac{250mL/L}{3,050mg/L} \times 10^3 = 81.97(mL/g)$$

TIP MLSS(mg/L) = TSS(mg/L)

정답 37 ㉯ 38 ㉰ 39 ㉰ 40 ㉰

| 제3과목 | 수질오염공정시험기준

41 인산염인의 자외선/가시선분광법에 관한 내용으로 틀린 것은 어느 것인가?

㉮ 이염화주석환원법 및 아스코르빈산환원법이 있다.
㉯ 환원하여 생성된 몰리브덴 청의 흡광도를 690nm 또는 880nm에서 측정한다.
㉰ 발색제를 넣은 다음 흡광도 측정시까지 소요시간은 30~60분이다.
㉱ 정량한계는 0.003mg/L이며, 정밀도는 ±25% 이다.

풀이 ㉰ 발색제를 넣은 다음 흡광도 측정시까지 소요시간은 10~12분이다.

42 폐수의 화학적 산소요구량의 측정에 있어서 화학적 산소요구량이 200mg/L라고 추정된다. 이때 0.025N KMnO₄ 용액의 소비량은 5.2mL이고 공시험치는 0.2mL이다. 시료량(mL)은 얼마인가?
(단, 산성 100℃에서 과망간산칼륨에 의한 화학적 산소요구량, f = 1)

㉮ 약 35mL   ㉯ 약 25mL
㉰ 약 15mL   ㉱ 약 5mL

풀이
$$COD(mg/L) = \frac{(b-a) \times f \times 0.2}{V(L)}$$
$$200mg/L = \frac{(5.2-0.2)mL \times 1.0 \times 0.2}{V(L)}$$
∴ V = 0.005L = 5mL

43 순수한 물 200mL에 에틸알코올(비중 0.79) 80mL를 혼합하였을 때, 이 용액 중의 에틸알코올 농도(%)(중량)는 얼마인가?

㉮ 약 13%   ㉯ 약 18%
㉰ 약 24%   ㉱ 약 29%

풀이
$$wt\% = \frac{80mL \times 0.79g/mL}{80mL \times 0.79g/mL + 200mL \times 1.0g/mL} \times 100$$
$$= 24.01\%$$

44 수질오염공정시험기준에서 진공이라 함은?

㉮ 따로 규정이 없는 한 15mmHg 이하를 말한다.
㉯ 따로 규정이 없는 한 15mmH₂O 이하를 말한다.
㉰ 따로 규정이 없는 한 4mmHg 이하를 말한다.
㉱ 따로 규정이 없는 한 4mmH₂O 이하를 말한다.

45 메틸렌 블루에 의해 발색시킨 후 자외선/가시선 분광법으로 측정할 수 있는 항목은 어느 것인가?

㉮ 음이온 계면활성제
㉯ 휘발성 탄화수소류
㉰ 알킬수은
㉱ 비소

정답 41 ㉰   42 ㉱   43 ㉰   44 ㉮   45 ㉮

46 시안(CN⁻)을 이온전극법으로 측정할 때 정량한계는 얼마인가?

㉮ 0.01mg/L   ㉯ 0.05mg/L
㉰ 0.1mg/L   ㉱ 0.5mg/L

[풀이] 시안의 정량한계
① 자외선/가시선 분광법 : 0.01mg/L
② 이온전극법 : 0.1mg/L
③ 연속흐름법 : 0.01mg/L

47 기체크로마토그래프 분석에 사용되는 검출기 중 유기할로겐 화합물, 니트로화합물 및 유기금속화합물을 선택적으로 검출하는 검출기는 어느 것인가?

㉮ 전자포획형검출기
㉯ 열전도도검출기
㉰ 불꽃광도형검출기
㉱ 불꽃이온화검출기

[풀이] ㉮ 전자포획형검출기에 대한 설명이다.

48 냉증기-원자흡수분광광도법으로 수은을 측정시 시료 내 벤젠, 아세톤 등 휘발성 유기물질을 제거하는 방법으로 알맞은 것은 어느 것인가?

㉮ 질산 분해 후 헥산으로 추출분리
㉯ 다이크롬산칼륨 분해 후 헥산으로 추출분리
㉰ 과망간산칼륨 분해 후 헥산으로 추출분리
㉱ 묽은 황산으로 가열 분해 후 헥산으로 추출분리

49 다음은 시료의 전처리 방법 중 '회화에 의한 분해'에 대한 설명이다. ( )안에 알맞은 것은?

> 목적성분이 (①)이상에서 (②)되지 않고 쉽게 (③) 될 수 있는 시료에 적용한다.

㉮ ① 400℃ ② 휘산 ③ 회화
㉯ ① 400℃ ② 회화 ③ 휘산
㉰ ① 500℃ ② 휘산 ③ 회화
㉱ ① 500℃ ② 회화 ③ 휘산

50 시료의 전처리 방법으로 틀린 것은 어느 것인가?

㉮ 산분해법
㉯ 마이크로파 산분해법
㉰ 용매추출법
㉱ 촉매분해법

[풀이] 시료의 전처리 방법으로는 산분해법, 마이크로파 산분해법, 용매추출법, 회화에 의한 분해법이 있다.

51 페놀류 시험법에서 시료의 전처리에 사용되는 시약으로 틀린 것은 어느 것인가? (단, 자외선/가시선 분광법 기준이다.)

㉮ 메틸오렌지 용액
㉯ 인산
㉰ 황산구리용액
㉱ 암모니아용액

정답 46 ㉰ 47 ㉮ 48 ㉰ 49 ㉮ 50 ㉱ 51 ㉱

52 4각 웨어의 수두 80cm, 절단의 폭 2.5m이면 유량(m³/min)은 얼마인가? (단, 유량계수는 1.6이다.)

㉮ 약 2.9m³/min ㉯ 약 3.5m³/min
㉰ 약 4.7m³/min ㉱ 약 5.3m³/min

풀이 $Q = k \times b \times h^{\frac{3}{2}}$ (m³/min)

- k : 유량계수
- b : 절단의 폭(m)
- h : 수두(m)

따라서 $Q = 1.6 \times 2.5m \times (0.8m)^{\frac{3}{2}} = 2.86 m^3/min$

53 수욕상 또는 수욕중에서 가열한다는 말은 따로 규정이 없는 한 수온 몇 ℃에서 가열함을 뜻하는가?

㉮ 100℃ ㉯ 110℃
㉰ 120℃ ㉱ 180℃

54 다이크롬산칼륨에 의한 화학적 산소요구량 측정시 사용되는 적정액은 어느 것인가?

㉮ 티오황산나트륨 용액
㉯ 황산제일철암모늄 용액
㉰ 아황산나트륨 용액
㉱ 수산나트륨 용액

풀이 다이크롬산칼륨에 의한 화학적 산소요구량 측정시 사용되는 적정액은 0.025N 황산제일철암모늄용액이다.

55 자외선/가시선 분광법에서 흡광도 값이 1이란 무엇을 의미하는가?

㉮ 입사광의 1%의 빛이 액층에 의해 흡수된다.
㉯ 입사광의 10%의 빛이 액층에 의해 흡수된다.
㉰ 입사광의 90%의 빛이 액층에 의해 흡수된다.
㉱ 입사광의 100%의 빛이 액층에 의해 흡수된다.

풀이 흡광도(A) = $\log \frac{1}{투과율}$

⇒ 투과율 = $10^{-A} = 10^{-1} = 0.1$
따라서 투과율이 10%이므로
흡수율 = 100-10 = 90%가 된다.

56 자외선/가시선 흡광광도계의 근적외부의 광원으로 알맞은 것은 어느 것인가?

㉮ 텅스텐램프 ㉯ 열음극관
㉰ 중수소방전관 ㉱ 중공음극램프

풀이 광원
① 가시부와 근적외부 : 텅스텐램프
② 자외부 : 중수소방전관

57 6가 크롬(Cr^{6+})의 측정방법으로 틀린 것은 어느 것인가? (단, 수질오염공정시험기준)

㉮ 원자흡수분광광도법
㉯ 양극벗김전압전류법
㉰ 자외선/가시선 분광법
㉱ 유도결합플라스마-원자발광분광법

풀이 6가 크롬의 측정방법으로 원자흡수분광광도법, 자외선/가시선 분광법, 유도결합플라스마-원자발광분광법이 있다.

정답 52 ㉮ 53 ㉮ 54 ㉯ 55 ㉰ 56 ㉮ 57 ㉯

58 아연의 정량법인 진콘법에서 2가 망간이 공존하지 않는 경우에 넣지 않는 시약은 어느 것인가?

㉮ 포수클로랄
㉯ 염화제일주석
㉰ 다이에틸다이티오카르바민산
㉱ 아스코르빈산나트륨

59 다이페닐카바자이드와 반응하여 생성되는 적자색 착화합물의 흡광도를 540nm에서 측정하여 정량하는 항목은 어느 것인가?

㉮ 구리   ㉯ 카드뮴
㉰ 크롬   ㉱ 철

60 시료채취시의 유의사항으로 알맞은 것은 어느 것인가?

㉮ 휘발성유기화합물 분석용 시료를 채취할때에는 뚜껑의 격막을 만지지 않도록 주의하여야 한다.
㉯ 유류 물질을 측정하기 위한 시료는 밀도차를 유지하기 위해 시료용기에 70~80% 정도를 채워 적정공간을 확보하여야 한다.
㉰ 지하수 시료는 고여 있는 물의 10배 이상을 퍼낸 다음 새로 고이는 물을 채취한다.
㉱ 시료채취량은 보통 5~10L 정도이어야 한다.

[풀이] ㉯ 유류 물질을 측정하기 위한 시료는 운반 중 공기와의 접촉이 없도록 시료 용기에 가득 채운 후 빠르게 뚜껑을 닫는다.
㉰ 지하수 시료는 고여 있는 물의 4~5배 이상을 퍼낸 다음 새로 고이는 물을 채취한다.
㉱ 시료채취량은 보통 3~5L 정도이어야 한다.

| 제4과목 | 수질환경관계법규

61 수질 및 수생태계 환경기준 중 하천에서 사람의 건강보호기준으로 틀린 것은 어느 것인가?

㉮ 1,4-다이옥세인 : 0.05mg/L 이하
㉯ 수은 : 0.05mg/L 이하
㉰ 납 : 0.05mg/L 이하
㉱ 6가 크롬 : 0.05mg/L 이하

[풀이] ㉯ 수은 : 불검출

62 2회 연속 채취시 남조류 세포수가 1,000세포/mL 이상 10,000세포/mL 미만인 경우 수질오염경보단계는 어느 것인가?
(단, 조류 경보 기준이며, 상수원 구간이다.)

㉮ 관심   ㉯ 경계
㉰ 조류 대발생   ㉱ 해제

정답 58 ㉱ 59 ㉰ 60 ㉮ 61 ㉯ 62 ㉮

63 비점오염원의 변경신고를 하여야 하는 경우에 대한 기준으로 알맞은 것은 어느 것인가?

㉮ 총 사업면적·개발면적 또는 사업장 부지면적이 처음 신고면적의 100분의 10 이상 증가하는 경우
㉯ 총 사업면적·개발면적 또는 사업장 부지면적이 처음 신고면적의 100분의 15 이상 증가하는 경우
㉰ 총 사업면적·개발면적 또는 사업장 부지면적이 처음 신고면적의 100분의 25 이상 증가하는 경우
㉱ 총 사업면적·개발면적 또는 사업장 부지면적이 처음 신고면적의 100분의 30 이상 증가하는 경우

64 다음 수질오염방지시설 중 화학적 처리시설에 해당되는 것은 어느 것인가?

㉮ 접촉조   ㉯ 살균시설
㉰ 안정조   ㉱ 폭기시설

풀이 ㉮, ㉰, ㉱는 생물화학적 처리시설에 해당한다.

65 시·도지사 등이 환경부장관에게 보고해야 할 사항(위임업무 보고사항) 중 보고횟수가 연 4회에 해당되는 것은 어느 것인가?

㉮ 과징금 징수실적 및 체납처분 현황
㉯ 폐수위탁·사업장 내 처리현황 및 처리실적
㉰ 배출부과금 징수실적 및 체납처분 현황
㉱ 비점오염원의 설치신고 및 방지시설 설치현황 및 행정처분 현황

풀이 보고횟수
㉮ 과징금 징수실적 및 체납처분 현황 : 연 2회
㉯ 폐수위탁·사업장 내 처리현황 및 처리실적 : 연 1회
㉰ 배출부과금 징수실적 및 체납처분 현황 : 연 2회

66 오염총량관리기본방침에 포함되어야 하는 사항으로 틀린 것은 어느 것인가?

㉮ 오염원의 조사 및 오염부하량 산정방법
㉯ 총량관리 단위유역의 자연 지리적 오염원 현황과 전망
㉰ 오염총량관리의 대상 수질오염물질 종류
㉱ 오염총량관리의 목표

풀이 오염총량관리기본방침에 포함되어야 하는 사항으로는 ㉮·㉰·㉱ 외에 오염총량관리기본계획의 주체, 내용, 방법 및 시한 그리고 오염총량관리시행계획의 내용 및 방법이 있다.

67 자연형 비점오염저감시설의 종류로 틀린 것은 어느 것인가?

㉮ 여과형 시설   ㉯ 인공습지
㉰ 침투시설   ㉱ 식생형 시설

풀이 자연형 비점오염저감시설의 종류로는 저류시설, 인공습지, 침투시설, 식생형 시설이 있다.

정답 63 ㉯ 64 ㉯ 65 ㉱ 66 ㉯ 67 ㉮

68 환경부장관이 공공수역을 관리하는 자에게 물환경보전을 위해 필요한 조치를 권고하려는 경우 포함되어야 할 사항으로 틀린 것은 어느 것인가?

㉮ 물환경을 보전하기 위한 목표에 관한 사항
㉯ 물환경에 미치는 중대한 위해에 관한 사항
㉰ 물환경을 보전하기 위한 구체적인 방법
㉱ 물환경의 보전에 필요한 재원의 마련에 관한 사항

69 비점오염원 관리지역에 관한 내용으로 틀린 것은 어느 것인가?

㉮ 환경부장관은 비점오염원에서 유출되는 강우유출수로 인해 하천·호소 등의 이용목적, 주민의 건강·재산이나 자연 생태계에 중대한 위해가 발생하거나 발생할 우려가 있는 지역에 대해 관할 시·도지사와 협의하여 비점오염원 관리지역을 지정할 수 있다.
㉯ 시·도지사는 관할구역 중 비점오염원의 관리가 필요하다고 인정되는 지역에 대해 환경부장관에게 관리지역으로의 지정을 요청할 수 있다.
㉰ 관리지역의 지정기준, 지정절차, 그 밖의 필요한 사항은 환경부령으로 정한다.
㉱ 환경부장관은 관리지역의 지정사유가 없어졌거나 목적을 달성할 수 없는 등 지정의 해제가 필요하다고 인정되는 경우에는 관리지역의 전부 또는 일부에 대하여 그 지정을 해제할 수 있다.

[풀이] ㉰ 관리지역의 지정기준, 지정절차, 그 밖의 필요한 사항은 대통령령으로 정한다.

70 국립환경과학원장, 유역환경청장, 지방환경청장이 설치·운영하는 측정망의 종류로 틀린 것은 어느 것인가?

㉮ 비점오염원에서 배출되는 비점오염물질 측정망
㉯ 공공수역 유해물질 측정망
㉰ 퇴적물 측정망
㉱ 도심하천 측정망

[풀이] ㉱ 도심하천 측정망은 시·도지사, 대도시의 장, 수면관리자가 설치·운영하는 측정망이다.

71 수질오염물질의 배출허용기준으로 틀린 것은 어느 것인가?

㉮ 1일 폐수배출량이 2,000m^3 미만인 경우 BOD기준은 청정지역과 가 지역은 각각 40mg/L 이하, 80mg/L 이하이다.
㉯ 1일 폐수배출량이 2,000m^3 미만인 경우 TOC기준은 나 지역과 특례 지역은 각각 75mg/L 이하, 25mg/L 이하이다.
㉰ 1일 폐수배출량이 2,000m^3 이상인 경우 BOD기준은 청정지역과 가 지역은 각각 30mg/L 이하, 60mg/L 이하이다.
㉱ 1일 폐수배출량이 2,000m^3 이상인 경우 TOC기준은 청정지역과 가 지역은 각각 50mg/L 이하, 90mg/L 이하이다.

[풀이] ㉱ 1일 폐수배출량이 2,000m^3 이상인 경우 TOC기준은 청정지역과 가 지역은 각각 25mg/L 이하, 40mg/L 이하이다.

정답 68 ㉯ 69 ㉰ 70 ㉱ 71 ㉱

72 공동처리구역 안에 배출시설을 설치하고자 하는 자 및 폐수를 배출하고자 하는 자 중 대통령령으로 정하는 자는 당해 사업장에서 배출되는 폐수를 종말처리시설에 유입하여야 하며 이에 필요한 배수관거 등 배수설비를 설치하여야 한다. 이 배수설비의 설치방법, 구조기준에 대한 설명으로 틀린 것은 어느 것인가?

㉮ 시간당 최대폐수량이 일평균 폐수량의 2배 이상인 사업자는 자체적으로 유량조정조를 설치하여야 한다.
㉯ 순간수질과 일평균수질과의 격차가 리터당 100밀리그램 이상인 시설의 사업자는 자체적으로 유량조정조를 설치하여야 한다.
㉰ 배수관 입구에는 유효간격 1.0밀리미터 이하의 스크린을 설치하여야 한다.
㉱ 배수관의 관경은 내경 150밀리미터 이상으로 하여야 한다.

[풀이] ㉰ 배수관 입구에는 유효간격 10밀리미터 이하의 스크린을 설치하여야 한다.

73 물환경보전법에서 사용하는 용어의 뜻으로 틀린 것은 어느 것인가?

㉮ 폐수 : 물에 액체성 또는 고체성의 수질오염물질이 섞여 있어 그대로 사용할 수 없는 물을 말한다.
㉯ 수질오염물질 : 수질오염의 요인이 되는 물질로서 환경부령으로 정하는 것을 말한다.
㉰ 불투수면 : 빗물 또는 눈 녹은 물 등이 지하로 스며들 수 없게 하는 아스팔트, 콘크리트 등으로 포장된 도로, 주차장, 보도 등을 말한다.
㉱ 강우유출수 : 점오염원 및 비점오염원의 수질오염물질이 섞여 유출되는 빗물 또는 눈 녹은 물 등을 말한다.

[풀이] ㉱ 강우유출수 : 비점오염원의 수질오염물질이 섞여 유출되는 빗물 또는 눈녹은 물 등을 말한다.

74 사업자 및 배출시설과 방지시설에 종사하는 사람은 배출시설과 방지시설의 운영·관리를 위한 환경기술인의 업무를 방해하여서는 아니되며 그로부터 업무수행에 필요한 요청을 받았을 때에는 정당한 사유가 없으면 이에 따라야 한다. 이를 위반하여 환경기술인의 업무를 방해하거나 환경기술인의 요청을 정당한 사유없이 거부한 자에 대한 벌칙 기준은 어느 것인가?

㉮ 100만원 이하의 벌금
㉯ 200만원 이하의 벌금
㉰ 300만원 이하의 벌금
㉱ 500만원 이하의 벌금

[풀이] ㉮ 100만원 이하의 벌금에 해당한다.

75 환경기준 중 수질 및 수생태계(하천)의 생활환경기준으로 틀린 것은 어느 것인가? (단, 등급은 매우 나쁨(Ⅵ))

㉮ COD : 11mg/L 초과
㉯ T-P : 0.5mg/L 초과
㉰ SS : 100mg/L 초과
㉱ BOD : 10mg/L 초과

[풀이] ㉰ SS : 기준치 없음

정답 72 ㉰ 73 ㉱ 74 ㉮ 75 ㉰

76 대권역 물환경 보전계획에 포함되어야 하는 사항으로 틀린 것은 어느 것인가?

㉮ 상수원 및 물 이용현황
㉯ 점오염원, 비점오염원 및 기타 수질오염원별 수질오염 저감시설 현황
㉰ 점오염원, 비점오염원 및 기타 수질오염원별 분포현황
㉱ 점오염원, 비점오염원 및 기타 수질오염원에서 배출되는 수질오염물질의 양

[풀이] 대권역계획에 포함되어야 하는 사항
① 물환경 변화 추이 및 목표기준
② 상수원 및 물 이용현황
③ 점오염원, 비점오염원 및 기타 수질오염원의 분포현황
④ 점오염원, 비점오염원 및 기타 수질오염원에서 배출되는 수질오염 물질의 양
⑤ 수질오염 예방 및 저감대책
⑥ 물환경 보전조치의 추진방향
⑦ 기후변화에 대한 적응대책

77 오염할당사업자 등에 대한 과징금 부과기준에서 사업장 규모별 부과계수로 알맞은 것은 어느 것인가?

㉮ 제1종 사업장 3.0
㉯ 제2종 사업장 2.0
㉰ 제3종 사업장 1.0
㉱ 제4종 사업장 0.5

[풀이] 사업장 규모별 부과계수는 제1종사업장은 2.0, 제2종사업장은 1.5, 제3종사업장은 1.0, 제4종사업장은 0.7, 제5종사업장은 0.4이다.

78 수질오염경보 중 조류경보에서 '경계' 단계 발령시 조치사항으로 틀린 것은 어느 것인가? (단, 취수장, 정수장 관리자 기준이며, 상수원 구간이다.)

㉮ 취수구와 조류가 심한 지역에 대한 차단막 설치 등 조류제거 조치 실시
㉯ 정수의 독소분석 실시
㉰ 조류증식 수심 이하로 취수구 이동
㉱ 정수처리 강화(활성탄 처리, 오존처리)

[풀이] ㉮번은 수면관리자의 조치사항이다.

79 폐수처리업의 등록기준 중 폐수재이용업의 기술능력 기준으로 알맞은 것은 어느 것인가?

㉮ 수질환경산업기사, 화공산업기사 중 1명 이상
㉯ 수질환경산업기사, 대기환경산업기사, 화공산업기사 중 1명 이상
㉰ 수질환경기사, 대기환경기사 중 1명 이상
㉱ 수질환경산업기사, 대기환경기사 중 1명 이상

[풀이] 폐수재이용업의 기술능력 기준은 수질환경산업기사, 화공산업기사 중 1명 이상이다.

정답 76 ㉯ 77 ㉰ 78 ㉮ 79 ㉮

80 환경부장관은 비점오염원 관리지역을 지정·고시한 때에는 비점오염원 관리대책을 관계 중앙행정기관의 장 및 시·도지사와 협의하여 수립하여야 한다. 다음 중 비점오염원 관리대책에 포함되어야 하는 사항으로 틀린 것은 어느 것인가?

㉮ 관리대상 수질오염물질 발생시설 현황
㉯ 관리대상 수질오염물질의 종류 및 발생량
㉰ 관리대상 수질오염물질의 발생예방 및 저감방안
㉱ 관리목표

풀이 비점오염원 관리대책에 포함되어야 하는 사항으로는 관리목표, 관리대상 수질오염물질의 종류 및 발생량, 관리대상 수질오염물질의 발생예방 및 저감방안이다.

정답 80 ㉮

2015년 3회 수질환경산업기사

2015년 8월 16일 시행

| 제1과목 | 수질오염개론

01 미생물의 종류를 분류할 때 에너지원에 따라 분류된 것은 어느 것인가?

㉮ Autotroph, Heterotroph
㉯ Phototroph, Chemotroph
㉰ Aerotroph, Anaerotroph
㉱ Thermotroph, Psychrotroph

풀이 에너지원에 따라 광합성(Phototroph)과 화학합성(Chemotroph)으로 분류된다.

02 0.05N의 약산인 초산이 16% 해리되어 있다면 이 수용액의 pH는 얼마인가?

㉮ 2.1 ㉯ 2.3
㉰ 2.6 ㉱ 2.9

풀이
$$CH_3COOH \xrightarrow{16\%해리} CH_3COO^- + H^+$$
해리전 0.05M   0M   0M
해리후 0.05M-0.05M×0.16 0.05M×0.16 0.05M×0.16
$pH = -\log[H^+] = -\log[0.05M \times 0.16] = 2.10$

03 탈산소계수(k_1)가 0.2/day인 하천의 어떤 지점에서 BOD_u가 20mg/L이었다. 그 지점에서 5일 흐른 후의 잔존 BOD(mg/L)는 얼마인가? (단, 상용대수 적용)

㉮ 2mg/L ㉯ 4mg/L
㉰ 6mg/L ㉱ 8mg/L

풀이 잔존 BOD 공식을 이용한다.
$BOD_5 = BOD_u \times (10^{-k_1 \times t})$
$= 20mg/L \times (10^{-0.2/day \times 5day})$
$= 2mg/L$

04 $KMnO_4$의 gram 당량은 얼마인가? (단, $KMnO_4$의 분자량은 158이다.)

㉮ 26.3 ㉯ 31.6
㉰ 39.5 ㉱ 52.6

풀이 $g당량 = \dfrac{분자량(g)}{당량} = \dfrac{158g}{5} = 31.6g$

정답 01 ㉯ 02 ㉮ 03 ㉮ 04 ㉯

05 A시료의 수질분석 결과가 다음과 같을 때 이 시료의 총경도(mg/L)는 얼마인가?

> Ca^{2+} : 420mg/L, Mg^{2+} : 58.4mg/L
> Na^+ : 40.6mg/L, HCO_3^- : 841.8mg/L
> Cl^- : 1.79mg/L

㉮ 525mg/L as $CaCO_3$
㉯ 646mg/L as $CaCO_3$
㉰ 1,050 mg/L as $CaCO_3$
㉱ 1,293mg/L as $CaCO_3$

[풀이]
$$\frac{총경도(mg/L)}{50g} = \frac{Ca^{2+}mg/L}{20g} + \frac{Mg^{2+}mg/L}{12g}$$
$$= \frac{420mg/L}{20g} + \frac{58.4mg/L}{12g}$$
∴ 총경도 = 1,293.33mg/L as $CaCO_3$

06 물의 특성으로 틀린 것은 어느 것인가?

㉮ 물의 표면장력은 온도가 상승할수록 감소한다.
㉯ 물은 4℃에서 밀도가 가장 크다.
㉰ 물의 여러 가지 특성은 물의 수소결합 때문에 나타난다.
㉱ 융해열과 기화열이 작아 생명체의 열적 안정을 유지할 수 있다.

[풀이] ㉱ 융해열과 기화열이 커 생명체의 열적안정을 유지할 수 있다.

07 산성비를 정의할 때 기준이 되는 수소이온농도(pH)는 얼마인가?

㉮ 4.3 ㉯ 4.5
㉰ 5.6 ㉱ 6.3

08 다음의 질산화 과정에 주로 관계되는 질산화 미생물은 어느 것인가?

> $2NH_4^+ + 3O_2 \rightarrow 2NO_2^- + 4H^+ + 2H_2O$

㉮ Nitrosomonas ㉯ Nitrobacter
㉰ Thiobacillus ㉱ Leptothrix

[풀이] 아질산균인 니트로조모나스(Nitrosomonas)에 대한 설명이다.

09 수질오염물질과 그로 인한 공해병의 연결이 틀린 것은 어느 것인가?

㉮ Hg : 미나마타병
㉯ Cr : 이따이이따이병
㉰ F : 반상치
㉱ PCB : 카네미유증

[풀이] ㉯ Cd : 이따이이따이병

정답 05 ㉱ 06 ㉱ 07 ㉰ 08 ㉮ 09 ㉯

10 수질오염에 관계되는 미생물과 그 경험적 분자식이 알맞은 것은 어느 것인가?

㉮ Bacteria : $C_5H_{10}O_2N$
㉯ Algae : $C_7H_{12}O_2N$
㉰ Protozoa : $C_7H_{14}O_3N$
㉱ Fungi : $C_{10}H_{15}O_6N$

[풀이] 미생물과 경험적인 화학식
㉮ Bacteria : $C_5H_7O_2N$
㉯ Algae : $C_5H_8O_2N$
㉰ Protozoa : $C_7H_{14}O_3N$
㉱ Fungi : $C_{10}H_{17}O_6N$

11 다음에서 설명하는 법칙으로 알맞은 것은 어느 것인가?

> 여러물질이 혼합된 용액에서 어느 물질의 증기압(분압) Pi는 혼합액에서 그 물질의 몰 분율(Xi)에 순수한 상태에서 그 물질의 증기압(Po)을 곱한 것과 같다.

㉮ Henry's law ㉯ Dalton's law
㉰ Graham's law ㉱ Raoult's law

[풀이] ㉱ Raoult's law에 대한 설명이다.

12 해수의 화학적 특성 중에서 영양염류의 농도는 매우 중요하다. 다음 중 영양염류가 찬 바다에 많고 따뜻한 바다에 적은 이유로 잘못된 것은 어느 것인가?

㉮ 찬 바다의 표층수는 원래 영양염류가 풍부한 극지방의 심층수로부터 기원하기 때문에
㉯ 따뜻한 바다의 표층수는 적도부근의 표층수로부터 기원하기 때문에
㉰ 찬 바다에는 겨울철 성층현상의 심화로 수계가 안정되어 영양염류의 손실이 적기 때문에
㉱ 따뜻한 바다에서 표층수의 영양염류는 공급없이 식물성 플랑크톤에 의한 소비만 주로 일어나기 때문에

13 농업용수 수질의 척도인 SAR을 구할 때 포함되지 않는 항목은 어느 것인가?

㉮ Ca ㉯ Mg
㉰ Na ㉱ Mn

[풀이] SAR(Sodium Adsorption Ratio) : 나트륨 흡착률

$$SAR = \frac{Na^+}{\sqrt{\frac{Ca^{2+}+Mg^{2+}}{2}}}$$

14 임의의 시간후의 용존산소부족량(용존산소곡선식)을 구하기 위해 필요한 기본인자와 가장 거리가 먼 것은 어느 것인가?

㉮ 재포기계수 ㉯ BOD_u
㉰ 수심 ㉱ 탈산소계수

[풀이] $D_t = \frac{k_1 \times L_o}{k_2-k_1} \times (10^{-k_1 \times t} - 10^{-k_2 \times t}) + D_o \times (10^{-k_2 \times t})$

k_1 : 탈산소계수(/day)
D_t : t시간 후의 용존산소부족량(mg/L)
k_2 : 재폭기계수(/day)
L_o : 최종 BOD(= BOD_u)(mg/L)
D_o : 초기 용존산소 부족량(mg/L)

정답 10 ㉰ 11 ㉱ 12 ㉰ 13 ㉱ 14 ㉰

15 우리나라 수자원에 대하여 이용량을 용도별로 나눌 때 그 수요가 가장 높은 것은 어느 것인가?

㉮ 생활용수 ㉯ 공업용수
㉰ 농업용수 ㉱ 하천유지용수

풀이 우리나라 수자원 이용현황은 농업용수 > 하천유지용수 > 생활용수 > 공업용수 순이다.

16 유기성 오수가 하천에 유입된 후 유하하면서 자정작용이 진행되어 가는 여러상태를 그래프로 표시하였다. (1) ~ (6) 그래프 각각이 나타내는 것을 순서대로 나열한 것은 어느 것인가?

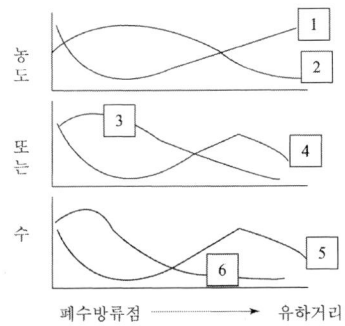

㉮ BOD, DO, NO₃-N, NH₃-N, 조류, 박테리아
㉯ BOD, DO, NH₃-N, NO₃-N, 박테리아, 조류
㉰ DO, BOD, NH₃-N, NO₃-N, 조류, 박테리아
㉱ DO, BOD, NO₃-N, NH₃-N, 박테리아, 조류

17 콜로이드에 대한 내용으로 틀린 것은 어느 것인가?

㉮ 콜로이드는 입자크기가 크기 때문에 보통의 반투막을 통과하지 못한다.
㉯ 콜로이드 입자들이 전기장에 놓이게 되면 입자들은 그 전하의 반대쪽 극으로 이동하며 이러한 현상을 전기 영동이라 한다.
㉰ 일부 콜로이드 입자들의 크기는 가시광선 평균 파장보다 크기 때문에 빛의 투과를 간섭한다.
㉱ 콜로이드의 안정도는 척력과 중력의 차이에 의해 결정된다.

풀이 ㉱ 콜로이드의 안정도는 일반적으로 Zeta 전위의 크기에 따라 결정된다.

18 수심이 깊은 호소에서 발생하는 성층현상에 대한 내용으로 틀린 것은 어느 것인가?

㉮ 봄이 되면 얼음이 녹으면서 표수층의 수온이 올라가 4℃가 되면 최대밀도를 가지게 되어 아래로 이동하게 된다.
㉯ 수온약층은 표수층에 비하여 수심에 따른 수온차이가 작다.
㉰ 여름과 겨울에는 성층현상이 가을과 봄에는 전도현상이 나타난다.
㉱ 호소의 성층현상은 기후특성, 호수저수용량에 따른 유입유출량의 크기, 호수의 크기 등 다양한 환경인자에 의해 영향을 받는다.

풀이 ㉯ 수온약층은 표수층에 비하여 수심에 따른 수온차이가 크다.

정답 15 ㉰ 16 ㉰ 17 ㉱ 18 ㉯

19 다음 중 산화환원반응이 아닌 것은 어느 것인가?

㉮ $Cu+2H_2SO_4 \rightarrow CuSO_4+2H_2O+SO_2$
㉯ $2H_2S+SO_2 \rightarrow 2H_2O+3S$
㉰ $I_2+2Na_2S_2O_3 \rightarrow Na_2S_4O_6+2NaI$
㉱ $Na_2SO_4+2HCl \rightarrow 2NaCl+H_2O+SO_2$

[풀이] ㉱ 산화수의 변화가 없으므로 산화환원반응이 아니다.

20 500mL 물에 125mg의 염이 녹아 있을 때 이 수용액의 농도(%)는 얼마인가?

㉮ 0.125%   ㉯ 0.250%
㉰ 0.0125% ㉱ 0.0250%

[풀이]
$$수용액의 농도(\%) = \frac{용질}{용매} \times 100$$
$$= \frac{125mg}{500,000mg} \times 100 = 0.025\%$$

TIP
① 물의 비중 = 1.0g/mL
② 물 500mL × 1.0g/mL = 500g = 500,000mg

| 제2과목 | 수질오염방지기술

21 부상조의 최적 A/S비는 0.08, 처리할 폐수의 부유물질 농도는 250mg/L, 운전압력 5.1atm일 때 반송율(%)은 얼마인가? (단, 20℃ 기준, 용존 공기분율은 0.8, 공기용해도는 18.7mL/L이다.)

㉮ 약 17%   ㉯ 약 27%
㉰ 약 37%   ㉱ 약 47%

[풀이]
① $A/S비 = \frac{1.3 \times Sa \times (f \cdot P-1)}{SS} \times R$

여기서
Sa : 공기의 용해도(mL/L)
P : 절대압력(atm)
SS : 부유고형물의 농도(mg/L)
R : 반송비

따라서
$0.08 = \frac{1.3 \times 18.7mL/L \times (0.8 \times 5.1atm-1)}{250mg/L} \times R$
∴ R = 0.2671
② 반송율(%) = 반송비(R) × 100
= 0.2671 × 100 = 26.71%

22 BOD 200mg/L인 하수를 1차 및 2차 처리하여 최종 유출수의 BOD 농도를 20mg/L로 하고자 한다. 1차 처리에서 BOD 제거율이 40%일 때 2차 처리에서의 BOD 제거율(%)은 얼마인가?

㉮ 81%   ㉯ 83%
㉰ 87%   ㉱ 89%

[풀이]
① 총합효율$(\eta_T) = \left(1 - \frac{유출수의\ BOD}{유입수의\ BOD}\right) \times 100$
$= \left(1 - \frac{20mg/L}{200mg/L}\right) \times 100 = 90.0\%$
② 총합효율$(\eta_T) = 1-(1-\eta_1) \times (1-\eta_2)$
$0.90 = 1-(1-0.40) \times (1-\eta_2)$
∴ $\eta_2 = 1 - \left(\frac{1-0.90}{1-0.40}\right) = 0.8333$
따라서 0.8333 × 100 = 83.33%

정답 19 ㉱ 20 ㉱ 21 ㉯ 22 ㉯

23 유입수량 4,000m³/day, BOD 200mg/L, SS 150mg/L 이고 침전지의 깊이를 4m, 체류 시간은 3시간으로 할 때 침전지(장방형)의 표면부하율(m³/m²·day)은 얼마인가?

㉮ 12m³/m²·day   ㉯ 22m³/m²·day
㉰ 32m³/m²·day   ㉱ 42m³/m²·day

[풀이] 표면 부하율(m³/m²·day)

$= \dfrac{H(m)}{t(day)} = \dfrac{4m}{\left(\dfrac{3hr}{24}\right)day} = 32 m^3/m^2 \cdot day$

24 물의 혼합정도를 나타내는 속도경사 G를 구하는 공식으로 알맞은 것은 어느 것인가? (단, μ : 물의 점성계수, V : 반응조 체적, P : 동력)

㉮ $G = \sqrt{\dfrac{PV}{\mu}}$ ㉯ $G = \sqrt{\dfrac{V}{\mu P}}$

㉰ $G = \sqrt{\dfrac{\mu}{PV}}$ ㉱ $G = \sqrt{\dfrac{P}{\mu V}}$

[풀이] $G = \sqrt{\dfrac{P}{V \cdot \mu}} = \sqrt{\dfrac{W}{\mu}}$

여기서 $W = \dfrac{P}{V}$

25 고도수처리에 이용되는 분리방법 중 투석의 구동력으로 알맞은 것은 어느 것인가?

㉮ 정수압차(0.1 ~ 1Bar)
㉯ 정수압차(20 ~ 100Bar)
㉰ 전위차
㉱ 농도차

[풀이] 투석의 구동력은 농도차이다.

26 생물학적 인(P) 제거공법인 A/O 공법에 대한 내용으로 틀린 것은 어느 것인가?

㉮ 유입수 중에 총인농도가 5mg/L 정도이면, 처리수의 총인농도를 1.0mg/L 이하로 처리가능하다.
㉯ 인 제거 기능 외에 사상성미생물에 의한 벌킹 억제효과가 있다고 알려져 있다.
㉰ 혐기반응조의 운전지표로 산화환원전위를 사용할 수 있다.
㉱ 표준활성슬러지법의 반응조 전반 50% 이상을 혐기반응조로 하는 것이 표준이다.

[풀이] ㉱ 표준활성슬러지법의 반응조 전반 20 ~ 40% 정도를 혐기반응조로 하는 것이 표준이다.

정답 23 ㉰   24 ㉱   25 ㉱   26 ㉱

27 슬러지의 함수율 90%, 슬러지의 고형물량 중 유기물 함량 70% 이다. 투입량은 100kL이며 소화로 유기물의 5/7가 제거된다. 소화된 후의 슬러지 양(m^3)은 얼마인가? (단, 소화슬러지의 함수율은 85%, %는 부피기준이며, 고형물의 비중은 1.0으로 가정한다.)

㉮ 18.3m^3 ㉯ 24.2m^3
㉰ 33.3m^3 ㉱ 41.4m^3

풀이 ① 잔류 VS량(m^3)
= 슬러지량(m^3)×$\dfrac{고형물함량(\%)}{100}$
×$\dfrac{유기물 함량(\%)}{100}$×$\dfrac{100 - 유기물 제거량(\%)}{100}$
= 100m^3×(1-0.90)×0.70×$\left(1-\dfrac{5}{7}\right)$
= 2m^3

② 잔류 FS량(m^3)
= 슬러지량(m^3)×$\dfrac{고형물함량(\%)}{100}$
×$\dfrac{100 - 유기물 함량(\%)}{100}$
= 100m^3×(1-0.90)×(1-0.70)
= 3m^3

③ 소화 후 슬러지량(m^3)
= (잔류 VS량+잔류 FS량)
×$\dfrac{100}{100 - 소화슬러지의 함수율(\%)}$
= (2+3)m^3×$\dfrac{100}{100-85}$
= 33.33m^3

28 활성슬러지공법으로 운전되고 있는 어떤 하수처리장으로부터 매일 2,000kg(건조고형물 기준)의 슬러지가 배출되고 있다. 이 슬러지를 중력 농축시켜 함수율을 97%로 한 뒤 호기성 소화방식으로 처리하고자 한다. 농축된 슬러지의 비중이 1.030이라 할 때 소화조의 수리학적 체류시간을 15day로 하면 필요한 소화조의 용적(m^3)은 얼마인가? (단, 기타 조건은 고려하지 않는다.)

㉮ 약 670m^3 ㉯ 약 770m^3
㉰ 약 870m^3 ㉱ 약 970m^3

풀이 ① 슬러지 발생량(m^3/day)을 계산한다.
슬러지 발생량(m^3/day)
= $\dfrac{건조슬러지량(kg/day)}{비중량(kg/m^3)}$×$\dfrac{100}{100-함수율(\%)}$
= $\dfrac{2,000kg/day}{1,030kg/m^3}$×$\dfrac{100}{100-97\%}$
= 64.725m^3/day

② 소화조의 용적(m^3)을 계산한다.
소화조의 용적(m^3)
= 슬러지 발생량(m^3/day)×수리학적 체류시간(day)
= 64.725m^3/day×15day = 970.88m^3

29 혼합액 부유물의 농도가 2,500mg/L이고, 이를 1L 실린더에 취하여 30분 후 침전된 슬러지 부피를 측정한 결과 200mL였다면 이 실험에서 구해진 SVI 값은 얼마인가?

㉮ 67   ㉯ 80
㉰ 124   ㉱ 152

풀이 SVI(mL/g) = $\dfrac{SV(mL/L)}{MLSS(mg/L)}$×$10^3$
= $\dfrac{200mL/L}{2,500mg/L}$×$10^3$ = 80mL/g

정답 27 ㉰   28 ㉱   29 ㉯

30 하수처리에서 자외선 소독의 장·단점으로 틀린 것은 어느 것인가?

㉮ 잔류독성이 없는 장점이 있다.
㉯ 대장균살균을 위한 낮은 농도에서 virus, spores, cysts 등을 비활성화 시키는데 효과적인 장점이 있다.
㉰ 잔류효과가 없는 단점이 있다.
㉱ 성공적 소독 여부를 즉시 측정할 수 없는 단점이 있다.

풀이 ㉯ 대장균살균을 위한 높은 농도에서 virus, spores, cysts 등을 비활성화 시키는데 효과적이다.

31 활성슬러지법으로 운전되는 하수처리장에서 SVI가 100일 때 포기조 내의 MLSS 농도를 2,500mg/L로 유지하기 위한 슬러지 반송율(%)은 얼마인가?
(단, 유입수의 SS 농도는 무시한다.)

㉮ 25.4%   ㉯ 27.5%
㉰ 33.3%   ㉱ 37.3%

풀이 ① 반송비(R)을 계산한다.

$$반송비(R) = \frac{MLSS}{SS_r - MLSS} = \frac{MLSS}{\frac{10^6}{SVI} - MLSS}$$

$$= \frac{2,500mg/L}{\frac{10^6}{100} - 2,500mg/L} = 0.3333$$

② 반송율(%)을 계산한다.
반송율(%) = 반송비(R)×100
= 0.3333×100 = 33.33%

TIP
$SVI = \frac{10^6}{SS_r}$ 에서 $SS_r = \frac{10^6}{SVI}$

32 역삼투법으로 하루에 200m³의 3차 처리 유출수를 탈염하기 위해 소요되는 막의 면적(m²)은 얼마인가?

- 물질전달계수 : 0.207L/(d-m²)(kPa)
- 유입, 유출수의 사이의 압력차 : 2,500(kPa)
- 유입, 유출수의 삼투압차 : 410(kPa)

㉮ 약 324m²   ㉯ 약 462m²
㉰ 약 541m²   ㉱ 약 694m²

풀이 ① $Q_F = k \times (\triangle p - \triangle \pi)$

Q_F : 유출수량(L/day·m²)
k : 물질전달계수(L/day·m²·kPa)
$\triangle p$: 압력차(kPa)
$\triangle \pi$: 삼투압차(kPa)

따라서
$Q_F = 0.207L/day \cdot m^2 \cdot kPa \times (2,500-410)kPa$
$= 432.63 L/day \cdot m^2$

② 막의 면적(m²) = $\frac{Q(유량)}{Q_F(유출수량)}$

$= \frac{200 \times 10^3 L/day}{432.63 L/day \cdot m^2}$

$= 462.29 m^2$

33 부피가 500m³인 포기조에 2,000m³/day으로 폐수가 유입될 때 포기시간(hr)은 얼마인가? (단, 반송슬러지는 고려하지 않는다.)

㉮ 6.0hr   ㉯ 8.0hr
㉰ 10.0hr ㉱ 12.0hr

풀이 포기시간(hr) = $\frac{부피(m^3)}{폐수량(m^3/hr)}$

$= \frac{500m^3}{2,000m^3/day \times 1day/24hr} = 6hr$

정답 30 ㉯   31 ㉰   32 ㉯   33 ㉮

34 어느 하수처리장의 포기조 용적이 1,000m³, MLSS가 2,500mg/L, 그리고 SRT(고형물 체류시간)가 2.5일이라면 1일 생산되는 슬러지의 건조중량(ton)은 얼마인가? (단, 기타 조건은 고려하지 않는다.)

㉮ 1.0ton ㉯ 1.6ton
㉰ 2.4ton ㉱ 3.2ton

풀이
$$SRT = \frac{MLSS \times V}{Q_w \cdot SS_w}$$

$$Q_w \cdot SS_w = \frac{MLSS \times V}{SRT} = \frac{2.5kg/m^3 \times 1,000m^3}{2.5day}$$
$$= 1,000kg/day = 1.0ton/day$$

35 생물학적 인 및 질소제거 공정 중 질소제거를 주목적으로 개발한 공법으로 가장 적절한 것은?

㉮ 4단계 Bardenpho 공법
㉯ A²/O 공법
㉰ A/O 공법
㉱ Phostrip 공법

풀이 질소제거가 주목적인 공법은 4단계 Bardenpho 공법이다.

36 회전원판법의 장·단점으로 틀린 것은 어느 것인가?

㉮ 유지관리비가 저렴한 장점이 있다.
㉯ 슬러지 반송이 필요 없는 장점이 있다.
㉰ 충격부하 및 부하변동에 약한 단점이 있다.
㉱ 처리수의 투명도가 낮은 단점이 있다.

풀이 ㉰ 충격부하 및 부하변동에 강한 장점이 있다.

37 어느 폐수 처리시설에서 직경 1×10⁻² cm, 비중 2.0인 입자를 중력 침강시켜 제거하고 있다. 폐수 비중이 1.0, 폐수의 점성계수가 1.31×10⁻²g/cm·sec 이라면 입자의 침강속도(m/hr)는 얼마인가? (단, 입자의 침강속도는 Stokes식에 따른다.)

㉮ 14.96m/hr ㉯ 22.44m/hr
㉰ 25.56m/hr ㉱ 31.32m/hr

풀이
① $Vs = \dfrac{d^2(\rho_s - \rho_w)g}{18\mu}$

여기서
- Vs : 침강속도(m/sec)
- d : 직경(m)
- ρ_s : 입자의 밀도(kg/m³)
- ρ_w : 물의 밀도(kg/m³)
- g : 중력가속도(9.8m/sec²)
- μ : 점성계수(kg/m·sec)

따라서
$$Vs = \frac{(1 \times 10^{-4}m)^2 \times (2,000-1,000)kg/m^3 \times 9.8m/sec^2}{18 \times 1.31 \times 10^{-3}kg/m \cdot sec}$$
$$= 4.156 \times 10^{-3} m/sec$$

② $Vs(m/hr) = \dfrac{4.156 \times 10^{-3}m}{sec} \left| \dfrac{3,600sec}{1hr} \right.$
$= 14.96m/hr$

정답 34 ㉮ 35 ㉮ 36 ㉰ 37 ㉮

38 어느 특정한 산화지에 대해 1일 BOD부하를 10kg/day·m²으로 설계하였다. 유량이 4,000m³/day이고 BOD농도가 300mg/L일 때 필요한 면적(m²)은 얼마인가? (단, 비중은 1.0으로 가정한다.)

㉮ 약 90m² ㉯ 약 110m²
㉰ 약 120m² ㉱ 약 150m²

풀이 BOD 면적부하(kg/day·m²)

$$= \frac{BOD농도(kg/m^3) \times 유량(m^3/day)}{면적(m^2)}$$

따라서 $10kg/day·m^2 = \frac{0.3kg/m^3 \times 4,000m^3/day}{면적(m^2)}$

∴ 면적 $= \frac{0.3kg/m^3 \times 4,000m^3/day}{10kg/day·m^2}$
$= 120m^2$

39 활성탄을 이용한 고도처리 방법에서 2차 처리 유출수의 유기물 농도가 12mg/L일 때 활성탄 흡착법을 이용하여 3차 처리 유출수 유기물 농도를 1mg/L로 되게 하기 위해 1L당 필요한 활성탄량(mg)은 얼마인가? (단, Freundlich 등온식 적용하고, k = 0.5, n = 1 이다.)

㉮ 22mg ㉯ 29mg
㉰ 32mg ㉱ 39mg

풀이 $\frac{X}{M} = k \cdot C^{\frac{1}{n}}$

여기서
- X : 농도차($C_i - C_o$)(mg/L)
- M : 활성탄 주입농도(mg/L)
- $C(C_o)$: 유출수 농도(mg/L)
- k, n : 경험적 상수

따라서 $\frac{(12-1)mg/L}{M} = 0.5 \times (1mg/L)^{\frac{1}{1}}$

∴ $M = \frac{(12-1)mg/L}{0.5 \times (1mg/L)^{\frac{1}{1}}} = 22.0mg/L$

40 1,000m³/day의 종말 침전지 유출수에 50.0kg/day의 염소를 주입시킨 결과 잔류염소 농도가 1.5mg/L였다면 이 폐수의 염소요구량(mg/L)은 얼마인가?

㉮ 18.3mg/L ㉯ 24.7mg/L
㉰ 32.5mg/L ㉱ 48.5mg/L

풀이 ① 염소주입량(mg/L)을 계산한다.
염소주입량(mg/L)
$= \frac{염소주입량(kg/day)}{유량(m^3/day)} \times 10^3$
$= \frac{50kg/day}{1,000m^3/day} \times 10^3 = 50mg/L$

② 염소요구량 = 염소주입량 - 염소잔류량
$= 50mg/L - 1.5mg/L$
$= 48.5mg/L$

TIP

① $mg/L \xrightarrow{\times 10^{-3}} kg/m^3$

② $kg/m^3 \xrightarrow{\times 10^3} mg/L$

| 제3과목 | 수질오염공정시험기준

41 총질소를 자외선/가시선 분광법–산화법에 대한 내용으로 틀린 것은 어느 것인가?

㉮ 비교적 분해되기 쉬운 유기물을 함유하고 있거나 자외부에서 흡광도를 나타내는 브롬 이온이나 크롬을 함유하지 않는 시료에 적용한다.

㉯ 시료 중 모든 질소화합물을 과황산나트륨을 사용하여 100℃ 부근에서 유기물과 함께 분해하여 질산이온으로 산화시킨다.

정답 38 ㉰ 39 ㉮ 40 ㉱ 41 ㉯

㉰ 지표수, 지하수, 폐수 등에 적용할 수 있으며, 정량한계는 0.1mg/L이다.
㉱ 산성상태로 하여 흡광도를 220nm에서 측정한다.

풀이 ㉯ 시료 중 모든 질소화합물을 알칼리성 과황산칼륨을 사용하여 120℃ 부근에서 유기물과 함께 분해하여 질산이온으로 산화시킨다.

42 다음 중 물벼룩을 이용한 급성독성 시험에 대한 내용으로 틀린 것은 어느 것인가?

㉮ 시험생물은 물벼룩인 Daphnia Magna Straus를 사용한다.
㉯ 표준독성물질 시험은 다이크롬산칼륨을 사용한다.
㉰ 시료의 희석비는 원수 100%를 기준으로, 50%, 25%, 12.5%, 6.25%로 하여 시험한다.
㉱ 시험기간 동안 조명은 명 : 암 = 1 : 1 시간을 유지하도록 한다.

풀이 ㉱ 시험기간 동안 조명은 명 : 암 = 16 : 8 시간을 유지하도록 한다.

43 개수로 측정 구간의 유수의 단면적이 0.8m² 이고, 표면 최대 유속이 2m/sec 일 때 유량(m³/min)은 얼마인가? (단, 수로의 구성, 재질, 수로 단면의 형상, 구배 등이 일정치 않은 개수로의 경우)

㉮ 43m³/min   ㉯ 52m³/min
㉰ 64m³/min   ㉱ 72m³/min

풀이 유량(m³/min)
= 평균 단면적(m²)×평균유속(m/min)
= 0.8m²×2m/sec×0.75×60sec/min = 72m³/min

TIP 평균유속 = 표면최대유속×0.75

44 시료 최대보존기간이 가장 짧은 측정항목은 어느 것인가?

㉮ 셀레늄   ㉯ 염화비닐
㉰ 비소   ㉱ 6가 크롬

풀이 시료 최대보존기간
㉮ 셀레늄 : 6개월
㉯ 염화비닐 : 14일
㉰ 비소 : 6개월
㉱ 6가 크롬 : 24시간

45 자외선/가시선 분광법에 의한 시안 분석 시 측정파장으로 알맞은 것은 어느 것인가?

㉮ 460nm   ㉯ 510nm
㉰ 540nm   ㉱ 620nm

풀이 자외선/가시선 분광법에 의한 시안 분석 시 측정파장은 620nm이다.

46 다음 중 직각 3각 웨어로 유량을 산정하는 식으로 알맞은 것은 어느 것인가?
(단, Q : 유량(m³/분), K : 유량계수, h : 웨어의 수두(m), b : 절단의 폭(m))

㉮ $Q = K \cdot h^{3/2}$ ㉯ $Q = K \cdot h^{5/2}$
㉰ $Q = K \cdot b \cdot h^{3/2}$ ㉱ $Q = K \cdot b \cdot h^{5/2}$

풀이 유량 산정식
① 직각 삼각웨어에서 $Q(m^3/min) = k \cdot h^{\frac{5}{2}}$
② 사각웨어에서 $Q(m^3/min) = k \cdot b \cdot h^{\frac{3}{2}}$

정답 42 ㉱ 43 ㉱ 44 ㉱ 45 ㉱ 46 ㉯

47 수질오염공정시험기준의 관련 용어 정의로 틀린 것은 어느 것인가?

㉮ '감압 또는 진공'이라 함은 따로 규정이 없는 한 15mmH₂O 이하를 뜻한다.
㉯ '냄새가 없다'라고 기재한 것은 냄새가 없거나, 또는 거의 없는 것을 표시하는 것이다.
㉰ '약'이라 함은 기재된 양에 대하여 ±10% 이상의 차가 있어서는 안된다.
㉱ 시험조작 중 '즉시'란 30초 이내에 표시된 조작을 하는 것을 뜻한다.

[풀이] ㉮ '감압 또는 진공'이라 함은 따로 규정이 없는 한 15mmHg 이하를 뜻한다.

48 이온크로마토그래프의 일반적인 구성으로 알맞은 것은 어느 것인가?

㉮ 용리액조 - 시료주입부 - 펌프 - 이온화부 - 검출기
㉯ 용리액조 - 시료주입부 - 가열판 - 펌프 - 검출기
㉰ 용리액조 - 시료주입부 - 펌프 - 분리컬럼 - 검출기
㉱ 용리액조 - 시료주입부 - 분광부 - 펌프 - 검출기

[풀이] 이온크로마토그래프의 일반적인 구성은 용리액조 - 시료주입부 - 펌프 - 분리컬럼 - 검출기 - 기록계이다.

49 총대장균군 시험방법인 평판집락법 배지에 사용되는 시약은 어느 것인가?

㉮ 뉴트럴 레드 ㉯ 브루신 블루
㉰ 메틸 오렌지 ㉱ 클로라민 옐로

[풀이] 총대장균군 시험방법인 평판집락법 배지에 사용되는 시약은 뉴트럴 레드이다.

50 취급 또는 저장하는 동안에 이물질이 들어가거나 또는 내용물이 손실되지 아니하도록 보호하는 용기는 어느 것인가?

㉮ 차광용기 ㉯ 밀봉용기
㉰ 밀폐용기 ㉱ 기밀용기

[풀이] 용기
㉮ 차광용기 : 광선
㉯ 밀봉용기 : 미생물
㉰ 밀폐용기 : 이물질
㉱ 기밀용기 : 공기

51 냄새 측정시 냄새역치(TON)를 구하는 산식으로 알맞은 것은 어느 것인가? (단, A : 시료부피(mL), B : 무취 정제수 부피(mL))

㉮ 냄새역치 = (A+B)/A
㉯ 냄새역치 = A/(A+B)
㉰ 냄새역치 = (A+B)/B
㉱ 냄새역치 = B/(A+B)

정답 47 ㉮ 48 ㉰ 49 ㉮ 50 ㉰ 51 ㉮

52 다음 중 백색원판(투명도판)을 사용한 투명도 측정에 대한 내용으로 틀린 것은 어느 것인가?

㉮ 투명도판의 색도차는 투명도에 크게 영향을 주므로 표면이 더러울 때에는 깨끗하게 닦아주어야 한다.
㉯ 강우시에는 정확한 투명도를 얻을 수 없으므로 투명도를 측정하지 않는 것이 좋다.
㉰ 흐름이 있어 줄이 기울어질 경우에는 2kg정도의 추를 달아서 줄을 세워야 한다.
㉱ 백색원판을 보이지 않는 깊이로 넣은 다음 천천히 끌어 올리면서 보이기 시작한 깊이를 반복해 측정한다.

〔풀이〕 ㉮ 투명도판의 광 반사능은 투명도에 크게 영향을 주므로 표면이 더러울 때에는 깨끗하게 닦아주어야 한다.

53 최대 유량이 1m³/min 미만인 경우, 용기에 의한 유량 측정에 대한 내용으로 틀린 것은 어느 것인가?

㉮ 유량(m³/min) = 60×V/t이다.
여기서 t : 유수가 용량 V를 채우는데 걸린 시간(sec), V : 측정용기의 용량(m³)
㉯ 유수를 채우는데 소요하는 시간을 스톱워치로 잰다.
㉰ 용기에 물을 받아 넣는 시간을 20초 이상이 되도록 용량을 결정한다.
㉱ 용기는 용량 50~100L인 것을 사용한다.

〔풀이〕 ㉱ 용기는 용량 100~200L인 것을 사용한다.

54 분석항목별 시료의 보존 방법으로 틀린 것은 어느 것인가?

㉮ 암모니아성 질소 : 황산을 가하여 pH 2 이하로 만들어 4℃에서 보관한다.
㉯ 화학적 산소요구량 : 황산을 가하여 pH 2 이하로 만들어 4℃에서 보관한다.
㉰ 유기인 : 염산을 가하여 pH 4 이하로 만들어 4℃에서 보관한다.
㉱ 6가 크롬 : 4℃에서 보관한다.

〔풀이〕 ㉰ 유기인 : 염산을 가하여 pH 5~9로 만들어 4℃에서 보관한다.

55 다음 항목 중 폴리에틸렌 용기로 보존할 수 있는 것으로 알맞게 짝지은 것은 어느 것인가?

㉮ 색도, 페놀류, 유기인
㉯ 질산성 질소, 총인, 냄새
㉰ 부유물질, 불소, 셀레늄
㉱ 노말헥산추출물질, 납, 시안

〔풀이〕 보관용기
① 유리용기 : 페놀류, 유기인, 냄새, 노말헥산추출물질
② 유리용기와 폴리에틸렌용기 : 색도, 질산성 질소, 총인, 납, 시안, 부유물질, 셀레늄
③ 폴리에틸렌 용기 : 불소

56 노말헥산 추출물질 분석실험의 정량한계는 얼마인가?

㉮ 0.1mg/L   ㉯ 0.2mg/L
㉰ 0.3mg/L   ㉱ 0.5mg/L

〔풀이〕 노말헥산 추출물질 분석실험의 정량한계는 0.5 mg/L이다.

정답 52 ㉮ 53 ㉱ 54 ㉰ 55 ㉰ 56 ㉱

57 분원성 대장균군의 막여과 시험방법의 측정에 대한 설명으로 틀린 것은 어느 것인가?

㉮ 배양기 또는 항온수조의 배양온도를 (44.5±0.2)℃로 유지할 수 있는 것을 사용한다.
㉯ 배지에 배양시킬 때 분원성 대장균군을 여러 가지 색조를 띠는 붉은색의 집락을 형성한다.
㉰ 결과보고 시 "분원성대장균군수/100mL"로 표기한다.
㉱ 대조군 시험에서 음성대조군은 멸균 희석수를 사용한다.

[풀이] ㉯ 배지에 배양시킬 때 분원성 대장균군을 여러 가지 색조를 띠는 청색의 집락을 형성한다.

58 알칼리성 과망간산칼륨에 의한 화학적 산소요구량을 수질오염공정시험기준에 따라 측정하였다. 바탕시험 적정에 소비된 0.025N-티오황산나트륨 용액은 5.6mL였고, 시료의 적정에 소비된 0.025N-티오황산나트륨 용액은 3.3mL였다. COD가 46mg/L였다면 분석에 사용된 시료량(mL)은 얼마인가? (단, 0.025N-티오황산나트륨 용액의 농도계수는 1.0 이다.)

㉮ 5mL ㉯ 10mL
㉰ 35mL ㉱ 50mL

[풀이]
$$COD(mg/L) = \frac{(b-a) \times f \times 0.2}{V(L)}$$
$$46mg/L = \frac{(5.6-3.3)mL \times 1.0 \times 0.2}{V(L)}$$
$$\therefore V = 0.01L = 10mL$$

59 0.025N $KMnO_4$ 수용액 3,000mL를 조제하려면 $KMnO_4$ 몇 g이 필요한가? (단, $KMnO_4$의 분자량은 158이다.)

㉮ 1.79g ㉯ 2.37g
㉰ 3.16g ㉱ 3.95g

[풀이]
$$N = \frac{W(g)}{V(L)} \times \frac{1eq}{1당량 g}$$
$$0.025N = \frac{W(g)}{3L} \times \frac{1eq}{158g/5}$$
$$\therefore W = 2.37g$$

60 냄새 측정 시 시료에 잔류염소가 존재하는 경우 조치 내용으로 알맞은 것은 어느 것인가?

㉮ 티오황산나트륨 용액을 첨가하여 잔류염소를 제거
㉯ 아세트산암모늄 용액을 첨가하여 잔류염소를 제거
㉰ 과망간산칼륨 용액을 첨가하여 잔류염소를 제거
㉱ 황산은 분말을 첨가하여 잔류염소를 제거

[풀이] 냄새 측정 시 시료에 잔류염소가 존재하는 경우에는 티오황산나트륨 용액을 첨가하여 잔류염소를 제거한다.

정답 57 ㉯ 58 ㉯ 59 ㉯ 60 ㉮

| 제4과목 | 수질환경관계법규

61 배출부과금 부과시 고려하여야 할 사항으로 틀린 것은 어느 것인가?

㉮ 배출허용기준 초과 여부
㉯ 배출되는 수질오염물질의 종류
㉰ 수질오염물질의 배출기간
㉱ 수질오염방지시설 설치여부

풀이 배출부과금 부과시 고려하여야 할 사항으로는 ㉮·㉯·㉰ 외에 수질오염물질의 배출량, 자가측정 여부 등이 있다.

62 폐수처리업 등록기준 중 폐수재이용업의 기술능력 기준으로 알맞은 것은 어느 것인가?

㉮ 수질환경산업기사, 화공산업기사 중 1명 이상
㉯ 수질환경산업기사, 대기환경산업기사 중 1명 이상
㉰ 수질환경산업기사, 화학분석산업기사 중 1명 이상
㉱ 수질환경산업기사, 위험물산업기사 중 1명 이상

63 수면관리자 및 특별자치시장·특별자치도지사·시장·군수·구청장과 호소안에서 수거된 쓰레기의 운반·처리에 소요되는 비용 분담에 관한 협약이 체결될 수 있도록 조정할 수 있는 권한이 있는 자는 누구인가?

㉮ 시·도지사 ㉯ 환경부장관
㉰ 행정자치부장관 ㉱ 유역환경청장

64 1일 폐수배출량이 500m³인 사업장의 규모 기준으로 알맞은 것은 어느 것인가? (단, 기타 조건은 고려하지 않는다.)

㉮ 제2종 사업장 ㉯ 제3종 사업장
㉰ 제4종 사업장 ㉱ 제5종 사업장

풀이 1일 폐수배출량이 200m³ 이상 700m³ 미만인 사업장은 제3종 사업장에 해당한다.

65 배출시설에서 배출하는 폐수를 최종방류구로 방류하기 전에 재이용하는 사업자의 폐수 재이용률이 70%인 경우, 적용되는 기본부과금의 감면율은 어느 것인가?

㉮ 100분의 40 ㉯ 100분의 50
㉰ 100분의 60 ㉱ 100분의 80

풀이 폐수 재이용률별 감면율
① 재이용율이 10% 이상 30% 미만 : 100분의 20
② 재이용율이 30% 이상 60% 미만 : 100분의 50
③ 재이용율이 60% 이상 90% 미만 : 100분의 80
④ 재이용율이 90% 이상 : 100분의 90

정답 61 ㉱ 62 ㉮ 63 ㉯ 64 ㉯ 65 ㉱

66 환경정책기본법상 적용되는 용어의 정의로 틀린 것은 어느 것인가?

㉮ "생활환경"이란 대기, 물, 폐기물, 소음·진동, 악취, 일조 등 사람의 일상생활과 관계되는 환경을 말한다.
㉯ "환경보전"이란 환경오염 및 환경훼손으로부터 환경을 보호하고 오염되거나 훼손된 환경을 개선함과 동시에 쾌적한 환경의 상태를 유지·조성하기 위한 행위를 말한다.
㉰ "환경용량"이란 환경의 질을 유지하며 환경오염 또는 환경훼손을 복원할 수 있는 능력을 말한다.
㉱ "환경훼손"이란 야생 동식물의 남획 및 그 서식지의 파괴, 생태계질서의 교란, 자연경관의 훼손, 표토의 유실 등으로 인하여 자연환경의 본래적 기능에 중대한 손상을 주는 상태를 말한다.

풀이 ㉰ 환경용량이란 일정한 지역에서 환경오염 또는 환경훼손에 대하여 환경이 스스로 수용, 정화 및 복원하여 환경의 질을 유지할 수 있는 한계를 말한다.

67 환경기술인 등의 교육에 대한 설명으로 틀린 것은 어느 것인가?

㉮ 환경기술인의 교육기관은 한국환경보전원이다.
㉯ 교육과정의 교육기간은 4일 이내로 한다.
㉰ 폐수처리 기술요원의 교육기관은 국립환경인재개발원이다.
㉱ 교육과정은 환경기술인과정과 배출·방지시설 기술요원과정이 있다.

풀이 ㉱ 교육과정은 환경기술인과정, 폐수처리기술요원 과정, 측정기기 관리대행 기술인력과정이 있다.

68 환경부장관은 대권역별로 물환경보전을 위한 기본계획(대권역계획)을 몇 년 마다 수립하여야 하는가?

㉮ 5년 ㉯ 10년
㉰ 15년 ㉱ 20년

69 비점오염저감시설 중 장치형 시설에 해당되는 것은 어느 것인가?

㉮ 여과형 시설 ㉯ 저류형 시설
㉰ 식생형 시설 ㉱ 침투형 시설

풀이 비점오염저감시설 중 장치형 시설에는 여과형 시설, 소용돌이형 시설, 스크린형 시설, 응집·침전 처리형 시설, 생물학적 처리형 시설이 있다.

70 비점오염저감계획 이행(시설설치·개선의 경우는 제외한다) 명령의 경우, 환경부장관이 이행을 위해 정할 수 있는 기간 범위 기준으로 알맞은 것은 어느 것인가? (단, 연장기간은 고려하지 않는다.)

㉮ 6개월 ㉯ 3개월
㉰ 2개월 ㉱ 1개월

71 오염총량관리 조사·연구반을 구성, 운영하는 곳은 어디인가?

㉮ 국립환경과학원
㉯ 유역환경청
㉰ 한국환경공단
㉱ 시도보건환경연구원

풀이 오염총량관리 조사·연구반을 구성, 운영하는 곳은 국립환경과학원이다.

정답 66 ㉰ 67 ㉱ 68 ㉯ 69 ㉮ 70 ㉰ 71 ㉮

72 다음 ( )안에 들어갈 알맞은 말은?

> 환경부장관은 폐수처리업의 등록을 한 자에 대하여 영업정지를 명하여야 하는 경우로서 그 영업정지가 주민의 생활 그 밖의 공익에 현저한 지장을 줄 우려가 있다고 인정되는 경우에는 영업정지처분을 갈음하여 매출액에 ( )를 곱한 금액을 초과하지 아니하는 범위에서 과징금을 부과할 수 있다.

㉮ 100분의 0.5   ㉯ 100분의 5
㉰ 100분의 10   ㉱ 100분의 15

73 공공수역이라 함은 하천, 호소, 항만, 연안해역 그 밖에 공공용에 사용되는 수역과 이에 접속하여 공공용에 사용되는 환경부령이 정하는 수로를 말한다. 다음 중 환경부령으로 정하는 수로에 해당되지 않는 것은 어느 것인가?

㉮ 지하수로   ㉯ 운하
㉰ 상수관거   ㉱ 하수관로

[풀이] 환경부령으로 정하는 수로는 지하수로, 농업용 수로, 하수관로, 운하이다.

74 다음 ( )안에 알맞은 내용은 어느 것인가?

> 배출시설을 설치하고자 하는 자는 (㉠)으로 정하는 바에 따라 환경부장관의 허가를 받거나 환경부장관에게 신고하여야 한다. 다만 규정에 의하여 폐수무방류배출시설을 설치하려는 자는 (㉡).

㉮ ㉠ 환경부령,
　 ㉡ 환경부장관의 허가를 받아야 한다.
㉯ ㉠ 대통령령,
　 ㉡ 환경부장관의 허가를 받아야 한다.
㉰ ㉠ 환경부령,
　 ㉡ 환경부장관에게 신고하여야 한다.
㉱ ㉠ 대통령령,
　 ㉡ 환경부장관에게 신고하여야 한다.

75 시·도지사가 환경부장관이 지정·고시하는 호소외의 호소에 대하여 호소수의 물환경 등을 조사·측정하여야 하는 호소의 기준으로 알맞은 것은 어느 것인가?

㉮ 평수위의 면적이 20만m^2 이상인 호소
㉯ 갈수위의 면적이 30만m^2 이상인 호소
㉰ 만수위의 면적이 50만m^2 이상인 호소
㉱ 만수위의 면적이 80만m^2 이상인 호소

76 다음은 폐수처리업자의 준수사항에 관한 내용이다. ( ) 안에 알맞은 것은 어느 것인가?

> 폐수처리업의 등록을 한 자는 (㉠) 수탁폐수(재이용폐수를 포함한다)의 위탁업소별·성상별 수탁량·처리량(재이용량을 포함한다), 보관량 및 폐기물처리량 등을 (㉡) 이내에 시·도지사 등에게 통보하여야 한다.

㉮ ㉠ 월별로
　 ㉡ 다음 달 시작 후 10일
㉯ ㉠ 분기별로
　 ㉡ 다음 분기의 시작 후 10일
㉰ ㉠ 반기별로
　 ㉡ 다음 반기의 시작 후 10일
㉱ ㉠ 년도별로
　 ㉡ 다음 해 시작 후 10일

정답 72 ㉯ 73 ㉰ 74 ㉯ 75 ㉰ 76 ㉰

77 비점오염원 관리지역에 관한 내용 중 틀린 것은 어느 것인가?

㉮ 환경부장관은 비점오염원에서 유출되는 강우유출수로 인해 중대한 위해가 발생할 우려가 있는 지역에 대해 비점오염원 관리 지역을 지정할 수 있다.
㉯ 시·도지사는 관할구역 중 비점오염원의 관리가 필요하다고 인정되는 지역에 대해 환경부장관에게 관리지역으로의 지정을 요청할 수 있다.
㉰ 관리지역의 지정기준·지정절차·그 밖의 필요한 사항은 환경부령으로 정한다.
㉱ 환경부장관은 관리지역의 지정사유가 없어졌다면 관리지역의 전부 또는 일부에 대하여 지정을 해제할 수 있다.

풀이 ㉰ 관리지역의 지정기준·지정절차·그 밖의 필요한 사항은 대통령령으로 정한다.

78 다음의 위임업무 보고사항 중 보고 횟수 기준이 다른 것은 어느 것인가?

㉮ 과징금 부과 실적
㉯ 폐수처리업에 대한 등록·지도단속실적 및 처리실적 현황
㉰ 폐수위탁·사업장 내 처리현황 및 처리실적
㉱ 골프장 맹·고독성 농약 사용 여부 확인 결과

풀이 보고 횟수
㉮ 연 2회, ㉯ 연 2회, ㉰ 연 1회, ㉱ 연 2회

79 환경기술인을 임명하지 아니하거나 임명(바꾸어 임명한 것을 포함한다)에 대한 신고를 하지 아니한 자에 대한 과태료 처분기준으로 알맞은 것은 어느 것인가?

㉮ 1천만원 이하   ㉯ 300만원 이하
㉰ 200만원 이하   ㉱ 100만원 이하

풀이 ㉮ 1천만원 이하의 과태료에 해당한다.

80 배출시설 등의 가동시작 신고를 한 사업자가 환경부령이 정하는 기간 이내에 배출시설에서 배출되는 수질오염 물질이 배출허용기준 이하로 처리될 수 있도록 방지 시설을 운영하여야 하는데, 이 경우 환경부령이 정하는 기간으로 틀린 것은 어느 것인가?

㉮ 폐수처리방법이 생물화학적인 처리방법인 경우(가동시작일이 11월 1일부터 다음연도 1월 31일까지에 해당하지 않는 경우) : 가동시작일로부터 50일
㉯ 폐수처리방법이 생물화학적인 처리방법인 경우(가동시작일이 11월 1일부터 다음연도 1월 31일까지에 해당되는 경우) : 가동시작일로부터 70일
㉰ 폐수처리방법이 물리적인 처리방법인 경우 : 가동시작일로부터 30일
㉱ 폐수처리방법이 화학적인 처리방법인 경우 : 가동시작일로부터 40일

풀이 ㉱ 폐수처리방법이 화학적인 처리방법인 경우 : 가동시작일로부터 30일

정답 77 ㉰ 78 ㉰ 79 ㉮ 80 ㉱

2016년 1회 수질환경산업기사

2016년 3월 6일 시행

| 제1과목 | 수질오염개론

01 지하수가 오염되었을 때, 실시할 수 있는 대책 중 오염물질의 유발요인이 집중적이고 오염된 면적이 비교적 적을 경우 적용할 수 있는 가장 적절한 방법은 어느 것인가?

㉮ 현장공기추출법
㉯ 유해물질 굴착 제거법
㉰ 오염지하수의 양수 처리법
㉱ 토양내의 미생물을 이용한 처리법

【풀이】 ㉯ 유해물질 굴착 제거법에 대한 설명이다.

02 일반적으로 담수의 DO가 해수의 DO보다 높은 이유로 가장 적절한 것은 어느 것인가?

㉮ 수온이 낮기 때문에
㉯ 염도가 낮기 때문에
㉰ 산소의 분압이 크기 때문에
㉱ 기압에 따른 산소용해율이 크기 때문에

【풀이】 담수의 DO가 해수의 DO보다 높은 이유는 염도가 낮기 때문이다.

03 물의 밀도에 관한 내용으로 틀린 것은 어느 것인가?

㉮ 물의 밀도는 3.98℃에서 최대값을 나타낸다.
㉯ 해수의 밀도가 담수의 밀도보다 큰 값을 나타낸다.
㉰ 물의 밀도는 3.98℃보다 온도가 상승하거나 하강하면 감소한다.
㉱ 물의 밀도는 비중량을 부피로 나눈 값이다.

【풀이】 ㉱ 물의 밀도는 질량을 부피로 나눈 값이다.

04 석회를 투입하여 물의 경도를 제거하고자 한다. 반응식이 다음과 같을 때 Ca^{2+} 20mg/L을 제거하기 위해 필요한 석회량(mg/L)은 얼마인가? (단, Ca의 원자량은 40 이다.)

$$Ca(HCO_3)_2 + Ca(OH)_2 \rightarrow 2CaCO_3 \downarrow + 2H_2O$$

㉮ 18   ㉯ 28
㉰ 37   ㉱ 45

【풀이】 Ca^{2+} : $Ca(OH)_2$
40g : 74g
20mg/L : X

$$\therefore X = \frac{20mg/L \times 74g}{40g} = 37mg/L$$

정답 01 ㉯   02 ㉯   03 ㉱   04 ㉰

05 성층현상이 있는 호수에서 수온의 큰 도약을 가지는 층은?

㉮ hypolimnion ㉯ thermocline
㉰ sedimentation ㉱ epilimnion

[풀이] 수온의 큰 도약을 가지는 층(수온의 차이가 큰 층)은 수온약층(thermocline)이다.

06 호기성 bacteria의 질소 함량(%)은 얼마인가? (단, 경험적 호기성 박테리아를 나타내는 화학적 기준)

㉮ 약 4.2% ㉯ 약 8.9%
㉰ 약 12.4% ㉱ 약 18.2%

[풀이] $C_5H_7O_2N$의 분자량은 113g이다.
따라서 $N(\%) = \dfrac{14g}{113g} \times 100 = 12.39\%$

07 혐기성 조건하에서 295g의 glucose($C_6H_{12}O_6$)로부터 발생 가능한 CH_4가스의 용적(L)은 얼마인가? (단, 완전분해, 표준상태 기준이다.)

㉮ 약 60 ㉯ 약 80L
㉰ 약 110L ㉱ 약 150L

[풀이] $C_6H_{12}O_6 \rightarrow 3CO_2 + 3CH_4$
180g : 3×22.4L
295g : X
∴ $X(L) = \dfrac{295g \times 3 \times 22.4L}{180g} = 110.1L$

08 유량이 10,000m³/day인 폐수를 BOD 4mg/L, 유량 4,000,000m³/day인 하천에 방류하였다. 방류한 폐수가 하천수와 완전 혼합되어졌을 때 하천의 BOD가 1mg/L 높아졌다면 하천에 가해진 폐수의 BOD 부하량(kg/day)은 얼마인가?
(단, 기타 조건은 고려하지 않는다.)

㉮ 1,425kg/day ㉯ 1,810kg/day
㉰ 2,250kg/day ㉱ 4,050kg/day

[풀이] ① 폐수의 BOD 계산
$C_m = \dfrac{Q_1C_1 + Q_2C_2}{Q_1 + Q_2}$

$5mg/L = \dfrac{4,000,000m^3/day \times 4mg/L + 10,000m^3/day \times C_2}{(4,000,000 + 10,000)m^3/day}$

∴ C_2(폐수의 BOD)
$= \dfrac{\{5mg/L \times (4,000,000 + 10,000)m^3/day\} - (4,000,000m^3/day \times 4mg/L)}{10,000m^3/day}$
$= 405mg/L$

② 폐수의 BOD 부하량(kg/day)
= 폐수의 BOD(kg/m³) × 폐수량(m³/day)
= 0.405kg/m³ × 10,000m³/day
= 4,050kg/day

TIP
① mg/L $\xrightarrow{\times 10^{-3}}$ kg/m³
② 405mg/L = 0.405kg/m³

정답 05 ㉯ 06 ㉰ 07 ㉰ 08 ㉱

09 수중의 용존산소에 관한 내용으로 틀린 것은 어느 것인가?

㉮ 수온이 높을수록 용존산소량은 감소한다.
㉯ 용존염류의 농도가 높을수록 용존산소량은 감소한다.
㉰ 같은 수온하에서는 담수보다 해수의 용존산소량이 높다.
㉱ 현존 용존산소 농도가 낮을수록 산소전달율은 높아진다.

풀이 ㉰ 같은 수온하에서는 해수보다 담수의 용존산소량이 높다.

10 폭이 60m, 수심이 1.5m로 거의 일정한 하천에서 유량을 측정하였더니 18m³/sec이었다. 하류의 어떤 지점에서 측정한 BOD 농도가 17mg/L이었다면, 이로부터 상류 40km지점의 BOD_u 농도(mg/L)는 얼마인가? (단, k_1 = 0.1/day(자연대수인 경우), 중간에는 지천이 없으며 기타 조건은 고려하지 않는다.)

㉮ 28.9mg/L   ㉯ 25.2mg/L
㉰ 23.8mg/L   ㉱ 21.4mg/L

풀이 ① 유량(Q)=단면적(A)×유속(v)

$$v = \frac{Q}{A} = \frac{Q}{W \times H} = \frac{18m^3/sec}{60m \times 1.5m} = 0.2m/sec$$

② 시간(t) = $\frac{길이(L)}{유속(v)}$

$$= \frac{40 \times 10^3 m}{0.2m/sec \times 3,600sec/hr \times 24hr/day}$$
$$= 2.315 day$$

③ $BOD_{2.315} = BOD_u \times e^{-k_1 \times t}$
$17mg/L = BOD_u \times e^{(-0.1/day \times 2.315day)}$

$$\therefore BOD_u = \frac{17mg/L}{e^{(-0.1/day \times 2.315day)}} = 21.43mg/L$$

11 우리나라 물의 이용 형태별로 볼 때 가장 수요가 많은 용수는 어느 것인가?

㉮ 생활용수   ㉯ 공업용수
㉰ 농업용수   ㉱ 유지용수

풀이 우리나라 수자원 이용현황은 농업용수 > 하천유지용수 > 생활용수 > 공업용수 순이다.

12 상수원에 대한 수질검사 결과 질산성질소만 다량 검출되었을 때 알맞은 것은 어느 것인가?

㉮ 유기질소에 의한 일시적인 오염
㉯ 유기질소에 의한 계속적인 오염
㉰ 유기질소에 의한 영구적인 오염
㉱ 지질(地質)에 의한 오염

풀이 질산성질소만 다량 검출된 경우는 유기질소에 의한 일시적인 오염이다.

13 1차 반응에서 반응개시의 물질 농도가 220mg/L이고, 반응 1시간 후의 농도는 94mg/L 이었다면 반응 8시간 후의 물질의 농도(mg/L)는 얼마인가?

㉮ 0.12mg/L   ㉯ 0.25mg/L
㉰ 0.36mg/L   ㉱ 0.48mg/L

풀이 ① 1차반응식 : $\ln \frac{C_t}{C_o} = -k \times t$

$$\ln \frac{94mg/L}{220mg/L} = -k \times 1hr$$

$$\therefore k = \frac{\ln \frac{94mg/L}{220mg/L}}{-1hr} = 0.85/hr$$

② $\ln \frac{C_t}{220mg/L} = -0.85/hr \times 8hr$

$\therefore C_t = 220mg/L \times e^{(-0.85/hr \times 8hr)} = 0.25mg/L$

정답 09 ㉰   10 ㉱   11 ㉰   12 ㉮   13 ㉯

14 해수의 특성에 대한 내용으로 알맞은 것은 어느 것인가?

㉮ 해수 내 아질산성 질소와 질산성 질소는 전체질소의 약 35%이며 나머지는 암모니아성 질소와 유기질소의 형태이다.
㉯ 해수의 pH는 7.3~7.8 정도이며 탄산염의 완충용액이다.
㉰ 해수의 주요성분 농도비는 일정하다.
㉱ 해수는 약전해질로 평균 35% 정도의 염분농도를 함유한다.

풀이 ㉮ 해수 내 전체 질소 중 약 35%는 암모니아성 질소와 유기질소의 형태이다.
㉯ 해수의 pH는 약 8.2 정도로 약알칼리성이다.
㉱ 해수는 강전해질로 평균 35‰ 정도의 염분농도를 함유한다.

15 미생물 중 Fungi에 대한 내용으로 틀린 것은 어느 것인가?

㉮ 탄소 동화작용을 하지 않는다.
㉯ pH가 낮아도 잘 성장한다.
㉰ 충분한 용존산소에서만 잘 성장한다.
㉱ 폐수처리 중에는 sludge bulking의 원인이 된다.

풀이 ㉰ 용존산소가 부족한 경우에도 잘 자란다.

16 화학반응에서 의미하는 산화에 대한 설명으로 틀린 것은 어느 것인가?

㉮ 산소와 화합하는 현상이다.
㉯ 원자가가 증가되는 현상이다.
㉰ 전자를 받아들이는 현상이다.
㉱ 수소화합물에서 수소를 잃는 현상이다.

풀이 ㉰ 전자를 주는 현상이다.

17 분뇨처리과정에서 병원균과 기생충란을 사멸하기 위한 온도로 알맞은 것은 어느 것인가?

㉮ 25~30℃　㉯ 35~40℃
㉰ 45~50℃　㉱ 55~60℃

풀이 분뇨처리과정에서 병원균과 기생충란을 사멸하기 위한 온도는 55~60℃이다.

18 크기가 300m³인 반응조에 색소를 주입할 경우, 주입농도가 150mg/L이었다. 이 반응조에 연속적으로 물을 넣어 색소 농도를 2mg/L로 유지하기 위하여 필요한 소요시간(hr)은 얼마인가? (단, 유입유량은 5m³/hr이며, 반응조 내의 물은 완전혼합, 1차 반응이라 가정한다.)

㉮ 205hr　㉯ 215hr
㉰ 260hr　㉱ 295hr

풀이
$$\ln \frac{C_t}{C_o} = -\left(\frac{Q}{V}\right) \times t$$

$$\ln \frac{2mg/L}{150mg/L} = -\left(\frac{5m^3/hr}{300m^3}\right) \times t$$

$$\therefore t = \frac{\ln \frac{2mg/L}{150mg/L}}{-\left(\frac{5m^3/hr}{300m^3}\right)} = 259.0hr$$

19 세균의 세포형성에 따른 분류로 틀린 것은 어느 것인가?

㉮ 구균　㉯ 진균
㉰ 간균　㉱ 나선균

풀이 세균의 세포형성에 따라 구균, 간균, 나선균으로 분류한다.

정답 14 ㉰　15 ㉰　16 ㉰　17 ㉱　18 ㉰　19 ㉯

20 분뇨처리장에서 1차 처리 후 BOD 농도가 2,000mg/L, Cl^- 농도가 200mg/L로 너무 높아 2차 처리에 어려움이 있어 희석수로 희석하고자 한다. 희석수의 Cl^- 농도는 10mg/L이고, 희석 후 2차 처리 유입수의 Cl^- 농도가 20mg/L일 때 희석배율은 얼마인가?

㉮ 19배　　㉯ 21배
㉰ 23배　　㉱ 25배

풀이
① 희석수량(Q_2)를 계산한다.

$$C_m = \frac{Q_1C_1 + Q_2C_2}{Q_1 + Q_2}$$

$$20mg/L = \frac{1 \times 200mg/L + X \times 10mg/L}{1 + X}$$

∴ X = 18

② 희석 배수치(P) = $\frac{Q_1 + Q_2}{Q_1} = \frac{1+18}{1} = 19$

| 제2과목 | 수질오염방지기술

21 침전지의 수면적부하와 관련이 없는 것은 어느 것인가?

㉮ 유량　　㉯ 표면적
㉰ 속도　　㉱ 유입농도

풀이
수면적부하(속도) = $\frac{유량}{표면적(수면적)}$

---

22 BOD 12,000ppm, 염소이온 농도 800ppm의 분뇨를 희석해서 활성오니법으로 처리하였다. 처리수가 BOD 60ppm, 염소이온 농도 50ppm으로 되었을 때 BOD 제거율(%)은 얼마인가? (단, 염소이온은 활성오니법으로 처리할 때 제거되지 않는다고 가정한다.)

㉮ 85%　　㉯ 88%
㉰ 92%　　㉱ 95%

풀이
BOD 제거율(%) = $\left(1 - \frac{유출수\,BOD \times P}{유입수\,BOD}\right) \times 100$

희석배수치(P) = $\frac{유입수의\,Cl^-\,농도}{유출수의\,Cl^-\,농도} = \frac{800ppm}{50ppm}$
= 16배

따라서 BOD 제거율(%)
= $\left(1 - \frac{60ppm \times 16}{12,000ppm}\right) \times 100 = 92\%$

---

23 ( )에 알맞은 말은 어느 것인가?

> 상수의 계획취수량을 확보하기 위하여 필요한 저수용량의 결정에 사용하는 계획기준년은 원칙적으로 ( )에 제1위 정도의 갈수를 표준으로 한다.

㉮ 5개년　　㉯ 7개년
㉰ 10개년　㉱ 15개년

24 정수처리시설 중 완속여과지에 대한 내용으로 틀린 것은 어느 것인가?

㉮ 완속여과지의 여과속도는 15~25m/day를 표준으로 한다.
㉯ 여과면적은 계획정수량을 여과속도로 나누어 구한다.
㉰ 완속여과지의 모래층의 두께는 70~90cm를 표준으로 한다.
㉱ 여과지의 모래면 위의 수심은 90~120cm를 표준으로 한다.

[풀이] ㉮ 완속여과지의 여과속도는 4~5m/day를 표준으로 한다.

25 유기인 함유 폐수에 대한 내용으로 틀린 것은 어느 것인가?

㉮ 폐수에 함유된 유기인 화합물은 파라치온, 말라치온 등의 농약이다.
㉯ 유기인 화합물은 산성이나 중성에서 안정하다.
㉰ 물에 쉽게 용해되어 독성을 나타내기 때문에 전처리과정을 거친 후 생물학적 처리법을 적용할 수 있다.
㉱ 가장 일반적이고 효과적인 방법으로는 생석회 등의 알칼리로 가수분해 시키고 응집침전 또는 부상으로 전처리한 다음 활성탄 흡착으로 미량의 잔유물질을 제거시키는 것이다.

[풀이] ㉰ 유기인 화합물은 물에 난용성이다.

26 하수관의 부식과 가장 관계가 깊은 가스는 어느 것인가?

㉮ NH_3 가스   ㉯ H_2S 가스
㉰ CO_2 가스   ㉱ CH_4 가스

[풀이] 하수관의 부식은 황화수소(H_2S)에 의해 발생한다.

27 1차 침전지의 침전효율에 가장 큰 영향을 미치는 인자는 어느 것인가?

㉮ 침전지 폭   ㉯ 침전지 깊이
㉰ 침전지 표면적   ㉱ 침전지 부피

28 인구 15만명의 도시에서 유량이 400,000 m³/day이고, BOD가 1.2mg/L인 하천에 50,000m³/day의 하수가 배출된다고 가정한다. 하수처리장에서 처리된 하수가 하천으로 유입되어 BOD가 2.0 ppm으로 유지될 때, BOD 제거율(%)은 얼마인가? (단, 1인당 1일 BOD 배출량 50g, 하수가 하천으로 유입될 때는 완전혼합으로 가정한다.)

㉮ 88.5%   ㉯ 92.5%
㉰ 94.4%   ㉱ 96.5%

[풀이] ① 유출수의 BOD농도(C_2) 계산

$$C_m = \frac{Q_1C_1+Q_2C_2}{Q_1+Q_2}$$

$$2.0\text{mg/L} = \frac{400,000\text{m}^3/\text{day}\times1.2\text{mg/L}+50,000\text{m}^3/\text{day}\times C_2}{400,000\text{m}^3/\text{day}+50,000\text{m}^3/\text{day}}$$

$$\therefore C_2 = 8.4\text{mg/L}$$

② BOD 제거율(%) = $\left(1 - \frac{\text{유출수의 BOD 총량}}{\text{유입수의 BOD 총량}}\right) \times 100$

$= \left\{1 - \frac{8.4\text{g/m}^3 \times 50,000\text{m}^3/\text{day}}{50\text{g/day}\cdot\text{인}\times 150,000\text{인}}\right\} \times 100$

$= 94.4\%$

정답 25 ㉰   26 ㉯   27 ㉰   28 ㉰

> **TIP**
> ① ppm = mg/L = g/m³
> ② 총량(g/day) = 농도(g/m³)×유량(m³/day)

29 활성탄 흡착의 정도와 평형관계를 나타내는 식으로 틀린 것은 어느 것인가?

㉮ Freundlich 식
㉯ Michaelis-Santen 식
㉰ Langmuir 식
㉱ BET 식

[풀이] ㉯ Michaelis-Santen 식은 미생물의 효소반응 속도식이다.

30 활성슬러지 폭기조의 F/M비를 0.4kg BOD/kg MLSS·day로 유지하고자 한다. 운전조건이 다음과 같을 때 MLSS의 농도(mg/L)는 얼마인가? (단, 운전조건 : 폭기조 용량 100m³, 유량 1,000m³/day, 유입 BOD 100mg/L)

㉮ 1,500mg/L   ㉯ 2,000mg/L
㉰ 2,500mg/L   ㉱ 3,000mg/L

[풀이]
$$F/M비 = \frac{BOD \times Q}{MLSS \times V}$$

$$0.4/day = \frac{100mg/L \times 1,000m^3/day}{MLSS \times 100m^3}$$

$$\therefore MLSS = \frac{100mg/L \times 1,000m^3/day}{0.4/day \times 100m^3}$$

$$= 2,500mg/L$$

31 하수 소독 방법인 UV 살균의 장점으로 틀린 것은 어느 것인가?

㉮ 유량과 수질의 변동에 대해 적응력이 강하다.
㉯ 접촉시간이 짧다.
㉰ 물의 탁도나 혼탁이 소독효과에 영향을 미치지 않는다.
㉱ 강한 살균력으로 바이러스에 대해 효과적이다.

[풀이] ㉰ 물의 탁도나 혼탁이 소독효과에 영향을 미친다.

32 물 5m³의 DO가 9.0mg/L이다. 이 산소를 제거하는데 이론적으로 필요한 아황산나트륨(Na_2SO_3)의 양(g)은 얼마인가? (단, 나트륨 원자량 : 23)

㉮ 약 355g   ㉯ 약 385g
㉰ 약 402g   ㉱ 약 429g

[풀이] $Na_2SO_3 + 0.5O_2 \rightarrow Na_2SO_4$
126g : 0.5×32g
X : 9.0g/m³×5m³

$$\therefore X = \frac{126g \times 9.0g/m^3 \times 5m^3}{0.5 \times 32g} = 354.38g$$

정답 29 ㉯ 30 ㉰ 31 ㉰ 32 ㉮

33 20℃에서 탈산소계수 k = 0.23^{-1}일인 어떤 유기물 폐수의 BOD$_5$가 200mg/L일 때 2일 BOD의 농도(mg/L)는 얼마인가? (단, 상용대수를 적용한다.)

㉮ 78mg/L ㉯ 88mg/L
㉰ 140mg/L ㉱ 204mg/L

[풀이] ① BOD$_5$ = BOD$_u$×(1-10$^{-k_1×t}$)
200mg/L = BOD$_u$×(1-10$^{-0.23/day×5day}$)
∴ BOD$_u$ = $\dfrac{200\text{mg/L}}{1-10^{(-0.23/day×5day)}}$ = 215.24mg/L

② BOD$_2$ = BOD$_u$×(1-10$^{-k_1×t}$)
= 215.24mg/L×(1-10$^{-0.23/day×2day}$)
= 140.61mg/L

34 산화지에 대한 내용으로 틀린 것은 어느 것인가?

㉮ 호기성 산화지의 깊이는 0.3~0.6m 정도이며 산소는 바람에 의한 표면포기와 조류에 의한 광합성에 의하여 공급된다.
㉯ 호기성 산화지는 전수심에 걸쳐 주기적으로 혼합시켜 주어야 한다.
㉰ 임의성 산화지는 가장 흔한 형태의 산화지며, 깊이는 1.5~2.5m 정도이다.
㉱ 임의성 산화지는 체류시간은 7~20일 정도이며 BOD처리효율이 우수하다.

[풀이] ㉱ 임의성 산화지는 체류시간은 25~180일 정도이며 BOD처리효율이 낮은 편이다.

35 최근 활성 슬러지법으로 2차 폐수처리장을 건설할 때 1차 침전지(primary settling tank)를 생략하는 경우가 많아지고 있다. 1차 침전지가 없으므로 갖는 장점으로 틀린 것은 어느 것인가?

㉮ 부지 면적과 건설비가 절감된다.
㉯ 충격 부하 시 처리가 용이하다.
㉰ 슬러지 양이 감소가 된다.
㉱ 생물학적 처리 이전의 고농도 유기물의 부패방지가 된다.

[풀이] ㉯ 충격 부하 시 처리가 용이하지 못하다.

36 하·폐수 처리의 근본적인 목적으로 가장 알맞은 것은 어느 것인가?

㉮ 질 좋은 상수원의 확보
㉯ 공중보건 및 환경보호
㉰ 미관 및 냄새 등 심미적 요소의 충족
㉱ 수중생물의 보호

[풀이] 하·폐수 처리의 근본적인 목적은 공중보건 및 환경보호이다.

37 하수고도 처리공법인 A/O공법의 공정 중 혐기조의 역할로 알맞은 것은 어느 것인가?

㉮ 유기물제거, 질산화
㉯ 탈질, 유기물 제거
㉰ 유기물 제거, 용해성 인 방출
㉱ 유기물 제거, 인 과잉흡수

[풀이] 혐기조의 역할은 유기물 제거, 용해성 인 방출이다.

정답 33 ㉰ 34 ㉱ 35 ㉯ 36 ㉯ 37 ㉰

38 오존살균에 대한 내용으로 틀린 것은 어느 것인가?

㉮ 오존은 상수의 최종살균을 위해 주로 사용된다.
㉯ 오존은 저장할 수 없어 현장에서 생산해야 한다.
㉰ 오존은 산소의 동소체로 HOCl보다 더 강력한 산화제이다.
㉱ 수용액에서 오존은 매우 불안정하여 20℃의 증류수에서의 반감기는 20~30분 정도이다.

[풀이] ㉮ 상수의 최종살균에 주로 사용되는 것은 염소이다.

39 3,200m³/day의 하수를 폭 4m, 깊이 3.2m, 길이 20m인 직사각형 침전지로 처리한다면 이 침전지의 표면부하율(m/day)은 얼마인가?

㉮ 30m/day ㉯ 40m/day
㉰ 50m/day ㉱ 60m/day

[풀이] 표면부하율(m³/m²·day)
$= \dfrac{Q(m^3/day)}{A(m^2)} = \dfrac{3,200m^3/day}{4m \times 20m}$
$= 40m^3/m^2 \cdot day$

TIP
① 표면부하율 공식에서 면적(A) = 수면적이다.
② 수면적 = W(폭)×L(길이)
③ 표면부하율 단위는 m³/m²·day = m/day

40 분뇨처리에 있어서 SVI를 측정한 결과 120이었고 SV는 30%이었다. 포기조의 MLSS 농도(mg/L)는 얼마인가?

㉮ 2,000mg/L ㉯ 2,500mg/L
㉰ 3,000mg/L ㉱ 3,500mg/L

[풀이]
$SVI = \dfrac{SV(\%)}{MLSS(mg/L)} \times 10^4$

$120 = \dfrac{30\%}{MLSS(mg/L)} \times 10^4$

$\therefore MLSS = \dfrac{30\% \times 10^4}{120} = 2,500mg/L$

제3과목 | 수질오염공정시험기준

41 용액 중 CN⁻ 농도를 2.6mg/L로 만들려고 하면 물 1,000L에 용해될 NaCN의 양(g)은 얼마인가? (단, Na 원자량 : 23)

㉮ 약 5g   ㉯ 약 10g
㉰ 약 15g ㉱ 약 20g

[풀이] NaCN : CN⁻
49g : 26g
X : 2.6mg/L×10⁻³g/mg×1,000L
∴ X = 4.9g

정답 38 ㉮ 39 ㉯ 40 ㉯ 41 ㉮

42 이온크로마토그래피의 일반적인 시료 주입량과 주입방식으로 알맞은 것은 어느 것인가?

㉮ 1~5μL, 루프-밸브에 의한 주입방식
㉯ 5~10μL, 분무기에 의한 주입방식
㉰ 10~100μL, 루프-밸브에 의한 주입방식
㉱ 100~250μL, 분무기에 의한 주입방식

43 용존산소-적정법으로 DO를 측정할 때 지시약 투입 후 적정 종말점 색은 어느 것인가?

㉮ 청색 ㉯ 무색
㉰ 황색 ㉱ 홍색

풀이 종말점의 색은 무색이다.

44 투명도 측정원리에 대한 내용으로 ( )안에 알맞은 말은 어느 것인가?

> 지름 30cm의 투명도판(백색원판)을 사용하여 호소나 하천에 보이지 않는 깊이로 넣은 다음 이것을 천천히 끌어올리면서 보이기 시작한 깊이를 (①)단위로 읽어 투명도를 측정한다. 이 때 투명도판은 무게가 약 3kg인 지름 30cm의 백색원판에 지름 (②)의 구멍 (③)개가 뚫린 것을 사용한다.

㉮ ① 0.1m, ② 5cm, ③ 8
㉯ ① 0.1m, ② 10cm, ③ 6
㉰ ① 0.5m, ② 5cm, ③ 8
㉱ ① 0.5m, ② 10cm, ③ 6

45 폐수처리 공정 중 관내의 압력이 필요하지 않은 측정용 수로의 유량 측정 장치인 웨어가 적용되지 않는 것은 어느 것인가?

㉮ 공장폐수원수 ㉯ 1차 처리수
㉰ 2차 처리수   ㉱ 공정수

풀이 웨어가 적용되는 것은 1차 처리수, 2차 처리수, 공정수이다.

46 원자흡수분광광도계에 사용되는 가장 일반적인 불꽃 조성 가스는 어느 것인가?

㉮ 산소 - 공기
㉯ 아세틸렌 - 공기
㉰ 프로판 - 산화질소
㉱ 아세틸렌 - 질소

47 자외선/가시선 분광법(다이에틸다이티오카르바민산법)을 사용하여 구리(Cu)를 정량할 때 생성되는 킬레이트 화합물의 색깔은 어느 것인가?

㉮ 적색   ㉯ 황갈색
㉰ 청색   ㉱ 적자색

풀이 킬레이트 화합물의 색깔은 황갈색이고, 흡광도는 440nm에서 측정한다.

정답 42 ㉰ 43 ㉯ 44 ㉮ 45 ㉮ 46 ㉯ 47 ㉯

48 물벼룩을 이용한 급성 독성 시험법(시험생물)에 대한 설명으로 틀린 것은 어느 것인가?

㉮ 시험하기 12시간 전부터는 먹이 공급을 중단하여 먹이에 대한 영향을 최소화 한다.
㉯ 태어난 지 24시간 이내의 시험생물일지라도 가능한 한 크기가 동일한 시험생물을 시험에 사용한다.
㉰ 배양 시 물벼룩이 표면에 뜨지 않아야 하고, 표면에 뜰 경우 시험에 사용하지 않는다.
㉱ 물벼룩을 옮길 때 사용되는 스포이드에 의한 교차 오염이 발생하지 않도록 주의를 기울인다.

풀이 ㉮ 시험하기 12시간 전에 먹이를 충분히 공급하여 시험 중 먹이가 주는 영향을 최소화하도록 한다.

49 시험에 적용되는 용어의 정의로 틀린 것은 어느 것인가?

㉮ 기밀용기 : 취급 또는 저장하는 동안에 밖으로부터의 공기 또는 다른 가스가 침입하지 아니하도록 내용물을 보호하는 용기
㉯ 정밀히 단다 : 규정된 양의 시료를 취하여 화학저울 또는 미량저울로 칭량함을 말한다.
㉰ 정확히 취하여 : 규정된 양의 액체를 부피피펫으로 눈금까지 취하는 것을 말한다.
㉱ 감압 : 따로 규정이 없는 한 15mmH₂O 이하를 뜻한다.

풀이 ㉱ 감압 : 따로 규정이 없는 한 15mmHg 이하를 뜻한다.

50 처리하여 방류된 공장폐수의 BOD값을 전혀 모르고 BOD 측정을 하려할 때 희석수에 함유되는 공장폐수시료의 비율로 알맞은 것은 어느 것인가?

㉮ 0.1~1.0% ㉯ 1~5%
㉰ 5~25%   ㉱ 25~50%

풀이 **희석하여 시료 조제방법**
① 오염정도가 심한 공장폐수 : 0.1~1.0%
② 처리하지 않은 공장폐수와 침전된 하수 : 1~5%
③ 처리하여 방류된 공장폐수 : 5~25%
④ 오염된 하천수 : 25~100%

51 폐수중의 부유물질을 측정하기 위한 실험에서 다음과 같은 결과를 얻었다. 이 결과로부터 알 수 있는 거름종이와 여과물질(건조상태)의 무게(g)는 얼마인가?
(단, 거름종이 무게 : 1.991g, 시료의 SS : 120mg/L, 시료량 : 200mL)

㉮ 2.005g   ㉯ 2.015g
㉰ 2.150g   ㉱ 2.550g

풀이 $SS(mg/L) = \dfrac{(\text{포집 후 무게} - \text{포집 전 무게})(mg)}{\text{시료량}(L)}$

$120 mg/L = \dfrac{(\text{포집 후 무게} - 1.991g) \times 10^3 mg/g}{0.2L}$

∴ 포집 후 무게 = 2.015g

TIP
① 포집 전 무게 = 거름종이 무게
② 포집 후 무게 = 거름종이+여과물질의 무게

정답 48 ㉮ 49 ㉱ 50 ㉰ 51 ㉯

52 자외선/가시선 분광법으로 정량하는 물질로 틀린 것은 어느 것인가?

㉮ 총인
㉯ 노말헥산 추출물질
㉰ 불소
㉱ 페놀

[풀이] 노말헥산 추출물질과 부유물질은 중량법을 이용한다.

53 총대장균군의 분석법으로 틀린 것은 어느 것인가?

㉮ 막여과법 ㉯ 현미경계수법
㉰ 시험관법 ㉱ 평판집락법

[풀이] 분석방법
① 총대장균군 : 막여과법, 시험관법, 평판집락법, 효소이용정량법
② 분원성대장균군 : 막여과법, 시험관법, 효소이용정량법
③ 대장균 : 효소이용정량법

54 수은 측정을 위해 자외선/가시선 분광법(디티존법)을 적용할 때 사용되는 완충액은 어느 것인가?

㉮ 인산 - 탄산염 완충용액
㉯ 붕산 - 탄산염 완충용액
㉰ 인산 - 수산염 완충용액
㉱ 붕산 - 수산염 완충용액

[풀이] 수은 측정을 위해 자외선/가시선 분광법(디티존법)을 적용할 때 사용되는 완충액은 인산 - 탄산염 완충용액이다.

55 배출허용기준 적합여부 판정을 위한 복수시료 채취방법에 대한 기준으로 ( )에 알맞은 말은 어느 것인가?

> 자동시료채취기로 시료를 채취할 경우에 6시간 이내에 30분 이상 간격으로 ( ) 이상 채취하여 일정량의 단일 시료로 한다.

㉮ 1회 ㉯ 2회
㉰ 4회 ㉱ 8회

56 시료의 보존방법 및 최대보존기간에 관한 설명으로 알맞은 것은 어느 것인가?

㉮ 냄새용 시료는 4℃ 보관, 최대 48시간 동안 보존한다.
㉯ COD용 시료는 황산 또는 질산을 첨가하여 pH 4 이하, 최대 7일간 보존한다.
㉰ 유기인용 시료는 HCl로 pH 5~9, 4℃ 보관, 최대 7일간 보존한다.
㉱ 질산성 질소용 시료는 4℃ 보관, 최대 24시간 보존한다.

[풀이] ㉮ 냄새용 시료는 가능한 즉시 분석 또는 냉장 보관하며, 최대보존기간은 6시간이다.
㉯ COD용 시료는 황산을 첨가하여 pH 2 이하, 최대 28일간 보존한다.
㉱ 질산성 질소용 시료는 4℃ 보관, 최대 48시간 보존한다.

정답 52 ㉯ 53 ㉯ 54 ㉮ 55 ㉯ 56 ㉰

57 다음 ( )에 알맞은 말은 어느 것인가?
(단, 자외선/가시선 분광법 기준)

> 6가 크롬 측정원리 : 6가 크롬을 ( )와(과) 반응하여 생성되는 적자색의 착화합물의 흡광도를 측정, 정량한다.

㉮ 다이아조화페닐
㉯ 다이에틸디티오카르바민산나트륨
㉰ 아스코르빈산은
㉱ 다이페닐카바자이드

58 자외선/가시선 분광법으로 비소를 측정할 때의 방법이다. ( )에 알맞은 말은 어느 것인가?

> 물속에 존재하는 비소를 측정하는 방법으로, (①)로 환원시킨 다음 아연을 넣어 발생되는 수소화비소를 다이에틸다이티오카바민산은의 피리딘 용액에 흡수시켜 생성된 (②) 착화합물을 (③)에서 흡광도를 측정하는 방법이다.

㉮ ① 3가 비소 ② 청색 ③ 620nm
㉯ ① 3가 비소 ② 적자색 ③ 530nm
㉰ ① 6가 비소 ② 청색 ③ 620nm
㉱ ① 6가 비소 ② 적자색 ③ 530nm

59 다음 이온 중 이온크로마토그래피로 분석 시 정량한계 값이 다른 하나는 어느 것인가?

㉮ F^- ㉯ NO_2^-
㉰ Cl^- ㉱ SO_4^{2-}

풀이 정량한계
① F^-, NO_2^-, Cl^- : 0.1mg/L
② SO_4^{2-} : 0.5mg/L

60 pH 측정에 사용하는 전극이 오염되었을 때 전극의 세척에 사용하는 용액으로 알맞은 것은 어느 것인가?

㉮ 황산 0.1M   ㉯ 황산 0.01M
㉰ 염산 0.1M   ㉱ 염산 0.01M

| 제4과목 | 수질환경관계법규

61 기타수질오염원 대상에 해당되지 않는 것은 어느 것인가?

㉮ 골프장
㉯ 수산물 양식시설
㉰ 농축수산물 수송시설
㉱ 운수장비 정비 또는 폐차장 시설

풀이 ㉰ 농축수산물 단순가공시설

정답 57 ㉱ 58 ㉯ 59 ㉱ 60 ㉰ 61 ㉰

62 조업정지처분에 갈음한 과징금 처분대상 배출시설로 틀린 것은 어느 것인가?

㉮ 방위사업법 규정에 따른 방위산업체의 배출시설
㉯ 수도법 규정에 의한 수도시설
㉰ 도시가스사업법 규정에 의한 가스공급시설
㉱ 석유 및 석유대체연료 사업법 규정에 따른 석유비축계획에 따라 설치된 석유비축시설

63 배출부과금을 부과할 때 고려하여야 하는 사항으로 틀린 것은 어느 것인가?

㉮ 배출시설 규모
㉯ 배출허용기준 초과 여부
㉰ 수질오염물질의 배출기간
㉱ 배출되는 수질오염물질의 종류

[풀이] 배출부과금을 부과할 때 고려하여야 하는 사항으로는 ㉯·㉰·㉱외에 수질오염물질의 배출량, 자가측정 여부가 있다.

64 수질오염감시경보에 관한 내용으로 측정항목별 측정값이 관심단계 이하로 낮아진 경우의 수질오염감시경보단계는 어느 것인가?

㉮ 경계   ㉯ 주의
㉰ 해제   ㉱ 관찰

[풀이] 관심단계는 2회 연속 채취 시 남조류 세포수가 1,000세포/mL 미만인 경우에 해당한다.

65 정당한 사유없이 하천·호소에서 자동차를 세차한 자에 대한 과태료 처분기준으로 알맞은 것은 어느 것인가?

㉮ 100만원 이하   ㉯ 300만원 이하
㉰ 500만원 이하   ㉱ 1,000만원 이하

[풀이] 정당한 사유없이 하천·호소에서 자동차를 세차한 자에 대한 과태료 처분기준은 100만원 이하에 해당한다.

66 환경정책기본법 시행령에서 명시된 환경기준 중 수질 및 수생태계(해역)의 생활환경기준 항목으로 틀린 것은 어느 것인가?

㉮ 총질소   ㉯ 총대장균군
㉰ 수소이온농도   ㉱ 용매 추출유분

[풀이] 수질 및 수생태계(해역)의 생활환경기준 항목으로는 수소이온농도, 총대장균군, 용매 추출유분이 있다.

67 수질 및 수생태계 정책심의위원회에 대한 내용으로 틀린 것은 어느 것인가?

㉮ 위원회의 위원장은 환경부차관으로 한다.
㉯ 수질 및 수생태계와 관련된 측정·조사에 관한 사항을 심의한다.
㉰ 환경부장관이 위촉하는 수질 및 수생태계 관련 전문가 3명을 포함한다.
㉱ 위원회는 위원장과 부위원장 각 1명을 포함한 20명 이내의 위원으로 성별을 고려하여 구성한다.

[풀이] ㉮ 위원회의 위원장은 환경부장관으로 한다.
[참고] 법개정으로 삭제됨

정답 62 ㉰ 63 ㉮ 64 ㉰ 65 ㉮ 66 ㉮ 67 ㉮

68 사업장 규모에 따른 종별 구분으로 틀린 것은 어느 것인가?

㉮ 1일 폐수 배출량 5,000m³ - 제1종사업장
㉯ 1일 폐수 배출량 1,500m³ - 제2종사업장
㉰ 1일 폐수 배출량 800m³ - 제3종사업장
㉱ 1일 폐수 배출량 150m³ - 제4종사업장

풀이 ㉰ 1일 폐수 배출량 800m³ - 제2종사업장

69 환경부장관이 폐수처리업자의 등록을 취소할 수 있는 경우로 틀린 것은 어느 것인가?

㉮ 파산선고를 받고 복권되지 아니한 자
㉯ 거짓이나 그 밖의 부정한 방법으로 등록한 경우
㉰ 등록 후 1년 이내에 영업을 시작하지 아니하거나 계속하여 1년 이상 영업실적이 없는 경우
㉱ 대기환경보전법을 위반하여 징역의 실형을 선고받고 그 형의 집행이 끝나거나 집행을 받지 아니하기로 확정된 후 2년이 지나지 아니한 사람

풀이 ㉰ 등록 후 2년 이내에 영업을 시작하지 아니하거나 계속하여 2년 이상 영업실적이 없는 경우

70 물환경보전법상 호소에서 수거된 쓰레기의 운반·처리 의무자는 누구인가?

㉮ 수면관리자
㉯ 환경부장관
㉰ 지방환경관서의 장
㉱ 특별자치시장·특별자치도지사·시장·군수·구청장

71 위임업무 보고사항 중 골프장 맹·고독성 농약 사용 여부 확인 결과에 대한 보고횟수 기준으로 알맞은 것은 어느 것인가?

㉮ 수시   ㉯ 연 4회
㉰ 연 2회   ㉱ 연 1회

풀이 골프장 맹·고독성 농약 사용 여부 확인 결과에 대한 보고횟수 기준은 연 2회이다.

72 수질오염방지시설 중 생물화학적 처리시설로 틀린 것은 어느 것인가?

㉮ 접촉조
㉯ 살균시설
㉰ 살수여과상
㉱ 산화시설(산화조 또는 산화지를 말한다.)

풀이 ㉯ 살균시설은 화학적 처리시설에 해당한다.

73 환경기술인을 임명하지 아니하거나 임명(바꾸어 임명한 것을 포함한다)에 대한 신고를 하지 아니한 자에 대한 과태료처분 기준으로 알맞은 것은 어느 것인가?

㉮ 100만원 이하   ㉯ 300만원 이하
㉰ 500만원 이하   ㉱ 1,000만원 이하

풀이 ㉱ 1,000만원 이하의 과태료에 해당한다.

정답 68 ㉰ 69 ㉰ 70 ㉱ 71 ㉰ 72 ㉯ 73 ㉱

74 오염총량관리기본계획 수립 시 포함되어야 하는 사항으로 틀린 것은 어느 것인가?

㉮ 해당 지역 개발 현황
㉯ 지방자치단체별·수계구간별 오염부하량의 할당
㉰ 관할 지역에서 배출되는 오염부하량의 총량 및 저감계획
㉱ 해당 지역 개발계획으로 인하여 추가로 배출되는 오염부하량 및 그 저감계획

[풀이] ㉮ 해당 지역 개발계획의 내용

75 환경부장관은 대권역별로 물환경보전을 위한 기본계획을 몇 년마다 수립하여야 하는가?

㉮ 1년 ㉯ 3년
㉰ 5년 ㉱ 10년

76 환경부령이 정하는 수로에 해당되지 않는 것은 어느 것인가?

㉮ 운하   ㉯ 상수관거
㉰ 지하수로 ㉱ 농업용 수로

[풀이] 환경부령이 정하는 수로에는 지하수로, 농업용 수로, 하수관로, 운하가 있다.

77 다음 중 특정수질유해물질에 해당하는 것은 어느 것인가?

㉮ 바륨화합물
㉯ 브롬화합물
㉰ 니켈과 그 화합물
㉱ 셀레늄과 그 화합물

[풀이] ㉱ 셀레늄과 그 화합물은 특정수질유해물질에 해당한다.

78 환경부장관이 비점오염원관리지역을 지정, 고시한 때에 관계 중앙행정기관의 장 및 시·도지사와 협의하여 수립하여야 하는 비점오염원관리대책에 포함되어야 할 사항으로 틀린 것은 어느 것인가?

㉮ 관리대상 수질오염물질의 종류 및 발생량
㉯ 관리대상 수질오염물질의 관리지역 영향 평가
㉰ 관리대상 수질오염물질의 발생 예방 및 저감방안
㉱ 관리목표

[풀이] 비점오염원관리대책에 포함되어야 할 사항으로는 관리목표, 관리대상 수질오염물질의 종류 및 발생량, 관리대상 수질오염물질의 발생 예방 및 저감방안이 있다.

정답 74 ㉮ 75 ㉱ 76 ㉯ 77 ㉱ 78 ㉯

79 해당 부과기간의 시작일 전 1년 6개월 동안 방류수 수질기준을 초과하지 아니한 사업자의 기본배출부과금 감면율로 알맞은 것은 어느 것인가?

㉮ 100분의 20 ㉯ 100분의 30
㉰ 100분의 40 ㉱ 100분의 50

풀이 1년 이상 2년이내는 감면율이 100분의 30이다.

80 오염총량 초과부과금의 납부통지는 부과 사유가 발생한 날부터 몇 일 이내에 하여야 하는가?

㉮ 15일 ㉯ 30일
㉰ 60일 ㉱ 90일

풀이 오염총량 초과부과금의 납부통지는 60일이다.

정답 79 ㉯ 80 ㉰

2016년 5월 8일 시행

2016년 2회 수질환경산업기사

| 제1과목 | 수질오염개론

01 성장을 위한 먹이(탄소원) 취득 방법이 나머지와 크게 다른 것은 어느 것인가?

㉮ 조류   ㉯ 곰팡이
㉰ 질산화박테리아   ㉱ 황박테리아

02 pH = 6.0인 용액의 산도의 8배를 가진 용액의 pH는 얼마인가?

㉮ 5.1   ㉯ 5.3
㉰ 5.4   ㉱ 5.6

풀이 pH = -log[H^+] ⇒ [H^+] = 10^{-pH} mol/L
pH = 6.0 ⇒ [H^+] = $10^{-6.0}$ mol/L
따라서 pH = -log[H^+] = -log[$10^{-6.0}$ mol/L×8]
= 5.09

03 물의 동점성계수를 가장 알맞게 나타낸 것은 어느 것인가?

㉮ 전단력 τ과 점성계수 μ를 곱한 값이다.
㉯ 전단력 τ과 밀도 ρ를 곱한 값이다.
㉰ 점성계수 μ를 전단력 τ로 나눈 값이다.
㉱ 점성계수 μ를 밀도 ρ로 나눈 값이다.

풀이 동점성계수 = $\dfrac{\mu(\text{점성계수})}{\rho(\text{밀도})}$

04 반응조에 주입된 물감의 10%, 90%가 유출되기까지의 시간은 t_{10}, t_{90} 이라 할 때 Morrill지수는 t_{90}/t_{10}으로 나타낸다. 이상적인 Plug flow인 경우의 Morrill지수 값은 얼마인가?

㉮ 1보다 작다.   ㉯ 1이다.
㉰ 1보다 크다.   ㉱ 0이다.

풀이

	CFSTR	PFR
분산	1	0
분산수	무한대	0
모릴지수	클수록	1
지체시간	0	이론적 체류시간과 동일할 때

05 일반적인 하천에 유기물질이 배출되었을 때 하천의 수질변화를 나타낸 것이다. 그림 중 (2)곡선이 나타내는 수질지표로 가장 적절한 것은 어느 것인가?

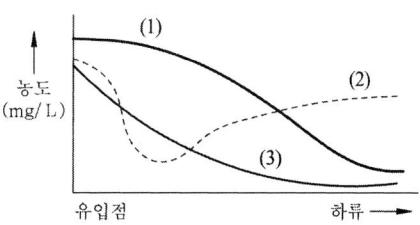

㉮ DO   ㉯ BOD
㉰ SS   ㉱ COD

정답 01 ㉯   02 ㉮   03 ㉱   04 ㉯   05 ㉮

06 수분함량 97%의 슬러지 14.7m³를 수분함량 85%로 농축하면 농축 후 슬러지 용적(m³)은 얼마인가? (단, 슬러지 비중은 1.0 기준이다.)

㉮ 1.92m³ ㉯ 2.94m³
㉰ 3.21m³ ㉱ 4.43m³

풀이 $V_1 \times (100-P_1) = V_2 \times (100-P_2)$
$14.7m^3 \times (100-97) = V_2 \times (100-85)$
∴ $V_2 = \dfrac{14.7m^3 \times (100-97)}{(100-85)} = 2.94m^3$

07 산(Acid)이 물에 녹았을 때 가지는 특성으로 틀린 것은 어느 것인가?

㉮ 맛이 시다.
㉯ 미끈미끈거리며 염기를 중화한다.
㉰ 푸른 리트머스시험지를 붉게 한다.
㉱ 활성을 띤 금속과 반응하여 원소상태의 수소를 발생시킨다.

풀이 ㉯ 염기(Base)는 미끈미끈거리며 산을 중화한다.

08 물의 물성을 나타내는 값으로 틀린 것은 어느 것인가?

㉮ 비점 : 100℃(1기압하)
㉯ 비열 : 1.0cal/g℃(15℃)
㉰ 기화열 : 539cal/g(100℃)
㉱ 융해열 : 179.4cal/g(0℃)

풀이 ㉱ 융해열 : 79.4cal/g(0℃)

09 다음 중 하수처리구역이 아닌 경우 오수, 분뇨의 처리방안으로 알맞은 것은 어느 것인가?

㉮ 분뇨는 단독 정화조에서 처리하여 생활오수와 함께 BOD 50mg/L 이하로 공공수역에 방류시킨다.
㉯ 분뇨와 생활오수를 함께 오수처리시설에 유입시켜 BOD 20mg/L 이하로 처리하여 공공수역에 방류시킨다.
㉰ 분뇨와 생활오수를 함께 우, 오수분류식 하수처리장에서 처리한 후 BOD 20mg/L 이하로 공공수역에 방류시킨다.
㉱ 분뇨는 단독 정화조에서 처리하고 생활오수는 우, 오수분류식 하수처리장에서 처리한 후 BOD 20mg/L 이하로 처리하여 공공수역에 방류시킨다.

10 우리나라의 물이용 형태에서 볼 때 수요가 가장 많은 분야는 어느 것인가?

㉮ 공업용수   ㉯ 농업용수
㉰ 유지용수   ㉱ 생활용수

풀이 우리나라 수자원 이용현황은 농업용수 > 하천유지용수 > 생활용수 > 공업용수 순이다.

11 일반적으로 물속의 용존산소(DO)농도가 증가하게 되는 조건으로 알맞은 것은 어느 것인가?

㉮ 수온이 낮고 기압이 높을 때
㉯ 수온이 낮고 기압이 낮을 때
㉰ 수온이 높고 기압이 높을 때
㉱ 수온이 높고 기압이 낮을 때

정답 06 ㉯ 07 ㉯ 08 ㉱ 09 ㉯ 10 ㉯ 11 ㉮

12 Glucose($C_6H_{12}O_6$) 800mg/L 용액을 호기성 처리 시 필요한 이론적 인량(P, mg/L)은 얼마인가? (단, BOD_5 : N : P = 100 : 5 : 1, $k_1 = 0.1/day^{-1}$, 상용대수기준)

㉮ 약 9.6mg/L ㉯ 약 7.9mg/L
㉰ 약 5.8mg/L ㉱ 약 3.6mg/L

풀이 ① 최종 BOD(BOD_u) 계산
$C_6H_{12}O_6 + 6O_2 \rightarrow 6CO_2 + 6H_2O$
180g : 6×32g
800mg/L : X(BOD_u)
∴ X(BOD_u) = 853.3333mg/L
② BOD_5 계산
$BOD_5 = BOD_u \times (1-10^{-k_1 \times t})$
 = 853.3333mg/L×(1-$10^{-0.1/day \times 5day}$)
 = 583.4856mg/L
③ BOD_5 : P
 100 : 1
 583.4856mg/L : X(P)
∴ X(P) = 5.84mg/L

13 Cd^{2+}를 함유하는 산성수용액의 pH를 증가시키면 침전이 생긴다. pH를 11로 증가시켰을 때 Cd^{2+}농도(mg/L)는 얼마인가? (단, $Cd(OH)_2$의 Ksp = 4×10^{-14}, 원자량은 Cd = 112, O = 16, H = 1, 기타 공존이온의 영향이나 착염에 의한 재용해도는 없는 것으로 본다.)

㉮ 3.12×10^{-3}mg/L ㉯ 3.46×10^{-3}mg/L
㉰ 4.48×10^{-3}mg/L ㉱ 6.29×10^{-3}mg/L

풀이 ① $Cd(OH)_2 \rightarrow Cd^{2+} + 2OH^-$
Ksp = [Cd^{2+}][OH^-]^2
pH = 11 ⇒ pOH = 14-pH = 14-11 = 3
pOH = -log[OH^-] ⇒ [OH^-]
 = 10^{-pOH}mol/L = 10^{-3}mol/L
따라서 Ksp = [Cd^{2+}][OH^-]^2
4×10^{-14} = [Cd^{2+}][10^{-3}mol/L]^2

∴ [Cd^{2+}] = $\frac{4 \times 10^{-14}}{[10^{-3}mol/L]^2}$ = 4.0×10^{-8}mol/L

② Cd^{2+}mg/L = $\frac{4.0 \times 10^{-8}mol}{L} \times \frac{112g}{1mol} \times \frac{10^3 mg}{1g}$
 = 4.48×10^{-3}mg/L

14 수중에 탄산가스 농도나 암모니아성 질소의 농도가 증가하며 Fungi가 사라지는 하천의 변화과정 지대는 어느 것인가? (단, Whipple의 4지대 기준)

㉮ 활발한 분해지대
㉯ 점진적 분해지대
㉰ 분해지대
㉱ 점진적 회복지대

풀이 ㉮ 활발한 분해지대에 대한 설명이다.

15 0.25M $MgCl_2$ 용액의 이온강도는 얼마인가? (단, 완전해리 기준)

㉮ 0.45 ㉯ 0.55
㉰ 0.65 ㉱ 0.75

풀이 $MgCl_2 \rightarrow Mg^{2+} + 2Cl^-$
0.25M 0.25M 2×0.25M
이온강도(I) = $\frac{\text{합{몰수×(가수)}}^2}{2}$
 = $\frac{1}{2} \times \{(0.25M \times 2^2) + (2 \times 0.25M \times 1^2)\}$
 = 0.75

TIP
이온강도(I) : 용액에 들어있는 이온의 전체 농도를 나타내는 척도

정답 12 ㉰ 13 ㉰ 14 ㉮ 15 ㉱

16 자정계수(f)에 대한 내용으로 틀린 것은 어느 것인가?

㉮ 자정계수는 소규모 저수지보다 대형호수가 크다.
㉯ [재폭기계수/탈산소계수]로 나타낸다.
㉰ 수온이 증가할수록 자정계수는 높아진다.
㉱ 하천의 유속이 클수록 자정계수는 커진다.

[풀이] ㉰ 수온이 증가할수록 자정계수는 낮아진다.

17 우리나라에서 주로 설치·사용되어진 분뇨정화조의 형태로 가장 적합하게 짝지어진 것은 어느 것인가?

㉮ 임호프탱크 - 부패탱크
㉯ 접촉포기법 - 접촉안정법
㉰ 부패탱크 - 접촉포기법
㉱ 임호프탱크 - 접촉포기법

18 다음 중 지하수에 관한 내용으로 틀린 것은 어느 것인가?

㉮ 천층수 : 지하로 침투한 물이 제1 불투수면 위에 고인 물로, 공기와의 접촉가능성이 커 산소가 존재할 경우 유기물은 미생물의 호기성 활동에 의해 분해될 가능성이 크다.
㉯ 심층수 : 제1 불침투수층과 제2 불침투수층사이의 피압지하수를 말하며, 지층의 정화작용으로 거의 무균에 가깝고 수온과 성분의 변화가 거의 없다.
㉰ 용천수 : 지표수가 지하로 침투하여 암석 또는 점토와 같은 불투수면에 차단되어 지표로 솟아나온 것으로, 유기성 및 무기성불순물의 함유도가 낮고, 세균도 매우 적다.
㉱ 복류수 : 하천, 저수지 혹은 호수의 바닥 자갈 모래층에 함유되어 있는 물로, 지표수보다 수질이 나쁘며 철과 망간과 같은 광물질 함유량도 높다.

[풀이] ㉱ 복류수 : 하천, 저수지 혹은 호수의 바닥 자갈 모래층에 함유되어 있는 물로, 지표수보다 수질이 양호하고 철과 망간과 같은 광물질 함유량은 낮다.

19 미생물의 발육과정을 순서대로 나열한 것은 어느 것인가?

㉮ 유도기 - 대수증식기 - 정지기 - 사멸기
㉯ 대수증식기 - 정지기 - 유도기 - 사멸기
㉰ 사멸기 - 대수증식기 - 유도기 - 정지기
㉱ 정지기 - 유도기 - 대수증식기 - 사멸기

20 폐수의 분석결과 COD 400mg/L이었고 BOD_5가 250mg/L이었다면 NBDCOD (mg/L)는 얼마인가? (단, 탈산소계수 k_1 (밑이 10) = 0.2day^{-1}이다.)

㉮ 78mg/L   ㉯ 122mg/L
㉰ 172mg/L   ㉱ 210mg/L

[풀이] ① BOD_u(= BDCOD)
$BOD_5 = BOD_u \times (1-10^{-k_1 \times t})$
250mg/L = $BOD_u \times (1-10^{-0.2/day \times 5day})$
∴ BOD_u = 277.7778mg/L
② COD = BDCOD + NBDCOD
∴ NBDCOD = COD − BDCOD(= BOD_u)
= 400mg/L − 277.7778mg/L
= 122.22mg/L

정답 16 ㉰   17 ㉮   18 ㉱   19 ㉮   20 ㉯

제2과목 | 수질오염방지기술

21 BOD₅가 85mg/L인 하수가 완전혼합 활성슬러지공정으로 처리된다. 유출수의 BOD₅가 15mg/L, 온도 20℃, 유입 유량 40,000 톤/일, MLVSS가 2,000mg/L, Y값 0.6mgVSS/mg BOD₅, K_d값 0.6d⁻¹, 미생물체류시간이 10일이라면 Y값과 K_d값을 이용한 반응조의 부피(m³)는 얼마인가? (단, 비중은 1.0 기준이다.)

㉮ 800m³ ㉯ 1,000m³
㉰ 1,200m³ ㉱ 1,400m³

풀이
$$\frac{1}{SRT} = \frac{Y \cdot Q \cdot (BOD_i - BOD_o)}{MLVSS \times V} - k_d$$

$$\frac{1}{10\text{day}} = \frac{0.6 \times 40,000\text{m}^3/\text{day} \times (85-15)\text{mg/L}}{2,000\text{mg/L} \times V} - 0.6/\text{day}$$

$$\therefore V = \frac{0.6 \times 40,000\text{m}^3/\text{day} \times (85-15)\text{mg/L}}{\left(0.6/\text{day} + \frac{1}{10\text{day}}\right) \times 2,000\text{mg/L}}$$

$$= 1,200\text{m}^3$$

TIP
비중이 1.0ton/m³일 때 40,000ton/day = 40,000m³/day

22 유기성폐하수의 고도처리 및 효율적인 처리법으로 사용되고 있는 미생물자기조립법에 의한 처리방법으로 틀린 것은 어느 것인가?

㉮ AUSB법 ㉯ UASB법
㉰ SBR법 ㉱ USB법

풀이 ㉰ SBR법은 연속회분식 활성슬러지법이다.

23 차아염소산과 수중의 암모니아나 유기성 질소화합물이 반응하여 클로라민을 형성할 때 pH가 9인 경우 가장 많이 존재하게 되는 물질은 어느 것인가?

㉮ 모노클로라민 ㉯ 디클로라민
㉰ 트리클로라민 ㉱ 헤테로클로라민

24 미생물접착용 회전원판의 지름이 3m이며, 740매로 구성되었다. 유입수량이 1,000m³/일, BOD 150ppm일 경우 수량부하(L/m²)와 BOD 부하(g/m²)는 얼마인가? (단, 양면기준)

㉮ 370L/m², 75g/m²
㉯ 95.6L/m², 14.3g/m²
㉰ 74.0L/m², 50g/m²
㉱ 246L/m², 450g/m²

풀이 ① 수량부하(L/m²)
$$= \frac{\text{유량(L/day)}}{\text{면적(m}^2\text{)}} = \frac{Q(\text{L/day})}{\frac{\pi}{4} \times D^2 \times \text{매수} \times \text{양면}(2)}$$

$$= \frac{1,000 \times 10^3 \text{L/day}}{\frac{\pi}{4} \times (3\text{m})^2 \times 740\text{매} \times 2} = 95.59\text{L/m}^2 \cdot \text{day}$$

② BOD부하(g/m²) $= \frac{BOD(g/m^3) \times Q(m^3/day)}{\frac{\pi}{4} \times D^2 \times \text{매수}}$

$$= \frac{150\text{g/m}^3 \times 1,000\text{m}^3/\text{day}}{\frac{\pi}{4} \times (3\text{m})^2 \times 740\text{매} \times 2} = 14.34\text{g/m}^2 \cdot \text{day}$$

정답 21 ㉰ 22 ㉰ 23 ㉮ 24 ㉯

25 아래에 주어진 조건에서 폐슬러지 배출량(m³/day)은 얼마인가?

〈단서〉
- 포기조 용적 : 10,000m³
- 포기조 MLSS 농도 : 3,000mg/L
- SRT : 3day
- 폐슬러지 함수율 : 99%
- 유출수 SS 농도는 무시

㉮ 1,000m³/day   ㉯ 1,500m³/day
㉰ 2,000m³/day   ㉱ 2,500m³/day

풀이
$SRT = \dfrac{MLSS \times V}{Q_w \times SS_w}$

$3day = \dfrac{3,000mg/L \times 10,000m^3}{Q_w \times 1 \times 10^4 mg/L}$

$\therefore Q_w = \dfrac{3,000mg/L \times 10,000m^3}{3day \times 1 \times 10^4 mg/L} = 1,000m^3/day$

TIP
폐슬러지 함수율이 99%이므로 SS_w는 1%이다.
따라서 $SS_w = 1\% = 1 \times 10^4 ppm = 1 \times 10^4 mg/L$

26 가스 상태의 염소가 물에 들어가면 가수분해와 이온화반응이 일어나 살균력을 나타낸다. 이 때 살균력이 가장 높은 pH 범위는 어느 것인가?

㉮ 산성영역   ㉯ 알칼리성영역
㉰ 중성영역   ㉱ pH와 관계 없다.

풀이 염소소독은 pH가 낮을수록 살균력이 증가한다.

27 1차 처리된 분뇨의 2차 처리를 위해 폭기조, 2차 침전지로 구성된 활성슬러지 공정을 운영하고 있다. 운영조건이 다음과 같을 때 폭기조 내의 고형물 체류시간(day)은 얼마인가? (단, 유입유량 200m³/day, 폭기조 용량 1,000m³, 잉여슬러지 배출량 50m³/day, 반송슬러지 SS농도 1%, MLSS 농도 2,500mg/L, 2차 침전지 유출수 SS 농도 0mg/L)

㉮ 4   ㉯ 5
㉰ 6   ㉱ 7

풀이
$SRT = \dfrac{MLSS \times V}{Q_w \times SS_w} = \dfrac{2,500mg/L \times 1,000m^3}{50m^3/day \times 1 \times 10^4 mg/L}$
$= 5day$

TIP
$SS_w = SS_r = 1\% = 1 \times 10^4 ppm = 1 \times 10^4 mg/L$

28 유량이 2,500m³/day인 폐수를 활성슬러지법으로 처리하고자 한다. 폭기조로 유입되는 SS농도가 200mg/L이고, 폭기조 내의 MLSS 농도가 2,000mg/L이며, 폭기조 용적이 2,000m³일 때 슬러지 일령(day)은 얼마인가?

㉮ 3day   ㉯ 4day
㉰ 6day   ㉱ 8day

풀이
슬러지일령$(S \cdot A) = \dfrac{MLSS \times V}{SS_i \times Q_t}$

$= \dfrac{2,000mg/L \times 2,000m^3}{200mg/L \times 2,500m^3/day} = 8day$

TIP
슬러지일령(S·A)
미생물이 폭기조에서 생성된 다음 잉여슬러지로 유출되기까지의 시간

정답 25 ㉮ 26 ㉮ 27 ㉯ 28 ㉱

29 혐기적 공정 운전에 가장 중요한 인자에 해당되지 않는 것은 어느 것인가?

㉮ pH
㉯ 교반(Mixing)
㉰ 암모니아와 황산염의 제어
㉱ 염소요구량

30 하수고도처리를 위한 단일단계 질산화 공정(부유성장식)에 대한 내용으로 틀린 것은 어느 것인가?

㉮ BOD/TKN 비가 높아서 안정적인 MLSS 운영이 가능함
㉯ 독성물질에 대한 질산화 저해 방지가 가능함
㉰ 온도가 낮을 경우 반응조 용적이 매우 크게 소요됨
㉱ 운전의 안정성은 미생물 반송을 위한 이차침전지의 운전에 좌우됨

풀이 ㉯ 독성물질에 대한 질산화 저해 방지가 불가능함

31 2,700m³/day의 폐수처리를 위해 폭 5m, 길이 15m, 깊이 3m인 침전지(유효수심이 2.7m)를 사용하고 있다면 침전된 슬러지가 바닥에서 유효수심의 1/5이 찬 경우 침전지의 수평 유속(m/min)은 얼마인가?

㉮ 약 0.17m/min ㉯ 약 0.42m/min
㉰ 약 0.82m/min ㉱ 약 1.23m/min

풀이 유량(Q) = 통과면적(A)×유속(v)
= W(폭)×H(유효수심)×v(유속)

$$\therefore V = \frac{Q}{W \times H}$$

$$= \frac{2,700\text{m}^3/\text{day} \times 1\text{day}/24\text{hr} \times 1\text{hr}/60\text{min}}{5\text{m} \times 2.7\text{m} \times \frac{4}{5}}$$

$$= 0.17\text{m/min}$$

TIP

유효수심 중 $\frac{1}{5}$이 슬러지가 침전되어 있으므로 실제 유효수심은 $2.7\text{m} \times \frac{4}{5}$가 된다.

32 흡착에 관한 설명으로 틀린 것은 어느 것인가?

㉮ 흡착은 보통 물리적 흡착과 화학적 흡착으로 분류한다.
㉯ 화학적 흡착은 주로 van der waals의 힘에 기인하며 비가역적이다.
㉰ 흡착제는 단위 질량당 표면적이 큰 활성탄, 제올라이트 등이 사용된다.
㉱ 활성탄은 코코넛 껍질, 석탄 등을 탄화시킨 후 뜨거운 공기나 증기로 활성화시켜 제조한다.

풀이 ㉯ 화학적 흡착은 주로 흡착제-용질의 화학반응에 기인하며 비가역적이다.

33 철과 망간 제거방법으로 사용되는 산화제는 어느 것인가?

㉮ 과망간산염 ㉯ 수산화나트륨
㉰ 산화칼슘   ㉱ 석회

정답 29 ㉱ 30 ㉯ 31 ㉮ 32 ㉯ 33 ㉮

34 표준활성슬러지법의 특성으로 틀린 것은 어느 것인가? (단, 하수도 시설기준 기준)

㉮ MLSS농도(mg/L) : 1,500~2,500
㉯ 반응조의 수심(m) : 2~3
㉰ HRT(시간) : 6~8
㉱ SRT(일) : 3~6

풀이 ㉯ 반응조의 수심(m) : 4~6

35 직경이 10m이고 평균 깊이가 2.5m인 1차 침전지가 1,200m³/d의 폐수를 처리할 때 체류시간(hr)은 얼마인가?

㉮ 약 2hr   ㉯ 약 4hr
㉰ 약 6hr   ㉱ 약 8hr

풀이
$$체류시간(t) = \frac{체적(V)}{유량(Q)} = \frac{A \times H}{Q} = \frac{\frac{\pi D^2}{4} \times H}{Q}$$

$$= \frac{\frac{\pi \times (10m)^2}{4} \times 2.5m}{1,200m^3/day \times 1day/24hr} = 3.93hr$$

36 3차 처리 프로세스 중 5단계-Bardenpho 프로세스에 관한 내용으로 틀린 것은 어느 것인가?

㉮ 1차 포기조에서는 질산화가 일어난다.
㉯ 혐기조에서는 용해성 인의 과잉흡수가 일어난다.
㉰ 인의 제거는 인의 함량이 높은 잉여슬러지를 제거함으로 가능하다.
㉱ 무산소조에서는 탈질화과정이 일어난다.

풀이 ㉯ 혐기조에서는 인의 방출이 일어난다.

37 구형입자의 침강속도가 stokes법칙에 따른다고 할 때 직경 0.5mm이고, 비중이 2.5인 구형입자의 침강속도(m/sec)는 얼마인가? (단, 물의 밀도는 1,000kg/m³이고, 점성계수 μ는 1.002×10⁻³kg/m·sec라고 가정한다.)

㉮ 0.1m/sec   ㉯ 0.2m/sec
㉰ 0.3m/sec   ㉱ 0.4m/sec

풀이
$$V_s = \frac{d^2(\rho_s - \rho_w)g}{18\mu}$$

$$= \frac{(0.5 \times 10^{-3}m)^2 \times (2,500-1,000)kg/m^3 \times 9.8m/sec^2}{18 \times 1.002 \times 10^{-3}kg/m \cdot sec}$$

$$= 0.20m/sec$$

38 인(P)의 제거방법 중 금속(Al, Fe)염 첨가법의 장점으로 틀린 것은 어느 것인가?

㉮ 기존시설에 적용이 비교적 쉽다.
㉯ 방류수의 인농도를 금속염 주입량에 의하여 최대의 효율을 나타낼 수 있다.
㉰ 처리실적이 많고 제거조작이 간편, 명확하다.
㉱ 금속염을 사용하지 않는 재래식 폐수처리장의 슬러지보다 탈수가 용이하다.

풀이 ㉱ 금속염을 사용하지 않는 재래식 폐수처리장의 슬러지보다 탈수가 용이하지 못하다.

정답 34 ㉯ 35 ㉯ 36 ㉯ 37 ㉯ 38 ㉱

39 용존산소와 미생물의 관계를 설명한 것으로 틀린 것은 어느 것인가?

㉮ 호기성 미생물은 호흡을 위해 물 속의 용존산소를 섭취한다.
㉯ 혐기성 미생물은 호흡을 위해 화학적으로 결합된 산화물에서 산소를 섭취한다.
㉰ 임의성 미생물은 호기성 환경이나 임의성 환경에 관계없이 성장하는 미생물을 의미한다.
㉱ 혐기성 미생물은 모든 종류의 산소가 차단된 상태에서 잘 성장한다.

40 염소요구량이 5mg/L인 하수 처리수에 잔류염소 농도가 0.5mg/L가 되도록 염소를 주입 하려고 한다. 이 때 염소주입량(mg/L)은 얼마인가?

㉮ 4.5mg/L   ㉯ 5.0mg/L
㉰ 5.5mg/L   ㉱ 6.0mg/L

풀이) 염소주입량 = 염소요구량 + 염소잔류량
= 5mg/L + 0.5mg/L = 5.5mg/L

| 제3과목 | 수질오염공정시험기준

41 아연의 자외선/가시선 분광법에 관한 설명이다. ( )에 알맞은 말은 어느 것인가?

> 아연이온이 ( )에서 진콘과 반응하여 생성하는 청색 킬레이트 화합물의 흡광도를 측정하는 방법이다.

㉮ pH 약 2   ㉯ pH 약 4
㉰ pH 약 9   ㉱ pH 약 12

42 수질오염공정시험기준 총칙에 정의된 용어에 대한 내용으로 틀린 것은 어느 것인가?

㉮ "표준편차율"이라 함은 표준편차를 정량범위로 나눈 값의 백분율이다.
㉯ "약"이라 함은 기재된 양에 대하여 ±10% 이상의 차가 있어서는 안 된다.
㉰ 시험조작 중 "즉시"란 30초 이내에 표시된 조작을 하는 것을 뜻한다.
㉱ "항량으로 될 때까지 건조한다."라 함은 같은 조건에서 1시간 더 건조할 때 전후 무게의 차가 g당 0.3mg 이하일 때를 말한다.

풀이) ㉮ 표준편차율이라 함은 표준편차를 평균값으로 나눈 값의 백분율로서 반복 조작시의 편차를 상대적으로 표시한 것을 말한다.

정답 39 ㉱ 40 ㉰ 41 ㉰ 42 ㉮

43 공장폐수 및 하수유량(측정용 수로 및 기타 유량측정방법) 측정을 위한 웨어의 최대유속과 최소유속의 비로 알맞은 것은 어느 것인가?

㉮ 100 : 1　㉯ 200 : 1
㉰ 400 : 1　㉱ 500 : 1

44 0.08N HCl 70mL와 0.04N NaOH 130mL를 혼합한 용액의 pH는 얼마인가?

㉮ 2.7　㉯ 3.6
㉰ 4.2　㉱ 5.4

풀이 ① 혼합공식을 이용해 농도 계산

$$C_m = \frac{Q_1C_1 - Q_2C_2}{Q_1 + Q_2}$$

$$= \frac{(70mL \times 0.08mol/L) - (130mL \times 0.04mol/L)}{(70+130)mL}$$

$$= 0.002 mol/L$$

② $pH = -\log[H^+] = -\log[0.002 mol/L] = 2.70$

TIP
① HCl은 1가 물질이므로 0.08N = 0.08M
② NaOH는 1가 물질이므로 0.04N = 0.04M
③ M농도 = mol/L

45 식물성 플랑크톤(조류)의 저배율 방법에 의한 정량시험 시 주의사항으로 틀린 것은 어느 것인가?

㉮ 세즈윅-라프터 챔버는 조작이 편리하고 재현성이 높아 미소 플랑크톤의 검경에 적절하다.
㉯ 정체시간이 짧을 경우 충분히 침전되지 않은 개체가 계수 시 제외되어 오차 유발 요인이 된다.
㉰ 시료를 챔버에 채울 때 피펫은 입구가 넓은 것을 사용하는 것이 좋다.
㉱ 계수 시 스트립을 이용할 경우, 양쪽 경계면에 걸린 개체는 하나의 경계면에 대해서만 계수한다.

풀이 ㉮ 세즈윅-라프터 챔버는 조작이 편리하고 재현성이 높고, 미소 플랑크톤의 검경에 적절하지 않다.

46 익류(over flow)폭이 5m인 유분리기(oil separator)로부터 폐수가 넘쳐흐르고 있다. 넘쳐흐르는 부분의 수두를 측정하니 10cm로 하루종일 변동이 없었다. 배출하는 하루 유량은 얼마인가?

(단, $Q[m^3/s] = 1.7bh^{\frac{3}{2}}$)

㉮ $1.21 \times 10^4 m^3/day$　㉯ $2.32 \times 10^4 m^3/day$
㉰ $3.43 \times 10^4 m^3/day$　㉱ $4.54 \times 10^4 m^3/day$

풀이 ① $Q = 1.7 \times b \times h^{\frac{3}{2}} (m^3/sec)$

$= 1.7 \times 5m \times (0.1m)^{\frac{3}{2}}$

$= 0.26879 m^3/sec$

② $Q(m^3/day) = \frac{0.26879 m^3}{sec} \times \frac{3,600 sec}{1hr} \times \frac{24hr}{1day}$

$= 2.32 \times 10^4 m^3/day$

정답 43 ㉱　44 ㉮　45 ㉮　46 ㉯

47 측정항목 – 시료용기 – 보존방법이 알맞은 것은 어느 것인가?

㉮ 용존 총질소 - 폴리에틸렌 또는 유리 용기 - 4℃, H_2SO_4로 pH 2 이하
㉯ 음이온 계면활성제 - 폴리에틸렌 - 4℃, H_2SO_4로 pH 2 이하
㉰ 인산염 인 - 유리 용기 - 즉시 여과한 후 4℃, $CuSO_4$ 1g/L 첨가
㉱ 질산성 질소 - 폴리에틸렌 또는 유리 용기 - 4℃, NaOH로 pH 12 이상

[풀이] ㉯ 음이온 계면활성제 - 폴리에틸렌 또는 유리 용기 - 4℃ 보관
㉰ 인산염 인 - 폴리에틸렌 또는 유리 용기 - 즉시 여과한 후 4℃ 보관
㉱ 질산성 질소 - 폴리에틸렌 또는 유리 용기 - 4℃ 보관

48 이온크로마토그래피의 기본구성에 대한 내용으로 틀린 것은 어느 것인가?

㉮ 펌프 : 150~350kg/cm² 압력에서 사용될 수 있어야 한다.
㉯ 제거장치(억제기) : 고용량의 음이온 교환수지를 충전시킨 컬럼형과 음이온 교환막으로 된 격막형이 있다.
㉰ 분리컬럼 : 유리 또는 에폭시 수지로 만든 관에 이온교환체를 충전시킨 것이다.
㉱ 검출기 : 일반적으로 음이온 분석에는 전기전도도 검출기를 사용한다.

[풀이] ㉯ 제거장치(억제기) : 고용량의 양이온 교환수지를 충전시킨 컬럼형과 양이온 교환 막으로 된 격막형이 있다.

49 다음은 총대장균군(평판집락법) 측정에 관한 내용이다. ( )에 알맞은 말은 어느 것인가?

배출수 또는 방류수에 존재하는 총대장균군을 측정하는 방법으로 페트리접시의 배지표면에 평판집락법 배지를 굳힌 후 배양한 다음 진한 ( )의 전형적인 집락을 계수하는 방법이다.

㉮ 황색   ㉯ 적색
㉰ 청색   ㉱ 녹색

50 불꽃 원자흡수분광광도법에서 일어나는 간섭 중 화학적 간섭은 어느 것인가?

㉮ 분석하고자 하는 원소의 흡수파장과 비슷한 다른 원소의 파장이 서로 겹쳐 비이상적으로 높게 측정되는 경우
㉯ 표준용액과 시료 또는 시료와 시료간의 물리적 성질의 차이 또는 표준물질과 시료의 매질 차이에 의해 발생
㉰ 불꽃의 온도가 분자를 들뜬 상태로 만들기에 충분히 높지 않아서, 해당 파장을 흡수하지 못하여 발생
㉱ 불꽃의 온도가 너무 높을 경우 중성원자에서 전자를 빼앗아 이온이 생성될 수 있으며 이 경우 음(-)의 오차가 발생

정답 47 ㉮ 48 ㉯ 49 ㉯ 50 ㉰

51 순수한 물 150mL에 에틸알코올(비중 0.79) 80mL를 혼합하였을 때 이 용액 중의 에틸알코올 농도(W/W%)는 얼마인가?

㉮ 약 30% ㉯ 약 35%
㉰ 약 40% ㉱ 약 45%

풀이
$$W/W(\%) = \frac{용질}{용질+용매} \times 100$$
$$= \frac{80mL \times 0.79g/mL}{80mL \times 0.79g/mL + 150mL \times 1.0g/mL} \times 100$$
$$= 29.64\%$$

52 유기물 함량이 비교적 높지 않고 금속의 수산화물, 산화물, 인산염 및 황화물을 함유하고 있는 시료에 적용되며 휘발성 또는 난용성 염화물을 생성하는 금속 물질의 분석에 주의하여야 하는 시료의 전처리 방법(산분해법)으로 알맞은 것은 어느 것인가?

㉮ 질산 - 염산법
㉯ 질산 - 황산법
㉰ 질산 - 과염소산법
㉱ 질산 - 불화수소산법

풀이 ㉮ 질산-염산법에 대한 설명이다.

53 불소화합물 측정방법을 가장 적절하게 짝지어진 것은 어느 것인가?

㉮ 자외선/가시선 분광법 - 기체크로마토그래피
㉯ 자외선/가시선 분광법 - 불꽃 원자흡수분광광도법
㉰ 유도결합플라스마/원자발광광도법 - 불꽃 원자흡수분광광도법
㉱ 자외선/가시선 분광법 - 이온크로마토그래피

풀이 불소화합물 측정방법으로는 자외선/가시선 분광법, 이온크로마토그래피, 이온전극법, 연속흐름법이 있다.

54 수질오염공정시험기준 중 온도표시에 대한 내용으로 틀린 것은 어느 것인가?

㉮ 찬 곳은 따로 규정이 없는 한 0~15℃의 곳을 뜻한다.
㉯ 냉수는 15℃ 이하를 말한다.
㉰ 온수는 60~70℃를 말한다.
㉱ 시험은 따로 규정이 없는 한 실온에서 조작한다.

풀이 ㉱ 시험은 따로 규정이 없는 한 상온에서 조작한다.

정답: 51 ㉮ 52 ㉮ 53 ㉱ 54 ㉱

55 다음 그림은 자외선/가시선 분광법으로 불소측정 시 사용되는 분석기기인 수증기 증류 장치이다. C의 명칭으로 알맞은 것은 어느 것인가?

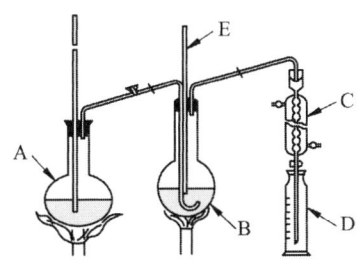

㉮ 유리연결관　㉯ 냉각기
㉰ 정류관　　　㉱ 메스실린더관

56 DO(적정법) 측정 시 End point(종말점)에 있어서의 액의 색은 무엇인가?

㉮ 무색　㉯ 적색
㉰ 황색　㉱ 황갈색

풀이 용존산소(DO)를 적정법으로 측정시 종말점의 색은 무색이다.

57 비소표준원액(1mg/mL)을 100mL 조제하려면 삼산화비소(As_2O_3)의 채취량(mg)은 얼마인가? (단, 비소의 원자량은 74.92이다.)

㉮ 37mg　㉯ 74mg
㉰ 132mg　㉱ 264mg

풀이　As_2O_3 : 2As
197.84g : 2×74.92g
　X : 1mg/mL×100mL
∴ X = $\frac{197.84g \times 1mg/mL \times 100mL}{2 \times 74.92g}$ = 132.03mg

58 알킬수은-기체크로마토그래피에서 시료 주입부 온도, 칼럼온도 및 검출기의 온도로 알맞은 것은 어느 것인가?

	시료주입부 온도	칼럼 온도	검출기의 온도
㉮	140~240℃	130~180℃	140~200℃
㉯	240~280℃	250~380℃	280~330℃
㉰	350~380℃	340~380℃	340~380℃
㉱	380~410℃	420~460℃	450~480℃

59 A폐수의 부유물질 측정을 위한 〈실험결과〉가 다음과 같을 때 부유물질의 농도(mg/L)는 얼마인가?

- 시료 여과전의 유리섬유여지의 무게 : 42.6645g
- 시료 여과후의 유리섬유여지의 무게 : 42.6812g
- 시료의 양 : 100mL

㉮ 0.167mg/L　㉯ 1.67mg/L
㉰ 16.7mg/L　㉱ 167mg/L

풀이 SS(mg/L) = $\frac{(여과\ 후\ 무게\ -\ 여과\ 전\ 무게)(mg)}{시료의\ 양(L)}$

= $\frac{(42.6812g-42.6645g) \times 10^3 mg/g}{100 \times 10^{-3} L}$

= 167mg/L

정답　55 ㉯　56 ㉮　57 ㉰　58 ㉮　59 ㉱

60 다음 ( )에 알맞은 말은 어느 것인가?

> 금속류-불꽃 원자흡수분광광도법은 시료를 2,000~3,000K의 불꽃 속으로 시료를 주입하였을 때 생성된 ( )의 중성원자가 고유파장의 빛을 흡수하는 현상을 이용하여 개개의 고유 파장에 대한 흡광도를 측정한다.

㉮ 여기상태 ㉯ 이온상태
㉰ 분자상태 ㉱ 바닥상태

| 제4과목 | 수질환경관계법규

61 환경부장관은 대권역별 물환경보전을 위한 기본계획을 몇 년마다 수립하여야 하는가?

㉮ 3년   ㉯ 5년
㉰ 7년   ㉱ 10년

62 사업장별 환경기술인의 자격기준으로 틀린 것은 어느 것인가?

㉮ 제1종 및 제2종 사업장 중 1개월 간 실제 작업한 날만을 계산하여 1일 평균 17시간 이상 작업하는 경우 그 사업장은 환경기술인을 각각 2명 이상을 두어야 한다.
㉯ 연간 90일 미만 조업하는 제1종부터 제3종까지의 사업장은 제4종 사업장, 제5종 사업장에 해당하는 환경기술인을 선임할 수 있다.
㉰ 대기환경기술인으로 임명된 자가 수질환경기술인의 자격을 함께 갖춘 경우에는 수질환경기술인을 겸임할 수 있다.
㉱ 공동방지시설의 경우에는 폐수 배출량이 제1종, 제2종 사업장 규모에 해당하는 경우 제3종 사업장에 해당하는 환경기술인을 둘 수 있다.

[풀이] 공동방지시설의 경우에는 폐수 배출량이 제4종 또는 제5종 사업장 규모에 해당하는 경우 제3종 사업장에 해당하는 환경기술인을 두어야 한다.

[참고] ㉮번은 법개정으로 삭제됨

63 측정망 설치계획을 고시하는 시기에 해당하는 것은?

㉮ 측정망을 최초로 설치하는 날
㉯ 측정망을 최초로 측정소를 설치하는 날의 3개월 이전
㉰ 측정망 설치계획이 확정되기 3개월 이전
㉱ 측정망 설치계획이 확정되기 6개월 이전

[풀이] 측정망 설치계획을 고시하는 시기는 측정망을 최초로 설치하는 날 또는 측정망 설치 계획을 변경하는 날의 90일 전까지이다.

정답 60 ㉱ 61 ㉱ 62 ㉱ 63 ㉮

64 유류·유독물·농약 또는 특정수질유해물질을 운송 또는 보관 중인 자가 당해 물질로 인하여 수질을 오염시킨 경우 지체 없이 신고해야 할 기관으로 틀린 것은 어느 것인가?

㉮ 시청 ㉯ 구청
㉰ 환경부 ㉱ 지방환경관서

65 폐수무방류배출시설을 설치, 운영하는 사업자가 규정에 의한 관계 공무원의 출입, 검사를 거부, 방해 또는 기피한 경우의 벌칙기준으로 알맞은 것은 어느 것인가?

㉮ 1년 이하의 징역 또는 1천만원 이하의 벌금에 처한다.
㉯ 1년 이하의 징역 또는 500만원 이하의 벌금에 처한다.
㉰ 500만원 이하의 벌금에 처한다.
㉱ 300만원 이하의 벌금에 처한다.

66 대권역 물환경보전 계획에 포함되어야 하는 사항으로 틀린 것은 어느 것인가?

㉮ 오염원별 수질오염 저감시설 현황
㉯ 점오염원, 비점오염원 및 기타 수질오염원에 의한 수질오염물질 발생량
㉰ 상수원 및 물 이용현황
㉱ 수질오염 예방 및 저감대책

[풀이] 대권역계획에 포함되어야 하는 사항
① 물환경 변화 추이 및 목표기준
② 상수원 및 물 이용현황
③ 점오염원, 비점오염원 및 기타 수질오염원의 분포현황
④ 점오염원, 비점오염원 및 기타 수질오염원에서 배출되는 수질오염 물질의 양
⑤ 수질오염 예방 및 저감대책
⑥ 물환경보전조치의 추진방향
⑦ 기후변화에 대한 적응대책

67 1일 폐수배출량이 2,000m³ 미만인 규모의 지역별, 항목별 배출허용기준으로 틀린 것은 어느 것인가? (단, 단위는 mg/L)

㉮
지역\농도	BOD	TOC	SS
청정지역	40 이하	30 이하	40 이하

㉯
지역\농도	BOD	TOC	SS
가지역	80 이하	50 이하	80 이하

㉰
지역\농도	BOD	TOC	SS
나지역	100 이하	110 이하	100 이하

㉱
지역\농도	BOD	TOC	SS
특례지역	30 이하	25 이하	30 이하

[풀이] ㉰
지역\농도	BOD	TOC	SS
나지역	120 이하	75 이하	120 이하

정답 64 ㉰ 65 ㉮ 66 ㉮ 67 ㉰

68 오염총량관리지역을 관할하는 시도지사가 수립하여 환경부장관에게 승인을 얻는 오염총량관리기본계획에 포함되는 사항으로 틀린 것은 어느 것인가?

㉮ 해당 지역 개발계획의 내용
㉯ 지방자치단체별·수계구간별 오염부하량의 할당
㉰ 해당 지역의 점오염원, 비점오염원, 기타 오염원 현황
㉱ 해당 지역 개발계획으로 인하여 추가로 배출되는 오염부하량 및 그 저감계획

풀이 ㉰ 관할 지역에서 배출되는 오염부하량의 총량 및 저감계획

69 오염총량관리 조사·연구반이 속한 기관은 어디인가?

㉮ 시·도보건환경연구원
㉯ 유역환경청 또는 지방환경청
㉰ 국립환경과학원
㉱ 한국환경공단

70 비점오염원의 변경신고를 하여야 하는 경우에 해당되지 않는 것은 어느 것인가?

㉮ 상호, 사업장 위치 및 장비(예비차량 포함)가 변경되는 경우
㉯ 비점오염원 또는 비점오염저감시설의 전부 또는 일부를 폐쇄하는 경우
㉰ 비점오염저감시설의 종류, 위치, 용량이 변경되는 경우
㉱ 총 사업면적, 개발면적 또는 사업장 부지면적이 처음 신고면적의 100분의 15 이상 증가하는 경우

풀이 ㉮ 상호·대표자·사업명 또는 업종의 변경

71 환경부장관이 폐수처리업자의 등록을 취소할 수 있는 경우로 틀린 것은 어느 것인가?

㉮ 파산선고를 받고 복권이 되지 아니한 자
㉯ 거짓이나 그 밖의 부정한 방법으로 등록한 경우
㉰ 등록 후 1년 이내에 영업을 개시하지 아니하거나 계속하여 1년 이상 영업실적이 없는 경우
㉱ 배출해역 지정기간이 끝나거나 폐기물 해양 배출업의 등록이 취소되어 기술능력·시설 및 장비 기준을 유지할 수 없는 경우

풀이 ㉰ 등록 후 2년 이내에 영업을 개시하지 아니하거나 계속하여 2년 이상 영업실적이 없는 경우

정답 68 ㉰ 69 ㉰ 70 ㉮ 71 ㉰

72 물환경보전법의 목적으로 틀린 것은 어느 것인가?

㉮ 수질오염으로 인한 국민의 건강과 환경상의 위해를 예방
㉯ 하천·호소 등 공공수역의 물환경을 적정하게 관리·보전
㉰ 국민으로 하여금 물환경보전 혜택을 널리 향유할 수 있도록 함
㉱ 수질환경을 적정하게 관리하여 양질의 상수원수를 보전

73 폐수처리업 등록을 할 수 없는 자에 대한 기준으로 틀린 것은 어느 것인가?

㉮ 피성년후견인
㉯ 피한정후견인
㉰ 폐수처리업의 등록이 취소된 후 2년이 지나지 아니한 자
㉱ 파산선고를 받은 후 2년이 지나지 아니한 자

[풀이] ㉱ 파산선고를 받고 복권되지 아니한 자

74 다음의 위임업무 보고사항 중 보고 횟수 기준이 연 2회에 해당되는 것은 어느 것인가?

㉮ 배출업소의 지도, 점검 및 행정처분 실적
㉯ 배출부과금 부과 실적
㉰ 과징금 부과 실적
㉱ 비점오염원의 설치신고 및 방지시설 설치현황 및 행정처분 현황

[풀이] ㉮ 연 4회
㉯ 연 4회
㉰ 연 2회
㉱ 연 4회

75 초과부과금 산정을 위한 기준에서 수질오염물질 1킬로그램당 부과 금액이 가장 낮은 수질오염물질은 어느 것인가?

㉮ 카드뮴 및 그 화합물
㉯ 유기인 화합물
㉰ 비소 및 그 화합물
㉱ 6가 크롬 화합물

[풀이] ㉮ 500,000원
㉯ 150,000원
㉰ 100,000원
㉱ 300,000원

76 배출시설의 설치허가를 받아야 하는 경우가 아닌 것은 어느 것인가?

㉮ 특정수질유해물질이 발생되는 배출시설
㉯ 특별대책지역에 설치하는 배출시설
㉰ 상수원보호구역으로부터 상류로 10킬로미터 이내에 설치하는 배출시설
㉱ 특정수질유해물질이 발생되지 아니하더라도 배출되는 폐수를 공공폐수처리시설에 유입시키는 경우

정답 72 ㉱ 73 ㉱ 74 ㉰ 75 ㉰ 76 ㉱

77 시장, 군수, 구청장이 낚시 금지구역 또는 낚시 제한구역을 지정하려는 경우 고려하여야 할 사항으로 틀린 것은 어느 것인가?

㉮ 서식 어류의 종류 및 양 등 수중생태계의 현황
㉯ 낚시터 발생 쓰레기의 환경영향평가
㉰ 연도별 낚시 인구의 현황
㉱ 수질 오염도

풀이 고려사항으로는 ① 용수의 목적 ② 오염원 현황 ③ 수질오염도 ④ 낚시터 인근에서의 쓰레기 발생 현황 및 처리 여건 ⑤ 연도별 낚시 인구의 현황 ⑥ 서식 어류의 종류 및 양 등 수중생태계의 현황이 있다.

78 수질 및 수생태계 환경기준인 수질 및 수생태계 상태별 생물학적 특성 이해표에 관한 내용 중 생물 등급이 [약간나쁨~매우나쁨] 생물지표종(어류)으로 틀린 것은 어느 것인가?

㉮ 피라미   ㉯ 미꾸라미
㉰ 메기   ㉱ 붕어

풀이 ㉮ 잉어

79 다음은 수질오염감시경보의 경보단계 발령, 해제 기준이다. ( )안에 알맞은 말은 어느 것인가?

생물감시 측정값이 생물감시 경보기준 농도를 30분 이상 지속적으로 초과하고, 전기전도도, 휘발성 유기화합물, 페놀, 중금속(구리, 납, 아연, 카드뮴 등) 항목 중 1개 이상의 항목이 측정항목별 경보 기준을 (   )배 이상 초과하는 경우

㉮ 2배   ㉯ 3배
㉰ 5배   ㉱ 10배

80 폐수처리업의 등록기준에 대한 내용으로 알맞은 것은 어느 것인가? (단, 폐수위탁처리업)

㉮ 생물학적 방지시설을 갖추어야 한다.
㉯ 법인인 경우는 자본금 2억원 이상이어야 한다.
㉰ 개인인 경우는 재산이 5천만원 이상이어야 한다.
㉱ 자본금 또는 재산은 등록기준에 포함되지 않는다.

정답 77 ㉯ 78 ㉮ 79 ㉯ 80 ㉱

2016년 8월 21일 시행

2016년 3회 수질환경산업기사

| 제1과목 | 수질오염개론

01 물의 물리, 화학적 특성으로 틀린 것은 어느 것인가?

㉮ 물은 온도가 낮을수록 밀도는 커진다.
㉯ 물 분자는 H^+와 OH^-로 극성을 이루므로 유용한 용매가 된다.
㉰ 물은 기화열이 크기 때문에 생물의 효과적인 체온 조절이 가능하다.
㉱ 생물체의 결빙이 쉽게 일어나지 않는 것은 물의 융해열이 크기 때문이다.

풀이 ㉮ 물의 밀도는 4℃에서 가장 크다.

02 25℃, 2기압의 압력에 있는 메탄가스 200kg을 저장하는데 필요한 탱크의 부피(L)는 얼마인가? (단, 이상기체법칙 적용, R = 0.082L·atm/mol·°k)

㉮ 1.53×10⁵L ㉯ 1.53×10⁴L
㉰ 2.53×10⁵L ㉱ 2.53×10⁴L

풀이 기체상태 방정식 : $P \times V = \dfrac{W}{M} \times R \times T$

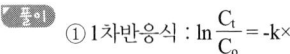

- P : 압력(atm)
- V : 부피(L)
- W : 질량(g)
- M : 분자량(g)
- R : 기체상수(0.082L·atm/mol·k)
- T : 절대온도(K)

따라서 $2atm \times V$
$= \dfrac{200 \times 10^3 g}{16g} \times 0.082 L \cdot atm/mol \cdot k \times (273+25)k$

$\therefore V = \dfrac{200 \times 10^3 g \times 0.082 L \cdot atm/mol \cdot k \times (273+25)k}{2atm \times 16g}$

$= 152,725L = 1.53 \times 10^5 L$

03 1차 반응에 있어 반응 초기의 농도가 100mg/L이고, 반응 4시간 후에 10mg/L로 감소되었다. 반응 3시간 후의 농도(mg/L)는 얼마인가?

㉮ 17.8mg/L ㉯ 23.6mg/L
㉰ 31.7mg/L ㉱ 42.2mg/L

풀이 ① 1차반응식 : $\ln \dfrac{C_t}{C_o} = -k \times t$

$\ln \left(\dfrac{10mg/L}{100mg/L} \right) = -k \times 4hr$

$\therefore k = \dfrac{\ln \left(\dfrac{10mg/L}{100mg/L} \right)}{-4hr} = 0.5756/hr$

② $\ln \left(\dfrac{C_t}{100mg/L} \right) = -0.5756/hr \times 3hr$

$\therefore C_t = 100g/L \times e^{(-0.5756/hr \times 3hr)} = 17.79mg/L$

정답 01 ㉮ 02 ㉮ 03 ㉮

04 해류와 그것을 일으키는 원인이 알맞게 짝지어진 것은 어느 것인가?

㉮ 상승류 - 바람과 해양 및 육지의 상호작용
㉯ 조류 - 해수의 염분, 온도 차이에 의해 형성
㉰ 쓰나미 - 해수의 밀도차에 의한 해일 작용
㉱ 심해류 - 해저의 화산 활동

풀이
㉯ 조류 - 태양과 달의 영향으로 발생
㉰ 쓰나미 - 지진이나 화산에 의해 발생
㉱ 심해류 - 해수의 온도와 염분에 의한 밀도차에 의해 발생

05 용량 600L인 물의 용존산소 농도가 10 mg/L인 경우, Na_2SO_3로 물속의 용존산소를 완전히 제거하려고 한다. 이론적으로 필요한 Na_2SO_3의 양(g)은 얼마인가? (단, Na의 원자량은 23이다.)

㉮ 약 36.3g ㉯ 약 47.3g
㉰ 약 56.3g ㉱ 약 64.3g

풀이 $Na_2SO_3 + 0.5O_2 \rightarrow Na_2SO_4$
126g : 0.5×32g
X : 10×10⁻³g/L×600L

$\therefore X = \dfrac{126g \times 10 \times 10^{-3}g/L \times 600L}{0.5 \times 32g} = 47.25g$

06 증류수에 NaOH 400mg를 가하여 1L로 제조한 용액의 pH는 얼마인가? (단, 완전해리 기준이고 Na의 원자량은 23이다.)

㉮ 9 ㉯ 10
㉰ 11 ㉱ 12

풀이
① $mol/L = \dfrac{W(g)}{V(L)} \times \dfrac{1mol}{분자량(g)} = \dfrac{0.4g}{1L} \times \dfrac{1mol}{40g}$
= 0.01mol/L

② pH = 14+log[OH⁻] = 14+log[0.01mol/L]
= 12.0

TIP
① 1mol = 분자량(g)
② NaOH의 분자량 = 23+16+1 = 40g
③ 산성물질에서 pH = -log[H⁺]
④ 알칼리성물질에서 pH = 14+log[OH⁻]

07 Henry법칙에 가장 잘 적용되는 기체는 어느 것인가?

㉮ Cl_2 ㉯ O_2
㉰ NH_3 ㉱ HF

풀이 Henry법칙
① 적용기체는 난용성 기체로 CO, O_2, H_2, N_2, NO, NO_2 등이 있다.
② 비적용기체는 수용성 기체로 HCl, NH_3, HF, SO_2, Cl_2 등이 있다.

08 유량이 5,000m³/day인 폐수를 하천에 방류할 때 하천의 BOD는 4mg/L, 유량은 400,000m³/day이다. 방류한 폐수가 하천수와 완전 혼합되어졌을 때 하천의 BOD가 1mg/L 높아진다고 하면, 하천으로 유입되는 폐수의 BOD농도(mg/L)는 얼마인가?

㉮ 73mg/L ㉯ 85mg/L
㉰ 95mg/L ㉱ 100mg/L

풀이
$C_m = \dfrac{Q_1C_1+Q_2C_2}{Q_1+Q_2}$

$5mg/L = \dfrac{400,000m^3/day \times 4mg/L + 5,000m^3/day \times C_2}{(400,000+5,000)m^3/day}$

$\therefore C_2 = 85mg/L$

정답 04 ㉮ 05 ㉯ 06 ㉱ 07 ㉯ 08 ㉯

09 BOD_5 300mg/L, COD 800mg/L인 경우 NBDCOD(mg/L)는 얼마인가? (단, 탈산소 계수 k_1 = 0.2day^{-1}, 상용대수 기준이다.)

㉮ 367mg/L ㉯ 397mg/L
㉰ 467mg/L ㉱ 497mg/L

풀이 ① BOD_u = BDCOD
$BOD_5 = BOD_u \times (1-10^{-k_1 \times t})$
$300mg/L = BOD_u \times (1-10^{-0.2/day \times 5day})$
∴ $BOD_u = \dfrac{300mg/L}{(1-10^{-0.2/day \times 5day})}$ = 333.33mg/L
② NBDCOD = COD-BDCOD
= 800mg/L-333.33mg/L
= 466.67mg/L

10 1,000m³인 탱크에 염소이온 농도가 100mg/L이다. 탱크 내의 물은 완전혼합이고, 계속적으로 염소이온이 없는 물이 480m³/day로 유입된다면 탱크 내 염소이온농도가 20mg/L로 낮아질때까지의 소요시간(hr)은 얼마인가? (단, $C_i/C_o = e^{-kt}$)

㉮ 약 61hr ㉯ 약 71hr
㉰ 약 81hr ㉱ 약 91hr

풀이 1차반응식 : $\ln \dfrac{C_t}{C_o} = -k \times t \Rightarrow \ln \dfrac{C_t}{C_o} = -\left(\dfrac{Q}{V}\right) \times t$

$\ln \dfrac{20mg/L}{100mg/L} = \left(\dfrac{-480m^3/day \times 1day/24hr}{1,000m^3}\right) \times t$

∴ $t = \dfrac{\ln \dfrac{20mg/L}{100mg/L}}{\left(\dfrac{-480m^3/day \times 1day/24hr}{1,000m^3}\right)}$ = 80.47hr

11 다음은 여름철 부영양화된 호수나 저수지의 수층에 대한 설명이다. 알맞은 것은 어느 것인가?

- pH는 약산성이다.
- 용존산소는 거의 없다.
- CO_2는 매우 많다.
- H_2S가 검출된다.

㉮ 성층   ㉯ 수온약층
㉰ 심수층 ㉱ 혼합층

풀이 ㉰ 심수층에 대한 설명이다.

12 소수성 colloid에 대한 내용으로 틀린 것은 어느 것인가?

㉮ 표면장력은 용매와 비슷하다.
㉯ Emulsion 상태로 존재한다.
㉰ 틴들(Tyndall)효과가 크다.
㉱ 염에 민감하다.

풀이 ㉯ 현탁질(Suspensoid)상태이다.

정답 09 ㉰ 10 ㉰ 11 ㉰ 12 ㉯

13 진한 산성폐수를 중화 처리하고자 한다. 20% NaOH 용액 사용 시 40mL가 투입되었는데 만일 20% Ca(OH)$_2$로 사용한다면 몇 mL가 필요하겠는가? (단, 완전해리기준이고, 원자량은 Na : 23, Ca : 40이다.)

㉮ 17.4mL ㉯ 18.5mL
㉰ 37.0mL ㉱ 74.0mL

풀이
① NaOH의 eq/L = $\frac{20\times10^4 mg}{L} \times \frac{1g}{10^3 mg} \times \frac{1eq}{40g}$ = 5N

② Ca(OH)$_2$의 eq/L = $\frac{20\times10^4 mg}{L} \times \frac{1g}{10^3 mg} \times \frac{1eq}{74g/2}$
= 5.41N

③ $N_1V_1 = N_2V_2$
5N×40mL = 5.41N×V_2
∴ V_2 = 36.97mL

TIP
① % $\xrightarrow{\times 10^4}$ ppm
② ppm = mg/L
③ N = eq/L
④ 1당량(eq) = $\frac{분자량(g)}{가수}$

14 하천수 수온은 15℃이다. 20℃에서 탈산소계수 k(상용대수)가 0.1day^{-1}이라면 최종 BOD에 대한 BOD$_3$의 비는 얼마인가? (단, $k_T = k_{20}\times1.047^{(T-20)}$)

㉮ 0.42 ㉯ 0.56
㉰ 0.62 ㉱ 0.79

풀이
① k(T) = k(20℃)×1.047$^{(T-20)}$
= 0.1/day×1.047$^{(15-20)}$
= 0.0795/day

② BOD$_3$ = BOD$_u$×(1-10$^{-k\times t}$)
$\frac{BOD_3}{BOD_u}$ = 1-10$^{(-k\times t)}$ = 1-10$^{(-0.0795/day\times 3day)}$
= 0.42

15 미생물의 성장과 유기물과의 관계 곡선 중 변곡점까지의 미생물의 성장 상태를 가장 적절하게 나타낸 것은? (단, F : 먹이인 유기물량, M : 미생물량)

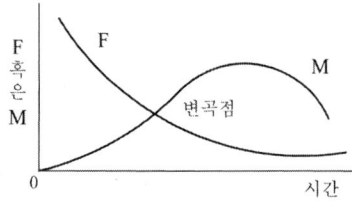

㉮ 내생성장 상태 ㉯ 감소성장 상태
㉰ Floc형성 상태 ㉱ log 성장 상태

풀이 ㉱ log 성장 상태(대수 성장 상태)를 의미한다.

16 하천의 환경기준이 BOD 3mg/L 이하이고 현재 BOD는 1mg/L이며 유량은 50,000m^3/day이다. 하천주변에 돼지 사육단지를 조성하고자 하는데 환경기준치 이하를 유지시키기 위해서는 몇 마리까지 사육을 허가할 수 있겠는가? (단, 돼지사육으로 인한 하천의 유량증가 무시, 돼지 1마리당 BOD 배출량은 0.4kg/day이다.)

㉮ 125마리 ㉯ 150마리
㉰ 250마리 ㉱ 350마리

풀이
마리 = $\frac{(BOD의 환경기준치 - 현재하천의 BOD)kg/m^3 \times 유량(m^3/day)}{돼지의 BOD 배출량(kg/day\cdot 마리)}$

= $\frac{(3-1)\times 10^{-3}kg/m^3 \times 50,000m^3/day}{0.4kg/day\cdot 마리}$

= 250마리

정답 13 ㉰ 14 ㉮ 15 ㉱ 16 ㉰

17 Glucose($C_6H_{12}O_6$) 600mg/L 용액의 이론적 COD값(mg/L)은 얼마인가?

㉮ 540mg/L ㉯ 580mg/L
㉰ 640mg/L ㉱ 680mg/L

풀이 $C_6H_{12}O_6 + 6O_2 \rightarrow 6CO_2 + 6H_2O$
  180g : 6×32g
  600mg/L : COD

$\therefore COD = \dfrac{600mg/L \times 6 \times 32g}{180g} = 640mg/L$

18 하천 모델의 종류 중 Streeter-Phelps Models에 대한 설명으로 틀린 것은 어느 것인가?

㉮ 최초의 하천 수질 모델링이다.
㉯ 하천의 유기물 분해가 1차 반응에 따르는 완전혼합흐름 반응기라고 가정한 모델이다.
㉰ 점오염원으로부터 오염부하량을 고려한다.
㉱ 유기물의 분해에 따라 용존산소 소비와 재포기를 고려한다.

19 농업용수의 수질 평가시 사용되는 SAR(Sodium Adsorption Ratio)산출식에 직접 관련된 원소로 알맞은 것은 어느 것인가?

㉮ K, Mg, Ca ㉯ Mg, Ca, Fe
㉰ Ca, Mg, Al ㉱ Ca, Mg, Na

풀이 나트륨 흡착률(SAR) = $\dfrac{Na^+}{\sqrt{\dfrac{Ca^{2+}+Mg^{2+}}{2}}}$

20 수질분석 결과, 양이온이 Ca^{2+} 20mg/L, Na^+ 46mg/L, Mg^{2+} 36mg/L일 때 이 물의 총경도(mg/L as $CaCO_3$)는 얼마인가? (단, 원자량은 Ca : 40, Mg : 24, Na : 23)

㉮ 150mg/L ㉯ 200mg/L
㉰ 250mg/L ㉱ 300mg/L

풀이 $\dfrac{\text{총경도(mg/L)}}{50g} = \dfrac{Ca^{2+}mg/L}{20g} + \dfrac{Mg^{2+}mg/L}{12g}$

$= \dfrac{20mg/L}{20g} + \dfrac{36mg/L}{12g}$

$\therefore \text{총경도} = \left(\dfrac{20mg/L}{20g} + \dfrac{36mg/L}{12g}\right) \times 50g$

$= 200mg/L \text{ as } CaCO_3$

| 제2과목 | 수질오염방지기술

21 공장의 BOD 배출량이 500명의 인구당량에 해당하며, 폐수량은 30m^3/hr이다. 공장폐수의 BOD(mg/L)농도는 얼마인가? (단, 1인당 하루에 배출하는 BOD는 45g이다.)

㉮ 31.25mg/L ㉯ 33.42mg/L
㉰ 40.15mg/L ㉱ 51.25mg/L

풀이 인구당량(g/day) = BOD 농도(g/m^3)×Q(m^3/day)
45g/인·day×500인
= BOD(g/m^3)×30m^3/hr×24hr/day
$\therefore$ BOD = 31.25g/m^3 = 31.25mg/L

정답 17 ㉰ 18 ㉯ 19 ㉱ 20 ㉯ 21 ㉮

22 SS가 8,000mg/L인 분뇨를 전처리에서 15%, 1차 처리에서 80%의 SS를 제거하였을 때 1차 처리 후 유출되는 분뇨의 SS농도(mg/L)는 얼마인가?

㉮ 1,360mg/L ㉯ 2,550mg/L
㉰ 2,750mg/L ㉱ 2,950mg/L

[풀이] ① $\eta_T = 1-(1-\eta_1)\times(1-\eta_2)$
　　　　　 $= 1-(1-0.15)\times(1-0.80)$
　　　　　 $= 0.83$
② $\eta_T = \left(1-\dfrac{SS_o}{SS_i}\right)\times 100$
　　$0.83 = 1-\dfrac{SS_o}{8,000mg/L}$
∴ $SS_o = 8,000mg/L \times (1-0.83) = 1,360mg/L$

23 수중의 암모니아(NH_3)를 공기탈기법(air stripping)으로 제거하고자 할 때 가장 중요한 인자는 어느 것인가?

㉮ 기압　　　㉯ pH
㉰ 용존산소　㉱ 공기공급량

[풀이] 수중의 암모니아를 공기탈기법으로 제거하고자 할 때 가장 중요한 인자는 pH와 온도이다.

24 하수 내 함유된 유기물질 뿐 아니라 영양물질까지 제거하기 위한 공법인 Phostrip 공법에 대한 내용으로 틀린 것은 어느 것인가?

㉮ 생물학적 처리방법과 화학적 처리방법을 조합한 공법이다.
㉯ 유입수의 일부를 혐기성 상태의 조로 유입시켜 인을 방출시킨다.
㉰ 유입수의 BOD부하에 따라 인 방출이 큰 영향을 받지 않는다.
㉱ 기존에 활성슬러지 처리장에 쉽게 적용이 가능하다.

[풀이] ㉯ 반송슬러지의 일부를 혐기성 상태의 조로 유입시켜 인을 방출시킨다.

25 폐수의 고도처리에서 용해성 무기물 제거에 사용되는 공정에 관한 내용으로 알맞은 것은 어느 것인가?

㉮ 탄소흡착 : 여타 무기물 제거법으로 잘 제거되지 않는 용존 무기물제거에 유리하다.
㉯ 역삼투 : 잔류 교질성 물질과 분자량이 5,000 이상인 큰 분자제거에 사용되며 경제적이다.
㉰ 이온교환 : 부유물질의 농도가 높으면 수두손실이 커지고, 무기물 제거 전에 화학적 처리와 침전이 요구된다.
㉱ 전기투석 : 주입 수량의 약 30%가 박막의 연속세척을 위하여 필요하고, 스케일 형성을 막기 위해 pH를 높게 유지해야 한다.

정답 22 ㉮　23 ㉯　24 ㉯　25 ㉰

26 5단계 Bardenpho공정에서 호기조의 역할로 알맞은 것은 어느 것인가?

㉮ 인의 방출 ㉯ 인의 과잉 섭취
㉰ 슬러지 라이징 ㉱ 탈질산화

풀이 5단계 Bardenpho공정에서 1단계 호기조의 역할은 인의 과잉흡수 및 질산화이고, 2단계 호기성조의 역할은 종침에서 탈질에 의한 Rising현상 및 인의 재방출 방지이다.

27 포기조 용액을 1L 메스실린더에서 30분간 침강시킨 침전슬러지 부피가 500mL이었다. MLSS 농도가 2,500mg/L라면 SDI는 얼마인가?

㉮ 0.5 ㉯ 1
㉰ 2 ㉱ 4

풀이 ① 슬러지 용적지수(SVI)
$= \dfrac{SV(mL/L)}{MLSS(g/L)} \times 10^3 = \dfrac{500mL/L}{2,500mg/L} \times 10^3 = 200$
② 슬러지 밀도지수(SDI)
$= \dfrac{1}{SVI} \times 100(g/100mL) = \dfrac{1}{200} \times 100$
$= 0.50(g/100mL)$

28 크롬함유폐수의 처리에 관한 내용으로 틀린 것은 어느 것인가?

㉮ 침전과정에서 사용되는 알칼리제는 가능한 한 묽게 사용하며 pH 12 이상에서는 착염을 형성하므로 주의한다.
㉯ 6가 크롬의 환원은 pH 4~5에서 가장 활발하다.
㉰ 6가 크롬을 3가 크롬으로 환원시킨 후 알칼리제를 주입하여 수산화물로 침전시켜 제거한다.
㉱ 6가 크롬의 환원제로는 $FeSO_4$, Na_2SO_3, $NaHSO_3$ 등이 있다.

풀이 ㉯ 6가 크롬의 환원은 pH 2~4 범위에서 가장 활발하다.

29 고도 수처리에 사용되는 분리막에 대한 내용으로 틀린 것은 어느 것인가?

㉮ 정밀여과의 막형태는 비대칭형 Skin형 막이다.
㉯ 한외여과의 구동력은 정수압차이다.
㉰ 역삼투의 분리형태는 용해, 확산이다.
㉱ 투석의 구동력은 농도차이다.

풀이 ㉮ 정밀여과의 막형태는 대칭형 다공성막 형태이다.

정답 26 ㉯ 27 ㉮ 28 ㉯ 29 ㉮

30 폐수처리장 2차침전지에서 침전된 잉여슬러지를 폐기하지 않을 경우 생기는 현상으로 틀린 것은 어느 것인가?

㉮ 혐기성 상태가 되어 N_2, H_2S 등의 가스가 발생하여 냄새가 난다.
㉯ 침전지에서 슬러지가 부상하지 않는다.
㉰ 슬러지 밀도가 높아지며 유출수의 수질은 나빠진다.
㉱ 침전지 수면에 기체 방울이 형성되고 부유물질이 방류수와 함께 유출된다.

[풀이] ㉯ 침전지에서 슬러지 부상이 발생한다.

31 유입수의 유량이 360L/인·일, BOD_5 농도가 200mg/L인 폐수를 처리하기 위해 완전혼합형 활성슬러지 처리장을 설계 하려고 한다. pilot plant를 이용하여 처리능력을 실험한 결과, 1차 침전지에서 유입수 BOD_5 의 25%가 제거되었다. 최종 유출수 BOD_5 10mg/L, MLSS 3,000mg/L, MLVSS는 MLSS의 75%이라면 일차반응일 경우 반응시간(hr)은 얼마인가? (단, 반응속도상수(k) = 0.93L/[(gMLVSS)hr], 2차 침전지는 고려하지 않는다.)

㉮ 4.5hr ㉯ 5.4hr
㉰ 6.7hr ㉱ 7.9hr

[풀이] $Q \times (C_o - C_t) = k \times C_t \times V \times MLVSS$

$(C_o - C_t) = k \times C_t \times MLVSS \times \dfrac{V}{Q}$

$\therefore t = \dfrac{C_o - C_t}{k \times C_t \times MLVSS}$

$= \dfrac{150mg/L - 10mg/L}{0.93L/g \cdot hr \times 0.01g/L \times 3,000mg/L \times 0.75}$

$= 6.69hr$

TIP
① C_o = 200mg/L × (1-0.25) = 150mg/L
② MLVSS = MLSS × 0.75 = 3,000mg/L × 0.75

32 1,000m³/day의 하수를 처리하는 처리장이 있다. 침전지의 깊이가 3m, 폭이 4m, 길이 16m인 침전지의 이론적인 하수 체류시간(hr)은 얼마인가?

㉮ 3.6hr ㉯ 4.6hr
㉰ 5.6hr ㉱ 6.6hr

[풀이] 하수의 체류시간(hr) = $\dfrac{체적(m^3)}{유량(m^3/hr)}$

$= \dfrac{3m \times 4m \times 16m}{1,000m^3/day \times 1day/24hr} = 4.6hr$

33 입자농도와 상호작용에 따른 침전형태 중 Stokes Law를 적용할 수 있는 것은 어느 것인가?

㉮ 응결침전(flocculent settling)
㉯ 독립침전(piscrete settling)
㉰ 지역침전(zone settling)
㉱ 압축침전(compression settling)

[풀이] ㉯ 독립침전에 대한 설명이다.

정답 30 ㉯ 31 ㉰ 32 ㉯ 33 ㉯

34 인구 45,000명인 도시의 폐수를 처리하기 위한 처리장을 설계하였다. 폐수의 유량은 350L/인·day이고 침강탱크의 체류시간 2hr, 월류속도 35m³/m²·day가 되도록 설계하였다면 이 침강 탱크의 용적(V)과 표면적 (A)은 얼마인가?

㉮ V = 1,313m³, A = 540m²
㉯ V = 1,313m³, A = 450m²
㉰ V = 1,475m³, A = 540m²
㉱ V = 1,475m³, A = 450m²

[풀이] ① Q = 0.35m³/인·day × 45,000인
= 15,750m³/day
② V = Q(m³/day)×t(day)
= 15,750m³/day × $\left(\frac{2hr}{24}\right)$day
= 1,312.5m³
③ 월류속도(m³/m²·day) = $\frac{Q(m^3/day)}{A(m^2)}$
35m³/m²·day = $\frac{15,750m^3/day}{A(m^2)}$
∴ A = $\frac{15,750m^3/day}{35m^3/m^2·day}$ = 450m²

35 혐기성 소화공정의 환경적 변수로 틀린 것은 어느 것인가?

㉮ 온도   ㉯ 교반
㉰ 용존산소농도   ㉱ pH

[풀이] ㉰용존산소농도는 호기성 소화공정의 환경변수이다.

36 응집제 투여량에 영향을 미치는 인자로 틀린 것은 어느 것인가?

㉮ DO   ㉯ 수온
㉰ 응집제의 종류   ㉱ pH

[풀이] 응집제 투여량에 영향을 미치는 인자로는 수온, 응집제의 종류, pH 등이 있다.

37 포기조 내의 DO 농도가 2mg/L이고, 이때의 포화용존산소는 8mg/L라고 할 때 MLSS 3,000mg/L에서 MLSS 1L당 산소 소비속도가 60mg/L·hr이라고 하면 포기조에서 산소이동계수 K_{La}의 값 (hr^{-1})은 얼마인가?

㉮ $2hr^{-1}$ ㉯ $6hr^{-1}$
㉰ $10hr^{-1}$ ㉱ $14hr^{-1}$

[풀이] r = K_{La}×(C_S-C)

r : 미생물의 산소소비속도(mg/L·hr)
k_{La} : 산소이동계수(/hr)
C_S : 포화용존산소농도(mg/L)
C : 포기조내의 용존산소농도(mg/L)

따라서 60mg/L·hr = k_{La}×(8-2)mg/L
∴ K_{La} = $\frac{60mg/L·hr}{(8-2)mg/L}$ = 10/hr

38 슬러지의 함수율이 95%에서 90%로 줄어들면 슬러지의 부피는 얼마인가? (단, 슬러지 비중은 1.0이다.)

㉮ 2/3로 감소한다.   ㉯ 1/2로 감소한다.
㉰ 1/3로 감소한다.   ㉱ 3/4로 감소한다.

[풀이] V_1×(100-P_1) = V_2×(100-P_2)
∴ $\frac{V_2}{V_1}$ = $\frac{(100-P_1)}{(100-P_2)}$ = $\frac{(100-95)}{(100-90)}$ = $\frac{1}{2}$

정답 34 ㉯ 35 ㉰ 36 ㉮ 37 ㉰ 38 ㉯

39 처리장에 22,500m³/day의 폐수가 유입되고 있다. 체류시간 30분, 속도구배 44sec⁻¹의 응집조를 설계하고자 할 때 교반기 모터의 동력효율을 60%로 예상한다면 응집조의 교반에 필요한 모터의 총 동력(W)은 얼마인가?
(단, μ = 10⁻³ kg/m · s이다.)

㉮ 544.5W ㉯ 756.4W
㉰ 907.5W ㉱ 1512.5W

풀이
$$P = G^2 \times \mu \times V \times \frac{100}{\eta(\%)}$$
$$= (44/sec)^2 \times 10^{-3} kg/m \cdot sec \times 468.75m^3 \times \frac{100}{60\%}$$
$$= 1,512.5 Watt$$

TIP
$$V = Q \times t = \frac{22,500m^3}{day} \times 30min \times \frac{1hr}{60min} \times \frac{1day}{24hr}$$
$$= 468.75m^3$$

40 암모니아성 질소의 처리방법으로 틀린 것은 어느 것인가?

㉮ 탈기법
㉯ 화학적 응결
㉰ 불연속점 염소처리
㉱ 토지적용 처리

풀이 ㉯ 화학적 응결(금속염 첨가법)은 암모니아성 질소의 처리방법이 아니다.

| 제3과목 | 수질오염공정시험기준

41 자외선/가시선 분광법에서 흡광도가 1.0에서 2.0으로 증가하면 투과도는 얼마인가?

㉮ 1/2로 감소한다.
㉯ 1/5로 감소한다.
㉰ 1/10로 감소한다.
㉱ 1/100로 감소한다.

풀이 $A = \log \frac{1}{투과도}$ 에서 투과도 = 10^{-A}가 된다.

따라서 $\frac{10^{-2.0}}{10^{-1.0}} = 0.1 = \frac{1}{10}$

42 시안의 자외선/가시선 분광법(피리딘-피라졸론법)측정 시 시료 전처리에 대한 내용으로 틀린 것은 어느 것인가?

㉮ 다량의 유지류가 함유된 시료는 초산 또는 수산화나트륨용액으로 pH 6~7로 조절하고 시료의 약 2%에 해당하는 노말헥산 또는 클로로포름을 넣어 짧은 시간 동안 흔들어 섞고 수층을 분리하여 시료를 취한다.
㉯ 잔류염소가 함유된 시료는 L-아스코르빈산 용액을 넣어 제거한다.
㉰ 황화합물이 함유된 시료는 초산나트륨용액을 넣어 제거한다.
㉱ 잔류염소가 함유된 시료는 아비산나트륨용액을 넣어 제거한다.

풀이 ㉰ 황화합물이 함유된 시료는 아세트산아연용액을 넣어 제거한다.

정답 39 ㉱ 40 ㉯ 41 ㉰ 42 ㉰

43 식품공장 폐수의 BOD를 측정하기 위하여 검수에 희석수를 가하여 20배로 희석한 것을 6개의 BOD병에 넣어 3개의 BOD병은 즉시 나머지 3개의 BOD병은 20℃ 5일간 부란 후 각각의 DO를 측정하였다. 0.025N $Na_2S_2O_3$에 의한 적정량의 평균치는 4.0mL와 1.5mL이였다면, 이 식품공장의 BOD 값(mg/L)은 얼마인가? (단, BOD병의 용량 302mL, 적정액 양 100mL, 황산망간 2mL, 알카리 요오드 아지드 2mL, 농황산 2mL를 가하였다. 0.025 N $Na_2S_2O_3$의 역가는 1.00이다.)

㉮ 92mg/L ㉯ 102mg/L
㉰ 112mg/L ㉱ 122mg/L

풀이
① $DO(mg/L) = a \times f \times \dfrac{V_1}{V_2} \times \dfrac{1,000}{V_1-R} \times 0.2$

② $DO_1 = 4.0mL \times 1.0 \times \dfrac{302mL}{100mL} \times \dfrac{1,000}{302mL-4mL} \times 0.2$
　　　= 8.11mg/L

③ $DO_2 = 1.5mL \times 1.0 \times \dfrac{302mL}{100mL} \times \dfrac{1,000}{302mL-4mL} \times 0.2$
　　　= 3.04mg/L

④ BOD = $(DO_1-DO_2) \times$ 희석배수치
　　　= (8.11-3.04)mg/L×20 = 101.4mg/L

44 개수로의 평균 단면적이 1.6m²이고, 부표를 사용하여 10m 구간을 흐르는데 걸리는 시간을 측정한 결과 5초(sec)이였을 때 이 수로의 유량(m³/min)은 얼마인가? (단, 수로의 구성, 재질, 수로단면의 형상, 기울기 등이 일정하지 않은 개수로의 경우 기준이다.)

㉮ 144m³/min ㉯ 154m³/min
㉰ 164m³/min ㉱ 174m³/min

풀이 유량(Q) = 단면적(A)×평균유속(v)
= $1.6m^2 \times \dfrac{10m}{5sec} \times 60sec/min \times 0.75$
= 144m³/min

TIP
① 실측유속 = 표면최대유속
② 평균유속 = 표면최대유속×0.75

45 공장폐수 및 하수유량(관 내의 유량측정방법)을 측정하는 장치 중 공정수(process water)에 적용하는 장치로 틀린 것은 어느 것인가?

㉮ 유량측정용 노즐
㉯ 오리피스
㉰ 벤튜리미터
㉱ 자기식유량측정기

풀이 공정수에 적용하는 장치에는 유량측정용 노즐, 오리피스, 피토우관, 자기식 유량측정기가 있다.

46 인산염인을 측정하기 위해 적용 가능한 시험방법으로 틀린 것은 어느 것인가? (단, 수질오염공정시험기준이다.)

㉮ 자외선/가시선 분광법(이염화주석환원법)
㉯ 자외선/가시선 분광법(아스코르빈산환원법)
㉰ 자외선/가시선 분광법(부루신환원법)
㉱ 이온크로마토그래피

풀이 인산염인의 시험방법으로는 자외선/가시선 분광법(이염화주석환원법), 자외선/가시선 분광법(아스코르빈산환원법), 이온크로마토그래피가 있다.

정답 43 ㉯ 44 ㉮ 45 ㉱ 46 ㉰

47 적정법-산성 과망간산칼륨법에 의해 COD를 측정할 때 염소 이온의 방해를 제거하기 위해 첨가할 수 있는 시약으로 틀린 것은 어느 것인가?

㉮ 황산은 분말   ㉯ 염화은 분말
㉰ 질산은 용액   ㉱ 질산은 분말

풀이 적정법-산성 과망간산칼륨법에 의해 COD를 측정할 때 염소 이온의 방해를 제거하기 위한 방법은 황산은 분말 1g 대신 질산은 용액(20%) 5mL 또는 질산은 분말 1g 을 첨가해도 된다.

48 지하수 시료는 취수정 내에 고여있는 물과 원래 지하수의 성상이 달라질 수 있으므로 고여 있는 물을 충분히 퍼낸 다음 새로 나온 물을 채취한다. 이 경우 퍼내는 양은 얼마인가?

㉮ 고여 있는 물의 절반 정도
㉯ 고여 있는 물의 2~3배 정도
㉰ 고여 있는 물의 4~5배 정도
㉱ 고여 있는 물의 전체량 정도

풀이 ㉰ 퍼내는 양은 고여 있는 물의 4~5배 정도이다.

49 색도측정법(투과율법)에 대한 내용으로 틀린 것은 어느 것인가?

㉮ 아담스-니컬슨의 색도공식을 근거로 한다.
㉯ 시료 중 백금-코발트 표준물질과 아주 다른 색상의 폐·하수는 적용할 수 없다.
㉰ 색도의 측정은 시각적으로 눈에 보이는 색상에 관계없이 단순 색도차 또는 단일 색도차를 계산한다.
㉱ 시료 중 부유물질은 제거하여야 한다.

풀이 ㉯ 시료 중 백금-코발트 표준물질과 아주 다른 색상의 폐·하수에도 적용할 수 있다.

50 6가 크롬을 자외선/가시선 분광법으로 측정할때에 대한 설명으로 알맞은 것은 어느 것인가?

㉮ 산성 용액에서 다이페닐카바자이드와 반응하여 생성되는 청색 착화합물의 흡광도를 620nm에서 측정
㉯ 산성 용액에서 페난트로린용액과 반응하여 생성되는 청색 착화합물의 흡광도를 620nm 에서 측정
㉰ 산성 용액에서 다이페닐카바자이드와 반응하여 생성되는 적자색 착화합물의 흡광도를 540nm에서 측정
㉱ 산성 용액에서 페난트로린용액과 반응하여 생성되는 적자색 착화합물의 흡광도를 540nm에서 측정

51 직각 3각 위어를 사용하여 유량을 산출할 때 사용되는 공식과 다음 조건에서의 유량 (m^3/분)으로 알맞은 것은 어느 것인가? (단, 유량계수(K) = 50, 절단의 폭(b) = 1m, 위어의 수두(h) = 0.5m)

㉮ $Q = Kh^{5/2}$, 8.84
㉯ $Q = Kh^{3/2}$, 17.74
㉰ $Q = Kbh^{5/2}$, 8.84
㉱ $Q = Kbh^{3/2}$, 17.74

풀이 ① 삼각위어에서 유량(m^3/min) = $k \times h^{\frac{5}{2}}$
② $Q = k \times h^{\frac{5}{2}}$ (m^3/min) = $50 \times (0.5)^{\frac{5}{2}}$
  = $8.84 m^3$/min

정답 47 ㉯ 48 ㉰ 49 ㉯ 50 ㉰ 51 ㉮

52 이온크로마토그래피의 장치에 대한 내용으로 틀린 것은 어느 것인가?

㉮ 액송펌프 : 펌프는 150~350kg/cm² 압력에서 사용될 수 있어야 하며 시간차에 따른 압력차가 크게 발생하여서는 안된다.
㉯ 시료의 주입부 : 일반적으로 루프-밸브에 의한 주입방식이 많이 이용되며 시료주입량은 보통 10~100µL 이다.
㉰ 분리컬럼 : 억제기형과 비억제기형이 있다.
㉱ 검출기 : 일반적으로 음이온 분석에는 열전도도 검출기를 사용한다.

〔풀이〕 ㉱ 검출기 : 일반적으로 음이온 분석에는 전기전도도 검출기를 사용한다.

53 실험에 대한 용어의 내용으로 틀린 것은 어느 것인가?

㉮ 냄새가 없다 : 냄새가 없거나 또는 거의 없을 것을 표시하는 것이다.
㉯ 시험에서 사용하는 물은 따로 규정이 없는 한 정제수 또는 탈염수를 말한다.
㉰ 정확히 단다 : 규정된 양의 시료를 취하여 분석용 저울로 0.1mg까지 다는 것을 말한다.
㉱ 감압이라 함은 따로 규정이 없는 한 15mmH₂O 이하를 말한다.

〔풀이〕 ㉱ 감압이라 함은 따로 규정이 없는 한 15mmHg 이하를 말한다.

54 총 유기탄소의 측정시 적용되는 용어에 대한 내용으로 틀린 것은 어느 것인가?

㉮ 무기성 탄소 : 수중에 탄산염, 중탄산염, 용존 이산화탄소 등 무기적으로 결합된 탄소의 합을 말한다.
㉯ 부유성 유기탄소 : 총 유기탄소 중 공극 0.45µm의 막 여지를 통과하여 부유하는 유기탄소를 말한다.
㉰ 비정화성 유기탄소 : 총 탄소 중 pH 2 이하에서 포기에 의해 정화되지 않는 탄소를 말한다.
㉱ 총탄소 : 수중에서 존재하는 유기적 또는 무기적으로 결합된 탄소의 합을 말한다.

〔풀이〕 ㉯ 부유성 유기탄소 : 총 유기탄소 중 공극 0.45µm의 막 여지를 통과하지 못한 유기탄소를 말한다.

55 시료의 전처리 방법 중 유기물을 다량 함유하고 있으면서 산분해가 어려운 시료에 적용하는 방법은 어느 것인가?

㉮ 회화에 의한 분해
㉯ 질산 - 과염소산법
㉰ 질산 - 황산법
㉱ 질산 - 염산법

〔풀이〕 ㉯ 질산 - 과염소산법에 대한 설명이다.

정답 52 ㉱ 53 ㉱ 54 ㉯ 55 ㉯

56 유도결합플라스마-원자발광광도계에 대한 내용으로 틀린 것은 어느 것인가?

㉮ 시료 주입부 : 분무기 및 챔버로 이루어져 있다.
㉯ 고주파 전원부 : 고주파 전원은 수정발전식의 20.73MHz로 100~300kW의 출력이다.
㉰ 분광부 및 측광부 : 분광기는 기능에 따라 단색화분광기, 다색화분광기로 구분된다.
㉱ 분광부 및 측광부 : 플라스마광원으로부터 발광하는 스펙트럼선을 선택적으로 분리하기 위해서는 분해능이 우수한 회절격자가 많이 사용된다.

풀이 ㉯ 고주파 전원부 : 고주파 전원은 27.12MHz 또는 40.68MHz를 사용하며, 출력범위는 750~1,200W 이상의 것을 사용한다.

57 페놀류-자외선/가시선 분광법 측정시 정량한계에 대한 설명으로 알맞은 것은 어느 것인가?

㉮ 클로로폼추출법 : 0.003mg/L, 직접측정법 : 0.03mg/L
㉯ 클로로폼추출법 : 0.03mg/L, 직접측정법 : 0.003mg/L
㉰ 클로로폼추출법 : 0.005mg/L, 직접측정법 : 0.05mg/L
㉱ 클로로폼추출법 : 0.05mg/L, 직접측정법 : 0.005mg/L

58 수심이 0.6m, 폭이 2m인 하천의 유량을 구하기 위해 수심 각 부분의 유속을 측정한 결과가 다음과 같다. 하천의 유량(m^3/sec)은 얼마인가? (단, 하천은 장방형이라 가정한다.)

수심	표면	20% 지점	40% 지점	60% 지점	80% 지점
유속 (m/sec)	1.5	1.3	1.2	1.0	0.8

㉮ 1.05m^3/sec   ㉯ 1.26m^3/sec
㉰ 2.44m^3/sec   ㉱ 3.52m^3/sec

풀이 유량(Q) = 단면적(A)×유속(V)
① 수심이 0.4m 이상일 때 평균유속
$= \dfrac{V_{0.2}+V_{0.8}}{2} = \dfrac{(1.3+0.8)\text{m/sec}}{2} = 1.05\text{m/sec}$
② 단면적(A) = 수심×폭 = 0.6m×2m = 1.2m^2
③ Q = 1.2m^2×1.05m/sec = 1.26m^3/sec

59 0.1N-NaOH의 표준용액(f = 1.008) 30mL를 완전히 반응시키는데 0.1N-$H_2C_2O_4$용액 30.12mL를 소비했을 때 0.1N-$H_2C_2O_4$용액의 factor는 얼마인가?

㉮ 1.004   ㉯ 1.012
㉰ 0.996   ㉱ 0.992

풀이 $N_1V_1f_1 = N_2V_2f_2$
0.1N×30mL×1.008 = 0.1N×30.12mL×f_2
∴ $f_2 = \dfrac{0.1\text{N}\times30\text{mL}\times1.008}{0.1\text{N}\times30.12\text{mL}} = 1.004$

정답 56 ㉯   57 ㉰   58 ㉯   59 ㉮

60 자외선/가시선 분광법에 의해 페놀류를 분석할 때 클로로폼 용액에서 측정하는 파장(nm)은 얼마인가?

㉮ 460
㉯ 510
㉰ 620
㉱ 710

풀이 ▸ 자외선/가시선 분광법에 의해 페놀류를 분석할 때 클로로폼 용액에서 측정하는 파장은 460nm이다.

| 제4과목 | 수질환경관계법규

61 오염총량관리기본계획에 포함되어야 할 사항으로 틀린 것은 어느 것인가?

㉮ 해당 지역 개발계획의 내용
㉯ 지방자치단체별, 수계구간별 저감시설 현황
㉰ 관할 지역에서 배출되는 오염부하량의 총량 및 저감계획
㉱ 해당 지역 개발계획으로 인하여 추가로 배출되는 오염부하량 및 그 저감계획

풀이 ▸ ㉯ 지방자치단체별·수계구간별 오염부하량의 할당

62 물환경보전법 시행규칙에서 정한 오염도 검사 기관으로 틀린 것은 어느 것인가?

㉮ 지방환경청
㉯ 시·군 보건소
㉰ 국립환경과학원
㉱ 도의 보건환경연구원

풀이 ▸ ㉯ 한국환경공단

63 환경부장관이 비점오염원관리지역을 지정, 고시한 때에 수립하는 비점오염원관리대책에 포함되어야 하는 사항으로 틀린 것은 어느 것인가?

㉮ 관리목표
㉯ 관리대상 수질오염물질의 종류 및 발생량
㉰ 관리대상 수질오염물질의 발생 예방 및 저감방안
㉱ 관리대상 수질오염물질이 수질오염에 미치는 영향

64 비점오염원의 변경신고 기준으로 ( )에 알맞은 말은 어느 것인가?

> 총 사업면적·개발면적 또는 사업장 부지면적이 처음 신고면적의 ( ) 증가하는 경우

㉮ 100분의 15 이상
㉯ 100분의 20 이상
㉰ 100분의 30 이상
㉱ 100분의 50 이상

정답 ▸ 60 ㉮ 61 ㉯ 62 ㉯ 63 ㉱ 64 ㉮

65 폐수 배출규모에 따른 사업장 종별 기준으로 알맞은 것은 어느 것인가?

㉮ 1일 폐수 배출량 2,000m³ 이상 - 1종 사업장
㉯ 1일 폐수 배출량 700m³ 이상 - 3종 사업장
㉰ 1일 폐수 배출량 200m³ 이상 - 4종 사업장
㉱ 1일 폐수 배출량 50m³ 이상, 200m³ 미만 - 5종 사업장

[풀이] 사업장의 종류
㉯ 제2종 사업장
㉰ 제3종 사업장
㉱ 제4종 사업장

66 공공수역 중 환경부령으로 정하는 수로로 틀린 것은 어느 것인가?

㉮ 지하수로 ㉯ 농업용수로
㉰ 상수관로 ㉱ 운하

[풀이] ㉰ 하수관로

67 하천수질 및 수생태계 상태가 생물등급으로 '약간 나쁨~매우 나쁨'일 때의 생물 지표종(저서생물)은 어느 것인가? (단, 수질 및 수생태계 상태별 생물학적 특성 이해표 기준)

㉮ 붉은깔따구, 나방파리
㉯ 넓적거머리, 민하루살이
㉰ 물달팽이, 턱거머리
㉱ 물삿갓벌레, 물벌레

68 낚시금지구역 또는 낚시제한구역을 지정하려는 경우 고려사항으로 틀린 것은 어느 것인가?

㉮ 용수의 목적
㉯ 오염원 현황
㉰ 월별 수질오염물질 파악
㉱ 낚시터 인근에서의 쓰레기 발생 현황 및 처리 여건

[풀이] 고려사항으로는 ① 용수의 목적 ② 오염원 현황 ③ 수질오염도 ④ 낚시터 인근에서의 쓰레기 발생현황 및 처리여건 ⑤ 연도별 낚시인구의 현황 ⑥ 서식 어류의 종류 및 양 등 수중 생태계의 현황이 있다.

69 수질 및 수생태계 환경기준 중 하천 전 수역에서 사람의 건강보호기준으로 검출되어서는 안되는 오염물질(검출한계 0.0005)은 어느 것인가?

㉮ 폴리클로리네이티드비페닐(PCB)
㉯ 테트라클로로에틸렌(PCE)
㉰ 사염화탄소
㉱ 비소

[풀이] ㉮ 폴리클로리네이티드비페닐(PCB)에 대한 설명이다.

70 특정수질유해물질 등을 누출·유출하거나 버린 자에 대한 벌칙기준으로 알맞은 것은 어느 것인가?

㉮ 2년 이하의 징역 ㉯ 3년 이하의 징역
㉰ 5년 이하의 징역 ㉱ 7년 이하의 징역

[풀이] 3년 이하의 징역 또는 3천만원 이하의 벌금에 해당한다.

정답 65 ㉮ 66 ㉰ 67 ㉮ 68 ㉰ 69 ㉮ 70 ㉯

71 시·도지사 또는 시장·군수가 도종합계획 또는 시군종합계획을 작성할 때 시설의 설치 계획을 반영하여야 하는 시설로 틀린 것은 어느 것인가?

㉮ 분뇨처리시설
㉯ 쓰레기 처리시설
㉰ 공공폐수처리시설
㉱ 공공하수처리시설

72 비점오염저감시설의 구분 중 장치형 시설로 틀린 것은 어느 것인가?

㉮ 여과형 시설   ㉯ 소용돌이형 시설
㉰ 저류형 시설   ㉱ 스크린형 시설

[풀이] 비점오염저감시설
① 자연형시설 : 저류시설, 인공습지, 침투시설, 식생형 시설
② 장치형 시설 : 여과형 시설, 소용돌이형 시설, 스크린형 시설, 응집·침전 처리형 시설, 생물학적 처리형시설

73 다음 ( )안에 들어갈 알맞은 말은?

환경부장관은 폐수처리업의 등록을 한 자에 대하여 영업정지를 명하여야 하는 경우로서 그 영업정지가 주민의 생활 그 밖의 공익에 현저한 지장을 줄 우려가 있다고 인정되는 경우에는 영업정지처분을 갈음하여 매출액에 ( )를 곱한 금액을 초과하지 아니하는 범위에서 과징금을 부과할 수 있다.

㉮ 100분의 0.5   ㉯ 100분의 5
㉰ 100분의 10   ㉱ 100분의 15

74 낚시금지구역에서 낚시행위를 한 자에 대한 과태료 기준으로 알맞은 것은 어느 것인가?

㉮ 50만원 이하의 과태료
㉯ 100만원 이하의 과태료
㉰ 200만원 이하의 과태료
㉱ 300만원 이하의 과태료

[풀이] 과태료 기준
① 낚시 금지구역 : 300만원 이하
② 낚시 제한구역 : 100만원 이하

75 수질오염물질 종류로 틀린 것은 어느 것인가?

㉮ BOD   ㉯ 색소
㉰ 세제류   ㉱ 부유물질

[풀이] ㉮ BOD는 수질오염물질에 해당되지 않는다.

76 수질오염방지시설 중 물리적 처리시설에 해당되는 것은?

㉮ 응집시설   ㉯ 흡착시설
㉰ 이온교환시설 ㉱ 침전물개량시설

[풀이] ㉯·㉰·㉱는 화학적 처리시설에 해당한다.

정답 71 ㉯ 72 ㉰ 73 ㉯ 74 ㉱ 75 ㉮ 76 ㉮

77 공공폐수처리시설 기본계획에 포함되어야 하는 사항으로 틀린 것은 어느 것인가?

㉮ 공공폐수처리시설의 설치·운영자에 관한 사항
㉯ 오염원분포 및 폐수배출량과 그 예측에 관한 사항
㉰ 공공폐수처리시설 부담금의 비용부담에 관한 사항
㉱ 공공폐수처리시설 대상지역의 수질영향에 관한 사항

[풀이] 공공폐수처리시설 기본계획에 포함되어야 하는 사항으로는 ① 공공폐수처리시설에서 처리하려는 대상지역에 관한 사항 ② 오염원 분포 및 폐수배출량과 그 예측에 관한 사항 ③ 공공폐수처리시설의 폐수처리계통도, 처리능력 및 처리방법에 관한 사항 ④ 공공폐수처리시설에서 처리된 폐수가 방류수역의 수질에 미치는 영향에 관한 평가 ⑤ 공공폐수처리시설의 설치·운영자에 관한 사항 ⑥ 공공폐수처리시설 부담금의 비용부담에 관한 사항 ⑦ 총사업비, 분야별 사업비 및 그 산출 근거 ⑧ 연차별 투자계획 및 자금조달계획 ⑨ 토지등의 수용·사용에 관한 사항이 있다.

78 수질 및 수생태계 환경기준에서 하천의 생활환경기준 중 매우나쁨(Ⅵ) 등급의 BOD기준(mg/L)으로 알맞은 것은 어느 것인가?

㉮ 6 초과   ㉯ 8 초과
㉰ 10 초과   ㉱ 12 초과

79 배출부과금을 부과할 때 고려하여야 하는 사항으로 틀린 것은 어느 것인가?

㉮ 배출허용기준 초과 여부
㉯ 수질오염물질의 배출량
㉰ 수질오염물질의 배출시점
㉱ 배출되는 수질오염물질의 종류

[풀이] 배출부과금을 부과할 때 고려사항으로는 ① 배출허용기준 초과여부 ② 배출되는 수질오염물질의 종류 ③ 수질오염물질의 배출기간 ④ 수질오염물질의 배출량 ⑤ 자가 측정 여부가 있다.

80 물환경보전법상 공공수역에 해당되지 않는 것은 어느 것인가?

㉮ 상수관거   ㉯ 하천
㉰ 호소   ㉱ 항만

[풀이] ㉮ 연안해역

정답 77 ㉱   78 ㉰   79 ㉰   80 ㉮

2017년 1회 수질환경산업기사

2017년 3월 5일 시행

| 제1과목 | 수질오염개론

01 2차처리 유출수에 포함된 10mg/L의 유기물을 분말활성탄 흡착법으로 3차처리하여 유출 수가 1mg/L가 되게 만들고자 한다. 이 때 폐수 1m³당 필요한 활성탄의 양(g)은 얼마인가? (단, 흡착식은 Freundlich 등온식을 적용, K = 0.5, n = 2)

㉮ 9   ㉯ 12
㉰ 16   ㉱ 18

풀이 등온흡착식 : $\frac{(C_i-C_o)}{M} = k \times C_o^{\frac{1}{n}}$

$\frac{(10-1)\text{mg/L}}{M} = 0.5 \times (1\text{mg/L})^{\frac{1}{2}}$

$\therefore M = \frac{(10-1)\text{mg/L}}{0.5 \times (1\text{mg/L})^{\frac{1}{2}}} = 18\text{mg/L} = 18\text{g/m}^3$

02 포도당($C_6H_{12}O_6$) 500mg이 탄산가스와 물로 완전 산화하는데 소요되는 이론적 산소요구량(mg)은 얼마인가?

㉮ 512   ㉯ 521
㉰ 533   ㉱ 548

풀이 $C_6H_{12}O_6 + 6O_2 \rightarrow 6CO_2 + 6H_2O$
180g : 6×32g
500mg : ThOD

$\therefore \text{ThOD} = \frac{500\text{mg} \times 6 \times 32\text{g}}{180\text{g}} = 533.33\text{mg}$

03 부영양호(eutrophic lake)의 특성으로 알맞은 것은 어느 것인가?

㉮ 생산과 소비의 균형
㉯ 낮은 영양 염류
㉰ 조류의 과다발생
㉱ 생물종 다양성 증가

풀이 ㉮ 생산과 소비의 불균형
㉯ 높은 영양 염류
㉱ 생물종 다양성 감소

04 남조류(Blue-green algae)에 대한 내용으로 틀린 것은 어느 것인가?

㉮ 독립된 세포핵이 있다.
㉯ 세포벽의 구조는 박테리아와 흡사하다.
㉰ 광합성 색소가 엽록체 안에 들어 있지 않다.
㉱ 호기성 신진대사를 하며 전자공여체로 물을 사용한다.

풀이 ㉮ 독립된 세포핵이 없다.

정답 01 ㉱ 02 ㉰ 03 ㉰ 04 ㉮

05 물이 가지는 특성으로 틀린 것은 어느 것인가?

㉮ 물의 밀도는 0℃에서 가장 크며 그 이하의 온도에서는 얼음형태로 물에 뜬다.
㉯ 물은 광합성의 수소 공여체이며 호흡의 최종산물이다.
㉰ 생물체의 결빙이 쉽게 일어나지 않는 것은 융해열이 크기 때문이다.
㉱ 물은 기화열이 크기 때문에 생물의 효과적인 체온조절이 가능하다.

풀이 ㉮ 물의 밀도는 4℃에서 가장 크다.

06 해수의 화학적 성질에 대한 내용으로 틀린 것은 어느 것인가?

㉮ 해수의 pH는 8.2로서 약알칼리성을 가진다.
㉯ 해수의 주요성분 농도비는 지역에 따라 다르며 염분은 적도해역에서 가장 낮다.
㉰ 해수의 밀도는 수온, 염분, 수압의 함수이며 수심이 깊을수록 증가한다.
㉱ 해수 내에 주요성분 중 염소이온은 19,000mg/L 정도로 가장 높은 농도를 나타낸다.

풀이 ㉯ 해수의 주요성분 농도비는 항상 일정하다.

07 $Ca(OH)_2$ 800mg/L 용액의 pH는 얼마인가? (단, $Ca(OH)_2$는 완전해리하며, Ca의 원자량은 40)

㉮ 약 12.1   ㉯ 약 12.3
㉰ 약 12.7   ㉱ 약 12.9

풀이 $Ca(OH)_2 \rightarrow Ca^{2+} + 2OH^-$
　　　　　XM　　　XM　　2XM

① $Ca(OH)_2$의 mol/L를 계산한다.

$$mol/L = \frac{800mg}{L} \times \frac{1g}{10^3 mg} \times \frac{1mol}{74g} = 0.01 mol/L$$

② XM = 0.01mol/L
③ [OH⁻]농도 = 2XM = 2×0.01mol/L
④ pH = 14+log[OH⁻] = 14+log[2×0.01mol/L]
　　 = 12.30

08 1,000개의 세포가 5시간 후에 100,000개로 증식했다면 세대시간(분)은 얼마인가? (단, 단위시간에 일어난 분열횟수(k) = [($\log X_t - \log X_o$)]/(0.301×t), 출발시간의 세포수 = X_o, 일정한 시간이 경과된 후의 세포수 = X_t)

㉮ 80   ㉯ 60
㉰ 45   ㉱ 30

풀이 ① k를 계산한다.

$$k = \frac{\log X_t - \log X_o}{0.301 \times t} = \frac{\log 100,000 - \log 1,000}{0.301 \times 5hr}$$
$$= 1.329/hr$$

② 세대시간(min) = $\frac{1}{1.329/hr} \times 60min/hr = 45.15min$

정답 05 ㉮　06 ㉯　07 ㉯　08 ㉰

09 반응조에 주입된 물감의 10%, 90%가 유출되기까지의 시간을 t_{10}, t_{90}이라할 때 Morrill 지수는 t_{90}/t_{10}으로 나타낸다. 이상적인 Plug flow인 경우의 Morrill지수 값은?

㉮ 1 보다 작다. ㉯ 1 보다 크다.
㉰ 1 이다. ㉱ 0이다.

풀이 CFSTR과 PFR의 비교

	CFSTR	PFR
분산	1	0
분산수	무한대(∞)	0
모릴지수	클수록	1
지체시간	0	이론적 체류시간과 동일할 때

10 하천의 DO가 6.3mg/L, BOD_u가 17.1mg/L일 때 용존산소곡선(DO Sag Curve)에서 임계점에 달하는 시간(day)은 얼마인가? (단, 온도는 20℃, 용존산소 포화량은 9.2mg/L, k_1 = 0.1/day, k_2 = 0.3/day, $f = k_2/k_1$, $t_c = \dfrac{1}{k_1(f-1)} \log\left[f\left\{1-(f-1)\dfrac{D_o}{L_o}\right\}\right]$)

㉮ 약 1.0 ㉯ 약 1.5
㉰ 약 2.0 ㉱ 약 2.5

풀이 $t_c = \dfrac{1}{k_1(f-1)} \log\left[f\left\{1-(f-1)\dfrac{D_o}{L_o}\right\}\right]$

① $f = \dfrac{k_2}{k_1} = \dfrac{0.3/day}{0.1/day} = 3$

② $L_o = BOD_u = 17.1$ mg/L

③ D_o = 포화 DO 농도 - 하천의 DO 농도
   = 9.2mg/L - 6.3mg/L = 2.9mg/L

④ $t_c = \dfrac{1}{0.1/day \times (3-1)} \log\left\{3 \times \left(1-(3-1)\dfrac{2.9mg/L}{17.1mg/L}\right)\right\}$
   = 1.5day

11 저수지 및 호소의 sediments(저질)는 수층의 환경변화에 따라 수층으로 오염물질을 용출함으로써 장기적인 내부오염원으로 작용을 한다. 오염물질 유출에 관여하는 영향인자에 대한 설명으로 틀린 것은 어느 것인가?

㉮ 수층의 DO 농도가 감소함에 따라 용출이 증가한다.
㉯ 수층의 pH가 10 이상으로 높아질수록 용출이 증가한다.
㉰ 수층의 pH가 5 이하로 줄어들수록 용출이 증가한다.
㉱ 수온은 용출과 관계가 없다.

풀이 ㉱ 수온은 용출과 관계가 있다.

12 탄소동화작용을 하지 않는 다세포 식물로서, 유기물을 섭취하며 수중에 질소나 용존산소가 부족한 경우에도 잘 성장하는 미생물은 어느 것인가?

㉮ Bacteria ㉯ Algae
㉰ Fungi ㉱ Protozoa

풀이 ㉰ 곰팡이(Fungi)에 대한 설명이다.

정답 09 ㉰ 10 ㉯ 11 ㉱ 12 ㉰

13 수은주높이 300mm는 수주로 몇 mm 인가? (단, 표준 상태 기준)

㉮ 1,960   ㉯ 3,220
㉰ 3,760   ㉱ 4,078

[풀이] 300mmHg×13.6 = 4,080mmH₂O

TIP
① 수은주 비중 = $\dfrac{10332 mmH_2O}{760 mmHg}$
  = 13.6(mmH₂O/mmHg)
② mmHg $\xrightarrow{\times 13.6}$ mmH₂O
③ mmH₂O $\xrightarrow{\div 13.6}$ mmHg

14 여름 정체기간 중 호수의 깊이에 따른 CO_2와 DO 농도 변화에 대한 내용으로 알맞은 것은 어느 것인가?

㉮ 표수층에서 CO_2 농도가 DO 농도 보다 높다.
㉯ 심해에서 DO 농도는 매우 낮지만 CO_2 농도는 표수층과 큰 차이가 없다.
㉰ 깊이가 깊어질수록 CO_2 농도 보다 DO 농도가 높다.
㉱ CO_2 농도와 DO 농도가 같은 지점(깊이)이 존재한다.

15 지하수의 특성에 대한 내용으로 틀린 것은 어느 것인가?

㉮ 탁도가 높다.
㉯ 자정작용이 느리다.
㉰ 수온의 변동이 적다.
㉱ 국지적인 환경조건의 영향을 크게 받는다.

[풀이] ㉮ 탁도가 낮다.

16 개미산(HCOOH)의 ThOD/TOC의 비는 얼마인가?

㉮ 1.33   ㉯ 2.14
㉰ 2.67   ㉱ 3.19

[풀이] $HCOOH + 0.5O_2 \rightarrow CO_2 + H_2O$
$\dfrac{ThOD(이론적산소요구량)}{TOC(총유기탄소량)} = \dfrac{0.5 \times 32g}{1 \times 12g} = 1.33$

17 시험용 동물의 50%를 사망시킬 때 그 환경중의 약물 농도를 나타내는 것은 어느 것인가?

㉮ TLN_{50} ㉯ LD_{50}
㉰ LC_{50} ㉱ LI_{50}

[풀이] 시험용 동물의 50%를 사망시킬 때 그 환경중의 약물 농도를 나타내는 것은 LC_{50}이다.

18 빗물의 특성에 대한 내용으로 틀린 것은 어느 것인가?

㉮ 빗물은 낙하하면서 대기 중의 CO_2를 포화상태로 녹여 순수한 빗물의 pH를 약 5.6으로 한다
㉯ 일반적으로 빗물은 용해성분이 많아 경수이며 완충작용이 강하다.
㉰ SO_2나 NO_2 같은 기체가 빗물에 녹아 H_2SO_4와 HNO_3가 되어 산성비를 만든다.
㉱ 수자원으로서는 비정기적인 강우패턴과 집수·저장방법 문제로 가치가 비교적 크지 않은 편이다.

[풀이] ㉯ 일반적으로 빗물은 용해성분이 적은 연수이며 완충작용이 약하다.

정답 13 ㉱   14 ㉱   15 ㉮   16 ㉮   17 ㉰   18 ㉯

19 글리신($C_2H_5O_2N$) 10g이 호기성조건에서 CO_2, H_2O 및 HNO_3로 변화될 때 필요한 총산소량(g)은 얼마인가?

㉮ 15 ㉯ 20
㉰ 30 ㉱ 40

풀이 $C_2H_5O_2N + 3.5O_2 \rightarrow 2CO_2 + 2H_2O + HNO_3$
　　　　75g : 3.5×32g
　　　　10g : X

∴ $X = \dfrac{10g \times 3.5 \times 32g}{75g} = 14.93g$

20 0.04M-NaOH용액의 농도(mg/L)는 얼마인가? (단, Na 원자량 23)

㉮ 1,000 ㉯ 1,200
㉰ 1,400 ㉱ 1,600

풀이 $mol/L = \dfrac{0.04mol}{L} \times \dfrac{40g}{1mol} \times \dfrac{10^3 mg}{1g} = 1,600 mg/L$

| 제2과목 | 수질오염 방지기술

21 BAC(Biological Activated Carbon) 공법을 이용한 고도 정수 처리 시 장점으로 틀린 것은 어느 것인가?

㉮ 오염 물질에 따라 생물분해, 흡착작용이 상호 보완하여 준다.
㉯ 생물학적으로 분해 불가능한 독성물질이라도 흡착기능에 의하여 오염물질 제거가 가능하다.
㉰ 분해 속도가 빠른 물질이나 적응시간이 필요 없는 유기물 제거에 효과적이다.
㉱ 부유물질과 유기물 농도가 낮은 깨끗한 유출수를 배출한다.

풀이 ㉰ 분해 속도가 빠른 물질이나 적응시간이 필요 없는 유기물 제거에 비효과적이다.

22 냄새역치(TON, threshold odor number)에 관한 내용으로 틀린 것은 어느 것인가?

㉮ 냄새의 강도를 나타낼 때 사용한다.
㉯ 관능분석에 의해 결정한다.
㉰ 같은 시료에 대해서는 시험자가 다르더라도 TON값이 일정하다.
㉱ TON값이 클수록 시료의 냄새가 강하다고 볼 수 있다.

풀이 ㉰ 같은 시료에 대해서도 시험자가 다르면 TON값이 다르다.

정답 19 ㉮   20 ㉱   21 ㉰   22 ㉰

23 표준활성슬러지법에서 MLSS농도(mg/L)의 표준 운전범위는 얼마인가?

㉮ 1,000 ~ 1,500   ㉯ 1,500 ~ 2,500
㉰ 2,500 ~ 4,500   ㉱ 4,500 ~ 6,000

풀이) MLSS농도의 표준 운전범위는 1,500 ~ 2,500mg/L 이다.

24 생물학적 방법으로 폐수 중의 질소를 제거하려고 할 때 가장 적절하지 않은 공법은 어느 것인가?

㉮ A/O 공법
㉯ VIP 공법
㉰ UCT 공법
㉱ 5단계 Bardenpho 공법

풀이) A/O공법은 인(P)만을 제거하는 공법이다.

25 40mg/L의 황산제일철($FeSO_4 \cdot 7H_2O$)을 사용하여 폐수를 처리하고자 한다. 이 물에 알칼리도가 없는 경우 공급하여야 하는 $Ca(OH)_2$의 양(mg/L)은 얼마인가? (단, 분자량 : $FeSO_4 \cdot 7H_2O$ = 277.9, $Ca(OH)_2$ = 74.1)

㉮ 10.7   ㉯ 21.4
㉰ 32.1   ㉱ 42.8

풀이) $FeSO_4 \cdot 7H_2O$: $Ca(OH)_2$
　　277.9g　　: 74.1g
　　40mg/L　 : X
∴ X = 10.67mg/L

26 BOD 1,000mg/L, 유량 1,000m³/day 인 폐수를 활성슬러지법으로 처리하는 경우, 포기조의 수심을 5m로 할 때 필요한 포기조의 표면적(m²)은? (단, BOD 용적부하 0.4kg/m³·day)

㉮ 400m²   ㉯ 500m²
㉰ 600m²   ㉱ 700m²

풀이) BOD 부하(kg/day·m³) = $\dfrac{BOD(kg/m^3) \times Q(m^3/day)}{V(m^3)}$

　　= $\dfrac{BOD(kg/m^3) \times Q(m^3/day)}{A(m^2) \times H(m)}$

$0.4 kg/day \cdot m^3 = \dfrac{1kg/m^3 \times 1,000m^3/day}{A(m^2) \times 5m}$

∴ A = $\dfrac{1kg/m^3 \times 1,000m^3/day}{0.4kg/day \cdot m^3 \times 5m}$ = 500m²

27 회전원판법(RBC)의 단점으로 틀린 것은 어느 것인가?

㉮ 일반적으로 회전체가 구조적으로 취약하다.
㉯ 처리수의 투명도가 나쁘다.
㉰ 충격부하 및 부하변동에 약하다.
㉱ 외기기온에 민감하다.

풀이) ㉰ 충격부하 및 부하변동에 강하다.

28 폐수처리 과정인 침전 시 입자의 농도가 매우 높아 입자들끼리 구조물을 형성하는 침전 형태는 어느 것인가?

㉮ 농축침전   ㉯ 응집침전
㉰ 압밀침전   ㉱ 독립침전

풀이) Ⅳ형 침전인 압밀침전에 대한 설명이다.

정답　23 ㉯　24 ㉮　25 ㉮　26 ㉯　27 ㉰　28 ㉰

29 하수처리에 적용되는 물리적 조작과 기능에 관한 내용으로 틀린 것은 어느 것인가?

㉮ 분쇄 - 수로 내에서 고형물을 분쇄하는 것으로 예비처리 조작이다.
㉯ 유량조정 - 후속의 처리시설에 걸리는 유량 및 수질부하를 균등하게 하는 조작이다.
㉰ 응집 - 부유물질의 침전특성을 개선하는 조작이다.
㉱ 부상분리 - 고형물이나 부유성 물질의 제거를 위해 사용되는 조작이다.

풀이 ㉰ 응집 - 고형물의 침전을 위한 조작이다.

30 입자간 거리가 2cm이고, 상대속도가 100cm/s 인 두 유체 입자의 속도경사(sec^{-1})는?

㉮ 25 ㉯ 50
㉰ 75 ㉱ 100

풀이 입자의 속도경사(sec^{-1}) = $\dfrac{100\text{cm/sec}}{2\text{cm}}$ = 50/sec

31 일반적으로 회전원판법은 원판의 몇 %가 물에 잠긴 상태에서 운영되는가?

㉮ 10 ~ 20% ㉯ 30 ~ 40%
㉰ 50 ~ 60% ㉱ 70 ~ 80%

풀이 일반적으로 회전원판법은 원판의 30 ~ 40%가 물에 잠긴 상태에서 운영한다.

32 염소의 살균력에 대한 설명으로 틀린 것은 어느 것인가?

㉮ pH가 낮을수록 살균능력이 크다.
㉯ 온도가 낮을수록 살균능력이 크다.
㉰ HOCl은 OCl$^-$보다 살균력이 크다.
㉱ Chloramine은 OCl$^-$보다 살균력이 작다.

풀이 ㉯ 온도가 낮을수록 살균능력이 작다.

33 식품공장 폐수를 생물학적 호기성 공정으로 처리하고자 한다. 수질을 분석한 결과, 질소분이 없어 요소((NH$_2$)$_2$CO)를 주입하고자 할 때 필요한 요소의 양(mg/L)은 얼마인가? (단, BOD = 5,000 mg/L, TN = 0, BOD : N : P = 100 : 5 : 1 기준)

㉮ 약 430mg/L ㉯ 약 540mg/L
㉰ 약 670mg/L ㉱ 약 790mg/L

풀이 ① BOD : N
100 : 5
5000mg/L : X$_1$(N)
∴ X$_1$(N) = $\dfrac{5000\text{mg/L} \times 5}{100}$ = 250mg/L

② (NH$_2$)$_2$CO : 2N
60g : 2×14g
X$_2$: 250mg/L
∴ X$_2$ = $\dfrac{60\text{g} \times 250\text{mg/L}}{2 \times 14\text{g}}$ = 535.71mg/L

정답 29 ㉰ 30 ㉯ 31 ㉯ 32 ㉯ 33 ㉯

34 공장폐수의 BOD 1kg을 제거하기 위해 필요한 산소량이 1kg이다. 공기 $1m^3$에 함유되어 있는 산소량이 0.277kg이고 활성슬러지에서 공기 용해율이 4%(부피%)라 할 때, BOD 5kg을 제거하는데 필요한 공기량(m^3)은 얼마인가? (단, 공기 내 각 성분은 동일한 비율로 용해된다고 가정)

㉮ $451m^3$ ㉯ $554m^3$
㉰ $632m^3$ ㉱ $712m^3$

풀이 필요한 공기량(m^3)
$= \dfrac{1m^3 \, Air}{0.277kgO_2} \times \dfrac{1kgO_2}{1kgBOD} \times 5kg \, BOD \times \dfrac{100}{4\%}$
$= 451.26m^3$

35 공장에서 pH 2인 황산 폐수 $180m^3/day$가 배출되고 있다. 이 폐수를 중화시키고자 할 때 필요한 NaOH 양 (kg/day)은? (단, NaOH 순도 90%)

㉮ 약 60kg/day ㉯ 약 70kg/day
㉰ 약 80kg/day ㉱ 약 90kg/day

풀이 $[H^+] = 10^{-pH}$ mol/L
pH 2 ⇒ 10^{-2}mol/L 이를 중화하기 위해 필요한
$[OH^-] = 10^{-2}$mol/L가 필요하다.
$[OH^-]$의 10^{-2}mol/L는 10^{-2}eq/L이므로
NaOH(kg/day) $= \dfrac{10^{-2}eq}{L} \times \dfrac{40g}{1eq} \times \dfrac{180m^3}{day} \times \dfrac{100}{90\%}$
$= 80kg/day$

36 폐수 유입량이 $1,000m^3/day$이고, 포기조의 SVI가 100일 때 반송 슬러지의 양 (m^3/day)은 얼마인가? (단, $SV_{30} = 50\%$)

㉮ $1000m^3/day$ ㉯ $850m^3/day$
㉰ $700m^3/day$ ㉱ $550m^3/day$

풀이 ① 반송비(R) $= \dfrac{SV(\%)}{100-SV(\%)} = \dfrac{50\%}{100-50\%} = 1.0$
② 반송슬러지량 = 폐수 유입량×반송비
$= 1,000m^3/day \times 1.0$
$= 1,000m^3/day$

37 포기조 혼합액을 30분간 침전시킨 뒤의 침전물의 부피는 400mL/L이었고, MLSS 농도가 3,000mg/L이었다면 침전지에서 침전상태로 알맞은 것은 어느 것인가?

㉮ 슬러지의 침전이 양호하다.
㉯ 슬러지 팽화로 인하여 침전이 되지 않는다.
㉰ 슬러지 부상(Sludge rising)현상이 발생하여 슬러지 덩어리가 떠오른다.
㉱ 슬러지 플록이 제대로 형성되지 못하고 미세하게 분산한다.

풀이 $SVI = \dfrac{SV(mL/L)}{MLSS(mg/L)} \times 10^3 = \dfrac{400mL/L}{3000mg/L} \times 10^3$
$= 133.33$
SVI가 50~150이 정상침강이므로 침전지에서 침전상태는 정상적이다.

정답 34 ㉮ 35 ㉰ 36 ㉮ 37 ㉮

38 함수율 95%의 슬러지를 함수율 75%의 탈수케익으로 만들었을 때, 탈수 전 슬러지의 체적 대비 탈수 후 탈수케익의 체적의 변화는 얼마인가? (단, 분리액으로 유출된 슬러지양은 무시하며, 탈수 전 슬러지와 탈수 후 탈수케익의 비중은 모두 1.0으로 가정)

㉠ 1/3 ㉡ 1/4
㉢ 1/5 ㉣ 1/6

풀이 $V_1 \times (100-P_1) = V_2 \times (100-P_2)$
$V_1 \times (100-95) = V_2 \times (100-75)$
$\therefore \dfrac{V_2}{V_1} = \dfrac{(100-95)}{(100-75)} = \dfrac{5}{25} = \dfrac{1}{5}$

39 생물학적 인 제거 공법에서 호기성 공정의 주된 역할은?

㉠ 용해성 인의 과잉 산화
㉡ 용해성 인의 과잉 방출
㉢ 용해성 인의 과잉 환원
㉣ 용해성 인의 과잉 섭취

풀이 호기성 공정의 주된 역할은 용해성 인의 과잉 섭취이다.

40 상수 원수 내의 비소 처리에 대한 내용으로 틀린 것은 어느 것인가?

㉠ 응집처리에는 응집침전에 의한 제거방법과 응집여과에 의한 제거방법이 있다.
㉡ 이산화망간을 사용하는 흡착처리에서는 5가비소를 제거할 수 있다.
㉢ 흡착시의 pH는 활성알루미나에서는 1~3이 효과적인 범위이다.
㉣ 수산화세륨을 흡착제로 사용하는 경우는 3가 및 5가 비소를 흡착할 수 있다.

풀이 ㉢ 흡착시의 pH는 활성알루미나에서는 4~6이 효과적인 범위이다.

| 제3과목 | 수질오염공정시험기준

41 분석에 요구되는 시료의 최대 보존기간이 가장 짧은 측정항목은 어느 것인가?

㉠ 염소이온 ㉡ 부유물질
㉢ 총인   ㉣ 용존 총인

풀이 시료의 최대 보존기간
㉠ 염소이온 : 28일
㉡ 부유물질 : 7일
㉢ 총인 : 28일
㉣ 용존 총인 : 28일

정답 38 ㉢ 39 ㉣ 40 ㉢ 41 ㉡

42 분석을 위해 채취한 시료수에 다량의 점토질 또는 규산염이 함유된 경우, 적합한 전처리방법은 어느 것인가?

㉮ 질산 - 황산에 의한 분해
㉯ 질산 - 과염소산 - 불화수소산에 의한 분해
㉰ 질산 - 황산 - 과염소산에 의한 분해
㉱ 회화에 의한 분해

[풀이] 다량의 점토질 또는 규산염이 함유된 경우는 전처리 방법은 질산 - 과염소산 - 불화 수소산에 의한 분해이다.

43 자외선/가시선분광법으로 정량할 때 측정 항목과 그에 따른 발색시약이 잘못 연결된 것은 어느 것인가?

㉮ 불소 : 란탄알리자린 콤프렉손용액
㉯ 페놀류 : 4-아미노안티피린과 헥사시안화철(Ⅱ)산칼륨 용액
㉰ 질산성 질소 : 부루신-설퍼민산용액
㉱ 비소 : 피리딘-피라졸론 용액

[풀이] ㉱ 비소 : 다이에틸다이티오카바민산은의 피리딘 용액

44 0.1N 과망간산칼륨액의 표정에 사용되는 표준시약은?

㉮ 무수탄산나트륨
㉯ 옥살산나트륨
㉰ 티오황산나트륨
㉱ 수산화나트륨

45 수은(냉증기-원자흡수분광광도법) 측정시 물속에 있는 수은을 금속수은으로 산화시키기 위해 주입하는 시약은 어느 것인가?

㉮ 이염화주석
㉯ 아연분말
㉰ 염산하이드록실아민
㉱ 시안화칼륨

[풀이] 물속에 있는 수은을 금속수은으로 산화시키기 위해 주입하는 시약은 이염화주석이다.

46 시료의 용존산소량은 8.50mg/L이었고, 순수중의 용존산소 포화량은 8.84 mg/L이었다. 시료채취시의 대기압이 750mmHg이었다면 용존산소 포화율(%)은 얼마인가?

㉮ 95.5%   ㉯ 96.2%
㉰ 97.4%   ㉱ 98.8%

[풀이] 용존산소 포화율(%)
$= \dfrac{\text{시료의 용존산소량}}{\text{순수중의 용존산소포화량}} \times 100$
$= \dfrac{8.5\text{mg/L}}{8.84\text{mg/L} \times \dfrac{750\text{mmHg}}{760\text{mmHg}}} \times 100 = 97.44\%$

정답 42 ㉯   43 ㉱   44 ㉯   45 ㉮   46 ㉰

47 총대장균군-막여과법에 대한 설명으로 ( )에 들어갈 알맞은 말은?

> 물속에 존재하는 총대장균군을 측정하기 위해 페트리접시에 배지를 올려놓은 다음 배양 후 ( )계통의 집락을 계수하는 방법이다.

㉮ 금속성 광택을 띠는 적색이나 진한 적색
㉯ 금속성 광택을 띠는 청색이나 진한 청색
㉰ 여러 가지 색조를 띠는 적색
㉱ 여러 가지 색조를 띠는 청색

48 흡광 광도계 측광부의 광전측광에 광전도셀이 사용될 때 적용되는 파장은 어느 것인가?

㉮ 자외 파장   ㉯ 가시 파장
㉰ 근적외 파장 ㉱ 근자외 파장

풀이 측광부 광전측광의 파장범위
① 광전관, 광전자증배관 : 자외 내지 가시파장 범위
② 광전도셀 : 근적외파장 범위
③ 광전지 : 가시파장 범위

49 BOD 측정 시 산성 또는 알칼리성 시료의 중화를 위해 전처리로 넣어주는 산 또는 알칼리성용액의 양은 시료량의 얼마를 넘지 않도록 해야 하는가?

㉮ 0.5%   ㉯ 1.5%
㉰ 2.5%   ㉱ 3.5%

50 수질오염공정시험기준에 따라 분석에 요구되는 시료량은 시험항목 및 시험횟수에 따라 차이가 있으나 일반적으로 채취하는 시료의 양(L)은 얼마인가?

㉮ 0.5~1L   ㉯ 1.5~2L
㉰ 2~3L   ㉱ 3~5L

풀이 일반적으로 채취하는 시료의 양은 3~5L이다.

51 수질오염공정시험기준에서 일반적으로 적용되는 용어의 정의로 틀린 것은 어느것인가?

㉮ '감압'이라 함은 따로 규정이 없는 한 $15mmH_2O$ 이하를 뜻한다.
㉯ '밀폐용기'라 함은 취급 또는 저장하는 동안에 이물질이 들어가거나 또는 내용물이 손실되지 아니하도록 보호하는 용기를 말한다.
㉰ '냄새가 없다'라고 기재한 것은 냄새가 없거나 또는 거의 없는 것을 표시하는 것이다.
㉱ '정확히 취하여'란 규정한 양의 액체를 부피피펫으로 눈금까지 취하는 것을 말한다.

풀이 ㉮ '감압'이라 함은 따로 규정이 없는 한 $15mmHg$ 이하를 뜻한다.

정답 47 ㉮ 48 ㉰ 49 ㉮ 50 ㉱ 51 ㉮

52 시험에 적용되는 온도 표시로 틀린 것은 어느 것인가?

㉮ 실온은 1~35℃
㉯ 찬 곳은 0℃ 이하
㉰ 온수는 60~70℃
㉱ 상온은 15~25℃

풀이 찬곳은 0~15℃

53 알칼리성 과망간산칼륨에 의한 화학적 산소요구량(COD) 측정법에서 반응 후 적정에 사용하는 시약과 종말점에서 변하는 색은 어느 것인가?

㉮ $Na_2S_2O_3$, 무색
㉯ $KMnO_4$, 엷은 홍색
㉰ Ag_2SO_4, 엷은 홍색
㉱ $Na_2C_2O_4$, 적색

풀이 알칼리성 과망간산칼륨법에서 적정용액은 0.025M 티오황산나트륨($Na_2S_2O_3$)용액이고 종말점은 무색이다.

54 물속의 냄새 측정 시 잔류염소 냄새는 측정에서 제외한다. 잔류염소 제거를 위해 첨가하는 시약은 어느 것인가?

㉮ 티오황산나트륨용액
㉯ 과망간산칼륨용액
㉰ 아스코르빈산암모늄용액
㉱ 질산암모늄용액

풀이 잔류염소 제거를 위해 첨가하는 시약은 티오황산나트륨용액이다.

55 4각웨어에 의하여 유량을 측정하려고 한다. 수두가 90cm이고, 절단 폭이 1.0m일 때 유량(m^3/min)은 얼마인가?
(단, 유량계수 K = 1.2)

㉮ 약 1.03   ㉯ 약 1.26
㉰ 약 1.37   ㉱ 약 1.53

풀이 $Q = k \times b \times h^{\frac{3}{2}}$ (m^3/min)

$\begin{bmatrix} k : 유량계수 \\ b : 절단의 폭(m) \\ h : 수두(m) \end{bmatrix}$

따라서 $Q = 1.2 \times 1.0m \times (0.9m)^{\frac{3}{2}} = 1.03 m^3/min$

56 기체크로마토그래피법에서 검출하고자 하는 화합물에 대한 검출기가 바르게 연결된 것은 어느 것인가?

㉮ 유기할로겐화합물 : 열전도도 검출기(TCD), 황화합물 : 불꽃이온화 검출기(FID)
㉯ 유기할로겐화합물 : 불꽃이온화 검출기(FID), 황화합물 : 열전도도 검출기(TCD)
㉰ 유기할로겐화합물 : 전자포획형 검출기(ECD), 황화합물 : 불꽃광도형 검출기(FPD)
㉱ 유기할로겐화합물 : 불꽃광도형 검출기(FPD), 황화합물 : 불꽃이온화 검출기(FID)

정답 52 ㉯ 53 ㉮ 54 ㉮ 55 ㉮ 56 ㉰

57 유도결합플라스마 – 원자발광분광법(ICP)의 장치 구성으로 알맞은 것은 어느 것인가?

㉮ 시료도입부 - 광원부 - 파장선택부 - 측정부 - 기록부
㉯ 시료도입부 - 파장분리부 - 광원부 - 검출부 - 기록부
㉰ 시료도입부 - 고주파전원부 - 광원부 - 분광부 - 연산처리부 - 기록부
㉱ 시료도입부 - 저주파전원부 - 분광부 - 측광부 - 기록부

58 물벼룩을 이용한 급성 독성 시험법에서 적용되는 용어인 '치사'의 정의이다. ( )안에 들어갈 알맞은 말은?

> 일정 희석 비율로 준비된 시료에 물벼룩을 투입하여 (①)시간 경과 후 시험용기를 손으로 살짝 두드려 주고, (②)초 후 관찰했을 때 독성물질에 의해 영향을 받아 움직임이 명백하게 없는 상태를 '치사'라 판정한다.

㉮ ① 12, ② 15 ㉯ ① 12, ② 30
㉰ ① 24, ② 15 ㉱ ① 24, ② 30

59 아질산성 질소 표준원액(약 0.25mg/mL)을 제조하기 위해서 아질산나트륨(NaNO$_2$)을 데시케이터에서 24시간 건조시킨 후, 일정량을 취하여 물에 녹이고 클로로포름 0.5mL와 물을 넣어 500mL로 하였다. 표준원액 제조를 위해 취한 아질산나트륨의 양(g)은 얼마인가? (단, 원자량 Na = 23)

㉮ 약 0.31   ㉯ 약 0.62
㉰ 약 1.23   ㉱ 약 2.46

[풀이] NaNO$_2$: NO$_2$-N
69g : 14g
X : 0.25mg/mL(= g/L)×500mL×10^{-3}L/mL
∴ X = 0.616g

TIP 시료량 = 클로로포름+물 = 500mL

60 생물화학적산소요구량(BOD) 분석방법에 관한 내용으로 틀린 것은 어느 것인가?

㉮ 시료의 예상BOD값으로부터 단계적으로 희석배율을 정하여 3~5종의 희석시료를 조제한다.
㉯ 공장폐수나 혐기성 발효의 상태에 있는 시료는 호기성 산화에 필요한 미생물을 식종하여야 한다.
㉰ 탄소계 BOD를 측정해야 할 경우에는 질산화 억제 시약을 첨가 한다.
㉱ 5일 저장기간 동안 산소의 소비량이 20~40% 범위안의 희석 시료를 선택하여 BOD를 계산한다.

[풀이] ㉱ 5일 저장기간 동안 산소의 소비량이 40~70% 범위안의 희석 시료를 선택하여 BOD를 계산한다.

정답 57 ㉰ 58 ㉰ 59 ㉯ 60 ㉱

제4과목 | 수질환경관계법규

61 배출부과금을 부과할 때 고려해야 할 사항으로 틀린 것은 어느 것인가?

㉮ 배출허용기준 초과 여부
㉯ 배출되는 수질오염물질의 종류
㉰ 배출시설의 정상가동 여부
㉱ 수질오염물질의 배출기간

[풀이] 배출부과금 부과시 고려사항은 배출허용기준 초과 여부, 배출되는 수질오염물질의 종류, 수질오염물질의 배출기간, 수질오염물질의 배출량, 자가측정 여부이다.

62 총량관리 단위 유역의 수질 측정방법에 대한 설명이다. ( )에 들어갈 알맞은 말은?

> 목표수질지점별로 연간 30회 이상 측정하여야 하며 이에 따른 수질 측정 주기는 ( ) 간격으로 일정하여야 한다. 다만, 홍수, 결빙, 갈수 등으로 채수가 불가능한 특정 기간에는 그 측정 주기를 늘리거나 줄일 수 있다.

㉮ 3일 ㉯ 5일
㉰ 8일 ㉱ 10일

63 폐수무방류배출시설의 설치가 가능한 특정수질 유해물질로 틀린 것은 어느 것인가?

㉮ 구리 및 그 화합물
㉯ 망간 및 그 화합물
㉰ 디클로로메탄
㉱ 1, 1-디클로로에틸렌

[풀이] 폐수무방류 배출시설의 설치가 가능한 특정수질 유해물질은 구리 및 그 화합물, 디클로로메탄, 1,1-디클로로에틸렌이다.

64 비점오염원의 변경신고 기준으로 틀린 것은 어느 것인가?

㉮ 상호·대표자·사업명 또는 업종의 변경
㉯ 총 사업면적·개발면적 또는 사업장 부지면적이 처음 신고면적의 100분의 30 이상 증가하는 경우
㉰ 비점오염저감시설의 종류, 위치, 용량이 변경되는 경우
㉱ 비점오염원 또는 비점오염저감시설의 전부 또는 일부를 폐쇄하는 경우

[풀이] ㉯ 총 사업면적·개발면적 또는 사업장 부지면적이 처음 신고면적의 100분의 15 이상 증가하는 경우

정답 61 ㉰ 62 ㉰ 63 ㉯ 64 ㉯

65 사업장별 환경기술인의 자격기준으로 틀린 것은 어느 것인가?

㉮ 제1종사업장 : 수질환경기사 1명 이상
㉯ 제2종사업장 : 수질환경산업기사 1명 이상
㉰ 제3종사업장 : 2년 이상 수질분야 환경관련 업무에 종사한 자 1명 이상
㉱ 제4종사업장·제5종사업장 : 배출시설 설치허가를 받거나 배출시설 설치신고가 수리된 사업자 또는 배출시설 설치허가를 받거나 배출시설 설치신고가 수리된 사업자가 그 사업장의 배출시설 및 방지시설 업무에 종사하는 피고용인 중에서 임명하는 자 1명 이상

[풀이] ㉰ 제3종사업장 : 3년 이상 수질분야 환경관련 업무에 종사한 자 1명 이상

66 물환경보전법의 제정목적으로 틀린 것은 어느 것인가?

㉮ 수질오염으로 인한 국민건강 예방
㉯ 공공수역 수질 적정 관리
㉰ 미래의 세대에게 책임관리
㉱ 국민에게 혜택향유

67 폐수무방류배출시설의 설치허가 또는 변경허가를 받은 사업자가 폐수무방류배출시설에서 배출되는 폐수를 오수 또는 다른 배출시설에서 배출되는 폐수와 혼합하여 처리하거나 처리할 수 있는 시설을 설치하는 행위를 한 경우 벌칙 기준으로 알맞은 것은 어느 것인가?

㉮ 2년 이하의 징역 또는 2천만원 이하의 벌금
㉯ 3년 이하의 징역 또는 3천만원 이하의 벌금
㉰ 5년 이하의 징역 또는 5천만원 이하의 벌금
㉱ 7년 이하의 징역 또는 7천만원 이하의 벌금

[풀이] ㉱ 7년 이하의 징역 또는 7천만원 이하의 벌금에 해당한다.

68 폐수처리업에 종사하는 기술요원의 폐수처리기술요원과정의 교육기간은 얼마인가?

㉮ 8시간(1일) 이내
㉯ 2일 이내
㉰ 4일 이내
㉱ 6일 이내

[풀이] 환경기술인과정과 폐수처리기술요원과정의 교육기간은 4일 이내이다.

정답 65 ㉰ 66 ㉰ 67 ㉱ 68 ㉰

69 시장·군수·구청장이 하천, 호소에 낚시금지구역 또는 낚시제한구역 지정 시 고려할 사항으로 틀린 것은 어느 것인가?

㉮ 연도별 낚시 어획량
㉯ 연도별 낚시 인구 현황
㉰ 낚시터 인근에서의 쓰레기 발생 현황 및 처리 여건
㉱ 용수의 목적

풀이 낚시금지구역 또는 낚시제한구역 지정 시 고려할 사항에는 용수의 목적, 오염원 현황, 수질오염도, 낚시터 인근에서의 쓰레기 발생 현황 및 처리여건, 연도별 낚시 인구의 현황, 서식 어류의 종류 및 양 등 수중 생태계의 현황이 있다.

70 폐수처리업의 종류(업종 구분)로 알맞은 것은 어느 것인가?

㉮ 폐수 수탁처리업, 폐수 재이용업
㉯ 폐수 수탁처리업, 폐수 재활용업
㉰ 폐수 위탁처리업, 폐수 수거·운반업
㉱ 폐수 수탁처리업, 폐수 위탁처리업

풀이 폐수처리업의 종류에는 폐수 수탁처리업, 폐수 재이용업이 있다.

71 위임업무 보고사항 중 보고 횟수가 서로 다른 것은 어느 것인가?

㉮ 배출업소의 지도·점검 및 행정처분 실적
㉯ 배출부과금 부과 실적
㉰ 과징금 부과 실적
㉱ 비점오염원의 설치신고 및 방지시설 설치 현황 및 행정처분 현황

풀이 ㉰는 연2회이고 나머지는 연4회이다.

72 낚시금지, 제한구역의 안내판 규격에 대한 설명으로 알맞은 것은 어느 것인가?

㉮ 바탕색 : 흰색, 글씨 : 청색
㉯ 바탕색 : 청색, 글씨 : 흰색
㉰ 바탕색 : 녹색, 글씨 : 흰색
㉱ 바탕색 : 흰색, 글씨 : 녹색

73 공공수역에 특정수질유해물질 등을 누출·유출 하거나 버린 자가 받을 수 있는 벌칙 기준으로 알맞은 것은 어느 것인가?

㉮ 100만원 이하의 벌금
㉯ 500만원 이하의 벌금
㉰ 1천만원 이하의 벌금
㉱ 3천만원 이하의 벌금

풀이 ㉱ 3천만원 이하의 벌금에 해당한다.

74 시·도지사가 희석하여야만 오염물질의 처리가 가능하다고 인정할 수 있는 경우로 틀린 것은 어느 것인가?

㉮ 폐수의 염분 농도가 높아 원래의 상태로는 생물화학적 처리가 어려운 경우
㉯ 폐수의 유기물 농도가 높아 원래의 상태로는 생물화학적 처리가 어려운 경우
㉰ 폐수의 중금속 농도가 높아 원래의 상태로는 화학적 처리가 어려운 경우
㉱ 폭발의 위험 등이 있어 원래의 상태로는 화학적 처리가 어려운 경우

풀이 희석을 인정하는 경우는 ㉮·㉯·㉱이다.

정답 69 ㉮ 70 ㉮ 71 ㉰ 72 ㉯ 73 ㉱ 74 ㉰

75 기타수질오염원인 수산물양식시설 중 가두리 양식어장의 시설 설치 등의 조치기준으로 틀린 것은 어느 것인가?

㉮ 사료를 준 후 2시간 지났을 때 침전되는 양이 10% 미만인 부상사료를 사용한다. 다만, 10센티미터 미만의 치어 또는 종묘에 대한 사료는 제외한다.
㉯ 부상사료 유실방지대를 수표면 상·하로 각각 30센티미터 이상 높이로 설치하여야 한다. 다만, 사료유실의 우려가 없는 경우에는 그러하지 아니하다.
㉰ 어병의 예방이나 치료를 하기 위한 항생제를 지나치게 사용하여서는 아니 된다.
㉱ 분뇨를 수집할 수 있는 시설을 갖춘 변소를 설치하여야 하며, 수집된 분뇨를 육상으로 운반하여 호소에 재유입되지 아니하도록 처리하여야 한다.

[풀이] ㉯ 부상사료 유실방지대를 수표면 상·하로 각각 10센티미터 이상 높이로 설치하여야 한다. 다만, 사료유실의 우려가 없는 경우에는 그러하지 아니하다.

76 폐수 수탁처리 영업을 하려는 자의 준수사항으로 틀린 것은 어느 것인가?

㉮ 폐수의 처리능력과 처리가능성을 고려하여 수탁할 것
㉯ 처리능력이나 용량 미만의 시설을 설치하거나 운영하지 아니할 것
㉰ 등록한 사항 중 환경부령이 정하는 중요사항을 변경하는 때에는 시장·군수에게 등록 할 것
㉱ 기술능력·시설 및 장비 등을 항상 유지·점검하여 폐수처리업의 적정 운영에 지장이 없도록 할 것

77 수질오염방제센터에서 수행하는 사업으로 틀린 것은 어느 것인가?

㉮ 공공수역의 수질오염사고 감시
㉯ 지자체별 수질오염사고 예방 및 처리 대행
㉰ 수질오염 방제기술 관련 교육·훈련, 연구개발 및 홍보
㉱ 수질오염사고에 대비한 장비, 자재, 약품 등의 비치 및 보관을 위한 시설의 설치·운영

[풀이] 수질오염방제센터에서 수행하는 사업으로는 ㉮·㉰·㉱가 해당한다.

78 수질오염경보인 조류경보 단계 중 조류 대발생시 취수장·정수장 관리자의 조치사항으로 틀린 것은 어느 것인가?

㉮ 정수의 독소분석 실시
㉯ 정수처리 강화(활성탄 처리, 오존 처리)
㉰ 조류증식 수심 이하로 취수구 이동
㉱ 취수구 등에 대한 조류 방어막 설치

[풀이] 조류경보 단계 중 조류 대발생시 취수장·정수장 관리자의 조치사항으로는 ㉮·㉯·㉰ 이다.

79 공공폐수처리시설의 방류수 수질기준 (mg/L) 중 BOD, TOC, T-N의 농도 기준으로 알맞은 것은 어느 것인가? (단, 상수원보호구역으로 현재 적용하는 기준)

㉮ 10 이하, 15 이하, 20 이하
㉯ 20 이하, 40 이하, 40 이하
㉰ 20 이하, 40 이하, 60 이하
㉱ 30 이하, 50 이하, 60 이하

정답 75 ㉯ 76 ㉰ 77 ㉯ 78 ㉱ 79 ㉮

80 다음 ( )안에 들어갈 알맞은 말은?

> 환경부장관은 공익을 목적으로 하는 사업장의 배출시설(폐수무방류배출시설은 제외)을 설치·운영하는 사업자에 대하여 조업정지를 명하여야 하는 경우로서 그 조업정지가 주민의 생활, 대외적인 신용, 고용, 물가 등 국민경제 또는 그 밖의 공익에 현저한 지장을 줄 우려가 있다고 인정되는 경우에는 조업정지처분을 갈음하여 매출액에 ( )를 곱한 금액을 초과하지 아니하는 범위에서 과징금을 부과할 수 있다.

㉮ 100분의 0.5   ㉯ 100분의 1
㉰ 100분의 5   ㉱ 100분의 10

정답 80 ㉰

2017년 2회 수질환경산업기사

2017년 5월 7일 시행

| 제1과목 | 수질오염개론

01 응집처리 시 응집의 원리로 틀린 것은 어느 것인가?

㉮ Zeta potential을 감소시킨다.
㉯ Van der Waals힘을 증가시킨다.
㉰ 응집제를 투여하여 입자끼리 뭉치게 한다.
㉱ 콜로이드입자의 표면전하를 증가시킨다.

풀이 ㉱ 콜로이드입자의 표면전하를 감소시킨다.

02 Streeter-Phelps 모델에 대한 설명으로 틀린 것은 어느 것인가?

㉮ 최초의 하천 수질 모델링이다.
㉯ 유속, 수심, 조도계수에 의한 확산계수를 결정한다.
㉰ 점오염원으로부터 오염부하량을 고려한다.
㉱ 유기물의 분해에 따라 용존산소 소비와 재폭기를 고려한다.

풀이 ㉯번의 설명은 QUAL-Ⅰ 모델에 대한 설명이다.

03 하천의 자정 능력은 통상 겨울보다 여름이 더 활발하다. 그 원인으로 알맞은 것은 어느 것인가?

㉮ 여름의 높은 온도는 박테리아의 성장을 촉진시키기 때문이다.
㉯ 여름에는 겨울보다 물속에 용존산소가 많기 때문이다.
㉰ 여름에는 유량이 많고 유기물이 적기 때문이다.
㉱ 여름에는 겨울보다 살균작용이 크기 때문이다.

풀이 여름에 자정능력이 큰 이유는 수온이 높아 박테리아의 성장을 촉진시키기 때문이다.

04 황산바륨 포화용액에 염화바륨을 첨가하여 침전을 유도하는 방법으로 가장 관계가 깊은 것은 어느 것인가?

㉮ 공통이온효과 ㉯ 상승작용
㉰ 완충작용   ㉱ 이종이온효과

풀이 ㉮ 공통이온효과에 대한 설명이다.

정답 01 ㉱ 02 ㉯ 03 ㉮ 04 ㉮

05 20℃ 5일 BOD가 50mg/L인 하수의 2일 BOD(mg/L)는 얼마인가? (단, 20℃, 탈산소계수 k = 0.23day^{-1}이고, 자연대수 기준)

㉮ 21mg/L ㉯ 24mg/L
㉰ 27mg/L ㉱ 29mg/L

풀이
① $BOD_5 = BOD_u \times (1-e^{-k_1 \times t})$
   $50mg/L = BOD_u \times (1-e^{-0.23/day \times 5day})$
   $\therefore BOD_u = \dfrac{50mg/L}{(1-e^{-0.23/day \times 5day})} = 73.17mg/L$
② $BOD_2 = BOD_u \times (1-e^{-k_1 \times t})$
   $= 73.17mg/L \times (1-e^{-0.23/day \times 2day})$
   $= 26.98mg/L$

06 수질오염에 의한 벼농사의 피해 내용으로 틀린 것은 어느 것인가?

㉮ 논에 다량의 유기물을 함유한 폐수가 유입되면 토양이 환원상태로 되어 피해를 발생하다.
㉯ 논의 토양이 산성화되면, 토양중의 중금속의 일부가 용해하여 벼에 흡수되어 생육을 저해한다.
㉰ 염류농도가 낮은 폐수가 유입되면 세포의 원형질에 나쁜 영향을 끼쳐 수확량이 감소한다.
㉱ 콜로이드상의 미립자를 함유한 폐수가 과도하게 유입되면 토양입자를 고결시켜 침투성이 악화된다.

풀이 ㉰ 염류농도가 높은 폐수가 유입되면 세포의 원형질에 나쁜 영향을 끼쳐 수확량이 감소한다.

07 지하수의 특성을 지표수와 비교해서 설명한 것으로 틀린 것은 어느것인가?

㉮ 경도가 높다.
㉯ 자정작용이 빠르다.
㉰ 탁도가 낮다.
㉱ 수온변동이 적다.

풀이 ㉯ 자정작용이 느리다.

08 pH = 4.5인 물의 수소이온농도(M)는 얼마인가?

㉮ 약 3.2×10^{-5} ㉯ 약 5.2×10^{-5}
㉰ 약 3.2×10^{-4} ㉱ 약 5.2×10^{-4}

풀이 $pH = -\log[H^+]$에서 $[H^+] = 10^{-pH}mol/L$
따라서 $[H^+] = 10^{-4.5}mol/L = 3.16 \times 10^{-5}M$

09 96TLm은 NH_3 = 2.5mg/L, Cu^{2+} = 1.5mg/L, CN^- = 0.2mg/L이고, 실제 시험수의 농도가 Cu^{2+} = 0.6mg/L, CN^- = 0.01mg/L, NH_3 = 0.4mg/L이였다면, Toxic Unit는 얼마인가?

㉮ 0.25 ㉯ 0.61
㉰ 1.23 ㉱ 1.52

풀이
$\text{Toxic Unit} = \dfrac{\text{실제시험수의 농도(mg/L)}}{96TLm(mg/L)}$
$= \dfrac{0.4mg/L}{2.5mg/L} + \dfrac{0.6mg/L}{1.5mg/L} + \dfrac{0.01mg/L}{0.2mg/L} = 0.61$

정답 05 ㉰ 06 ㉰ 07 ㉯ 08 ㉮ 09 ㉯

10 하천수 수온은 10℃이다. 20℃ 탈산소계수 k(상용대수)가 0.1day⁻¹이라면 최종 BOD와 BOD_4의 비(BOD_4/BOD_u)는 얼마인가? (단, $k_T = k_{20} \times 1.047^{(T-20)}$)

㉮ 0.75 　　㉯ 0.64
㉰ 0.52 　　㉱ 0.44

[풀이] ① 20℃의 k_1을 10℃의 k_1으로 전환한다.
$k_{(T)} = k_{(20℃)} \times 1.047^{(T-20)} = 0.1/day \times 1.047^{(10-20)}$
$= 0.063/day$
② 10℃에서 BOD_4/BOD_u를 계산한다.
$BOD_4 = BOD_u \times (1-10^{-k_1 \times t})$
$\dfrac{BOD_4}{BOD_u} = 1-10^{-k_1 \times t} = 1-10^{(-0.063/day \times 4day)} = 0.44$

11 물의 물리적 특성에 대한 내용으로 알맞은 것은 어느 것인가?

㉮ 비열이 커지면 물의 당량도 커진다.
㉯ 증기압은 온도가 높을수록 낮아진다.
㉰ 물의 점성계수는 온도가 증가하면 높아진다.
㉱ 물의 표면장력은 온도가 증가하면 높아진다.

[풀이] ㉯ 증기압은 온도가 높을수록 높아진다.
㉰ 물의 점성계수는 온도가 증가하면 낮아진다.
㉱ 물의 표면장력은 온도가 증가하면 낮아진다.

12 해수의 탁도에 대한 내용으로 틀린 것은 어느 것인가?

㉮ 해수의 탁도는 용존 착색물질이나 무기 및 유기물질로 이루어진 미립자와 플랑크톤과 은미생물이 포함된 현탁입자가 그 원인이 된다.
㉯ 흐려진 해수의 경우는 현탁입자에 의하여 적색광선이 선택적으로 산란되므로 투과광선의 극대 스펙트럼은 550nm에서 최대의 투과를 나타낸다.
㉰ 수중의 빛은 수중조도 또는 직경 3cm의 자색원판인 투명도판으로 측정한다.
㉱ 수중조도는 플랑크톤이나 해조류의 광합성에 필요한 빛에너지 도착심도를 결정하는데 중요한 의미를 가진다.

13 수화현상(water bloom)이란 정체수역에서 식물플랑크톤이 대량 번식하여 수표면에 막층 또는 플록(floc)을 형성하는 현상을 말하는데, 이의 발생원이 아닌 것은 어느 것인가?

㉮ 유기물 및 질소, 인 등 영양염류의 다량 유입
㉯ 여름철의 높은 수온
㉰ 긴 체류시간
㉱ 수층의 순환

[풀이] ㉱ 수층의 비순환

정답 10 ㉱　11 ㉮　12 ㉯　13 ㉱

14 0.4g 녹인 화합물 수용액이 있다. 이 화합물 중에 있는 Cl^-이온을 완전히 반응시키는데 0.1M-$AgNO_3$ 35mL가 소모되었다. 화합물에 함유된 Cl^-의 함량(%)은? (단, Cl의 원자량 = 35.5)

㉮ 15.5%   ㉯ 31.0%
㉰ 61.0%   ㉱ 82.0%

15 암모니아성 질소 42mg/L와 아질산성 질소 14mg/L가 포함된 폐수를 완전 질산화시키기 위한 산소요구량(mg/L)은?

㉮ 135mg/L   ㉯ 174mg/L
㉰ 208mg/L   ㉱ 232mg/L

풀이 ① $NH_3-N + 2O_2 \rightarrow HNO_3 + H_2O$
　　　14g : 2×32g
　　　42mg/L : X_1

　　∴ $X_1 = \dfrac{42mg/L \times 2 \times 32g}{14g} = 192mg/L$

② $NO_2-N + 0.5O_2 \rightarrow NO_3-N$
　　　14g : 0.5×32g
　　　14mg/L : X_2

　　∴ $X_2 = \dfrac{14mg/L \times 0.5 \times 32g}{14g} = 16mg/L$

③ 산소요구량 = $X_1 + X_2$ = 192mg/L + 16mg/L
　　　　　　　= 208mg/L

16 미생물의 증식곡선의 단계순서로 알맞은 것은 어느 것인가?

㉮ 대수기 - 유도기 - 정지기 - 사멸기
㉯ 유도기 - 대수기 - 정지기 - 사멸기
㉰ 대수기 - 유도기 - 사멸기 - 정지기
㉱ 유도기 - 대수기 - 사멸기 - 정지기

17 유해물질과 그에 따른 증상 및 질병의 연결이 잘못된 것은 어느 것인가?

㉮ 카드뮴 - 골연화증
㉯ 시안 - 호흡효소작용 저해
㉰ 유기인화합물 - Cholinesterase 저해
㉱ 6가크롬 - 흑피증, 각화증

풀이 ㉱ 6가크롬 - 신장장해

18 적조의 발생에 대한 내용으로 틀린 것은 어느 것인가?

㉮ 정체해역에서 일어나기 쉬운 현상이다.
㉯ 강우에 따라 오염된 하천수가 해수에 유입될 때 발생될 수 있다.
㉰ 수괴의 연직 안정도가 크고 독립해 있을 때 발생한다.
㉱ 해역의 영양 부족 또는 염소농도 증가로 발생된다.

풀이 ㉱ 해역의 영양 과잉 또는 염소농도 감소로 발생된다.

19 유기성 폐수에 대한 내용으로 틀린 것은 어느 것인가?

㉮ 유기성 폐수의 생물학적 산화는 수서 세균에 의하여 생산되는 산소로 진행되므로 화학적 산화와 동일하다고 할 수 있다.
㉯ 생물학적 처리의 영향 조건에는 C/N비, 온도, 공기 공급정도 등이 있다.
㉰ 유기성 폐수는 C, H, O를 주성분으로 하고 소량의 N, P, S 등을 포함하고 있다.
㉱ 미생물이 물질대사를 일으켜 세포를 합성하게 되는데 실제로 생성된 세포량은 합성된 세포량에서 내 호흡에 의한 감량을 뺀것과 같다.

정답 14 ㉯ 15 ㉰ 16 ㉯ 17 ㉱ 18 ㉱ 19 ㉮

[풀이] ㉮ 유기성 폐수의 생물학적 산화는 수서 세균에 의하여 생산되는 산소로 진행되며, 화학적 산화와는 다르다.

20 수중의 질소순환과정의 질산화 및 탈질의 순서로 알맞은 것은 어느 것인가?

㉮ $NH_3 \to NO_2^- \to NO_3^- \to N_2$
㉯ $NO_3^- \to NH_3 \to NO_2^- \to N_2$
㉰ $NO_3^- \to N_2 \to NH_3 \to NO_2^-$
㉱ $N_2 \to NH_3 \to NO_3^- \to NO_2^-$

| 제2과목 | 수질오염 방지기술

21 질산화 미생물에 관한 내용으로 알맞은 것은 어느 것인가?

㉮ 혐기성이며 독립영양성 미생물
㉯ 호기성이며 독립영양성 미생물
㉰ 혐기성이며 종속영양성 미생물
㉱ 호기성이며 종속영양성 미생물

[풀이] ① 질산화 미생물은 호기성이며, 독립영양성 미생물이다.
② 탈질화 미생물은 혐기성이며, 종속영양성 미생물이다.

22 유량이 1,000m³/day, 포기조내의 MLSS 농도가 4,500mg/L이며 포기시간은 12hr, 최종침전지에서 25m³/day의 잉여슬러지를 인발한다. 잉여슬러지의 농도는 20,000mg/L이며, 방류수의 SS를 무시한다면 슬러지 체류시간(day)은 얼마인가?

㉮ 4.5day   ㉯ 9.0day
㉰ 12.5day ㉱ 15.0day

[풀이]
$$SRT = \frac{MLSS \times V}{Q_w \times SS_w} = \frac{4,500mg/L \times 1,000m^3/day \times \frac{12hr}{24}}{25m^3/day \times 20,000mg/L}$$
$= 4.5day$

23 폐수를 염소 처리하는 목적으로 틀린 것은 어느 것인가?

㉮ 살균   ㉯ 탁도 제거
㉰ 냄새 제거 ㉱ 유기물 제거

[풀이] 염소 처리하는 목적은 살균, 냄새 제거, 유기물 제거이다.

24 하수처리를 위한 생물학적 처리방법 중 미생물 성장 방식이 서로 다른 것은 어느 것인가?

㉮ 활성슬러지법 ㉯ 살수여상법
㉰ 회전원판법   ㉱ 접촉산화법

[풀이] ㉮는 부유성장식이고, ㉯·㉰·㉱는 부착성장식에 해당한다.

정답 20 ㉮ 21 ㉯ 22 ㉮ 23 ㉯ 24 ㉮

25 포기조 내의 MLSS가 4,000mg/L, 포기조 용적이 500m^3인 활성슬러지 공정에서 매일 25m^3의 폐슬러지를 인발하여 소화조에서 처리하다면 슬러지의 평균 체류시간(day)은 얼마인가? (단, 반송슬러지의 농도 20,000mg/L, 유출수의 SS 농도는 무시)

㉮ 2day ㉯ 3day
㉰ 4day ㉱ 5day

풀이
$$SRT = \frac{MLSS \times V}{Q_w \times SS_w} = \frac{4,000mg/L \times 500m^3}{25m^3/day \times 20,000mg/L}$$
$$= 4.0 day$$

26 하수의 pH조정조에 관한 설명으로 틀린 것은 어느 것인가?

㉮ 체류시간은 10~15분을 기준으로 한다.
㉯ 교반속도는 약품의 혼합과 단락류의 현상을 방지하기 위하여 통상 20~80rpm의 범위로 운전한다.
㉰ 조의 형태는 사각형 및 원형으로 한다.
㉱ 조정조의 교반강도는 속도경사(G)로 300~1,500/s로 급속교반한다.

27 미생물이 분해 불가능한 유기물을 제거하기 위하여 흡착제인 활성탄을 사용하였다. COD가 56mg/L인 원수에 활성탄 20mg/L를 주입시켰더니 COD가 16mg/L으로, 활성탄 52mg/L를 주입시켰더니 COD가 4mg/L로 되었다. COD 9mg/L로 만들기 위해 주입되어야 할 활성탄 양(mg/L)은 얼마인가? (단, Freundlich 등온공식 : $\frac{X}{M} = KC^{\frac{1}{n}}$ 이용)

㉮ 31.3mg/L ㉯ 36.3mg/L
㉰ 41.3mg/L ㉱ 46.3mg/L

풀이
$\frac{X}{M} = k \cdot C^{\frac{1}{n}}$

① $\frac{(56-16)mg/L}{20mg/L} = k \times (16mg/L)^{\frac{1}{n}}$
⇒ $2mg/L = k \times (16mg/L)^{\frac{1}{n}}$

② $\frac{(56-4)mg.L}{52mg/L} = k \times (4mg/L)^{\frac{1}{n}}$
⇒ $1mg/L = k \times (4mg/L)^{\frac{1}{n}}$

③ $\frac{(56-9)mg.L}{M} = k \times (9mg/L)^{\frac{1}{n}}$

①÷②을 하면 $2 = 4^{\frac{1}{n}}$ 이 된다.
양변에 ln을 취하면 $\ln 2 = \frac{1}{n} \ln 4$

∴ $n = \frac{\ln 4}{\ln 2} = 2$, k = 0.5

따라서 $\frac{(56-9)mg/L}{M} = 0.5 \times (9mg/L)^{\frac{1}{2}}$

∴ M = 31.33mg/L

정답 25 ㉰ 26 ㉯ 27 ㉮

28 슬러지 처리의 목표로 틀린 것은 어느 것인가?

㉮ 부피의 감소 ㉯ 중금속 제거
㉰ 안정화   ㉱ 병원균 제거

29 Zeolite로 중금속을 제거하려고 한다. 반응탑 직경 2m, 폐수의 통과량 200 m³/hr일 때, 선속도(m³/m²·hr)는 얼마인가?

㉮ 약 150   ㉯ 약 120
㉰ 약 96   ㉱ 약 64

[풀이] 선속도($m^3/m^2 \cdot hr$)
$$= \frac{\text{폐수의 통과량}(m^3/hr)}{\frac{\pi D^2}{4}(m^2)} = \frac{200 m^3/hr}{\frac{\pi \times (2m)^2}{4}}$$
$= 63.66 m^3/m^2 \cdot hr$

30 질소가 없는 공장의 폐수 유량과 BOD 농도가 각각 1,000m³/day, 600mg/L일 때, 활성슬러지 처리를 위해서 필요한 $(NH_4)_2SO_4$의 양(kg/day)은 얼마인가? (단, BOD : N : P = 100 : 5 : 1 이라 가정)

㉮ 111kg/day   ㉯ 121kg/day
㉰ 131kg/day   ㉱ 141kg/day

[풀이] ① BOD : N
100 : 5
1,000m³/day×0.6kg/m³ : X_1
∴ $X_1 = \frac{1,000m^3/day \times 0.6kg/m^3 \times 5}{100} = 30kg/day$

② $(NH_4)_2SO_4$: 2N
132g : 2×14g
X_2 : 30kg/day
∴ $X_2 = \frac{30kg/day \times 132g}{2 \times 14g} = 141.43 kg/day$

31 생물학적으로 하수 내 질소와 인을 동시에 제거할 수 있는 고도처리공법인 혐기-무산소-호기조합법에 대한 내용으로 틀린 것은 어느 것인가?

㉮ 방류수의 인 농도를 안정적으로 확보할 필요가 있는 경우에는 호기 반응조의 말단에 응집제를 첨가할 설비를 설치하는 것이 바람직하다.
㉯ 인을 효과적으로 제거하기 위해서는 일차침전지 슬러지와 잉여슬러지의 농축을 분리하는 것이 바람직하다.
㉰ 혐기조에서는 인 방출, 호기조에서는 인의 과잉섭취현상이 발생한다.
㉱ 인제거율 또는 인제거량은 잉여슬러지의 인방출률과 수온에 의해 결정된다.

[풀이] ㉱ 인제거율 또는 인제거량은 잉여슬러지의 인발량으로 결정된다.

32 환경에 잠재적으로 독성이 있는 염소 잔류물의 영향을 최소화하기 위해 염소 살균된 하수로부터 염소를 제거하는데 이용되는 탈염소공정에 대한 설명으로 틀린 것은 어느 것인가?

㉮ 이산화황과 염소의 원활한 접촉을 위해 충분한 접촉시간과 접촉조가 필요하다.
㉯ 이산화황을 과잉 주입하게 되면 약품 낭비 뿐만 아니라 산소요구량도 많아지게 된다.
㉰ 활성탄을 이용한 공정은 유기물질의 고도 제거가 동시에 필요한 경우 더 타당하다.
㉱ 이산화황을 이용한 공정에서 염소 잔류물과 반응하는 이산화황의 실제 요구량은 1 : 1 이다.

정답 28 ㉯ 29 ㉱ 30 ㉱ 31 ㉱ 32 ㉮

33 활성슬러지공법 포기조의 MLSS 농도를 2,500mg/L로 유지하려면 SVI가 150인 경우 슬러지 반송비(R)는?

㉮ 0.50 ㉯ 0.55
㉰ 0.60 ㉱ 0.65

풀이 반송비(R) = $\dfrac{MLSS}{SS_r - MLSS}$ = $\dfrac{MLSS}{\dfrac{10^6}{SVI} - MLSS}$

= $\dfrac{2,5000mg/L}{\dfrac{10^6}{150} - 2,5000mg/L}$ = 0.6

TIP

$SVI = \dfrac{10^6}{SS_r}$ 에서 $SS_r = \dfrac{10^6}{SVI}$

34 회전원판법(RBC)에 대한 내용으로 틀린 것은 어느 것인가?

㉮ 산소공급이 필요 없어 소요전력이 적고 높은 슬러지일령이 유지된다.
㉯ 여재는 전형적으로 약 40% 정도가 물에 잠기도록 한다.
㉰ 타 생물학적 처리공정에 비하여 scale-up 시키기 어렵다.
㉱ 유입수는 스크린이나 침전과정 없이 여재에 바로 접촉시켜 처리 효율을 높인다.

풀이 ㉱ 유입수는 스크린이나 침전과정을 거쳐 여재에 접촉시켜 처리 효율을 높인다.

35 활성슬러지법에 의한 폐수처리의 운전 및 유지관리상 가장 중요도가 낮은 사항은 어느 것인가?

㉮ 포기조 내의 수온
㉯ 포기조에 유입되는 폐수의 용존산소량
㉰ 포기조에 유입되는 폐수의 pH
㉱ 포기조에 유입되는 폐수의 BOD 부하량

풀이 ㉯ 포기조의 용존산소량

36 BOD 200mg/L, 유량 2,000m³/day인 폐수를 표준활성슬러지법으로 처리하고자 한다. 포기조의 폭 5m, 길이 10m, 유효깊이 4m일 때 용적부하(kg BOD/m³·day)는 얼마인가?

㉮ 1.5 ㉯ 2.0
㉰ 2.5 ㉱ 3.0

풀이 BOD 용적부하(kg/m³·day)

= $\dfrac{BOD(kg/m^3) \times Q(m^3/day)}{폭 \times 길이 \times 유효길이(m^3)}$

= $\dfrac{0.2kg/m^3 \times 2,000m^3/day}{5m \times 10m \times 4m}$ = 2.0kg/m³·day

TIP

① mg/L $\xrightarrow{\times 10^{-3}}$ kg/m³
② ppm = mg/L = g/m³

정답 33 ㉰ 34 ㉱ 35 ㉯ 36 ㉯

37 하수처리시설 1차 침전지(clarifier)의 운전시 지켜야 할 조건으로 틀린 것은 어느 것인가?

㉮ 침전지 수면의 여유고는 1.5m 이상으로 하여야 한다.
㉯ 체류시간은 2~4시간 정도가 적당하다.
㉰ 표면부하율은 합류식의 경우 25~50m³/m²·day로 유지한다.
㉱ 월류위어의 부하율은 일반적으로 250 m³/m²·day 이하로 한다.

풀이 ㉮ 침전지 수면의 여유고는 40~60cm 이상으로 하여야 한다.

38 혐기성 소화의 특징으로 틀린 것은 어느 것인가?

㉮ 발생되는 슬러지의 양이 작다.
㉯ 부패성 유기물을 분해하여 안정화시킨다.
㉰ 질소, 인 등의 영양염류 제거효율이 높다.
㉱ 고농도 폐수처리에 적당하다.

풀이 ㉰ 질소, 인 등의 영양염류 제거효율이 낮다.

39 도금공정에서 발생되는 폐수의 6가 크롬 처리법으로 알맞은 방법은 어느 것인가?

㉮ 오존산화법   ㉯ 알칼리염소법
㉰ 환원처리법   ㉱ 활성슬러지법

풀이 6가 크롬 처리법은 환원처리법이다.

40 보통 1차침전지에서 부유물질의 침강속도가 작게 되는 조건으로 알맞은 것은 어느 것인가? (단, Stokes 법칙 적용)

㉮ 부유물질 입자의 밀도가 클 경우
㉯ 부유물질 입자의 입경이 클 경우
㉰ 처리수의 밀도가 작을 경우
㉱ 처리수의 점성도가 클 경우

풀이 ㉮ 부유물질 입자의 밀도가 작을 경우
㉯ 부유물질 입자의 입경이 작을 경우
㉰ 처리수의 밀도가 클 경우

| 제3과목 | 수질오염공정시험기준

41 수질오염공정시험기준상 노말헥산 추출물질로 틀린 것은 어느 것인가?

㉮ 휘발되지 않는 탄화수소, 탄화수소유도체
㉯ 그리스유상물질
㉰ 광유류
㉱ 셀룰로오스류

풀이 노말헥산 추출물질에는 휘발되지 않는 탄화수소, 탄화수소유도체, 그리스유상물질, 광유류가 있다.

정답 37 ㉮ 38 ㉰ 39 ㉰ 40 ㉱ 41 ㉱

42 대장균군 실험방법(최적확수시험법)에 대한 내용으로 틀린 것은 어느 것인가?

㉮ 실험상의 오염을 방지하기 위하여 모든 조작은 무균조작을 해야한다.
㉯ 측정원리는 시료를 유당이 포함된 배지에 배양할 때 대장균군이 증식하면서 가스를 생성하는데 이 때 음성시험관수를 확률적 수치인 최적 확수로 표시한다.
㉰ 대장균군의 정성시험은 추정시험, 확정시험, 완전시험 3단계로 나눈다.
㉱ 대장균군이라 함은 그람음성, 무아포성 간균으로 유당을 분해하여 가스 또는 산을 발생하는 모든 호기성 또는 통성 혐기성균을 말한다.

43 자외선/가시선 분광법으로 측정하는 항목이 아닌 것은 어느 것인가?

㉮ 유기인   ㉯ 페놀류
㉰ 불소   ㉱ 시안

[풀이] ㉮ 유기인은 기체크로마토그래피법을 이용한다.

44 식물성 플랑크톤을 현미경계수법으로 분석하고자 할 때 분석절차에 대한 내용으로 틀린 것은 어느 것인가?

㉮ 시료의 개체수는 계수 면적당 10~40 정도가 되도록 희석 또는 농축한다.
㉯ 시료가 육안으로 녹색이나 갈색으로 보일 경우 정제수로 적절한 농도로 희석한다.
㉰ 시료 농축방법인 원심분리방법은 일정량의 시료를 원심침전관에 넣고 100g~150g로 20분 정도 원심분리하여 일정배율로 농축한다.
㉱ 시료농축방법인 자연침전법은 일정시료에 포르말린용액 또는 루골용액을 가하여 플랑크톤을 고정시켜 실린더 용기에 넣고 일정시간 정치 후 싸이폰을 이용하여 상층액을 따라 내어 일정량으로 농축한다.

[풀이] ㉰ 시료 농축방법인 원심분리방법은 일정량의 시료를 원심침전관에 넣고 1000×g로 20분 정도 원심분리하여 일정배율로 농축한다.

45 수질오염공정시험기준상 자외선/가시선분광법과 원자흡수분광광도법을 병행할 수 없는 물질은 어느 것인가?

㉮ 크롬화합물   ㉯ 카드뮴화합물
㉰ 납화합물   ㉱ 불소화합물

[풀이] 자외선/가시선분광법과 원자흡수분광광도법을 병행할 수 있는 물질은 중금속이다.
따라서 정답은 중금속이 아닌 불소화합물이 된다.

정답 42 ㉯ 43 ㉮ 44 ㉰ 45 ㉱

46 공장 폐수의 BOD를 측정하기 위해 검수 30mL를 취한 다음 물 270mL를 BOD병에 취하였다. 20℃에서 5일간 방치한 후 다음과 같은 결과를 얻었다면 이 공장 폐수의 BOD(mg/L)는 얼마인가?
(단, 초기 용존산소량 = 8.0mg/L, 5일 후의 용존산소량 = 4.0mg/L)

㉮ 40mg/L ㉯ 36mg/L
㉰ 24mg/L ㉱ 12mg/L

풀이 BOD = (8.0-4.0)mg/L × $\frac{300mL}{30mL}$ = 40mg/L

47 도금 공장에서 전기도금용액 탱크에 물 100L를 넣고 NaCN 4g을 용해하였다. 이 도금용액의 시안이온(CN^-)의 농도(mg/L)는 얼마인가? (단, 완전히 해리된다고 가정, Na 원자량 = 23)

㉮ 약 17mg/L ㉯ 약 21mg/L
㉰ 약 34mg/L ㉱ 약 49mg/L

풀이 NaCN : CN^-
49g : 26g
4g/100L : X
∴ X = 0.02122g/L = 21.23mg/L

48 밀폐용기에 관한 내용으로 알맞은 것은 어느 것인가?

㉮ 취급 또는 저장하는 동안에 기체 또는 미생물이 침입하지 아니하도록 내용물을 보호하는 용기를 말한다.
㉯ 취급 또는 저장하는 동안에 이물질이 들어가거나 또는 내용물이 손실되지 아니하도록 보호하는 용기를 말한다.
㉰ 취급 또는 저장하는 동안에 밖으로부터의 공기, 다른 가스가 침입하지 아니하도록 내용물을 보호하는 용기를 말한다.
㉱ 취급 또는 저장하는 동안에 이물질이나 미생물이 침입하지 아니하도록 내용물을 보호하는 용기를 말한다.

풀이 ㉯번의 설명이 밀폐용기이다.

49 흡광광도측정에서 투과율이 50%일 때 흡광도는 얼마인가?

㉮ 0.2 ㉯ 0.3
㉰ 0.4 ㉱ 0.5

풀이 흡광도 = $\log \frac{1}{투과도(t)}$ = $\log \frac{1}{0.5}$ = 0.30

50 자외선/가시선분광법으로 인산염인을 측정하고자 할 때, 측정시험과 관련된 내용으로만 짝지어진 것은 어느 것인가?

㉮ 몰리브덴산암모늄, 이염화주석, 적색
㉯ 몰리브덴산암모늄, 이염화주석, 청색
㉰ 부루신설퍼민산, 안티몬, 적색
㉱ 부루신설퍼민산, 안티몬, 청색

정답 46 ㉮ 47 ㉯ 48 ㉯ 49 ㉯ 50 ㉯

51 원자흡수분광광도법에 대한 내용으로 틀린 것은 어느 것인가?

㉮ 보통 5,000 ~ 7,000K의 불꽃을 적용한다.
㉯ 불꽃온도가 너무 높으면 중성원자에서 전자를 빼앗아 이온이 생성될 수 있어 음의 오차가 발생한다.
㉰ 물리적 간섭은 표준물질 첨가법을 사용하여 방지할 수 있다.
㉱ 광학적 간섭은 슬릿간격을 좁혀서 해결 가능하다.

풀이 ㉮ 보통 2,000 ~ 3,000K의 불꽃을 적용한다.

52 이온전극법과 관련된 내용으로 틀린 것은 어느 것인가?

㉮ 시료 중 분석대상 이온의 농도에 감응하는 비교전극과 이온전극 간에 나타나는 전위차를 이용하는 방법이다.
㉯ 목적이온의 농도를 정량하는 방법으로 시료 중 양이온과 음이온의 분석에 이용된다.
㉰ 비교전극은 분석대상 이온에 대해 고도의 선택성이 있고, 이온농도에 비례하여 전위를 발생할 수 있는 전극이다.
㉱ 전위차계는 발생되는 전위차를 mV 단위까지 읽을 수 있고, 고압력 저항의 전위차계로서 pH-mV계, 이온전극용 전위차계 또는 이온농도계 등을 사용한다.

풀이 ㉰번은 이온전극에 대한 설명이다.

53 하천유량(유속 면적법) 측정의 적용범위로 틀린 것은 어느 것인가?

㉮ 모든 유량 규모에서 하나의 하도로 형성되는 지점
㉯ 가능하면 하상이 안정되어 있고 식생의 성장이 없는 지점
㉰ 교량 등 구조물 근처에서 측정할 경우 교량의 하류 지점
㉱ 합류나 분류가 없는 지점

풀이 ㉰ 교량 등 구조물 근처에서 측정할 경우 교량의 상류 지점

54 질산성질소 표준원액 0.5mg NO$_3$-N /mL를 제조하려면, 미리 105 ~ 110℃에서 4시간 건조한 질산칼륨(KNO$_3$ 표준시약) 몇 g을 물에 녹여 1,000mL로 하면 되는가? (단, K 원자량 = 39.1)

㉮ 2.83　　㉯ 3.61
㉰ 4.72　　㉱ 5.38

풀이 KNO$_3$: NO$_3$-N
101.1g : 14g
　X　 : 0.5mg/mL×1000mL
∴ X = 0.00361mg = 3.61g

정답 51 ㉮　52 ㉰　53 ㉰　54 ㉯

55 예상 BOD 값에 대한 사전경험이 없을 때 BOD 시험을 위한 시료용액 조제 시 희석기준에 대한 내용으로 틀린 것은 어느 것인가?

㉮ 오염된 하천수는 10 ~ 20%의 시료가 함유되도록 희석한다.
㉯ 처리하여 방류된 공장폐수는 5 ~ 25%의 시료가 함유되도록 희석한다.
㉰ 처리하지 않은 공장폐수는 1 ~ 5%의 시료가 함유되도록 희석한다.
㉱ 강한 공장폐수는 0.1 ~ 1.0%의 시료가 함유되도록 희석한다.

풀이 ㉮ 오염된 하천수는 25 ~ 100%의 시료가 함유되도록 희석한다.

56 수질오염공정시험기준상 온도에 관한 설명으로 틀린 것은 어느 것인가?

㉮ 냉수는 4℃ 이하
㉯ 상온은 15 ~ 25℃
㉰ 온수는 60 ~ 70℃
㉱ 찬 곳은 따로 규정이 없는 한 0 ~ 15℃

풀이 ㉮ 냉수는 15℃ 이하

57 시료의 보존방법이 4℃ 이하 보관에 해당되지 않는 측정항목은 어느 것인가?

㉮ 유기인
㉯ 6가 크롬
㉰ 황산이온
㉱ 폴리클로리네이티드비페닐(PCB)

풀이 ㉰ 황산이온은 6℃ 이하에서 보관한다.

58 유도결합플라스마(ICP) 원자발광분광법에 관한 내용으로 틀린 것은 어느 것인가?

㉮ 분석장치는 시료주입부, 고주파전원부, 광원부, 분광부, 연산처리부 및 기록부로 구성되어 있다.
㉯ 분광부는 검출 및 측정방법에 따라 연속주사형 단원소 측정장치와 다원소 동시 측정장치로 구분된다.
㉰ 시료주입부는 시료 기화실과 분리관으로 이루어져 있으며 시료를 플라스마에 도입시키는 부분이다.
㉱ 플라스마광원으로부터 발광하는 스펙트럼선을 선택적으로 분리하기 위해서는 분해능이 우수한 회절격자가 많이 사용된다.

풀이 ㉰ 시료주입부는 분무기와 챔버로 이루어져 있으며 시료를 플라스마에 도입시키는 부분이다.

59 유량측정방법 중에서 단면이 축소되는 목 부분을 조절함으로써 유량을 조절하는 유량계는 어느 것인가?

㉮ 노즐(nozzle)
㉯ 오리피스(orifice)
㉰ 벤튜리미터(venturi meter)
㉱ 피토우(pitot)관

풀이 ㉯ 오리피스에 대한 설명이다.

60 피토우관에 대한 내용으로 틀린 것은 어느 것인가?

㉮ 부유물질이 적은 대형관에서 효율적인 유량측정기이다.
㉯ 피토우관의 유속은 마노미터에 나타나는 수두차에 의하여 계산한다.
㉰ 피토우관으로 측정할 때는 반드시 일직선상의 관에서 이루어져야 한다.
㉱ 피토우관의 설치장소는 엘보우, 티 등 관이 변화하는 지점으로부터 최소한 관지름의 5~15배 정도 떨어진 지점이어야 한다.

[풀이] ㉱ 피토우관의 설치장소는 엘보우, 티 등 관이 변화하는 지점으로부터 최소한 관지름의 15~50배 정도 떨어진 지점이어야 한다.

제4과목 | 수질환경관계법규

61 공공폐수처리시설의 방류수 수질기준으로 알맞은 것은 어느 것인가? (단, I 지역 기준, 2020. 1. 1 이후 기준, ( )는 농공단지 공공폐수처리시설의 방류수 수질기준)

㉮ 총질소 10(20)mg/L 이하
㉯ 총인 0.2(0.2)mg/L 이하
㉰ TOC 10(20)mg/L 이하
㉱ 부유물질 20(30)mg/L 이하

[풀이] 방류수 수질기준
㉮ 총질소 20(20)mg/L 이하
㉰ TOC 15(25)mg/L 이하
㉱ 부유물질 10(10)mg/L 이하

62 조업정지처분에 갈음하여 과징금을 부여할 수 있는 사업장으로 틀린 것은 어느 것인가?

㉮ 발전소의 발전시설
㉯ 의료기관의 배출시설
㉰ 학교의 배출시설
㉱ 공공기관의 배출시설

[풀이] ㉱ 제조업의 배출시설

63 다음 ( )안에 들어갈 알맞은 말은?

> 환경부장관은 발전소 발전설비의 배출시설(폐수무방류배출시설은 제외)을 설치·운영하는 사업자에 대하여 조업정지를 명하여야 하는 경우로서 그 조업정지가 주민의 생활, 대외적인 신용, 고용, 물가 등 국민경제 또는 그 밖의 공익에 현저한 지장을 줄 우려가 있다고 인정되는 경우에는 조업정지처분을 갈음하여 매출액에 ( )를 곱한 금액을 초과하지 아니하는 범위에서 과징금을 부과할 수 있다.

㉮ 100분의 0.5 ㉯ 100분의 1
㉰ 100분의 5 ㉱ 100분의 10

64 환경부장관이 폐수처리업자의 등록을 취소하거나 6개월 이내의 기간을 정하여 영업정지를 명할 수 있는 경우로 틀린 것은 어느 것인가?

㉮ 다른 사람에게 등록증을 대여한 경우
㉯ 1년에 2회 이상 영업정지처분을 받은 경우
㉰ 고의 또는 중대한 과실로 폐수처리영업을 부실하게 한 경우

정답 60 ㉱ 61 ㉯ 62 ㉱ 63 ㉰ 64 ㉱

㉣ 등록한 후 1년 이내에 영업을 개시하지 아니한 경우

풀이 ㉣ 영업정지 처분기간중에 영업행위를 한 경우

65 초과부과금의 산정 시 수질오염물질 1킬로그램당 부과금액이 가장 큰 수질오염물질은 어느 것인가?

㉮ 크롬 및 그 화합물
㉯ 총 인
㉰ 페놀류
㉱ 비소 및 그 화합물

풀이 1킬로그램당 부과금액
㉮ 크롬 및 그 화합물 : 75,000원
㉯ 총 인 : 500원
㉰ 페놀류 : 150,000원
㉱ 비소 및 그 화합물 : 100,000원

66 환경부장관이 공공수역을 관리하는 자에게 물환경의 보전을 위해 필요한 조치를 권고하려는 경우 포함되어야 할 사항으로 틀린 것은 어느 것인가?

㉮ 물환경을 보전하기 위한 목표에 관한 사항
㉯ 물환경에 미치는 중대한 위해에 관한 사항
㉰ 물환경을 보전하기 위한 구체적인 방법
㉱ 물환경의 보전에 필요한 재원의 마련에 관한 사항

67 1일 폐수배출량이 500m^{3}인 사업장의 종별 규모로 알맞은 것은 어느 것인가?

㉮ 1종 사업장   ㉯ 2종 사업장
㉰ 3종 사업장   ㉱ 4종 사업장

풀이 1일 폐수배출량이 200~700m^{3}인 경우 3종사업장에 해당한다.

68 폐수처리방법이 생물화학적 처리방법인 방지시설의 가동개시를 11월 5일에 한 경우 시운전 기간으로 알맞은 것은 어느 것인가?

㉮ 가동개시일부터 30일
㉯ 가동개시일부터 50일
㉰ 가동개시일부터 70일
㉱ 가동개시일부터 90일

풀이 생물화학적 처리방법인 방지시설의 가동개시일이 11월 1일부터 다음 연도 1월 31일 까지인 경우는 가동시작일로부터 70일이다.

69 법적으로 규정된 환경기술인의 관리사항으로 틀린 것은 어느 것인가?

㉮ 환경오염방지를 위하여 환경부장관이 지시하는 부하량 통계 관리에 관한 사항
㉯ 폐수배출시설 및 수질오염방지시설의 관리에 관한 사항
㉰ 폐수배출시설 및 수질오염방지시설의 개선에 관한 사항
㉱ 운영일지의 기록·보존에 관한 사항

풀이 환경기술인의 관리사항으로는 ㉯·㉰·㉱외에 폐수배출시설 및 수질오염방지시설의 운영에 관한 기록부의 기록 보존에 관한 사항, 수질오염물질의 측정에 관한 사항, 환경 오염방지를 위하여 시도지사가 지시하는 사항이 있다.

정답 65 ㉰   66 ㉯   67 ㉰   68 ㉰   69 ㉮

70 환경부장관은 비점오염원 관리지역을 지정·고시한 때에는 비점오염원관리대책을 관계중앙행정기관의 장 및 시·도지사와 협의하여 수립하여야 한다. 비점오염원관리대책 에 포함되어야 하는 사항으로 틀린 것은 어느 것인가?

㉮ 관리대상 수질오염물질 발생시설 현황
㉯ 관리대상 수질오염물질의 종류 및 발생량
㉰ 관리대상 수질오염물질의 발생 예방 및 저감방안
㉱ 관리목표

[풀이] 비점오염원관리대책에 포함되어야 하는 사항으로는 관리대상 수질오염물질의 종류 및 발생량, 관리대상 수질오염물질의 발생 예방 및 저감방안, 관리목표가 있다.

71 수질오염경보의 종류별 경보단계 중 조류대발생에 해당하는 발령기준은 알맞은 것은 어느 것인가? (단, 상수원 구간)

(①) 연속 채취시 남조류 세포수
(②)세포/mL 이상인 경우

㉮ ① 1회, ② 10,000
㉯ ① 1회, ② 1,000,000
㉰ ① 2회, ② 10,000
㉱ ① 2회, ② 1,000,000

72 법에서 정하는 기술인력, 환경기술인, 기술요원 등의 교육에 대한 내용으로 틀린 것은 어느 것인가?

㉮ 교육기관은 국립환경인재개발원, 한국환경보전원, 한국상하수도협회이다.
㉯ 최초 교육 후 3년마다 실시하는 보수교육을 받게 하여야 한다.
㉰ 지방환경청장은 당해 지역 교육계획을 매년 1월 31일까지 환경부장관에게 보고하여야 한다.
㉱ 시·도지사는 관할구역의 교육대상자를 선발하여 그 명단을 교육과정개시 15일전까지 교육기관의 장에게 통보하여야 한다.

[풀이] ㉰ 환경부장관은 교육계획을 매년 1월 31일까지 시·도지사에게 통보하여야 한다.

73 다음 중 특정수질유해물질로 틀린 것은 어느 것인가?

㉮ 구리와 그 화합물
㉯ 바륨화합물
㉰ 수은과 그 화합물
㉱ 시안화합물

[풀이] ㉯ 바륨화합물은 특정수질유해물질이 아니다.

74 수질 및 수생태계 환경기준 중 사람의 건강보호 기준에서 검출되어서는 안되는 항목은 어느 것인가?

㉮ 카드뮴 ㉯ 수은
㉰ 벤젠   ㉱ 사염화탄소

[풀이] 환경기준 중 사람의 건강보호 기준에서 검출되어서는 안되는 항목은 시안, 수은, 유기인, PCB이다.

정답 70 ㉮ 71 ㉱ 72 ㉰ 73 ㉯ 74 ㉯

75 환경부장관 또는 시·도지사가 청문을 실시하여야 하는 해당처분사항으로 틀린 것은 어느 것인가?

㉮ 배출시설의 허가취소
㉯ 기타수질오염원의 폐쇄명령
㉰ 배출시설의 사용중지 또는 조업정지
㉱ 폐수처리업의 등록취소

76 수질오염경보의 조류경보 중 조류대발생 단계 시 유역·지방 환경청장(시·도지사)의 조치사항으로 틀린 것은 어느 것인가? (단, 상수원 구간)

㉮ 주변오염원에 대한 지속적인 단속강화
㉯ 어패류어획, 식용 및 가축방목의 금지
㉰ 취수장·정수장 정수처리 강화 지시
㉱ 조류대발생경보의 발령 및 대중매체 통한 홍보

[풀이] 조류경보 중 조류대발생 단계 시 유역·지방 환경청장(시·도지사)의 조치사항은 주변오염원에 대한 지속적인 단속강화, 어패류어획, 식용 및 가축방목의 금지, 조류대 발생경보의 발령 및 대중매체 통한 홍보 이다.

77 수질 및 수생태계 환경기준 중 하천의 용존산소량(DO, mg/L) 생활환경기준으로 알맞은 것은 어느 것인가? (단, 등급은 '좋음' 기준)

㉮ 10 이상   ㉯ 7.5 이상
㉰ 5.0 이상   ㉱ 2.0 이상

78 수질오염의 요인이 되는 물질로서 수질오염물질의 지정권자는 누구인가?

㉮ 대통령   ㉯ 국무총리
㉰ 행정자치부장관   ㉱ 환경부장관

79 1일 폐수배출량 2천 세제곱미터 미만인 '나 지역'에 위치한 폐수배출시설의 총 유기탄소량(mg/L) 배출허용기준으로 알맞은 것은 어느 것인가?

㉮ 40 이하   ㉯ 70 이하
㉰ 90 이하   ㉱ 75 이하

80 수질오염물질 배출량 등의 확인을 위한 오염도검사의 결과를 통보받은 시·도지사 등은 통보를 받은 날로부터 며칠 이내에 사업자등에게 배출농도와 일일유량에 관한 사항을 통보해야 하는가?

㉮ 7일   ㉯ 10일
㉰ 15일   ㉱ 30일

정답 75 ㉰ 76 ㉰ 77 ㉰ 78 ㉱ 79 ㉱ 80 ㉯

2017년 3회 수질환경산업기사

2017년 8월 26일 시행

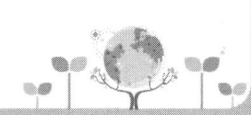

| 제1과목 | 수질오염개론

01 적조현상의 주 원인이 되는 조류를 제거하기 위한 방법으로 황산동을 주입되는 화학적인 방법을 사용하기도 한다. 알칼리도가 40ppm 이하일 경우에 주입되는 황산동의 농도로 가장 알맞은 것은 어느 것인가?

㉮ 5 ~ 10ppb ㉯ 10 ~ 20ppb
㉰ 0.05 ~ 0.1ppm ㉱ 0.2 ~ 0.5ppm

풀이 알칼리도가 40ppm 이하일 경우에 주입되는 황산동의 농도는 0.2 ~ 0.5 ppm이다.

02 해수의 담수화에 대한 내용으로 틀린 것은 어느 것인가?

㉮ 단물은 1000mg/L 이하의 염을 포함한다.
㉯ 역삼투법은 반투막과 정수압을 이용하여 순수한 물을 분리하는 방법이다.
㉰ 해수는 대략 35000mg/L의 염을 포함한다.
㉱ 증발법은 가장 오래된 담수화방법으로 에너지가 많이 소모되며 해수 염의 농도에 따라 열 및 동력요구량이 크게 달라진다.

풀이 ㉱ 증발법은 가장 오래된 담수화방법으로 에너지 요구량이 처리수중의 염의 농도와 비교적 무관하다.

03 균류(Fungi)의 경험적인 분자식으로 알맞은 것은 어느 것인가?

㉮ $C_6H_9O_5N$ ㉯ $C_7H_{12}O_5N$
㉰ $C_9H_{14}O_6N$ ㉱ $C_{10}H_{17}O_6N$

풀이 균류(Fungi)의 경험적인 분자식은 $C_{10}H_{17}O_6N$이다.

04 0.1N CH_3COOH 100mL를 NaOH로 적정하고자 하여 0.1N NaOH 96mL를 가했을 때, 이 용액의 pH는 얼마인가? (단, CH_3COOH의 해리상수 $Ka = 1.8 \times 10^{-5}$)

㉮ 1.9 ㉯ 3.7
㉰ 4.7 ㉱ 5.7

풀이 ① CH_3COOH의 M농도를 구한다.

CH_3COOH의 농도 $= \dfrac{N_1V_1 - N_2V_2}{V_1+V_2}$

$= \dfrac{0.1N \times 100mL - 0.1N \times 96mL}{100mL + 96mL} = 0.002M$

② $[H^+]$의 M농도를 계산한다.
$CH_3COOH \rightarrow CH_3COO^- + H^+$

$ka = \dfrac{[CH_3COO^-][H^+]}{[CH_3COOH]}$

$[H^+] = \sqrt{[CH_3COOH] \times ka} = \sqrt{0.002M \times 1.8 \times 10^{-5}}$
$= 1.9 \times 10^{-4}M$

③ pH를 계산한다.
pH $= -\log[H^+] = -\log[1.9 \times 10^{-4}] = 3.72$

TIP
$[CH_3COO^-] = [H^+]$

정답 01 ㉱ 02 ㉱ 03 ㉱ 04 ㉯

05 Bacteria의 약 80%는 H_2O이고, 약 20%가 고형물로 구성되어 있다. 이 고형물 중 유기물질(%)은 얼마인가?

㉮ 70%　　㉯ 80%
㉰ 90%　　㉱ 99%

풀이 고형물 중 유기물(VS)은 90%, 무기물(FS)은 10%이다.

06 공장에서 BOD 200mg/L 인 폐수 500 m^3/d를 BOD 4mg/L, 유량 200,000 m^3/d의 하천에 방류할 때 합류점의 BOD(mg/L)는 얼마인가?

㉮ 4.20mg/L　　㉯ 4.49mg/L
㉰ 4.72mg/L　　㉱ 4.84mg/L

풀이 혼합공식 $C_m = \dfrac{Q_1C_1+Q_2C_2}{Q_1+Q_2}$

$= \dfrac{500m^3/day \times 200mg/L + 200,000m^3/day \times 4mg/L}{500m^3/day + 200,000m^3/day}$

$= 4.49mg/L$

07 조석의 영향을 받는 하구에서 염분농도를 측정하였더니 20,000mg/L이었다. 상류 10km 지점의 염분농도(mg/L)는 얼마인가? (단, 확산계수 = 50m^2/s, 하천의 평균유속 = 0.02m/s, 중간에는 지천의 유입이 없다고 가정)

㉮ 약 370mg/L　　㉯ 약 740mg/L
㉰ 약 3,700mg/L　　㉱ 약 7,400mg/L

08 수처리에 이용되는 습지식물 중 부수식물(free floating plants)로 틀린 것은 어느 것인가?

㉮ 부레옥잠　　㉯ 물수세미
㉰ 생이가래　　㉱ 물개구리밥류

풀이 부수식물은 물위에 떠있는 식물을 의미하며, 부레옥잠, 생이가래, 물개구리밥류가 해당한다.

09 $CaCl_2$ 200mg/L는 몇 meq/L인가? (단, Ca 원자량 = 40, Cl 원자량 = 35.5)

㉮ 1.8meq/L　　㉯ 2.4meq/L
㉰ 3.6meq/L　　㉱ 4.8meq/L

풀이 $meq/L = \dfrac{질량(mg)}{부피(L)} \times \dfrac{1meq}{1mg당량} = \dfrac{1meq}{55.5mg}$

$= 3.60 meq/L$

10 다음 중 성층현상이 거의 일어나지 않는 곳은 어디인가?

㉮ 극지방의 호수
㉯ 열대지방의 호수
㉰ 수심이 얕은 호수
㉱ 온대나 아열대 지역의 호수

11 호수나 저수지를 상수원으로 사용할 경우 전도(turn over)현상으로 수질 악화가 우려 되는 시기는 언제인가?

㉮ 봄과 여름　　㉯ 봄과 가을
㉰ 여름과 겨울　　㉱ 가을과 겨울

풀이 전도현상이 일어나는 계절은 봄과 가을이며, 성층현상이 일어나는 계절은 여름과 겨울이다.

정답 05 ㉰　06 ㉯　07 ㉮　08 ㉯　09 ㉰　10 ㉰　11 ㉯

12 소수성 콜로이드에 대한 내용으로 틀린 것은 어느 것인가?

㉮ 현탁(Suspension) 상태이다.
㉯ 염(Salt)에 매우 민감하다.
㉰ 물과 반발하는 성질을 가지고 있다.
㉱ 틴들(Tyndall)효과가 약하거나 거의 없다.

[풀이] ㉱ 틴들(Tyndall)효과가 크다.

13 미생물 세포를 $C_5H_7O_2N$이라고 하면 세포 5kg당의 이론적인 공기소모량(kg air)은 얼마인가? (단, 완전산화 기준, 분해 최종산물은 CO_2, H_2O, NH_3, 공기 중 산소는 23%(W/W)로 가정한다.)

㉮ 약 27kg ㉯ 약 31kg
㉰ 약 42kg ㉱ 약 48kg

[풀이] ① $C_5H_7O_2N + 5O_2 \rightarrow 5CO_2 + 2H_2O + NH_3$
　　113g　：5×32g
　　5kg　：X
　　∴ X = 7.08kg
② 공기량(kg) = $\dfrac{\text{산소량(kg)}}{0.23}$ = $\dfrac{7.08\text{kg}}{0.23}$ = 30.78kg

14 기체분석법의 이해에 바탕이 되는 법칙으로 기체가 관련된 화학 반응에서 반응하는 기체와 생성된 기체의 부피 사이에는 정수관계가 성립된다는 법칙은 무엇인가?

㉮ Graham 법칙
㉯ Charles 법칙
㉰ Gay-Lussac 법칙
㉱ Dalton 법칙

[풀이] ㉰ Gay-Lussac 법칙에 대한 설명이다.

15 혐기성소화조의 정상 작동여부를 판단할 수 있는 인자로 틀린 것은 어느 것인가?

㉮ 소화조 내의 혼합도
㉯ 1일 가스 발생량
㉰ 발생 가스 중의 CO_2 함유율
㉱ 소화조 내 슬러지의 volatile acid 함유도

16 우수(雨水)에 관한 내용으로 틀린 것은 어느 것인가?

㉮ 우수의 주성분은 육수보다는 해수의 주성분과 거의 동일하다고 할 수 있다.
㉯ 해안에 가까운 우수는 염분함량의 변화가 크다.
㉰ 용해성분이 많아 완충작용이 크다.
㉱ 산성비가 내리는 것은 대기오염물질인 NO_x, SO_x 등의 용존성분 때문이다.

[풀이] ㉰ 용해성분이 적어 완충작용이 작다.

17 비료, 가축분뇨 등이 유입된 하천에서 pH가 증가되는 경향을 볼 수 있는데. 여기에 주로 관여하는 미생물과 반응은 무엇인가?

㉮ Fungi, 광합성
㉯ Bacteria, 호흡작용
㉰ Algae, 광합성
㉱ Bacteria, 내호흡

[풀이] 조류가 광합성작용을 하게되면 수중의 CO_2가스가 소모되므로 하천의 pH는 증가하게 된다.

정답 12 ㉱　13 ㉯　14 ㉰　15 ㉮　16 ㉰　17 ㉰

18 pH가 낮은 상태에서도 잘 자랄 수 있는 미생물의 종류는 무엇인가?

㉮ Bacteria   ㉯ Algae
㉰ Fungi   ㉱ Protozoa

[풀이] ㉰ 곰팡이(Fungi)에 대한 설명이다.

19 글리신($CH_2(NH_2)COOH$)의 이론적 COD/TOC의 비는 얼마인가? (단, 글리신의 최종분해물은 CO_2, HNO_3, H_2O이다.)

㉮ 4.67   ㉯ 5.83
㉰ 6.72   ㉱ 8.32

[풀이] $CH_2(NH_2)COOH + 3.5O_2 \rightarrow 2CO_2 + 2H_2O + HNO_3$

$$\frac{COD}{TOC} = \frac{3.5 \times 32g}{2 \times 12g} = 4.67$$

20 초기농도가 300mg/L인 오염물질이 있다. 이물질의 반감기가 10일 일때 반응속도가 1차 반응에 따른다면 5일 후의 농도(mg/L)는 얼마인가?

㉮ 212mg/L   ㉯ 228mg/L
㉰ 235mg/L   ㉱ 246mg/L

[풀이] ① 반감기 공식 : $\ln\frac{1}{2} = -k \times t$

따라서 $\ln\frac{1}{2} = -k \times 10day$

$\therefore k = \frac{\ln\frac{1}{2}}{-10day} = 0.0693/day$

② 1차반응식 : $\ln\frac{C_t}{C_o} = -k \times t$

따라서 $\ln\left(\frac{C_t}{300mg/L}\right) = -0.0693/day \times 5day$

$\therefore C_t = 300mg/L \times e^{(-0.0693/day \times 5day)} = 212.15mg/L$

| 제2과목 | 수질오염 방지기술

21 잉여 활성슬러지를 처리하는 혐기성 소화조에서 발생되는 소화가스의 CO_2가 50~60% 이상으로 증가될 때, 소화조의 상태에 대해 알맞게 나타낸 것은 어느 것인가?

㉮ 소화가스의 발생량이 최대로 증가한다.
㉯ 소화조가 양호하게 작동하고 있지 않다.
㉰ 소화가스의 열량이 증가하고 있다.
㉱ 소화가스의 메탄도 함께 증가한다.

22 슬러지 처리를 위한 혐기성 소화조의 운영조건이 다음과 같을 때 하루에 발생하는 평균 가스 발생량(m^3/day)은 얼마인가?

처리방식	Batch식
TS	25,000mg/L
VS	TS의 63.5%
가스 발생량	VS 1kg당 0.5m^3
슬러지 유입량	100kL
소화 일수	20day

㉮ 약 54m^3/day   ㉯ 약 40m^3/day
㉰ 약 33m^3/day   ㉱ 약 28m^3/day

[풀이] 가스 발생량(m^3/day)

$= 100m^3 \times 25kg/m^3 \times 0.635 \times 0.5m^3/kg \times \frac{1}{20day}$

$= 39.69m^3/day$

정답 18 ㉰   19 ㉮   20 ㉮   21 ㉯   22 ㉯

23 정유공장에서 최소 입경이 0.009 cm인 기름 방울을 제거하려고 할 때 부상속도(cm/s)는 얼마인가? (단, 중력가속도 = 980cm/s², 물의 밀도 = 1g/cm³, 기름의 밀도 = 0.9g/cm³, 점도 = 0.02g/cm·s, Stokes 법칙 적용)

㉮ 0.044cm/s ㉯ 0.033cm/s
㉰ 0.022cm/s ㉱ 0.011cm/s

$$V_f = \frac{d^2(\rho_w - \rho_s)g}{18 \times \mu}$$

$$= \frac{(0.009cm)^2 \times (1.0-0.9)g/cm^3 \times 980cm/sec^2}{18 \times 0.02g/cm \cdot sec}$$

$$= 0.022cm/sec$$

24 호기성 슬러지 퇴비화공법 설계 시 고려 사항으로 틀린 것은 어느 것인가?

㉮ 슬러지의 형태 ㉯ 수분함량
㉰ 혼합과 회전   ㉱ 가스발생량

25 계면활성제에 관한 내용으로 틀린 것은 어느 것인가?

㉮ 가정하수, 세탁소 등에서 배출된다.
㉯ 지방과 유지류를 유액상으로 만들기 때문에 물과 분리가 잘 되지 않는다.
㉰ ABS가 LAS보다 미생물에 의해 분해가 잘 된다.
㉱ 처리방법으로는 오존 산화법이나 활성탄 흡착법 등이 있다.

㉰ ABS가 LAS보다 미생물에 의해 분해가 잘 되지 않는다.

26 슬러지 침강특성에 대한 내용으로 알맞은 것은 어느 것인가?

㉮ SVI가 매우 낮으면 슬러지 팽화의 원인이 되기도 한다.
㉯ SDI는 SVI의 역수에 1000배하여 표시한다.
㉰ SVI는 SV_{30}에 MLSS농도를 곱하여 산출한다.
㉱ SVI는 50 ~ 150 범위가 적절하다.

㉮ SVI가 매우 높으면 슬러지 팽화의 원인이 되기도 한다.
㉯ SDI는 SVI의 역수에 100배하여 표시한다.
㉰ SVI는 SV_{30}에 MLSS농도를 나누어 산출한다.

27 탈염소 공정에서 사용되는 약품으로 틀린 것은 어느 것인가?

㉮ 이산화황(SO_2)
㉯ 아황산나트륨(Na_2SO_3)
㉰ 명반($Al_2(SO_4)_3$)
㉱ 활성탄

㉰ 명반($Al_2(SO_4)_3$)은 응집제이다.

28 처리유량이 50m³/hr이고, 염소요구량이 9.5mg/L, 잔류염소농도가 0.5mg/L일 때 주입하여야 하는 염소의 양(kg/day)은 얼마인가?

㉮ 2kg/day   ㉯ 12kg/day
㉰ 22kg/day ㉱ 48kg/day

① 염소주입량 = 염소요구량 + 염소잔류량
    = 9.5mg/L + 0.5mg/L = 10.0mg/L
② 염소주입량(kg/day)
    = 주입염소농도(kg/m³) × 처리유량(m³/day)
    = 10.0 × 10⁻³kg/m³ × 50m³/hr × 24hr/1day
    = 12.0kg/day

정답 23 ㉰ 24 ㉱ 25 ㉰ 26 ㉱ 27 ㉰ 28 ㉯

TIP
① ppm = mg/L = g/m³
② mg/L×10⁻³ = kg/m³

29 화학합성을 하는 독립영양성 미생물의 에너지원과 탄소원이 알맞게 나열된 것은 어느 것인가?

㉮ 무기물의 산화환원반응, 유기탄소
㉯ 무기물의 산화환원반응, CO_2
㉰ 유기물의 산화환원반응, 유기탄소
㉱ 유기물의 산화환원반응, CO_2

풀이 에너지원과 탄소원에 의한 미생물의 분류

분류	에너지원	탄소원
광합성 독립 영양 미생물	빛	CO_2
화학합성 독립 영양 미생물	무기물의 산화·환원 반응	CO_2
광합성 종속 영양 미생물	빛	유기탄소
화학합성 종속 영양 미생물	유기물의 산화·환원 반응	유기탄소

30 Cr^{6+} 함유폐수를 처리하기위한 단위조작의 조합 중 알맞은 것은 어느 것인가?

㉮ 환원→pH조정(2~3)→침전→pH조정(8~10)
㉯ pH조정(8~10)→환원→pH조정(2~3)→침전
㉰ pH조정(8~10)→침전→pH조정(2~3)→환원
㉱ pH조정(2~3)→환원→pH조정(8~10)→침전

31 공장 폐수의 생물학적 처리에 대한 내용으로 틀린 것은 어느 것인가?

㉮ 주로 유기성 폐수의 처리에 적용된다.
㉯ 독성물질이 다량 함유된 폐수는 처리가 어렵다.
㉰ 활성슬러지법에서는 폐수중의 유기물이 슬러지중의 미생물과 접촉, 산화된다.
㉱ 표준 활성슬러지법에서 포기조 내 용존산소는 5~8 mg/L 이상의 높은 상태로 운전한다.

풀이 ㉱ 표준 활성슬러지법에서 포기조 내 용존산소는 2mg/L 이상으로 운전한다.

32 공장폐수의 BOD가 67 mg/L, 유입수량이 1600m³/day일 때 BOD 부하량(kg/day)은 얼마인가?

㉮ 0.04kg/day   ㉯ 23.9kg/day
㉰ 107.2kg/day   ㉱ 256.2kg/day

풀이 BOD부하량(kg/day)
= BOD농도(kg/m³)×유입수량(m³/day)
= 67×10⁻³kg/m³×1,600m³/day
= 107.2kg/day

33 심하게 오염된 하천의 분해지대에서 주로 존재하는 질소화합물의 형태는 어느 것인가?

㉮ NO_3^- ㉯ NO_2^-
㉰ N_2 ㉱ NH_3

풀이 심하게 오염된 하천의 분해지대에서 주로 존재하는 질소화합물의 형태는 암모니아(NH_3)이다.

정답 29 ㉯ 30 ㉱ 31 ㉱ 32 ㉰ 33 ㉱

34 폐수 6,000m³/day를 처리하는 1차 침전지에서 발생되는 슬러지의 부피(m³/day)는 얼마인가? (단, 부유물질 제거효율 = 60%, 폐수의 부유물질 농도 = 220 mg/L, 슬러지 비중 = 1.03, 슬러지 함수율 = 94%, 1차 침전지에서 제거된 부유물질 전량이 슬러지로 발생되는 것으로 가정한다.)

㉮ 10.4m³/day ㉯ 12.8m³/day
㉰ 15.8m³/day ㉱ 17.0m³/day

풀이 슬러지량(m³/day)

$= \dfrac{SS농도(kg/m^3) \times Q(m^3/day) \times \eta}{비중량(kg/m^3)} \times \dfrac{100}{100-P(\%)}$

$= \dfrac{0.22kg/m^3 \times 6,000m^3/day \times 0.6}{1,030kg/m^3} \times \dfrac{100}{100-94\%}$

$= 12.82 m^3/day$

TIP

① mg/L $\xrightarrow{\times 10^{-3}}$ kg/m³

② SS농도 220mg/L = 0.22kg/m³

③ 비중 $\xrightarrow{\times 10^4}$ 비중량(kg/m³)

④ 슬러지 비중 $1.03 \times 10^3 = 1030 kg/m^3$

35 6가 크롬을 함유하는 폐수의 처리 방법은 어느 것인가?

㉮ 생물학적 처리법
㉯ 오존 산화법
㉰ 차아염소산에 의한 산화법
㉱ 아황산수소나트륨에 의한 환원법

36 20℃인 물속에서 직경(d_B)이 6mm이고, 상승속도(V_r)가 3.0cm/s인 기포의 산소이전계수(cm/hr)는 얼마인가?

(단, $K = 2\sqrt{\dfrac{D \cdot V}{\pi \cdot d_B}}$, 20℃에서 확산계수 D = $9.4 \times 10^{-2} cm^2/hr$)

㉮ 0.23cm/hr ㉯ 0.46cm/hr
㉰ 23.2cm/hr ㉱ 46.4cm/hr

풀이 $K = 2\sqrt{\dfrac{D \cdot V}{\pi \cdot d_B}}$

$= \sqrt{\dfrac{9.4 \times 10^{-2} cm^2/hr \times 3.0 cm/sec \times 3600 sec/1hr}{\pi \times 6 \times 10^{-1} cm}}$

$= 46.42 cm/sec$

37 임호프 탱크의 특징으로 틀린 것은 어느 것인가?

㉮ 유입분뇨의 침전작용과 침전슬러지의 혐기성 소화가 동시에 이루어진다.
㉯ 침전실, 소화실, 스컴실이 동일 공간에 각각 수직으로 분리되어 있다.
㉰ 처리효율이 낮지만 처리기간은 매우 짧다.
㉱ 기계실이 필요 없으며 유지관리가 필요 없다.

풀이 ㉰ 처리효율이 낮고 처리기간은 매우 길다.

정답 34 ㉯ 35 ㉱ 36 ㉱ 37 ㉰

38 활성슬러지 공법에서 겨울철과 같이 포기조의 수온이 저하됨에 따른 처리효율의 영향을 줄일 수 있는 방법으로 틀린 것은 어느 것인가?

㉮ F/M 비를 감소시킨다.
㉯ 포기시간을 증가시킨다.
㉰ MLSS 농도를 감소시킨다.
㉱ 2차 침전지의 수면부하율을 감소시킨다.

풀이 ㉰ MLSS 농도를 증가시킨다.

39 폐수처리 공정에서 BOD 제거효율을 1차 처리 30%, 2차 처리 85%, 3차 처리 10%로 하고자 한다. 최종방류수(처리수)의 BOD가 10mg/L이었다면 유입수의 BOD(mg/L)는 얼마인가?

㉮ 약 106mg/L ㉯ 약 112mg/L
㉰ 약 118mg/L ㉱ 약 124mg/L

풀이 총합효율(η_T) = 1-(1-η_1)×(1-η_2)×(1-η_3)

총합효율(η_T) = $\left(1 - \dfrac{\text{유출수의 BOD}}{\text{유입수의 BOD}}\right) \times 100$

① η_T = 1-(1-0.30)×(1-0.85)×(1-0.10) = 0.9055
따라서 90.55% 이다.

② $90.55\% = \left(1 - \dfrac{10\text{mg/L}}{\text{유입수의 BOD}}\right) \times 100$

∴ 유입수의 BOD = $\dfrac{10\text{mg/L}}{(1-0.9055)}$ = 105.82mg/L

40 음이온 교환수지의 재생과정을 나타낸 것으로 가장 알맞은 것은 어느 것인가?

㉮ $2R\text{-}N\text{-}SO_4 + Na_2CrO_4$
  → $(R\text{-}N)_2CrO_4 + Na_2SO_4$
㉯ $2R\text{-}N\text{-}OH + H_2SO_4 \rightarrow (R\text{-}N)SO_4 + H_2O$
㉰ $R\text{-}COOH + HCl \rightarrow R\text{-}COONa + H_2O$
㉱ $(R\text{-}N)_2CrO_4 + 2NaOH$
  → $2R\text{-}N\text{-}OH + Na_2CrO_4$

| 제3과목 | 수질오염공정시험기준

41 수로 및 직각 3각 웨어판을 만들어 유량을 산출할 때 웨어의 수두 0.2m, 수로의 밑면에서 절단 하부점까지의 높이 0.75m, 수로의 폭 0.5m일 때의 웨어의 유량(m^3/min)은 얼마인가? (단, k = $81.2 + \dfrac{0.24}{h} + \left[8.4 + \dfrac{12}{\sqrt{D}}\right] \times \left[\dfrac{h}{B} - 0.09\right]^2$ 이용-)

㉮ 0.54m^3/min ㉯ 1.15m^3/min
㉰ 1.51m^3/min ㉱ 2.33m^3/min

풀이
① k = $81.2 + \dfrac{0.24}{h} + \left[8.4 + \dfrac{12}{\sqrt{D}}\right] \times \left[\dfrac{h}{B} - 0.09\right]^2$

= $81.2 + \dfrac{0.24}{0.2\text{m}} + \left[8.4 + \dfrac{12}{\sqrt{0.75\text{m}}}\right]$

$\times \left[\dfrac{0.2\text{m}}{0.5\text{m}} - 0.09\right]^2$ = 84.54

② Q = k·$h^{\frac{5}{2}}$ (m^3/min) = 84.54×$(0.2\text{m})^{\frac{5}{2}}$ = 1.51m^3/min

정답 38 ㉰ 39 ㉮ 40 ㉱ 41 ㉰

42 정량분석에 이온크로마토그래피법을 이용하는 항목으로 틀린 것은 어느 것인가?

㉮ Br ㉯ NO_3
㉰ Fe ㉱ SO_4^{2-}

풀이 철의 시험방법으로는 원자흡수분광광도법, 자외선/가시선 분광법, 유도결합플라스마 - 원자발광분광법이 있다.

43 자기식 유량측정기에 관한 내용으로 틀린 것은 어느 것인가?

㉮ 고형물이 많아 관을 메울 우려가 있는 하·폐수에 이용한다.
㉯ 측정원리는 패러데이 법칙이다.
㉰ 자장의 직각에서 전도체를 이동시킬 때 유발되는 전압은 전도체의 속도에 비례한다는 원리를 이용한다.
㉱ 유체(하폐수)의 유속에 의하여 유량이 결정되므로 수두손실이 작다.

풀이 ㉱ 유체(하폐수)의 유속에 의하여 유량이 결정되므로 수두손실이 크다.

44 자외선/가시선 분광법에 대한 내용으로 틀린 것은 어느 것인가?

㉮ 파장이 200 ~ 900 nm에서 측정한다.
㉯ 측정된 흡광도는 1.2 ~ 1.5의 범위에 들도록 시험액 농도를 선정한다.
㉰ C = 1mol, L = 10mm일 때의 ε값을 몰흡광계수라 하고 K로 표시한다.
㉱ 빛이 시료용액 중에 통과할 때 흡수나 산란 등에 의하여 강도가 변화하는 것을 이용한다.

풀이 ㉯ 측정된 흡광도는 0.2 ~ 0.8의 범위에 들도록 시험액 농도를 선정한다.

45 기체크로마토그래피법에 의해 알킬수은이나 PCB를 정량할 때 기록계에 여러 개의 피크가 각각 어떤 물질인지 확인할 수 있는 방법은 무엇인가?

㉮ 표준물질의 피크 높이와 비교해서
㉯ 표준물질의 머무르는 시간과 비교해서
㉰ 표준물질의 피크 모양과 비교해서
㉱ 표준물질의 피크 폭과 비교해서

46 금속 필라멘트 또는 전기저항체를 검출 소자로 하여 금속판 안에 들어 있는 본체와 여기에 직류전기를 공급하는 전원회로, 전류조절부 등으로 구성된 기체크로마토그래프 검출기는 어느 것인가?

㉮ 열전도도검출기
㉯ 전자포획형검출기
㉰ 알칼리열 이온화검출기
㉱ 수소염 이온화검출기

풀이 ㉮ 열전도도검출기에 대한 설명이다.

47 온도 표시로 틀린 것은 어느 것인가?

㉮ 냉수 : 15℃ 이하
㉯ 온수 : 60 ~ 70℃
㉰ 찬 곳 : 0 ~ 4℃
㉱ 실온 : 1 ~ 35℃

풀이 ㉰ 찬 곳 : 0 ~ 15℃

정답 42 ㉰ 43 ㉱ 44 ㉯ 45 ㉯ 46 ㉮ 47 ㉰

48 24℃에서 pH가 6.35일 때 [OH⁻](mol/L)는 얼마인가?

㉮ 5.54×10^{-8} mol/L ㉯ 4.54×10^{-8} mol/L
㉰ 3.24×10^{-8} mol/L ㉱ 2.24×10^{-8} mol/L

[풀이] pOH = 14−pH = 14−6.35 = 7.65
[OH⁻] = 10^{-pOH} = $10^{-7.65}$ = 2.2×10^{-8} mol/L

49 유기물 등을 많이 함유하고 있는 대부분의 시료에 적용되며 칼슘, 바륨, 납 등을 다량 함유한 시료는 난용성의 염을 생성하여 다른 금속성분을 흡착하므로 주의하여야 한다. 시료의 전처리방법으로 알맞은 것은 어느 것인가?

㉮ 질산 - 황산에 의한 분해
㉯ 질산 - 과염소산에 의한 분해
㉰ 질산 - 염산에 의한 분해
㉱ 질산 - 불화수소산에 의한 분해

[풀이] ㉮ 질산 - 황산에 의한 분해에 해당한다.

50 수소이온농도를 기준전극과 비교전극으로 구성된 pH측정기로 측정할 때, 간섭물질에 관한 내용으로 틀린 것은 어느 것인가?

㉮ pH 10 이상에서는 나트륨에 의해 오차가 발생할 수 있는데 이는 "낮은 나트륨 오차 전극"을 사용하여 줄일 수 있다.
㉯ pH는 온도변화에 따라 영향을 받는다.
㉰ 기름층이나 작은 입자상이 전극을 피복하여 pH측정을 방해할 수 있다.
㉱ 유리전극은 산화 및 환원성 물질, 염도에 의해 간섭을 받는다.

[풀이] ㉱ 유리전극은 산화 및 환원성 물질, 염도에 의해 간섭을 받지 않는다.

51 바륨을 원자흡수분광광도법으로 측정하고자 할 때 사용되는 불꽃연료는 어느 것인가?

㉮ 수소 - 공기
㉯ 아산화질소 - 아세틸렌
㉰ 아세틸렌 - 공기
㉱ 프로판 - 공기

[풀이] ㉯ 아산화질소 - 아세틸렌에 대한 설명이다.

52 기체크로마토그래피법으로 PCB를 정량할 때 필요한 것이 아닌 것은 어느 것인가?

㉮ 전자포획검출기 ㉯ 석영가스흡수셀
㉰ 실리카겔 컬럼   ㉱ 질소캐리어가스

[풀이] 기체크로마토그래피법은 흡수셀이 필요없다.

53 수질오염공정시험기준에서 시안 정량을 위해 적용 가능한 시험방법으로 틀린 것은 어느 것인가?

㉮ 자외선/가시선 분광법
㉯ 이온전극법
㉰ 이온크로마토그래피
㉱ 연속흐름법

[풀이] 시안의 시험방법에는 자외선/가시선 분광법, 이온전극법, 연속흐름법이 있다.

정답 48 ㉱ 49 ㉮ 50 ㉱ 51 ㉯ 52 ㉯ 53 ㉰

54 기체크로마트그래피법으로 유기인을 정량할 때 내용으로 틀린 것은 어느 것인가?

㉮ 검출기는 불꽃광도검출기(FPD)를 사용한다.
㉯ 농축장치는 구데르나다니쉬형 농축기 또는 회전증발농축기를 사용한다.
㉰ 운반기체는 질소 또는 헬륨으로서 유량은 0.5 ~ 3mL/min로 사용한다.
㉱ 컬럼은 안지름 3 ~ 4mm, 길이 0.5 ~ 2m의 석영제를 사용한다.

[풀이] ㉱ 컬럼은 안지름이 0.20 ~ 0.35mm, 길이는 30 ~ 60m이다.

55 다이에틸헥실프탈레이트 분석용 시료에 잔류염소가 공존할 경우의 시료 보존 방법으로 알맞은 것은 어느 것인가?

㉮ 시료 1L당 티오황산나트륨을 80 mg 첨가한다.
㉯ 시료 1L당 글루타르알데하이드를 80 mg 첨가한다.
㉰ 시료 1L당 브로모폼을 80 mg 첨가한다.
㉱ 시료 1L당 과망간산칼륨을 80 mg 첨가한다.

56 시료 용기로 유리재질의 사용이 불가능한 항목은 어느 것인가?

㉮ 노말헥산 추출물질
㉯ 페놀류
㉰ 색도
㉱ 불소

[풀이] 불소는 폴리에틸렌용기만 사용한다.

57 노말헥산 추출물질 측정원리에서 노말헥산으로 추출 시 시료의 액성으로 알맞은 것은 어느 것인가?

㉮ pH 10 이상의 알칼리성으로 한다.
㉯ pH 4 이하의 산성으로 한다.
㉰ pH 6 ~ 8 범위의 중성으로 한다.
㉱ 액성에는 관계 없다.

58 각 시험항목의 제반시험 조작은 따로 규정이 없는 한 어떤 온도에서 실시하는가?

㉮ 상온
㉯ 실온
㉰ 표준온도
㉱ 항온

59 수질오염공정시험기준상 총대장균군 시험법으로 틀린 것은 어느 것인가?

㉮ 시험관법
㉯ 막여과법
㉰ 평판집락법
㉱ 확정계수법

[풀이] 총대장균군 시험법으로는 시험관법, 막여과법, 평판집락법, 효소이용정량법이 있다.

60 활성슬러지의 미생물 플럭이 형성된 경우 DO 측정을 위한 전처리 방법은 어느 것인가?

㉮ 칼륨명반응집침전법
㉯ 황산구리설파민산법
㉰ 불화칼륨처리법
㉱ 아지드화나트륨처리법

[풀이] ㉯ 황산구리설파민산법에 대한 설명이다.

정답 54 ㉱　55 ㉮　56 ㉱　57 ㉯　58 ㉮　59 ㉱　60 ㉯

| 제4과목 | 수질환경관계법규

61 시장·군수·구청장이 낚시금지구역 또는 낚시제한구역을 지정하려는 경우에 고려할 사항으로 틀린 것은 어느 것인가?

㉮ 서식 어류의 종류 및 양 등 수중생태계 현황
㉯ 낚시터 인근에서의 쓰레기 발생 현황 및 처리 여건
㉰ 수질오염도
㉱ 계절별 낚시인구 현황

[풀이] 고려사항으로는 ㉮·㉯·㉰외에 용수의 목적, 오염원 현황, 연도별 낚시 인구의 현황이 있다.

62 특정수질유해물질로 틀린 것은 어느 것인가?

㉮ 구리와 그 화합물
㉯ 셀레늄과 그 화합물
㉰ 디클로로메탄
㉱ 주석과 그 화합물

[풀이] ㉱ 주석과 그 화합물은 특정수질유해물질이 아니다.

63 배출시설의 설치허가를 받은 자가 변경허가를 받아야 하는 경우로 틀린 것은 어느 것인가?

㉮ 폐수배출량이 허가 당시보다 100분의 50이상 증가되는 경우(특정수질유해물질 제외)
㉯ 폐수배출량이 허가 당시보다 1일 300m³ 이상 증가되는 경우
㉰ 특정수질유해물질이 배출되는 시설에서 폐수배출량이 허가 당시보다 100분의 30이상 증가되는 경우
㉱ 배출허용기준을 초과하는 새로운 오염물질이 발생되어 배출시설 또는 수질오염방지시설의 개선이 필요한 경우

[풀이] ㉯ 폐수배출량이 허가 당시보다 1일 700m³ 이상 증가되는 경우

64 물환경보전법에 의하여 관계기관에 협조를 요청할 수 있는 사항으로 틀린 것은 어느 것인가?

㉮ 해충구제방법의 개선
㉯ 농약·비료의 사용규제
㉰ 녹지지역 및 풍치지구의 지정
㉱ 폐수방류 감시지역의 지정

정답 61 ㉱ 62 ㉱ 63 ㉯ 64 ㉱

65 사업장의 규모별 구분에 대한 내용으로 틀린 것은 어느 것인가?

㉮ 1일 폐수배출량이 400m³인 사업자는 제3종 사업장이다.
㉯ 1일 폐수배출량이 800m³인 사업장은 제2종 사업장이다.
㉰ 사업장의 규모별 구분은 1년 중 가장 많이 배출한 날을 기준으로 정한다.
㉱ 최초 배출시설 설치허가시의 폐수배출량은 사업계획에 따른 예상 폐수배출량을 기준으로 한다.

[풀이] ㉱ 최초 배출시설 설치허가시의 폐수배출량은 사업계획에 따른 예상 용수사용량을 기준으로 산정한다.

66 1종 사업장 1개와 3종 사업장 1개를 운영하는 오염할당 사업자가 각각 조업정지 10일씩을 갈음하여 납부하여야 하는 과징금의 총액은 얼마인가?

㉮ 4500만원   ㉯ 6000만원
㉰ 8500만원   ㉱ 9000만원

[풀이] 과징금 = (300만원×10일×2.0)+(300만원×10일×1.0)
= 9,000만원

67 배출부과금 부과 시 고려되어야 할 사항으로 틀린 것은 어느 것인가?

㉮ 배출허용기준의 초과 여부
㉯ 배출되는 수질오염물질의 종류
㉰ 수질오염물질의 배출농도
㉱ 수질오염물질의 배출기간

[풀이] 배출부과금 부과 시 고려사항으로는 ㉮·㉯·㉱외에 수질오염물질의 배출량, 자가측정 여부가 있다.

68 3종 규모에 해당 되는 사업장은 어느 것인가?

㉮ 1일 폐수배출량이 500m³인 사업장
㉯ 1일 폐수배출량이 1000m³인 사업장
㉰ 1일 폐수배출량이 2000m³인 사업장
㉱ 1일 폐수배출량이 4000m³인 사업장

[풀이] 3종 사업장은 1일 폐수배출량이 200m³ 이상 700m³ 미만인 사업장이다.

69 초과배출부과금이 부과 대상이 되는 수질오염물질의 종류로 틀린 것은 어느 것인가?

㉮ 유기물질
㉯ 부유물질
㉰ 트리클로로에틸렌
㉱ 클로로폼

[풀이] ㉱ 클로로폼은 초과배출부과금이 부과 대상이 아니다.

70 개선명령을 받은 자가 천재지변이나 그 밖의 부득이한 사유로 개선명령의 이행을 마칠 수 없는 경우, 신청할 수 있는 개선기간의 최대 연장 범위는 얼마인가?

㉮ 2년   ㉯ 1년
㉰ 6월   ㉱ 3월

[풀이] 개선기간 6개월, 개선기간 연장 6개월

정답 65 ㉱ 66 ㉱ 67 ㉰ 68 ㉮ 69 ㉱ 70 ㉰

71 해역의 항목별 생활환경 기준으로 틀린 것은 어느 것인가?

㉮ 수소이온농도(pH) : 6.5 ~ 8.5
㉯ 총대장균군(총대장균군수/100 mL) : 1000 이하
㉰ 용매 추출유분(mg/L) : 0.01 이하
㉱ T-N(mg/L) : 0.01 이하

[풀이] 총질소(T-N)은 해당 항목이 아니다.

72 공공수역에 분뇨·가축분뇨 등을 버린 자에 대한 벌칙기준은 어느 것인가?

㉮ 5년 이하의 징역 또는 5천만원 이하의 벌금
㉯ 3년 이하의 징역 또는 3천만원 이하의 벌금
㉰ 1년 이하의 징역 또는 1천만원 이하의 벌금
㉱ 5백만원 이하의 벌금

[풀이] ㉰ 1년 이하의 징역 또는 1천만원 이하의 벌금에 해당한다.

73 환경기술인의 업무를 방해하거나 환경기술인의 요청을 정당한 사유 없이 거부한 자에 대한 벌칙 기준은 어느 것인가?

㉮ 500만원 이하의 벌금
㉯ 300만원 이하의 벌금
㉰ 200만원 이하의 벌금
㉱ 100만원 이하의 벌금

[풀이] ㉱ 100만원 이하의 벌금에 해당한다.

74 물환경보전법에서 사용하는 용어의 뜻으로 틀린 것은 어느 것인가?

㉮ 폐수 : 물에 액체성 또는 고체성의 수질오염물질이 섞여 있어 그대로 사용할 수 없는 물을 말한다.
㉯ 수질오염물질 : 수질오염의 요인이 되는 물질로서 환경부령으로 정하는 것을 말한다.
㉰ 불투수면 : 빗물 또는 눈 녹은 물 등이 지하로 스며들 수 없게 하는 아스팔트, 콘크리트 등으로 포장된 도로, 주차장, 보도 등을 말한다.
㉱ 강우유출수 : 점오염원 및 비점오염원의 수질오염물질이 섞여 유출되는 빗물 또는 눈 녹은 물 등을 말한다.

[풀이] ㉱ 강우유출수 : 비점오염원의 수질오염물질이 섞여 유출되는 빗물 또는 눈 녹은 물 등을 말한다.

75 자연형 비점오염저감시설의 종류로 틀린 것은 어느 것인가?

㉮ 여과형 시설   ㉯ 인공습지
㉰ 침투시설   ㉱ 식생형 시설

[풀이] ㉮ 저류시설

76 환경부장관이 비점오염원 관리지역을 지정·고시한 때에 수립하는 비점오염 관리대책에 포함되어야 할 사항으로 틀린 것은 어느 것인가?

㉮ 관리대상 수질오염물질의 발생 예방 및 저감 방안
㉯ 관리대상 수질오염물질 발생원 현황
㉰ 관리목표
㉱ 관리대상 수질오염물질의 종류 및 발생량

[풀이] 포함되어야 할 사항으로는 관리대상 수질오염물질의 발생 예방 및 저감 방안, 관리목표, 관리대상 수질오염물질의 종류 및 발생량이 있다.

77 수질 및 수생태계 환경기준(하천) 중 생활환경 기준의 기준치로 알맞은 것은 어느 것인가? (단, 등급은 좋음(I_b))

㉮ 부유물질량 : 10mg/L 이하
㉯ BOD : 2mg/L 이하
㉰ COD : 2mg/L 이하
㉱ T-N : 20mg/L 이하

[풀이] ㉮ 부유물질량 : 25mg/L 이하
㉰ COD : 4mg/L 이하
㉱ T-N : 해당없음

78 다음 ( )안에 들어갈 알맞은 말은?

환경부장관은 공익을 목적으로 하는 사업장의 배출시설(폐수무방류배출시설은 제외)을 설치·운영하는 사업자에 대하여 조업정지를 명하여야 하는 경우로서 그 조업정지가 주민의 생활, 대외적인 신용, 고용, 물가 등 국민경제 또는 그 밖의 공익에 현저한 지장을 줄 우려가 있다고 인정되는 경우에는 조업정지처분을 갈음하여 매출액에 ( )를 곱한 금액을 초과하지 아니하는 범위에서 과징금을 부과할 수 있다.

㉮ 100분의 0.5   ㉯ 100분의 1
㉰ 100분의 5   ㉱ 100분의 10

79 폐수처리업자의 준수사항이다. ( )안에 들어갈 알맞은 말은?

수탁한 폐수는 정당한 사유 없이 ( ) 이상 보관할 수 없다.

㉮ 5일   ㉯ 10일
㉰ 20일   ㉱ 30일

80 위임업무 보고사항 중 분기별로 보고하여야 하는 사항은 어느 것인가?

㉮ 배출업소 등에 의한 수질오염사고 발생 및 조치사항
㉯ 폐수위탁·사업장 내 처리현황 및 처리실적
㉰ 폐수처리업에 대한 등록·지도단속실적 및 처리실적 현황
㉱ 배출업소의 지도·점검 및 행정처분 실적

[풀이] ㉮ 수시
㉯ 연 1회
㉰ 연 2회
㉱ 연 4회

정답 77 ㉯ 78 ㉰ 79 ㉯ 80 ㉱

2018년 3월 4일 시행

2018년 1회 수질환경산업기사

| 제1과목 | 수질오염개론

01 수자원 종류에 대해 기술한 것으로 틀린 것은 어느 것인가?

㉮ 지표수는 담수호, 염수호, 하천수 등으로 구성되어 있다.
㉯ 호수 및 저수지의 수질변화의 정도나 특성은 배수지역에 대한 호수의 크기, 호수의 모양, 바람에 의한 물의 운동 등에 의해서 결정된다.
㉰ 천수는 증류수 모양으로 형성되며 통상 25℃, 1기압의 대기와 평형상태인 증류수의 이론적인 pH는 7.2이다.
㉱ 천층수에서 유기물은 미생물의 호기성 활동에 의해 분해되고, 심층수에서 유기물분해는 혐기성상태하에서 환원작용이 지배적이다.

풀이 ㉰ 천수는 증류수 모양으로 형성되며 통상 25℃, 1기압의 대기와 평형상태인 증류수의 이론적인 pH는 5.6 정도이다.

02 인축(人畜)의 배설물에서 일반적으로 발견되는 세균이 아닌 것은 어느 것인가?

㉮ Escherichia-Coli ㉯ Salmonella
㉰ Acetobacter ㉱ Shigella

풀이 ㉰ Acetobacter(초산균)는 알콜이나 유산염을 탄소원으로 하여 초산을 형성하는 균이다.

03 1차 반응에서 반응 초기의 농도가 100 mg/L이고, 반응 4시간 후에 10mg/L로 감소되었다. 반응 3시간 후의 농도(mg/L)는 얼마인가?

㉮ 10.8 ㉯ 14.9
㉰ 17.8 ㉱ 22.3

풀이

1차 반응식 : $\ln \dfrac{C_t}{C_o} = -k \times t$

여기서
C_o : 초기농도(mg/L)
C_t : t시간 후의 농도(mg/L)
k : 상수(/hr)
t : 시간(hr)

① $\ln \dfrac{10mg/L}{100mg/L} = -k \times 4hr$

∴ $k = \dfrac{\ln \dfrac{10mg/L}{100mg/L}}{-4hr} = 0.5756/hr$

② $\ln \dfrac{C_t}{100mg/L} = -0.5756/hr \times 3hr$

∴ $C_t = 100mg/L \times e^{(-0.5756/hr \times 3hr)}$
    $= 17.79mg/L$

TIP

$\ln \dfrac{C_t}{C_o} = -k \times t$
⇒ $C_t = C_o \times e^{(-k \times t)}$

answer 01 ㉰ 02 ㉰ 03 ㉰

04 환경공학 실무와 관련하여 수중의 질소 농도 분석과 가장 관계가 적은 것은?

㉮ 소독
㉯ 호기성 생물학적 처리
㉰ 하천의 오염 제어 계획
㉱ 폐수처리에서의 산·알칼리 주입량 산출

풀이 ㉱ 폐수처리에서의 산·알칼리 주입량 산출은 수중의 질소농도 분석과 관계가 없다.

05 생물학적 질화 반응 중 아질산화에 관한 설명으로 틀린 것은?

㉮ 관련 미생물 : 독립영양성 세균
㉯ 알칼리도 : NH_4^+-N 산화에 알칼리도 필요
㉰ 산소 : NH_4^+-N 산화에 O_2 필요
㉱ 증식속도 : gNH_4^+-N/gMLVSS·hr로 표시

풀이 ㉱ 증식속도 : $mgNH_4^+$-N/mgMLVSS·day로 표시한다.

06 활성슬러지나 살수여상 등에서 잘 나타나는 Vorticella가 속하는 분류는 어느 것인가?

㉮ 조류(Algae)
㉯ 균류(Fungi)
㉰ 후생동물(Metazoa)
㉱ 원생동물(Protozoa)

풀이 Vorticella는 원생동물(Protozoa)에 해당한다.

07 농업용수 수질의 척도인 SAR을 구할 때 포함되지 않는 항목은 어느 것인가?

㉮ Ca   ㉯ Mg
㉰ Na   ㉱ Mn

풀이 나트륨 흡착률(SAR) = $\dfrac{Na^+}{\sqrt{\dfrac{Ca^{2+}+Mg^{2+}}{2}}}$

따라서 SAR을 구할 때 포함되는 항목은 Na^+, Ca^{2+}, Mg^{2+}이다.

08 탈산소계수가 $0.1day^{-1}$인 오염물질의 BOD_5가 800mg/L 이라면 4일 BOD(mg/L)는 얼마인가? (단, 상용대수 적용)

㉮ 653   ㉯ 685
㉰ 704   ㉱ 732

풀이 ① $BOD_5 = BOD_u \times (1-10^{-k_1 \times t})$
800mg/L = $BOD_u \times (1-10^{-0.1/day \times 5day})$
∴ BOD_u = 1,169.98mg/L
② $BOD_4 = BOD_u \times (1-10^{-k_1 \times t})$
= 1,169.98mg/L × $(1-10^{-0.1/day \times 4day})$
= 704.20mg/L

09 호수의 성층현상에 관한 설명으로 틀린 것은?

㉮ 겨울에는 호수 바닥의 물이 최대 밀도를 나타내게 된다.
㉯ 봄이 되면 수직운동이 일어나 수질이 개선된다.
㉰ 여름에는 수직운동이 호수 상층에만 국한된다.
㉱ 수심에 따른 온도변화로 인해 발생되는 물의 밀도차에 의해 일어난다.

풀이 ㉯ 봄이 되면 수직운동이 일어나 수질이 악화된다.

---

answer 04 ㉱ 05 ㉱ 06 ㉱ 07 ㉱ 08 ㉰ 09 ㉯

10 PCB에 관한 설명으로 알맞는 것은?

㉮ 산, 알칼리, 물과 격렬히 반응하여 수소를 발생시킨다.
㉯ 만성질환증상으로 카네미유증이 대표적이다.
㉰ 화학적으로 불안정하여 반응성이 크다.
㉱ 유기용제에 난용성이므로 절연제로 활용된다.

풀이
㉮ 산, 알칼리, 물과 거의 반응하지 않는다.
㉰ 화학적으로 안정하여 반응성이 작다.
㉱ 물에 난용성이다.

11 다음과 같은 용액을 만들었을 때 몰 농도가 가장 큰 것은? (단, Na = 23, S = 32, Cl = 35.5)

㉮ 3.5L 중 NaOH 150g
㉯ 30mL 중 H_2SO_4 5.2g
㉰ 5L 중 NaCl 0.2kg
㉱ 100mL 중 HCl 5.5g

풀이
$$mol/L = \frac{질량(g)}{부피(L)} \times \frac{1mol}{분자량(g)}$$

㉮ $\frac{150g}{3.5L} \times \frac{1moL}{40g} = 1.07 mol/L$

㉯ $\frac{5.2g}{0.03L} \times \frac{1moL}{98g} = 1.77 mol/L$

㉰ $\frac{200g}{5L} \times \frac{1moL}{58.5g} = 0.68 mol/L$

㉱ $\frac{5.5g}{0.1L} \times \frac{1moL}{36.5g} = 1.51 mol/L$

12 0.01N 약산이 2% 해리되어 있을 때 이 수용액의 pH는?

㉮ 3.1   ㉯ 3.4
㉰ 3.7   ㉱ 3.9

풀이
$CH_3COOH \rightarrow CH_3COO^- + H^+$
해리전 0.01M   0M   0M
해리후 0.01M-0.01M×0.02 0.01M×0.02 0.01M×0.02
∴ pH = -log[H^+] = -log[0.01M×0.02] = 3.70

13 수질오염지표로 대장균을 사용하는 이유로 알맞지 않는 것은?

㉮ 검출이 쉽고 분석하기가 용이하다.
㉯ 대장균이 병원균보다 저항력이 강하다.
㉰ 동물의 배설물 중에서 대체적으로 발견된다.
㉱ 소독에 대한 저항력이 바이러스보다 강하다.

풀이 수질오염지표로 대장균을 사용하는 이유
① 검출이 쉽고 분석하기가 용이하고, 정확하다.
② 대장균이 병원균보다 저항력이 강하다.
③ 동물의 배설물 중에서 대체적으로 발견된다.
④ 병원성 세균의 존재 가능성을 추정할 수 있다.
⑤ 분변오염의 지표로 사용된다.
⑥ 실험이 간단하다.

14 whipple의 하천자정단계 중 수중에 DO가 거의 없어 혐기성 Bacteria가 번식하며, CH_4, NH_4^+-N농도가 증가하는 지대는?

㉮ 분해지대
㉯ 활발한 분해지대
㉰ 발효지대
㉱ 회복지대

풀이 ㉯ 활발한 분해지대에 대한 설명이다.

answer 10 ㉯ 11 ㉯ 12 ㉰ 13 ㉱ 14 ㉯

15 정체된 하천수역이나 호소에서 발생되는 부영양화 현상의 주 원인물질은?

㉮ 인 ㉯ 중금속
㉰ 용존산소 ㉱ 유류성분

▶풀이 부영양화 현상의 주 원인물질은 인(P)성분이다.

16 다음 설명에 해당하는 기체 법칙은?

> 공기와 같은 혼합기체 속에서 각 성분 기체는 서로 독립적으로 압력을 나타낸다. 각 기체의 부분 압력은 혼합물 속에서의 그 기체의 양(부피 퍼센트)에 비례한다. 바꾸어 말하면 그 기체가 혼합기체의 전체부피를 단독으로 차지하고 있을 때에 나타내는 압력과 같다.

㉮ Dalton의 부분 압력 법칙
㉯ Henry의 부분 압력 법칙
㉰ Avogadro의 부분 압력 법칙
㉱ Boyle의 부분 압력 법칙

▶풀이 ㉮ Dalton의 부분 압력 법칙이다.

17 생물학적 폐수처리시의 대표적인 미생물인 호기성 Bacteria의 경험적 분자식을 나타낸 것은?

㉮ $C_2H_5O_3N$ ㉯ $C_2H_7O_5N$
㉰ $C_5H_7O_2N$ ㉱ $C_5H_9O_3N$

▶풀이 경험적인 분자식 암기법
① 박테리아(호기성) : $C_5H_7O_2N$(오칠이)
② 박테리아(혐기성) : $C_5H_9O_3N$(오구삼)
③ 조류 : $C_5H_8O_2N$(오팔이)
④ 곰팡이(Fungi) : $C_{10}H_{17}O_6N$(일공 일칠 육)
⑤ 원생동물 : $C_7H_{14}O_3N$(칠 일사 삼)

18 산성 강우의 주요 원인물질로 가장 거리가 먼 것은?

㉮ 황산화물 ㉯ 염화불화탄소
㉰ 질소산화물 ㉱ 염소화합물

▶풀이 산성 강우의 주요 원인물질은 산성물질인 황산화물(SO_X), 질소산화물(NO_X), 염소화합물(HCl)이다.

19 지하수의 특성에 관한 설명으로 틀린 것은?

㉮ 토양수 내 유기물질 분해에 따른 CO_2의 발생과 약산성의 빗물로 인한 광물질의 침전으로 경도가 낮다.
㉯ 기온의 영향이 거의 없어 연중 수온의 변동이 적다.
㉰ 하천수에 비하여 흐름이 완만하여 한번 오염된 후에는 회복되는데 오랜 시간이 걸리며 자정작용이 느리다.
㉱ 토양의 여과작용으로 미생물이 적으며 탁도가 낮다.

▶풀이 ㉮ 토양수 내 유기물질 분해에 따른 CO_2의 발생과 약산성의 빗물로 인한 광물질의침전으로 경도가 높다.

20 Formaldehyde(CH_2O)의 COD/TOC의 비는 얼마인가?

㉮ 2.67 ㉯ 2.88
㉰ 3.37 ㉱ 3.65

▶풀이 $CH_2O + O_2 \rightarrow CO_2 + H_2O$

$$\frac{COD(산소량)}{TOC(유기물 중 탄소량)} = \frac{1 \times 32g}{1 \times 12g} = 2.67$$

answer 15 ㉮ 16 ㉮ 17 ㉰ 18 ㉯ 19 ㉮ 20 ㉮

| 제2과목 | 수질오염방지기술

21 생물학적 처리에서 질산화와 탈질에 대한 내용으로 틀린 것은? (단, 부유성장 공정 기준)

㉮ 질산화 박테리아는 종속영양 박테리아보다 성장속도가 느리다.
㉯ 부유성장 질산화 공정에서 질산화를 위해서는 최소 2.0mg/L 이상의 DO농도를 유지하여야 한다.
㉰ Nitrosomonas와 Nitrobacter는 질산화시키는 미생물로 알려져 있다.
㉱ 질산화는 유입수의 BOD_5/TKN 비가 클수록 잘 일어난다.

풀이 ㉱ 질산화는 유입수의 BOD_5/TKN 비가 작을수록 잘 일어난다.

22 수은 함유 폐수를 처리하는 공법으로 가장 거리가 먼 것은?

㉮ 황화물 침전법   ㉯ 아말감법
㉰ 알칼리 환원법   ㉱ 이온교환법

풀이 수은 함유 폐수를 처리하는 공법은 아말감법, 황화물침전법, 이온교환법, 흡착법이 있다.

TIP
(암기법) 수은아! 황화강에 이온 좀 붙여라.

23 고형물 상관관계에 대한 표현으로 틀린 것은?

㉮ TS = VS+FS
㉯ TSS = VSS+FSS
㉰ VS = VSS+VDS
㉱ VSS = FSS+FDS

풀이 ㉱ VSS = VS-VDS

TIP
FS = FSS+FDS

24 다음 설명에 적합한 반응기의 종류는?

• 유체의 유입 및 배출 흐름은 없다.
• 액상 내용물은 완전혼합 된다.
• BOD실험 중 부란병에서 발생하는 반응과 같다.

㉮ 연속흐름완전혼합반응기
㉯ 플러그흐름반응기
㉰ 임의흐름반응기
㉱ 완전혼합회분식반응기

풀이 ㉱ 완전혼합회분식반응기에 대한 설명이다.

25 1,000mg/L의 SS를 함유하는 폐수가 있다. 90%의 SS제거를 위한 침강속도는 10mm/min이었다. 폐수의 양이 14,400 m^3/day일 경우 SS 90% 제거를 위해 요구되는 침전지의 최소 수면적(m^2)은 얼마인가?

㉮ 900   ㉯ 1,000
㉰ 1,200 ㉱ 1,500

풀이 침강속도(V_s) = 수면부하율(V_o)×제거율(η)

수면부하율($m^3/m^2 \cdot day$) = $\dfrac{폐수량(m^3/day)}{수면적(m^2)}$

침강속도(m/day) = $\dfrac{10mm}{min} \times \dfrac{1m}{10^3 mm} \times \dfrac{60min}{1hr} \times \dfrac{24hr}{1day}$

= 14.4m/day

answer 21 ㉱ 22 ㉰ 23 ㉱ 24 ㉱ 25 ㉮

따라서 $14.4\text{m/day} = \dfrac{14,400\text{m}^3/\text{day}}{\text{수면적}(\text{m}^2)} \times 0.90$

∴ 수면적 $= \dfrac{14,400\text{m}^3/\text{day} \times 0.90}{14.4\text{m/day}} = 900\text{m}^2$

26 활성슬러지 변법인 장기포기법에 관한 내용으로 틀린 것은?

㉮ SRT를 길게 유지하는 동시에 MLSS농도를 낮게 유지하여 처리하는 방법이다.
㉯ 활성슬러지가 자산화되기 때문에 잉여 슬러지의 발생량은 표준활성슬러지법에 비해 적다.
㉰ 과잉 포기로 인하여 슬러지의 분산이 야기되거나 슬러지의 활성도가 저하되는 경우가 있다.
㉱ 질산화가 진행되면서 pH는 저하된다.

풀이 ㉮ SRT를 길게 유지하는 동시에 MLSS농도를 높게 유지하여 처리하는 방법이다.

27 침전지 유입 폐수량 400m³/day, 폐수 500mg/L, SS제거효율 90%일 때 발생되는 슬러지의 양(m³/day)은 얼마인가? (단, 슬러지의 비중 1.0, 슬러지의 함수율 97%, 유입폐수 SS만 고려, 생물학적 분해는 고려하지 않음)

㉮ 약 6 ㉯ 약 10
㉰ 약 14 ㉱ 약 20

풀이 슬러지량(m³/day)
$= \dfrac{\text{SS농도}(\text{kg/m}^3) \times Q(\text{m}^3/\text{day}) \times \eta}{\text{비중량}(\text{kg/m}^3)} \times \dfrac{100}{100-P(\%)}$
$= \dfrac{0.5\text{kg/m}^3 \times 400\text{m}^3/\text{day} \times 0.9}{1,000\text{kg/m}^3} \times \dfrac{100}{100-97\%}$
$= 6\text{m}^3/\text{day}$

28 하수처리를 위한 심층포기법에 관한 설명으로 틀린 것은?

㉮ 산기수심을 깊게 할수록 단위 송풍량당 압축동력이 커져 송풍량에 따른 소비동력이 증가한다.
㉯ 수심은 10m 정도로 하며, 형상은 직사각형으로 하고, 폭은 수심에 대해 1배 정도로 한다.
㉰ 포기조를 설치하기 위해서 필요한 단위 용량당 용지면적은 조의 수심에 비례해서 감소하므로 용지이용률이 높다.
㉱ 산기수심이 깊을수록 용존질소농도가 증가하여 이차침전지에서 과포화분의 질소가 재기포화되는 경우가 있다.

풀이 ㉮ 산기수심을 깊게 할수록 단위 송풍량당 압축동력이 증대하지만, 산소 용해도가 높은 만큼 송기량이 감소하기 때문에 소비동력은 증가하지 않는다.

29 슬러지 함수율이 95%에서 90%로 낮아지면 전체 슬러지의 감소된 부피의 비(%)는 얼마인가? (단, 탈수 전후의 슬러지 비중 = 1.0)

㉮ 15 ㉯ 25
㉰ 50 ㉱ 75

풀이 $V_1 \times (100-P_1) = V_2 \times (100-P_2)$
$V_1 \times (100-95) = V_2 \times (100-90)$
∴ $\dfrac{V_2}{V_1} = \dfrac{(100-95)}{(100-90)} = \dfrac{5}{10} = 0.5$
따라서 50%이다.

answer 26 ㉮ 27 ㉮ 28 ㉮ 29 ㉰

30 정수처리 단위공정 중 오존(O_3)처리법의 장점으로 틀린 것은?

㉮ 소독부산물의 생성을 유발하는 각종 전구물질에 대한 처리효율이 높다.
㉯ 오존은 자체의 높은 산화력으로 염소에 비하여 높은 살균력을 가지고 있다.
㉰ 전염소처리를 할 경우, 염소와 반응하여 잔류염소를 증가시킨다.
㉱ 철, 망간의 산화능력이 크다.

풀이 ㉰ 전염소처리를 할 경우, 염소와 반응하여도 잔류염소를 증가시키지 않는다.

TIP
① 잔류성 : 염소 및 염소화합물
② 비잔류성 : 오존, 자외선(UV)

31 혐기성 처리에서 용해성 COD 1kg이 제거되어 0.15kg은 혐기성 미생물로 성장하고 0.85kg은 메탄가스로 전환된다면 용해성 COD 100kg의 이론적인 메탄 생성량(m^3)은 얼마인가? (단, 용해성 COD는 모두 BDCOD이며 메탄 생성률은 0.35m^3/kg COD)

㉮ 약 16.2
㉯ 약 29.8
㉰ 약 36.1
㉱ 약 41.8

풀이
메탄 생성량(m^3) = $\frac{0.35m^3}{kg\,COD}$ × 100kg COD
× $\frac{0.85kg\,CH_4}{kg\,COD}$
= 29.75m^3

32 살수여상을 저속, 중속, 고속 및 초고속 등으로 분류하는 기준은?

㉮ 재순환 횟수
㉯ 살수간격
㉰ 수리학적 부하
㉱ 여재의 종류

풀이 살수여상은 수리학적부하에 따라 저속, 중속, 고속 및 초고속으로 분류한다.

33 8kg glucose($C_6H_{12}O_6$)로부터 이론적으로 발생 가능한 CH_4 가스의 양(L)은?
(단, 표준상태, 혐기성 분해 기준)

㉮ 약 1,500
㉯ 약 2,000
㉰ 약 2,500
㉱ 약 3,000

풀이 $C_6H_{12}O_6 \rightarrow 3CH_4 + 3CO_2$
180g : 3×22.4L
8,000g : X
∴ X = $\frac{8,000g \times 3 \times 22.4L}{180g}$ = 2,986.67L

34 염소소독에서 염소의 거동에 대한 내용으로 틀린 것은?

㉮ pH 5 또는 그 이하에서 대부분의 염소는 HOCl 형태이다.
㉯ HOCl은 암모니아와 반응하여 클로라민을 생성한다.
㉰ HOCl은 매우 강한 소독제로 OCl^-보다 약 80배 정도 더 강하다.
㉱ 트리클로라민(NCl_3)은 매우 안정하여 잔류 산화력을 유지한다.

풀이 ㉱ 트리클로라민(NCl_3)은 매우 불안정하여 잔류 산화력이 없다.

answer 30 ㉰ 31 ㉯ 32 ㉰ 33 ㉱ 34 ㉱

35 부피가 1,000m³인 탱크에서 평균속도 경사(G)를 30s⁻¹로 유지하기 위해 필요한 이론적 소요동력(W)은 얼마인가? (단, 물의 점성계수 (μ) = 1.139×10^{-3} N·s/m²)

㉮ 1,025 ㉯ 1,250
㉰ 1,425 ㉱ 1,650

풀이 $P(Watt) = G^2 \times \mu \times V$
$= (30/sec)^2 \times 1.139 \times 10^{-3} N \cdot S/m^2 \times 1,000 m^3$
$= 1,025.1 Watt$

TIP
① N·s/m² = kg/m·s
② N(뉴튼)의 단위는 kg·m/s²이다.

36 폐수처리장에서 방류된 처리수를 산화지에서 재처리하여 최종 방류하고자 한다. 낮 동안 산화지 내의 DO농도가 15mg/L로 포화농도보다 높게 측정되었을 때 그 이유는?

㉮ 산화지의 산소흡수계수가 높기 때문
㉯ 산화지에서 조류의 탄소동화작용
㉰ 폐수처리장 과포기
㉱ 산화지 수심의 온도차

풀이 산화지에서 포화농도보다 높게 측정된 이유는 조류의 탄소동화작용에 의해 용존산소(DO)의 농도가 증가하였기 때문이다.

37 슬러지 반송률이 50%이고 반송슬러지 농도가 9,000mg/L일 때 포기조의 MLSS농도(mg/L)는 얼마인가?

㉮ 2,300 ㉯ 2,500
㉰ 2,700 ㉱ 3,000

풀이 반송율(%) = $\dfrac{MLSS - SS_i}{SS_r - MLSS} \times 100$

$50\% = \dfrac{MLSS}{9,000mg/L - MLSS} \times 100$

∴ MLSS = 3,000mg/L

TIP
식정리
$50\% = \dfrac{MLSS}{9,000mg/L - MLSS} \times 100$
$0.5 = \dfrac{MLSS}{9,000mg/L - MLSS}$
$0.5 \times 9,000mg/L - 0.5 \times MLSS = MLSS$
$0.5 \times 9,000mg/L = (1+0.5)MLSS$
$MLSS = \dfrac{0.5 \times 9,000mg/L}{(1+0.5)} = 3,000mg/L$

38 무기성 유해물질을 함유한 폐수 배출업종이 아닌 것은?

㉮ 전기도금업
㉯ 염색공업
㉰ 알칼리세정시설업
㉱ 유지제조업

풀이 ㉱ 유지제조업에서는 유기성 유해물질을 함유한 폐수가 배출된다.

39 유량 300m³/day, BOD 200mg/L인 폐수를 활성슬러지법으로 처리하고자 할 때 포기조의 용량(m³)은 얼마인가? (단, BOD 용적부하 0.2kg/m³·day)

㉮ 150 ㉯ 200
㉰ 250 ㉱ 300

풀이 BOD 용적부하(kg/m³·day)
$= \dfrac{BOD(kg/m^3) \times Q(m^3/day)}{포기조의 용량(m^3)}$

answer 35 ㉮ 36 ㉯ 37 ㉱ 38 ㉱ 39 ㉱

$$0.2\text{kg/m}^3 \cdot \text{day} = \frac{0.2\text{kg/m}^3 \times 300\text{m}^3/\text{day}}{V(\text{m}^3)}$$

$$\therefore V = 300\text{m}^3$$

TIP

① $\text{mg/L} \xrightarrow{\times 10^{-3}} \text{kg/m}^3$

② $\text{ppm} = \text{mg/L} = \text{g/m}^3$

40 살수여상법에서 연못화(ponding)현상의 원인으로 틀린 것은?

㉮ 여재가 불균일할 때
㉯ 용존산소가 부족할 때
㉰ 미처리 고형물이 대량 유입할 때
㉱ 유기물 부하율이 너무 높을 때

풀이 연못화(ponding)현상의 원인
① 여재가 불균일할 때
② 미처리 고형물이 대량 유입할 때
③ 유기물 부하율이 너무 높을 때

| 제3과목 | 수질오염공정시험기준

41 웨어(weir)를 이용한 유량측정방법 중에서 웨어의 판재료는 몇 mm 이상의 두께를 가진 철판이어야 하는가?

㉮ 1 ㉯ 2
㉰ 3 ㉱ 5

풀이 웨어의 판재료는 3mm이상의 두께를 가진 철판이어야 한다.

42 COD 분석을 위해 0.02M-KMnO₄ 용액 2.5L을 만들려고 할 때 필요한 KMnO₄의 양(g)은 얼마인가? (단, KMnO₄ 분자량 = 158)

㉮ 6.2 ㉯ 7.9
㉰ 8.5 ㉱ 9.7

풀이

$$M = \frac{W(g)}{V(L)} \times \frac{1\text{mol}}{\text{분자량}(g)}$$

$$0.02M = \frac{W(g)}{2.5L} \times \frac{1\text{mol}}{158g}$$

$$\therefore W = 7.9g$$

43 검정곡선 작성용 표준용액과 시료에 동일한 양의 내부표준물질을 첨가하여 시험분석 절차, 기기 또는 시스템의 변동으로 발생하는 오차를 보정하기 위해 사용하는 방법은?

㉮ 검정곡선법   ㉯ 표준물첨가법
㉰ 내부표준법   ㉱ 절대검량선법

풀이 ㉰ 내부표준법에 대한 설명이다.

44 총질소의 측정방법으로 틀린 것은?

㉮ 염화제일주석환원법
㉯ 카드뮴환원법
㉰ 환원증류-킬달법(합산법)
㉱ 자외선/가시선분광법

풀이 총질소 측정방법으로는 자외선/가시선분광법(산화법), 자외선/가시선분광법(카드뮴-구리 환원법), 자외선/가시선분광법(환원증류-킬달법), 연속흐름법이 있다.

TIP

(암기법) 총질은 자가(환산카)로 연속흐른다.

answer 40 ㉯ 41 ㉰ 42 ㉯ 43 ㉰ 44 ㉮

45 기체크로마토그래피법으로 분석할 수 있는 항목은?

㉮ 수은 ㉯ 총질소
㉰ 알킬수은 ㉱ 아연

풀이 알킬수은의 시험방법은 기체크로마토그래피, 원자흡수분광광도법이다.

46 시안분석을 위하여 채취한 시료의 보존 방법에 관한 내용으로 틀린 것은?

㉮ 잔류염소가 공존할 경우 아스코르빈산을 첨가한다.
㉯ 산화제가 공존할 경우에는 시안을 파괴할 수 있으므로 채수 즉시 황산암모늄철을 시료 1L당 0.6g 첨가한다.
㉰ NaOH로 pH 12 이상으로 하여 4℃에서 보관한다.
㉱ 최대 보존 기간은 14일 정도이다.

풀이 ㉯번의 설명은 시안분석과 관계없다.

47 페놀류 측정에 관한 설명으로 틀린 것은? (단, 자외선/가시선분광법 기준)

㉮ 붉은색의 안티피린계 색소의 흡광도를 측정하는 방법으로 수용액에서는 510nm에서 측정한다.
㉯ 붉은색의 안티피린계 색소의 흡광도를 측정하는 방법으로 클로로폼 용액에서는 460nm에서 측정한다.
㉰ 추출법일 때 정량한계는 0.5mg/L이다.
㉱ 직접법일 때 정량한계는 0.05mg/L이다.

풀이 ㉰ 추출법일 때 정량한계는 0.005mg/L이다.

48 측정 시료 채취 시 반드시 유리용기를 사용해야 하는 측정항목은?

㉮ PCB ㉯ 불소
㉰ 시안 ㉱ 셀레늄

풀이 시료용기
㉮ PCB : 유리
㉯ 불소 : 폴리에틸렌
㉰ 시안 : 폴리에틸렌, 유리
㉱ 셀레늄 : 폴리에틸렌, 유리

TIP
유리용기 보관시료
① 무색 유리용기 : 냄새, 노말헥산추출물질, 페놀류, 염화비닐, 아크릴로니트릴, 유기인, 휘발성유기화합물, 폴리클로리네이티드비페닐(PCB), 물벼룩급성독성
② 갈색 유리용기 : 잔류염소, 다이에틸헥실프탈레이트, 1, 4-다이옥산, 브로모폼, 석유계총탄화수소

49 자외선/가시선분광법에 사용되는 흡수셀에 대한 설명으로 틀린 것은?

㉮ 흡수셀의 길이를 지정하지 않았을 때는 10mm 셀을 사용한다.
㉯ 시료액의 흡수파장이 약 370nm 이상일 때는 석영셀 또는 경질유리셀을 사용한다.
㉰ 시료액의 흡수파장이 약 370nm 이하일 때는 석영셀을 사용한다.
㉱ 대조셀에는 따로 규정이 없는 한 원시료를 셀의 6부까지 채워 측정한다.

풀이 ㉱ 대조셀에는 따로 규정이 없는 한 증류수를 셀의 8부까지 채워 측정한다.

answer 45 ㉰ 46 ㉯ 47 ㉰ 48 ㉮ 49 ㉱

50 원자흡수분광광도법에 관한 설명으로 ( )에 들어갈 알맞은 말은?

시험방법은 시료를 적당한 방법으로 해리시켜 중성원자로 증기화하여 생긴 (㉠)의 원자가 이 원자 증기층을 투과하는 특유 파장의 빛을 흡수하는 현상을 이해하여 (㉡)과(와) 같은 개개의 특유 파장에 대한 흡광도를 측정한다.

㉮ ㉠ 여기상태, ㉡ 근접선
㉯ ㉠ 여기상태, ㉡ 원자흡광
㉰ ㉠ 바닥상태, ㉡ 공명선
㉱ ㉠ 바닥상태, ㉡ 광전측광

풀이 원자흡수분광광도법의 원리에서는 ( )안에 들어갈 말이 바닥상태(기저상태)인지 여기상태(들뜬상태)인지를 정확히 구별하는 것이 포인트!!!

51 카드뮴 측정원리(자외선/가시선 분광법 : 디티존법)에 관한 내용으로 ( )에 공통으로 들어가는 내용은?

카드뮴 이온을 ( )이 존재하는 알칼리성에서 디티존과 반응시켜 생성하는 카드뮴착염을 사염화탄소로 추출하고, 추출한 카드뮴 착염을 타르타르산 용액으로 역추출한 다음 다시 수산화나트륨과 ( )을 넣어 디티존과 반응하여 생성하는 적색의 카드뮴 착염을 사염화탄소로 추출하고 그 흡광도를 530nm에서 측정하는 방법이다.

㉮ 시안화칼륨 ㉯ 염화제일주석산
㉰ 분말아연   ㉱ 황화나트륨

TIP
카드뮴(Cd)의 자외선/가시선분광법 암기사항
① 디티존과 1차반응 : 시안화칼륨이 존재하는 알칼리성 상태
② 추출용매 : 사염화탄소
③ 역추출용매 : 타르타르산용액
④ 디티존과 2차반응 : 수산화나트륨과 시안화칼륨 주입 후
⑤ 적색의 카드뮴착염을 530nm에서 측정

52 생물화학적산소요구량(BOD)의 측정 방법에 관한 설명으로 틀린 것은?

㉮ 시료를 20℃에서 5일간 저장하여 두었을 때 시료중의 호기성 미생물의 증식과 호흡작용에 의하여 소비되는 용존산소 양으로부터 측정하는 방법이다.
㉯ 산성 또는 알칼리성 시료의 pH 조절 시료에 첨가하는 산 또는 알칼리의 양이 시료량의 1.0%가 넘지 않도록 하여야 한다.
㉰ 시료는 시험하기 바로 전에 온도를 (20±1)℃로 조정한다.
㉱ 잔류염소를 함유한 시료는 Na_2SO_3 용액을 넣어 제거한다.

풀이 ㉯산성 또는 알칼리성 시료의 pH 조절 시료에 첨가하는 산 또는 알칼리의 양이 시료량의 0.5%가 넘지 않도록 하여야 한다.

53 시안화합물을 함유하는 폐수의 보존방법으로 옳은 것은?

㉮ NaOH 용액으로 pH를 9 이상으로 조절하여 4℃에서 보관한다.
㉯ NaOH 용액으로 pH를 12 이상으로 조절하여 4℃에서 보관한다.
㉰ H_2SO_4 용액으로 pH를 4 이하로 조절하여 4℃에서 보관한다.

answer 50 ㉱ 51 ㉮ 52 ㉯ 53 ㉯

㉣ H_2SO_4 용액으로 pH를 2 이하로 조절하여 4℃에서 보관한다.

풀이 시안화합물의 보존방법은 수산화나트륨(NaOH) 용액으로 pH를 12 이상으로 조절하여 4℃에서 보관한다.

TIP
(암기법) 12시에 만나요!!
(해설) 12 ⇒ pH 12, 시 ⇒ 시안, 나 ⇒ 수산화나트륨

54 물벼룩을 이용한 급성 독성 시험법에서 적용되는 용어인 '치사' 정의에 대한 설명으로 (   )에 들어갈 알맞은 말은?

> 일정 희석 비율로 준비된 시료에 물벼룩을 투입하여 (㉠)시간 경과 후 시험용기를 손으로 살짝 두드려 주고, (㉡)초 후 관찰했을 때 독성 물질에 의해 영향을 받아 움직임이 명백하게 없는 상태를 '치사'라 판정한다.

㉮ ㉠ 12, ㉡ 15 ㉯ ㉠ 12, ㉡ 30
㉰ ㉠ 24, ㉡ 15 ㉱ ㉠ 24, ㉡ 30

TIP
① 치사와 유영저해 정의에서는 시간은 24시간, 초는 15초를 암기해 두는 것이 포인트!!!
② 치사는 움직임이 명백하게 없는 상태
③ 유영저해는 움직임이 없는 경우

55 하수의 DO를 적정법으로 측정한 결과 0.025M−$Na_2S_2O_3$의 소비량은 4.1mL였고, 측정병 용량은 304mL, 검수량은 100mL, 그리고 측정병에 가한 시액량은 4mL였을 때 DO 농도(mg/L)는? (단, 0.025 M−$Na_2S_2O_3$의 역가 = 1.00)

㉮ 약 4.3 ㉯ 약 6.3
㉰ 약 8.3 ㉱ 약 9.3

풀이 용존산소량(mg/L)
$= a \times f \times \dfrac{V_1}{V_2} \times \dfrac{1,000}{V_1-R} \times 0.2$

$= 4.1mL \times 1.00 \times \dfrac{304mL}{100mL} \times \dfrac{1,000}{304mL-4mL} \times 0.2$

$= 8.31 mg/L$

TIP
적정법 = 윙클러 - 아자이드화나트륨 변법

56 수질오염공정시험기준에서 사용하는 용어에 관한 설명으로 틀린 것은?

㉮ '정확히 취하여'라 하는 것은 규정한 양의 액체를 부피피펫으로 눈금까지 취하는 것을 말한다.
㉯ '냄새가 없다'라고 기재한 것은 냄새가 없거나 또는 거의 없을 것을 표시하는 것이다.
㉰ '온수'는 (60 ~ 70)℃를 말한다.
㉱ '감압 또는 진공'이라 함은 따로 규정이 없는 한 15mmH₂O 이하를 말한다.

풀이 ㉱ '감압 또는 진공'이라 함은 따로 규정이 없는 한 15mmHg 이하를 말한다.

answer 54 ㉰ 55 ㉰ 56 ㉱

57 농도표시에 관한 설명으로 틀린 것은?

㉮ 십억분율을 표시할 때는 μg/L, μg/kg의 기호로 쓴다.
㉯ 천분율을 표시할 때는 g/L, g/kg의 기호로 쓴다.
㉰ 용액의 농도를 %로만 표시할 때는 V/V%, W/W%를 나타낸다.
㉱ 용액 100g 중 성분용량(mL)을 표시할 때는 V/W%의 기호로 쓴다.

[풀이] 용액의 농도를 %로만 표시할 때는 W/V%로 나타낸다.

58 수질오염공정시험기준상 원자흡수분광광도법으로 측정하지 않는 항목은?

㉮ 불소 ㉯ 철
㉰ 망간 ㉱ 구리

[풀이] 원자흡수분광광도법으로 분석할 수 있는 물질이 중금속이므로, 중금속이 아닌 ㉮ 불소가 정답이다.

59 디티존법으로 측정할 수 있는 물질로만 구성된 것은?

㉮ Cd, Pb, Hg ㉯ As, Fe, Mn
㉰ Cd, Mn, Pb ㉱ As, Ni, Hg

[풀이] 카드뮴(Cd), 납(Pb), 수은(Hg)의 측정방법 중 자외선/가시선분광법이 디티존법이다.

60 노말헥산 추출물질을 측정할 때 지시약으로 사용되는 것은?

㉮ 메틸레드 ㉯ 페놀프탈레인
㉰ 메틸오렌지 ㉱ 전분용액

[풀이] 총 노말헥산 추출물질의 분석절차
시료적당량(노말헥산 추출물질로서 5mg~20mg 해당량)을 분별깔때기에 넣고 메틸오렌지용액(0.1%) 2방울~3방울을 넣고 황색이 적색으로 변할때까지 염산(1+1)을 넣어 시료의 pH를 4 이하로 조절한다.

| 제4과목 | 수질환경관계법규

61 특정수질 유해물질이 아닌 것은?

㉮ 시안화합물
㉯ 구리 및 그 화합물
㉰ 불소화합물
㉱ 유기인 화합물

[풀이] 특정수질 유해물질은 출제빈도가 높으므로 반드시 숙지하세요.

62 공공폐수처리시설의 방류수 수질기준 중 총인의 배출허용기준으로 적절한 것은?
(단, 2020년 1월 1일 이후 적용, I지역 기준)

㉮ 2mg/L 이하 ㉯ 0.2mg/L 이하
㉰ 4mg/L 이하 ㉱ 0.5mg/L 이하

[풀이] 총인의 배출허용기준
① I 지역 : 0.2mg/L 이하
② II 지역 : 0.3mg/L 이하
③ III 지역 : 0.5mg/L 이하
④ IV 지역 : 2mg/L 이하

answer 57 ㉰ 58 ㉮ 59 ㉮ 60 ㉰ 61 ㉰ 62 ㉯

63 낚시제한구역 안에서 낚시를 하고자 하는 자는 낚시의 방법, 시기 등 환경부령이 정하는 사항을 준수하여야 한다. 이러한 규정에 의한 제한사항을 위반하여 낚시제한구역 안에서 낚시행위를 한 자에 대한 과태료 부과기준은?

㉮ 30만원 이하의 과태료
㉯ 50만원 이하의 과태료
㉰ 100만원 이하의 과태료
㉱ 300만원 이하의 과태료

풀이 과태료 부과기준
① 낚시금지구역 위반 : 300만원 이하
② 낚시제한구역 위반 : 100만원 이하

64 수질오염방지시설 중 화학적 처리시설인 것은?

㉮ 혼합시설　　㉯ 폭기시설
㉰ 응집시설　　㉱ 살균시설

풀이 수질오염방지시설
㉮ 혼합시설 : 물리적 처리시설
㉯ 폭기시설 : 생물화학적 처리시설
㉰ 응집시설 : 물리적 처리시설
㉱ 살균시설 : 화학적 처리시설

TIP
물리적 처리시설, 화학적 처리시설, 생물화학적 처리시설은 시험에 출제되는 빈도수가 높으므로 반드시 숙지하시기 바랍니다.

65 비점오염 저감시설 중 "침투시설"의 설치기준에 관한 사항으로 ( )에 들어갈 알맞은 말은?

> 침투시설 하층 토양의 침투율은 시간당 (㉠)이어야 하며, 동절기에 동결로 기능이 저하되지 아니하는 지역에 설치한다. 또한 지하수 오염을 방지하기 위하여 최고 지하수위 또는 기반암으로부터 수직으로 최소 (㉡)의 거리를 두도록 한다.

㉮ ㉠ 5밀리미터 이상, ㉡ 0.5미터 이상
㉯ ㉠ 5밀리미터 이상, ㉡ 1.2미터 이상
㉰ ㉠ 13밀리미터 이상, ㉡ 0.5미터 이상
㉱ ㉠ 13밀리미터 이상, ㉡ 1.2미터 이상

66 유역환경청장은 대권역별로 대권역 물환경관리 계획을 몇 년마다 수립하여야 하는가?

㉮ 3년　　㉯ 5년
㉰ 7년　　㉱ 10년

TIP
① 국가물환경관리 기본계획 : 환경부장관, 10년마다 수립
② 대권역물환경 관리계획 : 유역환경청장, 10년마다 수립

67 발전소의 발전설비를 운영하는 사업자가 조업정지명령을 받을 경우 주민의 생활에 현저한 지장을 초래하여 조업 정지 처분에 갈음하여 부과할 수 있는 과징금은 매출액에 얼마를 곱한 금액을 초과하지 아니하는 범위에서 정하는가?

㉮ 100분의 0.5　　㉯ 100분의 1
㉰ 100분의 5　　㉱ 100분의 10

answer 63 ㉰　64 ㉱　65 ㉱　66 ㉱　67 ㉰

68 수질오염경보의 종류별 경보단계별 조치사항 중 상수원 구간에서 조류경보의 단계가 [조류 대발생 경보]인 경우 취수장·정수장 관리자의 조치사항으로 틀린 것은?

㉮ 조류증식 수심 이하로 취수구 이동
㉯ 취수구에 대한 조류 차단막 설치
㉰ 정수 처리 강화(활성탄 처리, 오존 처리)
㉱ 정수의 독소분석 실시

풀이 ㉯번은 수면관리자의 조치사항이다.

69 수질오염물질이 배출허용기준을 초과한 경우에 오염물질 배출량과 배출농도 등에 따라 부과하는 금액은?

㉮ 기본부과금
㉯ 종별부과금
㉰ 배출부과금
㉱ 초과배출부과금

풀이 수질오염물질이 배출허용기준을 초과한 경우에 오염물질 배출량과 배출농도 등에 따라 부과하는 금액은 초과배출부과금이다.

TIP
기본배출부과금은 배출시설(폐수무방류배출시설 제외)에서 배출되는 폐수 중 수질오염물질이 배출허용기준 이하로 배출되나 방류수 수질 기준을 초과하는 경우이다.

70 폐수처리업에 종사하는 기술요원의 교육기관은?

㉮ 국립환경인재개발원
㉯ 환경기술인협회
㉰ 한국환경보전원
㉱ 환경기술연구원

풀이 교육기관
① 환경기술인과정: 한국환경보전원
② 폐수처리업에 종사하는 기술요원과정: 국립환경인재개발원
③ 측정기기 관리대행업에 등록된 기술인력: 국립환경인재개발원, 한국상하수도협회

71 환경정책기본법령상 환경기준 중 수질 및 수생태계(해역)의 생활환경 기준 항목으로 옳지 않은 것은?

㉮ 용매 추출유분
㉯ 수소이온농도
㉰ 총대장균군
㉱ 용존산소량

풀이 수질 및 수생태계(해역)의 생활환경 기준항목은 용매 추출유분, 수소이온농도, 총대장균군이다.

72 공공수역에서 환경부령이 정하는 수로에 해당되지 않은 것은?

㉮ 지하수로
㉯ 농업용 수로
㉰ 상수관로
㉱ 운하

풀이 공공수역에서 환경부령이 정하는 수로는 지하수로, 농업용 수로, 하수관로, 운하이다.

73 대권역 물환경관리계획에 포함되어야 하는 사항과 가장 거리가 먼 것은?

㉮ 상수원 및 물 이용현황
㉯ 점오염원, 비점오염원 및 기타 수질오염원별 수질오염 저감시설 현황
㉰ 점오염원, 비점오염원 및 기타 수질오염원의 분포현황
㉱ 점오염원, 비점오염원 및 기타 수질오염원에서 배출되는 수질오염물질의 양

풀이 대권역 물환경관리계획에 포함되어야 하는 사항
① 물환경의 변화추이 및 물환경목표기준

answer 68 ㉯ 69 ㉱ 70 ㉮ 71 ㉱ 72 ㉰ 73 ㉯

② 상수원 및 물 이용현황
③ 점오염원, 비점오염원 및 기타수질오염원의 분포현황
④ 점오염원, 비점오염원 및 기타수질오염원에서 배출되는 수질오염물질의 양
⑤ 수질오염 예방 및 저감대책
⑥ 물환경 보전조치의 추진방향
⑦ 기후변화에 대한 적응대책

74 방지시설을 반드시 설치해야하는 경우에 해당하더라도 대통령령이 정하는 기준에 해당되면 방지시설의 설치가 면제된다. 방지시설 설치의 면제기준에 해당되지 않는 것은?

㉮ 배출시설의 기능 및 공정상 수질오염물질이 항상 배출허용기준 이하로 배출되는 경우
㉯ 폐수처리업의 등록을 한 자 또는 환경부장관이 인정하여 고시하는 관계 전문기관에 환경부령이 정하는 폐수를 전량 위탁처리 하는 경우
㉰ 폐수방류배출시설의 경우
㉱ 폐수를 전량 재이용하는 등 방지시설을 설치하지 아니하고도 수질오염물질을 적정하게 처리할 수 있는 경우로서 환경부령으로 정하는 경우

풀이 ㉰ 폐수방류배출시설의 경우는 방지시설을 설치해야 한다.

75 부과금산정에 적용하는 일일유량을 구하기 위한 측정유량의 단위는?

㉮ m³/hr
㉯ m³/min
㉰ L/hr
㉱ L/min

TIP
① 일일유량 = 측정유량×조업시간
② 일일유량의 단위는 리터(L)이다.
③ 측정유량의 단위는 분당 리터(L/min)이다.
④ 일일조업시간은 측정하기전 최근 조업한 30일간의 오수 및 폐수 배출시설의 조업시간 평균치로서 분으로 표시한다.

76 용어 정의 중 잘못 기술된 것은?

㉮ '폐수'란 물에 액체성 또는 고체성의 수질오염 물질이 섞여 있어 그대로는 사용할 수 없는 물을 말한다.
㉯ '수질오염물질'이란 수질오염의 요인이 되는 물질로서 환경부령으로 정하는 것을 말한다.
㉰ '기타 수질오염원'이란 점오염원 및 비점오염원으로 관리되지 아니하는 수질오염물질을 배출하는 시설 또는 장소로서 환경부령이 정하는 것을 말한다.
㉱ '수질오염방지시설'이란 공공수역으로 배출되는 수질오염물질을 제거하거나 감소시키는 시설로서 환경부령으로 정하는 것을 말한다.

풀이 ㉱ '수질오염방지시설'이란 점오염원, 비점오염원 및 기타수질오염원으로부터 배출되는 수질오염물질을 제거하거나 감소시키는 시설로서 환경부령으로 정하는 것을 말한다.

77 비점오염저감시설 중 장치형 시설이 아닌 것은?

㉮ 침투형 시설
㉯ 소용돌이형 시설
㉰ 여과형 시설
㉱ 생물학적 처리형 시설

풀이 비점오염저감시설
① 자연형시설 : 저류시설, 인공습지, 침투시설, 식생형시설

answer 74 ㉰ 75 ㉱ 76 ㉱ 77 ㉮

② 장치형시설 : 여과형시설, 소용돌이형시설, 스크린형시설, 응집·침전형시설, 생물학적처리시설

78 초과배출부과금 부과대상 수질오염물질의 종류로 맞는 것은?

㉮ 매립지 침출수, 유기물질, 시안화합물
㉯ 유기물질, 부유물질, 유기인화합물
㉰ 6가크롬, 페놀류, 다이옥신
㉱ 총질소, 총인, BOD

풀이 초과배출부과금 부과대상 수질오염물질은 유기물질, 부유물질, 카드뮴 및 그 화합물, 시안화합물, 유기인화합물, 납 및 그 화합물, 6가 크롬화합물, 비소 및 그 화합물, 수은 및 그 화합물, 폴리염화비페닐, 구리 및 그 화합물, 크롬 및 그 화합물, 페놀류, 트리클로로에틸렌, 테트라클로로에틸렌, 망간 및 그 화합물, 아연 및 그 화합물, 총 질소, 총 인이다.

79 기본부과금산정 시 방류수수질기준을 100% 초과한 사업자에 대한 부과계수는?

㉮ 2.4 ㉯ 2.6
㉰ 2.8 ㉱ 3.0

풀이 방류수 수질기준 초과율 부과계수
① 초과율 10% 미만 : 1.0
② 초과율 10% 이상~20% 미만 : 1.2
③ 초과율 20% 이상~30% 미만 : 1.4
④ 초과율 30% 이상~40% 미만 : 1.6
⑤ 초과율 40% 이상~50% 미만 : 1.8
⑥ 초과율 50% 이상~60% 미만 : 2.0
⑦ 초과율 60% 이상~70% 미만 : 2.2
⑧ 초과율 70% 이상~80% 미만 : 2.4
⑨ 초과율 80% 이상~90% 미만 : 2.6
⑩ 초과율 90% 이상~100% 까지 : 2.8

80 환경정책기본법령상 환경기준 중 수질 및 수생태계(하천)의 생활환경 기준으로 틀린 것은? (단, 등급은 매우 나쁨(VI))

㉮ COD : 11mg/L 초과
㉯ T-P : 0.5mg/L 초과
㉰ SS : 100mg/L 초과
㉱ BOD : 10mg/L 초과

풀이 ㉰ SS : 기준 없음

answer 78 ㉯ 79 ㉰ 80 ㉰

2018년 2회 수질환경산업기사

2018년 4월 28일 시행

| 제1과목 | 수질오염개론

01 해수의 특성에 관한 설명으로 옳지 않은 것은?

㉮ 해수의 밀도는 1.5 ~ 1.7g/cm³ 정도로 수심이 깊을수록 밀도는 감소한다.
㉯ 해수는 강전해질이다.
㉰ 해수의 Mg/Ca비는 3 ~ 4 정도이다.
㉱ 염분은 적도해역보다 남·북극의 양극 해역에서 다소 낮다.

풀이 ㉮ 해수의 밀도는 염분, 수온, 수압의 함수로 수심이 깊을수록 증가한다.

02 농도가 A인 기질을 제거하기 위하여 반응조를 설계하고자 한다. 요구되는 기질의 전환율이 90%일 경우 회분식 반응조의 체류시간(hr)은? (단, 기질의 반응은 1차 반응, 반응상수 k = 0.35hr⁻¹)

㉮ 6.6   ㉯ 8.6
㉰ 10.6   ㉱ 12.6

풀이 1차 반응식 : $\ln \dfrac{C_t}{C_o} = -k \times t$

따라서 $\ln \dfrac{(100-90)\%}{100\%} = -0.35/hr \times t$

$\therefore t = \dfrac{\ln \dfrac{(100-90)\%}{100\%}}{-0.35/hr} = 6.58hr$

03 다음 설명에 해당하는 하천 모델로 가장 적절한 것은?

- 하천 및 호수의 부영양화를 고려한 생태계 모델이다.
- 정적 및 동적인 하천의 수질, 수문학적 특성이 광범위하게 고려된다.
- 호수에는 수심별 1차원 모델이 적용된다.

㉮ QUAL   ㉯ DO-SAG
㉰ WQRRS   ㉱ WASP

풀이 ㉰ WQRRS에 대한 설명이다.

TIP
답을 찾는 포인트는 "부영양화"임을 숙지하시기 바랍니다.

04 소수성 콜로이드 입자가 전기를 띠고 있는 것을 조사하고자 할 때 다음 실험 중 가장 적합한 것은?

㉮ 전해질을 소량 넣고 응집을 조사한다.
㉯ 콜로이드 용액의 삼투압을 조사한다.
㉰ 한외현미경으로 입자의 Brown 운동을 관찰한다.
㉱ 콜로이드 입자에 강한 빛을 조사하여 틴달현상을 조사한다.

풀이 소수성 콜로이드 입자가 전기를 띠고 있는 것을 조사하고자 할 때 실험은 전해질을 소량 넣고 응집을 조사한다.

answer 01 ㉮ 02 ㉮ 03 ㉰ 04 ㉮

05 시판되고 있는 액상 표백제는 8W/W(%) 하이포아염소산나트륨(NaOCl)을 함유한다고 한다. 표백제 2,886mL 중 NaOCl의 무게(g)는 얼마인가? (단, 표백제의 비중 = 1.1)

㉮ 254   ㉯ 264
㉰ 274   ㉱ 284

풀이
$NaOCl(g) = \frac{1.1g}{mL} \times 2,886mL \times \frac{8g}{100g} = 253.97g$

TIP
① 비중 1.1 = 1.1g/mL
② 비중의 단위 : $g/cm^3 = g/mL = kg/L = ton/m^3$
③ $8W/W(\%) = \frac{8g}{100g}$

06 하천의 수질이 다음과 같을 때 이 물의 이온강도는 얼마인가?

$Ca^{2+} = 0.02M$, $Na^+ = 0.05M$, $Cl^- = 0.02M$

㉮ 0.055   ㉯ 0.065
㉰ 0.075   ㉱ 0.085

풀이 ㉰ 이온강도(I)
$= \frac{1}{2}[\text{합}\{\text{이온의 몰수} \times (\text{이온의 가수})^2\}]$
$= \frac{1}{2}\{(0.02M \times 2^2) + (0.05M \times 1^2) + (0.02M \times 1^2)\}$
$= 0.075$

TIP
이온강도(I) : 용액중에 있는 이온의 전체농도를 나타내는 척도

07 용존산소(DO)에 대한 설명으로 틀린 것은?

㉮ DO는 염류농도가 높을수록 감소한다.
㉯ DO는 수온이 높을수록 감소한다.
㉰ 조류의 광합성작용은 낮동안 수중의 DO를 증가시킨다.
㉱ 아황산염, 아질산염 등의 무기화합물은 DO를 증가시킨다.

풀이 ㉱ 아황산염, 아질산염 등의 무기화합물은 물속의 DO와 결합하므로 DO를 감소시킨다.

08 유기성 오수가 하천에 유입된 후 유하하면서 자정작용이 진행되어 가는 여러 상태를 그래프로 표시하였다. (1) ~ (6) 그래프가 각각 나타내는 것을 순서대로 나열한 것은?

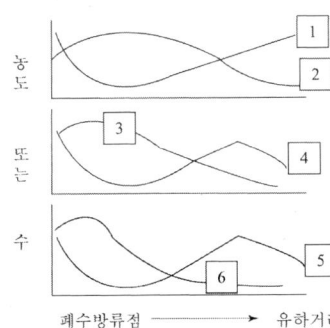

㉮ BOD, DO, NO_3-N, NH_3-N, 조류, 박테리아
㉯ BOD, DO, NH_3-N, NO_3-N, 박테리아, 조류
㉰ DO, BOD, NH_3-N, NO_3-N, 조류, 박테리아
㉱ DO, BOD, NO_3-N, NH_3-N, 박테리아, 조류

풀이
①번 곡선 : 초기농도가 높다가 서서히 감소하다가 다시 농도가 높아지므로 DO이다.
②번 곡선 : 초기농도가 높다가 계속적으로 농도가 낮아지므로 BOD이다.
③번 곡선 : NH_3-N 와 NO_3-N 중 먼저 농도가 높아지는 물질은 NH_3-N이다.
④번 곡선 : NH_3-N 와 NO_3-N 중 나중에 최대농도가 되는 물질은 NO_3-N이다.

answer 05 ㉮ 06 ㉰ 07 ㉱ 08 ㉰

⑤번 곡선 : 박테리아와 조류 중에 나중에 나타나는 물질은 조류이다.
⑥번 곡선 : 박테리아와 조류 중에 먼저 나타나는 물질은 박테리아이다.

㉣ CO_2 농도가 저농도 일 때는 빛의 강도에 영향을 받지 않아 광합성량이 감소한다.

풀이 ㉣ CO_2 농도가 저농도 일 때도 빛의 강도에 영향을 받아 광합성량이 감소한다.

09 친수성 콜로이드(Colloid)의 특성에 관한 설명으로 틀린 것은?

㉠ 염에 대하여 큰 영향을 받지 않는다.
㉡ 틴달효과가 현저하게 크고 점도는 분산매보다 작다.
㉢ 다량의 염을 첨가하여야 응결 침전된다.
㉣ 존재 형태는 유탁(에멀션)상태이다.

풀이 ㉡ 틴달효과가 약하거나 거의 없다.

10 Ca^{2+}가 200mg/L일 때 몇 N농도인가?
(단, 원자량 Ca = 40)

㉠ 0.01 ㉡ 0.02
㉢ 0.5   ㉣ 1.0

풀이
$$N(eq/L) = \frac{질량(g)}{부피(L)} \times \frac{1eq}{1당량g} = \frac{0.2g}{L} \times \frac{1eq}{40g/2}$$
$$= 0.01N$$

11 광합성에 영향을 미치는 인자로는 빛의 강도 및 파장, 온도, CO_2농도 등이 있는데, 이들 요소별 변화에 따른 광합성의 변화를 설명한 것 중 틀린 것은?

㉠ 광합성량은 빛의 광포화점에 이를 때까지 빛의 강도에 비례하여 증가한다.
㉡ 광합성 식물은 390~760nm 범위의 가시광선을 광합성에 이용한다.
㉢ 5~25℃ 범위의 온도에서 10℃ 상승시킬 경우 광합성량은 약2배로 증가한다.

12 부영양호의 평가에 이용되는 영양상태 지수에 대한 설명으로 옳은 것은?

㉠ Shannon과 Brezonik지수는 전도율, 총유기질소, 총인 및 클로로필-a를 수질변수로 선택하였다.
㉡ Carlson지수는 총유기질소, 클로로필-a 및 총인을 수질변수로 선택하였다.
㉢ Porcella지수는 Carlson지수 값을 일부 이용하였고 부영양호 회복방법의 실시 효과를 분석하는데 이용되는 지수이다.
㉣ Walker지수는 총인을 근거로 만들었고 투명도를 기준으로 계산된 Carlson지수를 보완한 지수로서 조류 외의 투명도에 영향을 주는 인자를 계산에 반영하였다.

TIP
㉠ Shannon과 Brezonik지수는 투명도, 전도율, 총유기질소, 총인, 클로로필-a를 수질변수로 선택하였다.
㉡ Carlson지수는 투명도, 클로로필-a, 총인을 수질변수로 선택하였다.
㉣ Walker지수는 호수의 수질상태 측정, 현장 측정, 용존산소 고갈을 토대로 부영양화 지수를 제안하였다.

answer 09 ㉡ 10 ㉠ 11 ㉣ 12 ㉢

13 주간에 연못이나 호수 등에 용존산소(DO)의 과포화 상태를 일으키는 미생물은 무엇인가?

㉮ 바이러스(Virus)
㉯ 윤충(Rotifer)
㉰ 조류(Algae)
㉱ 박테리아(Bacteria)

풀이 주간에 연못이나 호수 등에 용존산소(DO)가 과포화 상태가 된다는 의미는 광합성에 의한 현상이므로 광합성을 하는 미생물을 찾으면 된다. 따라서 정답은 조류가 된다.

14 물의 밀도가 가장 큰 값을 나타내는 온도는 어느 것인가?

㉮ -10℃
㉯ 0℃
㉰ 4℃
㉱ 10℃

풀이 4℃에서 물의 비중은 1.0이고 물의 비중량은 1,000kg/m³으로 가장 큰 값을 가진다.

15 0.05N의 약산인 초산이 16% 해리되어 있다면 이 수용액의 pH는 얼마인가?

㉮ 2.1
㉯ 2.3
㉰ 2.6
㉱ 2.9

풀이
$$CH_3COOH \rightarrow CH_3COO^- + H^+$$
해리전 0.05M   0M   0M
해리후 0.05M-0.05M×0.16 0.05M×0.16 0.05M×0.16
∴ pH = -log[H⁺] = -log[0.05M×0.16] = 2.10

TIP
① 약산 = 아세트산 = CH_3COOH
② CH_3COOH는 1가이므로 M농도 = N농도

16 하천 상류에서 BOD_u = 10mg/L일 때 2m/min 속도로 유하한 20km 하류에서의 BOD(mg/L)는 얼마인가? (단, k_1(탈산소 계수, base = 상용대수) = 0.1day⁻¹, 유하도중에 재폭기나 다른 오염물질 유입은 없다.)

㉮ 2 mg/L
㉯ 3 mg/L
㉰ 4 mg/L
㉱ 5 mg/L

풀이
① $t(시간) = \dfrac{L(m)}{v(m/day)}$

$= \dfrac{20 \times 10^3 m}{2m/min \times 60min/hr \times 24hr/day}$

$= 6.94 day$

② $BOD_{6.94} = BOD_u \times 10^{-k_1 \times t}$
$= 10ppm \times 10^{(-0.1/day \times 6.94day)} = 2.02ppm$

17 수인성 전염병의 특징으로 틀린 것은?

㉮ 환자가 폭발적으로 발생한다.
㉯ 성별, 연령별 구분없이 발병한다.
㉰ 유행지역과 급수지역이 일치한다.
㉱ 잠복기가 길고 치사율과 2차 감염률이 높다.

풀이 ㉱ 잠복기가 짧고 치사율과 2차 감염률이 낮다.

18 난용성염의 용해이온과의 관계, A_mB_m(aq) $\rightleftarrows$ mA^+(aq)+nB^-(aq)에서 이온농도와 용해도적(K_{sp})과의 관계 중 과포화 상태로 침전이 생기는 상태를 옳게 나타낸 것은?

㉮ $[A^+]^m[B^-]^n > K_{sp}$
㉯ $[A^+]^m[B^-]^n = K_{sp}$
㉰ $[A^+]^m[B^-]^n < K_{sp}$
㉱ $[A^+]^n[B^-]^m < K_{sp}$

answer 13 ㉰ 14 ㉰ 15 ㉮ 16 ㉮ 17 ㉱ 18 ㉮

풀이
㉮ $[A^+]^m[B^-]^n > K_{sp}$: 과포화상태
㉯ $[A^+]^m[B^-]^n = K_{sp}$: 포화상태
㉰ $[A^+]^m[B^-]^n < K_{sp}$: 불포화상태

19 우리나라의 수자원 이용현황 중 가장 많은 양이 사용되고 있는 용수는?

㉮ 생활용수 ㉯ 공업용수
㉰ 하천유지용수 ㉱ 농업용수

풀이 우리나라의 수자원 이용현황은 농업용수 > 하천유지용수 > 생활용수 > 공업용수 순이다.

20 음용수를 염소 소독할 때 살균력이 강한 것부터 순서대로 옳게 배열된 것은? (단, 강함 > 약함)

㉠ HOCl, ㉡ OCl⁻, ㉢ Chloramine

㉮ ㉠ > ㉡ > ㉢ ㉯ ㉡ > ㉢ > ㉠
㉰ ㉡ > ㉠ > ㉢ ㉱ ㉠ > ㉢ > ㉡

풀이 살균력의 순서는 HOCl > OCl⁻ > Chloramine 이다.

| 제2과목 | 수질오염방지기술

21 살수여상에서 연못화(ponding)현상의 원인으로 틀린 것은?

㉮ 너무 낮은 기질부하율
㉯ 생물막의 과도한 탈리
㉰ 1차 침전지에서 불충분한 고형물 제거
㉱ 너무 작거나 불균일한 여재

풀이 ㉮ 너무 높은 기질부하율

22 생물학적 처리공정에 대한 설명으로 옳은 것은?

㉮ SBR은 같은 탱크에서 폐수유입, 생물학적 반응, 처리수 배출 등의 순서를 반복하는 오염물 처리공정이다.
㉯ 회전원판법은 혐기성조건을 유지하면서 고형물을 제거하는 처리공정이다.
㉰ 살수여상은 여재를 사용하지 않으면서 고부하의 운전에 용이한 처리공정이다.
㉱ 고효율 활성슬러지공정은 질소, 인 제거를 위한 미생물 부착성장 처리공정이다.

풀이
㉯ 회전원판법은 호기성조건을 유지하면서 고형물을 제거하는 처리공정이다.
㉰ 살수여상은 여재를 사용하면서 고부하의 운전에 용이한 처리공정이다.
㉱ 고효율 활성슬러지공정은 질소, 인 제거를 위한 미생물 부유성장 처리공정이다.

23 평균 길이 100m, 평균 폭 80m, 평균 수심 4m인 저수지에 연속적으로 물이 유입되고 있다. 유량이 0.2m³/s이고 저수지의 수위가 일정하게 유지된다면 이 저수지의 평균 수리학적 체류시간(day)은 얼마인가?

㉮ 1.85 ㉯ 2.35
㉰ 3.65 ㉱ 4.35

풀이
평균 수리학적 체류시간(day) = $\dfrac{V(m^3)}{Q(m^3/day)}$

$= \dfrac{100m \times 80m \times 4m}{0.2m^3/sec \times 3{,}600sec/1hr \times 24hr/1day} = 1.85\,day$

answer 19 ㉱ 20 ㉮ 21 ㉮ 22 ㉮ 23 ㉮

24 호기성 미생물에 의하여 진행되는 반응은?

㉮ 포도당 → 알코올
㉯ 아세트산 → 메탄
㉰ 아질산염 → 질산염
㉱ 포도당 → 아세트산

풀이 호기성 미생물에 의하여 진행되는 반응은 아질산염(NO_2^-) → 질산염(NO_3^-)인 질산화과정이다.

25 하수 슬러지 농축 방법 중 부상식 농축의 장·단점으로 틀린 것은?

㉮ 잉여슬러지의 농축에 부적합하다.
㉯ 소요면적이 크다.
㉰ 실내에 설치할 경우 부식문제의 유발 우려가 있다.
㉱ 약품 주입 없이 운전이 가능하다.

풀이 ㉮ 잉여슬러지의 농축에 적합하다.

TIP
잉여슬러지 = 2차 슬러지

26 혐기성 슬러지 소화조의 운영과 통제를 위한 운전관리지표가 아닌 항목은?

㉮ pH
㉯ 알칼리도
㉰ 잔류염소
㉱ 소화가스의 CO_2 함유도

풀이 혐기성 슬러지 소화조의 운영과 통제를 위한 운전관리지표 항목은 pH, 알칼리도, 소화가스의 CO_2 함유도이다.

27 분뇨처리장에서 발생되는 악취물질을 제거하는 방법 중 직접적인 탈취효과가 가장 낮은 것은?

㉮ 수세법
㉯ 흡착법
㉰ 촉매산화법
㉱ 중화 및 masking법

TIP
악취물질은 중화법으로 처리하기가 어려우며, masking법은 직접적인 탈취 방법이 아니다.

28 폐수 시료 200mL를 취하여 Jar-test한 결과 $Al(SO_4)_3$ 300mg/L에서 가장 양호한 결과를 얻었다. 2,000m³/day의 폐수를 처리하는데 필요한 $Al(SO_4)_3$의 양(kg/day)은 얼마인가?

㉮ 450
㉯ 600
㉰ 750
㉱ 900

풀이 Alum의 필요량(kg/day)
= Alum의 농도(kg/m³)×폐수량(m³/day)
= 0.3kg/m³×2,000m³/day
= 600kg/day

TIP
① mg/L $\xrightarrow{\times 10^{-3}}$ kg/m³
② 300mg/L $\xrightarrow{\times 10^{-3}}$ 0.3kg/m³

answer 24 ㉰ 25 ㉮ 26 ㉰ 27 ㉱ 28 ㉯

29 침전지 설계 시 침전시간 2hr, 표면부하율 30m³/m²·day, 폭과 길이의 비는 1 : 5로 하고 폭을 10m로 하였을 때 침전지의 크기(m³)는 얼마인가?

㉮ 875   ㉯ 1,250
㉰ 1,750 ㉱ 2,450

풀이
① 표면부하율(m³/m²·day) = $\dfrac{H(m)}{t(day)}$

따라서 수심(H) = 30m³/m²·day × $\left(\dfrac{2hr}{24}\right)$ day
= 2.5m

② 침전지의 크기 = 폭×길이×깊이
= 10m×50m×2.5m
= 1,250m³

TIP
① m³/m²·day = m/day
② 폭 : 길이 = 1 : 5이므로
  폭 10m이면 길이는 5×10m = 50m
③ 깊이 = 수심 = H

30 도금공장에서 발생하는 CN⁻ 폐수 30m³를 NaOCl을 사용하여 처리하고자 한다. 폐수 내 CN⁻농도가 150mg/L일 때 이론적으로 필요한 NaOCl의 양(kg)은 얼마인가? (단, 2NaCN+5NaOCl+H₂O → N₂+2CO₂+2NaOH+5NaCl, 원자량 : Na = 23, Cl = 35.5)

㉮ 20.9   ㉯ 22.4
㉰ 30.5   ㉱ 32.2

풀이
$2CN^-$: 5NaOCl
2×26g   : 5×74.5g
0.15kg/m³×30m³ : X
∴ X = 32.24kg

TIP
① mg/L $\xrightarrow{\times 10^{-3}}$ kg/m³
② 150mg/L $\xrightarrow{\times 10^{-3}}$ 0.15kg/m³

31 폐수처리장의 설계유량을 산정하기 위한 첨두유량을 구하는 식은?

㉮ 첨두인자×최대유량
㉯ 첨두인자×평균유량
㉰ 첨두인자/최대유량
㉱ 첨두인자/평균유량

풀이 첨두유량 = 첨두인자×평균유량

32 폐수의 용존성 유기물질을 제거하기 위한 방법으로 틀린 것은?

㉮ 호기성 생물학적 공법
㉯ 혐기성 생물학적 공법
㉰ 모래 여과법
㉱ 활성탄 흡착법

풀이 ㉰ 모래 여과법은 부유물질 제거방법이다.

answer 29 ㉯ 30 ㉱ 31 ㉯ 32 ㉰

33 농도와 흡착량과의 관계를 나타내는 그림 중 고농도에서 흡착량이 커지는 반면에 저농도에서의 흡착량이 현저히 적어지는 것은? (단, Freundlich 등온흡착식으로 Plot한 것임)

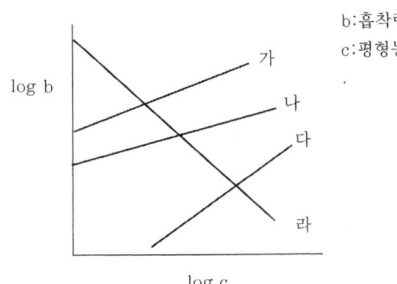

㉮ 가 ㉯ 나
㉰ 다 ㉱ 라

TIP
고농도에서 흡착량이 커지고, 저농도에서 흡착량이 현저히 적어진다는 것은 농도와 흡착량은 비례관계를 의미하므로 ㉰번이 된다.

34 도시하수에 함유된 영양물질의 질소, 인을 동시에 처리하기 어려운 생물학적 처리공법은?

㉮ AO공법
㉯ A_2O공법
㉰ 5단계 Bardenpho공법
㉱ UCT공법

풀이 ㉮ AO공법은 인(P)만 제거하는 공법이다.

35 생물막법의 미생물학적인 특징으로 틀린 것은?

㉮ 정화에 관여하는 미생물의 다양성이 높다.
㉯ 각단에서 우점 미생물이 상이하다.
㉰ 먹이연쇄가 짧다.
㉱ 질산화세균 및 탈질균이 잘 증식된다.

풀이 ㉰ 먹이연쇄가 길다.

36 염소의 살균력에 관한 설명으로 틀린 것은?

㉮ 살균강도는 HOCl가 OCl^-의 80배 이상 강하다.
㉯ chloramines은 소독 후 살균력이 약하여 살균작용이 오래 지속되지 않는다.
㉰ 염소의 살균력은 온도가 높고 pH가 낮을 때 강하다.
㉱ 바이러스는 염소에 대한 저항성이 커 일부 생존할 염려가 있다.

풀이 ㉯ chloramines은 소독 후 살균력은 약하나, 살균작용은 오랫동안 지속된다.

37 하수소독 시 사용되는 이산화염소(ClO_2)에 관한 내용으로 틀린 것은?

㉮ THMs이 생성되지 않음
㉯ 물에 쉽게 녹고 냄새가 적음
㉰ 일광과 접촉할 경우 분해됨
㉱ pH에 의한 살균력의 영향이 큼

풀이 ㉱ pH에 의한 살균력의 영향이 거의 없음

TIP
① THMs = 트리할로메탄
② pH에 의한 살균력의 영향이 큰 것은 염소소독이다.

answer 33 ㉰ 34 ㉮ 35 ㉰ 36 ㉯ 37 ㉱

38 표준활성슬러지법의 일반적 설계범위에 관한 설명으로 틀린 것은?

㉮ HRT는 8~10시간을 표준으로 한다.
㉯ MLSS는 1,500~2,500mg/L를 표준으로 한다.
㉰ 포기조(표준식)의 유효수심은 4~6m를 표준으로 한다.
㉱ 포기방식은 전면포기식, 선회류식, 미세기포분사식, 수중 교반식 등이 있다.

풀이 ㉮ HRT는 6~8시간을 표준으로 한다.

TIP
① HRT = 수리학적 체류시간
② SRT = MCRT = 미생물의 체류시간

39 유량이 100m³/day이고 TOC농도가 150mg/L인 폐수를 고정상 탄소흡착 칼럼으로 처리하고자 한다. 유출수의 TOC농도를 10mg/L로 유지하려고 할 때, 탄소 kg당 처리된 유량(L/kg)은 얼마인가? (단, 수리학적 용적부하율 = 1.5m³/m³·hr, 탄소밀도 = 500kg/m³, 파괴점 농도까지 처리된 유량 = 300m³)

㉮ 약 205 ㉯ 약 216
㉰ 약 275 ㉱ 약 311

풀이 ① 파괴점도달시간 = $\frac{파괴점 농도까지 처리된 유량}{유량}$

$= \frac{300m^3}{100m^3/day} = 3day$

② 파괴점도달시간 = $\frac{탄소의 단위질량 당 유량 \times 탄소밀도}{수리학적 용적부하율}$

따라서 탄소의 단위질량당 유량
$= \frac{3day \times 1.5m^3/m^3 \cdot hr \times 24hr/day}{500kg/m^3}$
$= 0.216 m^3/kg = 216\ L/kg$

40 수중에 존재하는 오염물질과 제거방법을 기술한 내용 중 틀린 것은?

㉮ 부유물질 - 급속여과, 응집침전
㉯ 용해성 유기물질 - 응집침전, 오존산화
㉰ 용해성 염류 - 역삼투, 이온교환
㉱ 세균, 바이러스 - 소독, 급속여과

풀이 ㉱ 세균, 바이러스 - 소독, 완속여과

| 제3과목 | 수질오염공정시험기준

41 아연을 자외선/가시선분광법으로 분석할 때 어떤 방해 물질 때문에 아스코르빈산나트륨을 주입하는가?

㉮ Fe^{2+} ㉯ Cd^{2+}
㉰ Mn^{2+} ㉱ Sr^{2+}

풀이 아연을 자외선/가시선분광법으로 분석시 주의사항
① 2가 망간이 공존하지 않은 경우에는 아스코르빈산나트륨을 넣지 않는다.
② 발색의 정도는 15~29℃, pH는 8.8~9.2이다.

42 투명도 판(백색원판)을 사용한 투명도 측정에 관한 설명으로 틀린 것은?

㉮ 투명도판의 색조차는 투명도에 크게 영향을 주므로 표면이 더러울 때에는 깨끗하게 닦아 주어야 한다.
㉯ 강우시에는 정확한 투명도를 얻을 수 없으므로 투명도를 측정하지 않는 것이 좋다.
㉰ 흐름이 있어 줄이 기울어질 경우에는 2 kg 정도의 추를 달아서 줄을 세워야 한다.
㉱ 투명도판을 보이지 않는 깊이로 넣은 다음 천천히 끌어 올리면서 보이기 시작한 깊이를 반복해 측정한다.

answer 38 ㉮ 39 ㉯ 40 ㉱ 41 ㉰ 42 ㉮

풀이 ㉮ 투명도판의 광반사능은 투명도에 크게 영향을 주므로 표면이 더러울 때에는 다시 색칠하여야 한다.

43 기체크로마토그래피 분석에서 전자포획형 검출기(ECD)를 검출기로 사용할 때 선택적으로 검출할 수 있는 물질이 아닌 것은?

㉮ 유기할로겐화합물
㉯ 나이트로화합물
㉰ 유기금속화합물
㉱ 유기질소화합물

풀이 전자포획형 검출기(ECD)로 검출하는 물질은 유기할로겐화합물, 나이트로화합물, 유기금속화합물이다.

44 물벼룩을 이용한 급성독성시험을 할 때 희석수 비율에 해당 되는 것은? (단, 원수 100% 기준)

㉮ 35%
㉯ 25%
㉰ 15%
㉱ 5%

풀이 물벼룩을 이용한 급성독성시험을 할 때 희석수 비율은 100%, 50%, 25%, 12.5%, 6.25%이다.

45 취급 또는 저장하는 동안에 기체 또는 미생물이 침입하지 아니하도록 내용물을 보호하는 용기는 어느 것인가?

㉮ 밀봉용기
㉯ 기밀용기
㉰ 밀폐용기
㉱ 완밀용기

풀이 용기
① 밀폐용기 : 이물질
② 기밀용기 : 공기
③ 밀봉용기 : 미생물
④ 차광용기 : 광선

46 식물성플랑크톤 현미경계수법에 관한 설명으로 틀린 것은?

㉮ 시료의 개체수는 계수면적당 10~40 정도가 되도록 조정한다.
㉯ 시료 농축은 원심분리방법과 자연침전법을 적용한다.
㉰ 정성시험의 목적은 식물성 플랑크톤의 종류를 조사하는 것이다.
㉱ 식물성 플랑크톤의 계수는 정확성과 편리성을 위하여 고배율이 주로 사용한다.

풀이 ㉱ 식물성 플랑크톤의 계수는 정확성과 편리성을 위하여 저~중배율이 주로 사용한다.

TIP
식물성 플랑크톤의 동정에는 고배율이 많이 이용된다.

47 수질오염공정시험방법에 적용되고 있는 용어에 관한 설명으로 옳은 것은?

㉮ 진공이라 함은 따로 규정이 없는 한 15mmH₂O 이하를 말한다.
㉯ 방울수는 정제수 10방울 적하 시 부피가 약 1mL가 되는 것을 뜻한다.
㉰ 항량이란 1시간 더 건조하거나 또는 강열할 때 전후 차가 g당 0.1mg 이하일 때를 말한다.
㉱ 온수는 (60~70)℃, 냉수는 15℃ 이하를 말한다.

풀이 ㉮ 진공이라 함은 따로 규정이 없는 한 15mmHg 이하를 말한다.
㉯ 방울수는 20℃에서 정제수 20방울 적하 시 부피가 약 1mL가 되는 것을 뜻한다.
㉰ 항량이란 1시간 더 건조하거나 또는 강열할 때 전후 차가 g당 0.3mg 이하일 때를 말한다.

answer   43 ㉱   44 ㉯   45 ㉮   46 ㉱   47 ㉱

48 순수한 물 200L에 에틸알코올(비중 0.79) 80L를 혼합하였을 때, 이 용액중의 에틸알코올 농도(중량 %)는 얼마인가?

㉮ 약 13% ㉯ 약 18%
㉰ 약 24% ㉱ 약 29%

풀이
$$Wt\% = \frac{80,000mL \times 0.79g/mL}{80,000mL \times 0.79g/mL + 200,000mL \times 1.0g/mL} \times 100$$
$$= 24.01\%$$

TIP
$$Wt\% = \frac{용질(g)}{용질(g) + 용매(g)} \times 100$$

49 유기물 함량이 비교적 높지 않고 금속의 수산화물, 산화물, 인산염 및 황화물을 함유하고 있는 시료에 적용되는 전처리 방법은?

㉮ 질산법
㉯ 질산-염산법
㉰ 질산-과염소산법
㉱ 질산-과염소산-불화수소산법

풀이 전처리방법(암기법)
㉮ 질산법 : 유기물 함량이 비교적 높지 않은 시료 (질 낮은)
㉯ 질산-염산법 : 유기물 함량이 비교적 높지 않고 금속의 수산화물, 산화물, 인산염 및 황화물을 함유하고 있는 시료(염산 인금으로)
㉰ 질산-과염소산법 : 유기물을 다량 함유하고 있으면서 산분해가 어려운 시료(과산화에)
㉱ 질산-과염소산-불화수소산법 : 다량의 점토질 또는 규산염을 함유한 시료(과불이 절규한다.)

50 수질오염공정시험기준상 불소화합물을 측정하기 위한 시험방법으로 틀린 것은?

㉮ 원자흡수분광광도법
㉯ 이온크로마토그래피
㉰ 이온전극법
㉱ 자외선/가시선 분광법

풀이 불소화합물을 측정하기 위한 시험방법으로는 이온크로마토그래피, 이온전극법, 자외선/가시선 분광법, 연속흐름법이 있다.

51 수질오염공정시험기준상 바륨(금속류)을 측정하기 위한 시험방법으로 틀린 것은?

㉮ 원자흡수분광광도법
㉯ 자외선/가시선 분광법
㉰ 유도결합플라스마 원자발광분광법
㉱ 유도결합플라스마 질량분석법

풀이 바륨의 시험방법으로는 원자흡수분광광도법, 유도결합플라스마 원자발광분광법, 유도결합플라스마 질량분석법이 있다.

52 기체크로마토그래피법에 관한 설명으로 틀린 것은?

㉮ 충전물로서 적당한 담체에 정지상 액체를 함침시킨 것을 사용할 경우에는 기체-액체크로마토그래피법이라 한다.
㉯ 일반적으로 유기화합물에 대한 정성 및 정량 분석에 이용된다.
㉰ 전처리한 시료를 운반가스에 의하여 크로마토 관내에 전개시켜 분리되는 각 성분의 크로마토그램을 이용하여 목적성분을 분석하는 방법이다.
㉱ 운반가스는 시료주입부로부터 검출기를 통한 다음 분리관과 기록부를 거쳐 외부로 방출된다.

answer 48 ㉰ 49 ㉯ 50 ㉮ 51 ㉯ 52 ㉱

풀이 ㉣ 운반가스는 시료주입부로부터 분리관을 통한 다음 검출기와 기록부를 거쳐 외부로 방출된다.

53 산성 과망간산칼륨법으로 폐수의 COD를 측정하기 위해 시료 100mL를 취해 제조한 과망간산칼륨으로 적정하였더니 11.0mL가 소모되었다. 공시험 적정에 소요된 과망간산칼륨이 0.2mL이었다면 이 폐수의 COD(mg/L)는? (단, 과망간산칼륨 용액의 factor 1.1로 가정, 원자량 : K = 39, Mn = 55)

㉮ 약 5.9 ㉯ 약 19.6
㉰ 약 21.6 ㉱ 약 23.8

풀이
$$COD = \frac{(b-a) \times f \times 0.2}{V(L)}$$
$$= \frac{(11.0-0.2)mL \times 1.1 \times 0.2}{0.1L}$$
$$= 23.76 mg/L$$

54 자외선/가시선 분광법 구성장치의 순서를 바르게 나타낸 것은?

㉮ 시료부 - 광원부 - 파장선택부 - 측광부
㉯ 광원부 - 파장선택부 - 시료부 - 측광부
㉰ 광원부 - 시료원자화부 - 단색화부 - 측광부
㉱ 시료부 - 고주파전원부 - 검출부 - 연산처리부

풀이 자외선/가시선 분광법 구성장치의 순서는 광원부 - 파장선택부 - 시료부 - 측광부 순이다.

55 수로의 구성, 재질, 수로단면의 형상, 기울기 등이 일정하지 않은 개수로에서 부표를 사용하여 유속을 측정한 결과, 수로의 평균 단면적이 3.2m², 표면 최대유속이 2.4m/s일 때, 이 수로에 흐르는 유량(m³/s)은 얼마인가?

㉮ 약 2.7 ㉯ 약 3.6
㉰ 약 4.3 ㉱ 약 5.8

풀이 유량(m³/min) = 평균 단면적(m²) × 평균유속(m/sec)
= 3.2m² × 2.4m/sec × 0.75
= 5.76m³/sec

TIP
평균유속 = 표면최대유속 × 0.75

56 0.25N 다이크롬산칼륨액 조제 방법에 관한 설명으로 틀린 것은? (단, $K_2Cr_2O_7$ 분자량 = 294.2)

㉮ 다이크롬산칼륨은 1g분자량이 6g 당량에 해당한다.
㉯ 다이크롬산칼륨(표준시약)을 사용하기 전에 103℃에서 2시간 동안 건조한 다음 건조용기(실리카겔)에서 식힌다.
㉰ 건조용기(실리카겔)에서 식힌 다이크롬산칼륨 14.71g을 정밀히 담아 물에 녹여 1,000mL로 한다.
㉱ 0.025N 다이크롬산칼륨액은 0.25N 다이크롬산칼륨액 100mL를 정확히 취하여 물을 넣어 정확히 1,000mL로 한다.

풀이 ㉰ 건조용기(실리카겔)에서 식힌 다이크롬산칼륨 12.26g을 정밀히 담아 물에 녹여 1,000mL로 한다.

TIP
$$N(eq/L) = \frac{w(g)}{V(L)} \times \frac{1eq}{1당량g}$$

answer 53 ㉱ 54 ㉯ 55 ㉱ 56 ㉰

$$0.25\text{N(eq/L)} = \frac{w(g)}{1(L)} \times \frac{1eq}{294.2g/6}$$
$$\therefore w = 12.26g$$

57 BOD 실험 시 희석수는 5일 배양 후 DO(mg/L) 감소가 얼마 이하이어야 하는가?

㉮ 0.1 ㉯ 0.2
㉰ 0.3 ㉱ 0.4

58 수로의 폭이 0.5m인 직각 삼각웨어의 수두가 0.25m일 때 유량(m^3/min)은 얼마인가? (단, 유량계수는 80이다.)

㉮ 2.0 ㉯ 2.5
㉰ 3.0 ㉱ 3.5

[풀이] 삼각웨어의 유량 $(Q) = k \cdot h^{\frac{5}{2}} (m^3/min)$

따라서 $Q = 80 \times (0.25m)^{\frac{5}{2}} = 2.5 m^3/min$

TIP
사각웨어의 유량 $(Q) = k \cdot b \cdot h^{\frac{3}{2}} (m^3/min)$

59 냄새 측정 시 냄새역치(TON)를 구하는 산식으로 옳은 것은? (단, A : 시료부피(mL), B : 무취 정제수 부피(mL))

㉮ 냄새역치 = (A+B)/A
㉯ 냄새역치 = A/(A+B)
㉰ 냄새역치 = (A+B)/B
㉱ 냄새역치 = B/(A+B)

60 수중의 중금속에 대한 정량을 원자흡수분광광도법으로 측정할 경우, 화학적 간섭 현상이 발생되었다면 이 간섭을 피하기 위한 방법이 아닌 것은?

㉮ 목적원소 측정에 방해되는 간섭원소 배제를 위한 간섭원소의 상대원소 첨가
㉯ 은폐제나 킬레이트제의 첨가
㉰ 이온화 전압이 높은 원소를 첨가
㉱ 목적원소의 용매 추출

[풀이] ㉰ 이온화 전압이 더 낮은 원소를 첨가

| 제4과목 | 수질환경관계법규

61 배출부과금을 부과할 때 고려할 사항이 아닌 것은?

㉮ 수질오염물질의 배출기간
㉯ 배출되는 수질오염물질의 종류
㉰ 배출허용기준 초과 여부
㉱ 배출되는 오염물질농도

[풀이] 배출부과금을 부과할 때 고려할 사항
① 배출허용기준 초과여부
② 배출되는 수질오염물질의 종류
③ 수질오염물질의 배출기간
④ 수질오염물질의 배출량
⑤ 자가측정 여부

answer 57 ㉯ 58 ㉯ 59 ㉮ 60 ㉰ 61 ㉱

62 정당한 사유 없이 공공수역에 특정수질유해 물질을 누출·유출하거나 버린 자에게 부가되는 벌칙기준은?

㉮ 2년 이하의 징역 또는 2천만원 이하의 벌금
㉯ 3년 이하의 징역 또는 3천만원 이하의 벌금
㉰ 5년 이하의 징역 또는 5천만원 이하의 벌금
㉱ 7년 이하의 징역 또는 7천만원 이하의 벌금

풀이 ㉯ 3년 이하의 징역 또는 3천만원 이하의 벌금에 해당한다.

63 환경기술인 등의 교육을 받게 하지 아니한 자에 대한 과태료 처분기준은?

㉮ 과태료 300만원 이하
㉯ 과태료 200만원 이하
㉰ 과태료 100만원 이하
㉱ 과태료 50만원 이하

풀이 ㉰ 과태료 100만원 이하에 해당한다.

64 다음 ( )안에 들어갈 알맞은 내용은?

> 배출시설을 설치하려는 자는 (㉠)으로 정하는 바에 따라 환경부장관의 허가를 받거나 환경부장관에게 신고하여야 한다. 다만, 규정에 의하여 폐수무방류배출시설을 설치하려는 자는 (㉡).

㉮ ㉠ 환경부령, ㉡ 환경부장관의 허가를 받아야 한다.
㉯ ㉠ 대통령령, ㉡ 환경부장관의 허가를 받아야 한다.
㉰ ㉠ 환경부령, ㉡ 환경부장관에게 신고하여야 한다.
㉱ ㉠ 대통령령, ㉡ 환경부장관에게 신고하여야 한다.

65 국립환경과학원장, 유역환경청장, 지방환경청장이 설치·운영하는 측정망의 종류에 해당하지 않는 것은?

㉮ 생물 측정망
㉯ 공공수역 오염된 측정망
㉰ 퇴적물 측정망
㉱ 비점오염원에서 배출되는 비점오염물질 측정망

풀이 국립환경과학원장, 유역환경청장, 지방환경청장이 설치·운영하는 측정망의 종류
① 비점오염원에서 배출되는 비점오염물질 측정망
② 수질오염물질의 총량관리를 위한 측정망
③ 대규모 오염원의 하류지점 측정망
④ 수질오염경보를 위한 측정망
⑤ 대권역·중권역을 관리하기 위한 측정망
⑥ 공공수역 유해물질 측정망
⑦ 퇴적물 측정망
⑧ 생물 측정망

TIP
시·도지사, 대도시의 장, 수면관리자가 설치·운영하는 측정망의 종류
① 소역권을 관리하기 위한 측정망
② 도심하천 측정망

answer 62 ㉯ 63 ㉰ 64 ㉯ 65 ㉯

66 폐수의 처리능력과 처리가능성을 고려하여 수탁하여야 하는 준수사항을 지키지 아니한 폐수처리업자에 대한 벌칙기준은?

㉮ 3년 이하의 징역 또는 3천만원 이하의 벌금
㉯ 2년 이하의 징역 또는 2천만원 이하의 벌금
㉰ 1년 이하의 징역 또는 1천만원 이하의 벌금
㉱ 5백만원 이하의 벌금

풀이 ㉱ 5백만원 이하의 벌금에 해당한다.

67 공공폐수처리시설의 관리·운영자가 처리시설의 적정운영 여부를 확인하기 위하여 실시하여야 하는 방류수수질의 검사주기는? (단, 처리시설은 2,000m³/일 미만)

㉮ 매분기 1회 이상
㉯ 매분기 2회 이상
㉰ 월 2회 이상
㉱ 월 1회 이상

풀이 처리시설이 2,000m³/일 미만인 방류수질의 검사주기는 월 2회 이상이다.

68 2회 연속 채취 시 남조류 세포수가 50,000세포/mL인 경우의 수질오염경보 단계는? (단, 조류경보, 상수원 구간 기준)

㉮ 관심   ㉯ 경계
㉰ 조류 대발생   ㉱ 해제

풀이 수질오염경보 단계
① 관심 : 남조류의 세포수가 1,000세포/mL 이상 10,000세포/mL 미만인 경우
② 경계 : 조류의 세포수가 10,000세포/mL 이상 1,000,000세포/mL 미만인 경우
③ 조류 대발생 : 남조류의 세포수가 1,000,000세포/mL 이상 경우
④ 해제 : 남조류의 세포수가 1,000세포/mL 미만

69 대권역 물환경관리계획의 수립에 포함되어야 하는 사항이 아닌 것은?

㉮ 배출허용기준 설정 계획
㉯ 상수원 및 물 이용현황
㉰ 수질오염 예방 및 저감 대책
㉱ 점오염원, 비점오염원 및 기타수질오염원에서 배출되는 수질오염물질의 양

풀이 대권역 물환경관리계획에 포함되어야 하는 사항
① 물환경의 변화추이 및 물환경목표기준
② 상수원 및 물 이용현황
③ 점오염원, 비점오염원 및 기타수질오염원의 분포현황
④ 점오염원, 비점오염원 및 기타수질오염원에서 배출되는 수질오염물질의 양
⑤ 수질오염 예방 및 저감대책
⑥ 물환경 보전조치의 추진방향
⑦ 기후변화에 대한 적응대책

70 폐수처리업의 등록기준 중 폐수재이용업의 기술능력 기준으로 옳은 것은?

㉮ 수질환경산업기사. 화공산업기사 중 1명 이상
㉯ 수질환경산업기사, 대기환경산업기사, 화공산업기사 중 1명 이상
㉰ 수질환경기사, 대기환경기사 중 1명 이상
㉱ 수질환경산업기사, 대기환경기사 중 1명 이상

풀이 폐수재이용업의 기술능력 기준은 수질환경산업기사. 화공산업기사 중 1명 이상이다.

answer 66 ㉱ 67 ㉰ 68 ㉯ 69 ㉮ 70 ㉮

71 초과부과금 산정기준 중 1킬로 그램당 부과금액이 가장 큰 수질오염물질은?

㉮ 6가크롬화합물
㉯ 납 및 그 화합물
㉰ 카드뮴 및 그 화합물
㉱ 유기인 화합물

풀이 1킬로 그램당 부과금액
㉮ 6가크롬화합물 : 300,000원
㉯ 납 및 그 화합물 : 150,000원
㉰ 카드뮴 및 그 화합물 : 500,000원
㉱ 유기인 화합물 : 150,000원

72 환경부장관이 측정결과를 전산처리할 수 있는 전산망을 운영하기 위하여 수질원격감시체계 관제센터를 설치·운영하는 곳은?

㉮ 국립환경과학원
㉯ 유역환경청
㉰ 한국환경공단
㉱ 시·도 보건환경연구원

풀이 ① 수질 원격 감시체계 관제센터를 설치·운영할 수 있는 기관 : 한국환경공단
② 오염총량관리를 위한 기관간 협조 및 조사·연구반 운영 기관 : 국립환경과학원

73 수질오염방지시설 중 물리적 처리시설에 해당되는 것은?

㉮ 응집시설 ㉯ 흡착시설
㉰ 침전물 개량시설 ㉱ 중화시설

풀이 수질오염방지시설
㉮ 응집시설 : 물리적 처리시설
㉯ 흡착시설 : 화학적 처리시설
㉰ 침전물 개량시설 : 화학적 처리시설
㉱ 중화시설 : 화학적 처리시설

74 폐수처리업 중 폐수재이용업에서 사용하는 폐수운반차량의 도장 색깔로 적절한 것은?

㉮ 황색 ㉯ 흰색
㉰ 청색 ㉱ 녹색

풀이 폐수처리업 중 폐수재이용업에서 사용하는 폐수운반차량의 도장 색깔은 청색이다.

75 다음 중 특정수질유해물질이 아닌 것은?

㉮ 불소와 그 화합물
㉯ 셀레늄과 그 화합물
㉰ 구리와 그 화합물
㉱ 테트라클로로에틸렌

풀이 특정수질 유해물질은 출제빈도가 높으므로 반드시 숙지하세요.

76 수질 및 수생태계 환경기준 중 해역인 경우 생태기반 해수수질 기준으로 옳은 것은? (단, V(아주 나쁨) 등급)

㉮ 수질평가 지수값 : 30 이상
㉯ 수질평가 지수값 : 40 이상
㉰ 수질평가 지수값 : 50 이상
㉱ 수질평가 지수값 : 60 이상

풀이 생태기반 해수 수질기준
① I(매우 좋음) : 23 이하
② II(좋음) : 24~33
③ III(보통) : 34~46
④ IV(나쁨) : 47~59
⑤ V(아주 나쁨) : 60이상

answer 71 ㉰ 72 ㉰ 73 ㉮ 74 ㉰ 75 ㉮ 76 ㉱

77 수질 및 수생태계 환경기준 중 하천(사람의 건강 보호 기준)에 대한 항목별 기준값으로 틀린 것은?

㉮ 비소 : 0.05mg/L 이하
㉯ 납 : 0.05mg/L 이하
㉰ 6가 크롬 : 0.05mg/L 이하
㉱ 수은 : 0.05mg/L 이하

풀이 ㉱ 수은 : 검출되어서는 안됨(검출한계 0.001)

78 낚시제한구역에서의 제한사항에 관한 내용으로 틀린 것은? (단, 안내판 내용 기준)

㉮ 고기를 잡기 위하여 폭발물·배터리·어망 등을 이용하는 행위
㉯ 낚시바늘에 끼워서 사용하지 아니하고 고기를 유인하기 위하여 떡밥·어분 등을 던지는 행위
㉰ 1개의 낚시대에 3개 이상의 낚시 바늘을 사용하는 행위
㉱ 1인당 4대 이상의 낚시대를 사용하는 행위

풀이 ㉰ 1개의 낚시대에 5개 이상의 낚시 바늘을 떡밥과 뭉쳐서 미끼로 던지는 행위

79 초과배출부과금 부과 대상 수질오염물질의 종류가 아닌 것은?

㉮ 아연 및 그 화합물
㉯ 벤젠
㉰ 페놀류
㉱ 트리클로로에틸렌

풀이 초과배출부과금 부과대상 수질오염물질은 유기물질, 부유물질, 카드뮴 및 그 화합물, 시안화합물, 유기인화합물, 납 및 그 화합물, 6가 크롬화합물, 비소 및 그 화합물, 수은 및 그 화합물, 폴리염화비페닐, 구리 및 그 화합물, 크롬 및 그 화합물, 페놀류, 트리클로로에틸렌, 테트라클로로에틸렌, 망간 및 그 화합물, 아연 및 그 화합물, 총 질소, 총 인이다.

80 물환경보전법에서 사용되는 용어의 정의로 틀린 것은?

㉮ 강우유출수 : 비점오염원의 수질오염물질이 섞여 유출되는 빗물 또는 눈 녹은 물 등을 말한다.
㉯ 공공수역 : 하천, 호소, 항만, 연안해역, 그 밖에 공공용으로 사용되는 수역과 이에 접속하여 공공용으로 사용되는 대통령령으로 정하는 수로를 말한다.
㉰ 기타수질오염원 : 점오염원 및 비점오염원으로 관리되지 아니하는 수질오염물질을 배출하는 시설 또는 장소로서 환경부령으로 정하는 것을 말한다.
㉱ 수질오염물질 : 수질오염의 요인이 되는 물질로서 환경부령으로 정하는 것을 말한다.

풀이 ㉯ 공공수역 : 하천, 호소, 항만, 연안해역, 그 밖에 공공용으로 사용되는 수역과 이에 접속하여 공공용으로 사용되는 환경부령으로 정하는 수로를 말한다.

answer 77 ㉱ 78 ㉰ 79 ㉯ 80 ㉯

2018년 8월 19일 시행

2018년 3회 수질환경산업기사

| 제1과목 | 수질오염개론

01 적조 발생지역과 가장 거리가 먼 것은?

㉮ 정체 수역
㉯ 질소, 인 등의 영양염류가 풍부한 수역
㉰ upwelling 현상이 있는 수역
㉱ 갈수기 시 수온, 염분이 급격히 높아진 수역

[풀이] ㉱ 홍수시 수온이 높아지고, 염분이 급격히 낮아진 수역

02 Ca^{2+}이온의 농도가 450mg/L인 물의 환산경도(mg $CaCO_3$/L)는 얼마인가?
(단, Ca 원자량 = 40)

㉮ 1,125 ㉯ 1,250
㉰ 1,350 ㉱ 1,450

[풀이]
$$\frac{경도(mg/L)}{50g} = \frac{Ca^{2+}mg/L}{20g}$$
$$\frac{경도(mg/L)}{50g} = \frac{450mg/L}{20g}$$
∴ 경도 = 1,125mg/L

TIP
경도 계산식
$$\frac{경도(mg/L)}{50g} = \frac{Ca^{2+}mg/L}{20g} + \frac{Mg^{2+}mg/L}{12g} + \frac{Fe^{2+}mg/L}{28g} + \frac{Mn^{2+}mg/L}{27.5g} + \frac{Sr^{2+}mg/L}{43.8g}$$

03 호소의 부영양화 현상에 관한 설명 중 옳은 것은?

㉮ 부영양화가 진행되면 COD와 투명도가 낮아진다.
㉯ 생물종의 다양성은 증가하고 개체수는 감소한다.
㉰ 부영양화의 마지막 단계에는 청록조류가 번식한다.
㉱ 표수층에는 산소의 과포화가 일어나고 pH가 감소한다.

[풀이] ㉮ 부영양화가 진행되면 COD는 높아지고 투명도가 낮아진다.
㉯ 생물종의 다양성이 증가하고 개체수도 증가한다.
㉱ 표수층에는 산소의 과포화가 일어나고 pH가 증가한다.

04 전해질 M_2X_3의 용해도적 상수에 대한 표현으로 옳은 것은?

㉮ $Ksp = [M^{3+}][X^{2-}]$
㉯ $Ksp = [2M^{3+}][3X^{2-}]$
㉰ $Ksp = [2M^{3+}]^2[3X^{2-}]^3$
㉱ $Ksp = [M^{3+}]^2[X^{2-}]^3$

[풀이] $M_2X_3 \rightarrow 2M^{3+} + 3X^{2-}$
∴ $Ksp = [M^{3+}]^2[X^{2-}]^3$

answer 01 ㉱ 02 ㉮ 03 ㉰ 04 ㉱

05 지하수의 특징으로 틀린 것은?

㉮ 세균에 의한 유기물 분해가 주된 생물작용이다.
㉯ 자연 및 인위의 국지적인 조건의 영향을 크게 받기 쉽다.
㉰ 분해성 유기물질이 풍부한 토양을 통과하게 되면 물은 유기물의 분해 산물인 탄산가스 등을 용해하여 산성이 된다.
㉱ 비교적 낮은 곳의 지하수일수록 지층과의 접촉시간이 길어 경도가 높다.

풀이 ㉱ 비교적 낮은 곳의 지하수일수록 지층과의 접촉시간이 짧아 경도가 낮다.

06 호수가 빈영양 상태에서 부영양 상태로 진행되는 과정에서 동반되는 수환경의 변화가 아닌 것은?

㉮ 심수층의 용존산소량 감소
㉯ pH의 감소
㉰ 어종의 변화
㉱ 질소 및 인과 같은 영양염류가 증가

풀이 ㉯ pH의 증가

TIP
부영양화가 진행되면 조류의 광합성으로 호수속의 CO_2가 소모되므로 pH는 증가한다.

07 해수의 주요 성분(Holy seven)으로 볼 수 없는 것은?

㉮ 중탄산염   ㉯ 마그네슘
㉰ 아연   ㉱ 황산이온

풀이 해수의 주요 성분(Holy seven)으로는 염소이온, 나트륨이온, 황산이온, 마그네슘이온, 칼슘이온, 칼륨이온, 중탄산염이 있다.

TIP
Holy seven 암기법
염나황은 마네칼슘륨에서 중탄산을 먹는다.

08 물의 밀도에 대한 설명으로 틀린 것은?

㉮ 물의 밀도는 3.98℃에서 최대값을 나타낸다.
㉯ 해수의 밀도가 담수의 밀도보다 큰 값을 나타낸다.
㉰ 물의 밀도는 3.98℃보다 온도가 상승하거나 하강하면 감소한다.
㉱ 물의 밀도는 비중량을 부피로 나눈 값이다.

풀이 ㉱ 물의 밀도는 물의 질량을 부피로 나눈 값이다.

09 박테리아의 경험적인 화학적 분자식이 $C_5H_7O_2N$이면 100g의 박테리아가 산화될 때 소모되는 이론적산소량(g)은 얼마인가? (단, 박테리아의 질소는 암모니아로 전환됨)

㉮ 92   ㉯ 101
㉰ 124   ㉱ 42

풀이 $C_5H_7O_2N + 5O_2 \rightarrow 5CO_2 + 2H_2O + NH_3$
113g : 5×32g
100g : ThOD
$\therefore ThOD = \dfrac{100g \times 5 \times 32g}{113g} = 141.59g$

TIP
① $C_5H_7O_2N$의 분자량 = 12×5+1×7+16×2+14×1 = 113
② ThOD = 이론적산소요구량

answer 05 ㉱ 06 ㉯ 07 ㉰ 08 ㉱ 09 ㉱

10 질소순환과정에서 질산화를 나타내는 반응은?

㉮ $N_2 \rightarrow NO_2^- \rightarrow NO_3^-$
㉯ $NO_3^- \rightarrow NO_2^- \rightarrow N_2$
㉰ $NO_3^- \rightarrow NO_2^- \rightarrow NH_3$
㉱ $NH_3 \rightarrow NO_2^- \rightarrow NO_3^-$

풀이 질산화과정은 $NH_3\text{-N} \rightarrow NO_2^-\text{-N} \rightarrow NO_3^-\text{-N}$이다.

11 물의 특성으로 가장 거리가 먼 것은?

㉮ 물의 표면장력은 온도가 상승할수록 감소한다.
㉯ 물은 4℃에서 밀도가 가장 크다.
㉰ 물의 여러 가지 특성은 물의 수소결합 때문에 나타난다.
㉱ 융해열과 기화열이 작아 생명체의 열적 안정을 유지할 수 있다.

풀이 ㉱ 융해열과 기화열이 커 생명체의 열적안정을 유지할 수 있다.

TIP
4℃에서 물의 비중은 1.0, 비중량(밀도)은 1,000kg/m³으로 가장 큰 값을 가진다.

12 0.04N의 아세트산이 8% 해리되어 있다면 이 수용액의 pH는 얼마인가?

㉮ 2.5   ㉯ 2.7
㉰ 3.1   ㉱ 3.3

풀이
$CH_3COOH \rightarrow CH_3COO^- + H^+$
해리 전 0.04M   0M   0M
해리 후 0.04M-0.04M×0.08 0.04M×0.08 0.04M×0.08
∴ pH = $-\log[H^+]$ = $-\log[0.04M \times 0.08]$ = 2.50

TIP
① 초산 = 아세트산 = CH_3COOH
② 아세트산은 1가이므로 M농도 = N농도

13 일반적으로 물속의 용존산소(DO)농도가 증가하게 되는 경우는?

㉮ 수온이 낮고 기압이 높을 때
㉯ 수온이 낮고 기압이 낮을 때
㉰ 수온이 높고 기압이 높을 때
㉱ 수온이 높고 기압이 낮을 때

풀이 물속의 용존산소(DO)농도가 증가하게 되는 조건은 수온이 낮고 기압이 높을 때이다.

TIP
산소는 기체이므로 기체가 물에 용해되는 조건은 수온은 낮고 기압(압력)이 높은 경우이다.

14 생물학적 오탁지표들에 대한 설명이 바르지 않은 것은?

㉮ BIP(Biological Index of Pollution) : 현미경적인 생물을 대상으로 하여 전생물 수에 대한 동물성 생물수의 백분율을 나타낸 것으로, 값이 클수록 오염이 심하다.
㉯ Bi(Biotix Index) : 육안적 동물을 대상으로 전생물 수에 대한 청수성 및 광범위하게 출현하는 미생물의 백분율을 나타낸 것으로, 값이 클수록 깨끗한 물로 판정된다.
㉰ TSI(Trophic State Index) : 투명도, 투명도와 클로로필 농도의 상관관계 및 투명도와 총인의 상관관계를 이용한 부영양화도 지수를 나타내는 것이다.
㉱ SDI(Species Diversity Index) : 종의 수와 개체수의 비로 물의 오염도를 나타내

answer 10 ㉱ 11 ㉱ 12 ㉮ 13 ㉮ 14 ㉱

는 지표로, 값이 클수록 종의 수는 적고 개체수는 많다.

풀이 ㉣ SDI(Species Diversity Index) : 종의 수와 개체수의 비로 물의 오염도를 나타내는 지표로, 값이 작을수록 종의 수는 적고 개체수는 많다.

TIP
㉮ BIP : 수질오탁지수
㉯ BI : 수질청수지수
㉰ TSI : 부영양화지수
㉱ SDI : 종다양성지수

15 음용수를 염소 소독할 때 살균력이 강한 것부터 약한 순서로 나열한 것은?

㉠ OCl⁻ ㉡ HOCl ㉢ Chloramine

㉮ ㉠→㉡→㉢
㉯ ㉡→㉠→㉢
㉰ ㉢→㉠→㉡
㉱ ㉠→㉢→㉡

풀이 살균력의 순서는 HOCl > OCl⁻ > 클로라민 순이다.

TIP
① HOCl의 살균력은 OCl⁻보다 80배 강하다.
② 클로라민의 살균력은 약하나 소독 후 물에 이취미가 없고 살균작용이 오래 지속된다.

16 과대한 조류의 발생을 방지하거나 조류를 제거하기 위하여 일반적으로 사용하는 것은?

㉮ E·D·T·A   ㉯ NaSO₄
㉰ Ca(OH)₂   ㉱ CuSO₄

풀이 과대한 조류의 발생을 방지하거나 조류를 제거하기 위하여 살조제인 황산동(CuSO₄)을 사용한다.

17 1차 반응에서 반응개시의 물질 농도가 220mg/L이고, 반응 1시간 후의 농도는 94mg/L이었다면 반응 8시간 후의 물질의 농도(mg/L)는 얼마인가?

㉮ 0.12   ㉯ 0.25
㉰ 0.36   ㉱ 0.48

풀이

1차 반응식 : $\ln \frac{C_t}{C_o} = -k \times t$

여기서
C_o : 초기농도(mg/L)
C_t : t시간 후의 농도(mg/L)
k : 상수(/hr)
t : 시간(hr)

① $\ln \frac{94mg/L}{220mg/L} = -k \times 1hr$

∴ $k = \frac{\ln \frac{94mg/L}{220mg/L}}{-1hr} = 0.8503/hr$

② $\ln \frac{C_t}{220mg/L} = -0.8503/hr \times 8hr$

∴ $C_t = 220mg/L \times e^{(-0.8503/hr \times 8hr)}$
    $= 0.24mg/L$

TIP

$\ln \frac{C_t}{C_o} = -k \times t$
⇒ $C_t = C_o \times e^{(-k \times t)}$

18 0.1M-NaOH의 농도를 mg/L로 나타낸 것은?

㉮ 4   ㉯ 40
㉰ 400   ㉱ 4,000

풀이

$mol/L = \frac{0.1mol}{L} \times \frac{40g}{1mol} \times \frac{10^3 mg}{1g}$
    $= 4,000mg/L$

answer 15 ㉯ 16 ㉱ 17 ㉯ 18 ㉱

TIP
① M농도의 단위는 mol/L이다.
② 1mol = 분자량(g)
③ NaOH의 분자량 = 23+16+1 = 40

19 폐수의 BOD_u가 120mg/L이며 K_1(상용대수)값이 0.2/day라면 5일 후 남아 있는 BOD(mg/L)는 얼마인가?

㉮ 10   ㉯ 12
㉰ 14   ㉱ 16

풀이
$BOD_5 = BOD_u \times 10^{(-k_1 \times t)}$
$= 120mg/L \times 10^{(-0.2/day \times 5day)}$
$= 12mg/L$

TIP
① 상용대수 = log, 자연대수 = ln
② 상용대수 조건일 때 밑수는 10

20 조류의 경험적 화학 분자식으로 가장 적절한 것은?

㉮ $C_4H_7O_2N$ ㉯ $C_5H_8O_2N$
㉰ $C_6H_9O_2N$ ㉱ $C_7H_{10}O_2N$

풀이 자주 출제되는 경험적 분자식(암기법)
① 박테리아 : $C_5H_7O_2N$(오칠이)
② 조류 : $C_5H_8O_2N$(오팔이)
③ 곰팡이 : $C_{10}H_{17}O_6N$(일공 일칠 육)
④ 원생동물 : $C_7H_{14}O_3N$(칠 일사 삼)

| 제2과목 | 수질오염방지기술

21 $100m^3/day$로 유입되는 도금폐수의 CN 농도가 200mg/L이었다. 폐수를 알칼리 염소법으로 처리하고자 할 때 요구되는 이론적 염소량(kg/day)은 얼마인가? (단, $2CN^- + 5Cl_2 + 4H_2O \rightarrow 2CO_2 + N_2 + 8HCl + 2Cl^-$, Cl_2 분자량 = 71)

㉮ 136.5   ㉯ 142.3
㉰ 168.2   ㉱ 204.8

풀이
$2CN^- : 5Cl_2$
$2 \times 26g : 5 \times 71g$
$100m^3/day \times 0.2kg/m^3 : X$
$\therefore X = \dfrac{100m^3/day \times 0.2kg/m^3 \times 5 \times 71g}{2 \times 26g}$
$= 136.54kg/day$

TIP
① ppm = mg/L = g/m^3이므로 mg/L $\xrightarrow{\times 10^{-3}}$ kg/m^3
② 200mg/L = $0.2kg/m^3$

22 교반장치의 설계와 운전에 사용되는 속도경사의 차원을 나타낸 것으로 옳은 것은?

㉮ [LT]   ㉯ [LT^{-1}]
㉰ [T^{-1}]   ㉱ [L^{-1}]

풀이 속도경사의 단위가 /sec 이므로 차원으로 나타내면 [T^{-1}]이다.

TIP
차원
① 질량 = Mass = [M]
② 길이 = Lengtth = [L]
③ 시간 = Time = [T]

answer 19 ㉯   20 ㉯   21 ㉮   22 ㉰

23 하나의 반응탱크 안에서 시차를 두고 유입, 반송, 침전, 유출 등의 각 과정을 거치도록 되어있는 생물학적 고도처리 공정은 어느 것인가?

㉮ SBR ㉯ UCT
㉰ A/O ㉱ A²/O

풀이 ㉮ SBR(연속회분식 활성슬러지법)에 대한 설명이다.

24 소규모 하·폐수처리에 적합한 접촉산화법의 특징으로 틀린 것은?

㉮ 반송 슬러지가 필요하지 않으므로 운전관리가 용이하다.
㉯ 부착 생물량을 임의로 조정할 수 없기 때문에 조작 조건의 변경에 대응하기 어렵다.
㉰ 반응조내 여재를 균일하게 포기 교반하는 조건 설정이 어렵다.
㉱ 비표면적이 큰 접촉재를 사용하여 부착 생물량을 다량으로 보유할 수 있기 때문에 유입기질의 변동에 유연히 대응할 수 있다.

풀이 ㉯ 부착 생물량을 임의로 조정할 수 있기 때문에 조작 조건의 변경에 대응하기가 용이하다.

25 물리, 화학적 질소제거 공정 중 이온교환에 관한 설명으로 틀린 것은?

㉮ 생물학적 처리 유출수 내의 유기물이 수지의 접착을 야기한다.
㉯ 고농도의 기타 양이온이 암모니아 제거 능력을 증가시킨다.
㉰ 재사용 가능한 물질(암모니아 용액)이 생산된다.
㉱ 부유물질 축적에 의한 과다한 수두손실을 방지하기 위하여 여과에 의한 전처리가 일반적으로 필요하다.

풀이 ㉯ 고농도의 기타 양이온이 암모니아 제거 능력을 감소시킨다.

26 폐수의 생물학적 질산화 반응에 관한 설명으로 틀린 것은?

㉮ 질산화 반응에는 유기 탄소원이 필요하다.
㉯ 암모니아성 질소에서 아질산성 질소로의 산화 반응에 관여하는 미생물은 Nitrosomonas이다.
㉰ 질산화 반응은 온도 의존적이다.
㉱ 질산화 반응은 호기성 폐수처리 시 진행된다.

풀이 ㉮ 질산화 반응에는 무기 탄소원이 필요하다.

TIP
질산화 반응은 독립 영양계 미생물이 참여하고 무기물을 이용하므로 탄소원은 무기 탄소(CO_2)이다.

27 27mg/L의 암모늄이온(NH_4^+)을 함유하고 있는 폐수를 이온교환수지로 처리하고자 한다. 1,667m³의 폐수를 처리하기 위해 필요한 양이온 교환수지의 용적(m³)은 얼마인가? (단, 양이온 교환수지 처리능력 100,000g $CaCO_3$/m³, Ca 원자량 = 40)

㉮ 0.60 ㉯ 0.85
㉰ 1.25 ㉱ 1.50

풀이 ① $2NH_4^+ + CaCO_3 \rightarrow (NH_4)_2CO_3 + Ca^{2+}$
2×18g : 100g
27g/m³×1,667m³ : X

∴ X = $\dfrac{100g \times 27g/m^3 \times 1,667m^3}{2 \times 18g}$

answer 23 ㉮ 24 ㉯ 25 ㉯ 26 ㉮ 27 ㉰

$$= 125,025\text{g}$$

② 양이온 교환수지의 소요용적(m^3)

$$= \frac{125,025\text{g}}{100,000\text{g/m}^3} = 1.25\text{m}^3$$

TIP
① mg/L = ppm = g/m^3
② 27mg/L = 27g/m^3

28 일반적인 슬러지처리 공정의 순서로 옳은 것은?

㉮ 안정화→개량→농축→탈수→소각
㉯ 농축→안정화→개량→탈수→소각
㉰ 개량→농축→안정화→탈수→소각
㉱ 탈수→개량→안정화→농축→소각

풀이 슬러지처리 공정의 순서는 농축(농축조)→안정화(소화조)→개량(약품주입)→탈수→건조→소각 순이다.

29 염소이온 농도가 5,000mg/L인 분뇨를 처리한 결과 80%의 염소이온 농도가 제거되었다. 이 처리수에 희석수를 첨가하여 처리한 결과 염소이온 농도가 200mg/L이 되었다면 이때 사용한 희석배수(배)는 얼마인가?

㉮ 2   ㉯ 5
㉰ 20 ㉱ 25

풀이 희석배수 = $\frac{5,000\text{mg/L} \times 0.20}{200\text{mg/L}}$
= 5

TIP
희석배수 = $\frac{\text{유입수의 Cl}^-}{\text{유출수의 Cl}^-}$

30 정상상태로 운전되는 포기조의 용존산소 농도 3mg/L, 용존산소 포화농도 8mg/L, 포기조 내 측정된 산소전달속도(r_{O_2}), 40mg/L·hr일 때 총괄 산소전달계수(K_{La}, hr^{-1})는 얼마인가?

㉮ 6   ㉯ 8
㉰ 10   ㉱ 12

풀이 r = k_{La} × (C_s-C)
여기서
r : 산소전달속도(mg/L·hr)
k_{La} : 산소전달계수(/hr)
C_s : 포화 DO농도(mg/L)
C : 현재 DO농도(mg/L)

따라서 40mg/L·hr = k_{La}×(8-3)mg/L

∴ $k_{La} = \frac{40\text{mg/L} \cdot \text{hr}}{(8-3)\text{mg/L}}$
= 8.0/hr

31 2차 처리수 중에 함유된 질소, 인 등의 영양염류는 방류수역의 부영양화의 원인이 된다. 폐수 중의 인을 제거하기 위한 처리방법으로 틀린 것은?

㉮ 황산반토(alum)에 의한 응집
㉯ 석회를 투입하여 아파타이트 형태로 고정
㉰ 생물학적 탈인
㉱ Air stripping

풀이 ㉱ 공기탈기법(Air stripping)법은 질소제거 방법이다.

answer 28.㉯ 29.㉯ 30.㉯ 31.㉱

32 생물학적 회전원판법(RBC)에서 원판의 지름이 2.6m, 600매로 구성되었고, 유입수량 1,000m³/day, BOD 200mg/L인 경우 BOD부하(g/m²·day)는 얼마인가? (단, 회전원판은 양면사용 기준)

㉮ 23.6　　㉯ 31.4
㉰ 47.2　　㉱ 51.6

[풀이] BOD 면적부하(g/m²·day)

$$= \frac{BOD \times Q}{A} = \frac{BOD \times Q}{\frac{\pi D^2}{4} \times 2 \times 매수}$$

$$= \frac{200g/m^3 \times 1000m^3/day}{\frac{\pi \times (2.6m)^2}{4} \times 2 \times 600매}$$

$$= 31.39 g/m^2 \cdot day$$

[TIP]
① BOD = 200mg/L = 200g/m³ = 0.2kg/m³
② 원형에서 단면적(A) = $\frac{\pi D^2}{4}$
③ 계산식에서 2는 양면을 의미함

33 BOD 150mg/L, 유량 1,000m³/day인 폐수를 250m³의 유효용량을 가진 포기조로 처리할 경우 BOD 용적부하(kg/m³·day)는 얼마인가?

㉮ 0.2　　㉯ 0.4
㉰ 0.6　　㉱ 0.8

[풀이] BOD 용적부하(kg/m³·day)

$$= \frac{BOD(kg/m^3) \times Q(m^3/day)}{V(m^3)}$$

$$= \frac{0.15 kg/m^3 \times 1,000 m^3/day}{250 m^3}$$

$$= 0.6 kg/m^3 \cdot day$$

[TIP]
① mg/L $\xrightarrow{\times 10^{-3}}$ kg/m³
② 150mg/L $\xrightarrow{\times 10^{-3}}$ 0.15kg/m³

34 콜로이드 평형을 이루는 힘인 인력과 반발력 중에서 반발력의 주요 원인이 되는 것은?

㉮ 제타 포텐셜
㉯ 중력
㉰ 반데르 발스 힘
㉱ 표면장력

[풀이] 반발력의 주요 원인이 되는 것은 제타 포텐셜이다.

35 2.5mg/L의 6가 크롬이 함유되어 있는 폐수를 황산제일철(FeSO₄)로 환원처리하고자 한다. 이론적으로 필요한 황산제일철의 농도(mg/L)는 얼마인가? (단, 산화환원 반응 : Na₂Cr₂O₇+6FeSO₄+7H₂SO₄ → Cr₂(SO₄)₃+3Fe₂(SO₄)₃+7H₂O+Na₂SO₄, 원자량: S = 32, Fe = 56, Cr = 52)

㉮ 11.0　　㉯ 16.4
㉰ 21.9　　㉱ 43.8

[풀이]
$2Cr^{6+}$ ： $6FeSO_4$
$2 \times 52g$ ： $6 \times 125g$
$2.5mg/L$ ： X

$$\therefore X = \frac{2.5mg/L \times 6 \times 152g}{2 \times 52g}$$

$$= 21.92 mg/L$$

[TIP]
FeSO₄의 분자량 = 56+32+4×16 =152

answer 32 ㉯ 33 ㉰ 34 ㉮ 35 ㉰

36 5% Alum을 사용하여 Jar Test한 최적 결과가 다음과 같다면 Alum의 최적주입농도(mg/L)는 얼마인가? (단, 5% Alum 비중 = 1.0, Alum 주입량 = 3mL, 시료량 = 500mL 임.)

㉮ 300 ㉯ 400
㉰ 600 ㉱ 900

풀이
$$\text{Alum(mg/L)} = \frac{5 \times 10^4 \text{mg}}{L} \times 3 \times 10^{-3} L \times \frac{1}{0.5L}$$
$$= 300\text{mg/L}$$

TIP
① % $\xrightarrow{\times 10^4}$ ppm
② ppm = mg/L = g/m³
③ 황산알루미늄 = Alum

37 고형물의 농도가 15%인 슬러지 100kg을 건조상에서 건조시킨 후 수분이 20%로 되었다. 제거된 수분의 양(kg)은 얼마인가? (단, 슬러지 비중 1.0)

㉮ 약 18.8 ㉯ 약 37.6
㉰ 약 62.6 ㉱ 약 81.3

풀이
① $W_1 \times TS_1 = W_2 \times (100-P_2)$
  $100\text{kg} \times 15\% = W_2 \times (100-20\%)$
  ∴ $W_2 = 18.75\text{kg}$
② 제거된 수분의 양 = $W_1 - W_2$
  = 100kg - 18.75kg
  = 81.25kg

TIP
슬러지 공식
$W_1 \times (100-P_1) = W_2 \times (100-P_2)$
여기서 $TS_1 = 100-P_1$, $TS_2 = 100-P_2$
$P_1 = 100-TS_1$, $P_2 = 100-TS_2$

38 유입하수량 20,000m³/day, 유입 BOD 200mg/L, 폭기조 용량 1,000m³, 폭기조 내 MLSS 1,750mg/L, BOD 제거율 90%, BOD의 세포합성률(Y) 0.55, 슬러지의 자산화율 0.08day⁻¹일 때, 잉여슬러지 발생량(kg/day)은 얼마인가?

㉮ 1,680 ㉯ 1,720
㉰ 1,840 ㉱ 1,920

풀이 $Q_w \cdot SS_w$(kg/day)
= $Y \times Q(\text{m}^3/\text{day}) \times BOD(\text{kg/m}^3) \times \eta - kd(/\text{day})$
  $\times MLSS(\text{kg/m}^3) \times V(\text{m}^3)$
= $0.55 \times 20,000\text{m}^3/\text{day} \times 0.2\text{kg/m}^3 \times 0.90 - 0.08/\text{day}$
  $\times 1.75\text{kg/m}^3 \times 1,000\text{m}^3$
= 1,840kg/day

TIP
① ppm = mg/L = g/m³
② mg/L $\xrightarrow{\times 10^{-3}}$ kg/m³

39 생물막을 이용한 처리방법 중 접촉산화법의 장점으로 틀린 것은?

㉮ 분해속도가 낮은 기질제거에 효과적이다.
㉯ 부하, 수량변동에 대하여 완충능력이 있다.
㉰ 슬러지 반송이 필요 없고 슬러지 발생량이 적다.
㉱ 고부하에 따른 공극 폐쇄위험이 작다.

풀이 ㉱ 고부하에 따른 공극 폐쇄위험이 크다.

40 일반적으로 분류식 하수관거로 유입되는 물의 종류와 가장 거리가 먼 것은?

㉮ 가정하수 ㉯ 산업폐수
㉰ 우수   ㉱ 침투수

풀이 ㉰ 우수는 분류식 우수관거로 유입된다.

answer 36 ㉮ 37 ㉱ 38 ㉰ 39 ㉱ 40 ㉰

| 제3과목 | 수질오염공정시험기준

41 다음의 경도와 관련된 설명으로 옳은 것은?

㉮ 경도를 구성하는 물질은 Ca^{2+}, Mg^{2+}, K^+, Na^+ 등이 있다.
㉯ 150mg/L as $CaCO_3$ 이하를 나타낼 경우 연수라고 한다.
㉰ 경도가 증가하면 세제효과를 증가시켜 세제의 소모가 감소한다.
㉱ Ca^{2+}, Mg^{2+} 등이 알칼리도를 이루는 탄산염, 중탄산염과 결합하여 존재하면 이를 탄산경도라고 한다.

풀이 ㉮ 경도를 구성하는 물질은 Ca^{2+}, Mg^{2+}, Fe^{2+}, Mn^{2+}, Sr^{2+} 이다.
㉯ 70mg/L as $CaCO_3$ 이하를 나타낼 경우 연수라고 한다.
㉰ 경도가 증가하면 세제효과를 감소시켜 세제의 소모가 증가한다.

42 시료채취량 기준에 관한 내용으로 ( )에 들어갈 알맞은 말은?

> 시험항목 및 시험횟수에 따라 차이가 있으나 보통 ( ) 정도이어야 한다.

㉮ 1L ~ 2L ㉯ 3L ~ 5L
㉰ 5L ~ 7L ㉱ 8L ~ 10L

풀이 시험항목 및 시험횟수에 따라 차이가 있으나 보통 3L ~ 5L 정도이어야 한다.

43 시료채취 시 유의사항으로 틀린 것은?

㉮ 휘발성유기화합물 분석용 시료를 채취할 때에는 뚜껑의 격막을 만지지 않도록 주의 하여야 한다.
㉯ 환원성 물질 분석용 시료의 채취병을 뒤집어 공기방울이 확인되면 다시 채취하여야 한다.
㉰ 천부층 지하수의 시료채취 시 고속양수 펌프를 이용하여 신속히 시료를 채취하여 시료 영향을 최소화한다.
㉱ 시료채취 시에 시료채취시간, 보존제 사용 여부, 매질 등 분석결과에 영향을 미칠 수 있는 사항을 기재하여 분석자가 참고할 수 있도록 한다.

풀이 ㉰ 천부층 지하수의 시료채취 시 저속양수 펌프를 이용하여 시료의 교란을 최소화하여야 한다.

44 탁도 측정 시 사용되는 탁도계의 설명으로 ( )에 들어갈 내용으로 적합한 것은?

> 광원부와 광전자식 검출기를 갖추고 있으며, 검출한계가 ( ) NTU 이상인 NTU 탁도계로서 광원인 텅스텐필라멘트는 2,200 ~ 3,000K 온도에서 작동하고 측정튜브내의 투사광과 산란광의 총 통과거리는 10cm를 넘지 않아야 한다.

㉮ 0.01 ㉯ 0.02
㉰ 0.05 ㉱ 0.1

풀이 탁도 측정 시 사용되는 탁도계의 숙지사항
① 검출한계 : 0.02 NTU 이상
② 광원인 텅스텐필라멘트의 작동온도 : 2,200 ~ 3,000K
③ 측정튜브내의 투사광과 산란광의 총 통과거리 : 10cm 이내

answer 41 ㉱ 42 ㉯ 43 ㉰ 44 ㉯

45 자외선/가시선분광법을 이용한 카드뮴 측정 방법에 대한 설명으로 ( )에 들어갈 내용으로 적합한 것은?

> 카드뮴이온을 (㉠)이 존재하는 알칼리성에서 디티존과 반응시켜 생성하는 카드뮴 착염을 (㉡)로 추출하고, 추출한 카드뮴 착염을 타타르산용액으로 역추출한 다음 다시 수산화나트륨과 (㉠)를 넣어 디티존과 반응하여 생성하는 적색의 카드뮴착염을 (㉡)로 추출하고 그 흡광도를 530nm에서 측정하는 방법이다.

㉮ ㉠ : 시안화칼륨, ㉡ : 클로로폼
㉯ ㉠ : 시안화칼륨, ㉡ : 사염화탄소
㉰ ㉠ : 다이메틸글리옥심, ㉡ : 클로로폼
㉱ ㉠ : 다이메틸글리옥심, ㉡ : 사염화탄소

풀이 카드뮴의 자외선/가시선 분광법 암기사항
① 추출용매 : 사염화탄소
② 역추출용매 : 타타르산용액
③ 발색 : 적색
④ 측정파장 : 530nm

46 자외선/가시선분광법을 적용한 불소화합물 측정 방법으로 ( )안에 들어갈 알맞은 말은?

> 물속에 존재하는 불소를 측정하기 위해 시료에 넣은 란탄알리자린 콤프렉손의 착화합물이 불소이온과 반응하여 생성하는 ( )에서 측정하는 방법이다.

㉮ 적색의 복합 착화합물의 흡광도를 560nm
㉯ 청색의 복합 착화합물의 흡광도를 620nm
㉰ 황갈색의 복합 착화합물의 흡광도를 460nm
㉱ 적자색의 복합 착화합물의 흡광도를 520nm

풀이 불소화합물의 자외선/가시선 분광법 암기사항
① 정량한계 : 0.15mg/L
② 발색 : 청색
③ 측정파장 : 620nm

47 유도결합플라스마-원자발광분광법에 의해 측정이 불가능한 물질은 어느 것인가?

㉮ 염소   ㉯ 비소
㉰ 망간   ㉱ 철

풀이 염소이온(Cl^-)의 분석방법
① 이온크로마토그래피
② 적정법
③ 이온전극법

TIP 유도결합플라스마-원자발광분광법은 중금속을 측정하는 방법이므로 보기 중 중금속이 아닌 물질이 정답이 된다.

48 비소표준원액(1mg/mL)을 100mL 조제할 때 삼산화비소(As_2O_3)의 채취량(mg)은 얼마인가? (단, 비소의 원자량 = 74.92)

㉮ 37   ㉯ 74
㉰ 132   ㉱ 264

풀이
As_2O_3 : $2As$
197.84g : 2×74.92g
X : 1mg/mL×100mL

$$\therefore X = \frac{197.84g \times 1mg/mL \times 100mL}{2 \times 74.92g}$$

= 132.03mg

TIP As_2O_3의 분자량 = 74.92×2+16×3 = 197.84

---

answer   45 ㉯   46 ㉯   47 ㉮   48 ㉰

49 다음 실험에서 종말점 색깔을 잘못 나타낸 것은?

㉮ 용존산소 - 무색
㉯ 염소이온 - 엷은 적황색
㉰ 산성 100℃ 과망간산칼륨에 의한 COD - 엷은 홍색
㉱ 노말헥산추출물질 - 적색

풀이 ㉱ 노말헥산추출물질은 중량법에 해당하므로 종말점이 없다.

TIP 종말점은 적정법에서만 찾을 수 있다.

50 수용액의 pH 측정에 관한 설명으로 틀린 것은?

㉮ pH는 수소이온 농도 역수의 상용대수 값이다.
㉯ pH는 기준전극과 비교전극의 양전극간에 생성되는 기전력의 차를 이용하여 구한다.
㉰ 시료의 온도와 표준액의 온도차는 ±5℃ 이내로 맞춘다.
㉱ pH 10 이상에서 나트륨에 의해 오차가 발생할 수 있는데, 이는 "낮은 나트륨 오차 전극"을 사용하여 줄일 수 있다.

풀이 ㉰ 시료의 온도와 표준액의 온도는 동일한 것이 좋다.

51 수질오염공정시험기준에서 총대장균군의 시험방법이 아닌 것은?

㉮ 막여과법
㉯ 시험관법
㉰ 균군계수 시험법
㉱ 평판집락법

TIP
시험방법

종류	시험방법
총대장균군	막여과법, 시험관법, 평판집락법, 효소이용정량법
분원성 대장균군	막여과법, 시험관법, 효소이용정량법
대장균	효소이용정량법

52 수질측정 항목과 최대보존기간을 짝지은 것으로 잘못 연결된 것은? (단, 항목 - 최대보존기간)

㉮ 색도 - 48시간
㉯ 6가 크롬 - 24시간
㉰ 비소 - 6개월
㉱ 유기인 - 28일

풀이 ㉱ 유기인 - 7일

53 납(Pb)의 정량방법 중 자외선/가시선 분광법에 사용되는 시약이 아닌 것은?

㉮ 에틸렌다이아민용액
㉯ 사이트르산이암모늄용액
㉰ 암모니아수
㉱ 시안화칼륨용액

54 용어에 관한 설명 중 틀린 것은?

㉮ "방울수"라 함은 15℃에서 정제수 20방울을 적하할 때, 그 부피가 약 10mL 되는 것을 말한다.
㉯ "약"이라 함은 기재된 양에 대하여 ±10% 이상의 차이가 있어서는 안 된다.

answer 49 ㉱ 50 ㉰ 51 ㉰ 52 ㉱ 53 ㉮ 54 ㉮

㉢ 무게를 "정확히 단다"라 함은 규정된 수치의 무게를 0.1mg까지 다는 것을 말한다.

㉣ "항량으로 될 때까지 건조한다"라 함은 같은 조건에서 1시간 더 건조할 때 전후 무게의 차가 g당 0.3mg 이하일 때를 말한다.

풀이 ㉮ "방울수"라 함은 20℃에서 정제수 20방울을 적하할 때, 그 부피가 약 1mL 되는 것을 말한다.

55 그림과 같은 개수로(수로의 구성재질과 수로 단면의 형상이 일정하고 수로의 길이가 적어도 10m 까지 똑바른 경우)가 있다. 수심 1m, 수로폭 2m, 수면경사 $\frac{1}{1,000}$ 인 수로의 평균 유속$(C(Ri)^{0.5})$을 케이지(Chezy)의 유속공식으로 계산하였을 때 유량(m³/min)은?

(단, Bazin의 유속계수 $C = \frac{87}{1+\frac{r}{\sqrt{R}}}$ 이며

$R = \frac{B \times h}{B+2h}$ 이고 r = 0.46 이다.)

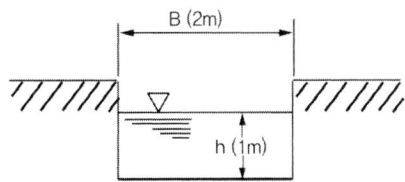

㉮ 102　　㉯ 122
㉰ 142　　㉱ 162

풀이
① R(경심) = $\frac{1m \times 2m}{2m + 2 \times 1m}$ = 0.5m

② C = $\frac{87}{1+\frac{r}{\sqrt{R}}}$ = $\frac{87}{1+\frac{0.46}{\sqrt{0.5m}}}$ = 52.71

③ Chezy식에서 유속(v) = $C \times (R \times i)^{0.5}$
   = $52.71 \times (0.5m \times \frac{1}{1,000})^{0.5}$
   = 1.1786 m/sec

④ 유량(Q) = 단면적(A) × 유속(v)
   = (1m × 2m) × 1.1786m/sec × 60sec/min
   = 141.43 m³/min

TIP
① 경심(R) = $\frac{면적}{윤변의 길이}$ = $\frac{B \times h}{B + 2h}$ (m)
② 수면경사 = 동수경사 = 기울기

56 유도결합플라스마 발광광도계의 조작법 중 설정조건에 대한 설명으로 틀린 것은?

㉮ 고주파출력은 수용액 시료의 경우 0.8 ~ 1.4kW, 유기용매시료의 경우 1.5 ~ 2.5kW로 설정한다.

㉯ 가스유량은 일반적으로 냉각가스 10 ~ 18L/min, 보조 가스 5 ~ 10L/min 범위이다.

㉰ 분석선(파장)의 설정은 일반적으로 가장 감도가 높은 파장을 설정한다.

㉱ 플라스마 발광부 관측 높이는 유도코일 상단으로부터 15 ~ 18mm 범위에 측정하는 것이 보통이다.

풀이 ㉯ 가스유량은 일반적으로 냉각가스 10 ~ 18L/min, 보조 가스 0 ~ 2L/min, 운반가스는 0.5 ~ 2L/min 범위이다.

answer 55 ㉰　56 ㉯

57 수중의 용존산소와 관련된 설명으로 틀린 것은?

㉮ 하천의 DO가 높을 경우 하천의 오염정도는 낮다.
㉯ 수중의 DO는 가해지는 온도가 낮을수록 감소한다.
㉰ 수중에 DO는 가해지는 압력이 클수록 증가한다.
㉱ 용존산소의 20℃ 포화농도는 9.17ppm 이다.

풀이 ㉯ 수중의 DO는 가해지는 온도가 낮을수록 증가한다.

TIP
기체물질의 용해조건
온도가 낮고, 압력이 높을 때 물에 잘 녹는다.

58 배출허용기준 적합여부 판정을 위한 복수시료 채취방법에 대한 기준으로 ( )에 알맞은 것은?

> 자동시료채취기로 시료를 채취할 경우에 6시간 이내에 30분 이상 간격으로 ( )이상 채취하여 일정량의 단일 시료로 한다.

㉮ 1회   ㉯ 2회
㉰ 4회   ㉱ 8회

TIP
복수시료 채취방법에서 암기사항
2회, 6시간, 30분, 산술평균

59 이온크로마토그래프로 분석할 때 머무름 시간이 같은 물질이 존재할 경우 방해를 줄일 수 있는 방법으로 틀린 것은?

㉮ 컬럼 교체
㉯ 시료 희석
㉰ 용리액조성 변경
㉱ 0.2μm 막 여과지로 여과

풀이 머무름 시간이 같은 물질이 존재할 경우, 컬럼교체, 시료희석, 용리액 조성을 바꾸어 방해를 줄일 수 있다.

60 원자흡수분광광도법의 원소와 불꽃연료가 잘못 짝지어진 것은?

㉮ 구리 : 공기-아세틸렌
㉯ 바륨 : 아산화질소-아세틸렌
㉰ 비소 : 냉증기
㉱ 망간 : 공기-아세틸렌

풀이 ㉰ 비소 : 환원기화법(수소화물 생성법)

TIP
수은(Hg)의 불꽃연료 : 냉증기법

| 제4과목 | 수질환경관계법규

61 수질오염 방지시설 중 화학적 처리 시설이 아닌 것은?

㉮ 침전물 개량시설
㉯ 응집시설
㉰ 살균시설
㉱ 소각시설

풀이 ㉯ 응집시설은 물리적 처리시설에 해당한다.

answer 57 ㉯ 58 ㉯ 59 ㉱ 60 ㉰ 61 ㉯

> **TIP**
> 수질오염방지시설은 출제빈도가 높은 문제이므로 처리시설별 종류를 반드시 숙지해야 합니다.

62 배수설비의 설치방법·구조기준 중 직선 배수관의 맨홀 설치기준에 해당하는 것으로 (   )에 옳은 것은?

> 배수관 내경의 (   ) 이하의 간격으로 설치

㉮ 100배   ㉯ 120배
㉰ 150배   ㉱ 200배

풀이 맨홀의 설치기준 중 직선인 부분에는 내경의 120배 이하의 간격으로 설치하여야 한다.

63 대권역별 물환경관리계획에 포함되어야 하는 사항으로 틀린 것은?

㉮ 물환경의 변화 추이 및 물환경목표기준
㉯ 점오염원, 비점오염원 및 기타 수질오염원의 분포현황
㉰ 물환경 보전 및 관리체계
㉱ 수질오염 예방 및 저감 대책

풀이 대권역계획에 포함되어야 하는 사항
① 물환경 변화 추이 및 목표기준
② 상수원 및 물 이용현황
③ 점오염원, 비점오염원 및 기타 수질오염원의 분포현황
④ 점오염원, 비점오염원 및 기타 수질오염원에서 배출되는 수질오염 물질의 양
⑤ 수질오염 예방 및 저감대책
⑥ 물환경 보전조치의 추진방향
⑦ 기후변화에 대한 적응대책

64 폐수처리업자의 준수사항에 관한 설명으로 (   )에 들어갈 알맞은 말은?

> 수탁한 폐수는 정당한 사유 없이 10일 이상 보관할 수 없으며 보관폐수의 전체량이 저장시설 저장능력의 (   ) 이상 되게 보관하여서는 아니 된다.

㉮ 60%   ㉯ 70%
㉰ 80%   ㉱ 90%

65 사업장 규모를 구분하는 폐수배출량에 관한 사항으로 틀린 것은?

㉮ 사업장의 규모별 구분은 연중 평균치를 기준으로 한다.
㉯ 최초 배출시설 설치허가시의 폐수배출량은 사업계획에 따른 예상용수사용량을 기준으로 산정한다.
㉰ 용수사용량에는 수돗물, 공업용수, 지하수, 하천수 및 해수 등 그 사업장에서 사용하는 모든 물을 포함한다.
㉱ 생산 공정 중 또는 방지시설의 최종 방류구에서 방류되기 전에 일정관로를 통해 생산공정에 재이용 물은 용수사용량에서 제외한다.

풀이 ㉮ 사업장의 규모별 구분은 1년중 가장 많이 배출한 날을 기준으로 정한다.

66 환경기준에서 하천의 생활환경 기준에 해당되지 않는 것은?

㉮ DO   ㉯ SS
㉰ T-N   ㉱ pH

풀이 하천의 생활환경 기준에는 pH, BOD, COD, TOC, SS, DO, T-P, 총대장균군, 분원성대장균군이 있다.

answer 62 ㉯   63 ㉰   64 ㉱   65 ㉮   66 ㉰

67 물환경보전법상 100만원 이하의 벌금에 해당되는 경우는?

㉮ 환경기술인의 요청을 정당한 사유 없이 거부한 자
㉯ 배출시설 등의 운영사항에 관한 기록을 보존하지 아니한 자
㉰ 배출시설 등의 운영사항에 관한 기록을 허위로 기록한 자
㉱ 환경기술인 등의 교육을 받게 하지 아니한 자

풀이
㉯ 300만원 이하의 과태료
㉰ 300만원 이하의 과태료
㉱ 100만원 이하의 과태료

68 환경정책기본법령에서 수질 및 수생태계 환경기준으로 하천에서 사람의 건강 보호 기준이 다른 수질오염물질은?

㉮ 납　　　㉯ 비소
㉰ 카드뮴　㉱ 6가 크롬

풀이 환경기준치
㉮ 납 : 0.05mg/L
㉯ 비소 : 0.05mg/L
㉰ 카드뮴 : 0.005mg/L
㉱ 6가 크롬 : 0.05mg/L

69 골프장 안의 잔디 및 수목 등에 맹·고독성 농약을 사용한 자에 대한 벌칙기준으로 적절한 것은?

㉮ 100만원 이하의 과태료
㉯ 1천만원 이하의 과태료
㉰ 1년 이하의 징역 또는 1천만원 이하의 벌금
㉱ 3년 이하의 징역 또는 3천만원 이하의 벌금

풀이 ㉯ 1천만원 이하의 과태료에 해당한다.

70 환경부장관이 비점오염원관리대책 수립 시 포함하여야 하는 사항이 아닌 것은?

㉮ 관리목표
㉯ 관리대상 수질오염물질의 종류 및 발생량
㉰ 관리대상 수질오염물질의 발생 예방 및 저감 방안
㉱ 적정한 관리를 위하여 대통령령으로 정하는 사항

풀이 비점오염원관리대책 수립 시 포함하여야 하는 사항
① 관리목표
② 관리대상 수질오염물질의 종류 및 발생량
③ 관리대상 수질오염물질의 발생 예방 및 저감 방안

71 측정망 설치계획에 포함되어야 하는 사항으로 틀린 것은?

㉮ 측정망 설치시기
㉯ 측정오염물질 및 측정농도 범위
㉰ 측정망 배치도
㉱ 측정망을 설치할 토지 또는 건축물의 위치 및 면적

풀이 측정망 설치계획에 포함되어야 하는 사항
① 측정망 설치시기
② 측정망 운영기관
③ 측정망 배치도
④ 측정자료의 확인방법
⑤ 측정망을 설치할 토지 또는 건축물의 위치 및 면적

answer 67 ㉮　68 ㉰　69 ㉯　70 ㉱　71 ㉯

72 시·도지사가 희석하여야만 수질오염물질의 처리가 가능하다고 인정할 수 없는 경우는?

㉮ 폐수의 염분 농도가 높아 원래의 상태로는 생물학적 처리가 어려운 경우
㉯ 폐수의 유기물 농도가 높아 원래의 상태로는 생물학적 처리가 어려운 경우
㉰ 폐수의 중금속 농도가 높아 원래의 상태로는 화학적 처리가 어려운 경우
㉱ 폭발의 위험 등이 있어 원래의 상태로는 화학적 처리가 어려운 경우

[풀이] 희석을 인정하는 경우는 ㉮, ㉯, ㉱ 3가지이다.

73 환경기술인을 두어야 할 사업장의 범위 및 환경기술인의 자격기준을 정하는 주체는?

㉮ 환경부장관 ㉯ 대통령
㉰ 사업주   ㉱ 시·도지사

[풀이] 환경기술인을 두어야 할 사업장의 범위 및 환경기술인의 자격기준은 대통령령으로 정한다.

74 물환경보전법에서 사용하는 용어의 정의로 틀린 것은?

㉮ 폐수 : 물에 액체성 또는 고체성의 수질오염 물질이 섞여 있어 그대로는 사용할 수 없는 물을 말한다.
㉯ 강우유출수 : 불특정장소에서 불특정하게 유출되는 빗물 또는 눈 녹은 물 등을 말한다.
㉰ 공공수역 : 하천, 호소, 항만, 연안해역, 그 밖에 공공용으로 사용되는 수역과 이에 접속하여 공공용으로 사용되는 환경부령으로 정하는 수로를 말한다.
㉱ 불투수면 : 빗물 또는 눈 녹은 물 등이 지하로 스며들 수 없게 하는 아스팔트·콘크리트 등으로 포장된 도로, 주차장·보도 등을 말한다.

[풀이] ㉯ 강우유출수 : 비점오염원의 수질오염물질이 섞여 유출되는 빗물 또는 눈 녹은 물 등을 말한다.

75 오염총량관리기본방침에 포함되어야 하는 사항으로 틀린 것은?

㉮ 오염원의 조사 및 오염부하량 산정방법
㉯ 총량관리 단위유역의 자연 지리적 오염원 현황과 전망
㉰ 오염총량관리의 대상 수질오염물질 종류
㉱ 오염총량관리의 목표

[풀이] 오염총량관리기본방침에 포함되어야 하는 사항
① 오염원의 조사 및 오염부하량 산정방법
② 오염총량관리 기본계획의 주체, 내용, 방법 및 시한
③ 오염총량관리의 대상 수질오염물질 종류
④ 오염총량관리의 목표
⑤ 오염총량관리시행계획의 내용 및 방법

76 다음 설명에 해당하는 환경부령이 정하는 비점오염 관련 관계전문기관으로 옳은 것은?

> 환경부장관은 비점오염저감계획을 검토 하거나 비점오염저감시설을 설치하지 아니 하여도 되는 사업장을 인정하려는 때에는 그 적정성에 관하여 환경부령이 정하는 관계전문기관의 의견을 들을 수 있다.

㉮ 국립환경과학원
㉯ 한국환경정책·평가연구원
㉰ 한국환경기술개발원

answer 72 ㉰ 73 ㉯ 74 ㉯ 75 ㉯ 76 ㉯

㉣ 한국건설기술연구원

[풀이] ㉯ 한국환경정책·평가연구원에 대한 설명이다.

77 시장·군수·구청장이 낚시금지구역 또는 낚시제한구역을 지정하려 할 때 고려하여야 할 사항으로 틀린 것은?

㉮ 지정의 목적
㉯ 오염원 현황
㉰ 수질오염도
㉣ 연도별 낚시 인구의 현황

[풀이] 고려사항
① 용수의 목적
② 오염원 현황
③ 수질오염도
④ 낚시터 인근에서의 쓰레기 발생 현황 및 처리여건
⑤ 연도별 낚시 인구의 현황
⑥ 서식 어류의 종류 및 양 등 수중 생태계의 현황

78 위임업무보고사항 중 배출부과금 부과 실적 보고횟수로 적절한 것은?

㉮ 연 2회   ㉯ 연 4회
㉰ 연 6회   ㉣ 연 12회

[풀이] 배출부과금 부과실적 보고횟수는 연 4회이다.

79 1일 폐수 배출량이 500m³인 사업장에 해당 되는가?

㉮ 제 2종 사업장
㉯ 제 3종 사업장
㉰ 제 4종 사업장
㉣ 제 5종 사업장

[풀이] 사업장 규모(1일 폐수배출량 기준)

① 제1종 : 2,000m³이상
② 제2종 : 700~2,000m³미만
③ 제3종 : 200~700m³미만
④ 제4종 : 50~200m³미만
⑤ 제5종 : 50m³미만

80 기본배출부과금은 오염물질배출량과 배출 농도를 기준으로 산식에 따라 산정하는데, 기본부과금 산정에 필요한 사업장별 부과계수가 틀린 것은?

㉮ 제 1종 사업장(10,000m³/일 이상) : 1.8
㉯ 제 2종 사업장 : 1.4
㉰ 제 3종 사업장 : 1.2
㉣ 제 4종 사업장 : 1.1

[풀이] ㉯ 제 2종 사업장 : 1.3

answer 77 ㉮   78 ㉯   79 ㉯   80 ㉯

2019년 1회 수질환경산업기사

2019년 3월 3일 시행

| 제1과목 | 수질오염개론

01 50℃에서 순수한 물 1L의 몰농도(mole/L)는? (단, 50℃의 물의 밀도 = 0.9881g/mL)

㉮ 33.6 ㉯ 54.9
㉰ 98.9 ㉱ 109.8

[풀이]
$$mol/L = \frac{밀도(g)}{(mL)} \times \frac{10^3 mL}{1L} \times \frac{1mol}{분자량} \times \frac{\% 농도}{100}$$
$$= \frac{0.9881g}{mL} \times \frac{10^3 mL}{1L} \times \frac{1mol}{18g}$$
$$= 54.89 mol/L$$

[TIP]
① M농도의 단위는 mol/L이다.
② 1mol = 분자량(g)
③ H_2O의 분자량 = 2×1+16 = 18g
④ 물의 %농도는 100%이다.

02 실험용 물고기에 독성물질을 경구투입 시 실험대상 물고기의 50%가 죽는 농도를 나타내는 것은?

㉮ LC_{50} ㉯ TLm
㉰ LD_{50} ㉱ BIP

[풀이] ㉮ LC_{50}에 대한 설명이다.

[TIP]
용어설명
① TLm : 어류에 대한 독성시험의 결과를 나타내는 값으로, 24시간 TLm, 48시간 TLm, 96시간 TLm이 있다.
② LD_{50} : 실험동물의 50%를 죽이는 독성물질의 양이다.
③ BIP : 수질판정에 사용되는 지표로, 수질 오탁의 정도를 생물을 대상으로 하여 수량적으로 표시한다.

03 회복지대의 특성에 대한 설명으로 틀린 것은? (단, Whipple의 하천정화단계 기준)

㉮ 용존산소량이 증가함에 따라 질산염과 아질산염의 농도가 감소한다.
㉯ 혐기성균이 호기성균으로 대체되며 Fungi도 조금씩 발생한다.
㉰ 광합성을 하는 조류가 번식하고 원생동물, 윤충, 갑각류가 번식한다.
㉱ 바닥에는 조개나 벌레의 유충이 번식하며 오염에 견디는 힘이 강한 은빛 담수어 등의 물고기도 서식한다.

[풀이] ㉮ 용존산소량이 증가함에 따라 질산염과 아질산염의 농도가 증가한다.

answer 01 ㉯ 02 ㉮ 03 ㉮

04 10^{-3}mol CH_3COOH의 pH는?

(단, CH_3COOH의 pKa = 4.76)

㉮ 3.0　　㉯ 3.9
㉰ 5.0　　㉱ 5.9

풀이 $CH_3COOH \rightleftharpoons CH_3COO^- + H^+$

산해리상수(ka) = $\dfrac{[CH_3COO^-][H^+]}{[CH_3COOH]}$

① pKa = 4.76이므로
   Ka = $10^{-4.76} = 1.7378 \times 10^{-5}$ 가 된다.
② $[H^+] = [CH_3COO^-]$
③ $1.7378 \times 10^{-5} = \dfrac{[H^+]^2}{[10^{-3}mol]}$

∴ $[H^+] = \sqrt{(1.7378 \times 10^{-5}) \times (10^{-3}mol)}$
   $= 1.318 \times 10^{-4}$ mol/L
④ pH = $-\log[H^+]$
   $= -\log[1.318 \times 10^{-4}$ mol/L$]$
   $= 3.88$

TIP
① $[H^+] = [CH_3COO^-]$임을 숙지해야 합니다.
② 산성물질에서 pH = $-\log[H^+]$
③ 알칼리성물질에서 pH = $14 + \log[OH^-]$
④ Pka = 4.67 $\Rightarrow -\log$ ka = 4.76 $\Rightarrow$ ka = $10^{-4.76}$

05 Bacteria($C_5H_7O_2N$) 18g의 이론적인 COD (g)는? (단, 질소는 암모니아로 분해됨을 기준)

㉮ 약 25.5　　㉯ 약 28.8
㉰ 약 32.3　　㉱ 약 37.5

풀이 $C_5H_7O_2N + 5O_2 \rightarrow 5CO_2 + 2H_2O + NH_3$
　　113g : 5×32g
　　18g : COD

∴ COD = $\dfrac{18g \times 5 \times 32g}{113g} = 25.49g$

TIP
① 박테리아 = $C_5H_7O_2N$
② $C_5H_7O_2N$의 분자량
   = (5×12)+(1×7)+(2×16)+14 = 113g

③ COD = 산소량

06 수산화나트륨 30g을 증류수에 넣어 1.5L로 하였을 때 규정농도(N)는?

(단, Na의 원자량 = 23)

㉮ 0.5　　㉯ 1.0
㉰ 1.5　　㉱ 2.0

풀이 eq/L = $\dfrac{질량(g)}{부피(L)} \times \dfrac{1eq}{1당량g}$

$= \dfrac{30g}{1.5L} \times \dfrac{1eq}{40g}$

$= 0.5$ eq/L $= 0.5$N

TIP
① 규정농도(N)의 단위는 eg/L이다.
② 1당량g = $\dfrac{분자량}{가수}$
③ NaOH는 1가 물질
④ NaOH의 분자량 = 23+16+1 = 40g

07 pH가 3~5정도의 영역인 폐수에서도 잘 생장하는 미생물은?

㉮ Fungi　　㉯ Bacteria
㉰ Algae　　㉱ Protozoa

풀이 강산성 폐수에서도 잘 생장하는 미생물은 곰팡이(Fungi)이다.

answer 04 ㉯　05 ㉮　06 ㉮　07 ㉮

08 대장균군에 관한 설명으로 틀린 것은?

㉮ 인축의 내장에 서식하므로 소화기계 전염병원균의 존재 추정이 가능하다.
㉯ 병원균에 비해 물속에서 오래 생존한다.
㉰ 병원균보다 저항력이 강하다.
㉱ Virus보다 소독에 대한 저항력이 강하다.

풀이 ㉱ Virus보다 소독에 대한 저항력이 약하다.

09 산소전달의 환경인자에 관한 설명으로 옳은 것은?

㉮ 수온이 높을수록 증가한다.
㉯ 압력이 낮을수록 산소의 용해율은 증가한다.
㉰ 염분농도가 높을수록 산소의 용해율은 증가한다.
㉱ 현존의 수중 DO농도가 낮을수록 산소의 용해율은 증가한다.

풀이
㉮ 수온이 높을수록 감소한다.
㉯ 압력이 낮을수록 산소의 용해율은 감소한다.
㉰ 염분농도가 높을수록 산소의 용해율은 감소한다.

10 깊은 호수나 저수지에 수직방향의 물 운동이 없을 때 생기는 성층현상의 성층구분을 수표면에서 부터 순서대로 나열한 것은?

㉮ Epilimnion → Thermocline → Hypolimnion → 침전물층
㉯ Epilimnion → Hypolimnion → Thermocline → 침전물층
㉰ Hypolimnion → Thermocline → Epilimnion → 침전물층
㉱ Hypolimnion → Epilimnion → Thermocline → 침전물층

풀이 성층구분은 표수층(Epilimnion)→수온약층(Thermocline)→심수층(Hypolimnion)→침전물층 순이다.

11 물의 물리적 특성을 나타내는 용어와 단위가 틀린 것은?

㉮ 밀도 - g/cm^3
㉯ 표면장력 - $dyne/cm^2$
㉰ 압력 - $dyne/cm^2$
㉱ 열전도도 - $cal/cm \cdot sec \cdot ℃$

풀이 ㉯ 표면장력은 단위 길이당 작용하는 힘으로 단위는 $dyne/cm$이다.

12 에너지원으로 빛을 이용하며 유기탄소를 탄소원으로 이용하는 미생물군은?

㉮ 광합성 독립영양 미생물
㉯ 화학합성 독립영양 미생물
㉰ 광합성 종속영양 미생물
㉱ 화학합성 종속영양 미생물

풀이 ㉰ 광합성 종속영양 미생물은 에너지원은 빛, 탄소원은 유기탄소이다.

TIP
미생물의 분류

분류	에너지원	탄소원
광합성 자가(독립)영양 미생물	빛	CO_2
화학합성 자가(독립)영양 미생물	무기물의 산화·환원 반응	CO_2
광합성 타가(종속)영양 미생물	빛	유기탄소
화학합성 타가(종속)영양 미생물	유기물의 산화·환원 반응	유기탄소

answer 08 ㉱ 09 ㉱ 10 ㉮ 11 ㉯ 12 ㉰

13 산성폐수에 NaOH 0.7%용액 150mL를 사용하여 중화하였다. 같은 산성폐수 중화에 $Ca(OH)_2$ 0.7%용액을 사용한다면 필요한 $Ca(OH)_2$ 용액(mL)은? (단, 원자량 Na = 23, Ca = 40, 폐수 비중 = 1.0)

㉮ 약 207   ㉯ 약 139
㉰ 약 92   ㉱ 약 81

풀이 ① N농도 = eq/L

$$eq/L = \frac{비중(g)}{(mL)} \times \frac{10^3 mL}{1L} \times \frac{1eq}{1당량\,g} \times \frac{농도(\%)}{100}$$

$$NaOH의\,eq/L = \frac{1.0g}{mL} \times \frac{10^3 mL}{1L} \times \frac{1eq}{40g} \times \frac{0.7\%}{100}$$
$$= 0.175N$$

$$Ca(OH)_2의\,eq/L = \frac{1.0g}{mL} \times \frac{10^3 mL}{1L} \times \frac{1eq}{74g/2} \times \frac{0.7\%}{100}$$
$$= 0.189N$$

② 적정공식 : $N_1 \times V_1 = N_2 \times V_2$
$0.175N \times 150mL = 0.189N \times V_2$
$\therefore V_2 = 138.89mL$

TIP
① NaOH = 수산화나트륨 = 가성소다
② $Ca(OH)_2$ = 수산화칼슘 = 소석회
③ NaOH와 $Ca(OH)_2$의 비중이 없으므로 1.0으로 가정

14 수질 모델 중 Streeter & Phelps 모델에 관한 내용으로 옳은 것은?

㉮ 하천을 완전혼합흐름으로 가정하였다.
㉯ 점오염원이 아닌 비점오염원으로 오염 부하량을 고려한다.
㉰ 유속, 수심, 조도계수에 의해 확산계수를 결정한다.
㉱ 유기물의 분해와 재폭기만을 고려하였다.

풀이 Streeter & Phelps 모델
① 점오염원으로부터 오염부하량 고려
② 하천수질 모델링의 최초
③ 유기물 분해로 인한 용존산소 소비와 대기로부터 수면을 통해 산소가 재공급되는 재폭기 고려

15 유해물질, 오염발생원과 인간에 미치는 영향에 대하여 틀리게 짝지어진 것은?

㉮ 구리 - 도금공장, 파이프제조업 - 만성중독 시 간경변
㉯ 시안 - 아연제련공장, 인쇄공업 - 파킨슨씨병 증상
㉰ PCB - 변압기, 콘덴서공장 - 카네미유증
㉱ 비소 - 광산정련공업, 피혁공업 - 피부흑색(청색)화

풀이 ㉯ 망간 - 광산, 합금, 유리착색공업 - 파킨슨씨병 증상

16 Na^+ 460mg/L, Ca^{2+} 200mg/L, Mg^{2+} 264mg/L인 농업용수가 있을 때 SAR의 값은? (단, 원자량 Na = 23, Ca = 40, Mg^{2+} = 24)

㉮ 4   ㉯ 5
㉰ 6   ㉱ 7

풀이
$$SAR = \frac{Na^+}{\sqrt{\frac{Ca^{2+}+Mg^{2+}}{2}}}$$

① 이온의 단위 : mN = meq/L
② mN = mg/L ÷ 1당량 mg
Na^+ = 460mg/L ÷ 23 = 20mN
Ca^{2+} = 200mg/L ÷ 20 = 10mN
Mg^{2+} = 264mg/L ÷ 12 = 22mN

③ $SAR = \dfrac{20}{\sqrt{\dfrac{10+22}{2}}} = 5$

answer 13 ㉯ 14 ㉱ 15 ㉯ 16 ㉯

17 오수 미생물 중에서 유황화합물을 산화하여 균체 내 또는 균체 외에 유황입자를 축적하는 것은?

㉮ Zoogloea ㉯ Sphaerotilus
㉰ Beggiatoa ㉱ Crenothrix

풀이 유황산화 박테리아를 찾는 문제이므로 베기아토아(Beggiatoa)가 정답이다.

TIP

유황산화 박테리아
Beggiatoa, Thiobacillus, Thiooxidans, Thiotrix
(암기법) 티오+베기아토아

18 적조현상과 관계가 가장 적은 것은?

㉮ 해류의 정체 ㉯ 염분농도의 증가
㉰ 수온의 상승 ㉱ 영양염류의 증가

풀이 ㉯ 염분농도의 감소

19 임의의 시간 후의 용존산소부족량(용존산소 곡선식)을 구하기 위해 필요한 기본인자와 가장 거리가 먼 것은?

㉮ 재포기계수 ㉯ BOD_u
㉰ 수심 ㉱ 탈산소계수

풀이
$$D_t = \frac{k_1 \times L_o}{k_2 - k_1} \times (10^{-k_1 \times t} - 10^{-k_2 \times t}) + D_o \times (10^{-k_2 \times t})$$

여기서 D_t : t시간 후의 용존산소부족량(mg/L)
k_1 : 탈산소계수(/day)
k_2 : 재폭기계수(/day)
L_o : 최종 BOD(= BOD_u)(mg/L)
D_o : 초기 용존산소 부족량(mg/L)

20 우리나라에서 주로 설치·사용되어진 분뇨 정화조의 형태로 가장 적합하게 짝지어진 것은?

㉮ 임호프탱크 - 부패탱크
㉯ 접촉포기법 - 접촉안정법
㉰ 부패탱크 - 접촉포기법
㉱ 임호프탱크 - 접촉포기법

풀이 분뇨 정화조의 형태는 임호프탱크와 부패탱크이다.

| 제2과목 | 수질오염방지기술

21 슬러지 농축방법 중 부상식 농축에 관한 내용으로 틀린 것은?

㉮ 소요면적이 크며 악취문제 발생
㉯ 잉여슬러지에 효과적임
㉰ 실내에 설치 시 부식 방지
㉱ 약품주입 없이도 운전 가능

풀이 ㉰ 실내에 설치 시 부식 발생

22 오염물질의 농도가 200mg/L이고 반응 2시간 후의 농도가 20mg/L로 되었다. 1시간 후의 반응물질의 농도(mg/L)는?
(단, 반응속도는 1차 반응이며, Base는 상용대수 기준)

㉮ 28.6 ㉯ 32.5
㉰ 63.2 ㉱ 93.8

풀이
1차 반응식 : $\log \frac{C_t}{C_o} = -k \times t$

여기서 C_o : 초기농도(mg/L)
C_t : t시간 후의 농도(mg/L)
k : 상수(/hr)

answer 17 ㉰ 18 ㉯ 19 ㉰ 20 ㉮ 21 ㉰ 22 ㉰

t : 시간(hr)

① $\log \dfrac{20mg/L}{200mg/L} = -k \times 2hr$

∴ $k = \dfrac{\log \dfrac{20mg/L}{200mg/L}}{-2hr} = 0.5/hr$

② $\log \dfrac{C_t}{200mg/L} = -0.5/hr \times 1hr$

∴ $C_t = 200mg/L \times 10^{(-0.5/hr \times 1hr)}$
      $= 63.25mg/L$

TIP
Base가 상용대수이므로 log 사용
1차 반응식 : $\log \dfrac{C_t}{C_o} = -k \times t$
⇒ $C_t = C_o \times 10^{(-k \times t)}$

23 BOD농도가 2,000mg/L이고 폐수배출량이 1,000m³/day인 산업폐수를 BOD 부하량이 500kg/day로 될 때까지 감소시키기 위해 필요한 BOD 제거효율(%)은?

㉮ 70 ㉯ 75
㉰ 80 ㉱ 85

풀이
① 배출량 = 2kg/m³ × 1,000m³/day
        = 2,000kg/day
② 기준치 = 500kg/day
③ BOD 제거효율(%)
  = $\left(1 - \dfrac{기준치}{배출량}\right) \times 100$
  = $\left(1 - \dfrac{500kg/day}{2,000kg/day}\right) \times 100$
  = 75%

TIP
① mg/L $\xrightarrow{\times 10^{-3}}$ kg/m³
② 총량(kg/day) = 농도(kg/m³) × 유량(m³/day)

24 침전지로 유입되는 부유물질의 침전속도 분포가 다음 표와 같다. 표면적 부하가 4,032m³/m²·day일 때, 전체 제거효율(%)은?

침전속도 (m/min)	3.0	2.8	2.5	2.0
남아있는 중량비율	0.55	0.46	0.35	0.3

㉮ 74 ㉯ 64
㉰ 54 ㉱ 44

풀이
① 표면적 부하 = $\dfrac{4,032m}{day} \times \dfrac{1day}{24hr} \times \dfrac{1hr}{60min}$
            = 2.8m/min
② 전체 제거효율은 표면적 부하와 침전속도가 동일할 때의 제거율이므로
   제거율 = 1 - 남아있는 중량비율
         = 1 - 0.46 = 0.54
따라서 전체 제거율은 54%이다.

25 생물학적 하수 고도처리공법인 A/O 공법에 대한 설명으로 틀린 것은?

㉮ 사상성 미생물에 의한 벌킹이 억제되는 효과가 있다.
㉯ 표준활성슬러지법의 반응조 전반 20~40% 정도를 혐기반응조로 하는 것이 표준이다.
㉰ 혐기반응조에서 탈질이 주로 이루어진다.
㉱ 처리수의 BOD 및 SS농도를 표준 활성슬러지법과 동등하게 처리할 수 있다.

풀이 ㉰ 혐기반응조에서 인(P)의 방출이 일어난다.

answer 23 ㉯ 24 ㉰ 25 ㉰

26 직경이 1.0mm이고 비중이 2.0인 입자를 17℃의 물에 넣었다. 입자가 3m 침강하는데 걸리는 시간(s)은? (단, 17℃일 때 물의 점성계수 =1.089×10⁻³kg/m·s, Stokes 침강이론 기준)

㉮ 6   ㉯ 16
㉰ 38   ㉱ 56

풀이

① $V_s = \dfrac{d^2(\rho_s - \rho_w)g}{18\mu}$

$= \dfrac{(1.0\times 10^{-3} m)^2 \times (2,000-1,000)kg/m^3 \times 9.8 m/sec^2}{18 \times 1.089 \times 10^{-3} kg/m\cdot sec}$

$= 0.50 m/sec$

② $t(sec) = \dfrac{L(m)}{V_s(m/sec)} = \dfrac{3m}{0.50 m/sec} = 6.0 sec$

TIP

① 비중(g/cm³) $\xrightarrow{\times 10^3}$ kg/m³

② 입자의 비중 2.0g/cm³ $\xrightarrow{\times 10^3}$ 2,000kg/m³

③ 물의 비중 1.0g/cm³ $\xrightarrow{\times 10^3}$ 1,000kg/m³

27 비교적 일정한 유량을 폐수처리장에 공급하기 위한 것으로, 예비처리시설 다음에 설치되는 시설은?

㉮ 균등조   ㉯ 침사조
㉰ 스크린조   ㉱ 침전조

풀이 일정한 유량 공급이 목적인 시설은 균등조이다.

TIP

이 문제에서 균등조를 연결시킬 수 있는 단어는 "일정한 유량"임을 숙지하시기 바랍니다.

28 유량 30,000m³/d, BOD 1mg/L인 하천에 유량 1,000m³/d, BOD 220mg/L의 생활오수가 처리되지 않고 유입되고 있다. 하천수와 생활오수가 합류 직후 완전 혼합된다고 가정할 때, 합류 후 하천의 BOD를 3mg/L로 유지하기 위해서 필요한 생활오수의 최소 BOD 제거율(%)은?

㉮ 60.2%   ㉯ 71.4%
㉰ 82.4%   ㉱ 95.5%

풀이

① 혼합공식을 이용해 $C_2(=C_o)$를 계산한다.

$C_m = \dfrac{Q_1 C_1 + Q_2 C_2}{Q_1 + Q_2}$

따라서

$3mg/L = \dfrac{30,000 m^3/day \times 1mg/L + 1,000 m^3/day \times C_2}{(30,000+1,000)m^3/day}$

∴ $C_2 = 63 mg/L$

② 처리장의 제거효율(%)

$= \left(1 - \dfrac{C_o}{C_i}\right) \times 100$

$= \left(1 - \dfrac{63 mg/L}{220 mg/L}\right) \times 100$

$= 71.36\%$

29 임호프 탱크의 구성요소가 아닌 것은?

㉮ 응집실   ㉯ 스컴실
㉰ 소화실   ㉱ 침전실

풀이 임호프 탱크는 스컴실, 침전실, 소화실로 구성되어 있다.

answer 26 ㉮   27 ㉮   28 ㉯   29 ㉮

30 물의 혼합정도를 나타내는 속도경사 G를 구하는 공식은? (단, μ : 물의 점성계수, V : 반응조 체적, P : 동력)

㉮ $G = \sqrt{\dfrac{PV}{\mu}}$ ㉯ $G = \sqrt{\dfrac{V}{\mu P}}$

㉰ $G = \sqrt{\dfrac{\mu}{PV}}$ ㉱ $G = \sqrt{\dfrac{P}{\mu V}}$

[풀이] 속도경사(G) = $\sqrt{\dfrac{P}{\mu V}} = \sqrt{\dfrac{W}{\mu}}$

여기서 W = $\dfrac{P}{V}$ 이다.

31 축산폐수 처리에 대한 설명으로 틀린 것은?

㉮ BOD 농도가 높아 생물학적 처리가 효과적이다.
㉯ 호기성 처리공정과 혐기성 처리공정을 조합하면 효과적이다.
㉰ 돈사폐수의 유기물 농도는 돈사형태와 유지관리에 따라 크게 변한다.
㉱ COD 농도가 매우 높아 화학적으로 처리하면 경제적이고 효과적이다.

[풀이] ㉱ COD 농도가 낮고, BOD 농도가 높아 화학적으로 처리하면 비경제적이다.

32 물 5m³의 DO가 9.0mg/L이다. 이 산소를 제거하는 데 이론적으로 필요한 아황산나트륨(Na_2SO_3)의 양(g)은?
(단, Na 원자량 = 23)

㉮ 약 355   ㉯ 약 385
㉰ 약 402   ㉱ 약 429

[풀이] $Na_2SO_3 + 0.5O_2 \rightarrow Na_2SO_4$
126g : 0.5×32g
X : 9.0g/m³×5m³

∴ X = $\dfrac{126g \times 9.0g/m^3 \times 5m^3}{0.5 \times 32g}$

= 354.4g

TIP
mg/L = g/m³ = ppm

33 염산 18.25g을 중화시킬 때 필요한 수산화칼슘의 양(g)은? (단, 원자량 Cl = 35.5, Ca = 40)

㉮ 18.5   ㉯ 24.5
㉰ 37.5   ㉱ 44.5

[풀이] ① HCl의 당량(eq)을 계산한다.

HCl의 당량(eq) = 18.25g × $\dfrac{1eq}{36.5g}$

= 0.5eq

② 수산화칼슘[$Ca(OH)_2$]의 양으로 환산한다.

$Ca(OH)_2$(g) = 0.5eq × $\dfrac{74g/2}{1eq}$

= 18.5g

TIP
① N농도 = eq/L
② 1당량(eq) = $\dfrac{분자량(g)}{가수}$
③ 산성 물질의 가수는 화학식에서 H의 개수
④ 알칼리성 물질의 가수는 화학식에서 OH의 개수

answer 30 ㉱ 31 ㉱ 32 ㉮ 33 ㉮

34 분리막을 이용한 수처리 방법과 구동력의 관계로 틀린 것은?

㉮ 역삼투 - 농도차
㉯ 정밀여과 - 정수압차
㉰ 전기투석 - 전위차
㉱ 한외여과 - 정수압차

✎ 풀이 ㉮ 역삼투 - 정수압차

TIP
구동력
① 투석 - 농도차
② 나노여과 - 정수압차

35 하수 슬러지의 농축 방법별 특징으로 옳지 않은 것은?

㉮ 중력식 : 잉여슬러지의 농축에 부적합
㉯ 부상식 : 악취문제가 발생함
㉰ 원심분리식 : 악취가 적음
㉱ 중력벨트식 : 별도의 세정장치가 필요 없음

✎ 풀이 ㉱ 중력벨트식 : 별도의 세정장치가 필요함

36 125m³/h의 폐수가 유입되는 침전지의 월류부하가 100m³/m·day일 때, 침전지의 월류위어의 유효길이(m)는?

㉮ 10   ㉯ 20
㉰ 30   ㉱ 40

✎ 풀이
월류부하(m³/m·day) = $\dfrac{폐수량(m^3/day)}{월류위어의 유효길이(m)}$

$100m^3/m·day = \dfrac{125m^3/hr \times 24hr/1day}{월류위어의 유효길이(m)}$

월류위어의 유효길이 = $\dfrac{125m^3/hr \times 24hr/1day}{100m^3/m·day}$
= 30m

37 물 25.2g에 글루코오스($C_6H_{12}O_6$)가 4.57g 녹아 있는 용액의 몰랄 농도(m)는?
(단, $C_6H_{12}O_6$ 분자량 = 180.2)

㉮ 약 1.0   ㉯ 약 2.0
㉰ 약 3.0   ㉱ 약 4.0

✎ 풀이
몰랄농도$\left(\dfrac{mol}{kg}\right) = \dfrac{용질의\ 몰수(mol)}{용매의\ 질량(kg)}$

$= \dfrac{4.57g}{180.2g} \times \dfrac{1}{25.2 \times 10^{-3}kg}$

$= 1.01 mol/kg$

TIP
① 몰랄농도는 용매 1kg에 녹는 용질의 몰수이다.
② M 농도 = mol/L
③ 용질의 몰수 = $\dfrac{질량(g)}{분자량(g)}$

38 하수처리 시 활성슬러지법과 비교한 생물막법(회전원판법)의 단점으로 볼 수 없는 것은?

㉮ 활성슬러지법과 비교하면 이차침전지로부터 미세한 SS가 유출되기 쉽다.
㉯ 처리과정에서 질산화 반응이 진행되기 쉽고 이에 따라 처리수의 pH가 낮아지게 되거나 BOD가 높게 유출될 수 있다.
㉰ 생물막법은 운전관리 조작이 간단하지만 운전조작의 유연성에 결점이 있어 문제가 발생할 경우에 운전방법의 변경 등 적절한 대처가 곤란하다.
㉱ 반응조를 다단화하기 어려워 처리의 안정성이 떨어진다.

✎ 풀이 ㉱ 반응조를 다단화하기 용이해 처리의 안정성이 높아진다.

answer 34 ㉮ 35 ㉱ 36 ㉰ 37 ㉮ 38 ㉱

39 유기성 콜로이드가 다량 함유된 폐수의 처리방법으로 옳지 않은 것은?

㉮ 중력침전법
㉯ 응집침전법
㉰ 활성슬러지법
㉱ 살수여상법

풀이 ㉮ 중력침전법은 주로 무기성 물질의 처리에 이용된다.

40 정수처리를 위하여 막여과시설을 설치하였을 때 막모듈의 파울링에 해당되는 내용은?

㉮ 장기적인 압력부하에 의한 막 구조의 압밀화(creep 변형)
㉯ 건조나 수축으로 인한 막 구조의 비가역적인 변화
㉰ 막의 다공질부의 흡착, 석출, 포착 등에 의한 폐색
㉱ 원수 중의 고형물이나 진동에 의한 막 면의 상처나 마모, 파단

풀이 ㉮㉯㉱번의 설명은 열화에 대한 내용이다.

TIP
막여과시설 중 막의 열화 및 파울링
1. 막의 열화
   ① 정의 : 막 자체의 변질로 생긴 비가역적인 막성능의 저하를 의미한다.
   ② 내용
      ㉠ 장기적인 압력부하에 의한 막 구조의 압밀화
      ㉡ 원수중의 고형물이나 진동에 의한 막 면의 상처나 마모, 파단
      ㉢ 건조되거나 수축으로 인한 막 구조의 비가역적인 변화
      ㉣ 막이 pH나 온도 등의 작용에 의한 분해
      ㉤ 산화제에 의한 막 재질의 특성변화나 분해
      ㉥ 미생물과 막 재질의 자화 또는 분비물의 작용에 의한 변화
2. 막의 파울링
   ① 정의 : 막 자체의 변질이 아닌 외적 인자로 생긴 막 성능의 저하를 의미한다.
   ② 내용
      ㉠ 막의 다공질부의 흡착, 석출, 포착 등에 의한 폐색
      ㉡ 막모듈의 공급유로 또는 여과수 유로가 고형물로 폐색되어 흐르지 않은 상태(유로 폐색)
      ㉢ 농축으로 인하여 난분해성 물질이 용해도를 초과하여 막면에 석출된 층

|제3과목| 수질오염공정시험기준

41 항목별 시료 보존방법에 관한 설명으로 틀린 것은?

㉮ 아질산성질소 함유시료는 4℃에서 보관한다.
㉯ 인산염인 함유시료는 즉시 여과한 후 4℃에서 보관한다.
㉰ 클로로필a 함유시료는 즉시 여과한 후 -20℃ 이하에서 보관한다.
㉱ 불소 함유시료는 6℃ 이하, 현장에서 멸균된 여과지로 여과하여 보관한다.

풀이 ㉱ 불소 함유시료의 보존방법은 없다.

42 다음 중 질산성 질소 분석 방법으로 틀린 것은?

㉮ 이온크로마토그래피법
㉯ 자외선/가시선 분광법(부루신법)
㉰ 자외선/가시선 분광법(활성탄흡착법)
㉱ 카드뮴 환원법

풀이 질산성 질소 분석방법
① 이온크로마토그래피법
② 자외선/가시선 분광법(부루신법)
③ 자외선/가시선 분광법(활성탄흡착법)
④ 데발다합금 환원 증류법

answer 39 ㉮ 40 ㉰ 41 ㉱ 42 ㉱

43 마이크로파에 의한 유기물분해 원리로 ( )에 알맞은 내용은?

> 마이크로파 영역에서 (㉠)나 이온이 쌍극자 모멘트와 (㉡)를(을) 일으켜 온도가 상승하는 원리를 이용하여 시료를 가열하는 방법이다.

㉮ ㉠ 전자, ㉡ 분자결합
㉯ ㉠ 전자, ㉡ 충돌
㉰ ㉠ 극성분자, ㉡ 이온전도
㉱ ㉠ 극성분자, ㉡ 해리

44 다음 조건으로 계산된 직각삼각위어의 유량(m^3/min)은?

(단, 유량계수(K) = $81.2 + \dfrac{0.24}{h}$
$+\left[\left(8.4+\dfrac{12}{\sqrt{D}}\right)\times\left(\dfrac{h}{B}-0.09\right)^2\right]$
D = 0.25m, B = 0.8m, h = 0.1m)

㉮ 약 0.26   ㉯ 약 0.52
㉰ 약 1.04   ㉱ 약 2.08

풀이

① $K = 81.2 + \dfrac{0.24}{0.1m}$
$+\left[\left(8.4+\dfrac{12}{\sqrt{0.25m}}\right)\times\left(\dfrac{0.1m}{0.8m}-0.09\right)^2\right]$
$= 83.64$

② $Q = k \times h^{\frac{5}{2}}$ (m^3/min)
$= 83.64 \times (0.1m)^{\frac{5}{2}}$
$= 0.26 m^3$/min

TIP

삼각위어와 사각위어의 유량공식

구분	적용공식	K값
삼각위어	$Q = k \times h^{\frac{5}{2}}$ (m^3/min)	K = 83~85
사각위어	$Q = k \times b \times h^{\frac{3}{2}}$ (m^3/min)	K = 109~111

45 하수처리장의 SS 제거에 대한 다음과 같은 분석결과를 얻었을 때 SS 제거효율(%)은?

	유입수	유출수
시료 부피	250mL	400mL
건조시킨 후 (용기+SS)무게	16.3542g	17.2712g
용기의 무게	16.3143g	17.2638g

㉮ 약 96.5   ㉯ 약 94.5
㉰ 약 92.5   ㉱ 약 88.5

풀이

SS농도(mg/L) = $\dfrac{(\text{여과 후 무게} - \text{여과 전 무게})(mg)}{\text{시료량}(L)}$

① SS_i농도(mg/L) = $\dfrac{(16.3542-16.3143)g \times 10^3 mg/1g}{0.25L}$
$= 159.6 mg/L$

② SS_o농도(mg/L) = $\dfrac{(17.2712-17.2638)g \times 10^3 mg/1g}{0.4L}$
$= 18.5 mg/L$

③ SS 제거효율(%)
$= \left(1 - \dfrac{SS_o}{SS_i}\right) \times 100$
$= \left(1 - \dfrac{18.5 mg/L}{159.6 mg/L}\right) \times 100$
$= 88.41\%$

answer 43 ㉰   44 ㉮   45 ㉱

46 총인의 측정법 중 자외선/가시선분광법 (아스코르빈산 환원법)에 관한 설명으로 맞는 것은?

㉮ 220 nm에서 시료용액의 흡광도를 측정한다.
㉯ 다량의 유기물을 함유한 시료는 과황산칼륨 분해법을 사용하여 전처리한다.
㉰ 전처리한 시료의 상등액이 탁할 경우에는 염산 주입 후 가열한다.
㉱ 정량한계는 0.005mg/L이다.

풀이 ㉮ 880 nm에서 시료용액의 흡광도를 측정한다.
㉯ 다량의 유기물을 함유한 시료는 질산-황산 분해법을 사용하여 전처리한다.
㉰ 전처리한 시료의 상등액이 탁할 경우에는 유리섬유 여과지로 여과하여 여과액을 사용한다.

TIP
880nm에서 흡광도 측정이 불가능할 경우에는 710nm에서 측정한다.

47 원자흡수분광광도계의 구성요소가 아닌 것은?

㉮ 속빈음극램프
㉯ 전자포획형검출기
㉰ 예혼합버너
㉱ 분무기

풀이 ㉯ 전자포획형검출기는 기체크로마토그래피에서 사용하는 검출기이다.

48 수질오염공정시험기준상 6가 크롬을 측정하는 방법으로 틀린 것은?

㉮ 원자흡수분광광도법
㉯ 진콘법
㉰ 유도결합플라스마-원자발광분광법
㉱ 자외선/가시선분광법

풀이 ㉯ 자외선/가시선분광법(진콘법)은 아연의 시험방법에서 해당한다.

TIP
6가 크롬 시험방법
① 원자흡수분광광도법
② 자외선/가시선분광법
③ 유도결합플라스마-원자발광분광법

49 원자흡수분광광도계의 광원으로 보통 사용되는 것은?

㉮ 열음극램프   ㉯ 속빈음극램프
㉰ 중수소램프   ㉱ 텅스텐램프

풀이 원자흡수분광광도계의 광원은 속빈음극램프이다.

50 적정법을 이용한 염소이온의 측정 시 적정의 종말점으로 옳은 것은?

㉮ 엷은 적황색 침전이 나타날 때
㉯ 엷은 적갈색 침전이 나타날 때
㉰ 엷은 청록색 침전이 나타날 때
㉱ 엷은 담적색 침전이 나타날 때

TIP
염소이온의 적정법
염소이온을 질산은과 정량적으로 반응시킨 다음 과잉의 질산은이 크롬산과 반응하여 크롬산은의 침전(엷은 적황색 침전)으로 나타나는 점을 적정의 종말점으로 한다.

answer 46 ㉱ 47 ㉯ 48 ㉯ 49 ㉯ 50 ㉮

51 클로로필 a 측정 시 클로로필 색소를 추출하는데 사용되는 용액은?

㉮ 아세톤(1+9) 용액
㉯ 아세톤(9+1) 용액
㉰ 에틸알콜(1+9) 용액
㉱ 에틸알콜(9+1) 용액

풀이 클로로필 색소의 추출용매는 아세톤(9+1) 용액이다.

TIP
아세톤과 물의 비율을 9:1로 희석한 아세톤용액임을 숙지하셔야 합니다.

52 화학적산소요구량(COD_{Mn})에 대한 설명으로 틀린 것은?

㉮ 시료량은 가열 반응 후에 0.025N 과망간산칼륨용액의 소모량이 70%~90%가 남도록 취한다.
㉯ 시료의 COD 값이 10mg/L 이하일 때는 시료 100mL를 취하여 그대로 실험한다.
㉰ 수욕중에서 30분 보다 더 가열하면 COD 값은 증가한다.
㉱ 황산은 분말 1g 대신 질산은용액(20%) 5mL 또는 질산은 분말 1g을 첨가해도 좋다.

풀이 ㉮ 시료의 양은 30분간 가열반응한 후에 과망간산칼륨용액(0.005M)이 처음 첨가한 양의 50%~70%가 남도록 채취한다.

53 시안(자외선/가시선분광법) 분석에 관한 설명으로 틀린 것은?

㉮ 각 시안화합물의 종류를 구분하여 정량할 수 없다.
㉯ 황화합물이 함유된 시료는 아세트산나트륨 용액을 넣어 제거한다.
㉰ 시료에 다량의 유지류를 포함한 경우 노말헥산 또는 클로로폼으로 추출하여 제거한다.
㉱ 정량한계는 0.01mg/L이다.

풀이 ㉯ 황화합물이 함유된 시료는 아세트산아연 용액을 넣어 제거한다.

54 개수로에 의한 유량측정 시 평균유속은 Chezy의 유속 공식을 적용한다. 여기서 경심에 대한 설명으로 옳은 것은?

㉮ 유수단면적을 윤변으로 나눈 값을 말한다.
㉯ 윤변에서 유수단면적을 뺀 것을 말한다.
㉰ 윤변과 유수단면적을 곱한 것을 말한다.
㉱ 윤변과 유수단변적을 더한 것을 말한다.

TIP
① 경심(R) = $\dfrac{유수단면적(A)}{윤변의 길이(S)}$
② 사각형에서 경심(R) = $\dfrac{b \times h}{b+2h}$ (m)
③ 원형에서 경심(R) = $\dfrac{D}{4}$ (m)

answer 51 ㉯ 52 ㉮ 53 ㉯ 54 ㉮

55 페놀류를 자외선/가시선분광법으로 분석할 때의 내용으로 ( )에 옳은 것은?

> 이 시험기준은 물속에 존재하는 페놀류를 측정하기 위하여 증류한 시료에 염화암모늄-암모니아 완충용액을 넣어 pH ( )으로 조절한 다음 4-아미노안티피린과 헥사시안화철(Ⅱ)산칼륨을 넣어 생성된 붉은색의 안티피린계 색소의 흡광도를 측정하는 방법이다.

㉮ 8 ㉯ 9
㉰ 10 ㉱ 11

TIP
페놀류의 자외선/가시선 분광법 암기사항
① 정량한계 : 클로로폼 추출법(0.005mg/L), 직접 측정법(0.05mg/L)
② 측정파장 : 수용액(510nm), 클로로폼용액(460nm)
③ pH는 10으로 조절
④ 붉은색으로 발색

56 노말헥산 추출물질시험법에서 염산(1+1)으로 산성화할 때 넣어주는 지시약과 pH로 옳은 것은?

㉮ 메틸레드 - pH 4.0 이하
㉯ 메틸오렌지 - pH 4.0 이하
㉰ 메틸레드 - pH 2.0 이하
㉱ 메틸오렌지 - pH 2.0 이하

TIP
노말헥산 추출물질의 분석철차
시료적당량(노말헥산 추출물질로서 5mg~200mg 해당량)을 분별깔때기에 넣고 메틸오렌지용액(0.1%) 2방울~3방울을 넣고 황색이 적색으로 변할 때까지 염산(1+1)을 넣어 시료의 pH를 4이하로 조절한다.

57 불소화합물의 시험방법이 아닌 것은?

㉮ 자외선/가시선 분광법
㉯ 이온전극법
㉰ 액체크로마토그래피법
㉱ 이온크로마토그래피법

풀이 불소화합물의 시험방법
① 자외선/가시선 분광법
② 이온전극법
③ 이온크로마토그래피법
④ 연속흐름법

58 측정시료 채취 시 유리용기 만을 사용해야 하는 항목은?

㉮ 불소 ㉯ 유기인
㉰ 알킬수은 ㉱ 시안

풀이 유리용기 만을 사용해야 하는 항목으로는 냄새, 노말헥산추출물질, 잔류염소(갈색), 페놀류, 다이에틸헥실프탈레이트(갈색), 1, 4 - 다이옥산(갈색), 염화비닐, 아크릴로니트릴, 브로모폼(갈색), 석유계총탄화수소(갈색), 유기인, 폴리클로리네이티드비페닐, 휘발성유기화합물, 물벼룩급성독성이 있다.

59 농도표시에 관한 설명 중 틀린 것은?

㉮ 백만분율(ppm, parts per million)을 표시할 때는 mg/L, mg/kg의 기호를 쓴다.
㉯ 기체 중의 농도는 표준상태(20℃, 1기압)로 환산 표시한다.
㉰ 용액의 농도를 "%"로만 표시할 때는 W/V%의 기호를 쓴다.
㉱ 천분율(ppt, parts per thousand)을 표시할 때는 g/L, g/kg의 기호를 쓴다.

풀이 ㉯ 기체 중의 농도는 표준상태(0℃, 1기압)로 환산 표시한다.

answer 55 ㉰ 56 ㉯ 57 ㉰ 58 ㉯ 59 ㉯

60 자외선/가시선분광법에 의한 음이온계 면활성제 측정 시 메틸렌블루와 반응시켜 생성된 착화합물의 추출용매로 가장 적절한 것은?

㉮ 디티존사염화탄소
㉯ 클로로폼
㉰ 트리클로로에틸렌
㉱ 노말헥산

풀이 음이온계면활성제 측정 시 추출용매는 클로로폼이다.

| 제4과목 | 수질환경관계법규 |

61 환경기준에서 수은의 하천수질기준으로 적절한 것은? (단, 구분 : 사람의 건강보호)

㉮ 검출되어서는 안됨
㉯ 0.01mg/L 이하
㉰ 0.02mg/L 이하
㉱ 0.03mg/L 이하

TIP
불검출 항목 및 기준
① 시안(CN) : 검출되어서는 안됨(검출한계 0.01)
② 수은(Hg) : 검출되어서는 안됨(검출한계 0.001)
③ 유기인 : 검출되어서는 안됨(검출한계 0.0005)
④ 폴리클로리네이티드비페닐(PCB) : 검출되어서는 안됨(검출한계 0.0005)

62 사업장의 규모별 구분 중 1일 폐수배출량이 250m³ 인 사업장의 종류는?

㉮ 제2종 사업장   ㉯ 제3종 사업장
㉰ 제4종 사업장   ㉱ 제5종 사업장

풀이 사업장의 규모별 구분

종별	배출규모(1일 폐수배출량 기준)
제1종 사업장	2,000m³이상
제2종 사업장	700m³이상 2,000m³미만
제3종 사업장	200m³이상 700m³미만
제4종 사업장	50m³이상 200m³미만
제5종 사업장	50m³미만

63 수질오염방지시설 중 생물화학적 처리시설은?

㉮ 흡착시설   ㉯ 혼합시설
㉰ 폭기시설   ㉱ 살균시설

풀이 ㉮ 화학적 처리시설 ㉯ 물리적 처리시설
㉰ 생물화학적 처리시설 ㉱ 화학적 처리시설

TIP
생물화학적 처리시설
① 살수여상 ② 폭기시설 ③ 산화시설
④ 혐기성·호기성 소화시설 ⑤ 접촉조
⑥ 안정조 ⑦ 돈사톱밥발효시설

64 폐수처리업에 종사하는 기술요원에 대한 교육기관으로 옳은 것은?

㉮ 한국환경공단
㉯ 국립환경과학원
㉰ 한국환경보전원
㉱ 국립환경인재개발원

풀이 교육기관
① 한국환경보전원 : 환경기술인
② 국립환경인재개발원 : 폐수처리업에 종사하는 기술요원
③ 국립환경인재개발원, 한국상하수도협회 : 측정기기 관리대행업에 등록된 기술요원

answer 60 ㉯ 61 ㉮ 62 ㉯ 63 ㉰ 64 ㉱

65 폐수무방류배출시설의 운영기록은 최초기록일부터 얼마 동안 보존하여야 하는가?

㉮ 1년간　　㉯ 2년간
㉰ 3년간　　㉱ 5년간

풀이 운영일지의 보존기간
① 폐수배출시설 및 수질오염방지시설 : 1년간
② 폐수무방류배출시설 : 3년간

66 공공수역에 특정수질유해물질 등을 누출·유출시키거나 버린 자에 대한 벌칙 기준은?

㉮ 6개월 이하의 징역 또는 5백만원 이하의 벌금
㉯ 1년 이하의 징역 또는 1천만원 이하의 벌금
㉰ 3년 이하의 징역 또는 3천만원 이하의 벌금
㉱ 5년 이하의 징역 또는 5천만원 이하의 벌금

풀이 ㉰3년 이하의 징역 또는 3천만원 이하의 벌금에 해당한다.

67 환경부장관이 위법시설에 대한 폐쇄를 명하는 경우에 해당되지 않는 것은?

㉮ 배출시설을 개선하거나 방지시설을 설치·개선하더라도 배출허용기준 이하로 내려갈 가능성이 없다고 인정되는 경우
㉯ 배출시설의 설치 허가 및 신고를 하지 아니하고 배출시설을 설치하거나 사용한 경우
㉰ 폐수무방류배출시설의 경우 배출시설에서 나오는 폐수가 공공수역으로 배출된 가능성이 있다고 인정되는 경우
㉱ 배출시설 설치장소가 다른 법률의 규정에 의하여 당해 배출시설의 설치가 금지된 장소인 경우

풀이 ㉯번은 등록취소에 해당한다.

68 오염총량관리기본계획안에 첨부되어야 하는 서류가 아닌 것은?

㉮ 오염원의 자연증감에 관한 분석 자료
㉯ 오염부하량의 산정에 사용한 자료
㉰ 지역개발에 관한 과거와 장래의 계획에 관한 자료
㉱ 오염총량 관리 기준에 관한 자료

풀이 오염총량관리기본계획안 첨부 서류
① 유역환경의 조사·분석 자료
② 오염원의 자연증감에 관한 분석 자료
③ 지역개발에 관한 과거와 장래의 계획에 관한 자료
④ 오염부하량의 산정에 사용한 자료
⑤ 오염부하량의 저감계획을 수립하는 데에 사용한 자료

69 물환경보전법상 초과부과금 부과대상이 아닌 것은?

㉮ 망간 및 그 화합물
㉯ 니켈 및 그 화합물
㉰ 크롬 및 그 화합물
㉱ 6가크롬 및 그 화합물

풀이 초과배출부과금의 부과대상 물질
① 유기물질 ② 부유물질 ③ 카드뮴 및 그 화합물
④ 시안화합물 ⑤ 유기인화합물 ⑥ 납 및 그 화합물
⑦ 6가 크롬화합물 ⑧ 수은 및 그 화합물
⑨ 폴리염화비페닐 ⑩ 비소 및 그 화합물
⑪ 구리 및 그 화합물 ⑫ 크롬 및 그 화합물
⑬ 페놀류 ⑭ 트리클로로에틸렌

answer　65 ㉰　66 ㉰　67 ㉯　68 ㉱　69 ㉯

⑮ 테트라클로로에틸렌 ⑯ 망간 및 그 화합물
⑰ 아연 및 그 화합물 ⑱ 총 질소 ⑲ 총 인

70 비점오염저감시설의 구분 중 장치형 시설이 아닌 것은?

㉮ 여과형 시설 ㉯ 소용돌이형 시설
㉰ 저류형 시설 ㉱ 스크린형 시설

풀이 ① 장치형시설 : 여과형 시설, 소용돌이형 시설, 스크린형 시설, 응집·침전 처리형 시설, 생물학적 처리형 시설
② 자연형 시설 : 저류시설, 인공습지, 침투시설, 식생형시설

71 공공폐수처리시설로서 처리용량이 1일 700m³ 이상인 시설에 부착해야 하는 측정기기의 종류가 아닌 것은?

㉮ 수소이온농도(pH) 수질자동측정기기
㉯ 부유물질량(SS) 수질자동측정기기
㉰ 총질소(T-N) 수질자동측정기기
㉱ 온도측정기

풀이 공공폐수처리시설로서 처리용량이 1일 700m³ 이상인 시설에 부착해야 하는 측정기기의 종류
① 수소이온농도(pH) 수질자동측정기기
② 총유기탄소량(TOC) 수질자동측정기기
③ 부유물질량(SS) 수질자동측정기기
④ 총질소(T-N) 수질자동측정기기
⑤ 총인(T-P) 수질자동측정기기

72 폐수배출시설의 설치허가 대상시설 범위 기준으로 맞는 것은?

> 상수원보호구역이 지정되지 아니한 지역 중 상수원 취수시설이 있는 지역인 경우에는 취수시설로부터 (   ) 이내에 설치하는 배출시설

㉮ 하류로 유하거리 10킬로미터
㉯ 하류로 유하거리 15킬로미터
㉰ 상류로 유하거리 10킬로미터
㉱ 상류로 유하거리 15킬로미터

풀이 ① 상수원보호구역 : 상류로 유하거리 10킬로미터
② 상수원보호구역으로 지정이 아니 된 지역 : 상류로 유하거리 15킬로미터

73 배출시설의 설치제한지역에서 폐수무방류 배출시설의 설치가 가능한 특정수질유해물질이 아닌 것은?

㉮ 구리 및 그 화합물
㉯ 디클로로메탄
㉰ 1,2-디클로로에탄
㉱ 1,1-디클로로에틸렌

풀이 폐수무방류 배출시설의 설치가 가능한 특정수질유해물질
① 구리 및 그 화합물
② 디클로로메탄
③ 1,1-디클로로에틸렌

answer   70 ㉰   71 ㉱   72 ㉱   73 ㉰

74. 음이온 계면활성제(ABS)의 하천의 수질 환경기준치는?

㉮ 0.01mg/L 이하
㉯ 0.1mg/L 이하
㉰ 0.05mg/L 이하
㉱ 0.5mg/L 이하

풀이 음이온 계면활성제(ABS)의 하천의 수질 환경기준치는 0.5mg/L 이하이다.

75. 폐수를 전량 위탁처리하여 방지시설의 설치면제에 해당되는 사업장은 그에 해당하는 서류를 제출하여야 한다. 다음 중 제출서류에 해당하지 않는 것은?

㉮ 배출시설의 기능 및 공정의 설계 도면
㉯ 폐수처리업자등과 체결한 위탁처리계약서
㉰ 위탁처리할 폐수의 성상별 저장시설의 설치계획 및 그 도면
㉱ 위탁처리할 폐수의 종류·양 및 수질오염물질별 농도에 대한 예측서

풀이 폐수를 전량 위탁처리하여 방지시설의 설치면제에 해당되는 사업장의 제출서류
① 폐수처리업자등과 체결한 위탁처리계약서
② 위탁처리할 폐수의 성상별 저장시설의 설치계획 및 그 도면
③ 위탁처리할 폐수의 종류·양 및 수질오염물질별 농도에 대한 예측서

76. 배출시설과 방지시설의 정상적인 운영·관리를 위하여 환경기술인을 임명하지 아니한 자에 대한 과태료 처분 기준은?

㉮ 1천만원 이하 ㉯ 300만원 이하
㉰ 200만원 이하 ㉱ 100만원 이하

풀이 ㉮ 1천만원 이하의 과태료에 해당한다.

77. 낚시금지구역에서 낚시행위를 한 자에 대한 과태료 처분 기준은?

㉮ 100만원 이하 ㉯ 200만원 이하
㉰ 300만원 이하 ㉱ 500만원 이하

풀이 과태료 처분기준
① 낚시금지구역 위반 : 300만원 이하
② 낚시제한구역 위반 : 100만원 이하

78. 사업자가 환경기술인을 임명하는 목적으로 맞는 것은?

㉮ 배출시설과 방지시설의 운영에 필요한 약품의 구매·보관에 관한 사항
㉯ 배출시설과 방지시설의 사용개시 신고
㉰ 배출시설과 방지시설의 등록
㉱ 배출시설과 방지시설의 정상적인 운영·관리

풀이 사업자가 환경기술인을 임명하는 목적은 배출시설과 방지시설의 정상적인 운영과 관리이다.

---

answer 74 ㉱ 75 ㉮ 76 ㉮ 77 ㉰ 78 ㉱

79 사업자 및 배출시설과 방지시설에 종사하는 자는 배출시설과 방지시설의 정상적인 운영, 관리를 위한 환경기술인의 업무를 방해 하여서는 아니되며, 그로부터 업무수행에 필요한 요청을 받은 때에는 정당한 사유가 없는 한 이에 응하여야 한다. 이를 위반하여 환경기술인의 업무를 방해하거나 환경기술인의 요청을 정당한 사유없이 거부한 자에 대한 벌칙 기준은?

㉮ 100만원 이하의 벌금
㉯ 200만원 이하의 벌금
㉰ 300만원 이하의 벌금
㉱ 500만원 이하의 벌금

[풀이] ㉮ 100만원 이하의 벌금에 해당한다.

80 환경정책기본법령상 환경기준 중 수질 및 수생태계(해역)의 생활환경 기준으로 맞는 것은?

㉮ 용매추출유분 : 0.01mg/L 이하
㉯ 총질소 : 0.3mg/L 이하
㉰ 총인 : 0.03mg/L 이하
㉱ 화학적산소요구량 : 1mg/L 이하

[풀이] 수질 및 수생태계(해역)의 생활환경 기준
① 수소이온농도(pH) : 6.5~8.5
② 총대장균군(총대장균수/100mL) : 1,000 이하
③ 용매추출유분(mg/L) : 0.01 이하

answer 79 ㉮ 80 ㉮

2019년 2회 수질환경산업기사

2019년 4월 27일 시행

| 제1과목 | 수질오염개론

01 소수성 콜로이드 입자가 전기를 띠고 있는 것을 알아보기 위한 가장 적합한 실험은?

㉮ 콜로이드 용액의 삼투압을 조사한다.
㉯ 소량의 친수콜로이드를 가하여 보호작용을 조사한다.
㉰ 전해질을 주입하여 응집 정도를 조사한다.
㉱ 콜로이드 입자에 강한 빛을 쬐어 틴들현상을 조사한다.

풀이 소수성 콜로이드 입자가 전기를 띠고 있는 것을 알아보기 위한 가장 적합한 실험은 전해질을 주입하여 응집 정도를 조사한다.

02 아래와 같은 반응이 있다.

$H_2O \rightleftarrows H^+ + OH^-$
$NH_3(aq) + H_2O \rightleftarrows NH_4^+ + OH^-$
(단, $K_w = 1.0 \times 10^{-14}$, $K_b = 1.8 \times 10^{-5}$)

다음 반응의 평형상수(K)는?

$NH_4^+ \rightleftarrows NH_3(aq) + H^+$

㉮ 1.8×10^9　　㉯ 1.8×10^{-9}
㉰ 5.6×10^{10}　　㉱ 5.6×10^{-10}

풀이 ① $K_w = 1.0 \times 10^{-14}$ 이므로
$[H^+] = 10^{-7}M$, $[OH^-] = 10^{-7}M$

② $K_b = \dfrac{[NH_4^+][OH^-]}{[NH_3]}$

$1.8 \times 10^{-5} = \dfrac{[NH_4^+][10^{-7}M]}{[NH_3]}$

$\dfrac{[NH_4^+]}{[NH_3]} = \dfrac{1.8 \times 10^{-5}}{10^{-7}M} = 180 M^{-1}$

따라서 $\dfrac{[NH_3]}{[NH_4^+]} = \dfrac{1}{180 M^{-1}} = 5.56 \times 10^{-3} M$

③ 평형상수(K) $= \dfrac{[NH_3]}{[NH_4^+]} \times [H^+]$
$= (5.56 \times 10^{-3}M) \times (10^{-7}M)$
$= 5.56 \times 10^{-10}$

03 Glucose($C_6H_{12}O_6$) 800mg/L 용액을 호기성 처리 시 필요한 이론적 인(P)의 양(mg/L)은? (단, $BOD_5 : N : P = 100 : 5 : 1$, $k_1 = 0.1 day^{-1}$, 상용대수기준)

㉮ 약 9.6　　㉯ 약 7.9
㉰ 약 5.8　　㉱ 약 3.6

풀이 ① $C_6H_{12}O_6 + 6O_2 \rightarrow 6CO_2 + 6H_2O$
　　　180g : 6×32g
　　800mg/L : BOD_u

$\therefore BOD_u = \dfrac{800mg/L \times 6 \times 32g}{180g} = 853.33 mg/L$

② $BOD_5 = BOD_u \times (1 - 10^{-k_1 \times t})$
$= 853.33 mg/L \times (1 - 10^{-0.1/day \times 5day})$
$= 583.48 mg/L$

③ BOD_5 : P
　100 : 1
　583.48mg/L : P
$\therefore P = 5.84 mg/L$

answer 01 ㉰　02 ㉱　03 ㉰

04 적조 발생의 환경적 요인과 가장 거리가 먼 것은?

㉮ 바다의 수온구조가 안정화되어 물의 수직적 성층이 이루어질 때
㉯ 플랑크톤의 번식에 충분한 광량과 영양염류가 공급될 때
㉰ 정체수역의 염분 농도가 상승되었을 때
㉱ 해저에 빈산소 수괴가 형성되어 포자의 발아 촉진이 일어나고 퇴적층에서 부영양화의 원인물질이 용출될 때

[풀이] ㉰ 정체수역의 염분 농도가 감소되었을 때

05 다음에서 설명하는 기체 확산에 관한 법칙은?

> 기체의 확산속도(조그마한 구멍을 통한 기체의 탈출)는 기체 분자량의 제곱근에 반비례한다.

㉮ Dalton의 법칙
㉯ Graham의 법칙
㉰ Gay-Lussac의 법칙
㉱ Charles의 법칙

[풀이] ㉯ Graham의 법칙에 대한 설명이다.

06 농업용수의 수질 평가 시 사용되는 SAR (Sodium Adsorption Ratio)산출식에 직접 관련된 원소로만 나열된 것은?

㉮ K, Mg, Ca ㉯ Mg, Ca, Fe
㉰ Ca, Mg, Al ㉱ Ca, Mg, Na

[풀이] SAR(나트륨 흡착률) = $\dfrac{Na^+}{\sqrt{\dfrac{Ca^{2+}+Mg^{2+}}{2}}}$

07 빈영양호와 부영양호를 비교한 내용으로 옳지 않은 것은?

㉮ 투명도 : 빈영양호는 5m 이상으로 높으나 부영양호는 5m 이하로 낮다.
㉯ 용존산소 : 빈영양호는 전층이 포화에 가까우나, 부영양호는 표수층은 포화이나 심수층은 크게 감소한다.
㉰ 물의 색깔 : 빈영양호는 황색 또는 녹색이나 부영양호는 녹색 또는 남색을 띤다.
㉱ 어류 : 빈영양호에는 냉수성인 송어, 황어 등이 있으나 부영양호에는 난수성인 잉어, 붕어 등이 있다.

[풀이] ㉰ 물의 색깔 : 빈영양호는 청색이나 부영양호는 녹색 또는 황색을 띤다.

08 K_1(탈산소계수, base = 상용대수)가 0.1/day인 물질의 BOD_5 = 400mg/L이고, COD = 800mg/L 라면 NBDCOD(mg/L)는? (단, $BDCOD = BOD_u$)

㉮ 215 ㉯ 235
㉰ 255 ㉱ 275

[풀이] ① BOD_5 공식을 이용해 최종 $BOD(BOD_u)$를 계산한다.
$BOD_5 = BOD_u \times (1-10^{-k_1 \times t})$
$400mg/L = BOD_u \times (1-10^{-0.1/day \times 5day})$
∴ $BOD_u = \dfrac{400mg/L}{(1-10^{-0.1/day \times 5day})} = 584.99mg/L$

② COD = BDCOD + NBDCOD
∴ NBDCOD = COD - BDCOD
= 800mg/L - 584.99mg/L
= 215.01mg/L

---

answer 04 ㉰ 05 ㉯ 06 ㉱ 07 ㉰ 08 ㉮

TIP
① BDCOD = BOD_u : 생물학적 분해가능한 COD
② NBDCOD : 생물학적 분해 불가능한 COD

09 BOD_5가 213mg/L인 하수의 7일 동안 소모된 BOD(mg/L)는? (단, 탈산소계수는 0.14/day)

㉮ 238 ㉯ 248
㉰ 258 ㉱ 268

풀이 ① $BOD_5 = BOD_u \times (1-10^{-k_1 \times t})$
213mg/L = $BOD_u \times (1-10^{-0.14/day \times 5day})$
∴ BOD_u = 266.09mg/L
② $BOD_7 = BOD_u \times (1-10^{-k_1 \times t})$
= 266.09mg/L × $(1-10^{-0.14/day \times 7day})$
= 238.23mg/L

10 $[H^+]$ = 5.0×10^{-6}mol/L인 용액의 pH는?

㉮ 5.0 ㉯ 5.3
㉰ 5.6 ㉱ 5.9

풀이 pH = $-\log[H^+]$ = $-\log[5.0 \times 10^{-6}\text{mol/L}]$ = 5.30

TIP
① 산성물질에서 pH = $-\log[H^+]$
② 알칼리성물질에서 pH = $14+\log[OH^-]$

11 자연수 중 지하수의 경도가 높은 이유는 다음 중 어떤 물질의 영향인가?

㉮ NH_3 ㉯ O_2
㉰ Colloid ㉱ CO_2

풀이 지하수의 경도가 높은 이유는 이산화탄소(CO_2)의 영향이 가장 크다.

12 PCB에 관한 설명으로 틀린 것은?

㉮ 물에는 난용성이나 유기용제에 잘 녹는다.
㉯ 화학적으로 불활성이고 절연성이 좋다.
㉰ 만성 중독 증상으로 카네미유증이 대표적이다.
㉱ 고온에서 대부분의 금속과 합금을 부식시킨다.

풀이 ㉱ PCB(폴리클로리네이티드비페닐)은 부식성이 거의 없다.

13 하구의 물 이동에 관한 설명으로 옳은 것은?

㉮ 해수는 담수보다 무겁기 때문에 하구에서는 수심에 따라 층을 형성하여 담수의 상부에 해수가 존재하는 경우도 있다.
㉯ 혼합이 없고 단지 이류만 일어나는 하천에 염료를 순간적으로 방출하면 하류의 각 지점에서의 염료농도는 직사각형으로 표시된다.
㉰ 강혼합형은 하상구배와 간만의 차가 커서 염수와 담수의 혼합이 심하고 수심방향에서 밀도차가 일어나서 결국 오염물질이 공해로 운반될 수도 있다.
㉱ 조류의 간만에 의해 종방향에 따른 혼합이 중요하게 되는 경우도 있으며, 만조시에 바다 가까운 하구에서 때때로 역류가 일어나는 경우가 있다.

풀이 ㉮ 해수는 담수보다 무겁기 때문에 하구에서는 수심에 따라 층을 형성하여 담수의 하부에 해수가 존재한다.
㉰ 강혼합형은 하상구배와 간만의 차가 커서 염수와 담수의 혼합이 심하고 수심방향에서 밀도차가 없어져 오염물질이 공해로 운반되지 않는다.
㉱ 조류의 간만에 의해 횡방향에 따른 혼합이 중요하게 되는 경우도 있으며, 만조시에 바다 가까운 하구에서 때때로 역류가 일어나는 경우가 있다.

answer 09 ㉮ 10 ㉯ 11 ㉱ 12 ㉱ 13 ㉯

> **TIP**
> 하구(estuary)란 하천이 바다로 유입되는 지역으로 조류의 영향을 받아 담수가 해수에 의해 뚜렷하게 희석되는 반폐쇄적인 연안수역을 말한다.

14 수질항목 중 호수의 부영양화 판정기준이 아닌 것은?

- ㉮ 인
- ㉯ 질소
- ㉰ 투명도
- ㉱ 대장균

풀이 부영양화 판정기준은 총인, 총질소, 투명도, 클로로필-a 등이 있다.

> **TIP**
> 칼슨지수 산정시 적용되는 인자
> ① 클로로필-a
> ② 투명도
> ③ 총 인(T-P)

15 다음 산화-환원 반응식에 대한 설명으로 옳은 것은?

$$2KMnO_4 + 3H_2SO_4 + 5H_2O \rightarrow K_2SO_4 + 2MnSO_4 + 5O_2$$

- ㉮ $KMnO_4$는 환원되었고 H_2O_2는 산화되었다.
- ㉯ $KMnO_4$는 산화되었고 H_2O_2는 환원되었다.
- ㉰ $KMnO_4$는 환원제이고 H_2O_2는 산화제이다.
- ㉱ $KMnO_4$는 산화되었으므로 산화제이다.

풀이 ㉮ 과망간산칼륨($KMnO_4$)은 자신은 환원되고 다른 물질을 산화시키므로 강산화제이다.

16 해수에 관한 설명으로 옳은 것은?

- ㉮ 해수의 밀도는 담수보다 낮다.
- ㉯ 염분 농도는 적도 해역보다 남·북 양극 해역에서 다소 낮다.
- ㉰ 해수의 Mg/Ca비는 담수의 Mg/Ca비보다 작다.
- ㉱ 수심이 깊을수록 해수 주요 성분 농도비의 차이는 줄어든다.

풀이 ㉮ 해수의 밀도는 담수보다 크다.
㉰ 해수의 Mg/Ca비는 담수의 Mg/Ca비보다 크다.
㉱ 해수의 주요 성분 농도비는 일정하다.

17 물의 동점성계수를 가장 알맞게 나타낸 것은?

- ㉮ 전단력 τ과 점성계수 μ를 곱한 값이다.
- ㉯ 전단력 τ과 밀도 ρ를 곱한 값이다.
- ㉰ 점성계수 μ를 전단력 τ로 나눈 값이다.
- ㉱ 점성계수 μ를 밀도 ρ로 나눈 값이다.

풀이 물의 동점성계수(ν) = $\dfrac{점성계수(\mu)}{밀도(\rho)}$

18 우리나라의 물이용 형태로 볼 때 수요가 가장 많은 분야는?

- ㉮ 공업용수
- ㉯ 농업용수
- ㉰ 유지용수
- ㉱ 생활용수

풀이 우리나라 수자원 이용현황은 농업용수 > 하천유지용수 > 생활용수 > 공업용수 순이다.

answer 14 ㉱ 15 ㉮ 16 ㉯ 17 ㉱ 18 ㉯

19 물의 일반적인 성질에 관한 설명으로 가장 거리가 먼 것은?

㉮ 계면에 접하고 있는 물은 다른 분자를 쉽게 받아들이지 않으며, 온도 변화에 대해서 강한 저항성을 보인다.
㉯ 전해질이 물에 쉽게 용해되는 것은 전해질을 구성하는 양이온보다 음이온 간에 작용하는 쿨롱힘이 공기 중에 비해 크기 때문이다.
㉰ 물분자의 최외각에는 결합전자쌍과 비결합전자쌍이 있는데 반발력은 비결합전자쌍이 결합전자쌍보다 강하다.
㉱ 물은 작은 분자임에는 불구하고 큰 쌍극자 모멘트를 가지고 있다.

풀이 ㉯ 전해질이 물에 쉽게 용해되는 것은 전해질을 구성하는 음이온보다 양이온간에 작용하는 쿨롱힘이 공기 중에 비해 크기 때문이다.

20 여름철 부영양화된 호수나 저수지에서 다음 조건을 나타내는 수층으로 가장 적절한 것은?

- pH는 약산성이다.
- 용존산소는 거의 없다.
- CO_2는 매우 많다.
- H_2S가 검출된다.

㉮ 성층　　㉯ 수온약층
㉰ 심수층　　㉱ 혼합층

풀이 ㉰ 심수층에 대한 설명이다.

| 제2과목 | 수질오염방지기술

21 토양처리 급속침투시스템을 설계하여 1차처리 유출수 100L/sec를 $160m^3/m^2$·년의 속도로 처리하고자 할 때 필요한 부지면적(ha)은? (단, 1일 24시간, 1년 365일로 환산)

㉮ 약 2　　㉯ 약 20
㉰ 약 4　　㉱ 약 40

풀이 면적(A) = $\dfrac{\text{유출수량}(m^3/sec)}{\text{속도}(m/sec)}$

= $\dfrac{100 \times 10^{-3} m^3/sec}{160m/\text{년} \times 1\text{년}/365day \times 1day/24hr \times 1hr/3,600sec}$

= $19,710m^2$

따라서 A = $19,710m^2 \times \dfrac{10^{-4}ha}{1m^2}$ = 1.97ha

TIP

① L/sec $\xrightarrow{\times 10^{-3}}$ m^3/sec
② m^3/m^2·년 = m/년
③ $1km^2$ = 100ha이므로 $1m^2 = 10^{-4}$ha

22 물리·화학적 처리방법 중 수중의 암모니아성 질소의 효과적인 제거방법으로 옳지 않은 것은?

㉮ Alum 주입
㉯ Break point 염소주입
㉰ Zeolite 이용
㉱ 탈기법 활용

풀이 ㉮ 질소화합물은 응집제인 Alum을 이용해서 처리할 수 없다.

answer　19 ㉯　20 ㉰　21 ㉮　22 ㉮

> **TIP**
> 물리·화학적 질소 제거방법으로는 막공법, 공기탈기법, 선택적이온교환법, 파괴점염소주입법이 있다.
> (암기법) 질소는 막공기로 이온해서 파괴한다.

23 폭이 4.57m, 깊이가 9.14m, 길이가 61m인 분산 플러그 흐름 반응조의 유입유량은 10,600m³/day일 때 분산수(d = D/vL)는? (단, 분산계수 D는 800m²/hr를 적용한다.)

㉮ 4.32 ㉯ 3.54
㉰ 2.63 ㉱ 1.24

풀이
분산수(d) = $\dfrac{D}{v \times L}$

속도(v) = $\dfrac{유량(m^3/hr)}{폭 \times 깊이(m^2)}$

= $\dfrac{10,600m^3/day \times 1day/24hr}{4.57m \times 9.14m}$

= 10.5738m/hr

따라서 분산수(d) = $\dfrac{800m^2/hr}{10.5738m/hr \times 61m}$ = 1.24

24 다음 물질들이 폐수 내에 혼합되어 있을 경우 이온 교환 수지로 처리 시 일반적으로 제일 먼저 제거되는 것은?

㉮ Ca^{++} ㉯ Mg^{++}
㉰ Na^+ ㉱ H^+

풀이 이온 교환 수지로 처리 시 일반적으로 제일 먼저 제거되는 것은 보기 중에서 ㉮ Ca^{++}이다.

> **TIP**
> **이온교환 선택성 크기**
> ① 음이온 교환수지에서 음이온 선택성순서
> $SO_4^{2-} > I^- > NO_3^- > CrO_4^{2-} > Br^- > OH^-$
> (암기법) SIN 커 브롬
> ② 양이온 교환수지에서 양이온 선택성순서
> $Ba^{2+} > Pb^{2+} > Sr^{2+} > Ca^{2+} > Ni^{2+}$
> (암기법) 바낫쓰 칼슘

25 폐수 발생원에 따른 특성에 관한 설명으로 옳지 않은 것은?

㉮ 식품 : 고농도 유기물을 함유하고 있어 생물학적처리가 가능하다.
㉯ 피혁 : 낮은 BOD 및 SS, n-Hexane 그리고 독성물질인 크롬이 함유되어 있다.
㉰ 철강 : 코크스 공장에서는 시안, 암모니아, 페놀 등이 발생하여 그 처리가 문제된다.
㉱ 도금 : 특정유해물질(Cr^{+6}, CN^-, Pb, Hg 등)이 발생하므로 그 대상에 따라 처리공법을 선정해야 한다.

풀이 ㉯ 피혁 : 높은 BOD 및 SS, n-Hexane 그리고 독성물질인 크롬이 함유되어 있다.

26 도금폐수 중의 CN을 알칼리 조건하에서 산화시키는 데 필요한 약품은?

㉮ 염화나트륨
㉯ 소석회
㉰ 아황산제이철
㉱ 차아염소산나트륨

풀이 시안(CN)을 알칼리 조건하에서 산화시키는 데 필요한 약품은 차아염소산나트륨(NaOCl)이다.

27 생물학적 산화 시 암모늄이온이 1단계 분해에서 생성되는 것은?

㉮ 질소가스   ㉯ 아질산이온
㉰ 질산이온   ㉱ 아민

answer 23 ㉱ 24 ㉮ 25 ㉯ 26 ㉱ 27 ㉯

풀이 암모늄이온(NH_4^+)이 1단계 분해에서 생성되는 물질은 아질산이온(NO_2^-)이고, 2단계 분해에서 생성되는 물질은 질산이온(NO_3^-)이다.

28 활성슬러지법으로 운영되는 처리장에서 슬러지의 SVI가 100일 때 포기조 내의 MLSS농도를 2,500mg/L로 유지하기 위한 슬러지 반송률(%)은?

㉮ 20.0　㉯ 25.5
㉰ 29.2　㉱ 33.3

풀이 ① 반송비(R) = $\dfrac{MLSS}{SS_r - MLSS}$ = $\dfrac{MLSS}{\dfrac{10^6}{SVI} - MLSS}$

$= \dfrac{2,500mg/L}{\dfrac{10^6}{100} - 2,500mg/L} = 0.3333$

② 반송률(%) = 반송비(R)×100
= 0.3333×100 = 33.33%

TIP
$SVI = \dfrac{10^6}{SS_r}$ 에서 $SS_r = \dfrac{10^6}{SVI}$

29 슬러지 혐기성 소화 과정에서 발생 가능성이 가장 낮은 가스는?

㉮ CH_4　㉯ CO_2
㉰ H_2S　㉱ SO_2

풀이 ㉱ 아황산가스(SO_2)는 호기성 소화과정에서 발생된다.

30 슬러지 개량을 행하는 주된 이유는?

㉮ 탈수 특성을 좋게 하기 위해
㉯ 고형화 특성을 좋게 하기 위해
㉰ 탈취 특성을 좋게 하기 위해
㉱ 살균 특성을 좋게 하기 위해

풀이 슬러지 개량을 행하는 주된 이유는 탈수 특성을 좋게 하기 위해서이다.

TIP
개량은 슬러지의 탈수성을 높이기 위해서 약품을 주입하는 단계이다.

31 1,000명의 인구세대를 가진 지역에서 폐수량이 800m³/day일 때 폐수의 BOD_5농도(mg/L)는? (단, 1일 1인 BOD_5 오염부하 = 50g)

㉮ 62.5　㉯ 85.4
㉰ 100　㉱ 150

풀이 BOD_5농도(mg/L) = $\dfrac{50gBOD_5}{인 \cdot 일} \times 1,000인 \times \dfrac{day}{800m^3}$

$= 62.5g/m^3 = 62.5mg/L$

TIP
① ppm = mg/L = g/m³
② 농도(mg/L) = $\dfrac{총량(g/day)}{유량(m^3/day)}$

32 하·폐수 처리의 근본적인 목적으로 가장 알맞은 것은?

㉮ 질 좋은 상수원의 확보
㉯ 공중보건 및 환경보호
㉰ 미관 및 냄새 등 심미적 요소의 충족
㉱ 수중생물의 보호

풀이 하·폐수 처리의 근본적인 목적은 공중보건 및 환경보호이다.

answer 28 ㉱　29 ㉱　30 ㉮　31 ㉮　32 ㉯

33 포기조 내 MLSS농도가 3,200mg/L이고, 1L의 임호프콘에 30분간 침전시킨 후 부피가 400mL였을 때 SVI(Sludge Volume Index)는?

㉮ 105　　㉯ 125
㉰ 143　　㉱ 157

풀이 $SVI(mL/g) = \dfrac{SV(mL/L)}{MLSS(mg/L)} \times 10^3 = \dfrac{400mL/L}{3,200mg/L} \times 10^3$
= 125mL/g

TIP
① $SVI(mL/g) = \dfrac{SV(mL/L)}{MLSS(mg/L)} \times 10^3$
② $SVI(mL/g) = \dfrac{10^6}{SS_t(mg/L)}$

34 분뇨와 같은 고농도 유기폐수를 처리하는 데 적합한 최적의 처리법은?

㉮ 표준활성슬러지법
㉯ 응집침전법
㉰ 여과·흡착법
㉱ 혐기성소화법

풀이 분뇨와 같은 고농도 유기폐수 처리는 혐기성 소화법이 적합하다.

35 하수관의 부식과 가장 관계가 깊은 것은?

㉮ NH_3 가스　　㉯ H_2S 가스
㉰ CO_2 가스　　㉱ CH_4 가스

풀이 하수관의 부식은 혐기성상태에서 발생되는 황화수소(H_2S)에 의해 발생한다.

36 급속모래 여과장치에 있어서 수두손실에 영향을 미치는 인자로 가장 거리가 먼 것은?

㉮ 여층의 두께　　㉯ 여과 속도
㉰ 물의 점도　　㉱ 여과 면적

풀이 급속모래 여과장치에 있어서 수두손실에 영향을 미치는 인자로는 여층의 두께, 여과 속도, 물의 점도 등이다.

37 슬러지 건조고형물 무게의 1/2이 유기물질, 1/2이 무기물질이며, 슬러지 함수율은 80%, 유기물질 비중은 1.0, 무기물질 비중은 2.5라면 슬러지 전체의 비중은?

㉮ 1.025　　㉯ 1.046
㉰ 1.064　　㉱ 1.087

풀이 $\dfrac{1}{\rho_{SL}} = \dfrac{W_{FS}}{\rho_{FS}} + \dfrac{W_{VS}}{\rho_{VS}} + \dfrac{W_P}{\rho_P}$

여기서
ρ_{SL} : 슬러지의 비중
ρ_{FS} : 무기물의 비중
W_{FS} : 무기물의 함량
ρ_{VS} : 유기물의 비중
W_{VS} : 유기물의 함량
ρ_P : 수분의 비중
W_P : 수분의 함량

따라서 $\dfrac{1}{\rho_{SL}} = \dfrac{0.20 \times 1/2}{2.5} + \dfrac{0.20 \times 1/2}{1.0} + \dfrac{0.80}{1.0}$

∴ $\rho_{SL} = \dfrac{1}{0.94} = 1.064$

TIP
① 물(수분)의 비중 = 1.0
② W_{FS} = 고형물 함량 × 무기물 함량 = 0.2 × 1/2
③ W_{VS} = 고형물 함량 × 유기물 함량 = 0.2 × 1/2
④ 고형물 함량 = 1 - 수분의 함량 = 1 - 0.8 = 0.20

answer 33 ㉯　34 ㉱　35 ㉯　36 ㉱　37 ㉰

38 활성슬러지법에서 포기조 내 운전이 악화 되었을 때 검토해야 할 사항으로 가장 거리가 먼 것은?

㉮ 포기조 유입수의 유해성분 유무를 조사
㉯ MLSS농도가 적정하게 유지되는가를 조사
㉰ 포기조 유입수의 pH 변동 유무를 조사
㉱ 유입 원폐수의 SS농도 변동 유무를 조사

풀이 ㉱ 포기조 유입수의 SS농도 변동 유무를 조사

39 미생물 고정화를 위한 팰렛(Pellet)재료로서의 이상적인 요구조건에 해당되지 않는 것은?

㉮ 기질, 산소의 투과성이 양호한 것
㉯ 압축강도가 높을 것
㉰ 암모니아 분배계수가 낮을 것
㉱ 고정화 시 활성수율과 배양후의 활성이 높을 것

풀이 ㉰ 암모니아 분배계수가 높을 것

40 NH_4^+가 미생물에 의해 NO_3^-로 산화될 때 pH의 변화는?

㉮ 감소한다.
㉯ 증가한다.
㉰ 변화 없다.
㉱ 증가하다 감소한다.

풀이 질산화가 일어나면 $[H^+]$가 증가하므로 pH는 감소한다.

TIP
$NH_4^+ + 2O_2 \rightarrow NO_3^- + 2H^+ + H_2O$

| 제3과목 | 수질오염공정시험기준

41 온도에 대한 설명으로 옳은 것은?

㉮ 상온 : (15~25)℃
㉯ 상온 : (20~30)℃
㉰ 실온 : (15~25)℃
㉱ 실온 : (20~30)℃

풀이 온도
① 상온 : (15~25)℃
② 상온 : (1~35)℃

42 자외선/가시선 분광법으로 카드뮴을 정량할 때 쓰이는 시약과 그 용도가 잘못 짝지어진 것은?

㉮ 질산-황산법 : 시료의 전처리
㉯ 수산화나트륨용액 : 시료의 중화
㉰ 디티존 : 시료의 중화
㉱ 사염화탄소 : 추출용매

풀이 ㉰ 디티존 : 착염 생성

43 이온크로마토그래피에서 분리컬럼으로부터 용리된 각 성분이 검출기에 들어가기 전에 용리액 자체의 전도도를 감소시키는 목적으로 사용되는 장치는?

㉮ 액송펌프
㉯ 제거장치
㉰ 분리컬럼
㉱ 보호컬럼

풀이 ㉯ 제거장치(억제기)에 대한 설명이다.

answer 38 ㉱ 39 ㉰ 40 ㉮ 41 ㉮ 42 ㉰ 43 ㉯

44 관내에 압력이 존재하는 관수로 흐름에서의 관내 유량측정방법이 아닌 것은?

㉮ 벤튜리미터
㉯ 오리피스
㉰ 파샬수로
㉱ 자기식 유량측정기

풀이 관내의 유량 측정방법으로는 벤튜리미터, 유량측정용 노즐, 오리피스, 피토우관, 자기식 유량측정기가 있다.

45 자외선/가시선 분광법을 적용하여 아연 측정 시 발색이 가장 잘 되는 pH 정도는?

㉮ 4   ㉯ 9
㉰ 11   ㉱ 12

풀이 아연의 자외선/가시선 분광법에서 발색의 정도
① 온도 : 15~29℃
② pH : 8.8~9.2

46 Polyethylene 재질을 사용하여 시료를 보관할 수 있는 것은?

㉮ 페놀류   ㉯ 유기인
㉰ PCB   ㉱ 인산염인

풀이 항목당 시료용기
㉮ 페놀 : 유리용기
㉯ 유기인 : 유리용기
㉰ PCB : 유리용기
㉱ 인산염인 : 폴리에틸렌용기, 유리용기

TIP

시료 보관용기
① Polyethylene(P) : 불소
② Polypropylene(PP) : 과불화화합물

47 노말헥산 추출물질 측정에 관한 설명으로 틀린 것은?

㉮ 폐수 중 비교적 휘발되지 않는 탄화수소, 탄화수소유도체, 그리스유상물질 및 광유류를 분석한다.
㉯ 시료를 pH 2 이하의 산성에서 노말헥산으로 추출한다.
㉰ 시료용기는 유리병을 사용하여야 한다.
㉱ 광유류의 양을 시험하고자 할 때에는 활성규산마그네슘 컬럼을 이용한다.

풀이 ㉯ 시료를 pH 4 이하의 산성에서 노말헥산으로 추출한다.

48 시험에 적용되는 용어의 정의로 틀린 것은?

㉮ 기밀용기 : 취급 또는 저장하는 동안에 밖으로부터의 공기 또는 다른 가스가 침입하지 아니하도록 내용물을 보호하는 용기
㉯ 정밀히 단다 : 규정된 양의 시료를 취하여 화학저울 또는 미량저울로 칭량함을 말한다.
㉰ 정확히 취하여 : 규정된 양의 액체를 부피피펫으로 눈금까지 취하는 것을 말한다.
㉱ 감압 : 따로 규정이 없는 한 15mmH₂O 이하를 뜻한다.

풀이 ㉱ 감압 : 따로 규정이 없는 한 15mmHg 이하를 뜻한다.

49 서로 관계 없는 것끼리 짝지어진 것은?

㉮ BOD - 적정법
㉯ PCB - 기체크로마토그래피
㉰ F - 원자흡수분광광도법
㉱ Cd - 자외선/가시선 분광법

answer 44 ㉰ 45 ㉯ 46 ㉱ 47 ㉯ 48 ㉱ 49 ㉰

풀이 ㉰ 불소화합물의 시험방법으로는 자외선/가시선 분광법, 이온전극법, 이온크로마토그래피, 연속흐름법이 있다.

50 0.1N-NaOH의 표준용액(f = 1.008) 30mL를 완전히 반응시키는 데 0.1N-$H_2C_2O_4$ 용액 30.12mL를 소비했을 때 0.1N-$H_2C_2O_4$ 용액의 factor는?

㉮ 1.004 ㉯ 1.012
㉰ 0.996 ㉱ 0.992

풀이 $N_1 \times V_1 \times f_1 = N_2 \times V_2 \times f_2$
$0.1N \times 30mL \times 1.008 = 0.1N \times 30.12mL \times f_2$
∴ $f_2 = 1.004$

51 질소화합물의 측정방법이 알맞게 연결된 것은?

㉮ 암모니아성 질소 : 환원 증류-킬달법(합산법)
㉯ 아질산성 질소 : 자외선/가시선 분광법(인도페놀법)
㉰ 질산성 질소 : 이온크로마토그래피법
㉱ 총질소 : 자외선/가시선 분광법(디아조화법)

풀이 질소화합물의 측정방법
㉮ 암모니아성 질소 : 자외선/가시선 분광법, 이온전극법, 적정법
㉯ 아질산성 질소 : 자외선/가시선 분광법, 이온크로마토그래피법
㉰ 질산성 질소 : 이온크로마토그래피법, 자외선/가시선 분광법(부루신법), 자외선/가시선 분광법(활성탄 흡착법), 데발다합금환원 증류법
㉱ 총질소 : 자외선/가시선 분광법(산화법), 자외선/가시선 분광법(카드뮴-구리 환원법), 자외선/가시선 분광법(환원증류-킬달법), 연속흐름법

52 사각위어의 수두가 90cm, 위어의 절단폭이 4m라면 사각위어에 의해 측정된 유량(m^3/min)은? (단, 유량계수 = 1.6, $Q = K \times b \times h^{3/2}$)

㉮ 5.46 ㉯ 6.97
㉰ 7.24 ㉱ 8.78

풀이 $Q = k \times b \times h^{\frac{3}{2}}$ (m^3/min)
여기서
k : 유량계수
b : 절단의 폭(m)
h : 수두(m)
따라서 $Q = 1.6 \times 4m \times (0.9m)^{\frac{3}{2}}$
$= 5.46 m^3$/min

53 용액 500mL 속에 NaOH 2g이 녹아있을 때 용액의 규정농도(N)는? (단, Na 원자량 = 23)

㉮ 0.1 ㉯ 0.2
㉰ 0.3 ㉱ 0.4

풀이 $N = \frac{W(g)}{V(L)} \times \frac{1eq}{1당량 g} = \frac{2g}{0.5L} \times \frac{1eq}{40g/1} = 0.1N$

TIP
① NaOH의 분자량 = 23+16+1 = 40g
② N = eq/L
③ $1eq = \frac{분자량(g)}{가수} = \frac{40g}{1}$
④ 규정농도 = N농도

54 자외선/가시선 분광법을 이용한 시험분석방법과 항목이 잘못 연결된 것은?

㉮ 피리딘-피라졸론법 : 시안
㉯ 란탄-알리자린콤프렉손법 : 불소
㉰ 다이에틸다이티오카르바민산법 : 크롬
㉱ 아스코빈산환원법 : 총인

answer 50 ㉮ 51 ㉰ 52 ㉮ 53 ㉮ 54 ㉰

풀이 ㉰ 다이페닐카바자이드법 : 크롬

TIP
크롬의 분석방법으로는 원자흡수분광광도법, 자외선/가시선 분광법, 유도결합플라스마-원자발광분광법, 유도결합플라스마-질량분석법이 있다.

55 공정시험기준에서 시료 내 인산염 인을 측정할 수 있는 시험방법은?

㉮ 란탄-알리자린콤프렉손법
㉯ 아스코르빈산환원법
㉰ 다이페닐카바자이드법
㉱ 데발다합금 환원증류법

풀이 인산염인의 시험방법으로는 자외선/가시선 분광법(이염화주석환원법), 자외선/가시선 분광법(아스코르빈산환원법), 이온크로마토그래피법이 있다.

56 BOD시험에서 시료의 전처리를 필요로 하지 않는 시료는?

㉮ 알칼리성 시료
㉯ 잔류염소가 함유된 시료
㉰ 용존산소가 과포화된 시료
㉱ 유기물질을 함유한 시료

풀이 BOD시험에서 시료의 전처리가 필요한 경우
① 산성 시료
② 알칼리성 시료
③ 잔류염소가 함유된 시료
④ 용존산소가 과포화된 시료

57 수은을 냉증기-원자흡수분광광도법으로 측정하는 경우에 벤젠, 아세톤 등 휘발성 유기물질이 존재하게 되면 이들 물질 또한 동일한 파장에서 흡광도를 나타

내기 때문에 측정을 방해한다. 이 물질들을 제거하기 위해 사용하는 시약은?

㉮ 과망간산칼륨, 헥산
㉯ 염산(1+9), 클로로폼
㉰ 황산(1+9), 클로로폼
㉱ 무수황산나트륨, 헥산

풀이 벤젠, 아세톤 등 휘발성 유기물질이 존재하면 과망간산칼륨 분해 후 헥산으로 이들 물질을 추출 분리한다.

58 하천수 채수위치로 적합하지 않은 지점은?

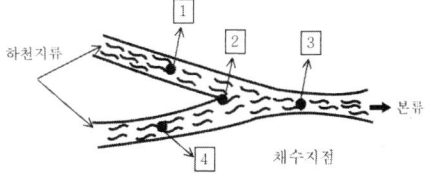

㉮ 1지점 ㉯ 2지점
㉰ 3지점 ㉱ 4지점

풀이 하천지류가 합류하는 경우에는 그림의 합류이전의 각 지점과 합류 이후의 혼합된 지점에서 각각 채수한다.

59 원자흡수분광광도법 광원으로 많이 사용되는 속빈 음극램프에 관한 설명으로 옳은 것은?

㉮ 원자흡광 스펙트럼선의 선폭보다 좁은 선폭을 갖고 휘도가 낮은 스펙트럼을 방사한다.
㉯ 원자흡광 스펙트럼선의 선폭보다 좁은 선폭을 갖고 휘도가 높은 스펙트럼을 방사한다.
㉰ 원자흡광 스펙트럼선의 선폭보다 넓은 선폭을 갖고 휘도가 낮은 스펙트럼을 방

answer 55 ㉯ 56 ㉱ 57 ㉮ 58 ㉯ 59 ㉯

사한다.
④ 원자흡광 스펙트럼선의 선폭보다 넓은 선폭을 갖고 휘도가 낮은 스펙트럼을 방사한다.

[풀이] 원자흡수분광광도법 광원으로 많이 사용되는 속빈 음극램프는 원자흡광 스펙트럼선의 선폭보다 좁은 선폭을 갖고 휘도가 높은 스펙트럼선을 방사한다.

60 BOD 측정을 위한 전처리과정에서 용존산소가 과포화된 시료는 수온 (23~25)℃로 하여 몇 분간 통기하고 20℃로 방냉하여 사용하는가?

㉮ 15분 ㉯ 30분
㉰ 45분 ㉱ 60분

[풀이] BOD 측정을 위한 전처리과정에서 용존산소가 과포화된 시료는 수온 (23~25)℃로 하여 15분간 통기하고 20℃로 방냉하여 사용한다.

── | 제4과목 | 수질환경관계법규 ──

61 공공폐수처리시설의 방류수 수질기준으로 틀린 것은? (단, 적용기간 2020년 1월 1일 이후 Ⅳ지역기준이며, ( )안의 기준은 농공단지의 경우이다.)

㉮ 부유물질 : 10(10)mg/L 이하
㉯ 총인 : 2(2)mg/L 이하
㉰ 총유기탄소량 : 30(30)mg/L 이하
㉱ 총질소 : 20(20)mg/L 이하

[풀이] ㉰ 총유기탄소량 : 25(25)mg/L 이하

62 환경기술인 등에 관한 교육을 설명한 것으로 옳지 않은 것은?

㉮ 보수교육 : 최초 교육 후 3년마다 실시하는 교육
㉯ 최초교육 : 최초로 업무에 종사한 날부터 1년 이내에 실시하는 교육
㉰ 교육과정의 교육기간 : 5일 이상
㉱ 교육기관 : 환경기술인은 한국환경보전원, 폐수처리업에 종사하는 기술요원은 국립환경인재개발원

[풀이] ㉰ 교육과정의 교육기간 : 4일 이내

TIP
교육기관
① 환경기술인 : 한국환경보전원
② 측정기기 관리대행업에 등록된 기술요원 : 국립환경인재개발원, 한국상하수도협회
③ 폐수처리업에 종사하는 기술요원 : 국립환경인재개발원

63 위임업무 보고사항 중 "비점오염원의 설치신고 및 방지시설 설치 현황 및 행정처분 현황"의 보고횟수 기준은?

㉮ 연 1회 ㉯ 연 2회
㉰ 연 4회 ㉱ 수시

[풀이] 비점오염원의 설치신고 및 방지시설 설치 현황 및 행정처분 현황의 보고횟수는 연 4회이다.

answer 60 ㉮ 61 ㉰ 62 ㉰ 63 ㉰

64 환경부장관이 수질 및 수생태계를 보전할 필요가 있는 호소라고 지정·고시하고 정기적으로 수질 및 수생태계를 조사·측정하여야 하는 호소 기준으로 옳지 않는 것은?

㉮ 1일 30만톤 이상의 원수를 취수하는 호소
㉯ 1일 50만톤 이상이 공공수역으로 배출되는 호소
㉰ 동식물의 서식지·도래지이거나 생물다양성이 풍부하여 특별히 보전할 필요가 있다고 인정되는 호소
㉱ 수질오염이 심하여 특별한 관리가 필요하다고 인정되는 호소

풀이 ㉯ 시도지사의 경우는 만수위일 때의 면적이 50만 제곱미터 이상의 호소

65 낚시금지구역 또는 낚시제한구역 안내판의 규격 중 색상기준으로 옳은 것은?

㉮ 바탕색 : 녹색, 글씨 : 회색
㉯ 바탕색 : 녹색, 글씨 : 흰색
㉰ 바탕색 : 청색, 글씨 : 회색
㉱ 바탕색 : 청색, 글씨 : 흰색

풀이 안내판의 규격
① 두께 및 재질 : 3밀리미터 또는 4밀리미터 두께의 철판
② 바탕색 : 청색
③ 글씨 : 흰색

66 1일 폐수배출량이 750m³인 사업장의 분류기준에 해당하는 것은? (단, 기타 조건은 고려하지 않음)

㉮ 제2종 사업장 ㉯ 제3종 사업장
㉰ 제4종 사업장 ㉱ 제5종 사업장

풀이 사업장 규모별 구분

종류	배출규모
제1종 사업장	1일 폐수배출량이 2,000m³ 이상
제2종 사업장	1일 폐수배출량이 700m³ 이상, 2,000m³ 미만
제3종 사업장	1일 폐수배출량이 200m³ 이상, 700m³ 미만
제4종 사업장	1일 폐수배출량이 50m³ 이상, 200m³ 미만
제5종 사업장	1일 폐수배출량이 50m³ 미만

67 다음 규정을 위반하여 환경기술인 등의 교육을 받게 하지 아니한 자에 대한 과태료 처분 기준은?

> 폐수처리업에 종사하는 기술요원 또는 환경기술인을 고용한 자는 환경부령이 정하는 바에 의하여 그 해당자에 대하여 환경부장관 또는 시도지사가 실시하는 교육을 받게 하여야 한다.

㉮ 100만원 이하의 과태료
㉯ 200만원 이하의 과태료
㉰ 300만원 이하의 과태료
㉱ 500만원 이하의 과태료

풀이 환경기술인 등의 교육을 받게 하지 아니한 자에 대한 과태료 처분 기준은 100만원 이하의 과태료이다.

answer 64 ㉯ 65 ㉱ 66 ㉮ 67 ㉮

68 폐수무방류배출시설의 세부 설치기준에 관한 내용으로 ( )에 옳은 것은?

> 특별대책지역에 설치되는 폐수무방류배출시설의 경우 1일 24시간 연속하여 가동 되는 것이면 배출 폐수를 전량 처리할 수 있는 방지시설을 설치하여야 하고 1일 최대 폐수발생량이 ( ) 이상이면 배출폐수의 무방류여부를 실시간으로 확인 할 수 있는 원격유량감시장치를 설치하여야 한다.

㉮ 50세제곱미터 ㉯ 100세제곱미터
㉰ 200세제곱미터 ㉱ 300세제곱미터

[풀이] 배출폐수의 무방류여부를 실시간으로 확인 할 수 있는 원격유량감시장치를 설치하여야 하는 경우는 1일 최대 폐수발생량이 200세제곱미터 이상이다.

69 폐수처리업의 등록기준에서 등록신청서를 시·도지사에게 제출해야 할 때 폐수처리업의 등록 및 폐수배출시설의 설치에 관한 허가 기관이나 신고기관이 같은 경우, 다음 중 반드시 제출해야 하는 것은?

㉮ 사업계획서
㉯ 폐수배출시설 및 수질오염방지시설의 설치명세서 및 그 도면
㉰ 공정도 및 폐수배출배관도
㉱ 폐수처리방법별 저장시설 설치명세서(폐수재이용업의 경우에는 폐수성상별 저장시설설치명세서) 및 그 도면

[풀이] 반드시 제출해야 하는 서류는 ㉮ 사업계획서이다.

70 수질 및 수생태계 환경기준 중 하천(사람의 건강보호기준)에 대한 항목별 기준값으로 틀린 것은?

㉮ 비소 : 0.05mg/L 이하
㉯ 납 : 0.05mg/L 이하
㉰ 6가크롬 : 0.05mg/L 이하
㉱ 수은 : 0.05mg/L 이하

[풀이] ㉱ 수은(Hg) : 검출되어서는 안됨(검출한계 0.001)

71 배출부과금을 부과할 때 고려해야 할 사항이 아닌 것은?

㉮ 배출허용기준 초과 여부
㉯ 배출되는 수질오염물질의 종류
㉰ 배출시설의 정상가동 여부
㉱ 수질오염물질의 배출기간

[풀이] 배출부과금을 부과할 때 고려사항
① 배출허용기준 초과 여부
② 배출되는 수질오염물질의 종류
③ 수질오염물질의 배출량
④ 수질오염물질의 배출기간
⑤ 자가측정 여부

72 수질오염경보인 조류경보의 경보단계 중 '경계'의 발령·해제기준으로 ( )에 옳은 것은? (단, 상수원 구간)

> 2회 연속 채취 시 남조류의 세포수가 ( )인 경우

㉮ 1,000세포/mL 이상 10,000세포/mL 미만
㉯ 10,000세포/mL 이상 1,000,000세포/mL 미만

answer 68 ㉰ 69 ㉮ 70 ㉱ 71 ㉰ 72 ㉯

㉰ 1,000,000세포/mL 이상
㉱ 1,000세포/mL 미만

풀이 상수원구간의 조류경보

경보단계	발령·해제기준
관심	2회 연속 채취 시 남조류의 세포수가 1,000세포/mL 이상 10,000세포/mL 미만인 경우
경계	2회 연속 채취 시 남조류의 세포수가 10,000세포/mL 이상 1,000,000세포/mL 미만인 경우
조류 대발생	2회 연속 채취 시 남조류의 세포수가 1,000,000세포/mL 이상
해제	2회 연속 채취 시 남조류의 세포수가 1,000세포/mL 미만

73 물환경보전법에 사용하고 있는 용어의 정의로 가장 거리가 먼 것은?

㉮ 점오염원이란 폐수배출시설, 하수발생시설, 축사 등으로서 관거·수로 등을 통하여 일정한 지점으로 수질오염물질을 배출하는 배출원을 말한다.
㉯ 비점오염원이란 도시, 도로, 농지, 산지, 공사장 등으로서 불특정 장소에서 불특정하게 수질오염물질을 배출하는 배출원을 말한다.
㉰ 수면관리자란 다른 법령의 규정에 의하여 하천을 관리하는 자를 말한다.
㉱ 불투수면이란 빗물 또는 눈 녹은 물 등이 지하로 스며들 수 없게 하는 아스팔트, 콘크리트 등으로 포장된 도로, 주차장, 보도 등을 말한다.

풀이 ㉰ 수면관리자란 다른 법령에 따라 호소를 관리하는 자를 말한다. 이 경우 동일한 호소를 관리하는 자가 둘 이상인 경우에는 하천법에 따른 하천관리청 외의 자가 수면관리자가 된다.

74 물환경보전법에서 정의하고 있는 수질오염 방지시설 중 화학적처리시설이 아닌 것은?

㉮ 폭기시설 ㉯ 침전물개량시설
㉰ 소각시설 ㉱ 살균시설

풀이 ㉮ 폭기시설은 생물화학적 처리시설이다.

75 비점오염저감시설 중 자연형 시설이 아닌 것은?

㉮ 침투시설 ㉯ 식생형 시설
㉰ 저류시설 ㉱ 소용돌이형 시설

풀이 비점오염저감시설
① 자연형 시설: 저류시설, 인공습지, 침투시설, 식생형시설
② 장치형 시설: 여과형시설, 소용돌이형시설, 스크린형시설, 응집·침전 처리형시설, 생물학적 처리형시설

76 상수원의 수질보전을 위해 국가 또는 지방 자치단체는 비점오염저감시설을 설치하지 아니한 도로법 규정에 따른 도로 중 대통령령으로 정하는 도로가 다음 지역에 해당되는 경우는 비점오염저감시설을 설치해야 한다. 해당 지역이 아닌 것은?

㉮ 상수원보호구역
㉯ 비점오염저감계획에 포함된 수변구역
㉰ 상수원보호구역으로 고시되지 아니한 지역의 경우에는 취수시설의 상류·하류 일정 지역으로서 환경부령으로 정하는 거리내의 지역

answer 73 ㉰ 74 ㉮ 75 ㉱ 76 ㉯

㉣ 상수원에 중대한 오염을 일으킬 수 있어 환경부령으로 정하는 지역

풀이 ㉯ 특별대책지역

77
국립환경과학원장, 유역환경청장, 지방환경청장이 설치·운영하는 측정망과 가장 거리가 먼 것은?

㉮ 퇴적물 측정망
㉯ 생물 측정망
㉰ 공공수역 유해물질 측정망
㉣ 기타오염원에서 배출되는 오염물질 측정망

TIP
측정망의 종류
1. 국립환경과학원장, 유역환경청장, 지방환경청장이 설치하는 측정망
   ① 비점오염원에서 배출되는 비점오염물질 측정망
   ② 수질오염물질의 총량관리를 위한 측정망
   ③ 대규모 오염원의 하류지점 측정망
   ④ 수질오염경보를 위한 측정망
   ⑤ 대권역·중권역을 관리하기 위한 측정망
   ⑥ 공공수역 유해물질 측정망
   ⑦ 퇴적물 측정망
   ⑧ 생물 측정망
2. 시도지사, 대도시의 장, 수면관리가 설치하는 측정망
   ① 소권역을 관리하는 측정망
   ② 도심하천 측정망

78
물환경보전법의 목적으로 가장 거리가 먼 것은?

㉮ 수질오염으로 인한 국민의 건강과 환경상의 위해 예방
㉯ 하천·호소 등 공공수역의 수질 및 수생태계를 적정하게 관리·보전
㉰ 국민으로 하여금 수질 및 수생태계 보전 혜택을 널리 향유할 수 있도록 함
㉣ 수질환경을 적정하게 관리하여 양질의 상수원수를 보전

79
폐수처리업의 등록기준 중 폐수수탁처리업에 해당하는 기준으로 바르지 않은 것은?

㉮ 폐수저장시설은 폐수처리시설능력의 2.5배 이상을 저장할 수 있어야 한다.
㉯ 폐수처리시설의 총 처리능력은 7.5m³/시간 이상이어야 한다.
㉰ 폐수운반장비는 용량 2m³ 이상의 탱크로리, 1m³ 이상의 합성수지제 용기가 고정된 차량이어야 한다.
㉣ 수질환경산업기사, 대기환경산업기사 또는 화공산업기사 1명 이상의 기술능력을 보유하여야 한다.

풀이 ㉮ 폐수저장시설의 용량은 1일 8시간(1일 8시간 이상 가동할 경우 1일 최대가동시간으로 한다) 최대처리량의 3일분 이상의 규모이어야 하며, 반입폐수의 밀도를 고려하여 전체 용적의 90퍼센트 이내로 저장될 수 있는 용량으로 설치하여야 한다.

80
비점오염저감시설 중 장치형 시설에 해당되는 것은?

㉮ 여과형 시설   ㉯ 저류형 시설
㉰ 식생형 시설   ㉣ 침투형 시설

풀이 비점오염저감시설
① 자연형 시설 : 저류시설, 인공습지, 침투시설, 식생형시설
② 장치형 시설 : 여과형시설, 소용돌이형시설, 스크린형시설, 응집·침전 처리형시설, 생물학적 처리형시설

answer 77 ㉣ 78 ㉣ 79 ㉮ 80 ㉮

2019년 3회 수질환경산업기사

2019년 8월 4일 시행

| 제1과목 | 수질오염개론

01 현재 수온이 15℃이고 평균수온이 5℃일 때 수심 2.5m인 물의 1m²에 걸친 열전달속도(kcal/hr)는? (단, 정상상태이며, 5℃에서의 KT = 5.8kcal/hr·m²℃/m)

㉮ 1.32 ㉯ 2.32
㉰ 10.2 ㉱ 23.2

풀이 열전달속도(kcal/hr)

$$= \frac{5.8 \text{kcal}}{\text{hr} \cdot \text{m}^2 \cdot ℃/\text{m}} \times \frac{1\text{m}^2}{2.5\text{m}} \times (15-5)℃$$

$= 23.2 \text{kcal/hr}$

02 지표수에 관한 설명으로 옳은 것은?

㉮ 지표수는 지하수보다 경도가 높다.
㉯ 지표수는 지하수에 비해 부유성 유기물질이 적다.
㉰ 지표수는 지하수에 비해 각종 미생물과 세균 번식이 활발하다.
㉱ 지표수는 지하수에 비해 용존된 광물질이 많이 함유되어 있다.

풀이 ㉮ 지표수는 지하수보다 경도가 낮다.
㉯ 지표수는 지하수에 비해 부유성 유기물질이 많다.
㉱ 지표수는 지하수에 비해 용존된 광물질이 적게 함유되어 있다.

03 하천에서 유기물 분산상태를 측정하기 위해 20℃에서 BOD를 측정했을 때 k_1 = 0.2/day이었다. 실제 하천온도가 18℃일 때 탈산소계수(/day)는? (단, 온도보정계수는 1.035)

㉮ 약 0.159 ㉯ 약 0.164
㉰ 약 0.172 ㉱ 약 0.187

풀이 $k_1(T) = k_1(20℃) \times 1.035^{(T-20)}$
$k_1(18℃) = 0.2/\text{day} \times 1.035^{(18-20)}$
$= 0.187/\text{day}$

04 미생물의 신진대사 과정 중 에너지 발생량이 가장 많은 전자(수소)수용체는?

㉮ 산소 ㉯ 질산이온
㉰ 황산이온 ㉱ 환원된 유기물

풀이 미생물의 신진대사 과정 중 에너지 발생량이 가장 많은 전자(수소)수용체는 산소이다.

TIP 이 문제는 정답을 암기해 두셔야 합니다.

---

answer 01 ㉱ 02 ㉰ 03 ㉱ 04 ㉮

05 부영양호(eutrophic lake)의 특성에 해당하는 것은?

㉮ 생산과 소비의 균형
㉯ 낮은 영양 염류
㉰ 조류의 과다발생
㉱ 생물종 다양성 증가

풀이 ㉮ 생산과 소비의 불균형
㉯ 높은 영양 염류
㉱ 생물종 다양성 감소

06 산성비를 정의할 때 기준이 되는 수소이온농도(pH)는?

㉮ 4.3 이하 ㉯ 4.5 이하
㉰ 5.6 이하 ㉱ 6.3 이하

풀이 산성비를 정의할 때 기준이 되는 수소이온농도(pH)는 5.6 이하이며, 주요 원인물질은 SO_X, NO_X, HCl이다.

07 폐수의 분석결과 COD가 400mg/L이었고 BOD_5가 250mg/L이었다면 NBDCOD(mg/L)는? (단, 탈산소계수 k_1(밑이 10) = 0.2/day)

㉮ 68 ㉯ 122
㉰ 189 ㉱ 222

풀이
① $BOD_5 = BOD_u \times (1-10^{-k_1 \times t})$
$250mg/L = BOD_u \times (1-10^{-0.2/day \times 5day})$
∴ $BOD_u = \dfrac{250mg/L}{(1-10^{-0.2/day \times 5day})} = 277.78mg/L$

② COD = BDCOD+NBDCOD
NBDCOD = COD-BDCOD
= 400mg/L-277.78mg/L
= 122.22mg/L

TIP
① BDCOD = BOD_u : 생물학적 분해가능한 COD
② NBDCOD : 생물학적 분해 불가능한 COD

08 해수에 관한 설명으로 옳지 않은 것은?

㉮ 해수의 Mg/Ca 비는 담수에 비해 크다.
㉯ 해수의 밀도는 수온, 수압, 수심 등과 관계없이 일정하다.
㉰ 염분은 적도 해역에서 높고 남북 양극 해역에서 낮다.
㉱ 해수 내 전체 질소 중 35% 정도는 암모니아성 질소, 유기질소 형태이다.

풀이 ㉯ 해수의 밀도는 염분, 수온, 수압의 함수로 수심이 깊을수록 증가한다.

09 수은주 높이 300mm는 수주 몇 mm인가? (단, 표준상태 기준)

㉮ 1,960 ㉯ 3,220
㉰ 3,760 ㉱ 4,078

풀이 $300mmHg \times 13.6 = 4,080mmH_2O$

TIP
① 수은주 비중 = $\dfrac{10,332mmH_2O}{760mmHg}$
$= 13.6mmH_2O/mmHg$
② $mmHg \xrightarrow{\times 13.6} mmH_2O$
③ $mmH_2O \xrightarrow{\div 13.6} mmHg$

answer 05 ㉰ 06 ㉰ 07 ㉯ 08 ㉯ 09 ㉱

10 여름 정체기간 중 호수의 깊이에 따른 CO_2와 DO 농도의 변화를 설명한 것으로 옳은 것은?

㉮ 표수층에서 CO_2 농도가 DO 농도보다 높다.
㉯ 심해에서 DO 농도는 매우 낮지만 CO_2 농도는 표수층과 큰 차이가 없다.
㉰ 깊이가 깊어질수록 CO_2 농도보다 DO 농도가 높다.
㉱ CO_2 농도와 DO 농도가 같은 지점(깊이)이 존재한다.

풀이
㉮ 표수층에서 CO_2 농도가 DO 농도보다 낮다.
㉯ 심해에서 DO 농도는 매우 낮지만 CO_2 농도는 표수층보다 아주 많다.
㉰ 깊이가 깊어질수록 CO_2 농도보다 DO 농도가 낮다.

11 초기 농도가 100mg/L인 오염물질의 반감기가 10day라고 할 때, 반응속도가 1차 반응을 따를 경우 5일 후 오염물질의 농도(mg/L)는?

㉮ 70.7 ㉯ 75.7
㉰ 80.7 ㉱ 85.7

풀이
① 반감기 공식 : $\ln \frac{1}{2} = -k \times t$

따라서 $\ln \frac{1}{2} = -k \times 10 day$

$\therefore k = \dfrac{\ln \frac{1}{2}}{-10 day} = 0.0693/day$

② 1차 반응식 : $\ln \dfrac{C_t}{C_o} = -k \times t$

따라서 $\ln \left(\dfrac{C_t}{100 mg/L} \right) = -0.0693/day \times 5 day$

$\therefore C_t = 100 mg/L \times e^{(-0.0693/day \times 5day)} = 70.72 mg/L$

12 시험대상 미생물을 50% 치사시킬 수 있는 유출수 또는 시료에 녹아있는 독성물질의 농도를 나타내는 것은?

㉮ TLN_{50} ㉯ LD_{50}
㉰ LC_{50} ㉱ LI_{50}

풀이 시험대상 미생물을 50% 치사시킬 수 있는 유출수 또는 시료에 녹아있는 독성물질의 농도를 나타내는 것은 LC_{50}이다.

13 HCHO(Formaldehyde) 200mg/L의 이론적 COD 값(mg/L)은?

㉮ 163 ㉯ 187
㉰ 213 ㉱ 227

풀이 $HCHO + O_2 \rightarrow CO_2 + H_2O$
 30g : 32g
200mg/L : COD

$\therefore COD = \dfrac{32g \times 200mg/L}{30g} = 213.33 mg/L$

TIP
① HCHO의 분자량 = 1+12+1+16 = 30
② O_2의 분자량 = 16×2 = 32
③ COD = 화학적산소요구량

14 반응조에 주입된 물감의 10%, 90%가 유출되기까지의 시간을 각각 t_{10}, t_{90}이라고 할 때 Morrill지수는 $\dfrac{t_{90}}{t_{10}}$으로 나타낸다. 이상적인 Plug flow인 경우의 Morrill지수의 값은?

㉮ 1 보다 작다. ㉯ 1 보다 크다.
㉰ 1 이다. ㉱ 0 이다.

answer 10 ㉱ 11 ㉮ 12 ㉰ 13 ㉰ 14 ㉰

풀이 CFSTR과 PFR의 비교

	CFSTR	PFR
분산	1	0
분산수	무한대(∞)	0
모릴지수	클수록	1
지체시간	0	이론적 체류시간과 동일할 때

15 생물학적 처리공정의 미생물에 관한 설명으로 틀린 것은?

㉮ 활성슬러지 공정 내의 미생물은 Pseudomonas, Zoogloea, Archromobacter 등이 있다.
㉯ 사상성 미생물인 Protozoa가 나타나면 응집이 안 되고 슬러지 벌킹 현상이 일어난다.
㉰ 질산화를 일으키는 박테리아는 Nitrosomonas와 Nitrobacter 등이 있다.
㉱ 포기조에서 호기성 및 임의성 박테리아는 새로운 세포를 변화시키는 합성과정의 에너지를 얻기 위하여 유기물의 일부를 이용한다.

풀이 ㉯ 사상성 미생물인 Sphaerotius(스페로티러스)가 나타나면 응집이 안 되고 슬러지벌킹 현상이 일어난다.

TIP
Protozoa는 원생동물을 의미하며, 크기는 거의 100μm 이내이며, 용해성 유기물 또는 세균을 섭취하며, 위족류, 편모충류, 섬모충류의 종류로 나뉘어 진다.

16 유기성 폐수에 관한 설명 중 옳지 않은 것은?

㉮ 유기성 폐수의 생물학적 산화는 수서세균에 의하여 생산되는 산소로 진행되므로 화학적 산화와 동일하다고 할 수 있다.
㉯ 생물학적 처리의 영향 조건에는 C/N비, 온도, 공기 공급정도 등이 있다.
㉰ 유기성 폐수는 C, H, O를 주성분으로 하고 소량의 N, P, S 등을 포함하고 있다.
㉱ 미생물이 물질대사를 일으켜 세포를 합성하게 되는 데 실제로 생성된 세포량은 합성된 세포량에서 내 호흡에 의한 감량을 뺀 것과 같다.

풀이 ㉮ 유기성 폐수의 생물학적 산화는 공기중의 산소가 녹은 용존산소에 의하여 진행되므로 화학적 산화와는 다르다.

17 촉매에 관한 내용으로 옳지 않은 것은?

㉮ 반응속도를 느리게 하는 효과가 있는 것을 역촉매라고 한다.
㉯ 반응의 역할에 따라 반응 후 본래 상태로 회복여부가 결정된다.
㉰ 반응의 최종 평형상태에는 아무런 영향을 미치지 않는다.
㉱ 화학반응의 속도를 변화시키는 능력을 가지고 있다.

풀이 ㉯ 반응의 종류에 따라 반응 후 본래 상태로 회복여부가 결정된다.

answer 15 ㉯ 16 ㉮ 17 ㉯

18 하천의 수질모델링 중 다음 설명에 해당하는 모델은?

- 하천의 수리학적 모델, 수질모델, 독성 물질의 거동모델 등을 고려할 수 있으며, 1차원, 2차원, 3차원까지 고려할 수 있음
- 수질항목간의 상태적 반응기작을 Streeter-Phelps식부터 수정
- 수질에 저질이 미치는 영향을 보다 상세히 고려한 모델

㉮ QUAL-Ⅰ model ㉯ WORRS model
㉰ QUAL-Ⅱ model ㉱ WASP5 model

풀이 ㉱ WASP5 model에 대한 설명이다.

19 탈산소 계수(상용대수 기준)가 0.12/day인 폐수의 BOD_5는 200mg/L이다. 이 폐수가 3일 후에 미분해되고 남아 있는 BOD(mg/L)는?

㉮ 67   ㉯ 87
㉰ 117 ㉱ 127

풀이 ① $BOD_5 = BOD_u \times (1 - 10^{-k_1 \times t})$
200mg/L = $BOD_u \times (1 - 10^{-0.12/day \times 5day})$
∴ $BOD_u = \dfrac{200mg/L}{1 - 10^{-0.12/day \times 5day}} = 267.09mg/L$

② 3일 후 남아있는 BOD를 구한다.
$BOD_3 = BOD_u \times (10^{-k_1 \times t})$
= 267.09mg/L × ($10^{-0.12/day \times 3day}$)
= 116.59mg/L

TIP
① 3일 후에 미분해되고 남아 있는 BOD(mg/L) 농도는 잔류(잔존)공식을 이용함에 주의해야 합니다.
② 상용대수 기준이면 밑수는 10
③ 자연대수 기준이면 밑수는 e

20 물 100g에 30g의 NaCl을 가하여 용해시키면 몇 %(w/w)의 NaCl 용액이 조제되는가?

㉮ 15   ㉯ 23
㉰ 31   ㉱ 42

풀이 %(w/w) = $\dfrac{용질(g)}{용질(g)+용매(g)} \times 100$

= $\dfrac{30g}{30g+100g} \times 100$

= 23.08%

| 제2과목 | 수질오염방지기술

21 SS가 8,000mg/L인 분뇨를 전처리에서 15%, 1차 처리에서 80%의 SS를 제거하였을 때 1차 처리 후 유출되는 분뇨의 SS 농도(mg/L)는?

㉮ 1,360   ㉯ 2,550
㉰ 2,750   ㉱ 2,950

풀이 $\left(1 - \dfrac{SS_o}{SS_i}\right) = 1 - (1-\eta_1) \times (1-\eta_2)$

$\left(1 - \dfrac{SS_o}{8,000mg/L}\right) = 1 - (1-0.15) \times (1-0.80)$

∴ $SS_o = 8,000mg/L \times (1-0.15) \times (1-0.80) = 1,360mg/L$

TIP
① $\eta_T = \left(1 - \dfrac{SS_o}{SS_i}\right)$
② $\eta_T = 1 - (1-\eta_1) \times (1-\eta_2)$

answer 18 ㉱ 19 ㉰ 20 ㉯ 21 ㉮

22 산업폐수 중에 존재하는 용존무기탄소 및 용존암모니아(NH_4^+)의 기체를 제거하기 위한 가장 적절한 처리방법은?

㉮ 용존무기탄소 : pH 10 + Air Stripping
　용존암모니아 : pH 10 + Air Stripping
㉯ 용존무기탄소 : pH 9 + Air Stripping
　용존암모니아 : pH 4 + Air Stripping
㉰ 용존무기탄소 : pH 4 + Air Stripping
　용존암모니아 : pH 10 + Air Stripping
㉱ 용존무기탄소 : pH 4 + Air Stripping
　용존암모니아 : pH 4 + Air Stripping

풀이 용존무기탄소와 용존암모니아 처리방법
① 용존무기탄소는 pH 4에서 탈기법(Air Stripping)으로 처리한다.
② 용존암모니아는 pH 10에서 탈기법(Air Stripping)으로 처리한다.

23 길이 23m, 폭 8m, 깊이 2.3m인 직사각형 침전지가 3,000m³/day의 하수를 처리할 경우, 표면부하율(m/day)은?

㉮ 10.5　㉯ 16.3
㉰ 20.6　㉱ 33.4

풀이
$$표면부하율(m/day) = \frac{Q(m^3/day)}{A(m^2)} = \frac{Q(m^3/day)}{길이(m) \times 폭(m)}$$
$$= \frac{3,000 m^3/day}{23m \times 8m}$$
$$= 16.30 m/day$$

TIP
① 표면부하율($m^3/m^2 \cdot day$) = $\frac{Q(m^3/day)}{A(m^2)}$
　= $\frac{Q(m^3/day)}{길이(m) \times 폭(m)}$
　= $\frac{수심(m)}{체류시간(day)}$
② 표면(적) 부하율 = 수면(적) 부하율
③ $m^3/m^2 \cdot day = m/day$

24 폐수처리법 중에서 고액분리법이 아닌 것은?

㉮ 부상분리법
㉯ 원심분리법
㉰ 여과법
㉱ 이온교환법, 전기투석법

풀이 고액분리법이란 고체와 액체를 분리하는 방법으로 부상분리법, 원심분리법, 여과법이 해당한다.

25 폐수특성에 따른 적합한 처리법으로 옳지 않은 것은?

㉮ 비소 함유폐수 - 수산화 제2철 공침법
㉯ 시안 함유폐수 - 오존 산화법
㉰ 6가 크롬 함유폐수 - 알칼리 염소법
㉱ 카드뮴 함유폐수 - 황화물 침전법

풀이 ㉰ 6가 크롬 함유폐수 - 수산화물 침전법

26 오존 살균에 관한 내용으로 옳지 않은 것은?

㉮ 오존은 비교적 불안정하며 공기나 산소로부터 발생시킨다.
㉯ 오존은 강력한 환원제로 염소와 비슷한 살균력을 갖는다.
㉰ 오존처리는 용존 고형물을 생성하지 않는다.
㉱ 오존처리는 암모늄이온이나 pH의 영향을 받지 않는다.

풀이 ㉯ 오존은 강력한 산화제로 염소보다 강력한 살균력을 갖는다.

answer 22 ㉰　23 ㉯　24 ㉱　25 ㉰　26 ㉯

27 정수시설 중 취수시설인 침사지 구조에 대한 내용으로 옳은 것은?

㉮ 표면 부하율은 2~5m/min을 표준으로 한다.
㉯ 지내 평균유속은 30cm/sec 이하를 표준으로 한다.
㉰ 지의 상단높이는 고수위보다 0.6~1m의 여유고를 둔다.
㉱ 지의 유효수심은 2~3m를 표준으로 하고 퇴사심도는 1m 이하로 한다.

풀이 ㉮ 표면 부하율은 0.2~0.5m/min을 표준으로 한다.
㉯ 지내 평균유속은 2~7cm/sec 이하를 표준으로 한다.
㉱ 지의 유효수심은 3~4m를 표준으로 하고 퇴사심도는 0.5~1m 로 한다.

28 최종침전지에서 발생하는 침전성이 양호한 슬러지의 부상(sludge rising) 원인을 가장 알맞게 설명한 것은?

㉮ 침전조의 슬러지 압밀 작용에 의한다.
㉯ 침전조의 탈질화 작용에 의한다.
㉰ 침전조의 질산화 작용에 의한다.
㉱ 사상균류의 출현에 의한다.

풀이 최종침전지에서 발생하는 침전성이 양호한 슬러지 부상의 원인은 침전조의 탈질화 작용이다.

29 액체염소의 주입으로 생성된 유리염소, 결합잔류염소의 살균력이 바르게 나열된 것은?

㉮ HOCl > Chloramines > OCl⁻
㉯ HOCl > OCl⁻ > Chloramines
㉰ OCl⁻ > HOCl > Chloramines
㉱ OCl⁻ > Chloramines > HOCl

풀이 살균력의 순서는 HOCl > OCl⁻ > Chloramines 순서이다.

TIP
① HOCl이 OCl⁻보다 살균력이 80배 이상 강하다.
② 클로라민의 살균력은 약하나 소독 후 물에 이취미가 없고 살균작용이 오래 지속된다.

30 슬러지 개량방법 중 세정(Elutriation)에 관한 설명으로 옳지 않은 것은?

㉮ 알카리도를 줄이고 슬러지탈수에 사용되는 응집제량을 줄일 수 있다.
㉯ 비료성분의 순도가 높아져 가치를 상승시킬 수 있다.
㉰ 소화슬러지를 물과 혼합시킨 다음 재침전 시킨다.
㉱ 슬러지 탈수 특성을 좋게 하기 위한 직접적인 방법은 아니다.

풀이 ㉯ 비료성분의 순도가 낮아져 비료의 가치가 낮다.

31 활성슬러지 공정 운영에 대한 설명으로 옳지 않은 것은?

㉮ 포기조 내의 미생물 체류시간을 증가시키기 위해 잉여슬러지 배출량을 감소시켰다.
㉯ F/M비를 낮추기 위해 잉여슬러지 배출량을 줄이고 반송유량을 증가시켰다.
㉰ 2차 침전지에서 슬러지가 상승하는 현상이 나타나 잉여슬러지 배출량을 증가시켰다.
㉱ 핀 플록(pin floc) 현상이 발생하여 잉여슬러지 배출량을 감소시켰다.

풀이 ㉱ 핀 플록 현상이 발생하여 잉여슬러지 배출량을 증가시켰다.

answer 27 ㉰ 28 ㉯ 29 ㉯ 30 ㉯ 31 ㉱

32 완전혼합 활성슬러지 공정으로 용해성 BOD_5가 250mg/L인 유기성폐수가 처리되고 있다. 유량이 15,000m³/day이고 반응조 부피가 5,000m³ 일 때 용적부하율(kg BOD_5/m³·day)은?

㉮ 0.45　㉯ 0.55
㉰ 0.65　㉱ 0.75

풀이 BOD_5 용적부하(kg/m³·day)

$$= \frac{BOD_5(kg/m^3) \times Q(m^3/day)}{V(m^3)}$$

$$= \frac{0.25kg/m^3 \times 15,000m^3/day}{5,000m^3}$$

$$= 0.75 kg/m^3 \cdot day$$

TIP
① mg/L $\xrightarrow{\times 10^{-3}}$ kg/m³
② 250mg/L $\xrightarrow{\times 10^{-3}}$ 0.25kg/m³

33 미생물의 고정화를 위한 펠렛(Pellet)재료로서 이상적인 요구조건에 해당되지 않는 것은?

㉮ 처리, 처분이 용이할 것
㉯ 압축강도가 높을 것
㉰ 암모니아 분배계수가 낮을 것
㉱ 고정화 시 활성수율과 배양후의 활성이 높을 것

풀이 ㉰ 암모니아 분배계수가 높을 것

34 흡착과 관련된 등온흡착식으로 볼 수 없는 것은?

㉮ Langmuir 식　㉯ Freundlich 식
㉰ AET 식　㉱ BET 식

풀이 흡착과 관련된 등온흡착식은 Langmuir 식, Freundlich 식, BET 식이 해당된다.

35 슬러지의 함수율이 95%에서 90%로 줄어들면 슬러지의 부피는? (단, 슬러지 비중은 1.0)

㉮ 2/3로 감소한다.
㉯ 1/2로 감소한다.
㉰ 1/3로 감소한다.
㉱ 3/4로 감소한다.

풀이 $V_1 \times (100-P_1) = V_2 \times (100-P_2)$
$V_1 \times (100-95) = V_2 \times (100-90)$

$\therefore \dfrac{V_2}{V_1} = \dfrac{(100-95)}{(100-90)} = \dfrac{5}{10} = \dfrac{1}{2}$

36 염소의 살균력에 관한 설명으로 옳지 않은 것은?

㉮ 살균강도는 HOCl가 OCl⁻의 80배 이상 강하다.
㉯ 염소의 살균력은 온도가 높고, pH가 낮을 때 강하다.
㉰ chloramines은 소독 후 물에 이취미를 발생시키지는 않으나 살균력이 약하여 살균작용이 오래 지속되지 않는다.
㉱ 염소는 대장균 소화기 계통의 감염성 병원균에 특히 살균효과가 크나 바이러스는 염소에 대한 저항성이 커 일부 생존할 염려가 크다.

풀이 ㉰ chloramines은 소독 후 물에 이취미를 발생시키지 않으며, 살균력은 약하나 살균작용은 오래 지속된다.

answer 32 ㉱　33 ㉰　34 ㉰　35 ㉯　36 ㉰

37 농축조 설치를 위한 회분침강농축시험의 결과가 아래와 같을 때 슬러지의 초기농도가 20g/L면 5시간 정치 후의 슬러지의 평균농도(g/L)는? (단, 슬러지농도 : 계면 아래의 슬러지의 농도를 말함)

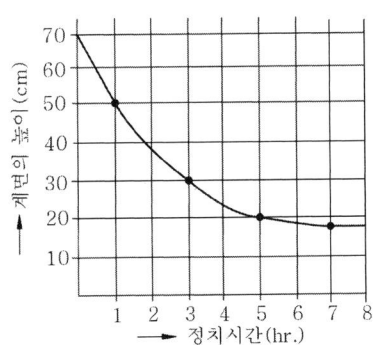

㉮ 50   ㉯ 60
㉰ 70   ㉱ 80

풀이 슬러지의 평균농도(g/L)

= 초기농도(g/L) × $\dfrac{\text{초기 계면의 높이(cm)}}{\text{5시간 농축 후 계면의 높이(cm)}}$

= 20g/L × $\dfrac{70\text{cm}}{20\text{cm}}$

= 70g/L

38 탈질공정의 외부탄소원으로 쓰이지 않는 것은?

㉮ 메탄올   ㉯ 소화조 상징액
㉰ 초산   ㉱ 생석회

풀이 ㉱ 생석회는 응집제이다.

TIP
① 메탄올 = 메틸알콜 = CH_3OH
② 초산 = 아세트산 = CH_3COOH

39 철과 망간 제거방법에 사용되는 산화제는?

㉮ 과망간산염
㉯ 수산화나트륨
㉰ 산화칼슘
㉱ 석회

풀이 철과 망간 제거방법에 사용되는 산화제는 과망간산염(MnO_4)이다.

40 폐수량 500m³/day, BOD 1,000mg/L인 폐수를 살수여상으로 처리하는 경우 여재에 대한 BOD부하를 0.2kg/m³·day로 할 때 여상의 용적(m³)은?

㉮ 250   ㉯ 500
㉰ 1,500   ㉱ 2,500

풀이 BOD 용적부하(kg/m³·day)

= $\dfrac{BOD(kg/m^3) \times Q(m^3/day)}{V(m^3)}$

따라서 0.2kg/m³·day = $\dfrac{1kg/m^3 \times 500m^3/day}{V(m^3)}$

∴ V = 2,500m³

TIP
① mg/L $\xrightarrow{\times 10^{-3}}$ kg/m³
② 1,000mg/L $\xrightarrow{\times 10^{-3}}$ 1kg/m³

answer 37 ㉰ 38 ㉱ 39 ㉮ 40 ㉱

| 제3과목 | 수질오염공정시험기준

41 시료 중 분석 대상 물질의 농도를 포함하도록 범위를 설정하고, 분석물질의 농도변화에 따른 지시값을 나타내는 방법이 아닌 것은?

㉮ 내부표준법 ㉯ 검정곡선법
㉰ 최확수법   ㉱ 표준물첨가법

[풀이] 검정곡선의 종류에는 내부표준법, 검정곡선법, 표준물첨가법이 있다.

42 총칙 중 온도표시에 관한 내용으로 옳지 않은 것은?

㉮ 냉수는 15℃ 이하를 말한다.
㉯ 찬 곳은 따로 규정이 없는 한 (4~15)℃의 곳을 뜻한다.
㉰ 시험은 따로 규정이 없는 한 상온에서 조작하고 조작 직후에 그 결과를 관찰한다.
㉱ 온수는 (60~70)℃를 말한다.

[풀이] ㉯ 찬 곳은 따로 규정이 없는 한 (0~15)℃의 곳을 뜻한다.

43 BOD 실험을 할 때 사전경험이 없는 경우 용존산소가 적당히 감소되도록 시료를 희석한 조합 중 틀린 것은?

㉮ 오염된 하천수 : 25%~100%
㉯ 처리하지 않은 공장폐수와 침전된 하수 : 5%~15%
㉰ 처리하여 방류된 공장폐수 : 5%~25%
㉱ 오염정도가 심한 공장폐수 : 0.1%~1.0%

[풀이] ㉯ 처리하지 않은 공장폐수와 침전된 하수 : 1%~5%

44 유량 측정 시 적용되는 웨어의 웨어판에 관한 기준으로 알맞은 것은?

㉮ 웨어판 안측의 가장자리는 곡선이어야 한다.
㉯ 웨어판은 수로의 장축에 직각 또는 수직으로 하여 말단의 바깥틀에 누수가 없도록 고정한다.
㉰ 직각 3각 웨어판의 유량측정공식은 $Q = k \cdot b \cdot h^{3/2}$이다. (k : 유량계수, b : 수로폭, h : 수두)
㉱ 웨어판의 재료는 10mm 이상의 두께를 갖는 내구성이 강한 철판으로 하여야 한다.

[풀이] ㉮ 웨어판 안측의 가장자리는 직선이어야 한다.
㉰ 직각 3각 웨어판의 유량측정공식은 $Q = k \cdot h^{5/2}$이다. (k : 유량계수, h : 수두)
㉱ 웨어판의 재료는 3mm 이상의 두께를 갖는 내구성이 강한 철판으로 하여야 한다.

45 기체크로마토그래피법에 의한 폴리클로리네이티드비페닐 분석 시 이용하는 검출기로 가장 적절한 것은?

㉮ ECD   ㉯ FID
㉰ FPD   ㉱ TCD

[풀이] 기체크로마토그래피법에 의한 폴리클로리네이티드비페닐(PCBs) 분석 시 이용하는 검출기는 전자포획형검출기(ECD)이다.

TIP
검출기 명칭
① ECD : 전자포획형 검출기
② FID : 불꽃이온화 검출기
③ FPD : 불꽃광도 검출기
④ TCD : 열전도도 검출기

answer 41 ㉰ 42 ㉯ 43 ㉯ 44 ㉯ 45 ㉮

46 망간의 자외선/가시선 분광법에 관한 설명으로 옳은 것은?

㉮ 과요오드산 칼륨법은 Mn^{2+}을 KIO_3으로 산화하여 생성된 MnO_4^-을 파장 552nm에서 흡광도를 측정한다.
㉯ 염소나 할로겐 원소는 MnO_4^-의 생성을 방해하므로 염산(1+1)을 가해 방해를 제거한다.
㉰ 정량한계는 0.2mg/L, 정밀도의 상대표준편차는 ±25% 이내이다.
㉱ 발색 후 고온에서 장시간 방치하면 퇴색되므로 가열(정확히 1시간)에 주의한다.

풀이 ㉮ 과요오드산 칼륨법은 Mn^{2+}을 KIO_3으로 산화하여 생성된 MnO_4^-을 파장 525nm에서 흡광도를 측정한다.
㉯ 염소나 할로겐 원소는 MnO_4^-의 생성을 방해하므로 황산(1+1)을 가해 방해를 제거한다.
㉱ 발색 후 고온에서 장시간 방치하면 퇴색되므로 가열(정확히 30분)에 주의한다.

47 용존산소를 전극법으로 측정할 때에 관한 내용으로 틀린 것은?

㉮ 정량한계는 0.1mg/L이다.
㉯ 격막 필름은 가스를 선택적으로 통과시키지 못하므로 장시간 사용 시 황화수소 가스의 유입으로 감도가 낮아질 수 있다.
㉰ 정확도는 수중의 용존산소를 윙클러 아자이드화나트륨 변법으로 측정한 결과와 비교하여 산출한다.
㉱ 정확도는 4회 이상 측정하여 측정 평균값의 상대백분율로서 나타내며 그 값이 95%~105% 이내이어야 한다.

풀이 ㉮ 정량한계는 0.5mg/L이다.

TIP
① 적정법의 정량한계는 0.1mg/L이다.
② 분석법에는 적정법, 전극법, 광학식센서방법이 있다.

48 자외선/가시선 분광법에 의한 수질용 분석기의 파장 범위(nm)로 가장 알맞은 것은?

㉮ 0~200   ㉯ 50~300
㉰ 100~500   ㉱ 200~900

풀이 자외선/가시선 분광법에 의한 수질용 분석기의 파장 범위는 200nm~900nm이다.

49 흡광광도법에 대한 설명으로 옳지 않은 것은?

㉮ 흡광광도법은 빛이 시료용액 중을 통과할 때 흡수나 산란 등에 의하여 강도가 변화하는 것을 이용하는 분석방법이다.
㉯ 흡광광도 분석장치를 이용할 때는 최고의 투과도를 얻을 수 있는 흡수파장을 선택해야 한다.
㉰ 흡광광도 분석장치로는 광원부, 파장선택부, 시료부 및 측광부로 구성되어 있다.
㉱ 흡광광도법의 기본이 되는 램비어트-비어의 법칙은 $A = \log \dfrac{I_o}{I}$로 표시할 수 있다.

풀이 ㉯ 흡광광도 분석장치를 이용할 때는 최저의 투과도를 얻을 수 있는 흡수파장을 선택해야 한다.

TIP
① 흡광광도법은 자외선/가시선 분광법이다.
② 흡광도(A) $= \log \dfrac{1}{투과도} = \log \dfrac{1}{\frac{I}{I_o}} = \log \dfrac{I_o}{I}$

answer 46 ㉰ 47 ㉮ 48 ㉱ 49 ㉯

50 4-아미노안티피린법에 의한 페놀의 정색반응을 방해하지 않는 물질은?

㉮ 질소 화합물 ㉯ 황 화합물
㉰ 오일 ㉱ 타르

풀이 간섭물질
① 황화합물 : 인산(H_3PO_4)을 사용하여 pH 4로 산성화하여 교반하면 황화수소(H_2S)나 이산화황(SO_2)으로 제거할 수 있다.
② 오일과 타르 : 수산화나트륨을 사용하여 시료의 pH를 12~12.5로 조절한 후 클로로폼으로 용매추출하여 제거할 수 있다.

TIP 페놀의 4-아미노안티피린법은 자외선/가시선분광법에 해당한다.

51 수질 시료의 전처리 방법이 아닌 것은?

㉮ 산분해법
㉯ 가열법
㉰ 마이크로파 산분해법
㉱ 용매추출법

풀이 수질 시료의 전처리 방법으로는 산분해법, 마이크로파 산분해법, 회화에 의한 분해법, 용매추출법이 있다.

52 다이페닐카바자이드를 작용시켜 생성되는 적자색의 착화합물의 흡광도를 540nm에서 측정하여 정량하는 항목은?

㉮ 카드뮴 ㉯ 6가 크롬
㉰ 비소 ㉱ 니켈

풀이 다이페닐카바자이드를 작용시켜 생성되는 적자색의 착화합물의 흡광도를 540nm에서 측정하여 정량하는 항목은 6가 크롬(Cr^{6+})이다.

TIP 6가 크롬의 다이페닐카바자이드법은 자외선/가시선분광법에 해당한다.

53 피토우관 압력 수두 차이는 5.1cm이다. 지시계 유체인 수은의 비중이 13.55일 때 물의 유속(m/sec)은?

㉮ 3.68 ㉯ 4.12
㉰ 5.72 ㉱ 6.86

풀이 유속(V) = $\sqrt{2 \times g \times h}$
= $\sqrt{2 \times 9.8 m/sec^2 \times (0.051 \times 13.55)m}$
= 3.68m/sec

TIP
① mmHg $\xrightarrow{\times 13.55}$ mmH$_2$O
② mmH$_2$O $\xrightarrow{\div 13.55}$ mmHg

54 노말헥산 추출물질 시험 결과가 다음과 같을 때 노말헥산 추출물질의 농도(mg/L)는? (단, 건조증발용 플라스크의 무게 = 52.0124g, 추출건조 후 증발용 플라스크와 잔유물질 무게 = 52.0246g, 시료의 양 = 2L)

㉮ 약 2 ㉯ 약 4
㉰ 약 6 ㉱ 약 8

풀이 노말헥산 추출물질의 농도(mg/L)
= $\dfrac{(52.0246g - 52.0124g) \times 10^3 mg/g}{2L}$
= 6.1mg/L

answer 50 ㉮ 51 ㉯ 52 ㉯ 53 ㉮ 54 ㉰

55 용액 중 CN^- 농도를 2.6mg/L로 만들려고 하면 물 1,000L에 용해될 NaCN의 양(g)은? (단, Na의 원자량은 23)

㉮ 약 5   ㉯ 약 10
㉰ 약 15   ㉱ 약 20

풀이
NaCN : CN^-
49g : 26g
X : 2.6mg/L×10^{-3}g/mg×1,000L
따라서 X = 4.9g

TIP
① NaCN의 분자량 = 23+12+14 = 49
② mg/L $\xrightarrow{\times 10^{-3}}$ g/L

56 자외선/가시선 분광법-이염화주석환원법으로 인산염인을 분석할 때 흡광도 측정 파장(nm)은?

㉮ 550   ㉯ 590
㉰ 650   ㉱ 690

풀이 물속에 존재하는 인산염인을 측정하기 위하여 시료 중의 인산염인이 몰리브덴산 암모늄과 반응하여 생성된 몰리브덴산인 암모늄을 이염화주석으로 환원하여 생성된 몰리브덴 청의 흡광도를 690nm에서 측정하는 방법이다.

TIP

인산염인(PO_4-P) 시험방법

시험방법	정량한계	측정파장
자외선/가시선 분광법 (이염화주석환원법)	0.003mg/L	690nm
자외선/가시선 분광법 (아스코르빈산환원법)	0.003mg/L	880nm
이온크로마토그래피	0.1mg/L	-

57 pH를 20℃에서 4.00로 유지하는 표준용액은?

㉮ 수산염 표준액   ㉯ 인산염 표준액
㉰ 프탈산염 표준액   ㉱ 붕산염 표준액

풀이 20℃에서 pH 값
㉮ 수산염 표준액 : 1.68
㉯ 인산염 표준액 : 6.88
㉰ 프탈산염 표준액 : 4.00
㉱ 붕산염 표준액 : 9.22

TIP
온도별 표준용액의 pH값
수산염 < 프탈산염 < 인산염 < 붕산염 < 탄산염 < 수산화칼슘
(암기법) 수프인 7부옷에 탄숨

58 페놀류-자외선/가시선 분광법 측정 시 클로로폼추출법, 직접측정법 정량한계(mg/L)를 순서대로 옳게 나열한 것은?

㉮ 0.003, 0.03   ㉯ 0.03, 0.003
㉰ 0.005, 0.05   ㉱ 0.05, 0.005

풀이 페놀류-자외선/가시선 분광법 측정 시 정량한계 및 측정파장
① 클로로폼추출법 : 0.005mg/L, 460nm
② 직접측정법 : 0.05mg/L, 510nm

answer 55 ㉮ 56 ㉱ 57 ㉰ 58 ㉰

59 취급 또는 저장하는 동안에 이물질이 들어가거나 또는 내용물이 손실되지 아니하도록 보호하는 용기는?

㉮ 차광용기   ㉯ 밀봉용기
㉰ 밀폐용기   ㉱ 기밀용기

> **풀이** ㉮ 차광용기 : 광선
> ㉯ 밀봉용기 : 미생물
> ㉰ 밀폐용기 : 이물질
> ㉱ 기밀용기 : 공기

60 다이크롬산칼륨에 의한 화학적산소요구량 측정 시 염소이온의 양이 40mg 이상 공존할 경우 첨가하는 시약과 염소이온의 비율은?

㉮ $HgSO_4 : Cl^- = 5 : 1$
㉯ $HgSO_4 : Cl^- = 10 : 1$
㉰ $AgSO_4 : Cl^- = 5 : 1$
㉱ $AgSO_4 : Cl^- = 10 : 1$

> **풀이** 다이크롬산칼륨에 의한 화학적산소요구량 측정 시 염소이온의 양이 40mg 이상 공존할 경우 $HgSO_4$: Cl^- = 10 : 1의 비율은 10 : 1이다.

| 제4과목 | 수질환경관계법규

61 배출부과금을 부과할 때 고려하여야 하는 사항과 가장 거리가 먼 것은?

㉮ 배출허용기준 초과여부
㉯ 수질오염물질의 배출기간
㉰ 배출되는 수질오염물질의 종류
㉱ 수질오염물질의 배출원

> **풀이** 배출부과금을 부과할 때 고려사항
> ① 배출허용기준 초과 여부
> ② 배출되는 수질오염물질의 종류
> ③ 수질오염물질의 배출량
> ④ 수질오염물질의 배출기간
> ⑤ 자가측정 여부

62 폐수의 원래 상태로는 처리가 어려워 희석 하여야만 오염물질의 처리가 가능하다고 인정을 받고자 할 때 첨부하여야 하는 자료가 아닌 것은?

㉮ 처리하려는 폐수농도
㉯ 희석처리의 불가피성
㉰ 희석배율
㉱ 희석방법

> **풀이** 희석처리의 인정을 받으려는 자의 제출서류
> ① 처리하려는 폐수의 농도 및 특성
> ② 희석처리의 불가피성
> ③ 희석배율 및 희석량

63 환경부장관이 의료기관의 배출시설(폐수무방류배출시설은 제외)에 대하여 조업정지를 명하여야 하는 경우로서 그 조업 정지가 주민의 생활, 대외적인 신용, 고용, 물가 등 국민경제 또는 그 밖의 공익에 현저한 지장을 줄 우려가 있다고 인정되는 경우 조업정지 처분을 갈음하여 매출액에 ( )를 곱한 금액을 초과하지 아니하는 범위에서 과징금을 부과할 수 있다. ( )안에 알맞은 말은?

㉮ 100분의 0.5   ㉯ 100분의 1
㉰ 100분의 5   ㉱ 100분의 10

answer 59 ㉰   60 ㉯   61 ㉱   62 ㉱   63 ㉰

64 물환경보전법에서 사용되는 용어의 정의로 틀린 것은?

㉮ 폐수란 물에 액체성 또는 고체성의 수질오염물질이 섞여 있어 그대로는 사용할 수 없는 물을 말한다.
㉯ 불투수면이란 빗물 또는 눈 녹은 물 등이 지하로 스며들 수 없게 아스팔트·콘크리트 등으로 포장된 도로, 주차장, 보도 등을 말한다.
㉰ 강우유출수란 점오염원의 오염물질이 혼입되어 유출되는 빗물을 말한다.
㉱ 기타 수질오염원이란 점오염원 및 비점오염원으로 관리되지 아니하는 수질오염물질을 배출하는 시설 또는 장소로서 환경부령이 정하는 것을 말한다.

풀이 ㉰ 강우유출수란 비점오염원의 수질오염물질이 섞여 유출되는 빗물 또는 눈녹는 물을 말한다.

65 자연형 비점오염저감시설의 종류가 아닌 것은?

㉮ 여과형 시설 ㉯ 인공습지
㉰ 침투시설   ㉱ 식생형 시설

풀이 비점오염저감시설
① 자연형 시설 : 저류시설, 인공습지, 침투시설, 식생형시설
② 장치형 시설 : 여과형시설, 소용돌이형시설, 스크린형시설, 응집·침전 처리형시설, 생물학적 처리형시설

66 오염총량관리기본계획 수립 시 포함되어야 하는 사항으로 틀린 것은?

㉮ 해당 지역 개발계획의 내용
㉯ 해당 지역 개발계획에 따른 오염부하량의 할당계획
㉰ 관할 지역에서 배출되는 오염부하량의 총량 및 저감계획
㉱ 지방자치단체별·수계구간별 오염부하량의 할당

풀이 ㉯ 해당 지역 개발계획으로 인하여 추가로 배출되는 오염부하량 및 그 저감계획

67 2회 연속 채취 시 남조류 세포수가 1,000 세포/mL 이상, 10,000 세포/mL 미만인 경우의 수질오염경보의 조류경보 경보단계는? (단, 상수원구간 기준)

㉮ 관심   ㉯ 경보
㉰ 경계   ㉱ 조류 대발생

풀이 상수원구간의 조류경보

경보단계	발령·해제기준
관심	2회 연속 채취 시 남조류의 세포수가 1,000세포/mL 이상 10,000세포/mL 미만인 경우
경계	2회 연속 채취 시 남조류의 세포수가 10,000세포/mL 이상 1,000,000/mL 미만인 경우
조류 대발생	2회 연속 채취 시 남조류의 세포수가 1,000,000세포/mL 이상
해제	2회 연속 채취 시 남조류의 세포수가 1,000세포/mL 미만

68 수질오염감시경보의 대상 수질오염물질 항목이 아닌 것은?

㉮ 남조류   ㉯ 클로로필-a
㉰ 수소이온농도 ㉱ 용존산소

풀이 수질오염감시경보의 대상 수질오염물질 항목으로는 수소이온농도, 용존산소, 총질소, 총인, 전기전도도, 총유기탄소, 휘발성유기화합물, 페놀, 중금속(구리, 납, 아연, 카드뮴 등), 클로로필-a, 생물감시가 있다.

answer 64 ㉰ 65 ㉮ 66 ㉯ 67 ㉮ 68 ㉮

69 하천의 환경기준에서 사람의 건강보호 기준 중 검출되어서는 안되는 수질오염물질 항목이 아닌 것은?

㉮ 카드뮴   ㉯ 유기인
㉰ 시안   ㉱ 수은

풀이 검출되어서는 안되는 수질오염물질
① 시안(CN) : 검출되어서는 안 됨(검출한계 0.01)
② 수은(Hg) : 검출되어서는 안 됨(검출한계 0.001)
③ 유기인 : 검출되어서는 안 됨(검출한계 0.0005)
④ 폴리클로리네이티드비페닐(PCB) : 검출되어서는 안 됨(검출한계 0.0005)

70 환경부장관이 비점오염원관리지역을 지정, 고시할 때에 관계 중앙행정기관의 장 및 시·도지사와 협의하여 수립하여야 하는 비점오염원관리대책에 포함되어야 할 사항이 아닌 것은?

㉮ 관리대상 수질오염물질의 종류 및 발생량
㉯ 관리대상 수질오염물질의 관리지역 영향 평가
㉰ 관리대상 수질오염물질의 발생 예방 및 저감방안
㉱ 관리목표

풀이 비점오염원관리대책에 포함되어야 할 사항
① 관리목표
② 관리대상 수질오염물질의 종류 및 발생량
③ 관리대상 수질오염물질의 발생 예방 및 저감방안

71 위임업무 보고사항 중 보고횟수 기준이 나머지와 다른 업무내용은?

㉮ 배출업소의 지도, 점검 및 행정처분 실적
㉯ 폐수처리업에 대한 등록·지도단속실적 및 처리실적 현황
㉰ 배출부과금 부과 실적
㉱ 비점오염원의 설치신고 및 방지시설 설치현황 및 행정처분 현황

풀이 보고횟수 기준
㉮ 연 4회 ㉯ 연 2회 ㉰ 연 4회 ㉱ 연 4회

72 비점오염원의 변경신고를 하여야 하는 경우에 대한 기준으로 ( )에 옳은 것은?

> 총 사업면적, 개발면적 또는 사업장 부지면적이 처음 신고면적의 100분의 ( ) 이상 증가하는 경우

㉮ 10   ㉯ 15
㉰ 25   ㉱ 30

풀이 비점오염원의 변경신고를 하여야 하는 경우
① 상호·대표자·사업명 또는 업종의 변경
② 총 사업면적, 개발면적 또는 사업장 부지면적이 처음 신고면적의 100분의 15 이상 증가하는 경우
③ 비점오염저감시설의 종류, 위치, 용량이 변경되는 경우
④ 비점오염원 또는 비점오염저감시설의 전부 또는 일부를 폐쇄하는 경우

73 국립환경과학원장, 유역환경청장, 지방환경청장이 설치·운영하는 측정망의 종류와 가장 거리가 먼 것은?

㉮ 비점오염원에서 배출되는 비점오염물질 측정망
㉯ 퇴적물 측정망
㉰ 도심하천 측정망
㉱ 공공수역 유해물질 측정망

풀이 ㉰도심하천 측정망은 시도지사, 대도시의 장, 수면관리자가 설치·운영하는 측정망이다.

answer 69 ㉮ 70 ㉯ 71 ㉯ 72 ㉯ 73 ㉰

TIP
측정망의 종류
1. 국립환경과학원장, 유역환경청장, 지방환경청장이 설치·운영하는 측정망
   ① 비점오염원에서 배출되는 비점오염물질 측정망
   ② 수질오염물질의 총량관리를 위한 측정망
   ③ 대규모 오염원의 하류지점 측정망
   ④ 수질오염경보를 위한 측정망
   ⑤ 대권역·중권역을 관리하기 위한 측정망
   ⑥ 공공수역 유해물질 측정망
   ⑦ 퇴적물 측정망
   ⑧ 생물 측정망
2. 시도지사, 대도시의 장, 수면관리자가 설치·운영하는 측정망
   ① 소권역을 관리하는 측정망
   ② 도심하천 측정망

TIP
사업장 규모(1일 폐수배출량 기준)
① 제1종 : 2,000m^3 이상
② 제2종 : 700m^3 이상 2,000m^3 미만
③ 제3종 : 200m^3 이상 700m^3 미만
④ 제4종 : 50m^3 이상 200m^3 미만
⑤ 제5종 : 50m^3 미만

74 수질 및 수생태계 환경기준 중 하천의 등급이 약간 나쁨의 생활환경기준으로 틀린 것은?

㉮ 수소이온농도(pH) : 6.0~8.5
㉯ 생물화학적산소요구량(mg/L) : 8 이하
㉰ 총인(mg/L) : 0.8 이하
㉱ 부유물질량(mg/L) : 100 이하

풀이 ㉰ 총인(mg/L) : 0.3 이하

75 1일 폐수배출량 500m^3인 사업장의 종별 규모는?

㉮ 제1종 사업장   ㉯ 제2종 사업장
㉰ 제3종 사업장   ㉱ 제4종 사업장

풀이 ㉰ 제3종 사업장에 해당한다.

76 폐수배출시설 및 수질오염방지시설의 운영일지 보존기간은? (단, 폐수무방류배출시설 제외)

㉮ 최종 기록일로부터 6개월
㉯ 최종 기록일로부터 1년
㉰ 최종 기록일로부터 2년
㉱ 최종 기록일로부터 3년

풀이 운영일지의 보존기간
① 폐수배출시설 및 수질오염방지시설 : 1년간
② 폐수무방류배출시설 : 3년간

77 환경기술인을 교육하는 기관으로 옳은 것은?

㉮ 국립환경인재개발원
㉯ 환경기술인협회
㉰ 한국환경보전원
㉱ 한국환경공단

풀이 교육기관
① 한국환경보전원 : 환경기술인
② 국립환경인재개발원 : 폐수처리업에 종사하는 기술요원
③ 국립환경인재개발원, 한국상하수도협회 : 측정기기 관리대행업에 등록된 기술요원

answer 74 ㉰ 75 ㉰ 76 ㉯ 77 ㉰

78 수질오염감시경보 중 관심 경보 단계의 발령 기준으로 ( )의 내용으로 옳은 것은?

> 가. 수소이온농도, 용존산소, 총 질소, 총 인, 전기전도도, 총 유기탄소, 휘발성 유기화합물, 페놀, 중금속(구리, 납, 아연, 카드뮴 등) 항목 중 (㉠) 이상 항목이 측정 항목별 경보기준을 초과하는 경우
> 나. 생물감시 측정값이 생물감시 경보기준 농도를 초과하는 (㉡) 이상 지속적으로 초과하는 경우

㉮ ㉠1개, ㉡30분 ㉯ ㉠1개, ㉡1시간
㉰ ㉠2개, ㉡30분 ㉱ ㉠2개, ㉡1시간

79 개선명령을 받은 자가 개선명령을 이행하지 아니하거나 기간 이내에 이행은 하였으나 검사결과가 배출허용기준을 계속 초과할 때의 처분인 '조업정지명령'을 위반한 자에 대한 벌칙기준은?

㉮ 1년 이하의 징역 또는 1천만원 이하의 벌금
㉯ 3년 이하의 징역 또는 3천만원 이하의 벌금
㉰ 5년 이하의 징역 또는 5천만원 이하의 벌금
㉱ 7년 이하의 징역 또는 7천만원 이하의 벌금

풀이 ㉰ 5년 이하의 징역 또는 5천만원 이하의 벌금에 해당한다.

80 1일 폐수배출량이 2,000m³ 미만인 규모의 지역별, 항목별 수질오염 배출허용기준으로 옳지 않은 것은?

구분		BOD (mg/L)	TOC (mg/L)	SS (mg/L)
㉠	청정지역	40 이하	30 이하	40 이하
㉡	가 지역	60 이하	70 이하	60 이하
㉢	나 지역	120 이하	75 이하	120 이하
㉣	특례지역	30 이하	25 이하	30 이하

㉮ ㉠ ㉯ ㉡
㉰ ㉢ ㉱ ㉣

풀이 ① 1일 폐수배출량이 2,000m³ 미만인 경우 배출허용기준

구분	생물화학적 산소요구량 (mg/L)	총유기 탄소량 (mg/L)	부유물질량 (mg/L)
청정지역	40 이하	30 이하	40 이하
가 지역	80 이하	50 이하	80 이하
나 지역	120 이하	75 이하	120 이하
특례지역	30 이하	25 이하	30 이하

② 1일 폐수배출량이 2,000m³ 이상인 경우 배출허용기준

구분	생물화학적 산소요구량 (mg/L)	총유기 탄소량 (mg/L)	부유물질량 (mg/L)
청정지역	30 이하	25 이하	30 이하
가 지역	60 이하	40 이하	60 이하
나 지역	80 이하	50 이하	80 이하
특례지역	30 이하	25 이하	30 이하

answer 78 ㉰ 79 ㉰ 80 ㉯

2020년 1·2회 수질환경산업기사

2020년 6월 13일 시행

| 제1과목 | 수질오염개론

01 성층현상이 있는 호수에서 수온의 큰 변화가 있는 층은 어디인가?

㉮ hypolimnion ㉯ thermocline
㉰ sedimentation ㉱ epilimnion

풀이 성층현상이 있는 호수에서 수온의 큰 변화가 있는 층은 수온약층(thermocline)이다.

02 녹조류가 가장 많이 번식하였을 때 호수 표수층의 pH는 얼마인가?

㉮ 6.5 ㉯ 7.0
㉰ 7.5 ㉱ 9.0

풀이 녹조류가 가장 많이 번식하였을 때 호수에서는 광합성작용이 일어나며, 이 때 호수의 이산화탄소(CO_2)가 감소하므로 표수층의 pH는 9.0 이상으로 증가한다.

03 경도와 알칼리도에 관한 설명으로 옳지 않은 것은?

㉮ 총알칼리도는 M-알칼리도와 P-알칼리도를 합친 값이다.
㉯ '총경도 ≤ M-알칼리도' 일 때 '탄산경도 = 총경도'이다.
㉰ 알칼리도, 산도는 pH 4.5~8.3 사이에서 공존한다.
㉱ 알칼리도 유발물질은 CO_3^{2-}, HCO_3^-, OH^- 등이다.

풀이 ㉮ 총알칼리도(T-알칼리도)는 M-알칼리도이다.

04 비점오염원에 관한 설명으로 가장 거리가 먼 것은?

㉮ 광범위한 지역에 걸쳐 발생한다.
㉯ 강우시 발생되는 유출수에 의한 오염이다.
㉰ 발생량의 예측과 정량화가 어렵다
㉱ 대부분이 도시하수처리장에서 처리된다.

풀이 ㉱ 대부분 처리되지 못하고 하천으로 유입된다.

> **TIP**
> ① 점오염원 : 폐수배출시설, 하수발생시설, 축사 등으로 관거·수로 등을 통하여 일정한 지점으로 수질오염물질을 배출하는 배출원을 말한다.
> ② 비점오염원 : 도시, 도로, 농지, 산지, 공사장 등으로서 불특정 장소에서 불특정하게 수질오염물질을 배출하는 배출원을 말한다.

05 바닷물 중에는 0.054M의 $MgCl_2$가 포함되어 있다. 바닷물 250mL에는 몇 g의 $MgCl_2$가 포함되어 있는가? (단, 원자량 : Mg = 24.3, Cl = 35.5)

㉮ 약 0.8 ㉯ 약 1.3
㉰ 약 2.6 ㉱ 약 3.8

풀이 $MgCl_2$의 1mol = 95.3g

---

answer 01 ㉯ 02 ㉱ 03 ㉮ 04 ㉱ 05 ㉯

$$\frac{\text{mol}}{\text{L}} = \frac{w(g)}{V(L)} \times \frac{1\text{mol}}{\text{분자량}(g)}$$

$$0.054M(\text{mol/L}) = \frac{w(g)}{0.25L} \times \frac{1\text{mol}}{95.3g}$$

$$\therefore w = 1.29g$$

TIP
① M농도의 단위는 mol/L
② 1mol = 분자량(g)
③ $MgCl_2$의 분자량 = 24.3+35.5×2 = 95.3g

06 미생물에 관한 설명으로 옳지 않은 것은?

㉮ 진핵세포는 핵막이 있으나 원핵세포는 없다.
㉯ 세포소기관인 리보솜은 원핵세포에 존재하지 않는다.
㉰ 조류는 진핵미생물로 엽록체라는 세포소기관이 있다.
㉱ 진핵세포는 유사분열을 한다.

풀이 ㉯ 세포성분인 리보솜은 원핵세포에 존재한다.

07 Ca^{2+}이온의 농도가 20mg/L, Mg^{2+} 이온의 농도가 1.2mg/L인 물의 경도(mg/L as $CaCO_3$)는 얼마인가? (단, Ca = 40, Mg = 24)

㉮ 40   ㉯ 45
㉰ 50   ㉱ 55

풀이
$$\frac{\text{경도}(mg/L)}{50g} = \frac{Ca^{2+}mg/L}{20g} + \frac{Mg^{2+}mg/L}{12g}$$

$$= \frac{20mg/L}{20g} + \frac{1.2mg/L}{12g}$$

$$\therefore \text{경도} = 55mg/L$$

TIP
① 경도유발물질 : 2가 양이온 금속성 물질(Ca^{2+}, Mg^{2+}, Mn^{2+}, Fe^{2+}, Sr^{2+})
(암기법 : 경철망은 칼슘마 있스!!)

② 기준물질 : 탄산칼슘($CaCO_3$)

08 유해물질과 중독증상과의 연결이 잘못된 것은?

㉮ 카드뮴- 골연화증, 고혈압, 위장장애 유발
㉯ 구리 - 과다 섭취 시 구토와 복통, 만성중독 시 간경변 유발
㉰ 납 - 다발성 신경염, 신경장애 유발
㉱ 크롬 - 피부점막, 호흡기로 흡입되어 전신마비, 피부염 유발

풀이 ㉱ 크롬 - 비점막 염증, 간 및 신장 장애

09 수질오염의 정의는 오염물질이 수계의 자정능력을 초과하여 유입되어 수체가 이용목적에 적합하지 않게 된 상태를 의미하는데, 다음 중 수질오염현상으로 볼 수 없는 것은?

㉮ 수중에 산소가 고갈되어 지는 현상
㉯ 중금속의 유입에 따른 오염
㉰ 질소나 인과 같은 무기물질이 수계에 소량 유입되는 현상
㉱ 전염성 세균에 의한 오염

풀이 ㉰ 질소나 인과 같은 무기물질이 수계에 다량 유입되는 현상

10 크롬중독에 관한 설명으로 틀린 것은?

㉮ 크롬에 의한 급성중독의 특징은 심한 신장장애를 일으키는 것이다.
㉯ 3가 크롬은 피부흡수가 어려우나 6가 크롬은 쉽게 피부를 통과한다.
㉰ 자연 중의 크롬은 주로 3가 형태로 존재

answer 06 ㉯ 07 ㉱ 08 ㉱ 09 ㉰ 10 ㉱

한다.
㉣ 만성크롬 중독인 경우에는 BAL 등의 금속배설촉진제의 효과가 크다.

풀이 ㉣ 만성크롬 중독인 경우에는 BAL 등의 금속배설촉진제의 효과가 작다.

TIP
BAL(British anti-lewisite)는 중금속 중독에 대한 해독제이다.

11 Marson과 Kolkwitz의 하천자정 단계 중 심한 악취가 없어지고 수중 저니의 산화(수산화철 형성)로 인해 색이 호전되며 수질도에서 노란색으로 표시하는 수역은?

㉮ 강부수성 수역(Polysaprobic)
㉯ α-중부수성 수역(α-mesosaprobic)
㉰ β-중부수성 수역(β-mesosaprobic)
㉱ 빈부수성 수역(Oligosaprobic)

풀이 수질도 색깔별 표시
㉮ 강부수성 수역 : 적색(빨간색)
㉯ α-중부수성 수역 : 노란색
㉰ β-중부수성 수역 : 초록색
㉱ 빈부수성 수역 : 파란색

TIP
단계별 색깔 암기방법
빨강/노루알이/초록배타고/블루빈하네

12 25℃, pH 4.35인 용액에서 [OH⁻]의 농도(mol/L)는 얼마인가?

㉮ 4.47×10^{-5}
㉯ 6.54×10^{-7}
㉰ 7.66×10^{-9}
㉱ 2.24×10^{-10}

풀이 ① pH+pOH = 14

∴ pOH = 14-pH = 14-4.35 = 9.65
② pOH = -log[OH⁻]에서 [OH⁻] = 10^{-pOH} mol/L
따라서 pOH = 9.65이므로
[OH⁻] = 10^{-pOH} mol/L
= $10^{-9.65}$ mol/L = 2.24×10^{-10} mol/L

13 지하수의 특성을 지표수와 비교해서 설명한 것으로 옳지 않은 것은?

㉮ 경도가 높다.
㉯ 자정작용이 빠르다.
㉰ 탁도가 낮다.
㉱ 수온변동이 적다.

풀이 ㉯ 자정속도가 느리다.

14 화학반응에서 의미하는 산화에 대한 설명이 아닌 것은?

㉮ 산소와 화합하는 현상이다.
㉯ 원자가가 증가되는 현상이다.
㉰ 전자를 받아들이는 현상이다.
㉱ 수소화합물에서 수소를 잃는 현상이다.

풀이 ㉰ 전자를 내어주는 현상이다.

15 호수에서의 부영양화 현상에 관한 설명으로 옳지 않은 것은?

㉮ 질소, 인 등 영양물질의 유입에 의하여 발생된다.
㉯ 부영양화에서 주로 문제가 되는 조류는 남조류이다.
㉰ 성층현상에 의하여 부영양화가 더욱 촉진된다.
㉱ 조류제거를 위한 살조제는 주로 $KMnO_4$를 사용한다.

answer 11.㉯ 12.㉱ 13.㉯ 14.㉰ 15.㉱

풀이 ㉣ 조류제거를 위한 살조제는 주로 황산동($CuSO_4$)을 사용한다.

16 생물농축현상에 대한 설명으로 옳지 않은 것은?

㉮ 생물계의 먹이사슬이 생물농축에 큰 영향을 미친다.
㉯ 영양염이나 방사능 물질은 생물농축 되지 않는다.
㉰ 미나마타병은 생물농축에 의한 공해병이다.
㉱ 생체 내에서 분해가 쉽고, 배설률이 크면 농축이 되질 않는다.

풀이 ㉯ 영양염이나 방사능 물질은 생물농축이 된다.

17 음용수 중에 암모니아성 질소를 검사하는 것의 위생적 의미는?

㉮ 조류발생의 지표가 된다.
㉯ 자정작용의 기준이 된다.
㉰ 분뇨, 하수의 오염지표가 된다.
㉱ 냄새 발생의 원인이 된다.

풀이 음용수 중에 암모니아성 질소를 검사하는 위생적 의미는 분뇨, 하수의 오염지표이기 때문이다.

18 다음 수역 중 일반적으로 자정계수가 가장 큰 것은?

㉮ 폭포
㉯ 작은 연못
㉰ 완만한 하천
㉱ 유속이 빠른 하천

풀이 자정계수가 가장 큰 것은 유속이 가장 빠른 곳이므로 ㉮ 폭포가 정답이다.

19 용액의 농도에 관한 설명으로 옳지 않은 것은?

㉮ mole 농도는 용액 1L 중에 존재하는 용질의 gram 분자량의 수를 말한다.
㉯ 몰랄농도는 규정농도라고도 하며 용매 1000g 중에 녹아 있는 용질의 몰수를 말한다.
㉰ ppm과 mg/L를 엄격하게 구분하면 ppm = $(mg/L)/\rho_{sol}$ (ρ_{sol} : 용액의 밀도)로 나타낸다.
㉱ 노르말농도는 용액 1L 중에 녹아 있는 용질의 g당량수를 말한다.

풀이 ㉯ 몰랄농도는 용매 1kg에 녹아있는 용질의 몰수이다.

20 $PbSO_4$의 용해도는 물 1L당 0.038g이 녹는다. $PbSO_4$의 용해도적(K_{sp})은 얼마인가? (단, $PbSO_4$의 분자량은 303g이다.)

㉮ 1.5×10^{-8} ㉯ 1.5×10^{-4}
㉰ 0.8×10^{-8} ㉱ 0.8×10^{-4}

풀이 $PbSO_4 \rightleftarrows Pb^{2+} + SO_4^{2-}$
XM   XM   XM

① $PbSO_4$의 mol/L = $\dfrac{0.038g}{L} \times \dfrac{1mol}{303g}$
  = 1.254×10^{-4} mol/L
② K_{sp}(용해도적) = $[Pb^{2+}][SO_4^{2-}]$ = XM×XM = X^2
③ XM = 1.254×10^{-4} mol/L
③ K_{sp} = $(1.254 \times 10^{-4} mol/L)^2$
  = 1.5×10^{-8}

answer 16 ㉯ 17 ㉰ 18 ㉮ 19 ㉯ 20 ㉮

제2과목 | 수질오염방지기술

21 1차 처리된 분뇨의 2차 처리를 위해, 포기조, 2차 침전지로 구성된 활성슬러지 공정을 운영하고 있다. 운영조건이 다음과 같을 때 포기조 내의 고형물 체류시간(day)은 얼마인가? (단, 유입유량 = 200m³/day, 포기조 용량 = 1,000m³, 잉여슬러지 배출량 = 50m³/day, 반송슬러지 SS 농도 = 1%, MLSS 농도 = 2,500mg/L, 2차 침전지 유출수 SS농도 = 0mg/L)

㉮ 4   ㉯ 5
㉰ 6   ㉱ 7

[풀이]
$$SRT = \frac{MLSS \times V}{Q_w \times SS_w}$$
$$= \frac{2,500\,mg/L \times 1,000\,m^3}{50\,m^3/day \times 1 \times 10^4\,mg/L} = 5\,day$$

TIP
① 폐슬러지농도(SS_w) = 반송슬러지 농도(SS_r)
② SS_w 1% = 1×10^4 ppm = 1×10^4 mg/L
③ % $\xrightarrow{\times 10^4}$ ppm

22 이온교환법에 의한 수처리의 화학반응으로 다음 과정이 나타낸 것은?

$$2R\text{-}H + Ca^{2+} \rightarrow R_2\text{-}Ca + 2H^+$$

㉮ 재생과정   ㉯ 세척과정
㉰ 역세척과정 ㉱ 통수과정

[풀이] ㉱ 통수과정을 나타낸 화학반응이다.

TIP
① 반응식의 생성물에서 무해물질(H, OH)이 발생하면 통수반응
② 반응식의 생성물에서 유해물질(Na, Cl)이 발생하면 재생반응

23 암모니아성 질소를 Air Stripping할 때 (폐수 처리 시) 최적의 pH는 얼마인가?

㉮ 4   ㉯ 6
㉰ 8   ㉱ 10

[풀이] 수중의 암모니아성 질소 탈기법의 원리는 처리하고자 하는 폐수에 석회를 이용하여 pH 10 이상으로 조절한 후 공기를 불어 넣어 수중에 존재하는 암모니아성 질소를 암모니아 가스로 탈기하는 방법이다.

24 고도 정수처리 방법 중 오존처리의 설명으로 가장 거리가 먼 것은?

㉮ HOCl 보다 강력한 환원제이다.
㉯ 오존은 반드시 현장에서 생산하여야 한다.
㉰ 오존은 몇몇 생물학적 분해가 어려운 유기물을 생물학적 분해가 가능한 유기물로 전환시킬 수 있다.
㉱ 오존에 의해 처리된 처리수는 부착상 생물학적 접촉조인 입상 활성탄 속으로 통과시키는데, 활성탄에 부착된 미생물은 오존에 의해 일부 산화된 유기물을 무기물로 분해시키게 된다.

[풀이] ㉮ HOCl 보다 강력한 산화제이다.

25 하수처리장의 1차 침전지에 관한 설명 중 틀린 것은?

㉮ 표면부하율은 계획1일 최대오수량에 대하여 25~40m³/m²·day로 한다.
㉯ 슬러지 제거기를 설치하는 경우 침전지 바닥기울기는 1/100~1/200으로 완만

answer 21 ㉯ 22 ㉱ 23 ㉱ 24 ㉮ 25 ㉯

하게 설치한다.
ⓓ 슬러지제거를 위해 슬러지 바닥에 호퍼를 설치하며 그 측벽의 기울기는 60° 이상으로 한다.
ⓔ 유효수심은 2.5~4m를 표준으로 한다.

풀이 ⓓ 슬러지 제거기를 설치하는 경우 침전지 바닥기울기는 1/100~2/100로 설치한다.

26 고형물의 농도가 16.5%인 슬러지 200kg을 건조시켰더니 수분이 20%로 나타났다. 제거된 수분의 양(kg)은 얼마인가? (단, 슬러지 비중 = 1.0)

㉮ 127   ㉯ 132
㉰ 159   ㉱ 166

풀이 ① $W_1 \times TS_1 = W_2 \times (100-P_2)$
$200kg \times 16.5\% = W_2 \times (100-20)\%$
∴ $W_2 = 41.25kg$
② 제거된 수분의 양 = $W_1 - W_2$
= 200kg - 41.25kg
= 158.75kg

TIP
슬러지 공식
① $W_1 \times (100-P_1) = W_2 \times (100-P_2)$
② $TS_1 = 100-P_1$, $TS_2 = 100-P_2$
③ $P_1 = 100-TS_1$, $P_2 = 100-TS_2$

27 급속 여과에 대한 설명으로 가장 거리가 먼 것은?

㉮ 급속 여과는 용해성 물질제거에는 적합하지 않다.
㉯ 손실수두는 여과지의 면적에 따라 증가하거나 감소한다.
㉰ 급속 여과는 세균제거에 부적합하다.
㉱ 손실수두는 여과 속도에 영향을 받는다.

풀이 ㉯ 여과지의 면적은 손실수두에 영향을 미치지 않는다.

28 하수의 3차 처리공법인 A/O공정에서 포기조의 주된 역할을 가장 적합하게 설명한 것은?

㉮ 인의 방출   ㉯ 질소의 탈기
㉰ 인의 과잉섭취 ㉱ 탈질

풀이 A/O공정의 반응조 역할
① 호기성조 : 인의 과잉 섭취
② 혐기성조 : 유기물 제거 및 인의 방출

29 플러그흐름반응기가 1차 반응에서 폐수의 BOD가 90% 제거되도록 설계되었다. 속도상수 K가 0.3h⁻¹일 때 요구되는 체류시간(h)은 얼마인가?

㉮ 4.68   ㉯ 5.68
㉰ 6.68   ㉱ 7.68

풀이 1차반응식 : $\ln \dfrac{C_t}{C_o} = -k \times t$

$\ln \dfrac{(100-90)\%}{100\%} = -0.3/hr \times t$

∴ t = 7.68hr

30 포기조내 MLSS의 농도가 2,500mg/L이고, SV_{30}이 30%일 때 SVI(mL/g)는 얼마인가?

㉮ 85   ㉯ 120
㉰ 135   ㉱ 150

풀이 $SVI = \dfrac{SV(\%)}{MLSS(mg/L)} \times 10^4$

answer 26 ㉰ 27 ㉯ 28 ㉰ 29 ㉱ 30 ㉯

$$= \frac{30\%}{2,500\text{mg/L}} \times 10^4$$
$$= 120$$

TIP
① SVI : 슬러지 용적지수
② $\text{SVI} = \frac{\text{SV(mL/L)}}{\text{MLSS(mg/L)}} \times 10^3$
③ SVI가 50~150이면 정상 침강
④ SVI가 200 이상이면 슬러지 팽화 발생

31 1L 실린더의 250mL 침전 부피 중 TSS 농도가 3,050mg/L로 나타나는 포기조 혼합액의 SVI(mL/g)는 얼마인가?

㉮ 62　㉯ 72
㉰ 82　㉱ 92

풀이
$$\text{SVI} = \frac{\text{SV(mL/L)}}{\text{MLSS(mg/L)}} \times 10^3$$
$$= \frac{250\text{mL/L}}{3,050\text{mg/L}} \times 10^3$$
$$= 81.97\text{mL/g}$$

TIP
TSS 농도 = MLSS 농도

32 하루 5,000톤의 폐수를 처리하는 처리장에서 최초침전지의 Weir의 단위길이당 월류부하를 100m³/m·day로 제한할 때 최초침전지에 설치하여야 하는 월류 Weir의 유효길이(m)는 얼마인가?

㉮ 30　㉯ 40
㉰ 50　㉱ 60

풀이
$$100\text{m}^3/\text{m}\cdot\text{day} = \frac{5,000\text{m}^3/\text{day}}{L(\text{m})}$$
∴ L = 50m

TIP
폐수의 비중이 1.0ton/m³일 때
5,000ton/day = 5,000m³/day

33 Screen 설치부에 유속한계를 0.6m/sec 정도로 두는 이유는?

㉮ By pass를 사용
㉯ 모래의 퇴적현상 및 부유물이 찢겨나가는 것을 방지
㉰ 유지류 등의 scum을 제거
㉱ 용해성 물질을 물과 분리

풀이 스크린(Screen) 설치부에 유속한계를 0.6m/sec 정도로 두는 이유는 모래의 퇴적 현상 및 부유물이 찢겨나가는 것을 방지하기 위해서 이다.

34 일반적인 슬러지 처리공정을 순서대로 배치한 것은?

㉮ 농축→약품조정(개량)→유기물의 안정화→건조→탈수→최종처분
㉯ 농축→유기물의 안정화→약품조정(개량)→탈수→건조→최종처분
㉰ 약품조정(개량)→농축→유기물의 안정화→탈수→건조→최종처분
㉱ 유기물의 안정화→농축→약품조정(개량)→탈수→건조→최종처분

풀이 일반적인 슬러지 처리공정 순서는 농축(농축조)→유기물의 안정화(소화조)→약품조정(개량)→탈수→건조→최종처분 순이다.

answer 31 ㉰　32 ㉰　33 ㉯　34 ㉯

35 염소살균에 관한 설명으로 가장 거리가 먼 것은?

㉮ 염소살균강도는 HOCl > OCl⁻ > chloramines 순이다.
㉯ 염소살균력은 온도가 낮고, 반응시간이 길며, pH가 높을 때 강하다.
㉰ 염소요구량은 물에 가한 일정량의 염소와 일정한 기간이 지난 후에 남아 있는 유리 및 결합잔류염소와의 차이다.
㉱ 파괴점 염소주입법이란 파괴점 이상으로 염소를 주입하여 살균하는 것을 말한다.

풀이 ㉯ 염소살균력은 온도가 높고, 반응시간이 길며, pH가 낮을 때 강하다.

TIP
염소주입량 = 염소요구량+염소잔류량
(암기법) 주입은 요잔에 하세요!!

36 폐수처리 공정에서 발생하는 슬러지의 종류와 특징이 알맞게 연결된 것은?

㉮ 1차슬러지 - 성분이 주로 모래이므로 수거하여 매립한다.
㉯ 2차슬러지 - 생물학적 반응조의 후침전지 또는 2차 침전지에서 상등수로부터 분리된 세포물질이 주종을 이룬다.
㉰ 혐기성소화슬러지 - 슬러지의 색이 갈색 내지 흑갈색이며, 악취가 없고, 잘 소화된 것은 쉽게 탈수되고 생화학적으로 안정되어 있다.
㉱ 호기성소화슬러지 - 악취가 있고 부패성이 강하며, 쉽게 혐기성 소화시킬 수 있고, 비중이 크며, 염도도 높다.

풀이 ㉮ 1차슬러지 - 성분은 유기물과 부유물질이다.
㉰ 혐기성소화슬러지 - 악취가 있고 부패성이 강하며, 쉽게 혐기성 소화시킬 수 있고, 탈수가 용이하다.
㉱ 호기성소화슬러지 - 슬러지의 색이 갈색 내지 흑갈색이며, 악취가 없다.

37 염소 요구량이 5mg/L인 하수 처리수에 잔류염소 농도가 0.5mg/L가 되도록 염소를 주입하려고 할 때 염소 주입량(mg/L)은 얼마인가?

㉮ 4.5   ㉯ 5.0
㉰ 5.5   ㉱ 6.0

풀이 염소 주입량 = 염소 요구량 + 염소 잔류량
= 5mg/L + 0.5mg/L = 5.5mg/L

TIP
(암기법) 주입은 요잔에 하세요!!

38 폐수처리 시 염소소독을 실시하는 목적으로 가장 거리가 먼 것은?

㉮ 살균 및 냄새 제거
㉯ 유기물의 제거
㉰ 부식 통제
㉱ SS 및 탁도 제거

풀이 폐수처리 시 염소소독을 실시하는 목적
① 살균
② 유기물의 제거
③ 부식 통제
④ 냄새제거

39 물리·화학적 질소제거 공정이 아닌 것은?

㉮ Air Stripping
㉯ Breakpoint Chlorination
㉰ Ion Exchange
㉱ Sequencing Batch Reactor

풀이 ㉱ 연속회분식 활성슬러지법(Sequencing Batch

answer 39 ㉱ 40 ㉰ 41 ㉱ 38 ㉱ 39 ㉱

Reactor)은 생물학적 원리를 이용하여 폐수를 고도처리 하기 위한 공정으로 하나의 탱크에서 시차를 두고 유입, 반응, 침전, 유출 등의 각 과정을 거치는 공정으로 질소와 인을 동시에 처리할 수 있는 공법이다.

40 함수율 96%인 혼합슬러지를 함수율 80%의 탈수케이크로 만들었을 때 탈수 후 슬러지 부피는? (단, 탈수 후 슬러지 부피 = 탈수 후 슬러지 부피/탈수 전 슬러지부피, 탈리액으로 유출 된 슬러지의 양은 무시)

㉮ $\frac{1}{3}$ ㉯ $\frac{1}{4}$
㉰ $\frac{1}{5}$ ㉱ $\frac{1}{6}$

풀이 $V_1 \times (100-P_1) = V_2 \times (100-P_2)$
$V_1 \times (100-96) = V_2 \times (100-80)$
$\therefore \frac{V_2}{V_1} = \frac{(100-96)}{(100-80)} = \frac{4}{20} = \frac{1}{5}$

| 제3과목 | 수질오염공정시험기준

41 유도결합플라스마-원자발광분광법의 원리에 관한 다음 설명 중 ( )안의 내용으로 알맞게 짝지어진 것은?

시료를 고주파유도코일에 의하여 형성된 아르곤 플라스마에 도입하여 6,000K~8,000K에서 들뜬상태의 원자가 (㉠)로 전이할 때 (㉡) 하는 발광선 및 발광강도를 측정하여 원소의 정성 및 정량분석에 이용하는 방법이다.

㉮ ㉠ 들뜬상태, ㉡ 흡수
㉯ ㉠ 바닥상태, ㉡ 흡수
㉰ ㉠ 들뜬상태, ㉡ 방출
㉱ ㉠ 바닥상태, ㉡ 방출

풀이 ① 들뜬상태(여기상태) $\xrightarrow{\text{에너지 방출}}$ 바닥상태(기저상태)
② 바닥상태(기저상태) $\xrightarrow{\text{에너지 흡수}}$ 들뜬상태(여기상태)

42 구리의 측정(자외선/가시선 분광법 기준)원리에 관한 내용으로 ( )에 옳은 것은?

구리이온이 알칼리성에서 다이에틸 다이티오카르바민산나트륨과 반응하여 생성하는 ( )의 킬레이트 화합물을 아세트산 부틸로 추출하여 흡광도를 440nm에서 측정한다.

㉮ 황갈색   ㉯ 청색
㉰ 적갈색   ㉱ 적자색

풀이 구리의 자외선/가시선 분광법 암기사항
① 추출용매 : 아세트산부틸
② 발색되는 색 : 황갈색
③ 측정파장 : 440nm

43 다음 중 4각 위어에 의한 유량측정 공식은? (단, Q = 유량(m^3/min), K = 유량계수, h= 위어의 수두(m), b = 절단의 폭(m))

㉮ Q = $Kh^{5/2}$ ㉯ Q = $Kh^{3/2}$
㉰ Q = $Kbh^{5/2}$ ㉱ Q = $Kbh^{3/2}$

풀이 ① 삼각 위어의 유량공식 : Q = $Kh^{5/2}$
② 사각 위어의 유량공식 : Q = $Kbh^{3/2}$

answer 40 ㉰ 41 ㉱ 42 ㉮ 43 ㉱

44 박테리아가 산화되는 이론적인 식이다. 박테리아 100mg이 산화되기 위한 이론적 산소요구량(ThOD, g as O_2)은?

$$C_5H_7O_2N + 5O_2 \rightarrow 5CO_2 + 2H_2O + NH_3$$

㉮ 0.122 ㉯ 0.132
㉰ 0.142 ㉱ 0.152

풀이 $C_5H_7O_2N + 5O_2 \rightarrow 5CO_2 + 2H_2O + NH_3$
113g : 5×32g
$100×10^{-3}$g : X

$\therefore X = \dfrac{100 \times 10^{-3}g \times 5 \times 32g}{113g} = 0.142g$

TIP
① $C_5H_7O_2N$의 분자량 = 12×5 + 1×7 + 16×2 + 14 = 113
② mg $\xrightarrow{\times 10^{-3}}$ g

45 시료를 질산-과염소산으로 전처리하여야 하는 경우로 가장 적합한 것은?

㉮ 유기물 함량이 비교적 높지 않고 금속의 수산화물, 산화물, 인산염 및 황화물을 함유하고 있는 시료를 전처리하는 경우
㉯ 유기물을 다량 함유하고 있으면서 산화분해가 어려운 시료를 전처리하는 경우
㉰ 다량의 점토질 또는 규산염을 함유한 시료를 전처리하는 경우
㉱ 유기물 등을 많이 함유하고 있는 대부분의 시료를 전처리하는 경우

풀이 전처리방법
㉮ 질산-염산법
㉯ 질산-과염소산법
㉰ 질산-과염소산-불화수소산법
㉱ 질산-황산법

46 시험에 적용되는 온도 표시로 틀린 것은?

㉮ 실온 : (1~35)℃
㉯ 찬 곳 : 0℃ 이하
㉰ 온수 : (60~70)℃
㉱ 상온 : (15~25)℃

풀이 ㉯ 찬 곳 : (0~15)℃

47 총대장균군의 정성시험(시험관법)에 대한 설명 중 옳은 것은?

㉮ 완전시험에는 엔도 또는 EMB 한천배지를 사용한다.
㉯ 추정시험 시 배양온도는 (48±3)℃ 범위이다.
㉰ 추정시험에서 가스의 발생이 있으면 대장균군의 존재가 추정된다.
㉱ 확정시험 시 배지의 색깔이 갈색으로 되었을 때는 완전시험을 생략할 수 있다.

풀이 ㉮ 완전시험에는 BGLB배지를 사용한다.
㉯ 추정시험 시 배양온도는 (35±0.5)℃ 범위이다.
㉱ 확정시험 시 배지의 색깔이 적색으로 되었을 때는 완전시험을 생략할 수 있다.

48 물 속의 냄새를 측정하기 위한 시험에서 시료 부피 4mL와 무취 정제수(희석수) 부피 196mL인 경우 냄새역치(TON)는?

㉮ 0.02 ㉯ 0.5
㉰ 50   ㉱ 100

풀이 냄새역치(TON) = $\dfrac{A+B}{A}$

여기서 A : 시료 부피(mL)
B : 무취 정제수 부피(mL)

따라서 냄새역치(TON) = $\dfrac{4mL + 196mL}{4mL} = 50$

answer 44 ㉰ 45 ㉯ 46 ㉯ 47 ㉰ 48 ㉰

49 수질오염공정시험기준에서 진공이라 함은?

㉮ 따로 규정이 없는 한 15mmHg 이하를 말함
㉯ 따로 규정이 없는 한 15mmH₂O 이하를 말함
㉰ 따로 규정이 없는 한 4mmHg 이하를 말함
㉱ 따로 규정이 없는 한 4mmH₂O 이하를 말함

풀이 감압 또는 진공이라 함은 따로 규정이 없는 한 15mmHg 이하를 말한다.

50 유기물 함량이 비교적 높지 않고 금속의 수산화물, 산화물, 인산염 및 황화물을 함유하고 있는 시료에 적용되며 휘발성 또는 난용성 염화물을 생성하는 금속 물질의 분석에는 주의하여야 하는 시료의 전처리 방법(산분해법)으로 가장 적절한 것은?

㉮ 질산-염산법
㉯ 질산-황산법
㉰ 질산-과염소산법
㉱ 질산-불화수소산법

풀이 ㉮ 질산-염산법에 대한 설명이다.

TIP
암기법
염산 인(인산염) 금(금속)으로

51 기체크로마토그래피법으로 측정하지 않는 항목은?

㉮ 폴리클로리네이티드비페닐
㉯ 유기인
㉰ 비소
㉱ 알킬수은

풀이 비소의 시험방법으로는 수소화물생성-원자흡수분광광도법, 자외선/가시선 분광법, 유도결합플라스마-원자발광분광법, 유도결합플라스마-질량분석법, 양극벗김전압전류법이 있다.

52 노말헥산 추출물질 시험법은?

㉮ 중량법
㉯ 적정법
㉰ 자외선/가시선분광법
㉱ 원자흡수분광광도법

풀이 노말헥산 추출물질과 부유물질의 시험법은 중량법이다.

53 0.05N-KMnO₄ 4.0L를 만들려고 할 때 필요한 KMnO₄의 양(g)은? (단, 원자량 K =39, Mn = 55)

㉮ 3.2   ㉯ 4.6
㉰ 5.2   ㉱ 6.3

풀이
$$N = \frac{W(g)}{V(L)} \times \frac{1eq}{1당량g}$$

$$0.05N = \frac{W(g)}{4.0L} \times \frac{1eq}{158g/5}$$

∴ W = 6.32g

TIP
① N농도 = 노르말농도 = 규정농도
② N농도의 단위는 eq/L

answer 49 ㉮ 50 ㉮ 51 ㉰ 52 ㉮ 53 ㉱

③ 1eq = $\dfrac{분자량(g)}{당량수}$ = $\dfrac{158g}{5}$
④ $KMnO_4$의 분자량 = 39+55+16×4 = 158
⑤ $KMnO_4$의 당량수 = 전자이동수 = 5당량

54 흡광광도법으로 어떤 물질을 정량하는데 기본원리인 Lambert-Beer 법칙에 관한 설명 중 옳지 않은 것은?

㉮ 흡광도는 시료물질 농도에 비례한다.
㉯ 흡광도는 빛이 통과하는 시료 액층의 두께에 반비례한다.
㉰ 흡광계수는 물질에 따라 각각 다르다.
㉱ 흡광도는 투광도의 역대수이다.

풀이 ㉯ 흡광도는 빛이 통과하는 시료 액층의 두께에 비례한다.

TIP
① 흡광도(A) = $\varepsilon \times C \times L$
② 흡광도(A) = $\log \dfrac{1}{t}$ = $\log \dfrac{I_o}{I_t}$

55 원자흡수분광광도법은 원자의 어느 상태일 때 특유 파장의 빛을 흡수하는 현상을 이용한 것인가?

㉮ 여기상태 ㉯ 이온상태
㉰ 바닥상태 ㉱ 분자상태

풀이 원자흡수분광광도법은 원자의 바닥상태(기저상태)일 때의 특유 파장의 빛을 흡수하는 현상을 이용한다.

56 윙클러 아자이드화나트륨 변법(적정법)에 의한 DO 측정 시 시료에 Fe(Ⅲ) 100~200mg/L가 공존하는 경우에 시료전처리 과정에서 첨가하는 시약으로 옳은 것은?

㉮ 시안화나트륨용액
㉯ 플루오린화칼륨용액
㉰ 수산화망간용액
㉱ 황산은

풀이 윙클러 아자이드화나트륨 변법(적정법)에 의한 DO 측정 시 시료에 Fe(Ⅲ) 100~200mg/L가 공존하는 경우에 시료전처리 과정에서 첨가하는 시약은 플루오린화칼륨용액이다.

57 클로로필 a(chlorophyll-a) 측정에 관한 내용 중 옳지 않은 것은?

㉮ 클로로필 색소는 사염화탄소 적당량으로 추출한다.
㉯ 시료 적당량(100~2,000mL)을 유리섬유 여과지(GF/F, 47mm)로 여과 한다.
㉰ 663nm, 645nm, 630nm의 흡광도 측정은 클로로필 a, b 및 c를 결정하기 위한 측정이다.
㉱ 750nm는 시료 중의 현탁물질에 의한 탁도정도에 대한 흡광도이다.

풀이 ㉮ 클로로필 색소는 아세톤(9+1)용액으로 추출한다.

answer 54 ㉯ 55 ㉰ 56 ㉯ 57 ㉮

58 물벼룩을 이용한 급성 독성 시험법과 관련된 생태독성값(TU)에 대한 내용으로 ( )에 옳은 것은?

> 통계적 방법을 이용하여 반수영향농도 EC_{50} 값을 구한 후 ( )을 말한다.

㉮ 100에서 EC_{50} 값을 곱하여준 값
㉯ 100에서 EC_{50} 값을 나눠준 값
㉰ 10에서 EC_{50} 값을 곱하여준 값
㉱ 10에서 EC_{50} 값을 나눠준 값

[풀이] 생태독성값(Toxic Unit)은 통계적 방법을 이용하여 반수영향농도 EC_{50} 값을 구한 후 100에서 EC_{50} 값을 나눠준 값을 말한다.

59 시료의 전처리 방법(산분해법) 중 유기물 등을 많이 함유하고 있는 대부분의 시료에 적용하는 것은?

㉮ 질산법
㉯ 질산-염산법
㉰ 질산-황산법
㉱ 질산-과염소산법

[풀이] 유기물 등을 많이 함유하고 있는 대부분의 시료에는 질산-황산법을 적용한다.

TIP
(암기법) 황(황산) 높은(많은 유기물)

60 순수한 물 150mL에 에틸알코올(비중 0.79) 80mL를 혼합하였을 때 이 용액 중의 에틸알코올 농도(W/W%)는?

㉮ 약 30%   ㉯ 약 35%
㉰ 약 40%   ㉱ 약 45%

[풀이] W/W(%)

$$= \frac{80mL \times 0.79g/mL}{80mL \times 0.79g/mL + 150mL \times 1.0g/mL} \times 100$$
$$= 29.64\%$$

TIP
① 비중의 단위는 $g/cm^3 = g/mL = kg/L = ton/m^3$
② 비중의 용도 : 체적(mL) $\xrightarrow{\times 비중(g/mL)}$ 질량(g)
③ 비중의 용도 : 질량(g) $\xrightarrow{\div 비중(g/mL)}$ 체적(mL)
④ 에틸알코올 질량 = 80mL×0.79g/mL
⑤ 물의 질량 = 150mL×1.0g/mL
⑥ W/W(%) = $\frac{용질(g)}{용질(g) + 용매(g)}$

| 제4과목 | 수질환경관계법규

61 낚시금지, 제한구역의 안내판 규격에 관한 내용으로 옳은 것은?

㉮ 바탕색 : 흰색, 글씨 : 청색
㉯ 바탕색 : 청색, 글씨 : 흰색
㉰ 바탕색 : 녹색, 글씨 : 흰색
㉱ 바탕색 : 흰색, 글씨 : 녹색

[풀이] 낚시금지 및 제한구역의 안내판 규격은 바탕색은 청색이고 글씨는 흰색이다.

TIP
(암기법) 낚시 안내판은 바(바탕)청(청색)글(글씨)백(흰색)이다.

62 법적으로 규정된 환경기술인의 관리사항이 아닌 것은?

㉮ 환경오염방지를 위하여 환경부장관이 지시하는 부하량 통계 관리에 관한 사항
㉯ 폐수배출시설 및 수질오염방지시설의

---

answer 58 ㉯ 59 ㉰ 60 ㉮ 61 ㉯ 62 ㉮

관리에 관한 사항
㉰ 폐수배출시설 및 수질오염방지시설의 개선에 관한 사항
㉱ 운영일지의 기록·보존에 관한 사항

풀이 환경기술인의 관리사항
① 폐수배출시설 및 수질오염방지시설의 관리에 관한 사항
② 폐수배출시설 및 수질오염방지시설의 개선에 관한 사항
③ 폐수배출시설 및 수질오염방지시설의 운영에 관한 기록부의 기록·보존에 관한 사항
④ 운영일지의 기록·보존에 관한 사항
⑤ 수질오염물질의 측정에 관한 사항
⑥ 그 밖에 환경오염방지를 위하여 시·도지사가 지시하는 사항

63 수질오염방지시설 중 물리적 처리시설에 해당되는 것은?

㉮ 응집시설   ㉯ 흡착시설
㉰ 이온교환시설 ㉱ 침전물개량시설

풀이 ㉮번은 물리적 처리시설이고, ㉯, ㉰, ㉱번은 화학적 처리시설에 해당한다.

64 사업장별 환경기술인의 자격기준에 해당하지 않는 것은?

㉮ 방지시설 설치면제 대상인 사업장과 배출시설에서 배출되는 수질오염물질 등을 공동방지시설에서 처리하게 하는 사업장은 제4종사업장·제5종사업장에 해당하는 환경기술인을 둘 수 있다.
㉯ 연간 90일 미만 조업하는 제1종부터 제3종까지의 사업장은 제4종사업장·제5종사업장에 해당하는 환경기술인을 선임할 수 있다.
㉰ 대기환경기술인으로 임명된 자가 수질환경 기술인의 자격을 함께 갖춘 경우에는 수질환경기술인을 겸임할 수 있다.
㉱ 공동방지시설의 경우에는 폐수 배출량이 제1종, 제2종사업장 규모에 해당하는 경우 제3종사업장에 해당하는 환경기술인을 둘 수 있다.

풀이 ㉱ 공동방지시설의 경우에는 폐수 배출량이 제4종, 제5종사업장 규모에 해당하는 경우 제3종사업장에 해당하는 환경기술인을 두어야 한다.

65 환경부장관은 가동개시신고를 한 폐수무방류 배출시설에 대하여 10일 이내에 허가 또는 변경허가의 기준에 적합한지 여부를 조사하여야 한다. 이 규정에 의한 조사를 거부·방해 또는 기피한 자에 대한 벌칙 기준은?

㉮ 500만원 이하의 벌금
㉯ 1년 이하의 징역 또는 1천만원 이하의 벌금
㉰ 2년 이하의 징역 또는 2천만원 이하의 벌금
㉱ 3년 이하의 징역 또는 3천만원 이하의 벌금

풀이 ㉯ 1년 이하의 징역 또는 1천만원 이하의 벌금에 해당한다.

66 환경기술인의 임명신고에 관한 기준으로 옳은 것은? (단, 환경기술인을 바꾸어 임명하는 경우)

㉮ 바꾸어 임명한 즉시 신고하여야 한다.
㉯ 바꾸어 임명한 후 3일 이내에 신고하여야 한다.
㉰ 그 사유가 발생한 즉시 신고하여야 한다.

answer 63 ㉮ 64 ㉱ 65 ㉯ 66 ㉱

㉣ 그 사유가 발생한 날부터 5일 이내에 신고하여야 한다.

풀이 환경기술인의 임명신고
① 최초로 배출시설을 설치하는 경우 : 가동시작 신고와 동시에
② 환경기술인을 바꾸어 임명하는 경우 : 그 사유가 발생한 날부터 5일 이내

67 초과배출부과금의 부과 대상 수질오염물질이 아닌 것은?

㉮ 트리클로로에틸렌
㉯ 노말헥산추출물질함유량(광유류)
㉰ 유기인화합물
㉱ 총질소

풀이 초과배출부과금의 부과 대상 수질오염물질은 유기물질, 부유물질, 총질소, 총인, 크롬 및 그 화합물, 망간 및 그 화합물, 아연 및 그 화합물, 페놀류, 시안화합물, 구리 및 그 화합물, 카드뮴 및 그 화합물, 수은 및 그 화합물, 유기인화합물, 비소 및 그 화합물, 납 및 그 화합물, 6가크롬 화합물, 폴리염화비페닐, 트리클로로에틸렌, 테트라클로로에틸렌이 있다.

68 비점오염저감시설(식생형 시설)의 관리, 운영 기준에 관한 내용으로 ( )에 옳은 내용은?

> 식생수로 바닥의 퇴적물이 처리용량의 ( )를 초과하는 경우는 침전된 토사를 제거하여야 한다.

㉮ 10% ㉯ 15%
㉰ 20% ㉱ 25%

풀이 식생수로 바닥의 퇴적물이 처리용량의 25%를 초과하는 경우는 침전된 토사를 제거하여야 한다.

69 폐수처리업자에게 폐수처리업의 등록을 취소하거나 6개월 이내의 기간을 정하여 영업정지를 명할 수 있는 경우가 아닌 것은?

㉮ 다른 사람에게 등록증을 대여한 경우
㉯ 1년에 2회 이상 영업정지처분을 받은 경우
㉰ 등록 후 1년 이내에 영업을 개시하지 않은 경우
㉱ 영업정지처분 기간에 영업행위를 한 경우

풀이 폐수처리업의 등록 취소 사유
① 거짓이나 그 밖의 부정한 방법으로 등록한 경우
② 등록 후 2년 이내에 영업을 시작하지 아니하거나 계속하여 2년 이상 영업실적이 없는 경우
③ 해양환경관리법에 따른 배출해역 지정기간이 끝나거나 폐기물 해양배출업의 등록이 취소되어 기술능력 · 시설 및 장비기준을 유지할 수 없는 경우

70 환경기술인의 교육기관으로 옳은 것은?

㉮ 환경관리공단
㉯ 한국환경보전원
㉰ 환경기술연수원
㉱ 국립환경인재발원

풀이 교육기관
① 환경기술인 : 한국환경보전원
② 측정기기 관리대행업에 등록된 기술인력 : 국립환경인재개발원, 한국상하수도협회
③ 폐수처리업에 종사하는 기술요원 : 국립환경인재개발원

answer 67 ㉯ 68 ㉱ 69 ㉰ 70 ㉯

71 비점오염원의 변경신고 기준으로 틀린 것은?

㉮ 상호·대표자·사업명 또는 업종의 변경
㉯ 총 사업면적·개발면적 또는 사업장 부지면적이 처음 신고면적의 100분의 30 이상 증가하는 경우
㉰ 비점오염저감시설의 종류, 위치, 용량이 변경되는 경우
㉱ 비점오염원 또는 비점오염저감시설의 전부 또는 일부를 폐쇄하는 경우

풀이 ㉯ 총 사업면적·개발면적 또는 사업장 부지면적이 처음 신고면적의 100분의 15 이상 증가하는 경우

72 수계영향권별로 배출되는 수질오염물질을 총량으로 관리할 수 있는 주체는?

㉮ 대통령   ㉯ 국무총리
㉰ 시·도지사   ㉱ 환경부장관

풀이 수계영향권별로 배출되는 수질오염물질을 총량으로 관리할 수 있는 주체는 환경부장관이다.

73 기본부과금산정 시 방류수수질기준을 100% 초과한 사업자에 대한 부과계수는?

㉮ 2.4   ㉯ 2.6
㉰ 2.8   ㉱ 3.0

풀이 방류수 수질기준 초과율 부과계수
① 초과율 10% 미만 : 1.0
② 초과율 10% 이상 ~ 20% 미만 : 1.2
③ 초과율 20% 이상 ~ 30% 미만 : 1.4
④ 초과율 30% 이상 ~ 40% 미만 : 1.6
⑤ 초과율 40% 이상 ~ 50% 미만 : 1.8
⑥ 초과율 50% 이상 ~ 60% 미만 : 2.0
⑦ 초과율 60% 이상 ~ 70% 미만 : 2.2
⑧ 초과율 70% 이상 ~ 80% 미만 : 2.4
⑨ 초과율 80% 이상 ~ 90% 미만 : 2.6
⑩ 초과율 90% 이상 ~ 100%까지 : 2.8

TIP 초과율 10% 증가 시 → 부과계수 0.2씩 증가

74 환경기술인 등의 교육기간, 대상자 등에 관한 내용으로 틀린 것은?

㉮ 폐수처리업에 종사하는 기술요원의 교육기관은 국립환경인재개발원이다.
㉯ 환경기술인과정과 측정기기 관리대행 기술인력과정, 폐수처리기술요원 과정의 교육기간은 3일 이내로 한다.
㉰ 최초교육은 환경기술인 등이 최초로 업무에 종사한 날부터 1년 이내에 실시하는 교육이다.
㉱ 보수교육은 최초교육 후 3년 마다 실시하는 교육이다.

풀이 ㉯ 환경기술인과정과 측정기기 관리대행 기술인력과정, 폐수처리기술요원 과정의 교육기간은 4일 이내로 한다.

75 호소의 수질상황을 고려하여 낚시금지구역을 지정할 수 있는 자는?

㉮ 환경부장관
㉯ 중앙환경정책위원회
㉰ 시장·군수·구청장
㉱ 수면관리기관장

풀이 호소의 수질상황을 고려하여 낚시금지구역을 지정할 수 있는 자는 시장·군수·구청장이다.

answer 71 ㉯ 72 ㉱ 73 ㉰ 74 ㉯ 75 ㉰

76 1일 폐수배출량이 1,500m³인 사업장의 규모로 옳은 것은?

㉮ 제1종 사업장 ㉯ 제2종 사업장
㉰ 제3종 사업장 ㉱ 제4종 사업장

풀이 1일 폐수배출량이 1,500m³인 사업장의 규모는 제2종 사업장에 해당한다.

TIP
사업장 규모(1일 폐수배출량 기준)
① 제1종 : 2,000m³ 이상
② 제2종 : 700m³ 이상 2,000m³ 미만
③ 제3종 : 200m³ 이상 700m³ 미만
④ 제4종 : 50m³ 이상 200m³ 미만
⑤ 제5종 : 50m³ 미만

77 수질 및 수생태계 환경기준인 수질 및 수생태계 상태별 생물학적 특성 이해표에 관한 내용 중 생물 등급이 [약간나쁨~매우나쁨] 생물지표종(어류)으로 틀린 것은?

㉮ 피라미 ㉯ 미꾸라지
㉰ 메기   ㉱ 붕어

풀이 생물 등급이 [약간나쁨~매우나쁨] 생물지표종(어류)으로는 붕어, 잉어, 미꾸라지, 메기 등이다.

78 환경부장관은 개선명령을 받은 자가 개선명령을 이행하지 아니하거나 기간 이내에 이행은 하였으나 배출허용기준을 계속 초과할 때에는 해당 배출시설의 전부 또는 일부에 대한 조업 정지를 명할 수 있다. 이에 따른 조업정지 명령을 위반한 자에 대한 벌칙기준은?

㉮ 1년 이하의 징역 또는 1천만원 이하의 벌금
㉯ 2년 이하의 징역 또는 2천만원 이하의 벌금
㉰ 3년 이하의 징역 또는 3천만원 이하의 벌금
㉱ 5년 이하의 징역 또는 5천만원 이하의 벌금

풀이 ㉱ 5년 이하의 징역 또는 5천만원 이하의 벌금에 해당한다.

79 수질 및 수생태계 환경기준 중 하천에서 생활환경 기준의 등급별 수질 및 수생태계 상태에 관한 내용으로 ( )에 옳은 내용은?

> 보통 : 보통의 오염물질로 인하여 용존산소가 소모되는 일반 생태계로 여과, 침전, 활성탄 투입, 살균 등 고도의 정수처리 후 생활용수로 이용하거나 일반적 정수처리 후 ( )로 사용할 수 있음

㉮ 재활용수 ㉯ 농업용수
㉰ 수영용수 ㉱ 공업용수

풀이 보통 등급은 보통의 오염물질로 인하여 용존산소가 소모되는 일반 생태계로 여과, 침전, 활성탄 투입, 살균 등 고도의 정수처리 후 생활용수로 이용하거나 일반적 정수처리 후 공업용수로 사용할 수 있다.

80 공공수역 중 환경부령으로 정하는 수로가 아닌 것은?

㉮ 지하수로 ㉯ 농업용수로
㉰ 상수관로 ㉱ 운하

풀이 공공수역 중 환경부령으로 정하는 수로는 지하수로, 농업용수로, 하수관로, 운하이다.

answer 76 ㉯ 77 ㉮ 78 ㉱ 79 ㉱ 80 ㉰

2020년 3회 수질환경산업기사

2020년 8월 23일 시행

| 제1과목 | 수질오염개론

01 Wipple의 하천의 생태변화에 따른 4지대 구분 중 분해지대에 관한 설명으로 옳지 않은 것은?

㉮ 오염에 잘 견디는 곰팡이류가 심하게 번식한다.
㉯ 여름철 온도에서 DO 포화도는 45% 정도에 해당된다.
㉰ 탄산가스가 줄고 암모니아성 질소가 증가한다.
㉱ 유기물 혹은 오염물을 운반하는 하수거의 방출지점과 가까운 하류에 위치한다.

[풀이] ㉰ 탄산가스의 양이 증가하고, 용존산소량이 크게 줄어든다.

02 수중의 암모니아를 함유한 용액은 다음과 같은 평형 때문에 수산화암모늄이라고 한다.

$$NH_3 + H_2O \leftrightarrow NH_4^+ + OH^-$$

0.25M-NH₃ 용액 500mL를 만들기 위한 시약의 부피(mL)는? (단, NH₃ 분자량 17.03, 진한 수산화암모늄 용액(28.0wt%의 NH₃ 함유)의 밀도 = 0.899g/cm³)

㉮ 4.23   ㉯ 8.46   ㉰ 14.78   ㉱ 29.56

[풀이]
① $M = \dfrac{0.899g}{cm^3} \times \dfrac{10^3 cm^3}{1L} \times \dfrac{1mol}{17.03g} \times \dfrac{28.0\%}{100}$
  $= 14.781M$
② $0.25M \times 500mL = 14.781M \times V$
  $\therefore V = 8.46M$

TIP
① M농도 = mol/L
② wt% = 중량농도(%)
③ cm³ = mL

03 적조의 발생에 관한 설명으로 옳지 않은 것은?

㉮ 정체해역에서 일어나기 쉬운 현상이다.
㉯ 강우에 따라 오염된 하천수가 해수에 유입될 때 발생될 수 있다.
㉰ 수괴의 연직 안정도가 크고 독립해 있을 때 발생한다.
㉱ 해역의 영양 부족 또는 염소농도 증가로 발생된다.

[풀이] ㉱ 해역의 영양 과잉 또는 염소농도 감소로 발생된다.

answer 01 ㉰ 02 ㉯ 03 ㉱

04 산소 포화농도가 9.14mg/L인 하천에서 t=0일 때 DO 농도가 6.5mg/L라면 물이 3일 및 5일 흐른 후 하류에서의 DO농도(mg/L)는? (단, 최종 BOD = 11.3mg/L, k_1 =0.1/day, k_2 = 0.2/day, 상용대수 기준)

㉮ 3일 후 = 5.7, 5일 후 = 6.1
㉯ 3일 후 = 5.7, 5일 후 = 6.4
㉰ 3일 후 = 6.1, 5일 후 = 7.1
㉱ 3일 후 = 6.1, 5일 후 = 7.4

풀이
$$D_t = \frac{k_1 \times L_0}{k_2-k_1} \times (10^{-k_1 \times t} - 10^{-k_2 \times t}) + D_0 \times (10^{-k_2 \times t})$$

여기서
- D_t : t시간 후 DO 부족농도(mg/L)
- k_1 : 탈산소계수(/day)
- k_2 : 재포기계수(/day)
- L_0 : 최종 BOD(mg/L)
- D_0 : 초기산소 부족량(mg/L)
- D_0 = 포화 DO 농도(C_S)-하천의 DO 농도(C)
  = 9.14mg/L-6.5mg/L = 2.64mg/L

① 3일 유하 후 하류에서의 DO농도

$D_{3day} = \frac{0.1/day \times 11.3mg/L}{0.2/day - 0.1/day}$
$\times (10^{-0.1/day \times 3day} - 10^{-0.2/day \times 3day}) + 2.64mg/L$
$\times (10^{-0.2/day \times 3day}) = 3.488mg/L$

따라서 하류에서의 DO 농도
= $C_S - D_{3day}$ = 9.14mg/L - 3.488mg/L = 5.65mg/L

② 5일 유하 후 하류에서의 DO농도

$D_{5day} = \frac{0.1/day \times 11.3mg/L}{0.2/day - 0.1/day}$
$\times (10^{-0.1/day \times 5day} - 10^{-0.2/day \times 5day}) + 2.64mg/L$
$\times (10^{-0.2/day \times 5day}) = 2.707mg/L$

따라서 하류에서의 DO 농도
= $C_S - D_{5day}$ = 9.14mg/L - 2.707mg/L = 6.43mg/L

05 수중의 질소순환과정인 질산화 및 탈질 순서를 옳게 나타낸 것은?

㉮ $NH_3 \to NO_2^- \to NO_3^- \to NO_2^- \to N_2$
㉯ $NO_3^- \to NO_2^- \to NH_3 \to NO_2^- \to N_2$
㉰ $NO_3^- \to NO_2^- \to N_2 \to NH_3 \to NO_2^-$
㉱ $N_2 \to NH_3 \to NO_3^- \to NO_2^-$

풀이
① 질산화 과정 : NH_3-N → NO_2^--N → NO_3^--N
② 탈질화 과정 : NO_3^--N → NO_2^--N → 대기중 N_2

06 미생물의 증식 단계를 가장 올바른 순서대로 연결한 것은?

㉮ 정지기 - 유도기 - 대수증식기 - 사멸기
㉯ 대수증식기 - 유도기 - 사멸기 - 정지기
㉰ 유도기 - 대수증식기 - 사멸기 - 정지기
㉱ 유도기 - 대수증식기 - 정지기 - 사멸기

풀이 미생물의 증식 단계는 유도기 - 대수증식기 - 정지기 - 사멸기 순서이다.

07 하천에 유기물질이 배출되었을 때 수질변화를 나타낸 것으로 (2)곡선이 나타내는 수질지표로 가장 적절한 것은?

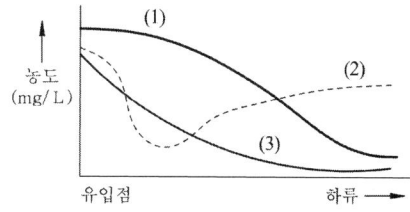

㉮ DO ㉯ BOD
㉰ SS ㉱ COD

풀이 (1) BOD(생물화학적 산소요구량)
(2) DO(용존산소)
(3) SS(부유물질)

answer 04 ㉯ 05 ㉮ 06 ㉱ 07 ㉮

08 호소에서 계절에 따른 물의 분포와 혼합 상태에 관한 설명으로 옳은 것은?

㉮ 겨울철 심수층은 혐기성 미생물의 증식으로 유기물이 적정하게 분해되어 수질이 양호하게 된다.
㉯ 봄, 가을에는 물의 밀도 변화에 의한 전도현상(Turn over)이 일어난다.
㉰ 깊은 호수의 경우 여름철의 심수층 수온변화는 수온약층보다 크다.
㉱ 여름철에는 표수층과 심수층 사이에 수온의 변화가 거의 없는 수온약층이 존재한다.

풀이
㉮ 겨울철 심수층은 혐기성 미생물의 증식으로 유기물이 분해되어 수질이 나빠진다.
㉰ 깊은 호수의 경우 여름철의 심수층 수온변화는 수온약층보다 작다.
㉱ 여름철에는 표수층과 심수층 사이에 수온의 변화가 큰 수온약층이 존재한다.

09 호소의 수질검사결과, 수온이 18℃, DO 농도가 11.5mg/L이었다. 현재 이 호소의 상태에 대한 설명으로 가장 적합한 것은?

㉮ 깨끗한 물이 계속 유입되고 있다.
㉯ 대기 중의 산소가 계속 용해되고 있다.
㉰ 수서 동물이 많이 서식되고 있다.
㉱ 조류가 다량 증식하고 있다.

풀이 용존산소(DO)가 많이 존재한다는 의미는 조류가 광합성작용을 한다는 의미이므로 물 속에 조류가 다량 증식하고 있다.

TIP
정답을 찾기 위한 연상 단어
호소 - DO 농도 증가 - 조류 과다

10 수중의 용존산소에 대한 설명으로 옳지 않은 것은?

㉮ 수온이 높을수록 용존산소량은 감소한다.
㉯ 용존염류의 농도가 높을수록 용존산소량은 감소한다.
㉰ 같은 수온 하에서는 담수보다 해수의 용존산소량이 높다.
㉱ 현존 용존산소 농도가 낮을수록 산소전달율은 높아진다.

풀이 ㉰ 같은 수온 하에서는 담수보다 해수의 용존산소량이 낮다.

11 분뇨처리과정에서 병원균과 기생충란을 사멸시키기 위한 가장 적절한 온도는?

㉮ 25~30℃ ㉯ 35~40℃
㉰ 45~50℃ ㉱ 55~60℃

풀이 분뇨처리과정에서 병원균과 기생충란을 사멸시키기 위한 적절한 온도는 55~60℃이다.

12 물의 특성으로 옳지 않은 것은?

㉮ 유용한 용매   ㉯ 수소결합
㉰ 비극성 형성   ㉱ 육각형 결정구조

풀이 ㉰ 극성 형성

TIP
① 극성 : 비대칭구조를 가지며, 물에 잘 녹는다.
② 비극성 : 대칭구조를 가지며, 물에 잘 녹지 않는다.

answer 08 ㉯ 09 ㉱ 10 ㉰ 11 ㉱ 12 ㉰

13 우리나라 물의 이용 형태별로 볼 때 가장 수요가 많은 것은?

㉮ 생활용수 ㉯ 공업용수
㉰ 농업용수 ㉱ 유지용수

풀이 우리나라 물의 이용현황은 농업용수 > 하천유지용수 > 생활용수 > 공업용수 순이다.

14 자연계에서 발생하는 질소의 순환에 관한 설명으로 옳지 않은 것은?

㉮ 공기 중 질소를 고정하는 미생물은 박테리아와 곰팡이로 나누어진다.
㉯ 암모니아성질소는 호기성조건하에서 탈질균의 활동에 의해 질소로 변환된다.
㉰ 질산화 박테리아는 화학합성을 하는 독립영양미생물이다.
㉱ 질산화과정 중 암모니아성질소에서 아질산성질소로 전환되는 것보다 아질산성질소에서 질산성질소로 전환되는 것이 적은 양의 산소가 필요하다.

풀이 ㉯ 암모니아성질소는 호기성조건하에서 아질산균의 활동에 의해 아질산염으로 변환된다.

15 전해질 M_2X_3의 용해도적 상수에 대한 표현으로 옳은 것은?

㉮ $K_{sp} = [M^{3+}]^2[X^{2-}]^3$
㉯ $K_{sp} = [2M^{3+}][3X^{2-}]$
㉰ $K_{sp} = [2M^{3+}]^2[3X^{2-}]^3$
㉱ $K_{sp} = [M^{3+}][X^{2-}]$

풀이 $M_2X_3 \rightarrow 2M^{3+} + 3X^{2-}$
용해도적$(K_{sp}) = [M^{3+}]^2[X^{2-}]^3$

16 수분함량 97%의 슬러지 14.7m^3를 수분함량 85%로 농축하면 농축 후 슬러지 용적(m^3)은? (단, 슬러지 비중 = 1.0)

㉮ 1.92 ㉯ 2.94
㉰ 3.21 ㉱ 4.43

풀이 $V_1 \times (100-P_1) = V_2 \times (100-P_2)$
여기서
V_1 : 농축 전 슬러지량(m^3)
P_1 : 농축 전 함수율(%)
V_2 : 농축 후 슬러지량(m^3)
P_2 : 농축 후 함수율(%)
따라서 $14.7m^3 \times (100-97) = V_2 \times (100-85)$
∴ $V_2 = \dfrac{14.7m^3 \times (100-97)}{(100-85)} = 2.94m^3$

17 0.04 M NaOH용액의 농도(mg/L)는?
(단, 원자량 Na = 23)

㉮ 1,000 ㉯ 1,200
㉰ 1,400 ㉱ 1,600

풀이 $\dfrac{mg}{L} = \dfrac{0.04mol}{L} \times \dfrac{40g}{1mol} \times \dfrac{10^3 mg}{1g}$
$= 1,600mg/L$

TIP
① M농도의 단위는 mol/L
② 1mol = 분자량(g)
③ NaOH의 분자량 = 23+16+1 = 40g

18 탄광폐수가 하천, 호수 또는 저수지에 유입할 경우 발생될 수 있는 오염의 형태로 옳지 않은 것은?

㉮ 부식성이 높은 수질이 될 수 있다.
㉯ 대체적으로 물의 pH를 낮춘다.
㉰ 비탄산경도를 높이게 한다.
㉱ 일시경도를 높이게 된다.

answer 13 ㉰ 14 ㉯ 15 ㉮ 16 ㉯ 17 ㉱ 18 ㉱

풀이 ㉣ 영구경도(비탄산경도)를 높이게 된다.

19 20℃ 5일 BOD가 50mg/L인 하수의 2일 BOD(mg/L)는? (단, 20℃, 탈산소계수 k = 0.23/day이고, 자연대수 기준)

㉮ 21　　　㉯ 24
㉰ 27　　　㉱ 29

풀이 ① $BOD_5 = BOD_u \times (1-e^{-k \times t})$
$50mg/L = BOD_u \times (1-e^{-0.23/day \times 5day})$
$\therefore BOD_u = \frac{50mg/L}{(1-e^{-0.23/day \times 5day})} = 73.17mg/L$
② $BOD_2 = BOD_u \times (1-e^{-k \times t})$
$= 73.17mg/L \times (1-e^{-0.23/day \times 2day})$
$= 26.98mg/L$

20 폐수의 분석결과 COD가 450mg/L이고 BOD_5가 300mg/L였다면 NBDCOD (mg/L)는? (단, 탈산소계수 k_1 = 0.2/day, base는 상용대수)

㉮ 약 76　　　㉯ 약 84
㉰ 약 117　　　㉱ 약 136

풀이 ① BOD_5 공식을 이용해 최종 $BOD(BOD_u)$를 계산한다.
$BOD_5 = BOD_u \times (1-10^{-k_1 \times t})$
$300mg/L = BOD_u \times (1-10^{-0.2/day \times 5day})$
$\therefore BOD_u = \frac{300mg/L}{(1-10^{-0.2/day \times 5day})} = 333.33mg/L$
② COD = BDCOD+NBDCOD를 계산한다.
NBDCOD = COD-BDCOD
$= 450mg/L - 333.33mg/L$
$= 116.67mg/L$

TIP
① $BDCOD = BOD_u$: 생물학적 분해가능한 COD
② NBDCOD : 생물학적 분해 불가능한 COD

| 제2과목 | 수질오염방지기술

21 고형물 농도 10g/L인 슬러지를 하루 $480m^3$ 비율로 농축 처리하기 위해 필요한 연속식 슬러지 농축조의 표면적(m^2)은? (단, 농축조의 고형물 부하 = $4kg/m^2 \cdot hr$)

㉮ 50　　　㉯ 100
㉰ 150　　　㉱ 200

풀이 $4kg/m^2 \cdot hr = \frac{10kg/m^3 \times 480m^3/day \times 1day/24hr}{A(m^2)}$
$\therefore A = 50m^2$

TIP
$g/L = kg/m^3$

22 폭 2m, 길이 15m인 침사지에 100cm의 수심으로 폐수가 유입할 때 체류시간이 50sec이라면 유량(m^3/hr)은?

㉮ 2,025　　　㉯ 2,160
㉰ 2,240　　　㉱ 2,530

풀이 유량(m^3/hr) $= \frac{2m \times 15m \times 1m}{50sec \times 1hr/3,600sec}$
$= 2,160 m^3/hr$

23 처리수의 BOD농도가 5mg/L인 폐수처리 공정의 BOD 제거효율은 1차 처리 40%, 2차 처리 80%, 3차 처리 15%이다. 이 폐수처리 BOD농도(mg/L)는?

㉮ 39　　　㉯ 49
㉰ 59　　　㉱ 69

풀이 $\left(1 - \frac{BOD_o}{BOD_i}\right) = 1-(1-\eta_1) \times (1-\eta_2) \times (1-\eta_3)$

answer 19 ㉰　20 ㉰　21 ㉮　22 ㉯　23 ㉯

$$\left(1 - \frac{5\text{mg/L}}{\text{BOD}_i}\right) = 1-(1-0.4)\times(1-0.8)\times(1-0.15)$$
$$\therefore \text{BOD}_i = 49.02\text{mg/L}$$

24 일반적인 도시하수 처리 순서로 알맞은 것은?

㉮ 스크린 - 침사지 - 1차침전지 - 포기조 - 2차침전지 - 소독
㉯ 스크린 - 침사지 - 포기조 - 1차침전지 - 2차침전지 - 소독
㉰ 소독 - 스크린 - 침사지 - 1차침전지 - 포기조 - 2차침전지
㉱ 소독 - 스크린 - 침사지 - 포기조 - 1차침전지 - 2차침전지

풀이 일반적인 도시하수 처리 순서는 스크린 - 침사지 - 1차침전지 - 포기조 - 2차침전지 - 소독 순서이다.

25 폐수량 20,000m³/day, 체류시간 30분, 속도경사 40sec⁻¹의 응집침전지를 설계할 때 교반기 모터의 동력효율을 60%로 예상한다면 응집침전조의 교반기에 필요한 모터의 총동력(W)은? (단, $\mu = 10^{-3}\text{kg/m}\cdot\text{s}$)

㉮ 417 ㉯ 667.2
㉰ 728.5 ㉱ 1,112

풀이 총동력(Watt)
$$= G^2 \times \mu \times V \times \frac{100}{\text{모터의 효율(\%)}}$$
$$= (40/\text{sec})^2 \times 10^{-3}\text{kg/m}\cdot\text{sec} \times 20,000\text{m}^3/\text{day} \times 1\text{day}/24\text{hr}$$
$$\times 1\text{hr}/60\text{min} \times 30\text{min} \times \frac{100}{60\%}$$
$$= 1,111.11\text{Watt}$$

TIP
V(m³) = Q(m³/min)×체류시간(min)

26 1,000m³의 폐수 중 부유물질농도가 200mg/L일 때 처리효율이 70%인 처리장에서 발생슬러지량(m³)은? (단, 부유물질처리만을 기준으로 하며 기타 조건은 고려하지 않음, 슬러지 비중 = 1.03, 함수율 = 95%)

㉮ 2.36 ㉯ 2.46
㉰ 2.72 ㉱ 2.96

풀이 슬러지량(m³)
$$= \frac{\text{SS농도(kg/m}^3) \times Q(\text{m}^3) \times \eta(\text{제거율})}{\text{비중량(kg/m}^3)} \times \frac{100}{100-P(\%)}$$
$$= \frac{0.2\text{kg/m}^3 \times 1,000\text{m}^3 \times 0.70}{1,030\text{kg/m}^3} \times \frac{100}{100-95}$$
$$= 2.72\text{m}^3$$

TIP
① mg/L $\xrightarrow{\times 10^{-3}}$ kg/m³
② 비중 $\xrightarrow{\times 10^3}$ kg/m³

27 BOD 1,000mg/L, 유량 1,000m³/day인 폐수를 활성슬러지법으로 처리하는 경우, 포기조의 수심을 5m로 할 때 필요한 포기조의 표면적(m²)은? (단, BOD 용적부하 0.4kg/m³·day)

㉮ 400 ㉯ 500
㉰ 600 ㉱ 700

풀이
$$0.4\text{kg/m}^3\cdot\text{day} = \frac{1\text{kg/m}^3 \times 1,000\text{m}^3/\text{day}}{A(\text{m}^2) \times 5\text{m}}$$
$$\therefore A = 500\text{m}^2$$

TIP
① mg/L $\xrightarrow{\times 10^{-3}}$ kg/m³
② V(m³) = A(m²) × H(m)

answer 24 ㉮ 25 ㉱ 26 ㉰ 27 ㉯

③ BOD용적부하(kg/m³·day)
= $\dfrac{BOD(kg/m^3) \times Q(m^3/day)}{V(m^3)}$

28 모래여과상에서 공극 구멍보다 더 작은 미세한 부유물질을 제거함에 있어 모래의 주요 제거 기능과 가장 거리가 먼 것은?

㉮ 부착   ㉯ 응결
㉰ 거름   ㉱ 흡착

[풀이] ㉱ 흡착은 흡착제로 사용하는 활성탄의 성질이다.

29 공장에서 보일러의 열전도율이 저하되어 확인한 결과, 보일러 내부에 형성된 스케일이 문제인 것으로 판단되었다. 일반적으로 스케일 형성의 원인이 되는 물질은?

㉮ Ca^{2+}, Mg^{2+} ㉯ Na^+, K^+
㉰ Cu^{2+}, Fe^{2+} ㉱ Na^+, Fe^{2+}

[풀이] 스케일 형성의 주된 원인이 되는 물질은 칼슘이온(Ca^{2+})과 마그네슘이온(Mg^{2+})이다.

TIP
① 스케일 형성 원인물질은 경도유발물질(Ca^{2+}, Mg^{2+}, Fe^{2+}, Mn^{2+}, Sr^{2+})이다.
(암기법) 경철망은 칼슘마 있슈!!
② 주원인 물질은 Ca^{2+}, Mg^{2+}이다.

30 미생물을 회분식 배양하는 경우의 일반적인 성장상태를 그림으로 나타낸 것이다. (1), (2)의 ( )안에 미생물의 적합한 성장 단계 및 (3), (4), (5)안에 활성슬러지공법 중 재래식, 고율, 장기폭기의 운전 범위를 맞게 나타낸 것은?

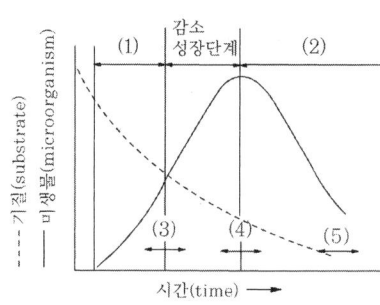

㉮ (1) 대수성장단계, (2) 내생성장단계, (3) 재래식, (4) 고율, (5) 장기폭기
㉯ (1) 내생성장단계, (2) 대수성장단계, (3) 재래식, (4) 고율, (5) 장기폭기
㉰ (1) 대수성장단계, (2) 내생성장단계, (3) 재래식, (4) 장기폭기, (5) 고율
㉱ (1) 대수성장단계, (2) 내생성장단계, (3) 고율, (4) 재래식, (5) 장기폭기

[풀이]
① 미생물의 성장단계: 유도기 → 대수성장단계 → 감소성장단계 → 내생성장단계
② 대수성장단계 ↔ 감소성장단계: 고율공법
③ 감소성장단계 ↔ 내생성장단계: 재래식공법
④ 내생성장단계: 장기폭기공법

31 분무식포기장치를 이용하여 CO_2 농도를 탈기시키고자 한다. 최초의 CO_2 농도 30g/m³ 중에서 12g/m³를 제거할 수 있을 때 효율계수 (E)와 최초 CO_2 농도가 50g/m³일 경우 유출수 중 CO_2 농도(Ce, g/m³)는? (단, CO_2의 포화농도 = 0.5g/m³)

㉮ E = 0.6, Ce = 30   ㉯ E = 0.4, Ce = 20
㉰ E = 0.6, Ce = 20   ㉱ E = 0.4, Ce = 30

[풀이]
① 효율(E) = $\dfrac{\text{제거된 농도}}{\text{최초 농도}}$ = $\dfrac{12g/m^3}{30g/m^3}$ = 0.4

② 효율(E) = 1 − $\dfrac{\text{유출수 농도(Ce)}}{\text{최초 농도}}$

0.4 = 1 − $\dfrac{\text{유출수 농도(Ce)}}{50g/m^3}$

∴ 유출수 농도(Ce) = 50g/m³ × (1−0.4) = 30g/m³

answer 28 ㉱ 29 ㉮ 30 ㉱ 31 ㉱

32 폐수를 염소 처리하는 목적으로 가장 거리가 먼 것은?

㉮ 살균 ㉯ 탁도 제거
㉰ 냄새 제거 ㉱ 유기물 제거

풀이 폐수를 염소 처리하는 목적으로는 살균작용, 냄새 제거, 유기물 제거 등이다.

33 수중에 존재하는 대상 항목별 제거방법이 틀리게 짝지어진 것은?

㉮ 부유물질 - 급속여과, 응집침전
㉯ 용해성 유기물질 - 응집침전, 오존산화
㉰ 용해된 염류 - 역삼투법, 이온교환
㉱ 세균, 바이러스 - 소독, 급속여과

풀이 ㉱ 세균, 바이러스 - 소독, 완속여과

34 각종처리법과 그 효과에 영향을 미치는 주요한 인자의 조합으로 틀린 것은?

㉮ 침강분리법 - 현탁입자와 물의 밀도차
㉯ 가압부상법 - 오수와 가압수와의 점성차
㉰ 모래여과법 - 현탁입자의 크기
㉱ 흡착법 - 용질의 흡착성

풀이 ㉯ 가압부상법 - 부유물질과 물의 밀도차

35 유기인 함유 폐수에 관한 설명으로 틀린 것은?

㉮ 폐수에 함유된 유기인 화합물은 파라티온, 말라티온 등의 농약이다.
㉯ 유기인 화합물은 산성이나 중성에서 안정하다.
㉰ 물에 쉽게 용해되어 독성을 나타내기 때문에 전처리과정을 거친 후 생물학적 처리법을 적용할 수 있다.
㉱ 일반적이고 효과적인 방법으로는 생석회 등의 알칼리로 가수분해 시키고 응집침전 또는 부상으로 전처리한 다음 활성탄 흡착으로 미량의 잔유물질을 제거시키는 것이다.

풀이 ㉰ 물에 난용성이므로 응집침전 또는 부상으로 전처리한 후 활성탄으로 흡착처리 한다.

36 포기조 내의 MLSS가 4,000mg/L, 포기조 용적이 500m³인 활성슬러지 공정에서 매일 25m³의 폐슬러지를 인발하여 소화조에서 처리한다면 슬러지의 평균 체류시간(day)은?(단, 반송슬러지의 농도 20,000mg/L, 유출수의 SS 농도는 무시)

㉮ 2 ㉯ 3
㉰ 4 ㉱ 5

풀이
$$SRT = \frac{MLSS \times V}{Q_w \times SS_w}$$
$$= \frac{4,000mg/L \times 500m^3}{25m^3/day \times 20,000mg/L} = 4day$$

37 회전원판법(RBC)에 관한 설명으로 가장 거리가 먼 것은?

㉮ 부착성장공법으로 질산화가 가능하다.
㉯ 슬러지의 반송율은 표준 활성슬러지법보다 높다.
㉰ 활성슬러지법에 비해 처리수의 투명도가 나쁘다.
㉱ 살수여상법에 비해 단회로 현상의 제어가 쉽다.

풀이 ㉯ 회전원판법은 슬러지반송이 필요없다.

answer 32 ㉯ 33 ㉱ 34 ㉯ 35 ㉰ 36 ㉰ 37 ㉯

38 슬러지 반송율을 25%, 반송슬러지 농도를 10,000mg/L일 때 포기조의 MLSS 농도(mg/L)는? (단, 유입 SS농도를 고려하지 않음)

㉮ 1,200 ㉯ 1,500
㉰ 2,000 ㉱ 2,500

풀이
$$반송율(\%) = \frac{MLSS}{SS_r - MLSS} \times 100$$
$$25\% = \frac{MLSS}{10,000\text{mg/L} - MLSS} \times 100$$
$$\therefore MLSS = \frac{0.25 \times 10,000\text{mg/L}}{(1+0.25)} = 2,000\text{mg/L}$$

39 급속여과 장치에 있어서 여과의 손실수두에 영향을 미치지 않는 인자는?

㉮ 여과면적 ㉯ 입자지름
㉰ 여액의 점도 ㉱ 여과속도

풀이 급속여과 장치에 있어서 여과의 손실수두에 영향을 미치는 인자는 입자지름, 여액의 점도, 여과속도 등이다.

40 활성슬러지법에서 포기조에 균류(fungi)가 번식하면 처리효율이 낮아지는 이유로 가장 알맞은 것은?

㉮ BOD보다는 COD를 더 잘 제거시키기 때문이다.
㉯ 혐기성 상태를 조성시키기 때문이다.
㉰ floc의 침강성이 나빠지기 때문이다.
㉱ fungi가 bacteria를 잡아먹기 때문이다.

풀이 활성슬러지법에서 포기조에 균류(fungi)가 번식하면 처리효율이 낮아지는 이유는 floc의 침강성이 나빠지기 때문이다.

| 제3과목 | 수질오염공정시험기준

41 측정하고자 하는 금속물질이 바륨인 경우의 시험방법과 가장 거리가 먼 것은?

㉮ 자외선/가시선 분광법
㉯ 유도결합플라스마 원자발광분광법
㉰ 유도결합플라스마 질량분석법
㉱ 원자흡수분광광도법

풀이 바륨의 시험방법은 유도결합플라스마-원자발광분광법, 유도결합플라스마-질량분석법, 원자흡수분광광도법이다.

42 공장 폐수의 COD를 측정하기 위하여 검수 25mL에 증류수를 가하여 100mL로 하여 실험한 결과 0.025N-KMnO₄가 10.1mL 최종 소모되었을 때 이 공장의 COD(mg/L)는? (단, 공시험의 적정에 소요된 0.025N-KMnO₄ = 0.1mL, 0.025N-KMnO₄의 역가 = 1.0)

㉮ 20 ㉯ 40
㉰ 60 ㉱ 80

풀이
$$COD(\text{mg/L}) = \frac{(b-a) \times f \times 0.2}{V(L)}$$
$$= \frac{(10.1-0.1)\text{mL} \times 1.0 \times 0.2}{25 \times 10^{-3}\text{L}}$$
$$= 80\text{mg/L}$$

TIP
검수에 증류수를 가해 희석한 검수를 사용하는 경우에는 농도를 계산해서 희석배수치를 보정해야 합니다.

answer 38 ㉰ 39 ㉮ 40 ㉰ 41 ㉮ 42 ㉱

43 메틸렌블루에 의해 발색시킨 후 자외선/가시선 분광법으로 측정할 수 있는 항목은?

㉮ 음이온 계면활성제
㉯ 휘발성 탄화수소류
㉰ 알킬수은
㉱ 비소

풀이 메틸렌블루에 의해 발색시킨 후 자외선/가시선 분광법으로 측정할 수 있는 항목은 음이온 계면활성제이다.

TIP 음이온계면활성제의 자외선/가시선분광법은 메틸렌블루와 반응시켜 생성된 청색의 착화합물을 클로로폼으로 추출하여 흡광도를 650nm에서 측정한다.

44 수질오염공정시험기준의 관련 용어 정의가 잘못된 것은?

㉮ '감압 또는 진공'이라 함은 따로 규정이 없는 한 15mmH$_2$O 이하를 뜻한다.
㉯ '냄새가 없다'라고 기재한 것은 냄새가 없거나, 또는 거의 없는 것을 표시하는 것이다.
㉰ '약'이라 함은 기재된 양에 대하여 ±10% 이상의 차가 있어서는 안 된다.
㉱ 시험조작 중 '즉시'란 30초 이내에 표시된 조작을 하는 것을 뜻한다.

풀이 ㉮ 감압 또는 진공이라 함은 따로 규정이 없는 한 15 mmHg 이하를 뜻한다.

45 총대장균군 시험(평판집락법) 분석 시 평판의 집락수는 어느 정도 범위가 되도록 시료를 희석하여야 하는가?

㉮ 1개~10개   ㉯ 10개~30개
㉰ 30개~300개   ㉱ 300개~500개

풀이 총대장균군 시험(평판집락법) 분석 시 평판의 집락수는 30개~300개의 범위에 드는 것을 산술평균하여 총대장균군수/mL로 표기한다.

46 색도측정법(투과율법)에 관한 설명으로 옳지 않은 것은?

㉮ 아담스-니컬슨의 색도공식을 근거로 한다.
㉯ 시료 중 백금-코발트 표준물질과 아주 다른 색상의 폐·하수는 적용할 수 없다.
㉰ 색도의 측정은 시각적으로 눈에 보이는 색상에 관계없이 단순 색도차 또는 단일 색도차를 계산한다.
㉱ 시료 중 부유물질은 제거하여야 한다.

풀이 ㉯ 시료 중 백금-코발트 표준물질과 아주 다른 색상의 폐·하수에서 뿐만 아니라 표준물질과 비슷한 폐·하수에도 적용할 수 있다.

47 기체크로마토그래피에 의한 폴리클로리네이티드비페닐 시험방법으로 ( )에 가장 적합한 것은?

> 시료를 헥산으로 추출하여 필요 시 (㉠) 분해한 다음 다시 추출한다. 검출기는 (㉡)를 사용한다.

㉮ ㉠ 산, ㉡ 수소불꽃이온화 검출기
㉯ ㉠ 산, ㉡ 전자포획검출기
㉰ ㉠ 알칼리, ㉡ 수소불꽃이온화 검출기
㉱ ㉠ 알칼리, ㉡ 전자포획검출기

풀이 폴리클로리네이티드비페닐(PCBs)의 기체크로마토그래피법은 시료를 헥산으로 추출하여 필요 시 알칼리 분해한 다음 다시 헥산으로 추출하고 실리카겔

answer 43 ㉮ 44 ㉮ 45 ㉰ 46 ㉯ 47 ㉱

또는 플로리실 컬럼을 통과시켜 정제한다. 그리고 사용하는 검출기는 전자포획검출기(ECD)이다.

48 pH 표준액의 조제 시 보통 산성 표준액과 염기성 표준액의 각각 사용기간은?

㉮ 1개월 이내, 3개월 이내
㉯ 2개월 이내, 2개월 이내
㉰ 3개월 이내, 1개월 이내
㉱ 3개월 이내, 2개월 이내

풀이 pH 표준액의 조제 시 보통 산성표준용액은 3개월, 염기성 표준용액은 산화칼슘 흡수관을 부착하여 1개월 이내에 사용한다.

49 생물화학적 산소요구량 측정방법 중 시료의 전처리에 관한 설명으로 틀린 것은?

㉮ pH가 6.5~8.5의 범위를 벗어나는 시료는 염산(1M) 또는 수산화나트륨용액(1M)으로 시료를 중화하여 pH 7~7.2로 맞춘다.
㉯ 시료는 시험하기 바로 전에 온도를 (20±1)℃로 조정한다.
㉰ 수온이 20℃이하일 때의 용존산소가 과포화되어 있을 경우에는 수온을 23℃~25℃로 상승시킨 이후에 15분간 통기하고 방치하고 냉각하여 수온을 다시 20℃로 한다.
㉱ 잔류염소가 함유된 시료는 시료 100mL에 아자이드화나트륨 0.1g과 요오드화칼륨 1g을 넣고 흔들어 섞은 다음 수산화나트륨을 넣어 알칼리성으로 한다.

풀이 ㉱ 잔류염소가 함유된 시료는 시료 100mL에 아자이드화나트륨 0.1g과 요오드화칼륨 1g을 넣고 흔들어 섞은 다음 염산을 넣어 산성(약 pH 1)으로 한다.

50 자외선/가시선 분광법으로 비소를 측정할 때의 방법으로 ( )에 옳은 것은?

> 물속에 존재하는 비소를 측정하는 방법으로 (㉠)로 환원시킨 다음 아연을 넣어 발생되는 수소화비소를 다이에틸다이티오-카바민산은의 피리딘 용액에 흡수시켜 생성된 (㉡) 착화합물을 (㉢)nm에서 흡광도를 측정하는 방법이다.

㉮ ㉠ 3가 비소, ㉡ 청색, ㉢ 620
㉯ ㉠ 3가 비소, ㉡ 적자색, ㉢ 530
㉰ ㉠ 6가 비소, ㉡ 청색, ㉢ 620
㉱ ㉠ 6가 비소, ㉡ 적자색, ㉢ 530

풀이 비소의 자외선/가시선 분광법 암기사항
① 환원형태 : 5가 비소(As^{5+}) → 3가 비소(As^{3+})
② 환원제 : 아연
③ 발색되는 색 : 적자색
④ 측정파장 : 530nm

51 시안 화합물을 측정할 때 pH 2 이하의 산성에서 에틸렌다이아민테트라초산이나트륨을 넣고 가열 증류하는 이유는?

㉮ 킬레이트 화합물을 발생시킨 후 침전시켜 중금속 방해를 방지하기 위하여
㉯ 시료에 포함된 유기물 및 지방산을 분해시키기 위하여
㉰ 시안화물 및 시안착화합물의 대부분을 시안화수소로 유출시키기 위하여
㉱ 시안화합물의 방해성분인 황화합물을 유화수소로 분리시키기 위하여

풀이 시안 화합물을 측정할 때 pH 2 이하의 산성에서 에틸렌다이아민테트라 초산이나트륨을 넣고 가열 증류하는 이유는 시안화물 및 시안착화합물의 대부분을 시안화수소로 유출시키기 위해서이다.

answer 48 ㉰ 49 ㉱ 50 ㉯ 51 ㉰

52 시판되는 농축 염산은 12N이다. 이것을 희석하여 1N의 염산 200mL을 만들고자 할 때 필요한 농축 염산의 양(mL)은?

㉮ 7.9
㉯ 16.7
㉰ 21.3
㉱ 31.5

풀이 $N_1 \times V_1 = N_2 \times V_2$
$12N \times V_1 = 1N \times 200mL$
$\therefore V_1 = 16.67mL$

53 금속 필라멘트 또는 전기저항체를 검출소자로 하여 금속판 안에 들어있는 본체와 여기에 직류전기를 공급하는 전원회로, 전류조절부 등으로 구성된 기체크로마토그래프 검출기는?

㉮ 열전도도검출기
㉯ 전자포획형검출기
㉰ 알칼리열 이온화검출기
㉱ 수소염 이온화검출기

풀이 ㉮ 열전도도검출기에 대한 설명이다.

54 취급 또는 저장하는 동안에 기체 또는 미생물이 침입하지 아니하도록 내용물을 보호하는 용기는?

㉮ 밀봉용기   ㉯ 밀폐용기
㉰ 기밀용기   ㉱ 차광용기

풀이 용기
㉮ 밀봉용기 : 기체 또는 미생물
㉯ 밀폐용기 : 이물질
㉰ 기밀용기 : 공기 또는 다른 가스
㉱ 차광용기 : 광선

55 유기물 함량이 비교적 높지 않고 금속의 수산화물, 산화물, 인산염 및 황화물을 함유하고 있는 시료의 전처리에 이용되는 분해법은?

㉮ 질산에 의한 분해
㉯ 질산-염산에 의한 분해
㉰ 질산-황산에 의한 분해
㉱ 질산-과염소산에 의한 분해

풀이 산분해법 암기법
㉮ 질산법 : 유기물 함량이 비교적 높지 않은 시료(질 낮은)
㉯ 질산-염산법 : 유기물 함량이 비교적 높지 않고 금속의 수산화물, 산화물, 인산염 및 황화물을 함유하고 있는 시료(염산 인금으로)
㉰ 질산-황산법 : 유기물 등을 많이 함유하고 있는 대부분의 시료(황높은)
㉱ 질산-과염소산법 : 유기물을 다량 함유하고 있으면서 산분해가 어려운 시료(과산분해에)

56 최대유속과 최소유속의 비가 가장 큰 유량계는?

㉮ 벤튜리미터(venturi meter)
㉯ 오리피스(orifice)
㉰ 피토우(pitot)관
㉱ 자기식 유량측정기(magnetic flow meter)

풀이 최대유속과 최소유속(최대유량과 최소유량)의 비
㉮ 벤튜리미터 4 : 1
㉯ 오리피스 4 : 1
㉰ 피토우관 3 : 1
㉱ 자기식 유량측정기 10 : 1

answer   52 ㉯   53 ㉮   54 ㉮   55 ㉯   56 ㉱

57 n-헥산 추출물질시험법에서 염산(1+1)으로 산성화할 때 넣어주는 지시약과 pH의 연결이 알맞은 것은?

㉮ 메틸레드 지시액 - pH 4.0 이하
㉯ 메틸오렌지 지시액 - pH 4.0 이하
㉰ 메틸레드 지시액 - pH 4.5 이하
㉱ 메틸렌블루 지시액 - pH 4.5 이하

풀이 시료 적당량(노말헥산 추출물질로서 5mg~200mg 해당량)을 분별깔때기에 넣고 메틸오렌지용액(0.1%) 2방울~3방울을 넣고 황색이 적색으로 변할 때까지 염산(1+1)을 넣어 시료의 pH를 4 이하로 조절한다.

58 질산성 질소 분석 방법과 가장 거리가 먼 것은?

㉮ 이온크로마토그래피법
㉯ 자외선/가시선 분광법-부루신법
㉰ 자외선/가시선 분광법-활성탄흡착법
㉱ 연속흐름법

풀이 질산성 질소 분석 방법에는 이온크로마토그래피법, 자외선/가시선 분광법(부루신법), 자외선/가시선 분광법(활성탄흡착법), 데발다합금 환원증류법이 있다.

59 온도표시기준 중 "상온"으로 가장 적합한 범위는?

㉮ (1~15)℃ ㉯ (10~15)℃
㉰ (15~25)℃ ㉱ (20~35)℃

풀이 상온은 (15~25)℃이다.

60 시료용기를 유리제로만 사용하여야 하는 것은?

㉮ 불소
㉯ 페놀류
㉰ 음이온계면활성제
㉱ 대장균군

풀이 ① 시료용기를 유리제(G)로만 사용하여야 하는 시료는 냄새, 노말헥산추출물질, 페놀류, 유기인, 폴리클로리네이티드비페닐(PCBs), 휘발성유기화합물, 물벼룩급성독성, 잔류염소(갈색), 다이에틸헥실프탈레이트(갈색), 1-4 다이옥산(갈색), 염화비닐(갈색), 아크로니트릴(갈색), 브로모폼(갈색), 석유계총탄화수소(갈색)이다.
② 시료용기를 폴리에틸렌(P)으로만 사용하여야 하는 시료는 불소이다.
③ 시료용기를 폴리프로필렌(PP)으로만 사용하여야 하는 시료는 과불화화합물이다.

| 제4과목 | 수질환경관계법규

61 폐수 재이용업 등록기준에 관한 내용 중 알맞지 않은 것은?

㉮ 기술능력 : 수질환경산업기사 1인 이상
㉯ 폐수운반차량 : 청색으로 도색하고 흰색바탕에 녹색 글씨로 회사명 등을 표시한다.
㉰ 저장시설 : 원폐수 및 재이용 후 발생되는 폐수의 각각 저장시설의 용량은 1일 8시간 최대처리량의 3일분 이상의 규모이어야 한다.
㉱ 운반장비 : 폐수운반장비는 용량 $2m^3$ 이상의 탱크로리, $1m^3$ 이상의 합성수지제 용기가 고정된 차량, 18 L 이상의 합성수지제 용기(유가품인 경우만 해당한다.)이어야 한다.

풀이 ㉯ 폐수운반차량 : 청색으로 도색하고 노란색바탕에 검은색 글씨로 회사명 등을 표시한다.

answer 57 ㉯ 58 ㉱ 59 ㉰ 60 ㉯ 61 ㉯

62. 상수원의 수질보전을 위해 전복, 추락 등 사고 시 상수원을 오염시킬 우려가 있는 물질을 수송하는 자동차의 통행제한을 할 수 있는 지역이 아닌 것은?

㉮ 상수원보호구역
㉯ 특별대책지역
㉰ 배출시설의 설치제한지역
㉱ 상수원에 중대한 오염을 일으킬 수 있어 환경부령으로 정하는 지역

풀이 ㉰ 법률규정에 의하여 각각 지정·고시된 수변구역

63. 행위제한 권고 기준 중 대상행위가 어패류 등 섭취, 항목이 어패류 체내 총 수은(Hg)인 경우의 권고 기준(mg/kg 이상)은?

㉮ 0.1 ㉯ 0.2
㉰ 0.3 ㉱ 0.5

풀이 물놀이 등의 행위제한 권고기준

대상행위	항목	기준
수영 등 물놀이	대장균	500(개체수/100mL) 이상
어패류 등 섭취	어패류 체내 총 수은(Hg)	0.3(mg/kg) 이상

64. 낚시금지구역 또는 낚시제한구역의 지정 시 고려사항이 아닌 것은?

㉮ 용수의 목적
㉯ 오염원 현황
㉰ 수중생태계의 현황
㉱ 호소 인근 인구현황

풀이 낚시금지구역 또는 낚시제한구역의 지정 시 고려사항
① 용수의 목적
② 오염원 현황
③ 수질오염도
④ 낚시터 인근에서의 쓰레기 발생 현황 및 처리 여건
⑤ 연도별 낚시 인구의 현황
⑥ 서식 어류의 종류 및 양 등 수중 생태계의 현황

65. 사업장 규모에 따른 종별 구분이 잘못된 것은?

㉮ 1일 폐수 배출량 5,000m^3 - 1종사업장
㉯ 1일 폐수 배출량 1,500m^3 - 2종사업장
㉰ 1일 폐수 배출량 800m^3 - 3종사업장
㉱ 1일 폐수 배출량 150m^3 - 4종사업장

풀이 사업장의 규모별 구분

종류	배출규모(1일 폐수배출량 기준)
제1종 사업장	2,000m^3 이상
제2종 사업장	700m^3 이상, 2,000m^3 미만
제3종 사업장	200m^3 이상, 700m^3 미만
제4종 사업장	50m^3 이상, 200m^3 미만
제5종 사업장	50m^3 미만

66. 물환경보전법상 공공수역에 해당되지 않은 것은?

㉮ 상수관거 ㉯ 하천
㉰ 호소   ㉱ 항만

풀이 ㉮ 연안해역

67. 상수원 구간에서 조류경보단계가 '조류대발생'인 경우 발령기준으로 ( )에 맞은 것은?

> 2회 연속 채취 시 남조류 세포수가 ( ) 세포/mL 이상인 경우

㉮ 1,000   ㉯ 10,000

---

answer 62 ㉰ 63 ㉰ 64 ㉱ 65 ㉰ 66 ㉮ 67 ㉱

㉰ 100,000 ㉱ 1,000,000

[풀이] 조류경보(상수원 구간)

경보단계	발령·해제기준
관심	2회 연속 채취 시 남조류의 세포수가 1,000세포/mL 이상 10,000세포/mL 미만인 경우
경계	2회 연속 채취 시 남조류의 세포수가 10,000세포/mL 이상 1,000,000세포/mL 미만인 경우
조류 대발생	2회 연속 채취 시 남조류의 세포수가 1,000,000세포/mL 이상
해제	2회 연속 채취 시 남조류의 세포수가 1,000세포/mL 미만

68 배출시설의 변경(변경신고를 하고 변경을 하는 경우) 중 대통령령이 정하는 변경의 경우에 해당되지 않은 것은?

㉮ 폐수배출량이 신고 당시보다 100분의 50 이상 증가하는 경우
㉯ 특정수질유해물질이 배출되는 시설의 경우 폐수배출량이 허가 당시보다 100분의 25 이상 증가하는 경우
㉰ 배출시설에 설치된 방지시설의 폐수처리 방법을 변경하는 경우
㉱ 배출허용기준을 초과하는 새로운 오염물질이 발생되어 배출시설 또는 방지시설의 개선이 필요한 경우

[풀이] ㉯ 특정수질유해물질이 배출되는 시설의 경우 폐수배출량이 허가 당시보다 100분의 30 이상 증가하는 경우

69 수질오염방지시설 중 화학적 처리시설인 것은?

㉮ 혼합시설 ㉯ 폭기시설
㉰ 응집시설 ㉱ 살균시설

[풀이] ㉮ 물리적 처리시설

㉯ 생물화학적 처리시설
㉰ 물리적 처리시설
㉱ 화학적 처리시설

70 방지시설을 반드시 설치해야하는 경우에 해당하더라도 대통령령이 정하는 기준에 해당되면 방지시설의 설치가 면제된다. 방지시설 설치의 면제기준에 해당되지 않은 것은?

㉮ 배출시설의 기능 및 공정상 수질오염물질이 항상 배출허용기준 이하로 배출되는 경우
㉯ 폐수처리업의 등록을 한 자 또는 환경부장관이 인정하여 고시하는 관계 전문기관에 환경부령으로 정하는 폐수를 전량 위탁처리 하는 경우
㉰ 폐수배출량이 신고 당시보다 100분의 10 이상 감소하는 경우
㉱ 폐수를 전량 재이용하는 등 방지시설을 설치하지 아니하고도 수질오염물질을 적정하게 처리할 수 있는 경우로서 환경부령으로 정하는 경우

[풀이] 방지시설 설치의 면제기준
① 배출시설의 기능 및 공정상 수질오염물질이 항상 배출허용기준 이하로 배출되는 경우
② 폐수처리업의 등록을 한 자 또는 환경부장관이 인정하여 고시하는 관계 전문기관에 환경부령으로 정하는 폐수를 전량 위탁처리 하는 경우
③ 폐수를 전량 재이용하는 등 방지시설을 설치하지 아니하고도 수질오염물질을 적정하게 처리할 수 있는 경우로서 환경부령으로 정하는 경우

answer 68 ㉯ 69 ㉱ 70 ㉰

71 배출부과금을 부과할 때 고려하여야 하는 사항으로 틀린 것은?

㉮ 배출허용기준 초과 여부
㉯ 수질오염물질의 배출량
㉰ 수질오염물질의 배출시점
㉱ 배출되는 수질오염물질의 종류

풀이 배출부과금 부과 시 고려사항
① 배출허용기준 초과 여부
② 배출되는 수질오염물질의 종류
③ 수질오염물질의 배출기간
④ 수질오염물질의 배출량
⑤ 자가측정 여부

72 배설시설의 설치 허가 및 신고에 관한 설명으로 ( )에 알맞은 것은?

> 배출시설을 설치하려는 자는 (㉠)으로 정하는 바에 따라 환경부장관의 허가를 받거나 환경부장관에게 신고하여야 한다. 다만, 규정에 의하여 폐수무방류배출 시설을 설치하려는 자는 (㉡).

㉮ ㉠ 환경부령, ㉡ 환경부장관의 허가를 받아야 한다.
㉯ ㉠ 대통령령, ㉡ 환경부장관의 허가를 받아야 한다.
㉰ ㉠ 환경부령, ㉡ 환경부장관에게 신고하여야 한다.
㉱ ㉠ 대통령령, ㉡ 환경부장관에게 신고하여야 한다.

73 유역환경청장은 국가 물환경관리기본계획에 따라 대권역별로 대권역 물환경관리계획을 몇 년마다 수립하여야 하는가?

㉮ 1년   ㉯ 3년
㉰ 5년   ㉱ 10년

풀이 유역환경청장은 국가 물환경관리기본계획에 따라 대권역별로 대권역 물환경관리계획을 10년 마다 수립하여야 한다.

TIP
환경부장관은 국가 물환경관리기본계획을 10년 마다 수립하여야 한다.

74 낚시제한구역에서의 낚시방법의 제한 사항에 관한 내용으로 틀린 것은?

㉮ 1명당 4대 이상의 낚시대를 사용하는 행위
㉯ 1개의 낚시대에 3개 이상의 낚시바늘을 사용하는 행위
㉰ 쓰레기를 버리거나 취사행위를 하거나 화장실이 아닌 곳에서 대·소변을 보는 등 수질오염을 일으킬 우려가 있는 행위
㉱ 낚시바늘에 끼워서 사용하지 아니하고 물고기를 유인하기 위하여 떡밥·어분 등을 던지는 행위

풀이 ㉯ 1개의 낚시대에 5개 이상의 낚시바늘을 떡밥과 뭉쳐서 미끼로 던지는 행위

75 수질오염경보의 종류 중 조류경보 단계가 '조류대발생'인 경우, 취수장·정수장 관리자의 조치사항이 아닌 것은? (단, 상수원 구간 기준)

㉮ 조류증식 수심 이하로 취수구 이동
㉯ 정수 처리 강화(활성탄 처리, 오존 처리)
㉰ 취수구와 조류가 심한 지역에 대한 차단막 설치
㉱ 정수의 독소분석 실시

answer 71 ㉰ 72 ㉯ 73 ㉱ 74 ㉯ 75 ㉰

풀이 ㉢번은 수면관리자의 조치사항이다.

76 수질 및 수생태계 상태별 생물학적 특성 이해표에서 생물등급이 '약간 나쁨~매우 나쁨'일 때의 생물 지표종(저서생물)은?

㉮ 붉은깔따구, 나방파리
㉯ 넓적거머리, 민하루살이
㉰ 물달팽이, 턱거머리
㉱ 물삿갓벌레, 물벌레

풀이 생물등급이 약간 나쁨~매우 나쁨인 경우

저서생물	왼돌이물달팽이, 실지렁이, 붉은깔따구, 나방파리, 꽃등에
어류	붕어, 잉어, 미꾸라지, 메기 등 서식

77 위임업무 보고사항 중 보고 횟수 기준이 연 2회에 해당되는 것은?

㉮ 배출업소의 지도·점검 및 행정처분 실적
㉯ 배출부과금 부과 실적
㉰ 과징금 부과 실적
㉱ 비점오염원의 설치신고 및 방지시설 설치 현황 및 행정처분 현황

풀이 보고 횟수
㉮ 연 4회 ㉯ 연 4회 ㉰ 연 2회 ㉱ 연 4회

78 제5종 사업장의 경우, 과징금 산정 시 적용하는 사업장 규모별 부과계수로 옳은 것은?

㉮ 0.2   ㉯ 0.3
㉰ 0.4   ㉱ 0.5

풀이 사업장 규모별 부과계수

① 제1종 사업장 : 2.0
② 제2종 사업장 : 1.5
③ 제3종 사업장 : 1.0
④ 제4종 사업장 : 0.7
⑤ 제5종 사업장 : 0.4

79 비점오염원의 변경신고를 하여야 하는 경우에 대한 기준으로 ( )에 옳은 것은?

> 총 사업면적·개발면적 또는 사업장 부지면적이 처음 신고면적의 ( )이상 증가하는 경우

㉮ 100분의 10   ㉯ 100분의 15
㉰ 100분의 25   ㉱ 100분의 30

80 대권역 물환경관리계획을 수립하고자 할 때 대권역계획에 포함되어야 하는 사항이 아닌 것은?

㉮ 물환경의 변화 추이 및 물환경목표기준
㉯ 하수처리 및 하수 이용현황
㉰ 점오염원, 비점오염원 및 기타수질오염원의 분포현황
㉱ 점오염원, 비점오염원 및 기타수질오염원에서 배출되는 수질오염물질의 양

풀이 대권역계획에 포함되어야 하는 사항
① 물환경의 변화 추이 및 물환경목표기준
② 상수원 및 물 이용현황
③ 점오염원, 비점오염원 및 기타수질오염원의 분포현황
④ 점오염원, 비점오염원 및 기타수질오염원에서 배출되는 수질오염물질의 양
⑤ 수질오염 예방 및 저감대책
⑥ 물환경 보전조치의 추진방향
⑦ 기후변화에 대한 적응 대책

answer 76 ㉮ 77 ㉰ 78 ㉰ 79 ㉯ 80 ㉯

CBT 모의고사

| 제1과목 | 수질오염개론

01 초기농도가 300mg/L인 오염물질이 있다. 이 물질의 반감기가 10day라고 할 때 반응속도가 1차 반응에 따른다면 5일 후의 농도는 얼마인가?

㉮ 212mg/L ㉯ 228mg/L
㉰ 235mg/L ㉱ 246mg/L

풀이
① 반감기 공식 : $\ln\frac{1}{2} = -k \times t$

$\ln\frac{1}{2} = -k \times 10\,day$

$\therefore k = \dfrac{\ln\frac{1}{2}}{-10\,day} = 0.0693/day$

② 1차반응식 공식 : $\ln\dfrac{C_t}{C_o} = -k \times t$

$\ln\dfrac{C_t}{300\,mg/L} = -0.0693/day \times 5\,day$

$\therefore C_t = 300\,mg/L \times e^{(-0.0693/day \times 5\,day)}$
$= 212.15\,mg/L$

02 해수의 온도와 염분의 농도에 의한 밀도차에 의해 형성되는 해류는 어느 것인가?

㉮ 조류   ㉯ 쓰나미
㉰ 상승류   ㉱ 심해류

풀이
㉮ 조류 : 태양과 달의 영향
㉯ 쓰나미 : 지진이나 화산의 영향
㉰ 상승류 : 바람과 해양 및 육지의 상호작용
㉱ 심해류 : 해수의 온도와 염분의 농도에 의한 밀도차

03 농업용수의 수질 평가시 사용되는 SAR(Sodium Adsorption Ratio)산출식에 관련된 원소로만 짝지어진 것은?

㉮ Na, Ca, Mg   ㉯ Mg, Ca, Fe
㉰ K, Ca, Mg   ㉱ Na, Al, Mg

풀이
$SAR(나트륨\ 흡착률) = \dfrac{Na^+}{\sqrt{\dfrac{Ca^{2+} + Mg^{2+}}{2}}}$

04 포도당($C_6H_{12}O_6$) 500mg이 탄산가스와 물로 완전산화 하는데 소요되는 이론적 산소요구량은 얼마인가?

㉮ 512mg   ㉯ 521mg
㉰ 533mg   ㉱ 548mg

풀이
$C_6H_{12}O_6 + 6O_2 \rightarrow 6CO_2 + 6H_2O$
180g : $6 \times 32g$
500mg : ThOD

$\therefore ThOD = \dfrac{6 \times 32g \times 500mg}{180g} = 533.33mg$

TIP
호기성과 혐기성 분해
① 유기물(C·H·O)+O_2 $\xrightarrow{호기성분해}$ CO_2+H_2O

answer 01 ㉮ 02 ㉱ 03 ㉮ 04 ㉰

② 유기물(C·H·O) $\xrightarrow{\text{혐기성분해}}$ $CO_2 + CH_4$

05 Ca^{2+}가 200mg/L를 N농도로 나타내면 얼마인가? (단, Ca : 40)
㉮ 0.01 ㉯ 0.02
㉰ 0.5   ㉱ 1.0

풀이 $eq/L = \dfrac{200mg}{L} \times \dfrac{1g}{10^3 mg} \times \dfrac{1eq}{20g} = 0.01 eq/L$

TIP
① N농도 = eq/L
② Ca^{2+}의 $1eq = \dfrac{원자량(g)}{2} = \dfrac{40g}{2} = 20g$

06 탄광폐수가 하천이나 호수, 저수지에 유입되어 유발되는 오염의 형태로 틀린 것은?
㉮ 부식성이 높은 수질이 될 수 있다.
㉯ 대체적으로 물의 pH를 낮춘다.
㉰ 비탄산경도를 높이게 된다.
㉱ 일시경도를 높이게 된다.

풀이 탄광폐수에는 산성물질이 많이 포함되어 있으므로 ㉮, ㉯, ㉰의 현상이 나타난다.

07 해수에 대한 내용으로 알맞은 것은?
㉮ 해수의 밀도는 담수보다 작다.
㉯ 염분은 적도해역에서 높고, 남·북 양극 해역에서 다소 낮다.
㉰ 해수의 Mg/Ca비는 담수의 Mg/Ca비 보다 작다.
㉱ 수심이 깊을수록 해수 주요 성분 농도비의 차이는 줄어든다.

풀이 ㉮ 해수의 밀도는 담수보다 크다.
㉰ 해수의 Mg/Ca비는 담수의 Mg/Ca비 보다 크다.
㉱ 해수의 주요 성분 농도비는 항상 일정하다.

08 Glucose($C_6H_{12}O_6$) 600mg/L 용액의 이론적 COD값(mg/L)은 얼마인가?
㉮ 540mg/L ㉯ 580mg/L
㉰ 640mg/L ㉱ 680mg/L

풀이 $C_6H_{12}O_6 + 6O_2 \rightarrow 6CO_2 + 6H_2O$
180g : $6 \times 32g$
600mg/L : COD
$\therefore COD = \dfrac{600mg/L \times 6 \times 32g}{180g} = 640 mg/L$

09 하천 모델의 종류 중 Streeter-Phelps Models에 대한 설명으로 틀린 것은?
㉮ 최초의 하천 수질 모델링이다.
㉯ 유속, 수심, 조도계수에 의한 확산계수를 결정한다.
㉰ 점오염원으로부터 오염부하량을 고려한다.
㉱ 유기물의 분해에 따라 용존산소 소비와 재포기를 고려한다.

풀이 ㉯번의 설명은 QUAL-Ⅰ 모델에 대한 설명이다.

answer 05 ㉮ 06 ㉱ 07 ㉯ 08 ㉰ 09 ㉯

10 적조 발생지역으로 틀린 것은?

㉮ 정체 수역
㉯ 질소, 인 등의 영양염류가 풍부한 수역
㉰ upwelling 현상이 있는 수역
㉱ 갈수기시 수온, 염분이 급격히 높아진 수역

풀이 ㉱ 홍수시 수온이 높고, 염분농도가 낮아진 수역

11 하천의 환경기준이 BOD 3mg/L 이하이고 현재 BOD는 1mg/L이며 유량은 50,000m³/day이다. 하천주변에 돼지 사육단지를 조성하고자 하는데 환경기준치 이하를 유지시키기 위해서는 몇 마리까지 사육을 허가할 수 있겠는가? (단, 돼지사육으로 인한 하천의 유량증가 무시, 돼지 1마리당 BOD 배출량은 0.4 kg/day이다.)

㉮ 125마리 ㉯ 150마리
㉰ 250마리 ㉱ 350마리

풀이 마리

$= \dfrac{(\text{BOD의 환경기준치}-\text{현재 하천의 BOD 농도})\text{kg/m}^3 \times \text{유량}(\text{m}^3/\text{day})}{\text{돼지의 BOD 배출량}(\text{kg/day}\cdot\text{마리})}$

$= \dfrac{(3-1)\times 10^{-3}\text{kg/m}^3 \times 50{,}000\text{m}^3/\text{day}}{0.4\text{kg/day}\cdot\text{마리}}$

$= 250$마리

12 다음 중 지하수의 특성으로 틀린 것은?

㉮ 수온변동이 적고 자정속도가 느리다.
㉯ 지표수에 비해 염분의 함량이 크다.
㉰ 세균에 의한 유기물의 분해가 주된 생물작용이다.
㉱ 자연 및 인위의 국지적 조건의 영향을 크게 받지 않는다.

풀이 ㉱ 자연 및 인위의 국지적 조건의 영향을 크게 받는다.

13 다음 중 가경도를 유발하는 대표적인 물질은?

㉮ 칼슘   ㉯ 염소
㉰ 나트륨 ㉱ 철

풀이 가경도 유발물질의 대표적인 물질은 나트륨(Na)이다.

14 2차처리 유출수에 포함된 10mg/L의 유기물을 분말활성탄 흡착법으로 3차처리하여 유출수가 1mg/L가 되게 만들고자 한다. 이 때 폐수 1m³당 필요한 활성탄의 양(g)은 얼마인가? (단, 흡착식은 Freundlich 등온식을 적용, K = 0.5, n = 2)

㉮ 9   ㉯ 12
㉰ 16 ㉱ 18

풀이 등온흡착식: $\dfrac{(C_i - C_o)}{M} = k \times C_o^{\frac{1}{n}}$

$\dfrac{(10-1)\text{mg/L}}{M} = 0.5 \times (1\text{mg/L})^{\frac{1}{2}}$

$\therefore M = \dfrac{(10-1)\text{mg/L}}{0.5 \times (1\text{mg/L})^{\frac{1}{2}}} = 18\text{mg/L} = 18\text{g/m}^3$

answer 10 ㉱ 11 ㉰ 12 ㉱ 13 ㉰ 14 ㉱

15 다음 중 자정계수에 대한 설명으로 틀린 것은?

㉮ 자정계수란 재폭기계수를 탈산소계수로 나눈 값을 말한다.
㉯ 유속이 느린 하천일수록 자정계수는 작다.
㉰ 수심이 얕을수록 자정계수는 커진다.
㉱ 자정계수의 단위는 day^{-1}이다.

풀이 ㉱ 자정계수의 단위는 없다.

TIP
자정계수 = $\dfrac{k_2(/day)}{k_1(/day)}$ 로 온도가 증가할수록 k_2에 비해 k_1의 증가 속도가 크므로 자정계수는 작아진다.

16 부영양호(eutrophic lake)의 특성으로 알맞은 것은?

㉮ 생산과 소비의 균형
㉯ 낮은 영양 염류
㉰ 조류의 과다발생
㉱ 생물종 다양성 증가

풀이 ㉮ 생산과 소비의 불균형
㉯ 높은 영양 염류
㉱ 생물종 다양성 감소

17 남조류에 대한 내용으로 틀린 것은?

㉮ 독립된 세포핵이 있다.
㉯ 세포벽의 구조는 박테리아와 흡사하다.
㉰ 광합성 색소가 엽록체 안에 들어 있지 않다.
㉱ 호기성 신진대사를 하며 전자공여체로 물을 사용한다.

풀이 ㉮ 독립된 세포핵이 없다.

18 물이 가지는 특성으로 틀린 것은?

㉮ 물의 밀도는 0℃에서 가장 크며 그 이하의 온도에서는 얼음형태로 물에 뜬다.
㉯ 물은 광합성의 수소 공여체이며 호흡의 최종산물이다.
㉰ 생물체의 결빙이 쉽게 일어나지 않는 것은 융해열이 크기 때문이다.
㉱ 물은 기화열이 크기 때문에 생물의 효과적인 체온조절이 가능하다.

풀이 ㉮ 물의 밀도는 4℃에서 가장 크다.

TIP
4℃에서 물의 비중은 1.0이며, 비중량은 $1,000kg/m^3$이다.

19 친수성 콜로이드에 관한 설명으로 틀린 것은?

㉮ 물 속에서 현탁상태(suspension)로 존재한다.
㉯ 염에 대하여 큰 영향을 받지 않는다.
㉰ 단백질, 합성된 고단위 중합체 등이 해당된다.
㉱ 틴달효과가 약하거나 거의 없다.

풀이 ㉮ 물 속에서 유탁상태(에멀전)로 존재한다.

answer 15 ㉱ 16 ㉰ 17 ㉮ 18 ㉮ 19 ㉮

20 촉매에 관한 내용으로 틀린 것은?

㉮ 반응속도를 느리게 하는 효과가 있는 것을 역촉매라고 한다.
㉯ 반응의 역할에 따라 반응 후 본래 상태로 회복여부가 결정된다.
㉰ 반응의 최종 평형상태에는 아무런 영향을 미치지 않는다.
㉱ 화학반응의 속도를 변화시키는 능력을 가지고 있다.

풀이 ㉯ 반응의 종류에 따라 반응 후 본래 상태로 회복여부가 결정된다.

| 제2과목 | 수질오염방지기술

21 응집제 투여량에 영향을 미치는 인자로 틀린 것은?

㉮ DO   ㉯ 수온
㉰ 응집제의 종류   ㉱ pH

풀이 응집제 투여량에 영향을 미치는 인자로는 수온, 응집제의 종류, pH 등이 있다.

TIP 응집제를 사용하여 응집하는 과정은 용존산소(DO)의 존재 유무와 관계없는 과정임을 숙지하시면 됩니다.

22 포기조 내의 DO 농도가 2mg/L이고, 이때의 포화용존산소는 8mg/L라고 할 때 MLSS 3,000mg/L에서 MLSS 1L당 산소 소비속도가 60mg/L·hr이라고 하면 포기조에서 산소이동계수 K_{La}의 값(hr^{-1})은 얼마인가?

㉮ $2hr^{-1}$ ㉯ $6hr^{-1}$
㉰ $10hr^{-1}$ ㉱ $14hr^{-1}$

풀이 $r = K_{La} \times (C_S - C)$
여기서 r : 미생물의 산소소비속도(mg/L·hr)
k_{La} : 산소이동계수(/hr)
C_S : 포화용존산소농도(mg/L)
C : 포기조내의 용존산소농도(mg/L)
따라서 $60\text{mg/L} \cdot \text{hr} = k_{La} \times (8-2)\text{mg/L}$
$\therefore k_{La} = \dfrac{60\text{mg/L} \cdot \text{hr}}{(8-2)\text{mg/L}} = 10/\text{hr}$

TIP (C_S-C) = 산소부족농도 = 폭기해야 할 농도

23 BOD가 250mg/L이고 유량이 2,000m³/day인 폐수를 활성슬러지법으로 처리하고자 한다. 포기조의 BOD 용적부하가 0.4kg/m³·day라면 포기조의 부피는 얼마인가?

㉮ 1,250m³   ㉯ 1,000m³
㉰ 750m³   ㉱ 500m³

풀이 BOD의 용적부하(kg/m³·day)
$= \dfrac{\text{BOD}(\text{kg/m}^3) \times Q(\text{m}^3/\text{day})}{V(\text{m}^3)}$
따라서
$0.4\text{kg/m}^3 \cdot \text{day} = \dfrac{0.25\text{kg/m}^3 \times 2,000\text{m}^3/\text{day}}{V(\text{m}^3)}$
$\therefore V = \dfrac{0.25\text{kg/m}^3 \times 2,000\text{m}^3/\text{day}}{0.4\text{kg/m}^3 \cdot \text{day}} = 1,250\text{m}^3$

TIP
① mg/L $\xrightarrow{\times 10^{-3}}$ kg/m³
② 총량(kg/day) = 농도(kg/m³)×유량(m³/day)

answer 20 ㉯ 21 ㉮ 22 ㉰ 23 ㉮

24 하수의 3차처리공법인 A/O공정 중 포기조(폭기조)의 주된 역할은?

㉮ 인의 과잉섭취 ㉯ 질소의 탈기
㉰ 탈질 ㉱ 인의 방출

풀이 A/O공정에서 포기조의 역할은 인의 과잉흡수이며, 혐기조의 역할은 인의 방출이다.

25 정수처리의 단위공정으로 오존(O_3)처리법을 다른 처리법과 비교할 때 장점으로 틀린 것은?

㉮ 소독부산물의 생성을 유발하는 각종 전구물질에 대한 처리효율이 높다.
㉯ 오존은 자체의 높은 산화력으로 염소에 비하여 높은 살균력을 가지고 있다.
㉰ 전염소처리를 할 경우, 염소와 반응하여 잔류염소를 증가시킨다.
㉱ 철, 망간의 산화능력이 크다.

풀이 ㉰ 전염소처리를 할 경우, 염소와 반응하여 잔류염소를 증가시키지 않는다.

TIP
반드시 알아야 하는 내용
① 염소(Cl)$_2$ 및 염소화합물 : 잔류성 있음
② 오존(O_3), 자외선(UV) : 잔류성 없음

26 다음 특성을 갖는 폐수를 활성슬러지법으로 처리할 때 포기조내의 MLSS 농도를 일정하게 유지하려면 반송율은 약 얼마로 유지하여야 하는가? (단, 유입원수의 SS는 250mg/L, 포기조내의 MLSS는 2,500mg/L, 반송슬러지 농도는 8,000mg/L이며, 포기조 내에서 슬러지 생성 및 방류수 중의 SS는 무시한다.)

㉮ 20% ㉯ 30%
㉰ 40% ㉱ 50%

풀이 ① 반송비(R)
$$= \frac{MLSS - SS_i}{SS_r - MLSS}$$
$$= \frac{2,500mg/L - 250mg/L}{8,000mg/L - 2,500mg/L} = 0.4091$$
② 반송율(%) = 반송비(R)×100
= 0.4091 × 100 = 40.91%

27 다음 중 응집제로 많이 사용되는 황산알루미늄의 장점으로 틀린 것은?

㉮ 여러 폐수에 적용이 가능하다.
㉯ 결정은 부식이나 자극성이 거의 없고 취급이 용이하다.
㉰ 저렴하고 독성이 거의 없기 때문에 대량 첨가가 가능하다.
㉱ 철염보다 플록이 무겁다.

풀이 ㉱ 철염보다 플록이 가볍다.

TIP

응집제 특징	황산알루미늄	철염
적정 pH 범위	pH 5~8	pH 4~12
침강속도	느리다	빠르다
가격	저렴하다	비싸다

answer 24 ㉮ 25 ㉰ 26 ㉰ 27 ㉱

28 다음 액체염소의 주입으로 생성된 유리염소, 결합잔류염소의 살균력이 바르게 나열된 것은?

㉮ HOCl > Chloramines > OCl⁻
㉯ HOCl > OCl⁻ > Chloramines
㉰ OCl⁻ > Chloramines > HOCl
㉱ OCl⁻ > HOCl > Chloramines

풀이 살균력의 순서는 HOCl > OCl⁻ > Chloramines 이다.

29 생물막을 이용한 처리공법인 접촉산화법에 대한 내용으로 틀린 것은?

㉮ 분해속도가 낮은 기질제거에 효과적이다.
㉯ 매체에 생성되는 생물량은 부하조건에 의하여 결정된다.
㉰ 미생물량과 영향인자를 정상상태로 유지하기 위한 조작이 어렵다.
㉱ 대규모시설에 적합하고, 고부하시 운전조건에 유리하다.

풀이 ㉱ 대규모시설에 부적합하고, 고부하시 운전조건에 불리하다.

TIP 접촉산화법은 미생물을 이용해서 처리하는 방법으로 부착성장식에 해당한다.

30 슬러지의 함수율이 95%에서 90%로 줄어들면 슬러지의 부피는 얼마인가? (단, 슬러지 비중은 1.0이다.)

㉮ 2/3로 감소한다.
㉯ 1/2로 감소한다.
㉰ 1/3로 감소한다.
㉱ 3/4로 감소한다.

풀이 $V_1 \times (100 - P_1) = V_2 \times (100 - P_2)$

$\therefore \dfrac{V_2}{V_1} = \dfrac{(100 - P_1)}{(100 - P_2)} = \dfrac{(100 - 95)}{(100 - 90)} = \dfrac{1}{2}$

31 펜톤반응에서 사용되는 과산화수소의 용도는 무엇인가?

㉮ 응집제   ㉯ 촉매제
㉰ 산화제   ㉱ 침강촉진제

풀이 펜톤산화법은 펜톤시약(H_2O_2)으로부터 발생하는 OH라디칼을 이용해 처리하는 방법으로 과산화수소(H_2O_2)의 용도는 강산화제이다.

TIP
펜톤 산화법
① 시약 : H_2O_2
② 촉매 : 철염(황산제1철)
③ 강산화제 : OH라디칼
④ 적정 pH : 3~5(4.5)
⑤ 유기물 변화 : COD 감소, BOD 증가

32 암모니아성 질소의 처리방법으로 틀린 것은?

㉮ 탈기법
㉯ 화학적 응결
㉰ 불연속점 염소처리
㉱ 토지적용 처리

풀이 ㉯ 화학적 응결(금속염 첨가법)은 암모니아성 질소의 처리방법이 아니다.

TIP 질소산화물은 금속응집제를 이용해서 응집처리를 할 수 없고, 대부분 질소(N_2) 형태로 대기 중으로 처리한다.

answer 28 ㉯ 29 ㉱ 30 ㉯ 31 ㉰ 32 ㉯

33 BAC(Biological Activated Carbon) 공법을 이용한 고도 정수처리 시 장점으로 틀린 것은?

㉮ 오염물질에 따라 생물분해, 흡착작용이 상호 보완하여 준다.
㉯ 생물학적으로 분해 불가능한 독성물질이라도 흡착기능에 의하여 오염물질 제거가 가능하다.
㉰ 분해속도가 빠른 물질이나 적응시간이 필요 없는 유기물 제거에 효과적이다.
㉱ 부유물질과 유기물 농도가 낮은 깨끗한 유출수를 배출한다.

풀이 ㉰ 분해속도가 빠른 물질이나 적응시간이 필요 없는 유기물 제거에 비효과적이다.

TIP
BAC공법은 미생물을 이용하는 생물학적처리와 활성탄을 이용하는 화학적처리의 두가지 방법의 장점을 이용하는 처리법으로 서로 상호보완의 기능을 가지게 된다.

34 다음 중에서 투석의 추진력으로 이용하는 막분리공정은?

㉮ 농도차   ㉯ 전위차
㉰ 정수압차 ㉱ 동압차

풀이 전기투석은 전위차, 투석은 농도차, 나머지는 정수압차이다.

35 표준활성슬러지법에서 MLSS농도(mg/L)의 표준 운전범위는 얼마인가?

㉮ 1,000 ~ 1,500 ㉯ 1,500 ~ 2,500
㉰ 2,500 ~ 4,500 ㉱ 4,500 ~ 6,000

풀이 MLSS농도의 표준 운전범위는 1,500 ~ 2,500mg/L이다.

36 생물학적 방법으로 폐수 중의 질소를 제거하려고 할 때 가장 적절하지 않은 공법은?

㉮ A/O 공법
㉯ VIP 공법
㉰ UCT 공법
㉱ 5단계 Bardenpho 공법

풀이 A/O공법은 인(P)만을 제거하는 공법이며, 나머지는 질소와 인을 동시에 처리하는 공법이다.

37 다음 중 1차침전지에서 부유물질의 침강속도가 작게되는 조건으로 알맞은 것은?

㉮ 부유물질 입자의 밀도가 클 경우
㉯ 부유물질의 입자의 입경이 클 경우
㉰ 처리수의 밀도가 작을 경우
㉱ 처리수의 점성도가 클 경우

풀이 ㉮ 부유물질 입자의 밀도가 작을 경우
㉯ 부유물질의 입자의 입경이 작을 경우
㉰ 처리수의 밀도가 클 경우

answer 33 ㉰ 34 ㉮ 35 ㉯ 36 ㉮ 37 ㉱

38 다음은 슬러지 처리공정을 순서대로 배치한 것이다. 일반적인 순서로 알맞은 것은?

㉮ 농축 → 약품조정(개량) → 유기물의 안정화 → 건조 → 탈수 → 최종처분
㉯ 농축 → 유기물의 안정화 → 약품조정(개량) → 탈수 → 건조 → 최종처분
㉰ 약품조정(개량) → 농축 → 유기물의 안정화 → 탈수 → 건조 → 최종처분
㉱ 유기물의 안정화 → 농축 → 약품조정(개량) → 탈수 → 건조 → 최종처분

TIP
슬러지의 처리공정은 농축조(농축) → 소화조(유기물 안정화) → 개량조(약품주입) → 탈수 → 건조 → 최종처분 순이다.

39 부피가 1,000m³인 탱크에서 G(평균속도 경사) 값을 30/s로 유지하기 위해 필요한 이론적 소요동력(W)은 얼마인가?
(단, 물의 점성계수는 $1.139 \times 10^{-3} N \cdot s/m^2$)

㉮ 1,025W   ㉯ 1,250W
㉰ 1,425W   ㉱ 1,650W

풀이 $P(Watt) = G^2 \times \mu \times V$
$= (30/sec)^2 \times 1.139 \times 10^{-3} N \cdot s/m^2 \times 1,000 m^3$
$= 1,025.1 Watt$

TIP
물의 점성계수 단위
① centipoise $\xrightarrow{\times 10^{-2}}$ poise $\xrightarrow{\times 10^{-1}}$ kg/m·sec
② 뉴튼(N)의 단위 : kg·m/sec²
③ N·sec/m² = kg/m·sec

40 축산폐수 처리에 관한 내용으로 틀린 것은?

㉮ BOD 농도가 높아 생물학적 처리가 효과적이다.
㉯ 호기성 처리공정과 혐기성 처리공정을 조합하면 효과적이다.
㉰ 돈사폐수의 유기물 농도는 돈사형태와 유지관리에 따라 크게 변한다.
㉱ COD 농도가 매우 높아 화학적으로 처리하면 경제적이고 효과적이다.

풀이 ㉱ COD 농도는 낮고 BOD 농도가 높아 생물학적 처리가 효과적이다.

| 제3과목 | 수질오염공정시험기준

41 실험에 일반적으로 적용되는 용어의 정의로 잘못된 것은? (단, 공정시험기준 기준)

㉮ '감압'이라 함은 따로 규정이 없는 한 15 mmH₂O 이하를 뜻한다.
㉯ '밀폐용기'라 함은 취급 또는 저장하는 동안에 이물질이 들어가거나 또는 내용물이 손실되지 아니하도록 보호하는 용기를 말한다.
㉰ '냄새가 없다'라고 기재한 것은 냄새가 없거나 또는 거의 없는 것을 표시하는 것이다.
㉱ '정확히 취하여'란 규정한 양의 액체를 부피피펫으로 눈금까지 취하는 것을 말한다.

풀이 ㉮ '감압'이라 함은 따로 규정이 없는 한 15 mmHg 이하를 뜻한다.

answer 38 ㉯ 39 ㉮ 40 ㉱ 41 ㉮

42 하천유량(유속 면적법) 측정의 적용범위에 관한 설명으로 틀린 것은?

㉮ 모든 유량 규모에서 하나의 하도로 형성되는 지점
㉯ 대규모 하천을 제외하고 가능하면 도섭으로 측정할 수 있는 지점
㉰ 교량 등 구조물 근처에서 측정할 경우 교량의 하류지점
㉱ 합류나 분류가 없는 지점

풀이 ㉰ 교량 등 구조물 근처에서 측정할 경우 교량의 상류지점

TIP
적용범위
① 균일한 유속분포를 확보하기 위한 충분한 길이(약 100m 이상)의 직선 하도(河道)의 확보가 가능하고 횡단면상의 수심이 균일한 지점
② 모든 유량 규모에서 하나의 하도로 형성되는 지점
③ 가능하면 하상이 안정되어있고, 식생의 성장이 없는 지점
④ 유속계나 부자가 어디에서나 유효하게 잠길 수 있을 정도의 충분한 수심이 확보되는 지점
⑤ 합류나 분류가 없는 지점
⑥ 교량 등 구조물 근처에서 측정할 경우 교량의 상류지점
⑦ 대규모 하천을 제외하고 가능하면 도섭으로 측정할 수 있는 지점
⑧ 선정된 유량측정 지점에서 말뚝을 박아 동일 단면에서 유량측정을 수행할 수 있는 지점

43 용존산소를 전극법으로 측정할 때에 대한 설명으로 잘못된 것은?

㉮ 정량한계는 0.1mg/L이다.
㉯ 격막 필름은 가스를 선택적으로 통과시키지 못하므로 장시간 사용 시 황화수소 가스의 유입으로 감도가 낮아질 수 있다.
㉰ 정확도는 수중의 용존산소를 윙클러아자이드화나트륨 변법으로 측정한 결과와 비교하여 산출한다.
㉱ 정확도는 4회 이상 측정하여 측정 평균값의 상대백분율로서 나타내며 그 값이 95% ~ 105% 이내이어야 한다.

풀이 ㉮ 정량한계는 0.5mg/L이다.

TIP
용존산소(DO)의 측정방법에는 적정법 (윙클러아자이드화나트륨변법), 전극법, 광학식 센서방법이 있다.

44 4각 웨어의 수두 80cm, 절단의 폭 2.5m이면 유량(m^3/min)은 얼마인가? (단, 유량계수는 1.6이다.)

㉮ 약 2.9m^3/min ㉯ 약 3.5m^3/min
㉰ 약 4.7m^3/min ㉱ 약 5.3m^3/min

풀이
$Q = k \times b \times h^{\frac{3}{2}}$ (m^3/min)
여기서 k : 유량계수
b : 절단의 폭(m)
h : 수두(m)

따라서 $Q = 1.6 \times 2.5m \times (0.8m)^{\frac{3}{2}}$
$= 2.86 m^3/min$

TIP
삼각웨어의 유량 계산식
$Q = k \cdot h^{\frac{5}{2}}$ (m^3/min)

---

answer 42 ㉰ 43 ㉮ 44 ㉮

45 자외선/가시선 분광법에서 흡광도 값이 1이란 무엇을 의미하는가?

㉮ 입사광의 1%의 빛이 액층에 의해 흡수된다.
㉯ 입사광의 10%의 빛이 액층에 의해 흡수된다.
㉰ 입사광의 90%의 빛이 액층에 의해 흡수된다.
㉱ 입사광의 100%의 빛이 액층에 의해 흡수된다.

풀이 흡광도$(A) = \log \dfrac{1}{투과도}$
⇒ 투과도 $= 10^{-A} = 10^{-1} = 0.1$
따라서 투과율이 10%이므로
흡수율 = 100%-10% = 90%가 된다.

46 분석에 요구되는 시료의 최대 보존기간이 가장 짧은 측정항목은 어느 것인가?

㉮ 염소이온   ㉯ 부유물질
㉰ 총인   ㉱ 용존 총인

풀이 시료의 최대 보존기간
㉮ 염소이온 : 28일
㉯ 부유물질 : 7일
㉰ 총인 : 28일
㉱ 용존 총인 : 28일

47 수욕상 또는 수욕중에서 가열한다는 말은 따로 규정이 없는 한 수온 몇 ℃에서 가열함을 뜻하는가?

㉮ 100℃   ㉯ 110℃
㉰ 120℃   ㉱ 180℃

48 다이크롬산칼륨에 의한 화학적 산소요구량 측정시 사용되는 적정액은 어느 것인가?

㉮ 티오황산나트륨 용액
㉯ 황산제일철암모늄 용액
㉰ 아황산나트륨 용액
㉱ 수산나트륨 용액

풀이 다이크롬산칼륨에 의한 화학적 산소요구량 측정시 사용되는 적정액은 0.025N 황산제일철암모늄 용액이다.

49 0.1N-NaOH의 표준용액(f=1.008) 30mL를 완전히 반응시키는데 0.1N-$H_2C_2O_4$ 용액 30.12mL를 소비했을 때 0.1N-$H_2C_2O_4$ 용액의 factor는 얼마인가?

㉮ 1.004   ㉯ 1.012
㉰ 0.996   ㉱ 0.992

풀이 $N_1 \times V_1 \times f_1 = N_2 \times V_2 \times f_2$
$0.1N \times 30mL \times 1.008 = 0.1N \times 30.12mL \times f_2$
∴ $f_2 = \dfrac{0.1N \times 30mL \times 1.008}{0.1N \times 30.12mL} = 1.004$

50 수심이 0.6m, 폭이 2m인 하천의 유량을 구하기 위해 수심 각 부분의 유속을 측정한 결과가 다음과 같다. 하천의 유량(m^3/sec)은 얼마인가? (단, 하천은 장방형이라 가정한다.)

수심	표면	20% 지점	40% 지점	60% 지점	80% 지점
유속 (m/sec)	1.5	1.3	1.2	1.0	0.8

㉮ 1.05m^3/sec   ㉯ 1.26m^3/sec

answer 45 ㉰ 46 ㉯ 47 ㉮ 48 ㉯ 49 ㉮ 50 ㉯

㉢ 2.44m³/sec ㉣ 3.52m³/sec

풀이 유량(Q) = 단면적(A)×유속(V)
① 수심이 0.4m 이상일 때 평균유속
$= \dfrac{V_{0.2} + V_{0.8}}{2} = \dfrac{(1.3+0.8)\,m/sec}{2}$
$= 1.05\,m/sec$
② 단면적(A) = 수심×폭 = $0.6m \times 2m = 1.2m^2$
③ $Q = 1.2m^2 \times 1.05\,m/sec = 1.26\,m^3/sec$

51 분석을 위해 채취한 시료수에 다량의 점토질 또는 규산염이 함유된 경우, 적합한 전처리 방법은?

㉮ 질산 - 황산에 의한 분해
㉯ 질산 - 과염소산 - 불화수소산에 의한 분해
㉰ 질산 - 황산 - 과염소산에 의한 분해
㉱ 회화에 의한 분해

풀이 다량의 점토질 또는 규산염이 함유된 경우의 전처리 방법은 질산 - 과염소산 - 불화수소산에 의한 분해이다.

TIP
암기법: 과불이 절(점)규한다.

52 수질오염공정시험기준에서 사용되는 용어 중 "약"에 대한 용어의 정의로 알맞은 것은?

㉮ 기재된 양에 대해서 ±0.1% 이상의 차가 있어서는 안된다.
㉯ 기재된 양에 대해서 ±1% 이상의 차가 있어서는 안된다.
㉰ 기재된 양에 대해서 ±5% 이상의 차가 있어서는 안된다.
㉱ 기재된 양에 대해서 ±10% 이상의 차가 있어서는 안된다.

53 자동시료채취기의 시료채취 기준으로 알맞은 것은? (단, 복수시료채취방법 기준)

㉮ 2시간 이내에 30분 이상 간격으로 2회 이상 채취하여 일정량의 단일시료로 한다.
㉯ 4시간 이내에 30분 이상 간격으로 2회 이상 채취하여 일정량의 단일시료로 한다.
㉰ 6시간 이내에 30분 이상 간격으로 2회 이상 채취하여 일정량의 단일시료로 한다.
㉱ 8시간 이내에 30분 이상 간격으로 2회 이상 채취하여 일정량의 단일시료로 한다.

TIP
답을 찾는 기준
① 채취: 2회 ② 시간간격: 6시간
③ 분간격: 30분 ④ 평균: 산술평균

54 다음 중 투명도 측정에 대한 내용으로 틀린 것은?

㉮ 투명도판의 지름은 30cm이다.
㉯ 투명도판에 뚫린 구멍의 지름은 5cm이다.
㉰ 투명도판에는 구멍이 8개 뚫려있다.
㉱ 투명도판의 무게는 약 2kg이다.

풀이 ㉱ 투명도판의 무게는 약 3kg이다.

answer 51 ㉯ 52 ㉱ 53 ㉰ 54 ㉱

55 투과율법을 이용한 색도측정에 관한 내용으로 틀린 것은?

㉮ 시각적으로 눈에 보이는 색상과 색도차를 계산하는데 링겔만-니켈슨의 색도공식을 근거로 한다.
㉯ 백금-코발트 표준물질과 아주 다른 색상의 폐수·하수에 적용할 수 있다.
㉰ 백금-코발트 표준물질과 비슷한 색상의 폐수·하수에 적용할 수 있다.
㉱ 시료용액의 색도가 250도 이하인 경우에는 흡수셀의 층장이 5cm인 것을 사용한다.

[풀이] ㉮ 시각적으로 눈에 보이는 색상에 관계없이 단순 색도차 또는 단일색도차를 계산하는데 아담스-니켈슨의 색도공식을 근거로 한다.

56 예상 BOD값에 대한 사전 경험이 없을 때 희석하여 시료를 조제하는 기준으로 알맞은 것은?

㉮ 심한 공장폐수 : 0.01% ~ 0.1%
㉯ 오염된 하천수 : 15% ~ 50%
㉰ 처리하여 방류된 공장폐수 : 25% ~ 70%
㉱ 처리하지 않은 공장폐수 : 1% ~ 5%

[풀이] 사전 경험이 없을 때 희석기준
① 심한 공장폐수 : 0.1% ~ 1.0%
② 오염된 하천수 : 25% ~ 100%
③ 처리하여 방류된 공장폐수 : 5% ~ 25%
④ 처리하지 않은 공장폐수 : 1% ~ 5%

57 노말헥산 추출물질 시험법에서 노말헥산 추출을 위한 시료의 pH 기준은?

㉮ pH 2이하   ㉯ pH 4이하
㉰ pH 9이하   ㉱ pH 10이하

[풀이] 시료 적당량(노말헥산 추출물질로서 5mg ~ 200mg 해당량)을 분별깔때기에 넣고 메틸오렌지용액(0.1%) 2방울 ~ 3방울을 넣고 황색이 적색으로 변할 때까지 염산(1+1)을 넣어 시료의 pH를 4이하로 조절한다.

58 유기인을 용매추출/기체크로마토그래피법으로 측정할 경우, 각 성분별 정량한계는?

㉮ 0.5mg/L   ㉯ 0.05mg/L
㉰ 0.005mg/L ㉱ 0.0005mg/L

[풀이] 유기인을 용매추출/기체크로마토그래피법으로 측정할 경우, 각 성분별 정량한계는 0.05mg/L이다.

59 웨어의 수로에 관한 설명으로 잘못된 것은?

㉮ 수로는 목재, 철판, PVC판, FRP 등을 이용하여 만들며 부식성을 고려하여 내구성이 강한 재질을 선택한다.
㉯ 수로의 크기는 수로의 내부치수로 정하되 폐수량에 따라 적절하게 결정한다.
㉰ 수로는 바닥면을 수평으로 하며 수위를 읽는데 오차가 생기지 않도록 한다.
㉱ 유수의 도입 부분은 상류 측의 수로가 웨어의 수로폭과 깊이보다 작을 경우에는 없어도 좋다.

[풀이] ㉱ 유수의 도입 부분은 상류 측의 수로가 웨어의 수로폭과 깊이보다 클 경우에는 없어도 좋다.

answer   55 ㉮   56 ㉱   57 ㉯   58 ㉯   59 ㉱

60 수은(냉증기-원자흡수분광광도법)측정시 물속에 있는 수은을 금속수은으로 산화시키기 위해 주입하는 시약은 무엇인가?

㉮ 이염화주석
㉯ 아연분말
㉰ 염산하이드록실아민
㉱ 시안화칼륨

[풀이] 수은을 측정하는 냉증기-원자흡수분광광도법은 시료에 이염화주석을 넣어 금속수은으로 산화시킨다.

| 제4과목 | 수질환경관계법규

61 공동처리구역 안에 배출시설을 설치하고자 하는 자 및 폐수를 배출하고자 하는 자 중 대통령령으로 정하는 자는 당해 사업장에서 배출되는 폐수를 종말처리시설에 유입하여야 하며 이에 필요한 배수관거 등 배수설비를 설치하여야 한다. 이 배수설비의 설치방법, 구조기준에 대한 설명으로 틀린 것은?

㉮ 시간당 최대폐수량이 일평균 폐수량의 2배 이상인 사업자는 자체적으로 유량조정조를 설치하여야 한다.
㉯ 순간수질과 일평균수질과의 격차가 리터당 100밀리그램 이상인 시설의 사업자는 자체적으로 유량조정조를 설치하여야 한다.
㉰ 배수관 입구에는 유효간격 1.0밀리미터 이하의 스크린을 설치하여야 한다.
㉱ 배수관의 관경은 안지름 150밀리미터 이상으로 하여야 한다.

[풀이] ㉰ 배수관 입구에는 유효간격 10밀리미터 이하의 스크린을 설치하여야 한다.

62 물환경보전법에서 사용하는 용어의 뜻으로 틀린 것은?

㉮ 폐수 : 물에 액체성 또는 고체성의 수질오염물질이 섞여 있어 그대로 사용할 수 없는 물을 말한다.
㉯ 수질오염물질 : 수질오염의 요인이 되는 물질로서 환경부령으로 정하는 것을 말한다.
㉰ 불투수면 : 빗물 또는 눈 녹은 물 등이 지하로 스며들 수 없게 하는 아스팔트·콘크리트 등으로 포장된 도로, 주차장, 보도 등을 말한다.
㉱ 강우유출수 : 점오염원 및 비점오염원의 수질오염물질이 섞여 유출되는 빗물 또는 눈 녹은 물 등을 말한다.

[풀이] ㉱ 강우유출수 : 비점오염원의 수질오염물질이 섞여 유출되는 빗물 또는 눈 녹은 물 등을 말한다.

63 기타 수질오염원 시설 중 복합물류터미널시설(화물의 운송, 보관, 하역과 관련된 작업을 하는 시설)의 규모기준으로 알맞은 것은?

㉮ 면적이 10만 제곱미터 이상일 것
㉯ 면적이 20만 제곱미터 이상일 것
㉰ 면적이 30만 제곱미터 이상일 것
㉱ 면적이 50만 제곱미터 이상일 것

[풀이] 복합물류터미널시설의 규모기준은 면적이 20만 제곱미터 이상이다.

answer 60 ㉮ 61 ㉰ 62 ㉱ 63 ㉯

64 하천의 수질 및 수생태계 환경기준 중 헥사클로로벤젠 기준값(mg/L)은 얼마인가? (단, 사람의 건강보호 기준)

㉮ 0.04 이하 ㉯ 0.004 이하
㉰ 0.0004 이하 ㉱ 0.00004 이하

풀이 헥사클로로벤젠의 환경기준값은 0.00004mg/L 이하이다.

65 수질오염물질의 배출허용기준으로 틀린 것은?

㉮ 1일 폐수배출량이 2,000m³ 미만인 경우 BOD기준은 청정지역과 가 지역은 각각 40mg/L 이하, 80mg/L 이하이다.
㉯ 1일 폐수배출량이 2,000m³ 미만인 경우 TOC기준은 나 지역과 특례 지역은 각각 75mg/L 이하, 25mg/L 이하이다.
㉰ 1일 폐수배출량이 2,000m³ 이상인 경우 BOD기준은 청정지역과 가 지역은 각각 30mg/L 이하, 60mg/L 이하이다.
㉱ 1일 폐수배출량이 2,000m³ 이상인 경우 TOC기준은 청정지역과 가 지역은 각각 50mg/L 이하, 90mg/L 이하이다.

풀이 ㉱ 1일 폐수배출량이 2,000 m³ 이상인 경우 TOC 기준은 청정지역과 가 지역은 각각 25mg/L 이하, 40mg/L 이하이다.

66 수질오염방지시설 중 물리적 처리시설에 해당되는 것은?

㉮ 응집시설 ㉯ 흡착시설
㉰ 이온교환시설 ㉱ 침전물개량시설

풀이 ㉯, ㉰, ㉱는 화학적 처리시설에 해당한다.

67 환경부령으로 정하는 수로에 해당되지 않는 것은?

㉮ 상수관거 ㉯ 지하수로
㉰ 운하 ㉱ 농업용수로

풀이 ㉮ 하수관거

68 다음 중 호소수의 이용 상황 등을 조사, 측정하여야 하는 대상으로 틀린 것은?

㉮ 호소로서 만수위의 면적이 30만 제곱미터 이상인 호소
㉯ 1일 30만톤 이상의 원수를 취수하는 호소
㉰ 생물다양성이 풍부하여 특별히 보전할 필요가 있다고 인정되는 호소
㉱ 수질오염이 심하여 특별한 관리가 필요하다고 인정되는 호소

풀이 ㉮ 호소로서 만수위의 면적이 50만 제곱미터 이상인 호소는 시도지사에 해당하고, ㉯, ㉰, ㉱는 환경부장관에 해당한다.

69 폐수종말처리시설 기본계획에 포함되어야 하는 사항으로 틀린 것은?

㉮ 폐수종말처리시설의 설치·운영자에 관한 사항
㉯ 오염원분포 및 폐수배출량과 그 예측에 관한 사항
㉰ 폐수종말처리시설 부담금의 비용부담에 관한 사항
㉱ 폐수종말처리시설 대상지역의 수질영향에 관한 사항

풀이 폐수종말처리시설 기본계획에 포함되어야 하는

answer 64 ㉱ 65 ㉱ 66 ㉮ 67 ㉮ 68 ㉮ 69 ㉱

사항으로는 ① 폐수종말처리시설에서 처리하려는 대상지역에 관한 사항 ② 오염원 분포 및 폐수배출량과 그 예측에 관한 사항 ③ 폐수종말처리시설의 폐수처리계통도, 처리능력 및 처리방법에 관한 사항 ④ 폐수종말처리시설에서 처리된 폐수가 방류수역의 수질에 미치는 영향에 관한 평가 ⑤ 폐수종말처리시설의 설치·운영자에 관한 사항 ⑥ 폐수종말처리시설 부담금의 비용부담에 관한 사항 ⑦ 총사업비, 분야별 사업비 및 그 산출 근거 ⑧ 연차별 투자계획 및 자금조달계획 ⑨ 토지 등의 수용·사용에 관한 사항이 있다.

70 물환경보전법상 공공수역에 해당되지 않는 것은?

㉮ 상수관거 ㉯ 하천
㉰ 호소   ㉱ 항만

풀이 ㉮ 연안해역

71 비점오염원의 변경신고 기준으로 틀린 것은?

㉮ 상호·대표자·사업명 또는 업종의 변경
㉯ 총 사업면적·개발면적 또는 사업장 부지면적이 처음 신고면적의 100분의 30 이상 증가하는 경우
㉰ 비점오염저감시설의 종류, 위치, 용량이 변경되는 경우
㉱ 비점오염원 또는 비점오염저감시설의 전부 또는 일부를 폐쇄하는 경우

풀이 ㉯ 총 사업면적·개발면적 또는 사업장 부지면적이 처음 신고면적의 100분의 15 이상 증가하는 경우

72 사업장별 환경기술인의 자격기준으로 틀린 것은?

㉮ 제1종사업장 : 수질환경기사 1명 이상
㉯ 제2종사업장 : 수질환경산업기사 1명 이상
㉰ 제3종사업장 : 2년 이상 수질분야 환경관련 업무에 종사한 자 1명 이상
㉱ 제4종사업장·제5종사업장 : 배출시설 설치허가를 받거나 배출시설 설치신고가 수리된 사업자 또는 배출시설 설치허가를 받거나 배출시설 설치신고가 수리된 사업자가 그 사업장의 배출시설 및 방지시설 업무에 종사하는 피고용인 중에서 임명하는 자 1명 이상

풀이 ㉰ 제3종사업장 : 3년 이상 수질분야 환경관련 업무에 종사한 자 1명 이상

73 위임업무 보고사항 중 "골프장 맹·고독성 농약 사용여부 확인 결과"의 보고횟수는?

㉮ 수시   ㉯ 연 1회
㉰ 연 2회   ㉱ 연 4회

풀이 골프장 맹·고독성 농약 사용여부 확인 결과의 보고횟수는 연 2회이다.

answer 70 ㉮ 71 ㉯ 72 ㉰ 73 ㉰

74 비점오염방지시설의 유형별 기준 중 자연형 시설이 아닌 것은?

㉮ 저류시설 ㉯ 침투시설
㉰ 식생형 시설 ㉱ 스크린형 시설

풀이 비점오염저감시설
① 자연형 시설 : 저류시설, 인공습지, 침투시설, 식생형시설
② 장치형 시설 : 여과형시설, 소용돌이형시설, 스크린형시설, 응집·침전 처리형시설, 생물학적 처리형시설

75 초과부과금 산정 시 적용되는 수질오염물질 1킬로그램당 부과금액이 가장 낮은 것은?

㉮ 크롬 및 그 화합물
㉯ 유기인화합물
㉰ 시안화합물
㉱ 비소 및 그 화합물

풀이 수질오염물질 1킬로그램당 부과금액
㉮ 크롬 및 그 화합물 : 75,000원
㉯ 유기인화합물 : 150,000원
㉰ 시안화합물 : 150,000원
㉱ 비소 및 그 화합물 : 100,000원

76 낚시제한구역에서의 낚시방법의 제한 사항 기준으로 옳은 것은?

㉮ 1개의 낚시대에 4개 이상의 낚시바늘을 떡밥과 뭉쳐서 미끼로 던지는 행위
㉯ 1개의 낚시대에 5개 이상의 낚시바늘을 떡밥과 뭉쳐서 미끼로 던지는 행위
㉰ 1명당 2대 이상의 낚시대를 사용하는 행위
㉱ 1명당 3대 이상의 낚시대를 사용하는 행위

풀이 낚시방법의 제한 사항 중 필수 암기사항
① 낚시바늘에 끼워서 사용하지 아니하고 물고기를 유인하기 위하여 떡밥, 어분 등을 던지는 행위
② 1명당 4대 이상의 낚시대를 사용하는 행위
③ 1개의 낚시대에 5개 이상의 낚시바늘을 떡밥과 뭉쳐서 미끼로 던지는 행위

77 중점관리 저수지의 지정 기준으로 옳은 것은?

㉮ 총저수용량이 1백만m^3 이상인 저수지
㉯ 총저수용량이 1천만m^3 이상인 저수지
㉰ 총저수용량이 1백만m^2 이상인 저수지
㉱ 총저수용량이 1천만m^2 이상인 저수지

풀이 중점관리 저수지의 지정 기준은 총저수용량이 1천만m^3 이상인 저수지이다.

78 폐수처리방법이 생물화학적 처리방법인 경우 환경부령으로 정하는 시운전 기간은? (단, 가동시작일은 5월 1일이다.)

㉮ 가동시작일로부터 30일
㉯ 가동시작일로부터 50일
㉰ 가동시작일로부터 70일
㉱ 가동시작일로부터 90일

풀이 환경부령으로 정하는 시운전 기간
① 생물학적 처리방법 : 50일
② 생물학적 처리방법(11월 1일부터 다음 연도 1월 31일까지) : 70일
③ 화학적 처리방법 : 30일
④ 물리적 처리방법 : 30일

answer 74 ㉱ 75 ㉮ 76 ㉯ 77 ㉯ 78 ㉯

79 대권역 수질 및 수생태계 보전계획에 포함되어야 하는 사항으로 틀린 것은?

㉮ 수질 및 수생태계 보전 목표
㉯ 상수원 및 물 이용현황
㉰ 수질오염 예방 및 저감대책
㉱ 점오염원, 비점오염원 및 기타 수질오염원의 분포현황

풀이 대권역계획에 포함되어야 하는 사항
① 수질 및 수생태계 변화 추이 및 목표 기준
② 상수원 및 물 이용현황
③ 점오염원, 비점오염원 및 기타 수질오염원의 분포현황
④ 점오염원, 비점오염원 및 기타 수질오염원에서 배출되는 수질오염물질의 양
⑤ 수질오염 예방 및 저감대책
⑥ 수질 및 수생태계 보전조치의 추진 방향
⑦ 기후변화에 대한 적응대책

80 배출부과금을 부과할 때 고려하여야 하는 사항으로 틀린 것은?

㉮ 배출허용기준 초과 여부
㉯ 수질오염물질의 배출량
㉰ 수질오염물질의 배출시점
㉱ 배출되는 수질오염물질의 종류

풀이 배출부과금을 부과할 때 고려사항으로는 ① 배출허용기준 초과 여부 ② 배출되는 수질오염물질의 종류 ③ 수질오염물질의 배출기간 ④ 수질오염물질의 배출량 ⑤ 자가측정 여부가 있다.

※ 알림
CBT 시험문제는 수강생들이 복원한 문제를 중심으로 구성되어 있으므로 실제 출제된 문제와 다소 차이가 있을 수 있음을 알려드립니다.
저자는 수험생들이 원하시는 보다 알차고 보다 쉽게 공부할 수 있는 수험서를 만들기 위해 항상 최선의 노력을 다하고 있습니다.

answer 79 ㉮ 80 ㉰

수질환경산업기사 과년도문제해설

초　　판 인쇄 | 2010년　2월　10일
초　　판 발행 | 2010년　2월　15일
개정 11판 발행 | 2023년　1월　10일
개정 12판 발행 | 2024년　1월　10일

지 은 이 | 전화택
발 행 인 | 조규백
발 행 처 | **도서출판 구민사**
　　　　　　(07293) 서울특별시 영등포구 문래북로 116, 604호(문래동3가 46, 트리플렉스)
전화 (02) 701-7421(~2)
팩스 (02) 3273-9642
홈페이지 www.kuhminsa.co.kr

신고번호 | 제2012-000055호(1980년 2월 4일)
I S B N | 979-11-6875-271-9　13500

값 34,000원

※ 낙장 및 파본은 구입하신 서점에서 바꿔드립니다.
※ 본 서를 허락없이 부분 또는 전부를 무단복제, 게재행위는 저작권법에 저촉됩니다.